Vom Zählstein zum Computer

Herausgegeben von

Kl.-J. Förster, K.-H. Schlote
Projektgruppe Geschichte der Mathematik
der Universität Hildesheim

In der Reihe „Vom Zählstein zum Computer"
sind bisher erschienen:

4000 Jahre Zahlentheorie
Lemmermeyer
ISBN 978-3-662-68109-1

3000 Jahre Analysis
Sonar
ISBN 978-3-662-48917-8

Die Geschichte des Prioritätenstreits zwischen Leibniz und Newton
Sonar
ISBN 978-3-662-48861-4

4000 Jahre Algebra
Alten, Djafari Naini, Folkerts, Schlosser, Schlote, Wußing
ISBN 978-3-642-38238-3

5000 Jahre Geometrie
Scriba, Schreiber
ISBN 978-3-642-02361-3

6000 Jahre Mathematik
Band 1: Von den Anfängen bis Leibniz und Newton
Wußing
ISBN 978-3-642-31348-6

6000 Jahre Mathematik
Band 2: Von Euler bis zur Gegenwart
Wußing
ISBN 978-3-642-31998-3

Überblick und Biographien,
Hans Wußing et al. ISBN 978-3-88120-275-6
Vom Zählstein zum Computer – Altertum (Videofilm),
H. Wesemüller-Kock und A. Gottwald
Vom Zählstein zum Computer – Mittelalter (Videofilm),
H. Wesemüller-Kock und A. Gottwald

Hans Fischer · Richard Pulskamp ·
Ivo Schneider

1000 Jahre Stochastik

Band 1: Von den Anfängen bis 1920

Springer Spektrum

Hans Fischer
Katholische Universität Eichstätt-Ingolstadt
Eichstätt, Deutschland

Richard Pulskamp
Xavier University
Cincinnati (OH), USA

Ivo Schneider
Universität der Bundeswehr München
Neubiberg, Deutschland

ISSN 2627-437X ISSN 2627-4388 (electronic)
Vom Zählstein zum Computer
ISBN 978-3-662-72367-8 ISBN 978-3-662-72368-5 (eBook)
https://doi.org/10.1007/978-3-662-72368-5

Die Deutsche Nationalbibliothek verzeichnet diese Publikation in der Deutschen Nationalbibliografie; detaillierte bibliografische Daten sind im Internet über https://portal.dnb.de abrufbar.

Einbandabbildung: Collage aus einem Portrait von Abraham de Moivre und einer Vignette in seinem stochastischen Hauptwerk „Doctrine of Chances“.

Planung/Lektorat: Veronika Erdmann
Springer Spektrum ist ein Imprint der eingetragenen Gesellschaft Springer-Verlag GmbH, DE und ist ein Teil von Springer Nature.
Die Anschrift der Gesellschaft ist: Heidelberger Platz 3, 14197 Berlin, Germany

Wenn Sie dieses Produkt entsorgen, geben Sie das Papier bitte zum Recycling.

Vorwort der Herausgeber

Unter Stochastik wird heute allgemein die Zusammenfassung der in der Wahrscheinlichkeitstheorie und der Statistik verwendeten mathematischen Methoden verstanden. Im Vergleich mit anderen mathematischen Teilgebieten wie Algebra, Geometrie oder Zahlentheorie ist die Stochastik jedoch recht jung, denn der Beginn der modernen Wahrscheinlichkeitstheorie wird meist im letzten Jahrhundert verortet, und auch die Entwicklung wichtiger statistischer Methoden setzte nicht viel eher ein. Doch waren dies keine plötzlichen, sprunghaften Entwicklungen, sondern deren Anfänge reichen mehrere Jahrhunderte zurück und sind etwa damit verbunden, die Wahrscheinlichkeit für das Eintreten eines Ereignisses (etwa bei Glücksspielen) zu bestimmen bzw. die Bewertung großer Datenmengen, wie bei Volkszählungen oder Beobachtungsreihen, vorzunehmen. Diesen vielschichtigen, von zahlreichen Anwendungsmöglichkeiten und wechselseitigem Einfluss gekennzeichneten Entwicklungsprozess darzulegen, ist das Ziel des vorliegenden Buches. Der Leser erhält Einblicke in den schon in der Antike formulierten qualitativen Wahrscheinlichkeitsbegriff und die Diskussion desselben in den folgenden Jahrhunderten bis zur Renaissance, in die ersten Bemühungen in Verbindung mit Glücksspielen im 10. Jahrhundert zufällige Ereignisse quantitativ zu erfassen, die Auseinandersetzungen mit dem Problem der Beobachtungsfehler in der Astronomie und in den Briefwechsel zwischen Blaise Pascal und Pierre de Fermat in der Mitte des 17. Jahrhunderts, in dem erstmals Ansätze zu einer systematischen Theorie erkennbar werden. Bei der Darstellung der weiteren Entwicklung wird dem Leser verdeutlicht, welche Fortschritte der einzelnen mathematischen Teilgebiete, der Naturwissenschaften und der Medizin sowie der gesellschaftlichen Rahmenbedingungen zu Jakob Bernoulli's Theorie der Wahrscheinlichkeit in der *Ars conjectand* führten. Es folgt eine Analyse des dadurch initiierten starken Aufschwungs der Stochastik, zu dem Gelehrte wie N. Bernoulli, P. R. de Montmort, A. de Moivre, D. Bernoulli, J. Arbuthnot, J. d'Alembert, J. L. Lagrange, L. Euler, Th. Bayes und P. S. Laplace beitrugen, wobei Laplaces klassische Werke *Théorie analytique des probabilités* und *Essai philosophique* eine besondere Würdigung erfahren. Die nachfolgenden Kapitel informieren den Leser dann unter Konzentration auf zentrale Anwendungsgebiete, wie Fehlerrechnung, statistische Physik, die Untersuchung von Schwankungsprozessen und Statistik über die weitere Entwicklung bis hin zu den Anfängen der modernen Wahrscheinlichkeitstheorie an der Wende zum 20. Jahrhundert.

Nach den Darstellungen zur Geschichte der Geometrie, Algebra, Analysis und Zahlentheorie sowie dem zweibändigen allgemeinen Überblick über die Geschichte der Mathematik legt die Projektgruppe »Geschichte der Mathematik« der Universität Hildesheim mit diesem Buch einen weiteren Band zur historischen Entwicklung eines wichtigen Gebiets der Mathematik vor. Ein Überblick über die bisher erschienenen Bücher der Reihe »Vom Zählstein zum Computer« ist vor der Titelseite eingefügt. Wie bei den vorangegangenen Publikationen erfährt auch in diesem Buch die Verbindung der mathematikhistorischen Entwicklungen mit der Kulturgeschichte, hier besonders der Wissensgeschichte, entsprechend dem Anliegen der Reihe eine besondere Beachtung. Die enge Verknüpfung der Wahrscheinlichkeitstheorie mit den Anwendungen und die große Breite der Letzteren ließen eine Aufteilung in zwei Teile für sinnvoll erscheinen, die sich insbesondere durch die bereits erwähnte grundlegende Neugestaltung der Theorie förmlich aufdrängte.

Die Projektgruppe dankt den drei Autoren Hans Fischer, Richard Pulskamp und Ivo Schneider sehr herzlich, die Geschichte der Stochastik in der vorliegenden, einen größeren Leserkreis ansprechenden Form erarbeitet zu haben. Ein besonderer Dank gilt Hans Fischer, der mit großem organisatorischem Engagement und durch die Gewinnung weiterer Autoren wesentlich zum Gelingen dieses Projektes beigetragen hat. Die von ihm organisierten Tagungen und Diskussionsveranstaltungen haben die Gestaltung und wissenschaftliche Profilierung des Buches deutlich beeinflusst. Möge auch dieser Band das Interesse vieler Leser und Leserinnen finden und sie anregen, sich mit der vielseitigen Welt der Stochastik und ihrer Anwendungen zu beschäftigen sowie zugleich deren enge Verknüpfung mit der kulturgeschichtlichen Entwicklung kennenzulernen.

Im Namen der Herausgeber

Karl-Heinz Schlote

Vorwort der Autoren

Die Stochastik mit ihren Hauptgebieten Wahrscheinlichkeitstheorie und Statistik ist im Vergleich zu anderen prominenten Teildisziplinen der Mathematik relativ jung. Nach bescheidenen Anfängen hat ab dem 18. Jahrhundert das Rechnen mit Wahrscheinlichkeiten in rascher Entwicklung immer zahlreichere Anwendungsgebiete gefunden, sodass aus heutiger Sicht stochastische Methoden und Denkansätze in beinahe allen Wissenschafts- und Lebensbereichen vorzufinden sind.

Der vorliegende Band beschreibt die Geschichte der Stochastik von den Anfängen bis etwa 1920 und damit für einen Zeitraum, in dem einerseits ihre verschiedenen Teilgebiete noch einigermaßen überblickbar sind, andererseits aber der Prozess der Durchdringung von Wissenschaft und Gesellschaft durch stochastische Denkweisen und Methoden deutlich erkennbar wird.

In Entsprechung zu der breiten thematischen Streuung der Stochastik haben zu diesem Buch mehrere Autoren beigetragen: Ivo Schneider hat die Kapitel 2, 4, 5 zur Vor- und Frühgeschichte der Stochastik sowie die Abschnitte 6.3.1 und 6.3.5 zu de Moivre verfasst. Richard Pulskamp hat die Kapitel 9 und 12 zur Fehlerrechnung und zur Statistik ab Quetelet sowie die Abschnitte 6.5.1 und 6.5.2 geschrieben. Seine Texte wurden von Hans Fischer aus dem Englischen übersetzt und teilweise mit Zusätzen (Einleitung zur Fehlerrechnung in Kap. 9, Statistik im Rahmen der Staatswissenschaften in Kap. 12) versehen. Für die restlichen Kapitel und für die Endredaktion des Buches ist Hans Fischer verantwortlich.

Besonderen Dank schulden wir einigen Kollegen, die uns bei der Abfassung der Texte mit gutem Rat unterstützt haben: Walter Purkert (Bonn), hat den gesamten Buchentwurf gelesen und zahlreiche Korrektur- und Verbesserungsvorschläge gemacht sowie wertvolle Hinweise zur Ergänzung gegeben. Tilman Sauer (Mainz) hat durch seine kritische Lektüre des Kapitels 11 über statistische Physik zu dessen Gelingen beigetragen, und René Schilling (Dresden) hat bei der Abfassung des Kapitels 13 über die Zeit ab 1900 durch Korrekturen und Anmerkungen geholfen. Ebenfalls sehr wertvoll war die Unterstützung durch René Schilling in Layoutfragen. Glenn Shafer (Rutgers Business School) sind sehr hilfreiche Hinweise zur Kometenstatistik und zur Versicherungsmathematik zu verdanken, und Philippe Séguin (Nancy) hat wertvolle Unterstützung in sprachwissenschaftlichen Fragen geleistet.

Der Herausgebergruppe in Hildesheim, besonders Klaus-Jürgen Förster und Karl-Heinz Schlote, danken wir für die gute Zusammenarbeit.

Zu Dank verpflichtet sind wir auch den folgenden Personen und Institutionen, die uns Bildkopien überlassen und, falls erforderlich, die Erlaubnis zu deren Publikation gegeben haben: Bayerische Staatsbibliothek München, Bibliothek der ETH Zürich, Bibliothèque Nationale de France (Gallica BnF), Deutsches Museum München (Archiv), IBM Corporation, JSTOR, Krippenbauteam St. Johannes Oberasbach, Oberwolfach Photo Collection, Paul Zsolnay Verlag, René Schilling, University of Chicago Library, University of Jerusalem. Eine große Anzahl von gemeinfreien Bildern konnte aus Wikimedia Commons übernommen werden.

Entsprechend der Zielsetzung der Reihe »Vom Zählstein zum Computer« wurde auch in diesem Buch versucht, die historische Entwicklung der behandelten Fachgebiete in einen größeren, allgemeinhistorischen, Kontext zu stellen, wobei in der vorliegenden Darstellung der Schwerpunkt auf Wissenschafts- und Wirtschaftsgeschichte gelegt wurde. Die historischen Zeittafeln orientieren sich an denen des Algebra-Bandes der Reihe.

Die Autoren würden sich freuen, wenn durch dieses Werk nicht nur die Gruppe mathematisch Vorgebildeter, sondern aufgrund der thematischen Streuung von mathematischen und philosophischen Aspekten über solche der Physik bis hin zu gesellschaftswissenschaftlichen Fragen ein möglichst breiter Kreis von Leserinnen und Lesern erreicht werden könnte.

Eichstätt, Cincinnati, München im Juni 2025

Hans Fischer, Richard Pulskamp, Ivo Schneider

Interessenkonflikt Die Autoren haben keine relevanten Interessenskonflikte im Zusammenhang mit dieser Publikation.

Inhaltsverzeichnis

Bezeichnungen

$\mathbb{N}$	Menge der natürlichen Zahlen $\{1, 2, 3, \dots\}$
$\mathbb{N}_0$	$\mathbb{N} \cup \{0\}$
$\mathbb{R}$	Menge der reellen Zahlen
$\mathbb{R}^+$	Menge der positiven reellen Zahlen
$\mathbb{Z}$	Menge der ganzen Zahlen
$\mathbb{Q}$	Menge der rationalen Zahlen
$\mathbb{C}$	Menge der komplexen Zahlen
$\mathbb{P}_r$	Menge der Polynome mit reellen Koeffizienten und Höchstgrad r
$[a, b]$	abgeschlossenes Intervall
(a, b)	offenes Intervall
$f^{(n)}(x)$	n-te Ableitung von $f(x)$
$C^m(I)$	Menge der Funktionen $I \to \mathbb{R}$ (I ein Intervall) für die die $m$te Ableitung in I existiert und stetig ist; $m = 0$ entspricht stetigen Funktionen
$\boldsymbol{x}$	Spaltenvektor mit Koordinaten $x_1, \dots, x_n$
$\|\boldsymbol{x}\|$	$\sqrt{x_1^2 + \cdots + x_n^2}$
$A^\top$	Transponierte der Matrix A
$\log x$	natürlicher Logarithmus von $x \in \mathbb{R}$
$\operatorname{sign} x$	Signum-Funktion von $x \in \mathbb{R}$ mit Werten $-1, 0, 1$
$[x]$	größte ganze Zahl $\leqslant x$
$\propto$	Zeichen für direkte Proportionalität
#	Zeichen für Anzahl
$n \gg 1$	große Zahl n
$\mathrm{P}(A)$	Wahrscheinlichkeit des Ereignisses A
$\mathrm{E}X$	Erwartungswert der Zufallsgröße X
$\mathrm{Var}X$	Varianz der Zufallsgröße X
$B(n, p, k)$	Wahrscheinlichkeit für genau k Treffer in einer Bernoullikette der Länge n mit Trefferwahrscheinlichkeit p
$\varphi_{\mu,\sigma}(t)$	Dichte der Normalverteilung mit Erwartungswert μ und Standardabweichung σ

$\Phi_{\mu,\sigma}(x)$	Verteilungsfunktion der Normalverteilung mit Erwartungswert μ und Standardabweichung σ
$\Phi(x)$	Verteilungsfunktion der Standardnormalverteilung ($= \Phi_{0,1}(x)$)
$F \star G$	Faltung der Verteilungsfunktionen F und G, $F \star G(x) := \int_{-\infty}^{x} F(x-t)dG(t)$
■	Ende eines Beispiels

Seien u und $v > 0$ Funktionen von x und gelte $x \to a$. Dann bestehen die Bezeichnungen

$$\left.\begin{array}{l} u = \mathrm{O}(v) \\ u = \mathrm{o}(v) \\ u \sim v \end{array}\right\} \text{ falls } \frac{u}{v} \left\{\begin{array}{l} \text{beschränkt bleibt} \\ \to 0 \\ \to 1. \end{array}\right.$$

Kapitel 1
Einleitung

Wahrscheinlichkeitstheorie und Statistik, oft zusammengefasst unter dem Namen »Stochastik«, gehören zum Kanon der etablierten mathematischen Teilgebiete. Von diesen heben sie sich allerdings durch zwei wesentliche Gesichtspunkte ab: Während etwa Algebra oder Geometrie auf eine Geschichte von mehreren tausend Jahren zurückblicken können, ist die Stochastik, selbst wenn man vereinzelte und rudimentäre rechnerische Ansätze ab dem Mittelalter berücksichtigt, eine relativ »junge« Disziplin. Und zum zweiten steht die Stochastik mit so vielen Anwendungsfeldern in wechselseitiger Beziehung, dass sich ihr mathematischer Bestand nach wie vor sehr dynamisch verändert und ihr Gesamtumfang aufgrund ihrer vielen Verzweigungen schier unübersichtlich geworden ist: Glücksspielrechnung, Bevölkerungsstatistik, Fehlerrechnung, Testtheorie, Schätztheorie, Versicherungsmathematik, Finanzmathematik, Ökonometrie, statistische Physik, Marktforschung, Wahlforschung und vieles mehr. Und um die Sache noch mehr zu verkomplizieren, stehen an der Seite mathematischer Theorien seit jeher auch vielschichtige philosophische Auseinandersetzungen über das Wahrscheinliche und das Zufällige.

Es ist praktisch unmöglich, alle Aspekte der Wahrscheinlichkeitstheorie und der Statistik in einer historischen Gesamtdarstellung zu erfassen, und auch der vorliegende Versuch in zwei Bänden muss daher eine sehr unvollständige Annäherung an diese Zielsetzung bleiben.

In diesem ersten Band geht es um die Entwicklung der Stochastik bis ca. 1920, also bis zur »klassischen Moderne«. Das mathematische Inventar beschränkte sich in dieser Phase beinahe ausschließlich auf das der reellen Analysis, in vielen Fällen sogar auf die von Funktionen nur einer Variablen. Erst ab den 1920er Jahren begann sich zögernd die heute gewohnte, maßtheoretisch fundierte, Wahrscheinlichkeitstheorie auszuprägen. Dies bringt nun den Vorteil, dass viele immer noch aktuelle Problemstellungen der Stochastik, wie sie bis zu den ersten Jahrzehnten des 20. Jahrhunderts entstanden sind, mit relativ einfachen mathematischen Mitteln erfassbar sind.

H. Fischer et al., *1000 Jahre Stochastik*, Vom Zählstein zum Computer,
https://doi.org/10.1007/978-3-662-72368-5_1

1.1 Warum »1000 Jahre«?

Der Beginn der Wahrscheinlichkeitsrechnung wird allgemein auf den von Pascal begonnenen Briefwechsel mit Fermat von 1654 angesetzt, in dem es um Probleme der Glücksspielrechnung, besonders das Problem der Aufteilung der Einsätze bei vorzeitigem Spielabbruch, ging. Es gab bereits vereinzelt Schriften des 15. und 16. Jahrhunderts, vor allem aus Italien, in denen solche »Teilungsprobleme« behandelt wurden (s. Kap. 2.4).

Doch bereits um ca. 1000 n. C. finden sich Elemente der quantitativen Erfassung zufälliger Vorgänge in Schriften von Wibold und Al-Biruni zu Glücksspielen und zur Diskussion von Beobachtungsfehlern.

Von Wibold ist nicht allzuviel bekannt. 971 wurde er zum Bischof von Cambrai bestimmt, er hat ein Glücksspiel, das dennoch sittlich einwandfrei war, den *Ludus regularis*, erfunden, und bereits 972 ist er nach der Rückkehr von einer Reise nach Rom verstorben [Anonymus 1846, 433–438]. Hintergrund für die Erfindung seines Spiels war das Verbot gegenüber dem Klerus, um Geld zu würfeln. Wibolds Idee war nun, nicht um Geld, sondern um Tugenden mit drei Würfeln spielen zu lassen und zusätzlich noch einen Tetraeder zur Tugendfindung zu verwenden.

Jeder Augenzahlkombination der drei Würfel ohne Berücksichtigung der Reihenfolge – $(1,1,2)$, $(2,1,1)$, $(1,2,1)$ sind also äquivalent – wird eine Tugend zugeordnet, beginnend mit $(1,1,1)$, der *Caritas* (Nächstenliebe) bis zu $(6,6,6)$, der *Humilitas* (Demut). Wibold bestimmt die Anzahl der verschiedenen Tugenden, indem er die Möglichkeiten systematisch abzählt, es ergibt sich die Zahl 56. Um die Sache nun komplizierter bzw. spannender zu gestalten, werden die Würfelseiten mit verschiedenen Gebilden aus so vielen Vokalen beschriftet wie es deren Nummerierung entspricht, wobei die 3 Würfel verschiedene Beschriftungen erhalten. Der Augenzahl 1 entspricht z. B. die Beschriftung A bzw. E bzw. I, der Augenzahl 5 die Beschriftung AEIOU bzw. EIOUA bzw. IOUAE. Die vier Seiten des Tetraeders werden mit jeweils 4 verschiedenen Konsonanten versehen, sodass kein Konsonant auf verschiedenen Seiten zweimal vorkommt. Wibold verlangt nun, dass zur Bestimmung einer Tugend die Vokale ihres Namens auf den oberen Würfelseiten vorkommen müssen und mindestens einer der Konsonanten ihres Namens auf der unteren Tetraederseite stehen muss. Angenommen, ein Spieler würfelt also (A, E, I) und hat auf der unteren Tetraederseite die Kombination GHKL. Dann hat er zwar die passenden Vokale für *Caritas*, aber leider keinen der benötigten Konsonanten. Ein Spieler erwirbt dann eine bestimmte Tugend, wenn die Bedingungen bezüglich Vokalen und Konsonanten erfüllt sind und noch kein anderer Spieler diese Tugend erreicht hat. Das Spiel ist dann zu Ende, wenn alle Tugenden ausgeschöpft sind, und der Spieler mit den meisten Tugenden hat dann gewonnen (bei Unentschieden gilt noch eine Spezialregel). Der Erwartungswert für die benötigten Einzelspiele liegt freilich nach moderner Berechnung bei 1657. Eine sehr genaue Erörterung des *Ludus regularis* findet sich in [Pulskamp und Otero 2014]. Bemerkenswert ist, dass Wibold auch eine Variante seines Spiels ohne Tetraeder kurz anspricht: Beim dreimaligen Würfeln wird die Augensumme bestimmt, und man erhält alle Tugenden, die dieser Augensumme entsprechen. In *De vetula*, einem Epos aus dem 13. Jahrhundert, sollte das Problem der Summen aus 3 Würfeln dann näher behandelt werden (Kap. 4.1).

Wir sehen also bei Wibold schon Elemente einer Glücksspielrechnung, die darauf hinauslaufen, Anzahlen von möglichen Ausgängen zu bestimmen. Auf die Ungleichgewichtung in den Chancen für verschiedene Ausgänge wird allerdings noch nicht eingegangen.

Abb. 1.1: Der Astronom und Geodät Al-Biruni, der um 1000 n. C. in Zentralasien wirkte

Mit Abu r-Raihan Muhammad b. Ahmad Al-Biruni (973–1048, s. Abb. 1.1) haben wir es mit einem astronomischen und mathematischen Schwergewicht zu tun. Seit frühester Zeit waren zwar schon Betrachtungen über Beobachtungsfehler in der Astronomie angestellt worden, etwa bezüglich Messanordnungen, die zur Fehlerreduzierung beitragen konnten. Mit unterschiedlichen Messergebnissen für ein und dieselbe Größe wurde aber recht willkürlich umgegangen, beispielsweise durch Aussonderung aller Messungen bis auf eine, die für besonders plausibel gehalten wurde. Bei Al-Biruni findet sich bereits ein vergleichsweise systemgeleiteter Umgang mit Messfehlern, der auch eine genauere Unterscheidung beinhaltet zwischen zufälligen Fehlern aufgrund natürlicher Schwankungen und systematischer Fehler, die der speziellen Apparatur geschuldet sind. Besonders ergiebig in diesem Zusammenhang ist Al-Birunis *The Determination of the Coordinates of Positions for the Correction of Distances between Cities* (entstanden um 1025, engl. Übersetzung [Al-Biruni 1967]). Hier tritt auch die Idee der Ausgleichung von positiven und negativen Fehlern mit Hilfe des arithmetischen Mittels auf: Dadurch, dass die verschiedenen Messungen des Breitengrads von Bagdad nicht größer als $33°30'$ und nicht kleiner als $33°20'$

sind, wird nach Al-Biruni der meist verwendete Wert von 33°25′, also der Mittelwert, bestätigt. Der im Turkmenistan des 12. Jahrhunderts wirkende Astronom Al-Chazini berichtet außerdem in seinem Werk *Book of the Balance of Wisdom* (engl. Übersetzung [Al-Chazini 1860]) über Dichtebestimmungen Al-Birunis für Metalle, in denen verschiedene Ergebnisse wie oben durch das arithmetische Mittel aus den beiden Extremwerten, aber auch durch den Modalwert (den am häufigsten vorkommenden Wert, falls er eindeutig existiert) der empirischen Häufigkeitsverteilung ausgeglichen werden [Sheynin 1992, 304 f.].

Bei Al-Biruni findet sich damit ein weiterer Aspekt der Behandlung stochastischer Vorgänge: die gegenseitige Kompensation von zufälligen Überschüssen und Defiziten, ein Prinzip, das später auch der Idee des Erwartungswerts als fairem Wetteinsatz zugrundeliegen sollte.

Neben solchen sehr bescheidenen stochastischen Rudimenten gab es einen seit der Antike umfangreich erörterten qualitativen Wahrscheinlichkeitsbegriff (Kap. 2.1, 2.2), der bei der Entwicklung der Wahrscheinlichkeitsrechnung eine wesentliche Rolle spielen sollte.

Mehrere Elemente, die stochastisches Denken ausmachen, existieren also bereits seit ca. 1000 Jahren nebeneinander. Unter Berücksichtigung der Vor- und Frühgeschichte der Stochastik wird so der Titel »1000 Jahre Stochastik« nahegelegt.

Tatsächlich zeichnet sich aber erst der Schriftwechsel zwischen Pascal und Fermat durch eine Basis von einheitlichen und verallgemeinerungsfähigen, in systematischer Weise angewandten Methoden aus, die wirklich im Sinne einer stochastischen Prototheorie angesehen werden können (s. Kap. 4.2).

Wer sich über diesen relativ späten Beginn eines im heutigen Disziplinkanon der Mathematik ganz zentralen Bereichs wundert, möge berücksichtigen, dass auch wesentliche Teile der Kernbereiche Geometrie, Algebra oder Analysis der Mathematik in einer der jetzigen Form entsprechenden Weise erst zwischen ca. 1600 und 1700 aufgekommen sind: die Buchstabenalgebra (Viète, Descartes), die analytische Geometrie (Descartes) und vor allem die in der Form des Leibniz-Newtonschen »Calculus« ausgeprägte reelle Analysis. Tatsächlich haben wir es beim 17. Jahrhundert mit einer für alle Wissenschaften äußerst fruchtbaren Ära zu tun, die heute allgemein als die Zeit der »wissenschaftlichen Revolution« bezeichnet wird.

1.2 Die Entstehung der Wahrscheinlichkeitsrechnung

Die ab den 1960er Jahren begonnene Diskussion über die spezifischen Ursachen und genaueren Begleitumstände für einen Beginn der Wahrscheinlichkeitsrechnung im Rahmen dieser wissenschaftlichen Revolution nahm nach Erscheinen des 1975 in erster Auflage publizierten Buchs *The Emergence of Probability* des Wissenschaftstheoretikers Ian Hacking (1936–2023) an Fahrt auf. Hackings These war, dass bis zur frühen Neuzeit das Adjektiv »wahrscheinlich«

Abb. 1.2: Die Göttin Fortuna mit ihren Insignien als Allegorie für das unberechenbare Schicksal; von Hans Sebald Beham, 1541

im Wesentlichen nur die Bedeutung hatte, den Überzeugungsgrad einer durch eine Autorität gestützten Meinung auszudrücken. Erst durch die Weiterentwicklung von Naturwissenschaften einschließlich Medizin, Wirtschaft bzw. Finanzwesen, Rechtswesen, Theologie und Philosophie erhielt das »Wahrscheinliche« einen so reichen Umfang, dass es der Quantifizierung in Form von Chancenverhältnissen und relativen Häufigkeiten zugänglich wurde.

Bei aller Zustimmung für den Großteil der Ausführungen von Hacking ist freilich die von ihm behauptete Einseitigkeit des Wahrscheinlichkeitsbegriffs bis zur frühen Neuzeit in Zweifel zu ziehen (s. etwa [Garber und Zabell 1979; Schneider 1981d]). Tatsächlich war bereits in der Antike das Bedeutungsspektrum des nicht quantifizierten »wahrscheinlich« zumindest ansatzweise so ausgeprägt, wie es dann im 17. Jahrhundert für die weitere Entwicklung wichtig wurde (s. Kap. 2.1, 2.2). In der Zeit davor dürften schon zwei einfache Gründe Bestrebungen zur Quantifizierung des Wahrscheinlichen gehemmt haben: Einmal das Aristotelische Dogma über die Nichtberechenbarkeit des Zufalls (vgl. Abb. 1.2) und zum anderen die offizielle Ächtung von Glücksspielen, womit sich deren wissenschaftliche Durchdringung weitgehend verbot.

Fassen wir die in der Literatur genannten Rahmenbedingungen des 17. Jahrhunderts zusammen (s. etwa [Schneider 1981d]), so ergibt sich folgendes Bild: Systematisches, datenbezogenes Experimentieren und Beobachten wurde immer bedeutsamer, nicht nur in der Astronomie, sondern auch allgemein in Naturwissenschaften und Medizin. Die »neue« Mathematik, vor allem die Buchstabenalgebra von Viète und Descartes schuf wesentlich umfangreichere Möglichkeiten zur mathematischen Modellierung als bisher und brachte auch eine hohe Motivation zur Ergründung neuartiger Problemstellungen mit sich. Eine wesentliche Rolle spielte die verstärkte monetäre Bewertung und Bewirtschaftung von ungewissen Optionen (Renten, Todesfälle, Versicherungen, Erbschaften, Aktien) verbunden mit der Lockerung der Vorbehalte, besonders der Kirchen, für Geldgeschäfte aller Art (z. B. Kredite). Das bereits auf die Antike zurückgehende scholastische Dogma, dass Geld allein unfruchtbar sei, wurde in diesem Zusammenhang immer weniger beachtet. Passend zu diesen Entwicklungen wurde auch das Verbot von Glücksspielen immer mehr gelockert. Aber auch im Bereich der rechtlichen Bewertung wurde die verstärkt vorgenommene Ausdifferenzierung verschiedener Grade der Gewissheit, beispielsweise bei Zeugenaussagen oder Indizien, zu einem wesentlichen Anlass, sich mit Wahrscheinlichkeiten zu beschäftigen. Der Probabilismusstreit zwischen Jesuiten und Jansenisten, in dem ebenfalls das Problem verschiedener Gewichtungen rechtlicher Argumente zum Tragen kam, spielte eine nicht zu unterschätzende Rolle bei der Herausbildung des mathematischen Wahrscheinlichkeitsbegriffs (s. Kap. 2.3).

Dieser Wahrscheinlichkeitsbegriff als Quotient aus der Anzahl der für ein Ereignis »fruchtbaren« und der Anzahl aller möglichen Fälle bildete sich schließlich in der *Ars conjectandi* von Jakob Bernoulli auf der Grundlage der philosophischen Diskussion einerseits und den Berechnungen im Zusammenhang mit Glücksspielen und demographischen Betrachtungen andererseits heraus (Kap. 4.3, 4.4, 5). Zugleich formulierte Bernoulli ein Programm, das in sehr optimistischer Weise der Wahrscheinlichkeitsrechnung die tragende Rolle in allen Angelegenheiten in Wissenschaft und Alltag zuwies, bei denen eine nur unvollständige Informationslage besteht.

Die Glücksspielrechnung und schließlich der Bernoullische Wahrscheinlichkeitsbegriff entstanden unter den günstigen Bedingungen der wissenschaftlichen Revolution und der beginnenden Aufklärung, und somit im Rahmen von Entwicklungen, die ausschließlich in Europa stattfanden. Vergleichbares zu quantitativen Wahrscheinlichkeiten lässt sich in außereuropäischen Kulturen weder in Zeiten davor noch danach dingfest machen, obwohl im islamischen Kulturkreis Glücksspiele zu bestimmten Zeiten der Liberalisierung vermutlich auch bezüglich arithmetischer Aspekte betrachtet worden waren. Erst gegen Ende des 19. Jahrhunderts begann man außerhalb von Europa und Nordamerika unter europäischem Einfluss allmählich, sich wissenschaftlich mit Wahrscheinlichkeitsrechnung zu beschäftigen.

1.3 Die weiteren Buchkapitel

Im 18. Jahrhundert erlebte die Stochastik, ganz im Sinne von Jakob Bernoulli, einen gewaltigen Aufschwung. Ausgehend von einer verfeinerten Glücksspielrechnung findet man Anwendungen auf verschiedene Bereiche, wie Bevölkerungsstatistik (z. B. Verhältnis der Geschlechter bei Neugeborenen), Fehlerrechnung, Versicherungswesen, aber auch auf das philosophische Induktionsproblem. Die eher theoretischen Errungenschaften beziehen sich auf die elementaren Regeln im Umgang mit Wahrscheinlichkeiten, auf Differenzengleichungen (etwa beim Spieldauerproblem), erzeugende Funktionen zur Berechnung der Wahrscheinlichkeiten von Summen, Approximationen an binomiale und multinomiale Verteilungen und vor allem auch auf den Beginn einer Theorie inverser Wahrscheinlichkeiten (Kap. 6).

Der eigentliche Vollender des Bernoullischen Programms war Laplace. Angeregt von Condorcet entwickelte er umfangreiche Problemlösungen im Rahmen inverser Wahrscheinlichkeiten und wurde so zum eigentlichen Begründer der Bayes-Statistik. Mit Hilfe seiner Approximation der Verteilungen von Summen unabhängiger Zufallsgrößen durch Normalverteilungen, gewissermaßen der Urform des allgemeinen zentralen Grenzwertsatzes, gelang es ihm, den Anwendungsbereich der Inferenzstatistik und der Fehlerrechnung erheblich auszuweiten. Mit seinen analytischen Methoden bestimmte er die Entwicklung bis ins 20. Jahrhundert hinein (Kap. 7).

Gegen Anfang des 19. Jahrhunderts hatten sich die astronomischen Messinstrumente so weit verfeinert, dass die Notwendigkeit einer auf die Wahrscheinlichkeitsrechnung gestützten Theorie der Beobachtungsfehler nahegelegt wurde. Die von Laplace und Gauß entwickelten analytischen Methoden waren genau diesem Ziel angemessen. Umgekehrt führte die Fehlerrechnung auch zu einer Weiterentwicklung der allgemeinen Wahrscheinlichkeitstheorie im Rahmen der genaueren Untersuchung von Summen unabhängiger Zufallsgrößen und ihren Verteilungen (Kap. 9).

Das 19. Jahrhundert brachte einerseits eine Konsolidierung der Wahrscheinlichkeitsrechnung mit sich, andererseits wurden deren Anwendungsgebiete noch einmal erheblich ausgeweitet und schließlich Entwicklungen eingeleitet, die die Wahrscheinlichkeitstheorie des 20. Jahrhunderts vorbereiteten. So finden wir einen Ausbau der Laplaceschen Techniken, etwa durch Poisson, verstärkte philosophische Diskussionen über den Wahrscheinlichkeitsbegriff, einen gewaltigen Aufschwung der Versicherungsmathematik, eine beginnende Theorie geometrischer Wahrscheinlichkeiten und erhebliche Fortschritte im Bereich der wahrscheinlichkeitstheoretischen Grenzwertsätze, besonders durch Chebyshev und Markov (Kap. 10). Nicht zuletzt entstand auch aus der kinetischen Gastheorie heraus die statistische Physik, die ihrerseits nicht unerheblich zur Grundlagendiskussion in der Wahrscheinlichkeitstheorie beitragen sollte (Kap. 11).

Eine weitere wichtige Entwicklung des 19. Jahrhunderts ist der Ausbau der institutionellen Statistik und der Beginn einer eigenständigen mathematischen

Statistik (Kap. 12). Anwendungen auf psychologische Problemstellungen führen zum Weber-Fechner-Gesetz. Bis ca. 1900 ist die mathematische Statistik vor allem durch Regressions- und Korrelationsprobleme, Probleme der Anpassung von theoretischen an empirische Verteilungen, die Stabilität von Häufigkeiten (Lexissche Dispersionstheorie) und auch Tests geprägt, wobei für letztere noch keine systematische Theorie entwickelt wird.

Im 13. und letzten Kapitel des Buchs wird gezeigt, wie in den ersten beiden Jahrzehnten des 20. Jahrhunderts Entwicklungen angebahnt werden, die die moderne Wahrscheinlichkeitstheorie und Statistik nach dem ersten Weltkrieg bestimmen: Axiomatik, erste starke Gesetze der großen Zahlen, Abschwächung der Unabhängigkeitsvoraussetzung und zentraler Grenzwertsatz. Diese Problemstellungen werden noch im Rahmen der traditionellen Wahrscheinlichkeitsrechnung angegangen, andererseits zeigt sich an ihnen bereits die Notwendigkeit einer begrifflichen Ausweitung.

Den vielen Wechselwirkungen von Wahrscheinlichkeitsrechnung und Statistik mit praktisch allen Bereichen des täglichen und nicht-täglichen Lebens entsprechend gibt es auch zwei Kapitel (3 und 8), in denen der allgemeinhistorische Rahmen unter vorrangiger Berücksichtigung von Wirtschaft, Gesellschaft, Wissenschaft, Technik und Philosophie skizziert wird. Das Buch ist vorwiegend chronologisch entsprechend diesen historischen Rahmensetzungen gegliedert, wobei aber von diesem Prinzip dann abgewichen wird, wenn sich dies aus sachlogischer Sicht empfiehlt. Der thematischen Bindung ist auch geschuldet, dass eine ausführlichere Behandlung der frühen Geschichte der stochastischen Prozesse erst in dem entsprechenden Kapitel des 2. Bands erfolgt.

1.4 »Statistik« und »Stochastik«

Die beiden Wörter »Statistik« und »Staat« haben einen gemeinsamen indogermanischen Wortstamm (»stehen«, lat.: »stare«, gr.: »istasthai«). In diesem Bedeutungszusammenhang taucht »Statistik« in dem Werk von Gottfried Achenwall (1719–1772) *Vorbereitung zur Staatswissenschaft* von 1748 als Synonym für »Staatskunde« auf. Diese mit allen Belangen der Staatsorganisation befasste Wissenschaft wurde später auch als »Universitätsstatistik« oder als »Kameralwissenschaft« bezeichnet und ging in gewissem Sinne schließlich in die Nationalökonomie über.

Die heutige Statistik, wie sie sich bis ca. 1930 herausgebildet hat, kann sich neben der Staatswissenschaft allerdings noch auf weitere historische Wurzeln berufen: Die älteste Entwicklung war dabei die der Volkszählungen (s. Abb. 1.3), die zugleich der Steuererhebung und der Rekrutierung für den Wehrdienst dienten. Solche Erhebungen sind bereits aus dem alten Ägypten überliefert. Im römischen Reich fand der letzte derartige Census 73 n. C. statt, und erst wieder in der Renaissance wurden entsprechende Aktivitäten, beginnend in Städten

Abb. 1.3: Die bekannteste Volkszählung der alten Geschichte aus dem Evangelium nach Lukas, die tatsächlich in Judäa ca. 6 n. C. stattfand. Ausschnitt aus der Jahreskrippe von St. Johannes, Oberasbach

Oberitaliens, wieder aufgenommen und führten letztlich zu dem, was heute als »amtliche Statistik« bezeichnet wird.

Eine weitere, mit der vorangehenden eng verbundene Entwicklung war die der »politischen Arithmetik«. Der Begriff wurde wohl von William Petty (1623–1687) geprägt, entsprechend seinem 1690 posthum veröffentlichten Werk *Political Arithmetick*. In der politischen Arithmetik werden Daten aufbereitet und kategorisiert, und es werden Durchschnittszahlen gebildet, die ggf. auch als Wahrscheinlichkeiten, z. B. in Sterbetafeln, interpretiert werden. Tiefergehende wahrscheinlichkeitstheoretische Betrachtungen finden aber zunächst nicht statt. Die politische Arithmetik war der Vorläufer der jetzigen »deskriptiven Statistik«. Übrigens erlebte der Begriff im Laufe der Zeit einen Bedeutungswandel: Zumindest im deutschsprachigen Raum verstand man gegen 1900 unter politischer Arithmetik alles, was mit der Mathematik des Finanzwesens zu tun hatte [Purkert 2006b, 498].

Methoden der Wahrscheinlichkeitsrechnung wurden relativ früh, etwa im Rahmen der Untersuchung von Arbuthnot zum Überhang der Knabengeburten (s. Kap. 6.2), eingesetzt, um festzustellen, wie wahrscheinlich bzw. unwahrscheinlich bestimmte Abweichungen von einer zunächst erwarteten Regelmäßigkeit oder von bestimmten »Mittelwerten« seien. Solche Untersuchungen, die im 18. Jahrhundert begannen, im 19. Jahrhundert erheblich verstärkt und schließlich im 20. Jahrhundert systematistiert wurden, führten zur heutigen »schließenden« bzw. »inferentiellen« Statistik.

Das Wort »Stochastik« wird heute als Oberbegriff für Wahrscheinlichkeitstheorie und Statistik verwendet. In dieser allgemeinen Weise betrifft das allerdings eine recht junge Entwicklung, die erst in den 1970er Jahren, vor allem im deutschsprachigen Raum, eingesetzt hat. Das Wort leitet sich vom griechischen »stochastizein« ab, was »geschickt vermuten« bedeutet. Im Rahmen der Wahrscheinlichkeitrechnung wurde es von Jakob Bernoulli zu Beginn des 2. Kapitels des 4. Teils der *Ars conjectandi* (1713) verwendet, als er diese neue Wissenschaft folgendermaßen charakterisierte:

> … ideoque *Ars coniectandi* sive *Stochastice* nobis definitur ars metiendi quam fieri potest exactissime probabilitates rerum, eo fine, ut in judiciis & actionibus nostris semper eligere vel sequi possimus id, quod melius, satius, tutius aut consultius fuerit deprehensum;

Die Kunst des Mutmaßens bzw. des geschickten Vermutens sollte also darin bestehen, möglichst genau die Wahrscheinlichkeiten der Dinge zu bemessen, um in praktisch allen Lebenslagen damit vorteilhafte Entscheidungen treffen zu können.

Offenbar erst im Jahre 1917 wurde Bernoullis Wortwahl wieder aufgegriffen, von Ladislaus von Bortkiewicz (1868–1931) in seinem Werk *Die Iterationen* (unter einer Iteration verstand von Bortkiewicz das wiederholte Vorkommen eines Ereignisses hintereinander). »Stochastik« wurde hier – durchaus im Sinne von Bernoulli – als angewandte Wahrscheinlichkeitsrechnung verstanden, dazu dienend, eine Verbindung zwischen der Statistik der Datenerhebung und -aufbereitung einerseits und der schließenden Statistik andererseits herzustellen.

Eine Suche im *Jahrbuch über die Fortschritte der Mathematik* bzw. im *Zentralblatt*, den beiden Referateorganen der Mathematik und der angrenzenden Wissenschaften, von denen das erste bis 1942 bestand, das zweite 1931 erstmals erschien und bis heute existiert, ergibt für 1931 einen ersten Treffer mit einem Beitrag, der im Titel das Wort »stochastisch« bzw. »stochastic« enthält: den Artikel »Über das Abhängigkeitsgesetz stochastisch verbundener Veränderlichen mit Erläuterungen an einem meteorologischen Beispiel« von Franz Baur (1887–1977). In der im selben Jahr 1931 erschienenen Abhandlung »Über die analytischen Methoden in der Wahrscheinlichkeitsrechnung« schrieb Andrei Kolmogorov (1903–1987) von »stochastisch-definiten« Prozessen, worunter er solche physikalischen Vorgänge verstand, bei denen aus der Kenntnis des Zustands eines Systems zu einem bestimmten Zeitpunkt die Wahrscheinlichkeitsverteilung für die möglichen Zustände zu jedem späteren Zeitpunkt folgt. Baur wie Kolmogorov verwendeten hier offensichtlich das Adjektiv »stochastisch« als Synonym für »zufällig«, ein Wortgebrauch, der sich wohl um 1930 herum zu etablieren begann. »Stochastic Processes« wurde dann ab 1934 besonders von Joseph Leo Doob (1910–2004) in einer Reihe von Artikeln verbreitet, die schließlich in sein bekanntes Buch von 1954 mit demselben Titel mündeten. Die Recherche im *Zentralblatt* zeigt schließlich, dass die Sammelbezeichnung »Stochastik« für eine mathematische Lehre vom Zufälligen – wieder zuerst im deutschsprachigen Raum – erst in den 1970er Jahren aufgekommen ist.

Aus heutiger Sicht ist die Stochastik ein Konglomerat aus vielerlei Disziplinen mit durchaus unterschiedlichen Schwerpunkten und Sichtweisen, die aber in mathematischer Hinsicht eine gemeinsame Basis, die Wahrscheinlichkeitstheorie, haben. Da letztlich auch die sammelnde und beschreibende Statistik in starker Wechselwirkung mit der Wahrscheinlichkeitsrechnung steht – das beginnt bereits dann, wenn eine Stichprobe gebildet wird oder wenn Durchschnittszahlen berechnet werden –, sollte sie ebenfalls in diesen Sammelbegriff einbezogen werden. Die Vielfalt der Stochastik, die programmatisch bereits in der *Ars conjectandi* angelegt war, hat sich im Wesentlichen bis zum Beginn des 20. Jahrhunderts herausgebildet. Wir finden um 1900 einen – noch ziemlich elementaren – mathematischen Kern der Wahrscheinlichkeitsrechnung, eine aufstrebende Versicherungsmathematik, eine praktisch vollständige Theorie der Beobachtungsfehler, die auch die Grundlage für die statistische Schätztheorie bildet, die vorrangigen Aspekte der deskriptiven wie auch der schließenden Statistik (mit einer freilich noch nicht systematisch entwickelten Testtheorie) und nicht zuletzt eine weit entwickelte »statistische« Physik, die mit entscheidend für den späteren Übergang zur Quantenphysik wird. All diese Gesichtspunkte rechtfertigen die Wahl der für den vorliegenden ersten Band zu berücksichtigenden Zeitspanne bis zum Beginn des ersten Weltkriegs und fallweise sogar ein bisschen darüber hinaus.

1.5 Zur verfügbaren Literatur

In den vergangenen 50 Jahren hat die Stochastik, natürlich auch wegen ihrer sehr breiten thematischen Streuung, in der Mathematik- und allgemeiner in der Wissenschaftsgeschichte sehr große Aufmerksamkeit erfahren. Immer noch großes Interesse verdienen aber auch mehrere der vor 1970 erschienenen historischen Arbeiten.

Die überhaupt erste Gesamtdarstellung der Geschichte der Wahrscheinlichkeitsrechnung inklusive ihrer statistischen Anwendungen wurde von Charles Gouraud (1823–1876) in seiner *Histoire du calcul des probabilités depuis son origine jusqu'à nos jours* von 1848 verfasst. Die Besonderheit dieses Werks ist, dass der Autor auf Formeln und überhaupt mathematische Einzelheiten völlig verzichtet. Alle Problemstellungen und Lösungsansätze werden in mehr oder weniger allgemeinen Worten präsentiert, wodurch die Präzision der Darstellung natürlich leidet. Bemerkenswert ist aber, dass Gouraud die Entwicklungslinien ab dem Briefwechsel zwischen Pascal und Fermat in einer Weise wiedergibt, wie sie auch heute noch einem breiten Konsens in der Geschichtsschreibung entsprechen.

Bezüglich der mathematischen Einzelheiten wesentlich genauer, wenn auch im Detail manchmal kritikwürdig, ist *A History of the Mathematical Theory of*

Probability, from the time of Pascal to that of Laplace (1865) von Isaac Todhunter (1820–1884). Todhunter gliedert dabei die Darstellung vorrangig in chronologischer Reihenfolge nach den einzelnen Mathematikern und ihren Beiträgen. Dagegen orientiert sich der *Bericht* von Emanuel Czuber (1851–1925) über *Die Entwicklung der Wahrscheinlichkeitstheorie und ihrer Anwendungen* von 1899 an den verschiedenen Themenbereichen, wie sie bis dato aufgetreten sind.

Bereits 1925 erschien die Geschichte der Versicherungsmathematik von Heinrich Braun (1878–1949) in erster Auflage (2. Aufl. [1963]). 1929 wurden die von der Kontinuität statistischer Konzepte ausgehenden *Studies in the History of Statistical Method* von Helen Walker (1891–1983) publiziert. Zu der Geschichte der Statistik bis zum Ende des 19. Jahrhunderts ist immer noch die Monographie *Contributions to the History of Statistics* von Harald Westergaard (1853–1936) aus dem Jahr 1932, die Schwerpunkte in die politische Arithmetik und die amtliche Statistik setzt, häufig zitiert. Große Popularität erlangte auch das Buch *Games, Gods and Gambling* von Florence Nightingale David (1909–1993) zur Vor- und Frühgeschichte der Wahrscheinlichkeitsrechnung, das 1962 erschien. In die Reihe der eher frühen Werke gehören noch Leonid E. Maistrovs vielzitiertes Buch *Probability Theory–A Historical Sketch* [1974], dessen ursprünglich russische Fassung 1967 veröffentlicht wurde, sowie die aus Vorlesungen in den 1920ern und frühen 1930ern hervorgegangene *History of Statistics in the 17th and 18th Centuries* von Karl Pearson (1857–1936), die 1978 posthum herausgegeben wurde.

Das verstärkte historische Interesse an der Geschichte der Stochastik ab 1970 ist vielleicht dadurch zu erklären, dass Wissenschaftshistoriker um diese Zeit auf diesem noch nicht sehr intensiv bearbeiteten Gebiet Nachholbedarf sahen. Eine nicht unerhebliche Rolle spielte dabei auch die damals lebhafte Diskussion über *The Structure of Scientific Revolutions* von Thomas S. Kuhn (1922–1996), einem Buch, das 1962 in erster und 1970 in zweiter und erweiterter Auflage genau solche Prozesse beleuchtete, wie sie auch mutmaßlich zur Entwicklung der Wahrscheinlichkeitsrechnung beigetragen hatten. Seit ca. 1970 entstand eine Vielzahl von Monographien und eine fast unübersehbare Zahl von Aufsätzen zu der Geschichte der Stochastik. Die folgende Aufstellung kann daher auch nicht ansatzweise den Anspruch auf irgendeine Vollständigkeit erheben.

Bereits zur Vorgeschichte der Stochastik gibt es mit [Franklin 2015] eine mittlerweile in zweiter Auflage erschienene, sehr umfassende Gesamtdarstellung. Auf das Buch von Hacking (erste Aufl. 1975, zweite Aufl. 2006) wurde bereits hingewiesen. [Daston 1988] setzt bei Hacking an und schreibt eine Geschichte bis in die Zeit von Laplace und seinen Nachfolgern unter besonderer Berücksichtigung der intellektuellen Rahmenbedingungen. Diese werden auch in den (teilweise historisch orientierten) Darstellungen von Hacking [1990] und Gerd Gigerenzer [1989] über die Auswirkungen der Stochastik auf Wissenschaft und Gesellschaft erörtert. Ebenfalls in diesen Bereich der Geschichtsschreibung gehört Theodore Porters Buch *The Rise of Statistical Thinking, 1820–1900* [1986]. Eine besonders aspektreiche Geschichte der Statistik (und der zugehörigen Wahrscheinlichkeitstheorie) bis ca. 1900 ist Stephen Stigler [1986b] gelungen. [Stigler 1999] enthält in Ergänzung dazu ausgewählte Kapitel der Geschichte der Statistik. Von einem modernen Standpunkt aus vermittelt Shoutir Kishore Chatterjee [2003] eine Zusammenschau statistischer Konzepte, philosophischer Aspekte und historischer Betrachtungen.

Eine gewisse Sonderstellung nehmen die beiden Werke [1990; 1998] von Anders Hald (1913–2007) zur Geschichte der Wahrscheinlichkeitsrechnung und Statistik vor ca. 1750 und zur Geschichte der mathematischen Statistik (die automatisch viele Gesichtspunkte der Wahrscheinlichkeitstheorie mit umfasst) nach 1750 ein. Der Schwerpunkt liegt hier in der mathematischen Durchdringung. Die Ausführlichkeit und die umfassende Berücksichtigung der Quellen machen diese Werke beinahe unverzichtbar für jeden, der sich mit der Geschichte der Stochastik unter näherer Berücksichtigung des mathematischen Standpunkts beschäftigen will, auch wenn an einigen Stellen die eher moderne mathematische Darstellungsweise die spezifische der Quellen vernachlässigt. Eine Ergänzung, die besonders noch die Leistungen von Ronald Aylmer Fisher (1890–1962) berücksichtigt, ist [Hald 2007]. Ähnlich angelegt wie Hald, aber stärker deskriptiv orientiert, ist Prakash Gorroochurn [2016] in seiner *History of Modern Mathematical Statistics* von Laplace bis hin zu relativ neuen Entwicklungen. In einem ähnlichen Stil gibt Andrew Dale [1999] eine sehr ausführliche Geschichte der inversen Wahrscheinlichkeiten von Bayes bis zum Beginn des 20. Jahrhunderts. Viele sehr wertvolle Hinweise enthält die teilweise skizzenhaft angelegte Monographie von Oscar Sheynin [2017], deren neueste Version auch im Internet frei verfügbar ist. Das zweibändige Werk von Bernard und Marie-France Bru [2018] ist der eingehenden Untersuchung ausgewählter Themenkreise unter besonderer Berücksichtigung der analytischen Techniken gewidmet. Eine umfangreiche, historisch orientierte, Zusammenstellung kombinatorischer Aufgabenstellungen seit den Anfängen der Stochastik ist in dem Buch von Haller und Barth [2017] enthalten.

Was längere Übersichtskapitel in Büchern betrifft, gibt Boris V. Gnedenko (1912–1995) im Anhang zu seinem in mehreren Auflagen erschienenen Lehrbuch (1. Aufl. [1957]) auf ca. 60 Seiten einen Überblick über die Geschichte der Wahrscheinlichkeitstheorie (ohne Statistik) bis ca. 1950. Das Kapitel von Michel Loève (1907–1979) über die Entwicklung der Wahrscheinlichkeitstheorie ab Laplace [1985] ist ein interessantes Beispiel bourbakistischer Geschichtsschreibung. Der Geschichte der Stochastik im 19. Jahrhundert sind die Übersichtsarbeiten [Gnedenko und Sheynin 1992] und [Schneider 1999] gewidmet. Einen Einblick in die Geschichte der Wahrscheinlichkeitstheorie bzw. Mathematischen Statistik im 20. Jahrhundert mit Schwerpunkt Deutschland geben Ulrich Krengel [1990] bzw. Hermann Witting [1990].

Speziell zur Fehlerrechnung findet man in den bereits erwähnten Werken zur Geschichte der Statistik meist ausführliche Erläuterungen, zudem sei aber auch besonders auf den Klassiker [Czuber 1891] und auf das Buch von Sheynin [1996] verwiesen. Zur Geschichte der kinetischen Gastheorie und statistischen Physik ist das Werk von Stephen Brush [1976] in zwei Bänden der Standard. Zur Philosophie der Wahrscheinlichkeiten gibt es eine schier unermessliche

Literatur, die aber zumeist den Schwerpunkt in Entwicklungen des 20. Jahrhunderts setzt. Für die Zeitspanne bis ca. 1900 findet man Ausführliches in den bereits erwähnten Büchern von Hacking, Daston und Porter sowie in Schneiders Übersichtsartikel. Daneben sei besonders auch noch auf die einschlägigen Kapitel im ersten Band der *Probabilistic Revolution* [Krüger et al. 1987] hingewiesen. Eine Fülle von Material findet man im *Oxford Handbook of Probability and Philosophy* [Hájek und Hitchcock 2016] sowie in der *Stanford Encyclopedia of Philosophy* `https://plato.stanford.edu/`.

Sammlungen mit wiederabgedruckten Aufsätzen zur Geschichte der Stochastik sind [Pearson und Kendall 1970; 1977] (unter besonderer Berücksichtigung der Reihe »Studies in the History of Statistics and Probability«, die ab 1954 im Journal *Biometrika* erschien) sowie (auch im Internet frei verfügbar) die englischen Übersetzungen russischer bzw. sowjetischer Artikel [Sheynin 2004b; 2005] sowie die Zusammenstellung [Sheynin 2009]. Zwischen 2005 und 2013 existierte das *Electronic Journal for History of Probability and Statistics*. Die dort veröffentlichten Aufsätze und edierten Dokumente sind im Internet unter `https://www.jehps.net/` frei zugänglich und stellen eine sehr reichhaltige Sammlung dar. Besondere Aufmerksamkeit verdient der Band 1 der *Probabilistic Revolution* herausgegeben von Krüger et al. [1987] mit Originalbeiträgen zur Ausbreitung stochastischer Methoden im 19. Jahrhundert in den verschiedensten Lebensbereichen.

In dem vorliegenden Buch wird in den meisten Fällen zugunsten besserer Lesbarkeit in moderater Weise die heute gewohnte Formelschreibweise verwendet, obwohl sich diese, etwa was Summenzeichen und indizierte Variablen betrifft, erst im 19. Jahrhundert herausgebildet hat. Allen, die an der ursprünglichen Darstellung interessiert sind, seien die folgenden Quellensammlungen empfohlen: Für die Wahrscheinlichkeitstheorie liegt mit [Schneider 1988] eine Sammlung der wichtigsten Quellen zusammen mit Einleitungen zu den einzelnen Themen vor. [Kotz 1993b;a; 1997] sind Quellensammlungen zur Statistik inklusive Fehlerrechnung. Die auch im Internet verfügbaren [Sheynin und Nekrasov 2004; Sheynin 2004a] beinhalten englische Übersetzungen russischer Quellen, etwa von Nekrasov und Markov. Eine umfangreiche Zusammenstellung von Richard Pulskamp für die Zeit von ca. 1650 bis 1900 – ggf. in englischer Übersetzung – ist unter `http://www.probabilityandfinance.com/pulskamp/` im Internet zugänglich.

Für biographische Daten gibt es mittlerweile eine Vielzahl von Internet-Ressourcen. Ein guter Start ist `https://mathshistory.st-andrews.ac.uk/`, der *MacTutor Index*, von dem aus eine Reihe weiterer Informationsquellen zugänglich gemacht sind. Die beiden Sammlungen mit Biographien von Stochastikern [Johnson und Kotz 1997] und [Heyde und Seneta 2001] sind nach wie vor sehr lesenswert.

Schließlich sei noch auf die von Wiley herausgegebenen und im Internet (teilweise mit freiem Zugang) verfügbaren Enzyklopädien *Encyclopedia of Statistical Sciences* sowie *Encyclopedia of Actuarial Science* verwiesen, die auch eine Fülle an historischen Beiträgen enthalten.

1.6 Hinweise zur Lektüre

Weite Teile dieses Buchs sollten, wie die Autoren hoffen, bereits mit Grundkenntnissen der Algebra, Trigonometrie und der Differential- und Integralrechnung verständlich sein. Was elementare Kenntnisse aus der Stochastik betrifft, so gibt Anhang A einen knappen und nicht-formalen Überblick über die elementare Wahrscheinlichkeitsrechnung. Das Sachverzeichnis beschränkt sich auf die Stochastik und und ihre Anwendungsgebiete. Dort sind Seitenangaben zu Textstellen, in denen genauere Erläuterungen zu Begriffen oder Konzepten vorgenommen werden, fett gedruckt.

Technisch anspruchsvollere oder thematisch speziellere Passagen sind in manchen Kapiteln in »Exkursen« angeboten. Sie sind vom restlichen Text in etwas kleinerer Schrift abgehoben.

In den Kapiteln 9 und 12 sind »Beispiele« aufgeführt, in denen der rechnerische Umgang mit Daten vorgestellt wird. Das Ende dieser in Normalschrift gedruckten Passagen wird jeweils durch ein ausgefülltes Quadrat ■ angezeigt.

Bei einem Übersichtswerk wie diesem fallen sehr viele Literaturangaben an. Historische Quellen liegen oft in mehreren Kopien, darunter auch in Werksausgaben, vor. Um den Umfang des Literaturverzeichnisses ein wenig zu vermindern, haben wir uns oft auf die Angabe des am leichtesten zugänglichen Abdrucks einer Quelle beschränkt, sehr oft die Orginalausgabe, weil diese mittlerweile als Digitalisat vorliegt. Werksausgaben, auf die fallweise zusätzlich hingewiesen wird, behalten freilich nach wie vor ihren Wert, da sie eine zusammenhängende Lektüre themenverwandter Arbeiten desselben Autors ermöglichen und oft sehr interessante Kommentare enthalten. Sollten sich in Einzelfällen die Seitenangaben für Textstellen auf eine Werksausgabe beziehen, ist dies im Literaturverzeichnis bei der jeweiligen Quelle vermerkt. Wenn nur an einer Stelle im Text das Werk eines Autors samt bibliographischen Angaben vermerkt ist, wird meistens auf eine entsprechende Wiederholung im Literaturverzeichnis verzichtet.

In den meisten Fällen werden die Bezüge auf literarische Quellen in Autor-Jahr-Notation gegeben. »[Maier 2024, 56]« bezieht sich also auf die Seite 56 im Werk von Maier, das 2024 erschienen ist. Wird dagegen die Person des Autors betont, so erscheint sein Name außerhalb der Klammer, etwa wie in »Maier [2024, 56] hat geschrieben ... «. Ist der Autorenbezug anderweitig hergestellt, kann fallweise nur das Jahr und ggf. die Seitenzahl angegeben werden.

In der Regel wird in jedem Kapitel eine dort vorkommende historische Person bei ihrem ersten signifikanten Erscheinen im Text mit vollem Namen und mit ihren Lebensdaten angegeben. Ausnahmen werden – neben versehentlichen Versäumnissen – bei Persönlichkeiten gemacht, die sehr häufig vorkommen, etwa bei Laplace oder Gauß. Zusätzlich findet man die vollen Namen und Lebensdaten auch im Namenverzeichnis.

In Zitaten richtet sich Rechtschreibung und Interpunktion nach dem Original. »Ungereimtheiten« sind also hier in der Regel nicht auf Schreibfehler der Autoren dieses Buchs zurückzuführen.

Die Transliteration in kyrillischen Buchstaben geschriebener russischer Wörter und insbesondere Namen richtet sich nach den Vorgaben des *Library of Congress*, 2012. Das dort angegebene System ist deutlich einfacher zu handhaben als das deutsche.

Kapitel 2
Vorgeschichte: qualitative und quantitative Aspekte von Zufall und Wahrscheinlichkeit

Ein Zusammenhang zwischen Zufall und Wahrscheinlichkeit tritt in der historischen Entwicklung ebenso wie Versuche, bestimmte Aspekte des Wahrscheinlichen zu quantifizieren, eigentlich erst in der frühen Neuzeit auf.

Zunächst musste sich der gesamte Umfang an Bedeutungen, die man heute mit dem Begriff des Wahrscheinlichen verbindet, herausbilden. Grob unterscheidet man heute subjektive und objektive Aspekte des Wahrscheinlichen. Wenn z. B. am Ende einer Diskussion einer der beiden Beteiligten bemerkt: »wahrscheinlich haben Sie recht«, gibt er seinem Gegenüber zu verstehen, dass er die für dessen Meinung oder dessen Behauptung direkt oder indirekt ins Feld geführten Argumente als überzeugender oder glaubwürdiger einschätzt als die für eine oder mehrere zur Sprache gekommenen Alternativen. »Wahrscheinlich« steht hier also für die subjektive Einschätzung der Richtigkeit einer Äußerung. Wenn jemand unter Hinweis auf die ihm bekannten Daten für die Wetterentwicklung der nächsten Tage sagt, »wahrscheinlich wird es morgen nicht regnen«, geht es nicht mehr nur um die subjektive Einschätzung der Richtigkeit dieser Aussage, sondern auch um subjektunabhängige, objektive Daten und damit auch um eine objektive Wahrscheinlichkeit. Wenn etwa für den folgenden Tag eine 70%ige Regenwahrscheinlichkeit vorausgesagt wird, liegt schließlich eine quantifizierte Wahrscheinlichkeit vor.

Die vielen Schritte und Einzelheiten, die in einer von der Antike bis in die Neuzeit reichenden Entwicklung zu dem heutigen Bedeutungsumfang des Wahrscheinlichen führten, können hier nur in einer begrenzten Auswahl vorgestellt werden, auch weil von einer mathematischen Stochastik, von wenigen Vorleistungen abgesehen, erst ab dem 17. Jahrhundert die Rede sein kann. Die Entwicklung war zudem nicht stetig auf einen bestimmten Status des Wahrscheinlichen hin gerichtet, sondern weist Phasen etwa des Ausblendens oder Vergessens eines bereits früher erreichten Verständnisses auf. Die meisten Entwicklungsschritte erfolgten in der griechischen Antike, deren Ergebnisse, von sprachlichen Umformungen und neuen Anwendungen abgesehen, bis ins 17. Jahrhundert Bestand hatten.

H. Fischer et al., *1000 Jahre Stochastik*, Vom Zählstein zum Computer,
https://doi.org/10.1007/978-3-662-72368-5_2

Allerdings mussten bereits in der vorgriechischen Antike Entscheidungen, wie die Bewertung verschiedener Ansprüche auf ein Gut oder der Schuld bei Rechtsverletzungen durch als Richter fungierende Personen, auf der Grundlage entsprechender Bestimmungen getroffen werden. Die dabei auftretenden Schwierigkeiten etwa wegen mangelnder Information oder sich widersprechender Zeugnisse erforderten verschiedene schon im alten Ägypten oder in Mesopotamien nachweisbare rechtlich gefasste Vorgehensweisen, um ein als ausreichend angesehenes Maß an Glaubwürdigkeit, z. B. für die Berechtigung eines Anspruchs, zu erreichen. Zu solchen Vorgehensweisen zählten auch Folter und heute nicht mehr übliche Methoden wie die Anrufung eines göttlichen Wesens. Allerdings sind in dieser Frühphase sprachliche Fassungen, die als eine Form aus dem heutigen Spektrum der Bedeutungen von »wahrscheinlich« angesehen werden könnten, nicht zu erwarten, weil man ausschließlich an einer nicht mehr weiter zu hinterfragenden Entscheidung interessiert war. Eine nähere Qualifikation von Aussagen als wahrscheinlich in dem weiten Spektrum zwischen wahr und falsch, möglich und unmöglich scheint erst in der griechischen Philosophie erfolgt zu sein.

2.1 Die Reaktion von Platon und Aristoteles auf die Sophisten und das daraus resultierende Verständnis von Wahrscheinlichkeit und Zufall

Man könnte eine entsprechende Recherche mit einem Lexikon Deutsch-Altgriechisch beginnen. Allerdings ist man dann mit einem Problem der Ungleichzeitigkeit konfrontiert, weil das deutsche Wort »wahrscheinlich«, mit dem man sinnvoller Weise beginnt, ein Bedeutungsspektrum aufweist, das erst seit der Antike mehr oder minder langsam entwickelt wurde. Über durchaus verschieden interpretierbare Übersetzungen altgriechischer Quellen kommt man schließlich auf die großen Philosophen Platon (428/427 v. C.– 348/347 v. C.) und Aristoteles (384 v. C.–322 v. C.), die bereits auf eine Reihe im damaligen Sprachgebrauch vorliegende Wörter zurückgreifen konnten, die heute auch als »wahrscheinlich« bzw. »Wahrscheinlichkeit« verstanden werden können (Abb. 2.1). Dabei muss man berücksichtigen, dass die uns heute bekannten Texte der so genannten Vorsokratiker, also der vor Sokrates (469 v. C.–399 v. C.) und Platon wirkenden griechischen Philosophen, zu einem großen Teil aus Zitaten und Kommentaren in den erhaltenen Werken von Platon und Aristoteles rekonstruiert wurden, also keineswegs eine unvoreingenommene, neutrale Auswahl oder gar eine vollständige Theorie des jeweils zitierten Vorsokratikers darstellen.

Die erhaltenen Werke von Platon und Aristoteles stellen wiederum nur einen Teil der ursprünglich verfügbaren Texte der beiden dar. So hat Platon ebenso wie Aristoteles theoretische Abhandlungen für sein System und Aristoteles wie Platon Dialoge verfasst, die nicht in den Traditionsstrom eingingen und deshalb verloren sind.

Abb. 2.1: Raffaels »Schule von Athen«; zentral, aus dem Torbogen kommend: Platon (links) und Aristoteles

Eine besondere Schwierigkeit bei dem Versuch, das Wahrscheinlichkeitsverständnis der griechischen Antike zu rekonstruieren, ist auch, dass es eine Reihe von griechischen Wörtern, wie »eikos«, »pistos«, »pithanos«, »endoxos« oder »hos epi to poly« gibt, die in den einschlägigen Texten, wenn auch nicht nur, mit »wahrscheinlich« im Deutschen übersetzt werden. Welche Bedeutung aus dem umfangreichen Bedeutungsspektrum des deutschen Wortes »wahrscheinlich« dann tatsächlich gemeint ist, lässt sich am ehesten aus den von den griechischen Autoren verwendeten konkreten Beispielen erschließen. Sie betreffen etwa die bei Gerichtsprozessen verwendete Sprache, die dazu diente, bei unvollständiger oder widerspruchsvoller Information die für die Urteilsfindung zuständigen Richter zu überzeugen.

Die dabei für Überzeugungskraft, Glaubwürdigkeit oder Plausibilität verwendeten beiden Adjektive sind »pithanos« und »eikos«. In den erhaltenen literarischen Quellen sind diese Wörter erst im fünften Jahrhundert v. Ch., nicht aber schon in den homerischen Epen nachzuweisen.

In seinem Dialog *Phaidon* äußert sich der zum Tod verurteilte und auf diesen gelassen wartende Sokrates über das Verhältnis von Leib und Seele, der Sokrates eine frühere Existenz zuspricht. Wenn die Seele, wie Simmias, einer der Dialogpartner des Sokrates, glaubt, ähnlich wie das Stimmen eines Saiteninstruments vor dessen Gebrauch für das Stimmen im Sinn eines harmonischen Funktionierens des Leibes zuständig ist, gibt es keinen Grund für deren Weiterbestehen nach dem Tod des Leibes. Simmias bekennt, dass er auf seine Auffassung vom Wirken der Seele im Leib ohne jeden Beweis aufgrund einer den meisten Leuten einleuchtenden »Ähnlichkeit« bei diesem Vergleich mit dem Stimmen eines Instruments oder, wie die Stelle auch übersetzt wird, »Wahrscheinlichkeit« für diesen Vergleich gekommen sei. Sokrates kann den Einwand des Simmias gegen ein Weiterbestehen der Seele nach dem Tod des Leibes allerdings als in sich widersprüchlich zurückweisen. Das hier von Platon verwendete Wort für »ähnlich«, vergleichbar im Sinn von »wahrscheinlich« ist »eikos«.

Für Platon bestand ein grundsätzlicher qualitativer Unterschied zwischen dem absolut Gesicherten, der Wahrheit und der durch »eikos« und dessen von Platon verwendete Synonyma ausgedrückten Wahrscheinlichkeit.

Das bestätigt Platon auf andere Weise in der Erzählung des *Timaios* über die Schöpfung der Welt bei der Unterscheidung zwischen dem Sein und dem Werden. Die Welt ist dort ein Abbild der Idee ihres Schöpfers, die im Gegensatz zu dem nur wahrscheinlichen Abbild absolut sicher und unwiderlegbar ist. Platon erläutert, dass sich das Sein zum Werden verhält wie die Wahrheit zum Überzeugtsein von der Wahrheit, also zum Glauben oder zur Wahrscheinlichkeit, wofür das Wort »pistis« steht. Die hier zugrunde liegende Ideenlehre von Platon fordert also für die Idee eines Objekts, etwa eines Tisches, einen höheren Grad von Wirklichkeit als für die Verwirklichung der Idee eines Tisches in Form eines konkreten, sinnlich erfahrbaren Tisches. Man kann dafür geltend machen, dass die Idee eines Tisches seiner konkreten Verwirklichung zugrunde liegen und damit vorausgehen muss und dass die Idee allen denkbaren Verwirklichungen eines Tisches gemeinsam ist. Damit hängt dieses Beispiel für Platons Verständnis von Wahrscheinlichkeit eng mit seiner Ideenlehre zusammen.

Ein Anlass für Platon und später für Aristoteles, sich mit Aspekten des Wahrscheinlichen im heutigen Verständnis auseinander zu setzen, war das seit der Mitte des fünften vorchristlichen Jahrhunderts feststellbare Auftreten einer Gruppe von als Sophisten bezeichneten Wanderlehrern, die für ihren Unterricht Bezahlung erwarteten.

In neueren Darstellungen erscheinen diese Sophisten als antike Aufklärer, die das damals verfügbare Wissen verbreiteten und dessen Nutzung vor allem im politischen Diskurs und bei rechtlichen Auseinandersetzungen lehrten. Sie werden damit für die Entstehung und den Bestand einer demokratischen Kultur vor allem in Athen in Verbindung gebracht. Dem steht das lange kolportierte, überwiegend negative Urteil über die Sophisten von Platon und teilweise auch von Aristoteles gegenüber, die die Lehren der Sophisten weitgehend auf eine allein dem Ziel, zu überzeugen und damit glaubwürdig zu wirken, verpflichtete Rhetorik einschränkten, ohne Rücksicht auf die tatsächlichen Gegebenheiten. So findet man im zweiten Teil des aus zwei Teilen bestehenden Platonischen Dialogs *Phaidros* eine Erörterung darüber, was von den Sophisten unter guter Rhetorik verstanden wurde. Sokrates verweist dabei darauf, dass er gehört habe, es sei bei den Sophisten durchaus üblich, auch »die Sache des Wolfes zu verteidigen«. Etwas später zeigt Sokrates an einem konkreten Fall, was darunter zu verstehen ist: Ein schwächlich wirkender Mann, der einen physisch weit überlegen erscheinenden, aber feigen Mann angegriffen und beraubt hatte, müsste im Fall einer Anklage zu seiner Verteidigung nur auf die sichtbare körperliche Überlegenheit des Klägers verweisen, um seine Richter von der Absurdität des ihm angelasteten Vergehens zu überzeugen; gleichzeitig würde der Kläger von dem gesellschaftlichen Odium, ein Feigling zu sein, befreit.

Es käme bei den Gerichten, wie Sokrates in diesem Dialog schon vorher festgestellt hatte, keineswegs auf die Wiedergabe des tatsächlichen Geschehens, also auf die Wahrheit, sondern allein auf das glaubwürdig und damit überzeugend Wirkende, in diesem Sinn Wahrscheinliche an. Für das Glaubwürdigkeit vermittelnde Wahrscheinliche hatte Sokrates/Platon auch das Wort »pithanos« verwendet, das er mit dem nur den Schein von Wahrheit vermittelnden »eikos« verbindet. Später klärt Sokrates, dass das »eikos« nichts anderes ist als das, was die Menge leicht glaubt. Der Anlass für Platon/Sokrates sich mit der durch »eikos« und seine gleichzeitig verwendeten Synonyma ausgedrückten Wahrscheinlichkeit zu befassen, war ein ethisches Problem. Im Gegensatz zu der von den Sophisten gelehrten Redekunst, die allein der Durchsetzung der Interessen des Redners dienen sollte und damit nur als eine Scheinkunst bezeichnet werden könne, müsse eine gute Rhetorik dem Ziel verpflichtet sein, die Wahrheit aufzudecken, etwa, um in einem Rechtsstreit ein der tatsächlichen Beteiligung der streitenden Parteien angemessenes und damit gerechtes Urteil zu ermöglichen.

Weitere Äußerungen von Sokrates/Platon in anderen Dialogen bestätigen diesen Befund. Ein bei dem attischen Redner Antiphon aus dem fünften vorchristlichen Jahrhundert in seiner ersten *Tetralogie* nachweisbarer Komparativ »eikoteron« könnte, wenn man »eikos« im Sinn von »wahrscheinlich« versteht, als Unterscheidung zwischen einem mehr und weniger wahrscheinlich etwa bei Argumenten für eine Behauptung und damit als möglicher Ansatz einer Ordnungsrelation für verschiedene Wahrscheinlichkeiten gedeutet werden.

Aristoteles, der an der Platonischen Akademie als Lehrer wirkte, bevor er seine eigene Schule gründete, verfügte wie Platon über eine eigene Bibliothek, in der auch die Literatur der Vorsokratiker gesammelt war. Er konnte damit auf schon bei den Vorsokratikern nachweisbare, umgangssprachlich verwendete Begriffe für das Wahrscheinliche zurückgreifen, die er passend in seine Philosophie integrierte. Bevor dieser Prozess einsetzte, musste sich Aristoteles von Platon emanzipieren. In einem der nicht erhaltenen Dialoge von Aristoteles aus der ersten Zeit nach Platons Tod distanzierte sich Aristoteles von dessen Ideenlehre. Ohne auf Einzelheiten der in den folgenden Jahren von Aristoteles entwickelten Erkenntnistheorie einzugehen, sei hier nur auf die nach vier verschiedenen Ursachen möglichen Verknüpfungen zwischen den Gliedern von Ereignisketten verwiesen, die jedes folgende Ereignis zur Wirkung des unmittelbar vorangehenden machen. Die Folgeereignisse oder Wirkungen teilte Aristoteles ein in solche, die sich notwendig also immer ergeben, in solche die meistens oder im Regelfall beobachtet werden, und schließlich in solche, die weder immer noch meistens, sondern einmal so und einmal anders, also zufällig eintreten. Dieser letzte Bereich des Zufälligen entzieht sich einer wissenschaftlichen Analyse. Aristoteles illustriert dieses Dogma von dem wissenschaftlicher Erkenntnis unzugänglichen Bereich des Zufälligen am Beispiel eines Gläubigers, der von seinem Schuldner mit ihm unbekannten Wohnort sein Geld zurückerstattet haben will. Wenn er jeden Tag auf den Markt geht, wird er dort den Schuldner, falls dieser nicht verhungern will, mit Sicherheit irgendwann treffen; wenn er seinen Schuldner nicht jeden Tag, aber doch immer wieder auf dem Markt sucht, wird er ihm im Regelfall irgendwann begegnen. Wenn der Gläubiger aber in ganz anderer Absicht, als sein Geld zurückzufordern, auf den Markt geht und dort seinen Schuldner trifft, ist der Marktbesuch des Gläubigers nicht die sich zwangsläufig oder meistens ergebende Ursache der Möglichkeit, dort die Rückzahlung der Schuld des Schuldners zu fordern, sondern rein zufällig.

Aristoteles lässt auch keinen Zweifel daran, dass er Spiele mit Würfeln oder mit so genannten Astragaloi, kleinen Knöcheln im Fußbereich von Paarhufern, als dem Zufall unterworfene Glücksspiele betrachtet. Wer Aristoteles' Dogma von dem wissenschaftlicher Erkenntnis unzugänglichen Bereich des Zufälligen übernahm, sah keinen Grund, die Mathematik zur Lösung von Glücksspielproblemen heranzuziehen. Die Ermutigung, dieses Dogma bewusst oder unbewusst zu ignorieren und einfache Würfelspielprobleme richtig zu lösen, scheint erst von islamischen und vielleicht schon früher von indischen Mathematikern ausgegangen zu sein, deren Ansätze Europa wohl erst im Gefolge der Kreuzzüge im 13. Jh. erreichten.

Vor diesem Hintergrund kann man bei Aristoteles nur ein qualitatives Verständnis von »wahrscheinlich« erwarten. Der wichtigste von Aristoteles in einer Bedeutung von »wahrscheinlich« verwendete Begriff ist »endoxos«, das aber auch im Sinn von »berühmt« oder »von edler Geburt« verwendet wird. »Endoxos« wird von Aristoteles näher bestimmt als das, was allen oder den meisten oder den Kundigen und unter den Kundigen entweder allen oder den meisten oder den Bekanntesten einleuchtet. Wenn auch Aristoteles nicht erklärt, wie die von ihm unterschiedenen Teilgruppen zu ihrer jeweils übereinstimmenden Meinung kommen, ist doch der subjektive Charakter von »endoxos« unbestreitbar.

In der *Topik* kennzeichnet »endoxos« den Gegensatz zu dem etwa aufgrund von Evidenz als gesichert und wahr Geltenden. So kann ein Schluss, der auf nur wahrscheinlichen Voraussetzungen im Sinn von »endoxos« beruht, nur zu Folgerungen führen, die ihrerseits nur als wahrscheinlich bewertet werden können. Auf dieser Grundlage kann Aristoteles die rhetorischen Kniffe der Sophisten in den »Scheinwiderlegungen der Sophisten«, die den letzten Abschnitt der *Topik* bilden, entlarven. So werden ähnlich wie in Platons *Phaidros* bei einem der Körperverletzung Angeklagten, wenn er nicht sehr kräftig erscheint, seine physische Unterlegenheit, bei einem beeindruckend starken Mann, eine betont defensive Haltung, weil seine unübersehbare körperliche Überlegenheit ihn nur verdächtig machen könnte, als Scheinargumente für die Unschuld des Angeklagten eingestuft, weil sie auf Voraussetzungen beruhen, die nur »endoxos«, nicht aber gesichert sind.

In seiner *Rhetorik* hat Aristoteles »eikos« und »endoxos« synonym mit »pithanos« und »pistos« im Sinn von überzeugend und glaubwürdig verwendet. Das Wort »eikos« benutzt Aristoteles auch, um den Regelfall zu kennzeichnen, in seiner Ausdrucksweise das, was »hos epi to poly«, in den meisten Fällen, eintritt. Eine Aussage oder das Eintreten eines Ereignisses wird demnach als »eikos« bezeichnet, wenn seine Verneinung als unwahrscheinlich, weil nur im Ausnahmefall zutreffend, bewertet werden muss.

Der Ausdruck »hos epi to poly« ist schon vor Aristoteles im *Corpus Hippocraticum*, einer Sammlung medizinischer Texte, bei Angaben über den Verlauf einer Krankheit nach der Feststellung ihrer Symptome zu finden. So heißt es dort z. B. »hos epi to poly«, in der Regel, wird der Patient nach zwei bis drei Wochen wieder gesunden oder in besonders bedrohlich erscheinenden Fällen innerhalb der nächsten drei Tage sterben. So nahe liegend, ja verlockend es scheint, solche Aussagen als Ausdruck einer statistischen Erhebung und damit als Ansatz einer Häufigkeitsinterpretation zu sehen, fehlt jeder Hinweis darauf, dass man damals oder auch noch lange danach Daten gesammelt hat, aus denen hervorging, wie oft das Auftreten gewisser Symptome mit einem bestimmten Krankheitsverlauf zusammenfiel.

Ansätze für eine quantitative Fassung des Wahrscheinlichen erfolgten erst sehr viel später zunächst in der Glücksspielrechnung, in der die Wahrscheinlichkeit gewisser Zufallsereignisse, wie das Auftreten einer bestimmten Augenzahl beim Würfeln, berechnet wurde.

2.2 Die Entwicklung eines Wahrscheinlichkeitsverständnisses in der Antike nach Platon und Aristoteles

Für die Verbreitung und auch Erweiterung des Bedeutungsumfangs von Wahrscheinlichkeit in der Zeit nach Platon und Aristoteles kann man nicht davon ausgehen, dass sich das Wahrscheinlichkeitsverständnis von einem der beiden durchsetzte. Vielmehr spielten in der weiteren Entwicklung Mischformen eine Rolle, in die auch das Wahrscheinlichkeitsverständnis anderer griechischer philosophischer Schulen einging. Die in der Zeit des Hellenismus entstandenen Hauptschulen sind die der Epikureer, der Skeptiker und der Stoiker. Den Epikureern und den Skeptikern ist die Verabschiedung von der Vorstellung einer unverbrüchlichen Wahrheit gemeinsam. Epikur (341 v. C.–271 v. C.) sah sich mit verschiedenen für ihn gleich einleuchtenden Theorien zur Erklärung der Planetenbewegung wie der aus Sicht des menschlichen Beobachters rückläufigen Schleifenbewegung konfrontiert, was für ihn eine Entscheidung zu Gunsten einer dieser Theorien ausschloss. Stattdessen sollten alle diese Theorien gleichberechtigt als wahrscheinlich nebeneinander stehen, ohne jeweils den Anspruch erheben zu können, wahr zu sein.

Die wesentlichen Kennzeichen der auf Pyrrhon von Elis (362 v. C.–ca. 270 v. C.) zurückgehenden skeptischen Bewegung sind bei Sextus Empiricus im zweiten nachchristlichen Jahrhundert überliefert. Für den Skeptiker dieser Richtung existiert kein Kriterium, das ihm die Feststellung der Wahrheit einer Meinung oder einer Behauptung erlauben würde; ihm bleibt nur die Hoffnung, das faktisch Unausweichliche ohne seelische Erschütterung hinnehmen zu können.

Dem gegenüber ging man in der auf Zenon von Kition (333/332 v. C.–262/261 v. C.) zurückgehenden Schule der Stoa davon aus, dass alle Ereignisse kausal zusammenhängen und es dem entsprechend möglich ist, einen solchen Zusammenhang als wahr zu erschließen. Gegen diese Auffassung wandten sich die Skeptiker der so genannten mittleren Akademie, Arkesilaos (315 v. C.–241 v. C.) und Karneades (214/213 v. C.–129/128 v. C.). Schon die Vorsokratiker hatten sich die Frage gestellt, wie weit man bei der Suche nach einer Erklärung der Welt auf die sinnliche Erfahrung bauen kann. Dabei hatte Heraklit von Ephesos (520 v. C.–460 v. C.) sinnlicher Wahrnehmung jede Sicherheit abgesprochen, die er allenfalls als »glaubwürdig« im Sinn der Fähigkeit bezeichnete, eine Mehrheit zu überzeugen. Die Erfahrung der Täuschungsanfälligkeit sinnlicher Wahrnehmung veranlasste dann Arkesilaos zu der Forderung, bei auf sinnlicher Wahrnehmung beruhenden Aussagen auf jedes Urteil hinsichtlich richtig oder falsch zu verzichten und sich stattdessen mit dem Bestätigungsgrad einer Aussage zu begnügen. Karneades entwickelte daraus eine Theorie, die unabhängig von seinen in Ermangelung des originalen Textes nicht mehr nachvollziehbaren tatsächlichen Intentionen als eine Unterscheidung verschiedener Grade von Wahrscheinlichkeit verstanden werden kann. Dieses Verständnis ermöglichte eine Art von Ordnungsrelation für solche Wahrscheinlichkeiten aber keine Quantifizierung. Karneades illustrierte seine Theorie am Beispiel eines Mannes, der im Dunkeln ein Zelt betritt und dabei am Boden auf etwas Zusammengerolltes stößt. Die Sichtverhältnisse erlauben dem Mann nicht festzustellen, ob es sich dabei um ein zusammengerolltes Seil oder um eine Schlange handelt. Das Ertasten des zusammengerollten Etwas mit einem mitgeführten Stock führt zu keiner Veränderung seiner Lage und damit zu dem Eindruck, der Wahrscheinlichkeit dafür, dass es sich eher um ein Seil als um eine Schlange handelt. Da sich aber Schlangen bei der vorausgesetzten niedrigen Temperatur bei einer leichten Berührung nicht notwendig zu einer Veränderung ihrer Lage veranlasst sehen, muss die Wahrscheinlichkeit für Seil und nicht Schlange durch einen weiteren Test überprüft werden, der aber unter den vorausgesetzten Verhältnissen, Dunkelheit und Kälte, zu keiner definitiven Entscheidung führt. Ähnlich verhält es sich bei einem Arzt, der zunächst aufgrund eines auffälligen Symptoms das Vorliegen einer bestimmten Krankheit für wahrscheinlich hält und nach der Feststellung eines weiteren für diese Krankheit typischen Symptoms eine höhere Glaubwürdigkeit für die ursprüngliche Vermutung und damit einen höheren Grad der Wahrscheinlichkeit dafür erhält; mit der Bewährung der Vermutung durch den Test an einem weiteren Symptom wird die Glaubwürdigkeit der Vermutung und damit ihre Wahrscheinlichkeit nochmals gesteigert, ohne dass damit die ursprünglich vermutete Krankheit tatsächlich vorliegen muss. (Für weitere Einzelheiten über die Skeptiker s. [Schneider 1977]; [Franklin 2015, 196–200].)

Die hier skizzierte Entwicklung eines Wahrscheinlichkeitsbegriffes in der griechischen Antike führte weder zu einer klaren Unterscheidung zwischen objektiven und subjektiven Wahrscheinlichkeiten noch, wie schon bemerkt, zu einer quantitativen Fassung.

2.3 Das Fortleben der in der griechischen Antike entwickelten Konzepte des Wahrscheinlichen bis ins 17. Jahrhundert

Die Aufnahme und Weitergabe des bei den Griechen vorgefundenen Wissens durch lateinische Schriftsteller wie Cicero (106 v. C.–43 v. C.) oder Quintilian (35 n. C.–96 n. C.) im antiken Rom brachte keine Klärung oder gar Weiterführung des von den Griechen entwickelten Verständnisses von »wahrscheinlich« und von »Wahrscheinlichkeit«.

Allerdings wurden die von den Griechen benutzten verschiedenen Bezeichnungen des Wahrscheinlichen von den Römern reduziert auf zwei Adjektive nämlich »probabilis« und »verisimilis« bzw. zwei Substantive »probabilitas« und »verisimilitudo«. Dabei handelt es sich nicht um zwei begrifflich verschiedene Bedeutungen von »wahrscheinlich«, sondern um zwei Aspekte des Wahrscheinlichen. Sprachlich wird bei einer mit »probabilis« bewerteten Aussage die Möglichkeit oder auch Notwendigkeit einer Prüfung oder eines Tests angesprochen; »verisimilis« hingegen bezeichnet eine Wahrheitsähnlichkeit, nicht aber Wahrheitsgleichheit. In den modernen romanischen Sprachen und auch im Englischen wird »wahrscheinlich« vor allem durch Nachbildungen von »probabilis« im Englischen »probable« und »verisimilis« im Englischen »likely« ausgedrückt. Solche Übertragungen von »probabilis« und »verisimilis« auf die entstehenden modernen Sprachen erfolgten erst im Spätmittelalter.

Wesentlich für die Weitergabe des antiken Wahrscheinlichkeitsverständnisses in der Spätantike waren die Rechtsprechung und die Theologie. Für die Rechtsprechung waren für diese Zeit die wichtigsten Quellen der Talmud und das römische Recht, wie es auf Veranlassung Kaiser Justinians (482–565, Abb. 2.2) im 6. Jahrhundert n. C. kodifiziert worden war. Trotz weitgehender inhaltlicher Unabhängigkeit von einander teilen diese beiden Rechtsquellen ähnliche Ansätze in drei Bereiche: Regeln zur Beurteilung von Zeugenaussagen, strenge Kriterien für den Nachweis von Verbrechen, Urteile auf der Grundlage plausibler Annahmen. Ähnliches gilt auch für ein etwa um dieselbe Zeit kodifiziertes Rechtssystem in Indien. Für die Weitergabe und eventuelle Modifikationen des antiken Verständnisses von »wahrscheinlich« und dessen Anwendungen in

Abb. 2.2: Justinian, Kirche San Vitale, Ravenna, ca. 450 n. C.

der Spätantike und im Mittelalter genügt es, sich an das römische Recht, vor allem dessen Digesten zu halten.

Ein Beispiel für eine solche Modifikation findet man bei Boethius (ca. 480–525) in der Spätantike, der »endoxos« mit »probabilis« übersetzt und in Übereinstimmung mit Aristoteles weitgehend verbindlich für das gesamte Mittelalter als das erklärt, was von »allen oder den meisten oder den weisen – und von den weisen entweder von allen oder den meisten oder den angesehensten und bedeutendsten unter ihnen « angenommen wird (*De topicis differentiis*, 1, 1180C). Der Unterschied besteht darin, dass bei Aristoteles jede Angabe darüber fehlt, wann die Allgemeinheit oder eine als »die Weisen « bezeichnete Teilgruppe oder eine Teilgruppe der Weisen für die Entscheidung darüber zu befinden hat, was als »endoxos« oder lateinisch »probabilis« anzusehen ist, während die Gesellschaft zur Zeit von und nach Boethius der letzten und kleinsten Gruppe, also den herkömmlichen Autoritäten den Vorrang einzuräumen bereit war. Damit war eine der Voraussetzungen für die Entstehung einer Ordnungsrelation unter den verschiedenen Wahrscheinlichkeiten gegeben.

Nach dem Ende des römischen Reichs war das römische Recht durch das Recht der im Früh- und Hochmittelalter zur Herrschaft gekommenen germanischen Stämme wie der Goten und der Franken überlagert und weitgehend vergessen worden. Erst gegen Ende des 11. Jahrhunderts hatte man das unter Justinian kodifizierte römische Recht, insbesondere die vor allem aus Urteilen konkreter Fälle bestehenden Digesten, wieder entdeckt. Diese Rückbesinnung wurde begleitet durch eine umfangreiche Literatur von Kommentaren, die vor allem bemüht waren, aus den konkreten Fällen der Digesten allgemeine Kriterien zu destillieren.

Ähnliches gilt für das kanonische oder kirchliche Recht, bei dem die Kommentatoren nach Kriterien für die Beurteilung bestimmter Verhaltensweisen als Recht oder Unrecht, Sünde oder Nichtsünde suchten. Die Kommentatoren sind in diesem Zusammenhang als die neuen Autoritäten anzusehen, die sich allerdings durchaus nicht immer einig waren. Ohne auf die einzelnen Felder theologischer Auseinandersetzungen einzugehen, kann man festhalten, dass Wahrscheinlichkeit in der theologischen Literatur des 17. Jahrhunderts im Rahmen der vor allem von Jesuiten seit dem 16. Jahrhundert vertretenen Moraltheologie eine sehr prominente Rolle spielte. Für die katholische Beichte, in der der Beichtvater das Gebeichtete wie ein Richter zu beurteilen hatte, wurden dem römischen Recht vergleichbare Fallsammlungen zusammen mit deren Beurteilung etwa als Sünde oder aber auch als vor Gott vertretbares Handeln als wesentliche Stütze angesehen. Hier bildeten sich verschiedene Schulen, deren extremste der Probabilismus und der Tutiorismus einander diametral gegenüber standen.

Der auf den Dominikaner Bartolomé de Medina (gestorben 1580, s. z. B. [Franklin 2015, 74–76]) zurückgehende und von den Jesuiten übernommene Probabilismus sah eine Handlung als grundsätzlich moralisch vertretbar an, wenn für sie »gute«, von entsprechenden Autoren geltend gemachte Gründe sprechen, auch wenn für alternatives Verhalten u. U. noch überzeugendere

Argumente ins Feld geführt werden könnten. Die extremste Form des Probabilismus wurde der Laxismus, der gesetzwidriges Verhalten als moralisch toleriert, auch wenn dafür nur wenig überzeugende, also wenig wahrscheinliche Gründe angeführt werden können.

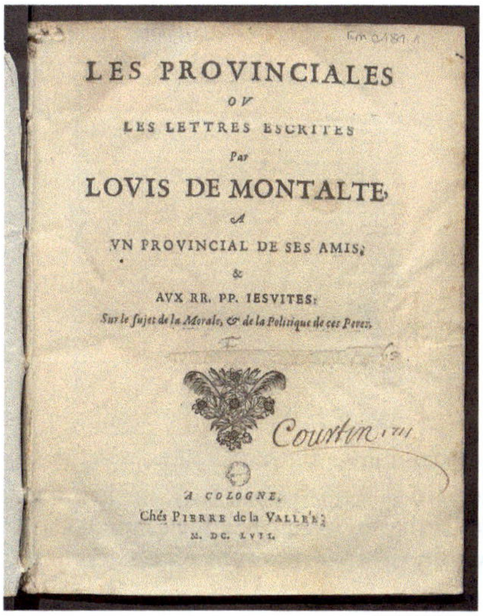
LES PROVINCIALES
OV
LES LETTRES ESCRITES
Par
LOVIS DE MONTALTE,
A
VN PROVINCIAL DE SES AMIS,
&
AVX RR. PP. IESVITES:
Sur le sujet de la Morale, & de la Politique de ces Peres.
A COLOGNE,
Chés PIERRE de la VALLEE.
M. DC. LVII.

Abb. 2.3: Titelblatt der ersten Ausgabe der *Lettres*

Die Gegenposition zum Probabilismus und Laxismus stellt der Tutiorismus dar, der eine strikte Befolgung aller Gesetze ohne jedes Wenn und Aber fordert. Der Tutiorismus wurde vor allem von den Jansenisten in Port Royal vertreten, zu denen Antoine Arnauld (1612–1694) und auch Blaise Pascal (1623–1662) zählten. Blaise Pascal hat sich mit seinen seit 1656 anonym erschienenen *Lettres Provinciales* (Edition z. B. [Pascal 1862], Abb. 2.3) mit dem von den Jesuiten vertretenem Probabilismus bzw. Laxismus polemisch auseinandergesetzt. Nicht nur die sehr genauen Literaturangaben in den *Lettres* belegen hinreichend, dass Pascal mit dem zeitgenössischen Verständnis von »wahrscheinlich« wohl vertraut war. Dies ist umso erstaunlicher, als Pascal, der als einer der Väter der im 17. Jahrhundert entstehenden oder entstandenen Wahrscheinlichkeitsrechnung gilt, in seiner Glücksspielrechnung aber mit keinem Wort seine Vertrautheit mit dem zeitgenössischen Verständnis von »wahrscheinlich« erkennen lässt. Eine Verbindung zwischen seinem Wahrscheinlichkeitsverständnis und den von ihm berechneten Chancenverhältnissen bei Glücksspielproblemen hat Pascal ebenso wenig wie nach ihm Christiaan Huygens (1629–1695) hergestellt.

2.4 Glücksspiele und die Herausbildung von mit mathematischen Mitteln lösbaren Problemen im Hoch- und Spätmittelalter

Abb. 2.4: Links: Würfel aus Ägypten, römische Zeit. Die Augen gegenüberliegender Flächen addieren sich noch nicht zu 7. Rechts: spätantike römische Würfel. Hier summieren sich gegenüberliegende Augenzahlen bereits zu 7, wie man durch den Vergleich des Würfels ganz links und des Würfels ganz rechts erkennt.

Gewürfelt wurde bereits in der vorgriechischen Antike, wie etwa Würfel verschiedener Materialien aus alten Hochkulturen belegen. Wahrscheinlich hat man damit nach gewissen Regeln um irgendwelche Einsätze gespielt. Ähnliches gilt für andere regelmäßige Körper und insbesondere für die z. T. in großen Mengen gefundenen Sprungbeinknöchelchen von Paarhufern, die von den Griechen als Astragaloi und von den Römern als Tali bezeichnet wurden (Abb. 2.4 und 2.5). Ein Astragalos kann nur auf eine seiner vier verschieden geformten Längsseiten fallen, da die Stirnseiten jeweils klein und rund sind. Bei Spielen um Einsätze oder um den Willen der Götter zu befragen, benutzte man sehr oft vier Astragaloi, wobei die gegenüber liegenden schmalen Seitenflächen mit 1 und 6 und die breiten konkaven und konvexen mit 3 und 4 bewertet wurden. Schon die Bewertung der beiden schmalsten Seitenflächen mit 1 und 6 sowie auch die von verschiedenen Würfen mit vier Astragaloi zeigen, dass sich solche Belegungen nicht an den Häufigkeiten des Auftreffens der Seitenflächen orientierten. Hinweise auf die Beobachtung stabiler relativer Häufigkeiten des Auftreffens der Seitenflächen eines Astragalos oder Würfels fehlen in der Antike und auch im nachfolgenden Frühmittelalter ebenso wie irgendeine Verbindung eines Wahrscheinlichkeitsbegriffs mit dem Wurfgeschehen.

Für die Nutzung von Würfeln oder Tali als vom Zufall abhängige Entscheidungsinstrumente wie dem im neuen Testament berichteten Würfeln um den Rock Christi unter den römischen Soldaten bei der Kreuzigung von Jesus spielten relative Häufigkeiten keine Rolle. Da der aus einem Stück Stoff ohne Naht bestehende Rock für eine Teilung in entsprechend viele Stücke zu schade er-

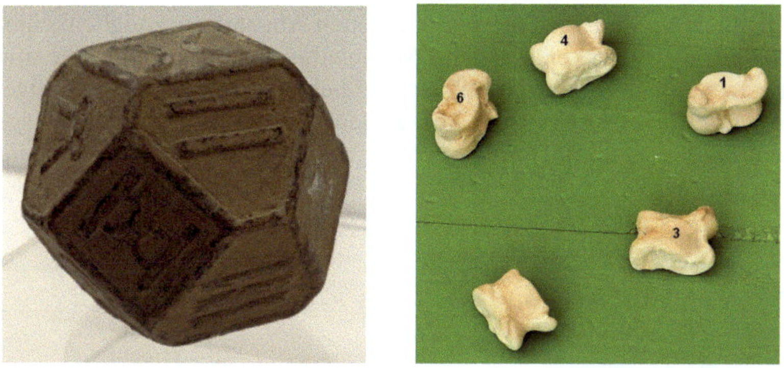

Abb. 2.5: Links: chinesischer 14-Flächner (ca. 300 v. C.). Rechts: Astragaloi mit Bewertung der nach oben liegenden Flächen. Welchen Wert hat der unbeschriftete Astragalos?

schien, sollte er aufgrund einer Zufallsentscheidung als Ganzes an einen der Soldaten gehen.

Wann die Beobachtung von Häufigkeiten und relativen Häufigkeiten bei Glücksspielen einsetzt, ist nicht bekannt. Gelegenheit dazu hätten bereits Glücksspiele geboten, in denen man etwa zur Zeit des Hellenismus und im römischen Reich oft um große Summen spielte. Die Spielregeln dieser immer wieder, wenn auch im privaten Bereich weitgehend wirkungslos verbotenen Glücksspiele sind nicht genau überliefert. Darunter waren auch Spiele, in denen bestimmte Züge durch die Augensummen von drei Würfeln bestimmt wurden. Eine systematische Festlegung der Häufigkeit des Auftretens solcher Augensummen taucht erst in dem aus dem 13. Jahrhundert stammenden Lehrgedicht *De vetula* (Abb. 2.6) auf, das der anonyme Autor für die Zeit nicht unüblich als dem Grab Ovids entnommen und daher von Ovid verfasst behauptet (für eine moderne Edition s. [Klopsch 1967]). Der Titel *De vetula* verweist auf eine ältere Frau, die Amme einer jungen Dame, die als Kupplerin letztlich erfolglos eine Verbindung zu der vom Autor also dem Pseudo-Ovid begehrten jungen Dame herstellen sollte. Dabei werden auch eine Reihe von Aktivitäten und Fertigkeiten des potentiellen Liebhabers angesprochen, u. a. seine Vertrautheit mit Spielen wie der erst im Mittelalter aufgekommenen Rithmomachie, dem Schachspiel und einem Würfelspiel, bei dem es auf die mit drei Würfeln erzielten Augenzahlsummen ankam. Irgendwelche Spielregeln fehlen, aber die Gewichtung der Augenzahlsummen scheint für den Gewinn der damit ausgetragenen Spiele eine entscheidende Rolle gespielt zu haben. Zunächst wird bemerkt, dass die Extrema der Augensummen 3 und 18 am seltensten auftreten, während die Augensummen zu den mittleren 10 und 11 anwachsen. Es werden dann die verschiedenen Möglichkeiten erörtert, wie die Augensummen zwischen 3 und 18 ohne Rücksicht auf die verschiedenen Anordnungsmöglichkeiten, also die möglichen Kombinationen mit Wiederholung, insgesamt $56 = \binom{8}{3} = \binom{6+3-1}{3}$, zu erreichen sind.

Schließlich werden auch die verschiedenen Anordnungsmöglichkeiten, Permutationen, 6 für drei verschiedene Augenzahlen, 3 für zwei gleiche und eine davon verschiedene Augenzahl und schließlich eine für drei gleiche Augenzahlen berücksichtigt. Das Ergebnis wird in dem Epos in einer Tabelle, ausgehend von den Augenzahlsummen in den ersten beiden Spalten, zusammengefasst, s. Abb. 2.6.

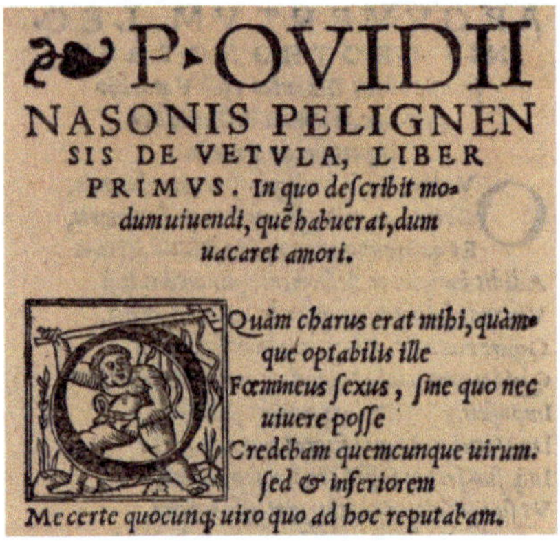

P·OVIDII
NASONIS PELIGNEN
SIS DE VETVLA, LIBER
PRIMVS. In quo describit modum uiuendi, quē habuerat, dum uacaret amori.

Quàm charus erat mihi, quàm que optabilis ille
Fœmineus sexus, sine quo nec uiuere posse
Credebam quemcunque uirum. sed & inferiorem
Me certe quocunq; uiro quo ad hoc reputabam.

3	18	Punctatura	1	Cadentia	1
4	17	Puncturae	1	Cadentiae	3
5	16	Puncturae	2	Cadentiae	6
6	15	Puncturae	3	Cadentiae	10
7	14	Puncturae	4	Cadentiae	15
8	13	Puncturae	5	Cadentiae	12
9	12	Puncturae	6	Cadentiae	25
10	11	Puncturae	6	Cadentiae	27

Abb. 2.6: Links: Beginn von *De vetula* in einem Frühdruck von 1534. Rechts: Tabelle zu 3 Würfen mit Augenzahlsummen in den ersten beiden Spalten, Augenzahlkombinationen (»Punctaturae«) und Permutationen (»Cadentiae«)

Damit ist das Problem einer richtigen Gewichtung der 16 verschiedenen Augenzahlsummen gelöst, unter der Voraussetzung, dass es sich bei den verwendeten Würfeln um zumindest näherungsweise ideale Würfel handelt.

Die Abfassungszeit von *De vetula* fällt mit der letzten Phase der Kreuzzüge zusammen, die nicht nur kriegerische Auseinandersetzungen mit den Muslimen sondern auch kulturelle Kontakte zur Welt des Islam brachte. Welche unmittelbaren oder auch nur mittelbaren Kontakte zum Islam den Autor von *De vetula* beeinflusst hatten, wird etwa durch die Verwendung von Fachwörtern arabischen Ursprungs ebenso wie durch mögliche Anleihen bei dem persischen Astronomen und Astrologen Albumasar (787–886), dessen Schriften im 12. Jahrhundert ins Lateinische übersetzt wurden, nahegelegt.

Sehr viel deutlicher ist der islamische Einfluss auf das mutmaßlich etwas später als *De Vetula*, nämlich 1283 entstandene Spielebuch *Libro de los juegos* (Abb. 2.7, moderne Edition [de Castro 2007]) von Alfons dem Weisen (1221–1284) erkennbar.

Auch wenn der Schwerpunkt dieser Sammlung dem Schach und Schachproblemen gilt, gibt es darin einen Abschnitt über Würfelspiele von zwei Personen, der nicht nur eine Ergänzung zu dem in *De vetula* ohne jeden Bezug auf konkrete Spiele und deren Regeln angebotenen Bewertung der Augensummen von drei Würfeln bietet, sondern auch deutlich macht, dass die Kenntnis der Häufigkeiten der mit zwei oder drei Würfeln erzielbaren Augensummen für die Spiel-

Abb. 2.7: *Libro de los juegos*, Alfons ist in der Mitte thronend abgebildet.

praxis von Bedeutung war. Ob der König das in vielen Abschriften verbreitete Epos *De vetula* kannte oder unabhängig davon eventuell in Kenntnis anderer, vielleicht muslimischer Quellen die Häufigkeiten von Augensummen von zwei oder drei Würfeln bestimmen konnte, ist nicht bekannt. Jedenfalls sind bei der Vorstellung der 12 verschiedenen dort aufgeführten Nullsummenspiele solche Häufigkeiten nicht angegeben. Auch sind die Spielregeln insbesondere hinsichtlich der Verteilung des Einsatzes nicht immer klar.

Die überwiegend arabischen Namen dieser Spiele sprechen für eine Herkunft aus der muslimischen Welt, die die iberische Halbinsel nicht nur militärisch, sondern auch kulturell als Einfallstor nutzte. Ob der Islam selbst etwa durch entsprechende indische Literatur beeinflusst wurde, ist, wie Stellen aus der klassischen indischen Literatur etwa die Geschichte von Nala und Damayanti in dem zwischen dem 7. Jahrhundert v. Chr. und dem 4. Jahrhundert n. Chr. entstandenen Epos *Mahabharata* zeigen, eher unwahrscheinlich. Die hier dargestellten Spielsituationen sind von denen islamischer Tradition grundverschieden. Allerdings sind auch islamische Quellen für *De vetula* oder das Spielebuch von Alfons dem Weisen bis heute nicht gefunden worden; es erscheint fraglich, ob solche schriftliche Quellen, falls sie jemals bestanden, trotz des hohen Bestandes an bis heute nicht ausgewerteten islamischen Manuskripten noch irgendwo ausfindig gemacht werden können, denn weit harmloser erscheinende Werke als mögliche Versuche einer Glücksspielrechnung, die gegen das strikte Glücksspielverbot des Korans verstoßen haben würden, fielen immer wieder durchgeführten Reinigungskampagnen zum Opfer.

Weder in *De vetula* noch in dem Spielebuch von Alfons dem Weisen ist auch nur die Andeutung einer Verbindung zwischen dem aus der Antike tradierten Wahrscheinlichkeitsverständnis und den für die Augenzahlsummen benötigten Häufigkeiten zu finden. Die Verbindung von relativen Häufigkeiten und Wahrscheinlichkeit wird allerdings im auf Alfons folgenden 14. Jahrhundert durch die in Hinblick auf sein Werk singuläre Persönlichkeit eines Nicole Oresme (ca. 1330–1382) hergestellt. In seinem Werk *De proportionibus proportionum* (moderne Edition [Grant 1966]) stellt Oresme beispielsweise fest, dass die Wahrscheinlichkeit einer beliebigen Zahl eine Kubikzahl zu sein kleiner ist als die, eine Nicht-Kubikzahl zu sein, weil die relative Häufigkeit von Kubikzahlen im Vergleich zu der von Nicht-Kubikzahlen in einem Intervall der ersten n natürlichen Zahlen mit wachsendem n immer kleiner wird. Analoges gilt für perfekte Zahlen, also Zahlen, die gleich der Summe ihrer echten Teiler sind, oder Paare positiver rationaler Zahlen, deren Glieder wie in dem einfachen Falle der Paare 4 und $32 = 4^{5/2}$ rationale Potenzen voneinander und in diesem Sinn kommensurabel sind. Oresme folgerte aus diesem rein mathematischen Ergebnis, dass etwa die Zeiten für die Umläufe von zwei Himmelskörpern und auch für Tag und Jahr nach Wahrscheinlichkeit inkommensurabel sind. Damit wurde den Astrologen eine der Grundlagen ihrer Vorhersagen entzogen.

Es gibt keine Hinweise auf irgendwelche Entwicklungen, die solche Aussagen von Oresme motiviert oder vorbereitet haben könnten. Anders als sein großer Einfluss als Lehrer und Philosoph auf seine Zeit ist die Wirkung Oresmes über seine Schrift *De proportionibus proportionum* auf Zeitgenossen oder deren Nachfolger vollkommen vernachlässigbar, wenn man von dem um 1400 als Kanzler der Universität Paris wirkenden Jean Gerson (1363–1429) absieht, der anscheinend unabhängig von Oresme den Begriff der »moralischen Sicherheit« im Sinne von »höchstwahrscheinlich« verwendete und den Aussagen der Astrologen über den Einfluss der Gestirne auf den Menschen ebenso wie Oresme bestenfalls eine nicht näher definierte rhetorische Wahrscheinlichkeit zusprach [Franklin 2015, 69].

Wann Spiele auftauchten, die nicht durch den Gewinn eines Einzelspiels, sondern durch den einer festgelegten Zahl $n > 1$ von Einzelspielgewinnen entschieden wurden, ist nicht bekannt. Jedenfalls stellte sich bei solchen Spielen das Problem, wie der Einsatz zwischen den beteiligten Parteien geteilt werden sollte, wenn das Gesamtspiel vor der endgültigen Entscheidung abgebrochen werden musste. Genau dieses Problem wurde in der zweiten Hälfte des 14. Jahrhunderts für den Spezialfall von zwei Spielern, drei erforderlichen Gewinnspielen und einem Spielstand von $2 : 0$ ebenso gelöst wie etwas später bei drei Spielern drei erforderlichen Gewinnspielen und einem Spielstand von $2 : 1 : 0$.

Für den eventuell arabischen Ursprung dieser beiden Texte fehlt jeder direkte Hinweis. Der erste Text entstammt einer vor 1400 entstandenen Handschrift, die in der Nationalbibliothek Florenz aufbewahrt wird (dt. Übersetzung [Schneider 1988, 9 f.]). Die Lösung stützt sich auf das Prinzip, dass der mögliche Zugewinn für jeden der beiden beteiligten Spieler im Falle eines Einzelspielgewinns gleich sein muss. Sei also der Spielstand $m : n$, so ist er nach einem weiteren Spiel entweder $(m+1) : n$ oder $m : (n+1)$; der Gewinn des ersten Spielers beim Übergang zu $(m+1) : n$ muss dabei ebenso groß sein wie der des zweiten Spielers beim Übergang zu $m : (n+1)$.

Implizit wird dabei vorausgesetzt, dass es keinen Unterschied zwischen den beiden Spielern gibt hinsichtlich der Möglichkeit, ein Einzelspiel für sich zu entscheiden. Beide Spieler sollen nach einer später eingeführten Begrifflichkeit gleiche Chancen haben, ein Spiel zu gewinnen, oder jeweils mit einer Wahrscheinlichkeit von 0.5 für den Gewinn eines Einzelspiels antreten. Das im Text erwähnte Spiel ist Schach, für das nach den heute üblichen Bewertungen der Spielstärken verschiedener Schachspieler obige Voraussetzung i. A. gerade nicht gegeben ist. Ein möglicher Grund für die Wahl von Schach bei diesem Problem könnte sein, dass dem Verfasser und dem möglicherweise davon verschiedenen Schreiber des Textes das Schachspiel angesichts der schon im römischen Reich erlassenen und in den folgenden Zeiten immer wieder neu aufgelegten Verbote von Glücksspielen als hinreichend harmlos und entsprechend unanstößig erschien. Interessant ist dabei der Vergleich mit Christiaan Huygens' Anspruch von 1656, als Erster den Bereich der Glücksspiele mit Hilfe der Algebra erschlossen zu haben. Tatsächlich wurde die richtige Lösung des Problems in dem vor 1400 entstandenen Manuskript mit Hilfe der so genannten cossistischen Algebra erzielt, in der die (einzige) Unbekannte als »cosa« bezeichnet und im Text mit »c.« symbolisiert wurde.

Habe also jeder der beiden Spieler den Betrag 1 eingesetzt, so geht es darum, ausgehend von einem Spielstand von $0 : 0$ den Anspruch eines der beiden Spieler auf den Gesamteinsatz vom Betrag 2 Spiel für Spiel zu bestimmen, bis einer der beiden Spieler drei Gewinnspiele erzielt hat und damit den Gesamteinsatz beanspruchen kann. Bezeichnet man den Zugewinn beim Gewinn des ersten Spiels nicht mit »c.«, sondern einer späteren Entwicklung der Algebra entsprechend mit x, so lässt sich im Spezialfall des Spielstands $2 : 0$ die Entwicklung des Anspruchs des ersten Spielers $A(2 : 0)$ ausgehend von
$A(0 : 0) = A(n : n) = 1$ für alle $n < 3$, $A(3 : m) = 2$ für alle $m < 3$,
$A(1 : 0) = 1 + x$
sowie wegen $A(2 : 0) - A(1 : 0) = A(1 : 0) - A(1 : 1)$
oder $A(2 : 0) = 2, A(1 : 0) - A(1 : 1) = 1 + 2x$
und entsprechend über $A(2 : 1) = 2, A(2 : 0) - A(3 : 0) = 4x$
und $A(2 : 2) = 2, A(2 : 1) - A(3 : 1) = 8x - 2$,
und damit $x = 3/8$, zu $1 + 3/4$ bestimmen.

Beim abgebrochenen Versuch der Lösung eines weiteren Spezialfalls des Teilungsproblems, nämlich einem Spielstand von $3 : 0$ und vier erforderlichen Gewinnspielen wurde ein anderer Weg eingeschlagen, der von dem Vorhergehenden abweicht. Allerdings hätte seine Fortsetzung für den Übergang des Anspruchs $A(2 : 0) = 1 + 2x$ des ersten Spielers zu $A(3 : 0) = 1 + 2x + y$ die Einführung einer weiteren Unbekannten y erfordert – eine Schwierigkeit, der damals nicht nur der Schreiber nicht gewachsen war. Die Lösung hätte sich analog zu dem Baumdiagramm in Abb. 2.8 finden lassen:
Weil $A(3 : 1) - A(2 : 1) = A(2 : 1) - A(2 : 2)$ oder $2x + 3y - 1 = 2x - y$
ist $y = 1/4$,
und weil $A(4 : 2) - A(3 : 2) = A(3 : 2) - A(3 : 3)$ oder $4 - 8x - 4y = 8x + 4y - 3$
ist $x = 5/16$ und damit $A(3 : 0) = 1 + 2x + y = 1 + 7/8$.

Dass der zweite Spezialfall im Manuskript ungelöst blieb sowie die Tatsache, dass in der Folgezeit in Italien bis ins 17. Jh. das Teilungsproblem analog zu

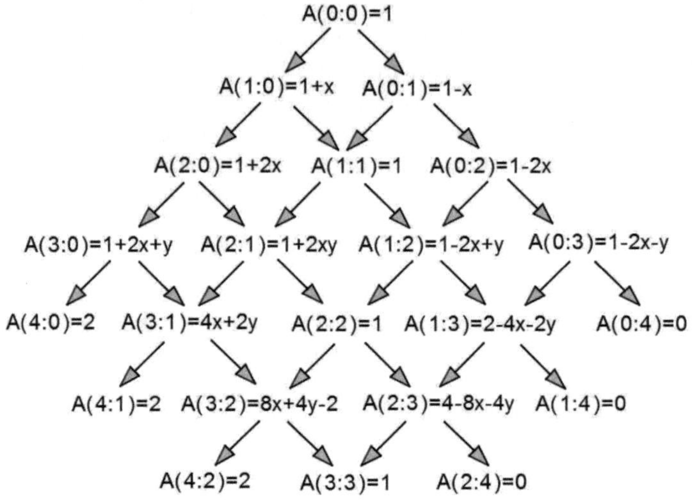

Abb. 2.8: Baumdiagramm zum Teilungsproblem bei 4 Gewinnspielen

wirtschaftlichen Modellen behandelt wurde, könnte bedeuten, dass die Lösung dieses Spezialfalls einem anderen Umkreis entstammt, für den eigentlich nur der des Islam in Frage kommt.

Mit dem erst seit Jakob Bernoulli verfügbaren klassischen Maß der Wahrscheinlichkeit und der Produktregel für das Zusammentreffen mehrerer voneinander unabhängiger Ereignisse hätte man die Wahrscheinlichkeit des bisher sieglosen Spielers das Gesamtspiel zu gewinnen, nämlich die nächsten vier Spiele für sich zu entscheiden, als $(1/2)^4 = 1/16$ und damit eine Teilung des Einsatzes zwischen den beiden Spielern im Verhältnis von 15 : 1 unmittelbar bestimmen können.

Eine andere Lösung des Problems mit den damals verfügbaren mathematischen Mitteln hätte sich analog zu der in einem italienischen Manuskript aus der ersten Hälfte des 15. Jahrhunderts in einer Bibliothek des Vatikans ergeben [Franci 2002]. Darin geht es um drei Spieler, die auf drei Gewinnspiele spielend beim Spielstand von 2 : 1 : 0 abbrechen müssen. Die ebenfalls auf dem Rekursionsprinzip beruhende Lösung geht davon aus, dass der Anspruch eines Spielers bei einem bestimmten Spielstand jeweils ein Drittel der Ansprüche für die möglichen drei Folgespielstände ist. Das bedeutet, dass die Gewinnaussichten aller drei Spieler als jeweils gleich vorausgesetzt werden. Für das Ergebnis, dass der Einsatz im Verhältnis 19 : 6 : 2 zu teilen ist, ist außer der Regel, dass der Gesamteinsatz an den Spieler geht, der zuerst drei Spiele gewonnen hat, nur zu berücksichtigen, dass bei einem Spielstand von 2 : 2 : 2 den drei Spielern jeweils ein Drittel des Gesamteinsatzes zusteht.

Kapitel 3
Historischer Rahmen I: vom Spätmittelalter bis zur Französischen Revolution

Abb. 3.1: Bedeutende Wissenschaftler der frühen Neuzeit: Leonardo, Copernicus, Galileo

Die Wahrscheinlichkeitsrechnung entstand durch die für sie günstigen Rahmenbedingungen der wissenschaftlichen Revolution sowie der spätestens nach Beendigung des 30-jährigen Kriegs prosperierenden Wirtschaft und entwickelte sich bis in die Zeit von Laplace und seiner direkten Nachfolger hinein ganz im Sinne der Aufklärung. Berücksichtigt man noch die dem Beginn der eigentlichen Wahrscheinlichkeitsrechnung vorausgehende Entwicklung, so ergibt sich ein Zeitrahmen, der in etwa die Übergangsperiode vom Spätmittelalter in die frühe Neuzeit, mit der Blütezeit der Renaissance in Italien im 15. Jahrhundert, bis zur französischen Revolution 1789 umfasst.

H. Fischer et al., *1000 Jahre Stochastik*, Vom Zählstein zum Computer,
https://doi.org/10.1007/978-3-662-72368-5_3

3.1 Zeittafel

1410	Niederlage des Deutschen Ordens in der Tannenberg-Schlacht
1419	Prager Fenstersturz, Beginn der Hussiten-Kriege
1434	Beginn der Herrschaft der Medici in Florenz
1438	Krönung von Albrecht II. zum römisch-deutschen König eröffnet den allmählichen Aufstieg der Habsburger zur Großmacht
ca. 1450	Erfindung des Buchdrucks durch Johannes Gutenberg
1453	Fall von Konstantinopel an die Türken
1453	Ende des Hundertjährigen Kriegs mit Sieg Frankreichs
1462	Beginn des Aufstiegs des Russischen Reichs mit der Inthronisation von Iwan dem Großen als Großfürst von Moskau
1492	Wiederentdeckung von Amerika durch Christoph Columbus
1498	Vasco da Gama erreicht Indien
1509–1547	Herrschaft von König Heinrich VIII. in England
1517	95 Thesen von Martin Luther
1521	Eroberung des Aztekenreichs durch Hernán Cortés
1524–1525	Bauernkriege
1543	Heliozentrisches Weltbild von Nicolaus Copernicus
1558–1603	Herrschaft von Elisabeth I. in England
1562–1598	Hugenottenkriege in Frankreich
1581	Republikgründung der Vereinigten Niederlande
ab 1582	Gregorianische Kalenderreform
1598	Edikt von Nantes
1608	Entwicklung erster Fernrohre und Mikroskope in den Niederlanden
1609–1621	Zwölfjähriger Waffenstillstand zwischen den Niederlanden und Spanien
1609	*Astronomia nova* von Johannes Kepler mit den beiden ersten Gesetzen der Planetenbewegung
1610	*Siderius nuncius* von Galileo Galilei mit den Entdeckungen durch das nach ihm benannte Fernrohr
1610	»Kepler«-Fernrohr
1614	Erste Logarithmentafel (Lord Merchiston Napier)
1618–1648	Dreißigjähriger Krieg
1633	Galilei widerruft das copernicanische Weltsystem
1637	Descartes' *Discours de la méthode*
1643–1715	Herrschaft von Ludwig XIV. (»Sonnenkönig«) in Frankreich
1662	Gründung der *Royal Society* in London
1666	Gründung der Akademie in Paris
1684/1686	Grundlegende Publikationen von Leibniz zur Infinitesimalrechnung
1687	Newtons *Philosophiae naturalis principia mathematica*

1690	John Lockes *An Essay concerning Human Understanding*
1700	Gründung der Kurfürstlich Brandenburgischen Societät der Wissenschaften mit Leibniz als Präsidenten
1725	Eröffnung der Petersburger Akademie
1733–1743	Nordexpedition unter Vitus Bering
1735–1737	Gradmessungsexpeditionen der Pariser Akademie nach Südamerika und Lappland
1739	David Humes *A Treatise of Human Nature*
1740–1786	Regierung von Friedrich II. (»der Große«) in Preußen
1740–1780	Regierung Maria Theresias von Österreich
1741	Neuorganisation der Berliner Akademie, Berufung Leonhard Eulers nach Berlin
1748	Humes *An Enquiry Concerning Human Understanding*
1751–1772	Diderots und D'Alemberts *Encyclopédie* in 28 Bänden
1756–1763	Siebenjähriger Krieg
1762–1796	Herrschaft von Katharina II. in Russland
1765	James Watt erhält ein Patent für die verbesserte Newcomensche Dampfmaschine
1768–1779	Entdeckungsreisen von James Cook
ca. 1770	Beginn der Industriellen Revolution in England
1770	Besitznahme von Australien für die britische Krone durch James Cook
1776	Amerikanische Unabhängigkeitserklärung
1777–1783	Amerikanischer Unabhängigkeitskrieg
1778	Carl v. Linnés System der Pflanzen
1781	erste Ausgabe der *Kritik der reinen Vernunft* von Immanuel Kant
1789–1794	Französische Revolution

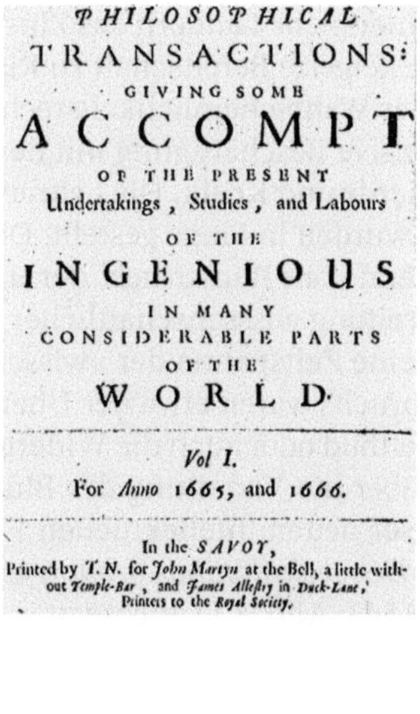
PHILOSOPHICAL
TRANSACTIONS:
GIVING SOME
ACCOMPT
OF THE PRESENT
Undertakings, Studies, and Labours
OF THE
INGENIOUS
IN MANY
CONSIDERABLE PARTS
OF THE
WORLD.
Vol I.
For Anno 1665, and 1666.
In the SAVOY,
Printed by T. N. for John Martyn at the Bell, a little without Temple-Bar, and James Allestry in Duck-Lane, Printers to the Royal Society.

Abb. 3.2: Die erste Ausgabe (1665) der *Philosophical Transactions*, des Publikationsorgans der *Royal Society*

3.2 Das 15. und 16. Jahrhundert: von der Renaissance zur wissenschaftlichen Revolution

In wirtschaftlicher Hinsicht wurde das 15. Jahrhundert durch den Übergang von der Natural- zur Geldwirtschaft geprägt. Der damit verbundene Zuwachs an Handel und Handwerk stärkte besonders die große Städte und schuf die materiellen Voraussetzungen für ihre kulturelle Blüte. In Italien erlebte die Renaissance in Stadtrepubliken wie Florenz, Venedig oder Mailand bereits im 15. Jahrhundert ihren Höhepunkt. Es gab mehrere Gründe für die der Renaissance eigene Rückbesinnung auf die antike Tradition: Gerade in Italien lag das antike Erbe buchstäblich vor Augen. Ab dem 12. Jahrhundert gelangten arabische Schriften verstärkt in das christliche Europa, wo sie ins Lateinische übersetzt wurden. Viele dieser Schriften waren Übertragungen bzw. Bearbeitungen der Werke der bedeutenden griechischen Autoren. Zunehmender Handel und sich entwickelndes Handwerk verlangten nach Wissenszuwachs, den man aus antiken Quellen zu gewinnen trachtete. Nach dem Fall von Konstantinopel floh schließlich eine bedeutende Zahl byzantinischer Gelehrter in den Westen und verstärkte dort die Gruppe der mit antikem Wissen beschäftigten »Humanisten«.

Auch die Mathematik erfuhr deutliche Impulse aus dem wirtschaftlichen Bereich. Die Anforderungen an Rechenfähigkeiten im Rahmen fortgeschrittenen Handels und Handwerks führten zu dem bis ins 17. Jahrhundert hinein verbreiteten Berufsstand der »Rechenmeister«, die auch die Algebra des Gleichungslösens zur sogenannten »Coß« weiterentwickelten.

Der wirtschaftliche Wandel hielt im 16. Jahrhundert an. Der Überseehandel entwickelte sich. Bergbau und Textilindustrie florierten und etablierten sich neben dem traditionellen Handwerk. Freilich war die Erwerbstätigkeit nach wie vor sehr stark landwirtschaftlich geprägt. Daneben wurde auch das Bank- und Kreditwesen erheblich gestärkt, insbesondere auch, da im Laufe des Jahrhunderts in immer mehr Ländern das Zinsverbot aufgehoben wurde. Die damit verbundene gesteigerte Bereitschaft zu Risikogeschäften sollte später auch die Entwicklung der Wahrscheinlichkeitsrechnung fördern.

Die intensive Beschäftigung mit den antiken Wissenschaften erzeugte indes auch Neugierde und Kritik. Die Lehren antiker Autoritäten, wie Aristoteles oder Ptolemäus wurden in Frage gestellt. Die wissenschaftliche Diskussion profitierte zunehmend vom Buchdruck, der um 1450 eingeführt worden war und eine weite Verbreitung wisssenschaftlicher Ideen ermöglichte. Die Renaissance ging so über in eine Zeitspanne der »wissenschaftlichen Revolution«. Kennzeichen dieses Umbruchs waren etwa der Übergang vom geozentrischen zum heliozentrischen Weltbild oder auch die Widerlegung der Lehre von Galen (ca. 130 n. C.–210 n. C.) über die Verteilung des Bluts im menschlichen Körper. So wird der Beginn dieser neuen intellektuellen Epoche üblicherweise mit der Veröffentlichung von *De revolutionibus orbium coelestium* (1543) durch Nicolaus Copernicus (1473–1543, Abb. 3.1) angesetzt.

Der Wandel in Wissenschaft und Wirtschaft sollte sich im 17. Jahrhundert verstärkt fortsetzen.

3.3 Wirtschaft, Handel und Wissenschaft ab 1600

1648 ging der dreißigjährige Krieg zu Ende. Bis zu dieser Zeit hatten sich die nördlichen Niederlande als wirtschaftliche Großmacht etabliert. Trotz der ebenfalls erst 1648 beendeten Auseinandersetzungen mit Spanien hatte sich in den Niederlanden ein florierenden Wirtschaftssystem herausgebildet, das auf dem weltweiten Handel verbunden mit einem effektiven Finanzverkehr beruhte, und mit dem auch eine gegenüber den anderen europäischen Ländern einmalige Auflösung des tradierten Feudalsystems einherging. In der Börse von Amsterdam wurde bereits ab 1612 Wertpapierhandel betrieben. Andere europäische Staaten, insbesondere England und Frankreich, setzten dagegen auf Maßnahmen einer protektionistischen Marktabschottung, auf das Prinzip des »Merkantilismus«, um ihre Machtansprüche bei im Inneren meist absolutistischen Herrschaftsstrukturen voranzutreiben. Generell nahmen – in regional verschiedenem Ausmaß – in Europa die Feudalstrukturen ab, Handel und Handwerk wurden gestärkt, und es entwickelte sich eine frühe Industrialisierung, die einem prosperierenden Mittelstand zugute kam. Jedenfalls wurden als Folge solcher wirtschaftspolitischer Rahmenbedingungen die verschiedensten finanziellen Risikogeschäfte gefördert, andererseits gewann die Frage nach fairen Vertragsbedingungen für solche Geschäfte an Bedeutung. Das Platzen erster Finanzblasen, so bereits 1637 der »Tulpenblase« in Holland und 1720 der mit John Law (1671–1729) verbundenen Aktienblase in Frankreich (s. Abb. 3.3) sowie im selben Jahr der »Südseeblase« in England hemmten diese Entwicklung langfristig kaum. Nach mehreren Kriegen gegen England und Frankreich schwand allerdings gegen Ende des 17. Jahrhunderts der wirtschaftliche und folglich auch politische Einfluss der Niederlande zunehmend.

Das intellektuelle Umfeld in dieser Zeit profitierte natürlich von den wirtschaftlichen und sozialen Bedingungen. Die »wissenschaftliche Revolution« nahm nochmals an Fahrt auf, bis zu ihrem späten Höhepunkt, dem Erscheinen der *Philosophiae naturalis principia mathematica* (1687) von Isaac Newton (1643–1727). Die intellektuelle Basis, auf der diese mathematisch-naturwissenschaftliche Entwicklung stattfand, war besonders durch die intensivierte Blickrichtung der Philosophie hin zum Wesen menschlicher Erkenntnis gegeben. Auch wenn zwischen den bedeutenden Philosophen hier erhebliche Unterschiede bestanden, so war doch das Wechselspiel zwischen logischer und empirischer Erschließung sowohl bei »Rationalisten«, voran René Descartes (1596–1650) oder Gottfried Wilhelm Leibniz (1646–1716), wie auch bei »Empiristen«, etwa Francis Bacon (1561–1626) und John Locke (1632–1704), ein vorrangiger Untersuchungsgegenstand. Während beim rationalistischen Ansatz davon ausgegangen wird, dass bestimmte Elemente des menschlichen Denkens schon von

Abb. 3.3: Der schottische Bankier John Law hatte mit Unterstützung des französischen Königs in seiner Bank mit Adresse »Quinquenpoix« nicht ausreichend gedecktes Papiergeld als Kredit oder durch Tausch gegen Devisen ausgegeben, mit dem Aktien der von ihm geleiteten Gesellschaft »Compagnie d'Occident«, auch »Mississippi-Kompanie« genannt, erworben werden konnten. Der hier abgebildete Ausschnitt aus einer zeitgenössischen Karikatur von Bernard Picart bezieht sich auf das Platzen der Aktienblase. Die Göttin Fortuna wirft mit den Aktien um sich, die vom Teufel mit giftigen Blasen überzogen werden.

vornherein angelegt sind, geht der empiristische Ansatz davon aus, dass sich das menschliche Denken ausschließlich durch Erfahrung bildet, wobei für diesen Prozess auch eine geeignete Veranlagung wesentlich ist. Unabhängig von der spezifischen philosophischen Ausrichtung wurde so die enge Vernetzung zwischen mathematischer Theorie (als Element der logischen Durchdringung) und möglichst genauer experimenteller Anordnung (als empirisches Element) nahegelegt. Besonders in die »neue« Buchstabenalgebra – *In artem analyticem isagoge* von François Viète (1540–1603) war 1591 erschienen – setzte man großes Vertrauen als universelles Handwerkszeug zur naturwissenschaftlichen Forschung. Durch Newton und Leibniz wurde im letzten Drittel des 17. Jahrhunderts die Differential- und Integralrechnung entwickelt, wobei sich die auch heute noch geläufige Notationsform von Leibniz als wesentlich fruchtbarer für die Weiterentwicklung dieses »calculus« erwies.

Für genaue Beobachtungen im Großen wie im Kleinen wurden zu Beginn des 17. Jahrhunderts spezielle optische Instrumente entwickelt: 1608 wurden in den Niederlanden fast gleichzeitig mehrere Patente für Fernrohre angemeldet, jedoch, da die Prioritätsfrage nicht geklärt werden konnte, nicht erteilt. Auf der Grundlage der publik gewordenen Pläne baute 1609 Galileo Galilei (1564–

1642, Abb. 3.1) den jetzt nach ihm benannten Fernrohrtyp, im Prinzip bestehend aus einer Sammel- und einer Zerstreuungslinse. Johannes Kepler (1571–1630), der wiederum von Galileis Errungenschaft erfuhr, entwickelte schließlich 1610 das jetzt nach ihm benannte astronomische Fernrohr, welches grundsätzlich zwei Sammellinsen miteinander kombiniert. Auch erste Mikroskope wurden 1608/1609 durch den Niederländer Zacharias Janssen (1588–1631) und wiederum Galilei vorgestellt.

Auch in der Wissenschaftsorganisation brachte die Zeit ab ca. 1600 wesentliche Änderungen mit sich. Die Universitäten waren nach wie vor traditionell in vier Fakultäten - Theologie, Jurisprudenz, Medizin, Artistenfakultät - gegliedert, wobei ausgerechnet die Artistenfakultät, in der Mathematik und Astronomie vertreten waren, auch niveaumäßig die geringste Rolle spielte. Es ist daher kein Wunder, dass die dort angesiedelten Fachvertreter meist keinen bedeutenden Beitrag zum Fortschritt ihrer Wissenschaften leisteten.

Abb. 3.4: Jean-Baptiste Colbert (1619–1683) stellt Ludwig XIV. (1638–1715) die Mitglieder der Akademie in Paris 1767 vor. Mit im Bild sind Hinweise auf wichtige Aktivitäten der Akademie, besonders die Erdvermessung.

Vielmehr schlossen sich »Amateure«, die dem gehobenen Bürgertum entstammend angesehene öffentliche Ämter bekleideten oder gar von Erbschaften lebend sich ganz den Wissenschaften widmen konnten, zu privat organisierten Vereinigungen zusammen. Man traf sich regelmäßig oder korrespondierte miteinander. Auf diese Weise entstanden die ersten Akademien: Die *Accademia dei Lincei*, die in Rom 1603 gegründet wurde, die *Royal Society of London*, gegründet 1660, die *Académie des sciences* in Paris, gegründet 1666 (Abb. 3.4). Während die Akademie in Rom schon gegen Mitte des 17. Jahrhunderts wieder verschwand (sie wurde im 19. Jahrhundert wiederbelebt), konnten die beiden anderen, vor allem auch dank der Unterstützung durch die regierenden Institutionen, rasch entfalten. Spätere Akademiegründungen gingen dann meistens direkt von staatlicher Seite aus, so etwa in Preußen (bzw. Brandenburg) 1700 oder in Russland (St. Petersburg) 1724. Bis in das 19. Jahrhundert hinein blieben in der Regel Akademien die Zentren naturwissenschaftlicher Aktivitäten und nicht die Universitäten. Im letzten Drittel des 17. Jahrhunderts entstanden auch die ersten wissenschaftlichen Zeitschriften: das *Journal des sçavans* und die *Philosophical Transactions* ab 1655 (Abb. 3.2), das *Giornale de' Letterati* ab 1668 sowie für den deutschsprachigen Bereich die *Acta eruditorum* ab 1682. Bis weit ins 18. Jahrhundert hinein blieb der Briefwechsel und die folgende Weitergabe von Briefen an Interessenten ein wichtiges Instrument des wissenschaftlichen Austausches.

3.4 Die Zeit der Aufklärung

Die Epoche von den letzten Jahrzehnten des 17. Jahrhunderts bis zur französischen Revolution wird als Zeit der »Aufklärung« bezeichnet. Diese Benennung kam offenbar im 18. Jahrhundert in Frankreich auf, wo von »siècle de(s) lumière(s)« im Kontrast zu kulturell und intellektuell »dunkleren« Zeiten gesprochen wurde. So schrieb beispielsweise Jean le Rond d'Alembert (1717–1783) in seiner Einleitung [1751, xxiii] zur 28-bändigen *Encyclopédie ou Dictionnaire raisonné des sciences, des arts et des métiers* (Abb. 3.5), dem Hauptwerk der Aufklärung schlechthin, über das 16. Jahrhundert:

> Die Scholastik, die in den Jahrhunderten der Unwissenheit die gesamte angebliche Wissenschaft ausmachte, behinderte in diesem ersten Jahrhundert des Lichts [siècle de lumière] noch den Fortschritt der wahren Philosophie.

Er tat der Scholastik bitter unrecht. Aber man sieht aus dieser und aus weiteren seiner Ausführungen, dass er die Zeiten des Lichts mit den Neuerungen ab dem 16. Jahrhundert in Verbindung brachte, die im Rahmen der wissenschaftlichen Revolution angesprochen worden sind.

Das deutsche Wort »Aufklärung« wurde besonders durch Immanuel Kant (1724–1804) publik gemacht, nachdem es offenbar in der Öffentlichkeit im letzten Drittel des 18. Jahrhunderts populär geworden war. So begann er seine berühmte Abhandlung »Was ist Aufklärung« von 1784 mit den Worten:

> Aufklärung ist der Ausgang des Menschen aus seiner selbst verschuldeten Unmündigkeit. Unmündigkeit ist das Unvermögen, sich seines Verstandes ohne Leitung eines andern zu bedienen. Selbst verschuldet ist diese Unmündigkeit, wenn die Ursache derselben nicht am Mangel des Verstandes, sondern der Entschließung und des Muthes liegt, sich seiner ohne Leitung eines andern zu bedienen. Sapere aude! Habe Muth, dich deines eigenen Verstandes zu bedienen! ist also der Wahlspruch der Aufklärung.

Abb. 3.5: Frontispiz des 28. Bandes der *Encyclopédie*, 1772

Aufklärung ist also nach Kant eine Geisteshaltung, die durch eigenständige Anwendung des Verstandes charakterisiert ist.

Freilich hat die Vernunft sehr verschiedene Ausprägungen, je nachdem, wo sie zur Anwendung kommt. Und so kann auch ein absolutistischer Herrscher wie etwa Friedrich II. von Preußen (1712–1786) als »aufgeklärt« bezeichnet werden. Aufklärung war nicht unbedingt mit politischem Liberalismus verbunden, obwohl dies gerade bei den französischen und britischen Philosophen der Aufklärung eine verbreitete Einstellung war.

Immerhin sorgten Ideen der Aufklärung dazu, dass in der zweiten Hälfte des 18. Jahrhunderts etwa in Österreich und Preußen die Leibeigenschaft allmählich abgeschafft wurde. Solche Maßnahmen zusammen mit einer grundlegenden Änderung bei den landwirtschaftlichen Anbaumethoden und Produkten (Kartoffeln!) zusammen mit erstem Maschineneinsatz (z. B. Dreschmaschinen) führten zu einer »Agrarrevolution«, durch die einerseits die Menge an verfügbaren Nahrungsmitteln erheblich gesteigert, andererseits Arbeitskräfte für anderweitige Aufgaben, besonders im Zusammenhang mit einer beginnenden Industrialisierung, frei wurden. Diese setzte insbesondere in der Textilindustrie in England ab ca. 1760 ein, mit mechanischen Webstühlen und stetig verbesserten Dampfmaschinen, mit denen insbesondere Bergwerksschächte trockengelegt und so die Energiegewinnung effektiver gemacht wurde. Die Automatisierung des Textilgewerbes führte allerdings in der Folgezeit zu zahlreichen Weberaufständen, so etwa in Elberfeld bereits 1783.

Den wachsenden Bedürfnissen der Staatsverwaltung, des Handels und des Militärs entsprachen die im 18. Jahrhundert vorangetriebenen Landesvermessungen, etwa in Frankreich mit der *Carte de Cassini*, deren Veröffentlichung 1747 begann, in Großbritannien ab 1784, ab 1764 im Habsburgerreich und im Kurfürstentum Braunschweig-Lüneburg.

Die Astronomie blieb auch im 18. Jahrhundert die Leitdisziplin innerhalb der Naturwissenschaften, und ihre theoretische Grundlage war die Newtonsche Mechanik, die auch als Vorbild für andere Bereiche der Physik diente, die mit mathematischen Mitteln zu erfassen waren. Entsprechend war auch die Mathematik in der Aufklärung stark auf den weiteren Ausbau der Analysis hin orientiert.

Die wesentlichen Zielsetzungen der Aufklärung finden sich auch und gerade in der Wahrscheinlichkeitsrechnung. Der Optimismus, mit dem etwa Jakob Bernoulli (1655–1705), der Marquis de Condorcet (1743–1794) und schließlich Pierre Simon Laplace (1749–1827) das Potential möglicher Problemlösungen für praktisch alle Angelegenheiten des wirtschaftlichen, gesellschaftlichen und wissenschaftlichen Lebens in Fällen unvollständiger Informationslage empfanden, entspricht genau den Grundmotiven der Aufklärung.

Ein wesentliches Charakteristikum der Aufklärung war das Vertrauen in die Vernunft und in allgemein verbindliche Maßstäbe, wie diese bei aufgeklärten Personen einzusetzen sei. Während die Entwicklungen in Nordamerika (Unabhängigkeitserklärung 1776, Verfassung der Vereinigten Staaten 1789) ganz im Einklang mit den Zielen der Aufklärung zu sein schienen, zerstörte die ab 1792 einsetzende Radikalisierung der Französischen Revolution dieses Vertrauen. Natürlich wirkten die Prinzipien der Aufklärung noch eine gewisse Zeit nach. Auch wenn beispielsweise wichtige stochastische Leistungen von Laplace in die Periode von ca. 1810 bis 1820 fallen, so war und blieb er doch ein wissenschaftlicher Vertreter der Aufklärung.

Kapitel 4
Risiko, Versicherungswesen, Absterbeordnungen und mathematische Behandlung von Glücksspielproblemen bis Pascal und Huygens

Ereignisse außerhalb der Mathematik beeinflussten die Entwicklung zu einer mathematischen Stochastik seit dem Spätmittelalter. Das wohl wichtigste war die Erfindung des Buchdrucks mit beweglichen Lettern durch den Mainzer Johannes Gutenberg (ca. 1400–1468) um 1450. Während der Inhalt von Texten in Handschriften und deren Abschriften nur einem verhältnismäßig kleinen Kreis zugänglich wurde, war eine nähere Kenntnis der über den Inhalt der Texte Informierten nach dem Druck und Verkauf solcher Schriften mit Auflagen von einigen hundert Exemplaren schon im 15. Jahrhundert nicht mehr möglich.

Die Städte der italienischen Halbinsel waren im Spätmittelalter und noch bis weit in die frühe Neuzeit die führenden Zentren der gelegentlich als revolutionär bezeichneten wirtschaftlichen, aber auch kulturellen Entwicklung in Europa. In Italien, wenn auch nicht ausschließlich dort, waren die überlieferten Werke der griechischen Mathematiker auch in der Redaktion und teilweisen Weiterentwicklung durch die Muslime gesammelt. Während die vor allem für den Handel wichtige praktische Mathematik wie das Rechnen mit den indisch-arabischen Ziffern in den Schulen der so genannten »maestri d'abaco« gelehrt und tradiert wurde, gingen die geheim gehaltenen Lösungen von als schwierig eingeschätzten Problemen nicht oder nur sehr verzögert in den Kanon überlieferten mathematischen Wissens ein. Wichtigster Grund für eine solche Geheimhaltung war die Möglichkeit, mit dem anderen nicht zugänglichen Wissen, Ansehen und damit auch wirtschaftlichen Erfolg für die eigene Person sichern zu können.

4.1 Das Teilungsproblem von Pacioli bis Cardano

Im 15. und 16. Jh. wurde das Teilungsproblem vor dem Hintergrund z. T. großes Aufsehen erregender Spekulationsgeschäfte und der dadurch nahegelegten Auffassung, dass im Glücksspiel in zeitlich verkürzter Form die Tätigkeit des Kaufmanns nachvollzogen wird, nach gängigen Regeln zur Aufteilung von Gewinn

H. Fischer et al., *1000 Jahre Stochastik*, Vom Zählstein zum Computer,
https://doi.org/10.1007/978-3-662-72368-5_4

und Verlust unter Handelspartnern gelöst. Dies gilt vor allem für Luca Pacioli (ca. 1445–1514, Abb. 4.1), dessen Lösung im Druck erschien ([1494], dt. Übersetzung [Schneider 1988, 11–14]) und deshalb eine weitere Verbreitung fand als die in Manuskripten enthaltenen Lösungen etwa des rund 20 Jahre jüngeren Filippo Calandri (s. [Toti Rigatelli 1985]). Calandri, der dafür die Anzahl der von den beteiligten Spielern gewonnenen Spiele ebenso heranzog wie die Anzahl der ihnen zum Gesamtgewinn noch fehlenden Spiele, ließ die Entscheidung zwischen den verschiedenen Ergebnissen offen, »da es sich um ein Glücksspiel handelt und deshalb das Ergebnis nicht unbedingt der sicheren Wahrheit entspricht«.

Abb. 4.1: Statue des Fra Luca Pacioli in seinem Geburtsort Sansepolcro, Titelblatt mit Portrait von Tartaglia

Bei den Nachfolgern von Pacioli, wie Nicolò Tartaglia (1499/1500–1557, Abb. 4.1), fällt auf, dass sie die von diesem abgelehnten älteren Lösungsvorschläge aufgriffen, wobei die für die Einführung des Teilungsproblems gewählten Spiele keine Glücks-, sondern Geschicklichkeitsspiele waren [Schneider 1988, 230; 234]. Die aus der Verbotsliteratur für Glücksspiele ersichtlichen Gründe für solche Verbote waren einmal die gelegentlich katastrophalen Folgen für Angehörige, wenn ein Spieler einen beträchtlichen Teil oder sein gesamtes Hab und Gut eingesetzt und verloren hatte, zum anderen aus theologischer Sicht die mit der Teilnahme an einem Glücksspiel verbundene unzulässige Veranlassung, durch den nur von Gott kontrollierbaren Zufall über den Ausgang entscheiden zu lassen. Allerdings wurde die mit den Glücksspielverboten verbundene Kriminalisierung von Glücksspielen allmählich überwunden, um schließlich einer Auffassung Platz zu machen, wonach Glücksspiele unter gewissen Bedingungen als legitimer Zeitvertreib angesehen werden konnten.

Begünstigt wurde eine solche Veränderung der Bewertung von Glücksspielen durch eine seit dem Spätmittelalter einsetzende theologische und juristische Diskussion von Begriffen wie Geld oder gerechter Preis für ein Produkt. Aus-

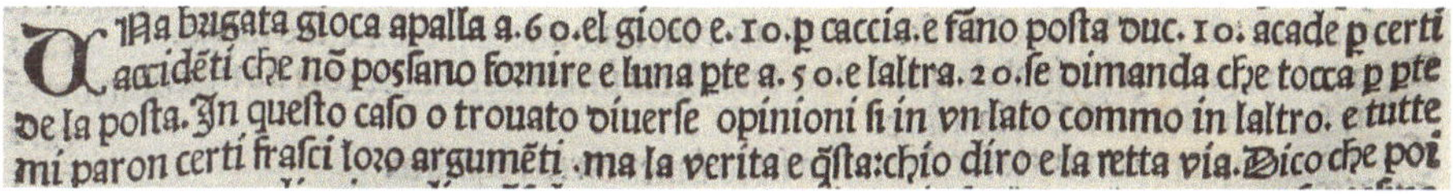
Vna brigata gioca apalla a.60.el gioco e.10.p caccia.e fano posta duc.10: acade p certi accidēti che nō posšano fornire e luna pte a.50.e laltra.20.se dimanda che tocca p pte de la posta. In questo caso o trouato diuerse opinioni si in vn lato commo in laltro. e tutte mi paron certi frasci loro argumēti .ma la verita e q̄sta:chio diro e la retta via. Dico che poi

Abb. 4.2: Anfang des Abschnitts zum Teilungsproblem in der *Summa de arithmetica* (Nachdruck 1523) von Pacioli. »Eine Gesellschaft spielt Ball auf 60 [Punkte], 10 Punkte für das Einzelspiel. Sie setzen 10 Dukaten ein. Aufgrund gewisser Umstände können sie nicht zu Ende spielen …« (Übersetzung in [Schneider 1988, 11]).

gehend von auf Aristoteles (384 v. C.–322 v. C.) und Thomas von Aquin (1225–1274) zurückgehenden Voraussetzungen war Geld lange Zeit unveränderlicher Maßstab für den Wert eines Produkts, dessen Preis ausschließlich durch die Kosten für das Ausgangsmaterial und die für dessen weitere Gestaltung erforderliche Arbeit bestimmt wurde. Geld war damit »unfruchtbar«, d.h. konnte keinen Zins erbringen. Vor allem die Ausweitung des Fernhandels vor dem Hintergrund einer gestiegenen Nachfrage erzwang die Berücksichtigung der damit verbundenen Risiken bei der Preisbildung, weil die Kosten der zum Schutz vor solchen Risiken eingeführten Versicherungsformen wie der Seeversicherung den Gestehungskosten für die transportierten Waren zuzurechnen waren. Damit war eine der Voraussetzungen für eine dann auch mit dem kanonischen Recht vereinbare juristische Begründung einer zumindest mäßigen Zinsnahme gegeben, womit die von der Kirche vertretene Sterilität des Geldes aufgehoben wurde.

Luca Pacioli [1494] teilt in seiner *Summa de arithmetica, geometria, proportioni et proportionalita* (Abb. 4.2), dem noch in die Inkunabelzeit fallenden riesigen Kompendium des in Venedig verfügbaren arithmetischen und geometrischen Wissens, den Einsatz bei vorzeitigem Spielabbruch im Verhältnis der von beiden Parteien bis dahin gewonnenen Spiele »wie in einer Handelsgesellschaft« als die seiner Ansicht nach einzig richtige Lösung. Von den Kritikern Paciolis im 16. Jh. wurden eine Reihe von Spielsituationen angeführt, die Gegenbeispiele für die Lösung Paciolis darstellten: Ist etwa die Anzahl n der zum Gesamtsieg erforderlichen Einzelgewinne verhältnismäßig groß, dann hat auch der Verlust der ersten Partie an den Gewinnaussichten der im ersten Spiel unterlegenen Partei nur wenig geändert; dennoch würde bei einem Abbruch nach dem ersten Spiel der siegreichen Partei nach Pacioli der gesamte Einsatz zufallen. Nach Pacioli müssten auch zwei verschiedene Spielstände $r : s$ und $rt : st$ mit $t > 1$ sowie rt, st jeweils $< n$ zur selben Aufteilung des Einsatzes bei Abbruch führen, obwohl etwa bei $n = 13$ und Spielständen von $3 : 1$ sowie von $12 : 4$ die führende Partei im zweiten Fall mit nur noch einem erforderlichen Gewinnspiel gegenüber 9, die die andere Partei noch benötigt, ungleich bessere Chancen zum Gesamtgewinn hat als beim Spielstand von $3 : 1$.

Gerolamo Cardano (1501–1576) verweist deshalb in seiner *Practica arithmetice et mensurandi singularis* (Abb. 4.3) von 1539 zu Recht darauf, dass es nur auf die Anzahl der zum Gesamtgewinn noch erforderlichen Gewinnspiele

HIERONIMI
C.CARDANI MEDICI MEDIOLA
NENSIS, PRACTICA ARITH.
metice, & Mensurandi singularis. In qua
que preter alias cōtinentur, versa
pagina demonstrabit,
HIE.
CAR

Abb. 4.3: Titelblatt der *Practica arithmetice*. Die beschädigte Inschrift im ovalen Rahmen lautet vollständig: »Acceptus in patria nemo propheta«.

ankommt, nicht aber auf die Anzahl der bereits gewonnenen Spiele. Fehlen also den Parteien noch r bzw. s Gewinnspiele so soll der Einsatz im Verhältnis

$$\binom{s+1}{2} : \binom{r+1}{2}$$

geteilt werden. Als Begründung für diese Lösung geht Cardano vom Risikoargument beim sogenannten aleatorischen Vertrag aus. Dabei ermittelt Cardano für den Fall, dass einem Spieler noch ein und dem anderen noch s Spiele zum Gewinn fehlen, induktiv, ausgehend von $s = 2$ und $s = 3$, eine Aufteilung im Verhältnis von

$$\binom{s+1}{2} : \binom{1+1}{2}, \text{ also } \binom{s+1}{2} : 1.$$

Eine Verallgemeinerung dieses Falls auf die Situation, dass den Parteien noch r bzw. s Gewinnspiele fehlen, liefert Cardano das obige Ergebnis.

Tartaglia hat 1556 in *La Prima Parte del General Trattato di Numeri, et Misure* die Differenz zwischen den Anzahlen der von den beiden Parteien bis zum Abbruch gewonnenen Spiele zum Maßstab für die Aufteilung des Spieleinsatzes gemacht (dt. Übersetzung [Schneider 1988, 18 f.]). Haben also die beiden Parteien bei Abbruch des auf n Gewinne angesetzten Gesamtspiels p bzw. q Gewinnspiele aufzuweisen, wobei $p > q$ sein soll, so ist der Spieleinsatz von $2a$

aufzuteilen im Verhältnis

$$\left(\frac{1}{2}+\frac{p-q}{n}\right):\left(\frac{1}{2}-\frac{p-q}{n}\right).$$

Vor diesem Lösungsvorschlag bemerkt Tartaglia, dass es beim Teilungsproblem »immer einen Grund zu streiten« gibt und dass deshalb »ein solches Problem eher juristisch als durch die Vernunft gelöst wird«. Der damit gegebene Verzicht einer Mehrheit der italienischen Mathematiker des ausgehenden 15. und 16. Jh. auf den Anspruch, das Teilungsproblem als ein legitimes Problem der Mathematik anzusehen, und das damit zusammenhängende Fehlen einer eindeutig bestimmten mathematischen Lösung, die auf die Zustimmung aller Mathematiker rechnen konnte, sind wohl die Hauptgründe dafür, dass das Teilungsproblem als eine Art Folklore tradiert wurde.

Eine Ausnahme unter den von Mathematikern stammenden italienischen Texten stellt ein wohl um 1564 abgefasstes Manuskript über Spiele wie Schach und Glücksspiele mit dem Titel *De ludo aleae* dar, das den Gesamtbereich solcher Spiele und der Spielpraxis einschließlich der Spielorte, der verschiedenen Spielertypen sowie deren Motivation, Tricks und Betrügereien abdeckt, allerdings auf das Teilungsproblem nicht eingeht. Spielsucht wird dort wie schon 1561 bei dem Arzt Pascasius Justus als eine Krankheit aufgefasst, zu deren Therapie, vor allem Selbsttherapie verschiedene Vorschläge gemacht werden. Das Manuskript fand sich unter vielen Cardano nicht immer richtig zugeschriebenen Schriften, die in den *Opera omnia* Cardanos 1663 abgedruckt wurden (auszugsweise in dt. Übersetzung in [Schneider 1988, 20–24]). Im Text enthaltene konkrete Hinweise auf Orte und Personen, die sich z. B. auch in Cardanos *De subtilitate* finden, sprechen für die Autorschaft Cardanos. In diesem Traktat sind neben der meist näherungsweisen Lösung konkreter Würfelspielsituationen das Prinzip des fairen Spiels bzw. der fairen Wette sowie Andeutungen formuliert, die zumindest im 17. Jh. von Lesern wie Jakob Bernoulli als intuitives Erfassen des schwachen Gesetzes der großen Zahlen verstanden werden konnten.

4.2 Der Briefwechsel zwischen Pascal und Fermat

Wohl weil die mit dem Teilungsproblem im Anschluss an Pacioli befassten Italiener den Anspruch auf eine eindeutig bestimmte und widerspruchslos angenommene Lösung aufgegeben hatten, sahen sich Mathematiker der Mitte des 17. Jh. wie Pascal, Fermat und Huygens berechtigt, diese bis in ihre Zeit tradierten früheren Ansätze zu ignorieren.

Vor dem Hintergrund der von René Descartes (1596–1650) für die neue Mathematik geforderten Eindeutigkeit und Beweisbarkeit musste jetzt eine Lösung des Teilungsproblems aus einem oder mehreren allgemein akzeptierten Prinzipien eindeutig ableitbar sein. Als ein solches Prinzip galt das des gerechten Spiels. Es verlangt, dass die Entschädigung für den Verzicht auf die Beendigung eines Spiels gleich dem zum Zeitpunkt des Spielabbruchs bestehenden Anspruch auf den Spieleinsatz, den später eingeführten Erwartungswert, ist, oder dass, wenn das Spiel abgebrochen wird, bevor ein einziges Spiel gespielt ist, der Erwartungswert zu Beginn des Spiels gleich der Entschädigung für den Verzicht auf das ganze Spiel sein muss. Die Entschädigung in diesem Fall ist natürlich dem Spieleinsatz gleichzusetzen, weil man beim Verzicht auf ein Spiel, in das man sich gerade durch einen Einsatz eingekauft hat, unter der Voraussetzung einer fairen, also in damaliger Terminologie billigen und gerechten Vereinbarung, als Entschädigung gerade den Einsatz zurückerwarten kann. Das eigentliche Problem besteht also darin, den Erwartungswert, aufgefasst als Anspruch auf den Spieleinsatz, in jeder Spielsituation eindeutig bestimmen zu können. Da das Spiel als Entscheidungsinstanz für eine Neuverteilung des von den beteiligten Spielern zu Beginn des Spiels eingesetzten Vermögens aufgefasst wurde, interessierte man sich für die mit jedem Einzelspielgewinn eintretenden Veränderungen des Anspruchs auf den Einsatz des anderen Mitspielers.

Abb. 4.4: Pierre de Fermat (1601–1665) und Blaise Pascal (1623–1662)

Das wird deutlich in der Behandlung einfacher Fälle des Teilungsproblems durch Blaise Pascal (1623–1662, Abb. 4.4) in seinen 1654 mit Pierre de Fermat (1607–1665, Abb. 4.4) gewechselten Briefen (ediert als [de Fermat und Pascal 1894], auszugsweise in dt. Übersetzung [Schneider 1988, 25–40]). Pascal teilte im Brief vom 29. Juli 1654 mit, dass ihm der Chevalier de Méré die im Folgenden mit Fermat diskutierten Probleme vorgelegt hatte. George Brossin Antoine Gombaud de Méré (1607–1684), der arbiter elegantiarum der Pariser Gesellschaft, war schon an dem folgenden Würfelproblem gescheitert: Er hatte erwartet, dass die Anzahl der für eine vorteilhafte Wette auf das mindestens einmalige Erscheinen einer Sechs benötigten Würfe mit einem einzelnen Würfel zu der entsprechenden Anzahl von Würfen bei einer Wette auf das mindestens einmalige Erscheinen einer Doppelsechs mit einem Doppelwürfel dasselbe Verhältnis hat wie 6 zu 36, den jeweiligen Anzahlen der mit einem und mit zwei Würfeln möglichen Ergebnisse. Pascal zufolge hatte de Méré auch das im folgenden diskutierte Teilungsproblem nie richtig zu lösen vermocht. Sei das Gesamtspiel unter der Voraussetzung jeweils gleicher Gewinnchancen der beteiligten Spieler für ein Einzelspiel unterbrochen, wenn dem ersten Spieler noch m und dem zweiten noch n Gewinnspiele für den Gewinn des Einsatzes von $2S$ fehlen und $A(m,n)$ der Anspruch des ersten Spielers auf den Einsatz in dieser Situation, dann gilt für eine fiktive Fortsetzung um ein weiteres Spiel: Sollte es der zweite Spieler gewinnen, so ist der damit erreichte Anspruch von $A(m,n-1)$ dem ersten Spieler auf jeden Fall sicher; zudem müsste er auf Grund gleicher Chancen auf den Gewinn dieses Spiels und damit auf den Anspruch $A(m-1,n)$ mit der Hälfte der Differenz zwischen den beiden Ansprüchen entschädigt werden. In Formeln:

$$A(m,n) = A(m,n-1) + \frac{A(m-1,n) - A(m,n-1)}{2}. \tag{4.1}$$

Unter Berücksichtigung von $A(0,n) = 2S$ für alle $n > 0$ konnte Pascal $A(m,n)$ für den Fall von drei erforderlichen Gewinnspielen und Spielständen von $2:1$, $2:0$ und $1:0$, also $(m,n) = (1,2), (1,3), (2,3)$, bestimmen und damit zeigen, wie viel vom Einsatz S des Gegenspielers durch den Gewinn des ersten, zweiten und letzten Spiels an den ersten Spieler geht. Um die Frage zu beantworten, wie viel vom Einsatz eines Spielers an seinen Gegner bei beliebigem m und n geht, bediente sich Pascal kombinatorischer Methoden. In der Korrespondenz mit Fermat von 1654 hat Pascal dies nur angedeutet; aber in Pascals im selben Jahr konzipierten, aber erst 1665 veröffentlichten *Traité du triangle arithmétique* (Abb. 4.5) sind diese ohne jede Erwähnung von bis zur Antike zurückgehenden Vorgängern voll ausgearbeitet.

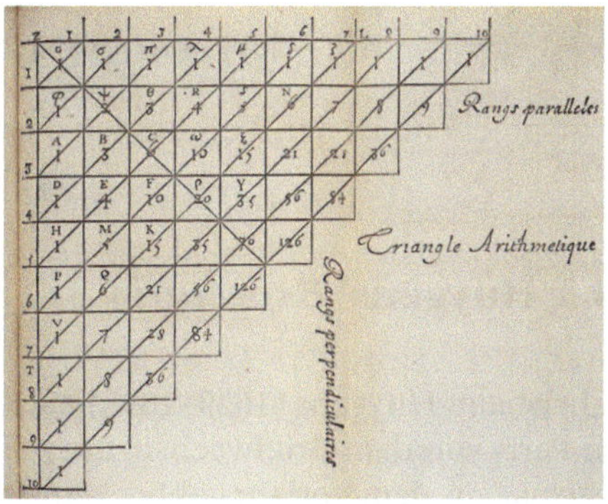

Abb. 4.5: Das Pascalsche Dreieck mit den Binomialkoeffizienten aus dem *Traité*. Die Zelle in der r-ten Reihe und s-ten Spalte enthält den Binomialkoeffizienten $\binom{r+s-2}{s-1}$. Aus dem Schema geht die Additionsregel für Binomialkoeffizienten hervor: Die Summe aus linker Zelle und oberer Zelle ergibt jeweils den Wert in jeder Zelle. Entsprechende Darstellungen findet man schon ab dem 10. Jahrhundert n. C. in indischen und persischen Quellen.

Der *Traité* besteht aus 11 jeweils gesondert paginierten Teilen. Der dritte Teil behandelt die Anwendung des arithmetischen Dreiecks auf das Teilungsproblem bei zwei Spielern mit jeweils gleichen Gewinnchancen für ein Einzelspiel. Die Argumentation Pascals im *Traité* entspricht auch seinen Darlegungen in der

Korrespondenz mit Fermat, insbesondere in Pascals Brief vom 29. Juli 1654. Da Pascal die Möglichkeit, eine beliebige natürliche Zahl durch n zu symbolisieren, nicht kennt, kann er seine durchaus allgemein für beliebige natürliche Zahlen gedachten Ergebnisse nur für konkrete Zahlen quasiallgemein wiedergeben. Es sei deshalb abweichend von Pascals Darstellung vorausgesetzt, dass r die Anzahl der erforderlichen Gewinnspiele ist und das Gesamtspiel bei einem Spielstand von $(r-m) : (r-n)$ abgebrochen wird, also dem ersten Spieler noch m und dem zweiten Spieler noch n Spiele zum Sieg fehlen. Bezeichnet man wie vorher mit $A(m,n)$ den Anspruch des ersten Spielers auf den Gesamteinsatz $2S$, dann geht es Pascal um den Wertzuwachs des ersten Spielers, wenn dieser das erste und das zweite sowie das letzte Spiel gewonnen hat. Es geht also um die Zugewinne $A(r-1,r) - A(r,r)$, $A(r-2,r) - A(r-1,r)$ und $A(0,n) - A(1,n)$. Als leicht zu beweisen hatte Pascal gegenüber Fermat festgestellt, dass der Wertzuwachs beim ersten Spiel gleich dem beim zweiten Spiel ist.

Für den allgemeinen Fall der Bestimmung von $A(m,n)$ gilt, dass das Gesamtspiel spätestens nach $m+n-1$ Spielen beendigt sein wird. Nach dieser Anzahl von Spielen, bis zu der das Gesamtspiel hypothetisch fortgesetzt wird, können nur noch Ansprüche $A(0,n-\nu) = 2S$ $(\nu = 0,\dots,n-1)$ und $A(\mu,0) = 0$ $(\mu = 1,\dots,m-1)$ auftreten. Die Anzahl der $A(0,n-\nu) = 2S$ $(\nu = 0,\dots,n-1)$ ist den Anordnungsmöglichkeiten von $m+n-1-\nu$ Einzelspielgewinnen des ersten Spielers bei ν Einzelspielgewinnen des zweiten Spielers entsprechend $\binom{m+n-1}{\nu}$, wobei jeder zum Wert von $A(m,n)$ mit einem Gewicht von $2^{-(m+n-1)}$ beiträgt. Damit ist

$$A(m,n) = \frac{2S}{2^{m+n-1}} \sum_{\nu=0}^{n-1} \binom{m+n-1}{\nu},$$

und der Anteil am Einsatz S des anderen Spielers nach dem Gewinn des ersten Spiels ist

$$A(r-1,r) - A(r,r) = A(r-1,r) - S = \frac{\binom{2r-2}{r-1}}{2^{2r-2}} \cdot S.$$

Entsprechend ist der Wert des letzten Spiels gleich $2S/2^n$.

4.3 Huygens' *Expectatio*

Christiaan Huygens (1629–1695) hatte 1655 während seines ersten Aufenthalts in Paris von dem Briefwechsel über Glücksspielprobleme zwischen Pascal und Fermat aus dem Vorjahr gehört, ohne einen der beiden Korrespondenten zu treffen. Nach seiner Rückkehr in die Niederlande arbeitete er eine Methode zur Lösung der von seinen beiden Vorgängern behandelten Probleme aus. Der dazu von Huygens benutzte Begriff ist in der von Huygens' Mentor Frans van Schooten (1615–1660) redigierten lateinischen Fassung »expectatio« oder »spes«, deutsch »Erwartung« oder »Hoffnung«. Der Wert seiner *Expectatio* stimmt in

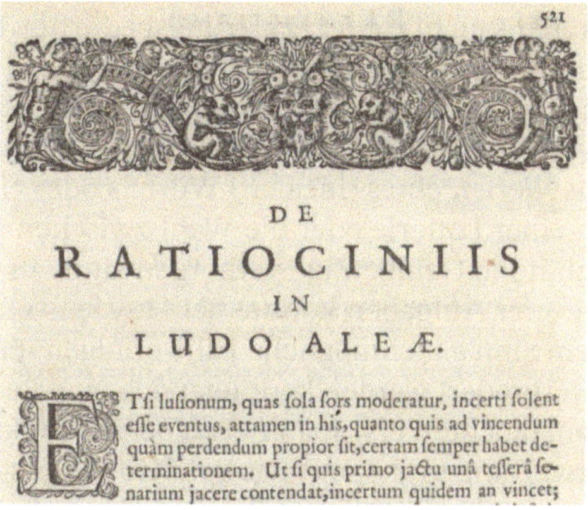
521

DE

RATIOCINIIS

IN

LUDO ALEÆ.

Etſi luſionum, quas ſola ſors moderatur, incerti ſolent eſſe eventus, attamen in his, quanto quis ad vincendum quàm perdendum propior ſit, certam ſemper habet determinationem. Ut ſi quis primo jactu unâ teſſerâ ſenarium jacere contendat, incertum quidem an vincet;

Abb. 4.6: Christiaan Huygens (1631–1699) und der Anfang von *De ratiociniis*

den von Huygens gelösten Beispielen mit dem erst später konzipierten Begriff des Erwartungswertes überein.

Nach seinem eigenen Bekunden ging es Huygens bei der Lösung der von ihm behandelten Glücksspielprobleme darum, die Überlegenheit der von François Viète (1540–1603) und Descartes eingeführten und von van Schooten weiter verbreiteten Buchstabenalgebra zu demonstrieren. Durch die Anwendung der neuen Algebra auf den Bereich des Zufälligen sollte Viètes Behauptung bestätigt werden, dass kein relevantes Problem für diese neue Algebra unlösbar ist. Als Huygens seinen früheren Lehrer Frans van Schooten über seine zu einem kleinen Traktat ausgearbeiteten algebraischen Lösungen von Glücksspielproblemen informierte, bot ihm dieser eine Veröffentlichung als Anhang zu seinem damals im Druck befindlichen Werk *Exercitationum mathematicarum libri quinque* an, in dem es unter dem Titel *De ratiociniis in ludo aleae* 1657 erschien (Abb. 4.6, moderne Edition [Huygens 1920], Auszüge in dt. Übersetzung [Schneider 1988, 41–43]).

Wie schon die von Fermat und Pascal gelösten Aufgaben können die von Huygens entweder dem Teilungsproblem oder dem Würfelproblem zugeordnet werden. Huygens' Lösungen beruhten auf dem Prinzip eines fairen Glücksspiels, in dem die Summe der Einsätze der beteiligten Spieler gleich der Summe der Auszahlungen nach dem Spiel ist, also keine dritte Partei wie ein Bankhalter oder ein Lotterieunternehmer einen Teil der Einsätze für sich beanspruchen kann. In einem fairen Spiel muss nach Huygens die Höhe des Einsatzes für eine Beteiligung in einer bestimmten Spielsituation so bewertet werden, dass man sich damit wieder an einem anderen Glücksspiel mit denselben Gewinnaussichten beteiligen kann.

Die Höhe der Auszahlungen am Ende eines Spiels ist durch eindeutige Regeln festgelegt, wobei die Auszahlung an den oder die Gewinner eines Spiels immer positiv sein muss. Der den Ausgang eines Glücksspiels bestimmende Zufall erschien Huygens wie seinen Vorgängern als ein nicht vorhersagbares

Ereignis nicht weiter erklärungsbedürftig. Um Zufall einer mathematischen Behandlung zugänglich zu machen, musste Huygens die Menge der nicht vorhersagbaren Ereignisse beschränken auf die der von ihm als gleichmöglich Bezeichneten. Gleichmöglichkeit verstand Huygens wiederum als durch Beispiele wie das Werfen eines (idealen) Würfels oder einer (idealen) Münze, die Teilnahme an einer Lotterie oder die Wahl zwischen zwei Händen, in denen unterschiedlich hohe Geldbeträge verborgen sind, als selbstredend klar. Die Lösung komplexerer Aufgaben konnte bei Huygens nur durch deren Reduktion auf in seinem Sinn gleichmögliche Fälle erfolgen. Probleme, die weder als gleichmöglich interpretiert werden konnten noch eine Reduktion auf Gleichmöglichkeit zuließen, tauchten erst später etwa bei Jakob Bernoulli auf. Für die Bestimmung der Erwartung und damit des Spieleinsatzes stützte sich Huygens auf drei Propositionen oder Sätze.

Der erste Satz entspricht dem einfachsten Fall eines Glücksspiels. Er lautet:

> Wenn man den Betrag a ebenso leicht erhalten kann wie den Betrag b, ist die Erwartung mit $\frac{a+b}{2}$ zu bewerten.

Der zweite Satz besagt:

> Wenn man einen der Beträge a, b oder c gleich leicht erhalten kann, ist die Erwartung mit $\frac{a+b+c}{3}$ zu bewerten.

Der in Huygens' Traktat zentrale dritte Satz lautet.

> Wenn man p Fälle für den Gewinn des Betrages a und q Fälle für den Gewinn des Betrages b hat, wobei alle Fälle gleich leicht eintreten können, ist die Erwartung $\frac{pa+qb}{p+q}$ wert.

Huygens war davon überzeugt, dass seine »algebraischen« Beweise dieser drei Sätze höchsten Anforderungen an mathematischer Strenge genügen. In allen drei Fällen gründete Huygens seinen Beweis auf ein System wechselseitig symmetrischer Verträge zwischen zwei, drei bzw. $p + q$ Spielern. Eine genauere Betrachtung etwa bei Satz 2 zeigt allerdings, dass bei wechselseitig symmetrischen Verträgen der jeweilige Gewinner eines Spiels nicht immer mit dem Betrag a, den man ohne Einschränkung der Allgemeinheit als den höchsten voraussetzen kann, belohnt werden kann. Nur bei Verzicht entweder auf die Voraussetzung wechselseitig symmetrischer Verträge oder auf die Belohnung des jeweiligen Gewinners eines Spiels mit dem höchsten Betrag ist die Voraussetzung gleicher Chancen auf den Gewinn eines der drei Beträge a, b oder c aller drei Spieler gegeben und damit Satz 2 streng beweisbar. Ebenso gilt für Satz 3, dass die Voraussetzung gleicher Chancen von p Spielern auf den Betrag a und von q Spielern auf den ohne Einschränkung der Allgemeinheit kleineren Betrag b entweder durch den Verzicht auf wechselseitig symmetrische Verträge oder auf die Belohnung der jeweiligen Gewinner mit dem größeren Betrag a erreicht werden kann [Schneider 1996].

Huygens löst mit den Sätzen 1 bis 3, die das »theoretische« Gerüst seines Traktats darstellen, 11 Aufgaben in den folgenden Sätzen 4 bis 14; die ersten sechs lösen konkrete Fälle des Teilungsproblems mit Satz 1. Symbolisiert man die Erwartung des ersten Spielers, dem noch m Spiele für den Gesamtgewinn fehlen, während dem zweiten Spieler noch n Spiele fehlen, bei gleichen Gewinnchancen beider Spieler für ein Einzelspiel, mit $E(m,n)$, dann gibt es einen Fall, bei dem der erste Spieler gewinnt und damit die ihm noch fehlenden Gewinnspiele um 1 reduziert, und einen, bei dem der zweite Spieler durch seinen Gewinn die ihm fehlenden Gewinnspiele um 1 vermindert. Es gilt damit äquivalent mit dem Vorgehen von Pascal, vgl. (4.1):

$$E(m,n) = \frac{1 \cdot E(m-1,n) + 1 \cdot E(m,n-1)}{2}. \tag{4.2}$$

Ist der Gesamteinsatz a, zu dem jeder der beiden Spieler die Hälfte beigetragen hat, kann Huygens sukzessive alle Werte für $E(m,n)$ ausgehend von $E(0,k) = a$, für $k \geqslant 1$, $E(l,0) = 0$ für $l \geqslant 1$, und $E(r,r) = a/2$ für alle $r \geqslant 1$ berechnen.

Von der von ihm vorausgesetzten Chancengleichheit beim Teilungsproblem geht Huygens über zu ungleichen Chancen bei Würfelproblemen wie dem, die Aussichten eines Spielers zu bestimmen, der mit einem Wurf eine Sechs würfeln will, während sein Gegner darauf setzt, dabei keine Sechs zu würfeln. Entsprechend soll in Satz 12 bestimmt werden, mit wie vielen Würfeln jemand mit Erfolg darauf setzen kann, (mindestens) zwei Sechsen mit einem Wurf zu erreichen. Diese Würfelprobleme werden mit Hilfe von Satz 3 gelöst.

Nach 14 Sätzen folgen im Traktat fünf anspruchsvollere Probleme, von denen das erste, dritte und fünfte Huygens im Briefwechsel mit Pierre de Carcavi (ca. 1600–1684), einer einflussreichen Kontaktperson von Pascal, Fermat, Huygens und weiterer prominenter Wissenschaftler, als von Fermat und Pascal stammend mitgeteilt wurden. Entsprechend der damit verbundenen Herausforderung gibt Huygens für diese drei Probleme jeweils die numerische Lösung allerdings ohne den Lösungsweg an. Die Probleme 2 und 4 sind ohne jeden weiteren Hinweis auf ihre Lösung formuliert.

In Problem 4 sollten die Erwartungen von zwei Spielern A und B ermittelt werden, von denen einer darauf setzt, aus einer Menge von 4 weißen und 8 schwarzen Steinen, mit einer blind gezogenen Stichprobe von 7 Steinen (ohne Zurücklegen) 3 weiße und 4 schwarze zu ziehen. Huygens konnte diese Aufgabe, wie seine nachgelassenen Manuskripte zeigen, mit Hilfe von Satz 3 seines Traktats erst 1665 lösen. Die Stichprobe sollte durch das nacheinander Ziehen von jeweils einem Stein erfolgen. Huygens beginnt mit den Erwartungen $E_{3,3}$ bzw. $E_{2,4}$ des A nach dem Zug von 6 Steinen, von denen einmal 3 weiß und 3 schwarz und einmal 2 weiß und 4 schwarz sind, weil die ebenfalls möglichen Ergebnisse 0 weiß und 6 schwarz, 1 weiß und 5 schwarz, 4 weiß und 2 schwarz, 5 weiß und 1 schwarz sowie 6 weiß und 0 schwarz unmittelbar den Verlust des A bedeuten. Sei die Erwartung $E(3w, 4s)$ des A im Fall eines Erfolgs, also 3 weiß und 4 schwarz, gleich a und bei anderen Zahlen für die Farben gleich 0, dann gilt zunächst nach Satz 3:

$$E_{3,3} = \frac{E(4w,3s) + 5E(3w,4s)}{6} = \frac{5}{6}a,$$

$$E_{2,4} = \frac{4E(2w,5s) + 2E(3w,4s)}{6} = \frac{1}{3}a.$$

Die Berechnung der Erwartung für die äquivalente Situation bei einer Stichprobe von 5 Steinen, genau einen weißen und vier schwarze Steine zu ziehen, erfordert zwar nur noch 9 solcher Schritte, noch immer zu viele für Spätere, die es vorzogen, sich der hier sehr viel zielführenderen kombinatorischen Methoden zu bedienen.

Die erfolgreiche Lösung dieser fünf Probleme bedeutete für die nachfolgende Generation von »Stochastikern« wie Jakob Bernoulli, de Montmort, de Moivre oder Nicolaas Struyck (1686–1769) das Eintrittsbillet in die Welt der entstehenden mathematischen Stochastik, verbunden mit der Ermutigung, an ihr weiter zu arbeiten.

Übrigens haben Pascal wie Huygens trotz ihrer Vertrautheit mit dem Begriff des Wahrscheinlichen den Begriff »Wahrscheinlichkeit« in ihrer Glücksspielrechnung nicht verwendet.

4.4 Anwendungen auf Bevölkerungsstatistik und Leibrenten

Christiaan Huygens ist, wie seine Lösung von Problem 4 zeigt, später wiederholt auf den Bereich der Glücksspiele zurückgekommen, ohne dass seine Ergebnisse damals veröffentlicht worden wären. Ein Anlass dazu war die erstmals 1662 veröffentlichte Schrift *Natural and political observations mentioned in a following index, and made upon the bills of mortality* von John Graunt (1620–1674), die auf den seit Ende des 16. Jh. veröffentlichten Totenregistern der Stadt London (Abb. 4.7) beruhten. Als frühe Arbeit über die Bevölkerungsentwicklung sind darin eine Reihe von gesetzmäßig erscheinenden Regelmäßigkeiten enthalten. Sie betreffen etwa die größere Häufigkeit von Knabengeburten bei einem weitgehend stabilen Verhältnis der beiden Geschlechter verbunden mit der höheren Lebenserwartung von Frauen, die hohe Kindersterblichkeit, die von Störfaktoren wie Epidemien oder Kriegen abgesehen weitgehend gleichbleibende jährliche Anzahl der Verstorbenen. In der Schrift war auch eine Absterbeordnung in Form einer kleinen Tabelle enthalten, deren teilweise fiktiver Charakter von Graunt allerdings nur angedeutet wird. Graunt standen dafür nur die Zahlen für die Geburten und die Totenzettel zur Verfügung, auf denen i. A. die Todesursache in Form einer Krankheit, aber keine Altersangabe zu finden war. Ausnahme bilden die Totenzettel, auf denen die verstorbene Person als »aged«, also über 60 Jahre alt verzeichnet ist.

Danach waren von den 229250 in 20 Jahren in London Verstorbenen 15757 oder etwa 7% als »aged« bezeichnet. Graunt nimmt ohne weitere Begründung,

Abb. 4.7: Panorama von London, 1616, von Claes Janszoon Visscher

d.h. ohne entsprechende Daten, an, dass jeweils noch 3% als 66-jährige und 1% als 76-jährige leben. Der Anfang seiner Tabelle, dass nämlich von den Kindern bis zum (Abschluss des) 6. Lebensjahr(es) 36% sterben, beruht auf Annahmen über das Alter der an bestimmten Krankheiten Gestorbenen. Damit hatte Graunt einen Anfangswert für seine Tabelle, nämlich dass von 100 empfangenen Kindern 36 bis zur Vollendung des 6. Lebensjahres sterben und 64 überleben, und für das Ende seiner Tabelle, dass noch 3% 66 Jahre und noch 1% 76 Jahre alt werden. Die Zwischenwerte erhielt er durch Interpolation, wobei sich die Folge der Lebenden im Alter 6, 16, 26, 36, 46 und schließlich 56, 66, 76 und darüber, also (auf Hundert bezogen) 64, 40, 25, 16, 10 und schließlich 6, 3, 1, 0 nahezu vollständig bzw. mit Auf- oder Abrunden auf eine ganze Zahl vollständig als geometrische Folge mit dem Quotienten 5/8 darstellen lässt.

Graunts Schrift war Huygens schon im Erscheinungsjahr zugeschickt worden, hatte seine Aufmerksamkeit aber erst 1669 beansprucht, als ihm sein Bruder Lodewijk die aus der erwähnten kleinen Tabelle in dieser Schrift von ihm berechnete mittlere Lebenserwartung mitgeteilt hatte. In seinen beiden Briefen von November 1669 erklärte Christiaan seinem Bruder den Unterschied zwischen der mittleren Lebenserwartung und dem Alter, auf das man mit gleichen Chancen setzen kann, es zu erreichen oder nicht zu erreichen (der Briefwechsel findet sich in Huygens' *Œuvres*, T. 6, 1895). Erstere dient nach Christiaan zur Bestimmung der Leibrenten, das davon unterschiedene Alter ist vor allem für Wetter interessant. Schließlich versucht Christiaan mit einem Lotteriemodell die Frage zu beantworten, wie lange der Überlebende von zwei Personen eines bestimmten Alters leben wird.

Offenbar sah Christiaan Huygens keine Veranlassung, die Übertragung seiner Glücksspielrechnung auf das Problem der menschlichen Sterblichkeit zu rechtfertigen. Das galt auch für ein zwei Jahre später veröffentlichtes Gutachten [1671] des damals als so genannter Ratspensionär von Holland für dessen Politik zuständigen Johan de Witt (1625–1672). De Witt war ebenfalls ein Schüler von Frans van Schooten und natürlich mit der Glücksspielrechnung von Christiaan Huygens vertraut.

Politischer Anlass für die Abfassung des Gutachtens war die Bedrohung der Niederlande durch die Truppen Ludwig XIV. (1638–1715), der die wirtschaftlich starken aber militärisch schwachen Niederländer nur eine Söldnerarmee entgegen setzen konnten. Das Gutachten bewertete vor allem zwei Möglichkeiten zur Finanzierung einer solchen Armee, nämlich fest verzinsliche Papiere, damals so genannte ewige Renten, und Leibrenten. Er gab schließlich Leibrenten den Vorzug, die von potentiellen Käufern günstiger als fest verzinsliche erworben werden konnten und von denen die Zahlungsverpflichtungen mit dem Ableben der darauf bezogenen Person erloschen. De Witt stützte sich dabei auf den Huygensschen Traktat über Glücksspiele und auf eine hypothetische Absterbeordnung.

Für die dem Huygensschen Erwartungswertmodell folgende Berechnung des Barwerts einer Leibrente berücksichtigte de Witt die Sterblichkeit, indem er von einer hypothetischen Absterbeordnung ausging. Danach unterschied de Witt vier Intervalle, nämlich vom 3. bis zum 53., vom 53. bis zum 63., vom 63. bis zum 73. und schließlich vom 73. bis zum 80. Lebensjahr. In jedem dieser vier Intervalle soll die Wahrscheinlichkeit in einem beliebigen Halbjahr des Intervalls zu sterben jeweils gleich sein, aber vom 2. bis zum 4. Intervall bezogen auf das 1. Intervall um den Faktor 1, 5, 2 bzw. 3 anwachsen. Seinen konkreten Berechnungen nach meinte de Witt, dass die Anzahl der halbjährlich Sterbenden $l_x - l_{x+1}$, wobei l_x die Anzahl der Lebenden im Halbjahr x symbolisiert, innerhalb eines jeden der vier Intervalle konstant ist. In einem Anhang machte de Witt geltend, dass der von ihm unter den genannten Voraussetzungen berechnete Barwert einer Leibrente vom Betrag 1 bei einem Zinsfuß von 4% mit etwas über 16, obwohl über dem üblichen Verkaufspreis von 14 liegend, bei Vergleich mit einer Abrechnung von tausenden von Leibrenten in Holland und Westfriesland, die einen Wert von etwa 18 ergaben, vergleichsweise als günstig anzusehen ist.

Der hier angesprochene Bereich einer quantitativen Erfassung menschlicher Sterblichkeit eröffnete zunächst noch der Glücksspielrechnung und später der Wahrscheinlichkeitsrechnung eines der wichtigsten Anwendungsgebiete.

Kapitel 5
Jakob Bernoullis *Ars conjectandi* als Beginn einer mathematischen Stochastik

Abb. 5.1: Jakob Bernoulli

Es dauerte eine Weile, bis die Pioniere einer Glücksspielrechnung, wie Christiaan Huygens und Blaise Pascal, Nachfolger fanden. Als wirkungsgeschichtlich wichtigster profilierte sich Jakob Bernoulli (1655–1705, Abb. 5.1), der in die Glücksspielrechnung als neuen zentralen Begriff den der Wahrscheinlichkeit einbrachte.

Bernoulli hatte zunächst, dem Wunsch seines Vaters entsprechend, in seiner Geburtsstadt Basel Theologie studiert, um anschließend als ordinierter Geistlicher der reformierten Kirche und als Hauslehrer an verschiedenen Orten auch außerhalb der Schweiz zu arbeiten. Er wandte sich in diesen Wanderjahren Fragen der Astronomie und der Kosmologie zu, wobei ihm die Naturphilosophie Descartes' einen besseren Hintergrund zu bieten schien als das in der Scholastik christlich modifizierte Weltbild des Aristoteles.

Auf seinen Reisen nach Frankreich, England und in die Niederlande kam er 1682 nach Leiden, das durch Frans van Schooten (1615–1660) und dessen Schüler zu einem Zentrum des Cartesianismus und der cartesischen Mathematik geworden war. Ob er dort Christiaan Huygens (1629–1695) treffen konnte, der Paris und die *Académie des sciences* aufgrund von Gesundheitsproblemen im September 1681 für immer verlassen hatte, ist nicht bekannt, aber wegen Bernoullis noch bescheidenen Kenntnisse der dort entwickelten Mathematik eher unwahrscheinlich. Als Einstieg dazu erwarb er die 1657 in Leiden veröffentlichten *Exercitationum mathematicarum libri quinque* Frans van Schootens, an deren Ende auch der kleine Huygenssche Traktat *De ratiociniis in ludo aleae* abgedruckt ist.

Mehr als die 50 arithmetischen und die nachfolgenden 50 geometrischen Sätze und deren Beweise sowie die Lösungen entsprechender Probleme, der

H. Fischer et al., *1000 Jahre Stochastik*, Vom Zählstein zum Computer,
https://doi.org/10.1007/978-3-662-72368-5_5

Versuch einer Rekonstruktion der ebenen Örter des Apollonius oder die mechanische Konstruktion von Kegelschnitten und eine Reihe von Varia in den fünf Abschnitten des Buches interessierte Bernoulli der kleine von van Schooten ins Lateinische übertragene Huygenssche Beitrag zur Lösung von Glücksspielproblemen.

5.1 Die *Meditationes*

Abb. 5.2: Das Kloster von Port-Royal, das geistige Zentrum des Jansenismus, einer katholischen Reformbewegung (südwestlich von Versailles) um 1670. Dort entstand die *Logique ou l'art de penser*, zu der aller Vermutung nach auch Pascal beigetragen hat.

Nach seinen privaten 1677 begonnenen, teilweise datierten Aufzeichnungen, den *Meditationes*, einer Sammlung von theologischen und philosophischen einschließlich mathematischen Anmerkungen und Überlegungen, befasste sich Bernoulli zwischen 1684 und 1690 im Anschluss an Huygens' Traktat und den dort abschließend gestellten fünf Aufgaben mit den Anfängen einer mathematischen Stochastik, die er als *Ars conjectandi* (im Folgenden durch »*AC*« abgekürzt) bezeichnete (die entsprechenden Teile der *Meditationes* sind in [Bernoulli 1975b] ediert). Eine damit verbundene weit über den Bereich einer mathematischen Theorie der Glücksspiele hinausreichende Auffassung scheint dem allgemeiner an der Klärung des menschlichen Erkenntnisprozesses interessierten Jakob Bernoulli durch die Lektüre der von Antoine Arnauld (1612–1694) und Pierre Nicole (1625–1695) erstmals 1662, allerdings anonym veröffentlichten *La Logique ou l'art de penser* (auch als »Logik von Port-Royal« bekannt, Abb. 5.2) nahegelegt worden zu sein [Arnauld und Nicole 1662]. Eine lateinische Übersetzung der dritten Auflage dieses Werks unter dem Titel *Logica sive Ars cogitandi* war 1682 in Leiden und in London erschienen, der zahlreiche weitere Auflagen folgten. Damit wurde die *Ars cogitandi* über die lateinische Übersetzung des Titels der Logik von Port-Royal hinaus allgemeiner zu einem Synonym für logisches Schließen. Bernoullis Wahl des Titels *Ars conjectandi* sollte in diesem Sinn als Ergänzung zu den streng logischen Schlüssen einer *Ars cogitandi* eine

Beurteilung von Situationen bei unvollständiger oder unsicherer Information ermöglichen.

In den *Meditationes* sind eine Reihe von Problemen gelöst, die den Übergang zu einer so umfassend geplanten *AC* vorbereiten. Dazu gehören die fünf am Ende des Huygensschen Traktats formulierten Aufgaben, eine Bewertung der Entscheidung gegen ein Kaufangebot von 80 Flaschen eines leichten Weines und vor allem verschiedene Formen eines Ehevertrags, in denen sich bereits der Übergang vom Huygensschen Erwartungswert zu Wahrscheinlichkeit als Grad der Sicherheit für das Bestehen oder Eintreten eines Ereignisses ebenso abzeichnet wie die spätere Unterscheidung zwischen A-priori- und A-posteriori-Wahrscheinlichkeiten bei Bernoulli.

Der Weinhändler hatte das ihm vorliegende Kaufangebot vor dem Hintergrund seiner Einschätzung einer schlechten Traubenernte und der damit verbundenen größeren Nachfrage abgelehnt, obwohl der Durchschnittspreis der in vergleichbarer Situation in den vergangenen Jahren verkauften Flaschen nicht höher lag als der des Angebots. Dabei hatte er den Einwand des Kellermeisters nicht berücksichtigt, dass auf Grund der jetzt bei späterem Verkauf anfallenden Lagerkosten mit einem geringeren Erlös und wegen der beschränkten Haltbarkeit sogar mit vollständigem Verlust gerechnet werden müsste.

Der zwischen dem Bräutigam Titius und der Braut Caja geschlossene Ehevertrag soll vorab in pauschaler Weise die Aufteilung des gemeinsamen Vermögens nach dem Tod Cajas zwischen Titius und den für diesen Zeitpunkt angenommenen Kindern regeln. Verschiedene Modelle stehen zur Diskussion, welche Anteile des gemeinsamen Vermögens der Ehegatte bzw. die Kinder nach dem Tod der Ehefrau in Abhängigkeit davon erhalten sollen, ob der Vater von Titius oder Caja noch am Leben ist (oder auch beide noch leben). Das Problem der Berechnung der entsprechenden Erwartungswerte für das Erbe des Titius führt Bernoulli (auszugsweise dt. Übersetzung dieses Artikel 77 der *Meditationes* in [Schneider 1988, 197–201]) zur Frage nach der Gewichtung der sechs möglichen Absterbefolgen der drei Personen: Caja, Vater von Caja und Vater von Titius. Nachdem mit Rücksicht auf das geringere Alter von Caja eine Gleichbewertung aller sechs Absterbefolgen verworfen wurde, schlägt Bernoulli drei verschiedene Möglichkeiten vor, den Grad der Sicherheit, so wörtlich, eines Ablebens von Caja an erster, zweiter oder dritter Stelle zu bestimmen. Gibt es im allgemeinsten der von ihm behandelten Modelle n Krankheiten, die für Caja, und m Krankheiten, die für jeden der beiden Väter tödlich sind, wobei $0 < n < m$, so ist unter diesen Voraussetzungen der »Grad der Sicherheit« für Caja, an erster, zweiter oder dritter Stelle zu sterben $\frac{n}{2m+n}$, weil von den ingesamt $2m + n$ Fällen zunächst Caja nur n betreffen, $\frac{2mn}{2m^2+3mn+n^2}$ und $\frac{2m^2}{2m^2+3mn+n^2}$, weil von den $2m$ Fällen, die zunächst für einen der beiden Väter tödlich sind, $m + n$ verbleiben, von denen n die Caja vor dem überlebenden Vater und m nach diesem ableben lassen. Bernoulli verwirft diese unter der a priori Annahme abzählbarer »gleichmöglicher« Fälle gefundenen und jeweils verschiedenen Lösungen in der Überzeugung, dass die wirklichen Gewichtungen nur a posteriori durch entsprechende Beobachtungen des Ablebens von Personen gleichen Alters und gleicher Konstitution gefunden werden können:

> Dies lässt sich auch im Allgemeinen ... erkennen, wo wir zwar oft wissen, dass das eine wahrscheinlicher, besser oder ratsamer ist als das andere, aber um wie viel Grade der Wahrscheinlichkeit oder Güte es sich unterscheidet, das bestimmen wir nur der Wahrscheinlichkeit nach, nicht genau. Die sicherste Art, die Wahrscheinlichkeiten zu schätzen, ist in jenen Fällen nicht a priori oder kausal, sondern a posteriori, d. h. aus dem häufig beobachteten Ergebnis in ähnlichen Beispielen.

In einer später geschriebenen Randbemerkung hält Bernoulli fest: »Ich kann nämlich im Verhältnis weniger abweichen, wenn ich öfter, als wenn ich seltener beobachte. Das beweise ich.«

Diesem Hinweis auf den Beweis des später so genannten (schwachen) Gesetzes der großen Zahlen folgt in den *Meditationes* das einfache Beispiel eines Spiels, bei dem die beiden Kontrahenten jeweils gleiche Gewinnchancen für ein Einzelspiel besitzen (für eine dt. Übersetzung s. [Schneider 1988, 122 f.]). Bei mehreren Spielen müsste die Anzahl der von einem Spieler gewonnenen Spiele annähernd gleich der von seinem Gegner gewonnenen sein. Bernoulli behauptet dann, dass die Wahrscheinlichkeit – den Begriff verwendet er hier bereits im »modernen« mathematischen Sinne – einer größeren Abweichung des Verhältnisses von der Gleichheit bei 6 Spielen kleiner ist als bei 3 und noch kleiner bei 9 oder 12; umgekehrt sei die Wahrscheinlichkeit größer, dass das Verhältnis der gewonnenen zu den verlorenen Spielen in das Intervall zwischen 1/3 und 2/3 fällt, wenn mehr Spiele gespielt werden als weniger. Er berechnete dazu die Wahrscheinlichkeiten, dass ein Spieler bei $3n$ Spielen, $n = 1, \dots, 4$, weniger als n Spiele gewinnt. Für diese 4 Fälle konnte er zeigen, dass diese Wahrscheinlichkeiten durch die Folge

$$\frac{1}{8} \cdot \left(\frac{7}{8}\right)^{\nu}, \qquad \nu = 1, \dots, 4,$$

eine Nullfolge, majorisiert werden, was er ohne Beweis als für alle $\nu > 4$ als gegeben ansah. Damit hatte er nahe gelegt, dass die Wahrscheinlichkeit für eine relative Häufigkeit der gewonnenen Spiele im Intervall zwischen 1/3 und 2/3 im Limes gleich 1 ist.

In der Folge konnte Bernoulli beweisen, dass die relative Häufigkeit des Eintretens eines Ereignisses mit der (bekannten!) Grundwahrscheinlichkeit $p \in (0, 1)$ bei sehr häufiger unabhängiger Wiederholung sich dem Wert p im Regelfall immer besser annähert. Genauer zeigte Bernoulli, dass es zu jedem vorgegebenen beliebig kleinen $\varepsilon > 0$ und zu jedem beliebig großen natürlichen c ein n_0 gibt, für das wie für alle $n > n_0$ die folgende Ungleichung erfüllt ist:

$$\frac{\mathrm{P}(|h_n - p| \leqslant \varepsilon)}{\mathrm{P}(|h_n - p| > \varepsilon)} > c \text{ gleichbedeutend mit } 1 > \mathrm{P}(|h_n - p| \leqslant \varepsilon) > 1 - \frac{1}{c+1}.$$

Bernoulli musste dazu die Wahrscheinlichkeiten

$$\mathrm{P}\left(\frac{g}{n} \leqslant h_n \leqslant \frac{h}{n}\right) = \sum_{k=g}^{h} \binom{n}{k} p^k (1-p)^{n-k}$$

geeignet abschätzen. Den Beweis hatte Bernoulli bereits 1689 in den *Meditationes* dargelegt und später als Begründung seines Hauptsatzes in die *AC* aufgenommen. Schon in den *Meditationes* hat Bernoulli seine tiefe Befriedigung über diesen Beweis zum Ausdruck gebracht, der ihm wichtiger erschien als etwa die Entdeckung der Quadratur des Kreises. Der Grund für die hohe Wertschätzung des Hauptsatzes war seine Überzeugung, damit einen Weg zur a posteriori Bestimmung von Wahrscheinlichkeiten eröffnet zu haben. Tatsächlich setzt der Beweis für die Abweichungen der relativen Häufigkeiten des Eintretens eines Ereignisses von dessen Wahrscheinlichkeit gerade die Kenntnis dieser Wahrscheinlichkeit voraus. Offenbar erschien aber der Umkehrschluss, mit der relativen Häufigkeit des Eintretens eines Ereignisses bei großem n als Schätzwert auf die unbekannte Wahrscheinlichkeit dieses Ereignisses schließen zu können, Bernoulli als unproblematisch.

Darüber hinaus sind in den *Meditationes* eine Reihe weiterer Probleme angesprochen; sie betreffen z. B. damals übliche Glücksspiele, Versicherungsverträge, den Ausgang von Wahlen, Toterklärungen vermisster Personen, Wetten auf künftige Ernten oder die Wirksamkeit von Medikamenten.

5.2 Entstehung der *Ars conjectandi*

Schließlich reifte die Idee, das bisher zu einer Stochastik Gesammelte in einem Werk zu veröffentlichen. Wohl auf Grund von Indiskretionen von Johann (1667–1748), dem jüngeren Bruder von Jakob, erfuhr Gottfried Wilhelm Leibniz (1646–1716), der sich selbst mit ähnlichen Plänen beschäftigt hatte, von den Absichten Jakobs. Auf eine entsprechende Anfrage von Leibniz im April 1703 – der Briefwechsel zwischen Leibniz und Jakob Bernoulli ist neu ediert in [Leibniz 2022] – machte Jakob einige Andeutungen, die vor allem den Hauptsatz und die damit nach Bernoullis Überzeugung gegebene Möglichkeit betrafen, Wahrscheinlichkeiten über relative Häufigkeiten beliebig genau bestimmen zu können. Leibniz reagierte in seiner Antwort vom Dezember 1703 ziemlich kritisch: Zunächst seien in vielen Fällen vor allem Rechtsprechung und Politik betreffend solche Erhebungen »nicht nötig«. Was wie zufällige Ereignisse von unendlich vielen Umständen abhängt, kann nicht durch eine endliche Zahl von Erhebungen bestimmt werden. Ferner kann sich die Wahrscheinlichkeit eines Ereignisses ändern. Es können z. B. neue Krankheiten auftreten. Eine Kometenbahn kann nur deshalb durch wenige Punkte bestimmt werden, weil für ihre Form ein Kegelschnitt vorausgesetzt wird. Ohne diese Voraussetzung können endlich viele Örter am Himmel durch beliebig viele verschiedene Kurven verbunden werden. Allgemein rechtfertigt keine noch so große Zahl von Beobachtungen eine sichere Regel oder Abschätzung. In seiner Antwort von April 1704 verwies Bernoulli auf eine Reihe rechtlicher Bereiche wie Mitgiftverträge, die nicht nur von Umständen sondern auch von Berechnungen auf Grund bestimmter Erhebungen abhängen. Auch wenn es unendlich viele Krankheiten gäbe, kann das Verhältnis zweier unendlicher Zahlen endlich sein und a posteriori entweder genau oder ausreichend genau bestimmt werden. Wenn sich Krankheiten im Lauf der Zeit verändern oder vervielfachen, müssten eben entsprechend neue Beobachtungen gemacht werden. Das Beispiel der Kometenbahnbestimmung wies Bernoulli als unpassend zurück, auch weil für die gesuchte Bahn wegen der immer einfache Wege verfolgenden Natur nur eine einfache Kurve in Frage kommt.

In dieser im April 1705 endenden Korrespondenz mit Leibniz hatte Bernoulli wiederholt vergeblich um die Übersendung von Jan de Witts Gutachten über Leibrenten gebeten, weil er sich dort Material für die A-posteriori-Ermittlung der menschlichen Sterbe- oder Erlebenswahrscheinlichkeit erhofft hatte. Auch wenn Leibniz, der das Werk nicht finden konnte, zu Recht diese Erwartung als verfehlt zurückgewiesen hatte, bleibt unverständlich, warum er Bernoulli nicht auf die ihm wohl bekannte Veröffentlichung von Edmund Halley (1656–1742) in den *Philosophical Transactions* für 1693 hingewiesen hatte. Halley hatte dort eine auf der Grundlage der von Caspar Neumann (1648–1715) gesammelten Daten über die Geburten und Todesfälle in der Stadt Breslau für die fünf Jahre 1687, 1688. 1689, 1690 und 1691 beruhende Veröffentlichung über den »Grad der menschlichen Sterblichkeit« veröffentlicht. Er hatte dort unter der Voraussetzung einer stationären Bevölkerung eine Tafel für die Anzahlen der jeweils in Breslau Lebenden der Altersstufen von 1 bis 84 erstellt und als Absterbeordnung für die Berechnung von Leibrenten benutzt.

Wann Bernoulli nach seinen Vorarbeiten in den *Meditationes* das erhaltene und erst acht Jahre nach seinem Tod veröffentlichte Manuskript der *AC* verfasst hatte, ist nicht genau bekannt. Zumindest scheint seine im zweiten Teil enthaltene Theorie der Kombinatorik schon in den 1690er Jahren fertig gestellt gewesen zu sein.

Bernoulli hat die Arbeit an der *AC* in seinen letzten Lebensjahren fortgesetzt, vielleicht weil ihm die bisher behandelten Anwendungsbeispiele nicht ausreichten und weil er die von Leibniz geäußerte Kritik an der Bedeutung seines Hauptsatzes entkräften wollte. Die Meinungen darüber, wie weit die *AC* bei Bernoullis Tod als abgeschlossen gelten konnte, gehen hinsichtlich des Zeitbedarfs für eine Fertigstellung vor allem wegen des mit dem Werk verbundenen umfassenden Anspruchs weit auseinander. So teilte der von der Familie Bernoullis mit der Ordnung des Nachlasses betraute Jakob Hermann (1678–1733) im Oktober 1705 Leibniz mit, dass der im August dieses Jahres verstorbene Bernoulli die *AC* »nur weniges von der Vollendung entfernt« hinterlassen habe und einige Monate ausgereicht hätten, das Werk abzuschließen.

Die Nachwelt konnte sich über den genauen Inhalt der *AC* erst durch die Druckfassung [1713] informieren, nachdem Hinweise darauf schon früher vor allem in den Nachrufen auf Bernoulli bekannt geworden waren.

Der Hauptgrund für die lange Verzögerung der Drucklegung des Manuskripts war die Angst der Erben Jakob Bernoullis, dass Johann Bernoulli mit der Herausgabe betraut das Werk in seinem Sinne ausschlachten würde. Erst als Pierre Rémond de Montmort (1678–1719), ein Stochastiker der nachfolgenden Generation, 1710 angeboten hatte, das Manuskript auf seine Kosten zu veröffentlichen, und sich mahnende Stimmen mehrten, dass die *AC* wenn nicht bald veröffentlicht kein Interesse mehr finden würde, entschloss sich Jakob Bernoullis Sohn Jakob, ein Maler, die *AC* unverändert drucken zu lassen. Dem Druck wurde eine Arbeit Jakob Bernoullis über unendliche Reihen und ein Brief über das *Jeu de Paume* in französischer Sprache beigegeben. Das *Jeu de Paume* wird als Vorläufer des heutigen Tennisspiels angesehen.

Jakobs Neffe Nikolaus Bernoulli (1687–1759) steuerte für die Publikation nur ein kurzes Vorwort bei, obwohl er das Manuskript noch vor 1705 sorgfältig studiert hatte und dessen Inhalt wesentlich für seine Dissertation von 1709 und in seiner teilweise veröffentlichten Korrespondenz mit Montmort verwendet hatte (s. Kap. 6.1).

5.3 Inhalt der *Ars conjectandi*

JACOBI BERNOULLI,
Profess. Basil. & utriusque Societ. Reg. Scientiar. Gall. & Pruss. Sodal.
MATHEMATICI CELEBERRIMI,
ARS CONJECTANDI,
OPUS POSTHUMUM.
Accedit
TRACTATUS
DE SERIEBUS INFINITIS,
Et EPISTOLA Gallicè scripta
DE LUDO PILÆ
RETICULARIS.
BASILEÆ,
Impensis THURNISIORUM, Fratrum.
clɔ Iɔcc xiii.

Abb. 5.3: Titelblatt der *Ars conjectandi*

Das hinterlassene Werk (Abb. 5.3) gliedert sich in vier Teile.

Der 1. Teil enthält einen Abdruck von Huygens' *De ratiociniis in ludo aleae* mit den Anmerkungen, »Annotationes«, von Bernoulli. Auf diese Anmerkungen entfallen mehr als 3/4 des Textes. Sie betreffen Verallgemeinerungen des Huygensschen Erwartungswertmaßes, die als erste Schritte zu dem im 4. Teil der *AC* eingeführtem klassischen Maß der Wahrscheinlichkeit anzusehen sind, Lösungen von Verallgemeinerungen der von Huygens formulierten Probleme, insbesondere der fünf am Ende von Huygens Traktat stehenden alternativen Lösungsmethoden für die bereits von Huygens gelösten Probleme sowie die Einführung der Binomialverteilung.

In seinem dritten Satz hatte Huygens die Erwartung von jemandem, der p Chancen auf den Erhalt des Betrages a und q Chancen auf den Erhalt des Betrages b hat, mit $\frac{pa+qb}{p+q}$ bewertet; analog bestimmt Bernoulli die Erwartung von jemandem, der zusätzlich r Chancen auf den Betrag c besitzt, zu $\frac{pa+qb+rc}{p+q+r}$. Bernoullis Zusatz, dass man fortfahren kann mit s Fällen für den Betrag d und so fort, kann man interpretieren als die Aussage, dass die Erwartung für den Fall, dass es p_i Fälle für den Betrag a_i $(i = 1, \ldots, n)$ gibt, gleich $\sum_{i=1}^{n} p_i a_i / \sum_{i=1}^{n} p_i$ ist. Mindestens ebenso wichtig wie diese Verallgemeinerung ist, dass Bernoulli von der Huygensschen Voraussetzung, dass die a_i jeweils von Null verschiedene positive Geldbeträge sind, ebenso absah wie von der, dass es sich überhaupt um Geldbeträge handelt. Schon bei der Diskussion des Ehevertrages hatte Bernoulli z. B. Grade der Sicherheit für das Ableben einer Person in einer Absterbefolge, später gleichgesetzt mit Wahrscheinlichkeit, statt eines Geldbetrags in die Formel für den Erwartungswert eingesetzt.

In diesem Zusammenhang bemerkt Bernoulli, dass die Summe der Erwartungswerte von zwei Spielern den Gesamteinsatz ergeben müssen, wenn die Gewinn und Verlust entsprechenden Ereignisse disjunkt und komplementär sind. Dass die Summe der Erwartungswerte der beteiligten Spieler vom Gesamteinsatz verschieden sein kann, wenn die genannten Voraussetzungen nicht gegeben sind, zeigt Bernoulli an einem Beispiel.

In seiner Diskussion der letzten fünf Sätze von Huygens' Traktat, die sich mit Würfelproblemen befassen, verallgemeinerte Bernoulli das auf den Chevalier de Meré zurückgehende Würfelproblem (vgl. Kap. 2) zu dem folgenden: Wie groß ist die Erwartung auf den Gewinn 1 bei n Durchführungen eines Experiments für jemanden, der darauf wettet, mindestens oder genau k-mal Erfolg zu haben, wenn sich die Chancen für Erfolg und Misserfolg bei jeder Durchführung wie $b : c$ verhalten, wobei $b + c = a$ ist? Er erhielt für mindestens k Erfolge den Wert

$$a^{-n} \sum_{i=0}^{n-k} \binom{n}{k+i} b^{k+i} c^{n-k-i}$$

und für genau k Erfolge

$$a^{-n} \binom{n}{k} b^k c^{n-k}.$$

Bernoulli kam zu diesen Lösungen, indem er den Erwartungswert $B(k,n)$ des Gegners, der darauf wettet, dass bei n Versuchen nicht mehr als $k-1$ Erfolge erreicht werden, über die Rekursionsformel

$$B(k,n) = \frac{bB(k-1,n-1) + cB(k,n-1)}{a}$$

schrittweise ab $n = 2$ bestimmte. Dabei gelten die Randwerte $B(0,n) = 0$, $B(1,n) = (c/a)^n$ sowie $B(n,n) = 1 - (b/a)^n$ für alle $n \geqslant 1$. Damit berechnet er die $B(k,n)$ für $k \leqslant 4$ und für $n \leqslant 6$, um daraus durch unvollständige Induktion zu schließen, dass

$$B(k,n) = \sum_{i=0}^{k-1} \binom{n}{i} \left(\frac{b}{a}\right)^i \left(\frac{c}{a}\right)^{n-i}.$$

Abschließend verweist Bernoulli darauf, dass man mit Hilfe der im zweiten Teil behandelten Kombinatorik zu der schon vorher bestimmten Erwartung für genau k Erfolge kommen kann, die dann später als Binomial- oder auch Bernoulliverteilung bezeichnet wurde. Huygens hat, wahrscheinlich nicht in Unkenntnis von Pascals Werk, auch in seinen späteren nur in Manuskripten erhaltenen Arbeiten von jeder Verwendung kombinatorischer Methoden abgesehen.

In Satz XIV, dem letzten des ersten Teils der *AC*, sollten die Gewinnchancen von zwei Spielern in einer Reihe von Versuchen bestimmt werden, die mit dem Gewinn des ersten, der beginnt, enden, wenn dieser 6 Augen wirft und mit dem Gewinn des zweiten, wenn dieser 7 Augen mit 2 Würfeln erzielt. Die Antwort ergibt sich aus der Lösung von zwei linearen Gleichungen, die auch durch zwei von Bernoulli eingeführte konvergente geometrische Folgen erreicht werden kann. Bernoulli diskutiert dann noch die fünf von Huygens als Abschluss seines Traktats formulierten Probleme, von denen er die ersten drei dem Vorgehen von Huygens im vorausgehenden Text folgend, aber auch mit Hilfe unendlicher Reihen löst. Die Lösung des vierten Problems verschiebt Bernoulli auf den dritten Teil der *AC*. Das fünfte Problem ist ein Spezialfall des »Spieldauerproblems«, in dem nach den Chancen von zwei Spielern gefragt wird, den Gegner zu ruinieren, d. h. alle seine Spielsteine zu gewinnen, von denen der eine zu Beginn n und der andere m besitzt, wobei der jeweilige Verlierer eines Spiels einen Stein an den Gewinner abgeben muss und sich die Gewinnchancen für ein Einzelspiel wie $p : q, q = 1 - p$ verhalten. Bernoulli löst das Problem zunächst für den Fall $m = n = 12$ und dann für $m \neq n$.

Die 66 Seiten des 2. Teils enthalten dann in 9 Kapiteln die für die Lösung der Bewertung von Einschätzungen insbesondere von Problemen der Glücksspielrechnung erforderlichen kombinatorischen Methoden.

Ein Teil der dort eingeführten Begriffe wie Permutation, Variation oder Kombination und die dafür abgeleiteten Sätze findet sich bereits in dem 1665 posthum veröffentlichten, aber ganz anders aufgebauten *Triangle arithmétique* von Blaise Pascal, das Bernoulli anscheinend nicht gekannt hat; sonst wäre auch etwa der von ihm für sich reklamierte aber bereits von Pascal veröffentlichte multiplikative Aufbau der Binomialkoeffizienten schwer erklärbar.

Anders als Pascal, der für seinen *Triangle arithmétique* keine Quellen angibt, erwähnt Bernoulli in diesem kombinatorischen Teil van Schooten, Leibniz, John Wallis (1616–1703) und Jean Prestet (1648–1691) als Vorgänger, zu denen bei den so genannten figurierten Zahlen – diese ergeben sich durch das sukzessive Auslegen zueinander ähnlicher Figuren, ausgehend von einem Punkt,

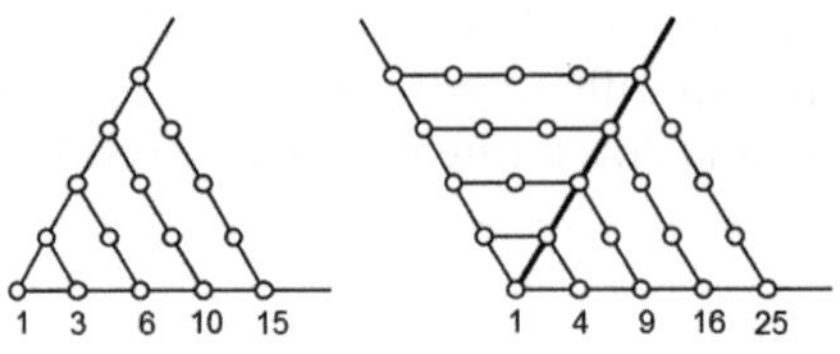

Abb. 5.4: Dreieckszahlen (bezügl. gleichseitiger Dreiecke) und Viereckszahlen (bezügl. Rauten), die wie angedeutet aus Dreieckszahlen gewonnen werden können (Abb. in Anlehnung an [Schneider 1993, 73])

s. Abb. 5.4 – Johannes Faulhaber (1580–1635), Johannes Remmelin (1583–1632) und Nicolaus Mercator (ca. 1620–1687), und im speziellen Fall der allgemeinen Formel für die Summen der Potenzen natürlicher Zahlen Ismaél Boulliau (1605–1694) kommen.

Anscheinend hat Bernoulli von Pascal nur dessen Brief an Fermat vom 29. Juli 1654 gekannt. Außerdem wäre schwer zu erklären, warum Bernoulli eine Reihe von Ergebnissen des *Triangle arithmétique* wiederholt, deren Entdeckung aber für sich beansprucht. Bernoullis Aufbau der kombinatorischen Analysis ist auch verschieden von dem Pascals.

Boulliau hatte in seinem über 400 Folioseiten starken *Opus novum ad arithmeticam infinitorum* von 1682 im Rahmen einer sehr umständlichen Darstellung seine Berechnungen von Summen der Potenzen natürlicher Zahlen bis einschließlich des Exponenten 6 veröffentlicht. Über Boulliau macht sich Bernoulli lustig durch die Bemerkung, dass er bei den Potenzsummen auf einer einzigen Seite weit mehr erreicht hat als Boulliau mit einem gewaltigen Aufwand auf mehreren hundert. Vorbereitet wurde diese völlig eigenständige Leistung Bernoullis der Summierung von Potenzen der natürlichen Zahlen von 1 bis n mit beliebigen natürlichen Exponenten c in Form von Polynomen in n vom Grad $c + 1$ in den ersten drei Kapiteln über Permutationen, Kombinationen und so genannten figurierten Zahlen sowie deren Eigenschaften. Ausgehend von der Bedeutung der Binomialkoeffizienten als Anzahl von Kombinationen und der aus der additiven Struktur des arithmetischen Dreiecks ersichtlichen Beziehung (vgl. Abb. 4.5)

$$\sum_{\nu=1}^{n} \binom{\nu}{r} = \sum_{\nu=r}^{n} \binom{\nu}{r} = \binom{n+1}{r+1}, \quad (0 \leqslant r \leqslant n)$$

sowie der Produktdarstellung der Binomialkoeffizienten kann Bernoulli schrittweise die Summen der 1., 2., 3., … Potenzen der natürlichen Zahlen von 1 bis n ermitteln und daraus allgemein für beliebige natürliche Exponenten c ableiten:

$$\sum_{\nu=1}^{n} \nu^c = \frac{1}{c+1} n^{c+1} + \frac{1}{2} n^c + \frac{1}{2}\binom{c}{1} A n^{c-1} + \frac{1}{4}\binom{c}{3} B n^{c-3} + \frac{1}{6}\binom{c}{5} C n^{c-5} + \dots,$$

wobei die Summe auf der rechten Seite aus $c + 1$-ten Summanden besteht. Die $A, B, C, \ldots$ sind die Koeffizienten von n in

$$\sum_{\nu=1}^{n} \nu^2, \sum_{\nu=1}^{n} \nu^4, \sum_{\nu=1}^{n} \nu^6, \ldots \text{ mit den Werten } A = \frac{1}{6}, B = -\frac{1}{30}, C = \frac{1}{42}, \ldots$$

Diese Konstanten wurden später von Abraham de Moivre (1667–1754) und dann allgemein als »Bernoullische Zahlen« bezeichnet. Bernoullis Darstellung von $\sum_{\nu=1}^{n} \nu^c$ als Polynom in n spielte nicht nur in der weiteren Entwicklung der mathematischen Stochastik sondern auch allgemein in der Analysis eine wichtige Rolle.

In den folgenden Kapiteln des zweiten Teils der *AC* werden weitere Eigenschaften der Binomialkoeffizienten, die schon von Pascal gegebene Lösung des Teilungsproblems für zwei Spieler mit gleichen Gewinnchancen für ein Einzelspiel, die (klassische) hypergeometrische Verteilung, die Anzahl der Kombinationen und der Variationen von k aus n Elementen ($k \leqslant n$) mit Wiederholung angegeben. Im Vergleich zu anderen Darstellungen der Kombinatorik behauptete sich die *AC*, z.T. in einer auf den zweiten Teil reduzierten Form, als das meistbenutzte Lehrbuch für die in der Stochastik benutzten kombinatorischen Methoden im 18. Jh.

Im dritten, 72 Seiten umfassenden Teil der *AC* löst Bernoulli 24 Aufgaben. Sie betreffen einen gegenüber Huygens modifizierten Erwartungswertbegriff, wobei Bernoulli sehr viel mit bedingten Erwartungen operiert, ohne diese allerdings von gewöhnlichen Erwartungen zu unterscheiden. Die Aufgaben betreffen ausschließlich Glücksspiele wie sie damals vor allem am französischen Hof gespielt wurden, etwa *Cinque et neuf*, *Trijaques* oder *Basette*. Typisch für die Einführung bedingter Erwartungen sind Spiele mit einem zweistufigen Aufbau, wobei das Ergebnis der ersten Stufe die Bedingungen für die zweite Stufe bestimmt. So wird in Aufgabe 14 in einer Version dem ersten von zwei Spielern, die zusammen den Betrag 1 eingesetzt haben, ein Wurf mit einem Würfel zugestanden, dessen Ausgang die Anzahl der Würfe auf der zweiten Stufe festlegt. Der erste Spieler A wird den gesamten Einsatz, die Hälfte oder nichts gewinnen, je nachdem er auf der zweiten Stufe mehr als 12, genau 12 oder weniger als 12 Augen geworfen hat. Bernoulli bestimmt dazu die 6 bedingten Erwartungen des ersten Spielers $\mathrm{E}(A \mid x)$, $x = 1, \ldots, 6$ abhängig vom Ausgang des ersten Wurfs. Die Erwartung von A ist dann

$$\mathrm{E}(A) = \sum_{x=1}^{6} \frac{\mathrm{E}(A \mid x)}{6}.$$

Vom methodischen Standpunkt aus bieten diese Aufgaben nichts wirklich Neues. Sie entsprechen aber den Problemen, die um diese Zeit von Autoren wie Joseph Sauveur (1653–1716), de Montmort und de Moivre gelöst wurden.

Der vierte und letzte Teil weist nur 30 Seiten auf, ist aber auch in Hinblick auf die weitere Entwicklung der Stochastik der interessanteste und auch bedeutendste. Er soll die Anwendung der vorhergehenden »Doctrina«, was man wohl mit Lehre oder Einweisung wiedergeben kann, auf gesellschaftliche, insbesondere wirtschaftliche Probleme enthalten und ist gerade in dieser Hinsicht unvollständig.

Er beginnt mit einem Kapitel über Voraussetzungen, die die Begriffe Sicherheit, Wahrscheinlichkeit, Notwendigkeit und Zufall betreffen. Wahrscheinlichkeit wird als Grad der Sicherheit für das gegenwärtige oder zukünftige Eintreten eines Ereignisses definiert. Weil das Weltgeschehen zumindest für Gott zu jeder Zeit vollkommen determiniert abläuft und somit keinen Platz für (objektiven) Zufall lässt, ist für Bernoulli Zufall und ein als zufällig bezeichnetes Ereignis abhängig vom Informationsstand des menschlichen Subjekts. So kann das Eintreten eines Ereignisses einem Menschen abhängig von dessen Informationsstand als zufällig und einem anderen als determiniert erscheinen. Z. B. wäre es auch einem Menschen bei genauer Kenntnis der die Bewegungen eines Würfels bestimmenden Parameter möglich, den Ausgang eines Wurfes mit einem Würfel vorauszusagen.

Der gesamte Bereich der Ereignisse, deren Eintreten im täglichen Leben als unsicher oder zufällig erscheint, tut dies nach Bernoulli allein aufgrund unvollständiger Information; dessen ungeachtet werden sie durch sein Verständnis von Wahrscheinlichkeit erfasst, das er so einführt:

> Denn Wahrscheinlichkeit repräsentiert einen Grad der Sicherheit und unterscheidet sich von ihr wie ein Teil vom Ganzen. Wenn z. B. die vollständige und absolute Sicherheit, die wir durch den Buchstaben a oder durch die Einheit kennzeichnen, aus fünf Wahrscheinlichkeiten oder Teilen besteht, von denen drei für das Eintreten oder künftige Eintreten eines bestimmten Ereignisses zählen und die Restlichen dagegen, hat das Eintreten dieses Ereignisses eine Sicherheit von $\frac{3}{5}a$ oder $\frac{3}{5}$.

Jedenfalls ist die einzige Möglichkeit, die praktische Brauchbarkeit der vermuteten, geschätzten oder berechneten Wahrscheinlichkeit eines Ereignisses zu überprüfen, genügend viele Tests zu machen und dann die relative Häufigkeit seines Eintretens zu bestimmen. Trotz seiner Ablehnung der Existenz wirklich oder objektiv zufälliger Ereignisse weist Bernoullis Wahrscheinlichkeitskonzept des Grades der Sicherheit für das Eintreten eines Ereignisses gleichzeitig subjektive oder epistemische und frequentistische oder aleatorische Aspekte auf. Auf die mathematische Bestimmung von Wahrscheinlichkeiten hat diese Mehrdeutigkeit von Bernoullis Wahrscheinlichkeitsbegriff keinen Einfluss, weil der ermittelte numerische Wert einer Wahrscheinlichkeit eine reelle Zahl zwischen 0 und 1 ist, unabhängig davon, welche Bedeutung von Wahrscheinlichkeit zu Grunde liegt. Tatsächlich kommen strenggenommen nach dem Vorgehen von Bernoulli nur rationale Zahlen in Frage. Andererseits hat ein Zeitgenosse von ihm, nämlich Isaac Newton, in den wenigen Seiten, die er in seinen Manuskripten im Anschluss an Huygens Problemen der Stochastik gewidmet hat, bewusst mit irrationalen Verhältnissen operiert (s. [Schneider 1988, 486]).

In Hinblick auf Entscheidungen im praktischen Leben führt Bernoulli den Begriff einer »moralischen Sicherheit« des Eintretens von Ereignissen ein, verstanden als eine Wahrscheinlichkeit, die der ganzen, also absoluten Sicherheit nahezu gleich ist.

Im 2. Kapitel werden Grundsätze zur Unterscheidung von Wissen und Vermuten, verstanden als Bewerten der Wahrscheinlichkeit formuliert, wofür Anwendungsbeispiele angegeben werden. Sie betreffen Indizien für die Täterschaft einer Person bei einem Mord, Wahrscheinlichkeit des Schiffbruchs eines von drei Schiffen, Toterklärung eines seit vielen Jahren Verschollenen oder die Überlebenswahrscheinlichkeit eines 20-Jährigen verglichen mit einem 60-Jährigen.

Das 3. Kapitel thematisiert verschiedene Arten von Beweisgründen zur Bewertung von Wahrscheinlichkeiten. Die teilweise schwer verständlichen Unterscheidungen würden durch konkrete, auch numerisch nachvollziehbare Beispiele klarer. Jedenfalls lässt Bernoulli in bestimmten Fällen zu, dass die Wahrscheinlichkeit des Bestehens oder Eintretens eines Ereignisses und die Wahrscheinlichkeit für das Gegenteil jeweils größer als 0,5 sind, d. h. dass die Wahrscheinlichkeit in diesen Fällen nicht additiv ist.

Im 4. Kapitel werden zwei Arten zur genauen oder näherungsweisen Bestimmung von Wahrscheinlichkeit unterschieden. Die Erste setzt die Gleichwertigkeit der möglichen Ergebnisse von Experimenten voraus wie dem Ziehen eines Balls aus einer Urne bekannten Inhalts, die mit n von 1 bis n nummerierten Bällen gefüllt ist. Entsprechend ist die Wahrscheinlichkeit einen Ball einer bestimmten Farbe aus einer Urne zu ziehen, die mit Bällen verschiedener Farben gefüllt ist, a priori bestimmt durch das Verhältnis der Anzahl von Bällen dieser Farbe zur Anzahl aller Bälle in der Urne. Die Ermittlung der Wahrscheinlichkeit für das Ableben einer Person innerhalb der nächsten zehn Jahre kann nicht auf ein entsprechendes Modell von für dieses Ereignis bekannten günstigen oder ungünstigen gleichmöglichen Fällen zurückgeführt werden. Aber man kann nach Bernoulli induktiv oder in seiner Ausdrucksweise a posteriori durch entsprechend viele Versuche beliebig nahe an das »wahre Verhältnis der Fälle« heran kommen. Die Möglichkeit, eine solche Wahrscheinlichkeit durch die relative Häufigkeit des Eintretens dieses Ereignisses in einer Reihe von als unabhängig voneinander vorausgesetzten Versuchen zu ermitteln, erscheint Bernoulli gesichert durch seinen Hauptsatz, den Poisson später »Bernoullis Gesetz der großen Zahlen« taufte. Es besagt, dass die Wahrscheinlichkeit einer vorgegeben kleinen Abweichung der relativen Häufigkeit h_n des Eintretens eines Ereignisses bei n Versuchen von seiner »wahren« Wahrscheinlichkeit p der Gewissheit beliebig nahe gebracht werden kann.

Kapitel 5 enthält dann den Beweis des bereits in Abschnitt 5.1 angesprochenen Hauptsatzes in der folgenden Form: Für jede beliebig kleine positive Zahl $\varepsilon = 1/t$ (t eine natürliche Zahl) und jede beliebig große natürliche Zahl c gilt bei einer hinreichend großen Anzahl n von unabhängigen Wiederholungen des entsprechenden Experiments die Ungleichung

$$\frac{\mathrm{P}(|h_n - p| \leqslant \frac{1}{t})}{\mathrm{P}(|h_n - p| > \frac{1}{t})} > c,$$

gleichbedeutend mit

$$\mathrm{P}(|h_n - p| \leqslant \varepsilon) > \frac{c}{c+1} \text{ bzw. } 1 > \mathrm{P}(|h_n - p| \leqslant \varepsilon) > 1 - \frac{1}{c+1}.$$

Der Beweis, in dem eine Ungleichung für das benötigte n als Vielfaches von t aufgestellt wird, zeigt die Konvergenz der relativen Häufigkeit eines Ereignisses nach Wahrscheinlichkeit zu der bekannten Wahrscheinlichkeit dieses Ereignisses, übersieht aber das dabei ungelöste Problem, bei einer allein bekannten relativen Häufigkeit auf die unbekannte Wahrscheinlichkeit des fraglichen Ereignisses zu schließen. Mit Kapitel 5 ist der 4. Teil der *AC* und damit die *AC* in der von Bernoulli hinterlassenen Form abgeschlossen. Bernoulli hatte bis Ende seines Lebens weitgehend vergeblich nach weiteren Beispielen für Anwendungsmöglichkeiten seiner Stochastik gesucht. Insofern stellt die *AC* ein Programm dar, dessen Durchführung auch mehr als zwei Jahrhunderte später nicht als abgeschlossen gelten kann.

Die posthum gedruckte Version enthält im Anschluss an den Text der *AC* auf den Seiten 241 bis 306 einen Traktat über unendliche Reihen, in dem ein Hinweis auf die in der *AC* mit Hilfe unendlicher Reihen gelösten Probleme fehlt.

Dem Traktat über Reihen folgt in der *AC* ein gesondert paginierter Brief über das *Jeu de Paume*, einer Vorgängerform des heutigen Tennis, in französischer Sprache (Abb. 5.5). Gemeinsam ist Tennis und dem *Jeu de Paume*, dass zwei oder je zwei einander gegenüber stehende Spieler mit Schlägern einen Ball schlagen, wobei zu den Reflexionsflächen am Boden ähnlich wie beim Squash noch solche an den Wänden kommen, was zu wesentlich komplizierteren Spielregeln als beim Tennis führt. Die Zählung der Gewinnpunkte erfolgt ähnlich wie beim Tennis.

Bernoulli bestimmt ausgehend vom Verhältnis $n = p/q$ der Spielstärken der beteiligten Spieler die Gewinnaussichten bei einem bestimmten Spielstand durch eine Rekursionsformel, die der Bestimmung des Erwartungswerts im Huygensschen Sinn beim Teilungsproblem entspricht. Außerdem interessieren ihn die vom Spieler mit der höheren Gewinnwahrscheinlichkeit für ein Einzelspiel zuzugestehenden Vorgaben in Form von Gewinnpunkten für den schwächeren Spieler, um für das Gesamtspiel etwa gleiche Gewinnwahrscheinlichkeiten für beide Spieler zu gewährleisten.

5.4 Wirkungsgeschichte der *Ars conjectandi*

Zeitgenossen wie Montmort, Moivre und der Neffe von Jakob Bernoulli, Nikolaus Bernoulli, die sich u. a. in der Nachfolge von Jakob Bernoulli mit dem neuen Gebiet des von Bernoulli als Stochastik bezeichneten Gebiets befassten, behaupteten durchaus im eigenen Interesse, dass die *AC* 1713 zu spät erschienen war, um noch etwas Neues bieten zu können.

Abb. 5.5: Jeu de Paume, Kupferstich von Charles Hulpeau, 1632

Das Interesse an der Glücksspielrechnung, nahegelegt durch die Mode in privilegierten Kreisen wie in Frankreich, hatte zu neuen, sehr oft anonym veröffentlichten Ansätzen wie von John Arbuthnot (1667–1735) in *Of the laws of chance* von 1692 geführt. Trotz so vielversprechender Aussagen im Vorwort wie der, dass die Berechnung der *Quantity of Probability* sich als sehr nützlich und unterhaltsam erweisen würde und auf den Bereich zufälliger Ereignisse außerhalb der Glücksspiele angewandt werden könnte, hat Arbuthnot keinen Versuch gemacht, diese *Quantity of Probability* zu definieren. Stattdessen hat er sich weitgehend mit der Übersetzung des Huygensschen Traktats ins Englische begnügt, die 1738 ihre vierte Auflage erlebte. In der Nachfolge von Ansätzen wie dem von Arbuthnot war man durch von Jakob Hermann (1678–1733) initiierte Nachrufe etwa von Joseph Saurin (1659–1737) im *Journal des Sçavants* von 1706 mit einer sehr knappen Inhaltsangabe der *AC* auf den im vierten Buch der *AC* zentralen Begriff einer numerisch fassbaren Wahrscheinlichkeit gestoßen.

Hatte man aufgrund der heftigen Streitereien von Jakob mit seinem jüngeren Bruder Johann seitens der Familie von Jakob Bernoulli, insbesondere Jakobs Witwe Judith Stupanus, Johann jeden Zugang zu den nachgelassenen Papieren seines Bruders verwehrt, so galt das zunächst nicht für den gemeinsamen Neffen Nikolaus, der im Todesjahr seines Onkels 18 Jahre alt wurde. Nikolaus nutzte seine Kenntnis der Papiere seines verstorbenen Onkels, um die in den

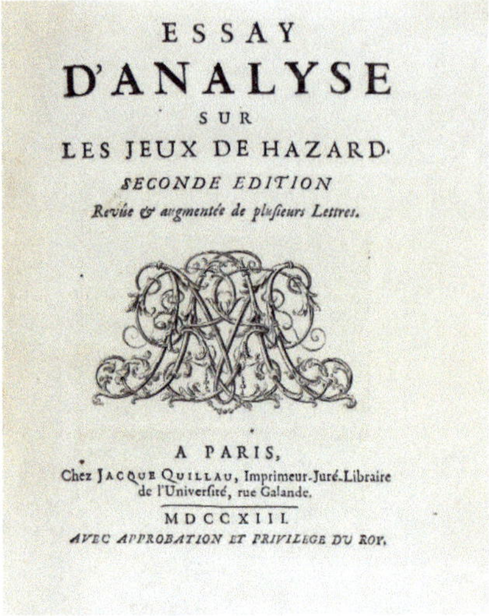

Abb. 5.6: Titelblatt der 2. Aufl. des *Essay d'analyse sur le jeux de hazard* von de Montmort

Meditationes und auch im vierten Buch der *AC* erwähnten Anwendungsgebiete, z. T. mit nahezu wörtlichen Zitaten, auszuarbeiten zu einer 1709 veröffentlichten Dissertation *De usu artis conjectandi in jure*. Darüber hinaus trat Nikolaus in briefliche und dann auch persönliche Verbindung mit dem französischen Adligen und Mathematikliebhaber Pierre Rémond de Montmort, der 1708 ein vor allem an Pascal orientiertes Werk über Glücksspiele *Essay d'analyse sur les jeux de hazard* (Abb. 5.6) veröffentlicht hatte. Die zweite, Ende 1713 erschienene Auflage von Montmorts Essay enthielt dann auf 130 Seiten die bis dahin zwischen Montmort und Nikolaus gewechselten Briefe (s. Kap. 6.1). Darin war auch eine von Nikolaus stammende Modifikation des Beweises von Jakob Bernoullis Hauptsatz enthalten.

Vorausgegangen war dem die 1690 erfolgte Veröffentlichung der Lösung von Verallgemeinerungen des von Huygens im Anhang seiner *De ratiociniis in ludo aleae* gestellten ersten Problems mit Hilfe unendlicher Reihen durch Jakob Bernoulli in den *Acta eruditorum* und später in der *AC*. Bernoullis Reihenmethode hatte Montmort und Abraham de Moivre dazu angeregt, in ihren ersten Arbeiten zur Glücksspielrechnung damit weitere Probleme zu lösen. De Moivres *De mensura sortis* wurde als ein Heft der *Philosophical Transactions* für das Jahr 1711 veröffentlicht. Weder bei Montmort noch bei de Moivre spielte in diesen Arbeiten das für die *AC* zentrale Konzept einer Wahrscheinlichkeit eine vergleichbare Rolle; stattdessen ging de Moivre in seiner ersten Arbeit vom Verhältnis der für das Eintreten eines Ereignisses bzw. Nichteintreten sprechenden Chancen, den *Odds*, aus. Erst in der ersten Auflage seiner *Doctrine of Chances* von 1718 führt de Moivre in enger Anlehnung an die *AC* ganz am Anfang das klassische Maß der Wahrscheinlichkeit ein. Dazu enthält die »Introduction« die Multiplikationsregel für das gleichzeitige Auftreten zweier voneinander unabhängiger und auch voneinander abhängiger Ereignisse, den Erwartungswertbegriff (bereits unter gemeinsamer Einbeziehung von positivem Gewinn und negativen Verlust) und die Binomialverteilung (s. Kap. 6.3). Zu dieser Zeit war Montmort, der sich über de Moivres herablassende Bemerkungen über seinen Essay sehr erregt hatte, bereits verstorben. Wenn man die Wirkung der *AC* und des Essay auf britische Autoren vergleicht, ist vielleicht aufgrund von de Moivres Bemerkungen, aus mathematischen aber vor allem auch aus sprachlichen Gründen sehr wohl von Jakob Bernoullis *AC*, auf die verschiedentlich verwiesen wird und die sich in den Bibliotheken vieler britischer Mathematiker findet oder befunden hat, aber kaum je vom Essay die Rede. Von der *AC* spielten mathematisch vor allem die englische Übersetzung der Kombinatorik des zweiten Buchs mit der Summenformel für Potenzen natürlicher Zahlen und der Traktat über unendliche Reihen eine Rolle. Die *AC* wirkte also direkt über die dort behandelten mathematischen Methoden und indirekt als Wahrscheinlichkeitstheorie auf Autoren wie de Moivre und Thomas Simpson (1710–1761).

De Moivre hatte seine Erweiterung von Bernoullis Hauptsatz zu einer Vorstufe des zentralen Grenzwertsatzes als Gottesbeweis interpretiert, was auch zu Thomas Bayes Interesse an der Fragestellung beigetragen haben mag, aus der bekannten relativen Häufigkeit des Eintretens eines Ereignisses auf dessen (unbekannte) Wahrscheinlichkeit zu schließen, das schließlich zu dem posthum 1763 veröffentlichten Theorem führte.

Die unmittelbaren Nachfolger von Jakob Bernoulli, wie sein Neffe Nikolaus, de Montmort und de Moivre haben zwar das von ihm eröffnete Gebiet einer mathematischen Stochastik mit neuen mathematischen Lösungsmethoden und dementsprechend auch Lösungen bereichert, aber zu dem von Bernoulli entworfenen Anwendungsprogramm nur in bescheidenem Maße beigetragen.

5.5 Literaturhinweise zu Kap. 2–5

Die Vor- und Frühgeschichte der Wahrscheinlichkeitsrechnung bis Jakob Bernoulli ist in allen einschlägigen Gesamtdarstellungen der Geschichte der Stochastik, die im ersten Kapitel vorgestellt worden sind, ausführlich dargelegt. Interessant ist auch B.L. van der Waerdens »historische Einleitung« im Band 3 der *Werke von Jakob Bernoulli* [1975c, 1–18].

James Franklin [2015] hat der Vorgeschichte eine spezielle Monographie gewidmet. Größere Übersichtsartikel zur Entwicklung vor Fermat und Pascal sind [Schüßler 2019] (mit stark philosophischem Schwerpunkt) und [Franklin 2016]. Das *Electronic Journal for History of Probability and Statistics*, Bd. 3/1, `https://www.jehps.net/juin2007.html` enthält eine Fülle von Artikeln und Dokumenten zu dem Thema. Speziell zu *De vetula* gibt der Artikel von David Bellhouse [2000] nähere Auskunft. Zu Cardano siehe insbesondere den Klassiker von Øystein Ore [1953] sowie [Bellhouse 2005].

Das Buch von Anthony Edwards [2002] über das arithmetische Dreieck enthält auch den Wiederabdruck zweier Artikel dieses Autors zu den stochastischen Leistungen von Pascal.

Was Leibniz' Schriften zur Wahrscheinlichkeitslehre betrifft, sei noch auf die Textsammlung [Leibniz 2000] verwiesen, die einen umfangreichen Beitrag von Schneider enthält, in dem insbesondere auch auf die zeitgenössischen Beiträge zur Lebenserwartung und zu Leibrenten eingegangen wird.

Speziell zur *Ars conjectandi* gibt es die Einzeldarstellungen [Sylla 2016] und [Schneider 2005].

Kapitel 6
Das 18. Jahrhundert: die Zeit nach Jakob Bernoulli bis zum Auftreten von Laplace

Die beginnende Aufklärung traf sich in ihren Zielen mit den Ansprüchen der entstehenden Wahrscheinlichkeitsrechnung, alle Bereiche menschlicher Erkenntnis und menschlicher Entscheidungen durch vernunftgesteuertes Vorgehen – und dazu zählte natürlich insbesondere die mathematische Berechnung – bewältigen zu können. Wie wir gesehen haben, wurde In der *Ars conjectandi* dieses Programm eingehend formuliert. In der Folge erlebte das 18. Jahrhundert eine Ausweitung des Anwendungsbereichs der Wahrscheinlichkeiten weit über die ursprünglichen Probleme der Glücksspiele und der Rentenberechnungen hinaus: Dies betraf etwa Fragen des Rechtswesens, theologische Fragen oder auch die stochastische Betrachtung fehlerbehafteter Beobachtungen in der Geodäsie und Astronomie. Mit Hilfe der von Bayes eingeführten inversen Wahrscheinlichkeiten schien es möglich, auf Erfahrung basierende Erkenntnisprozesse mathematisch darzustellen.

Bei all dieser Vielfalt waren es doch einige herausragende Mathematiker, deren Ergebnisse besonders bemerkenswert waren und nachhaltigen Einfluss ausübten, wie de Montmort, Nikolaus Bernoulli, de Moivre, Simpson, Daniel Bernoulli, Lagrange, Bayes und Price. Ihren Beiträgen wird die folgende Darstellung im Wesentlichen gewidmet sein.

In ihrer Problemorientierung wie auch den verwendeten analytischen Methoden schließen sich die Arbeiten von Condorcet und die des frühen Laplace einerseits an die der eben genannten Autoren an. Andererseits brachten Codorcet und besonders Laplace so viele neue Elemente in die Wahrscheinlichkeitsrechnung ein, dass mit dem Auftreten der beiden eine Zäsur angesetzt werden kann.

6.1 De Montmort und Nikolaus Bernoulli als Impulsgeber

Eine wesentliche Rolle für die Entwicklung der Wahrscheinlichkeitsrechnung im 18. Jahrhundert spielten neben dem Leitbild der *Ars conjectandi* die

H. Fischer et al., *1000 Jahre Stochastik*, Vom Zählstein zum Computer,
https://doi.org/10.1007/978-3-662-72368-5_6

Probleme, die Pierre Rémond de Montmort (1678–1719) und Nikolaus Bernoulli (1687–1759) angestoßen und gelöst haben. Eine substantielle Zusammenarbeit der beiden dauerte zwar nur wenige Jahre (ca. 1710–1713), war aber außerordentlich fruchtbar und motivierte de Moivre zu einem intensiven Wettbewerb, der wesentlich für dessen Werdegang hin zum führenden Stochastiker des Jahrhunderts verantwortlich war.

Abb. 6.1: Das Château de Montmort

De Montmort wurde in Paris als Angehöriger des französischen Adels mit dem Familiennamen Rémond geboren. Nach ausgiebigen Reisen in Europa studierte er ab 1799 unter dem Einfluss von Nicolas Malebranche (1638–1715) Theologie und Philosophie sowie als Autodidakt Mathematik. Wenige Jahre hatte er die für Adelige nicht unübliche und meist mit reichen Pfründen ausgestattete Funktion eines Säkularkanonikers bei Notre Dame in Paris inne, bevor er 1706 heiratete und sich auf sein vom väterlichen Erbe erworbenes Gut bei Montmort (im Departement Marne, ca. 120 km östlich von Paris, Abb. 6.1) zurückzog. Ab dieser Zeit fügte er seinem Namen das Prädikat »de Montmort« (auch ohne das erste *t* als »Monmort« geschrieben, vgl. Abb. 6.2) hinzu. Bis zu seinem krankheitsbedingten Tod 1719 widmete sich de Montmort seinen Studien, begleitet von regen Briefwechseln mit den bedeutendsten Mathematikern und Naturwissenschaftlern der Zeit, aber nur selten unterbrochen durch Reisen. Offensichtlich angeregt durch die Berichte, die nach dem Tod von Jakob Bernoulli über die noch nicht veröffentlichte *Ars conjectandi* kursierten, veröffentlichte de Montmort 1708 die erste Auflage des *Essai d'analyse des jeux de hazard*. In intensiver Zusammenarbeit mit Nikolaus Bernoulli entstand die zweite Auflage, die 1713 so wie die erste zwar anonym veröffentlicht wurde, der Verfasser war in den Fachkreisen aber allgemein bekannt. Mit de Moivre verband de Montmort ein schwieriges Verhältnis, das schließlich im Zusammenhang mit der zweiten Auflage des *Essay* in Plagiatsvorwürfen kulminierte, die de Montmort gegen de

Moivre bezüglich dessen *Doctrine* (1718) erhob. Darauf wird an anderer Stelle (Abschn. 6.3.1) noch genauer einzugehen sein.

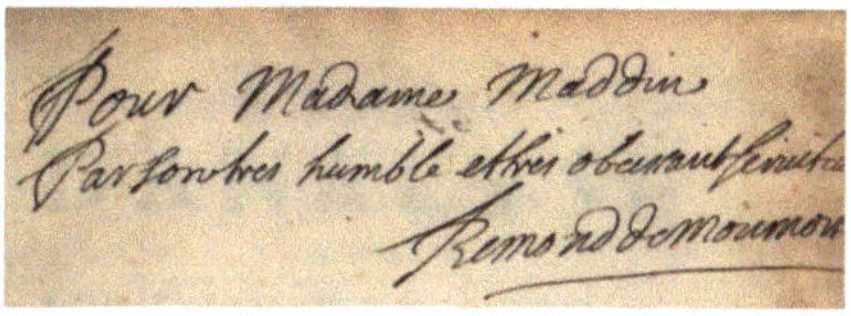

Abb. 6.2: Von de Montmort ist kein Portrait überliefert. Die hier abgebildete Widmung »Par son très humble et très obeissant serviteur« war zu der zweiten Aufl. des *Essay*.

Nikolaus Bernoulli studierte in Basel Rechtswissenschaften und, betreut durch seine Onkel Jakob und Johann (1667–1748), Mathematik. Über seine Herausgeberschaft für die *Ars conjectandi* wurde bereits im vorangehenden Kapitel berichtet. 1709 erschien, deutlich motiviert durch die Ideen von Jakob Bernoulli, Nikolaus' Dissertation *De usu artis conjectandi in jure* (Abb. 6.3). Hier ging es vorrangig um Risikogeschäfte, wie Leibrenten, Versicherungen, Erbfolgen, aber auch das Problem der Wahrscheinlichkeit des Zutreffens von Zeugenaussagen wurde berührt [Hald 1990, 375–378]. Nachdem einem Brief von Johann an de Montmort vom 17. März 1710 über Fragestellungen aus Montmorts *Essay* ausführliche Kommentare von Nikolaus beigefügt worden waren, begann ein fruchtbarer Briefwechsel zwischen de Montmort und Nikolaus Bernoulli, dessen wesentliche Teile auf ca. 130 Seiten in der zweiten Auflage des *Essay* – die kurz nach der *Ars conjectandi* erschien – dokumentiert sind. Diese Auflage ist somit auch die Quelle, aus der die wichtigsten stochastischen Ergebnisse von Nikolaus hervorgehen. Nach 1713 verringerte sich das Interesse von de Montmort für stochastische Fragen, und Nikolaus Bernoulli war zunehmend mit seiner beruflichen Karriere beschäftigt, die ihn schließlich 1722 auf eine Professur für Logik in Basel führte, wo er ab 1731 schließlich als Rechtsprofessor wirkte.

Eines der letzten Probleme, die Nikolaus Bernoulli mit de Montmort erörterte, bezog sich auf eine paradoxe Situation, die das Paradigma des Erwartungswerts als fairen Preis bzw. Wetteinsatz in Frage zu stellen schien, das nachmalig so genannte »Petersburger Problem« (s. Abschn. 6.4). Nikolaus war mit diesem noch eine geraume Zeit befasst, ohne eine allgemein überzeugende Lösung anbieten zu können. Seine stochastischen Aktivitäten blieben für den Rest seines Lebens weitgehend auf diese Problemstellung beschränkt [Csörgö 2001, 62].

6.1.1 Spieldauerproblem: die Anfänge

Das Spieldauerproblem ist eine Folge des V. Problems von Huygens (vgl. Kap. 4.3), das ursprünglich von Pascal an Fermat (der auch die Lösung fand) gestellt worden war. Huygens hat es etwas umformuliert, mit einer äquivalenten Fragestellung [Haller und Barth 2017, 90–92; 117–123]. In der Übersetzung von Schneider [1988, 43] lautet das Huygenssche Problem so:

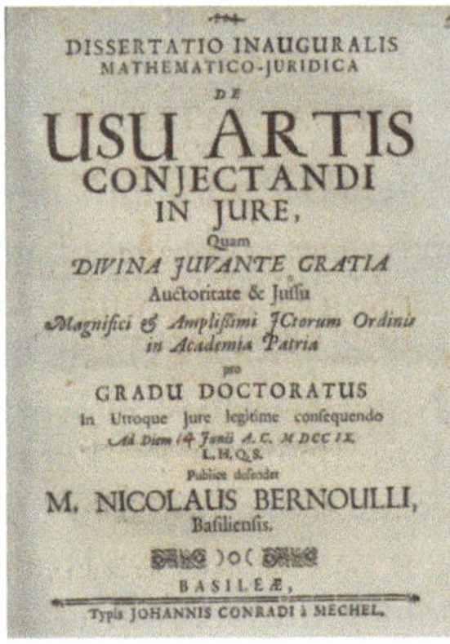
DISSERTATIO INAUGURALIS
MATHEMATICO-JURIDICA
DE
USU ARTIS
CONJECTANDI
IN JURE,
Quam
DIVINA JUVANTE GRATIA
Auctoritate & Jussu
Magnifici & Amplissimi JCtorum Ordinis in Academia Patria
pro
GRADU DOCTORATUS
In Utroque Jure legitime consequendo
Ad Diem 14 Junii A. C. MDCCIX.
L. H. Q. S.
Publice defendet
M. NICOLAUS BERNOULLI,
Basiliensis.
BASILEÆ,
Typis JOHANNIS CONRADI à MECHEL.

Abb. 6.3: Links:Epitaph für Nikolaus Bernoulli, seine Ehefrau, seine einzige Tochter und seinen Schwiegersohn. Rechts: Titelblatt der Dissertation

> A und B nehmen sich jeder 12 Münzen und spielen mit drei Würfeln unter der Bedingung, dass A, wenn 11 Augen geworfen werden, dem B eine Münze gibt, und B, wenn 14 Augen geworfen werden, dem A eine Münze gibt, und dass das Spiel gewinnt, wer zuerst alle Münzen hat. Man findet das Verhältnis der Erwartung des A zur Erwartung des B als 244140625 zu 282429536481.

Tatsächlich ist das angegebene Verhältnis gleich dem Verhältnis der Potenzen zum Exponenten 12 der Wahrscheinlichkeiten für 14 bzw. 11 Augen bei drei Würfen, also gleich $15^{12} : 27^{12}$.

Die erste publizierte und zugleich einwandfreie Lösung des Problems wurde von de Moivre in der *Mensura sortis* (1712) erreicht, wobei gleich der allgemeine Fall eines ursprünglichen Besitzes von a Münzen des einen und von b Münzen des anderen Spielers abgehandelt wurde. Über die Bearbeitung derselben Problemstellung durch Jakob Bernoulli in der *Ars conjectandi* (1713), mit anderen Methoden, wurde bereits in Kap. 5.3 berichtet.

6.1.1.1 Das Spieldauerproblem bei gleichem Anfangskapital

Die Fragestellung gemäß Fermat/Huygens wurde von Montmort (1708, 184 f.) auf die Problemstellung der Spieldauer erweitert. Er ging dabei von zwei Spielern mit gleichen Gewinnchancen in jedem Einzelspiel und mit einem Anfangskapital von je 3 Münzen aus und suchte nach der Gewinnerwartung einer Person, die darauf wettet, dass in spätestens $2n + 1$ Einzelspielen das Gesamtspiel mit dem Ruin eines der beiden Spieler beendet wäre (die Betrachtung einer nur ungeraden Anzahl von Einzelspielen bei ungeradem Anfangskapital wird noch erläutert). Ohne Herleitung gab Montmort sinngemäß als Ergebnis an, dass diese Erwartung dem Ausdruck

$$\frac{1}{4} + \frac{3}{16} + \cdots + \frac{3^{n-1}}{4^n},$$

aus heutiger Sicht der Wahrscheinlichkeit für eine Spieldauer von höchstens $2n + 1$ Spielen, proportional sei.

Beim Spieldauerproblem geht es also hauptsächlich darum, die Wahrscheinlichkeit dafür zu bestimmen, dass ein Spiel bei einer vorgegebenen Anzahl von Sätzen zum Ruin eines von zwei Spielern führt bzw. nicht führt. Man betrachtet zwei Spieler (hier A_1, A_2) genannt, deren Gewinnchancen in jedem Satz im Verhältnis p/q stehen. Die Spieler besitzen am Anfang dieselbe Anzahl a von Münzen. Der jeweilige Verlierer eines Satzes zahlt dem Gewinner eine Münze. Der allgemeinere Fall ungleicher Anfangskapitale wurde ebenfalls schon relativ früh bewältigt, führt jedoch methodisch zu keinen andersartigen Betrachtungen.

Mit $p(a, a+d)$ soll im Folgenden die Wahrscheinlichkeit bezeichnet werden, dass das Spiel spätestens im $(a + d)$-ten Satz mit dem Ruin eines Spielers endet, und mit $\overline{p}(a, a + d) = 1 - p(a, a + d)$ die Wahrscheinlichkeit, dass in einer vorgegebenen Anzahl $a+d$ von Sätzen keiner der beiden Spieler alle seine Münzen verliert. Die angegebene Form für die Satzzahl wird gleich noch erklärt. Der Einfachheit wollen wir abweichend von den Gewohnheiten, die im 18. Jahrhundert zunächst noch bestanden, im Folgenden p bzw. q als Wahrscheinlichkeiten auffassen, sodass $p + q = 1$.

Die sinnvolle Anzahl von Sätzen ist mindestens a, da vorher keiner der beiden Spieler alle Münzen verlieren kann. Die Wahrscheinlichkeit, dass in a Sätzen das Spiel endet, ist dann aufgrund der stillschweigend vorausgesetzten Unabhängigkeit der einzelnen Sätze gleich $p(a, a) = p^a + q^a$. Die Wahrscheinlichkeit $\overline{p}(a, a)$, dass es nicht endet, ist

$$\overline{p}(a, a) = 1 - p^a - q^a = (p + q)^a - p^a - q^a.$$

Im Falle $a = 2$ erhält man einfach $\overline{p}(2,2) = 2pq$.

Nikolaus Bernoulli (s. [Hald 1990, 352]) und ausführlicher de Moivre ab der zweiten Aufl. der *Doctrine* (s. [Schneider 1968, 282]) haben explizit begründet, dass sich die Ruinwahrscheinlichkeiten nicht ändern, wenn man mit geradem d von einer Satzzahl $a + d$ zur Satzzahl $a + d + 1$ übergeht. Zum Gewinn einer geraden Anzahl von Münzen benötige man nämlich eine gerade Anzahl von Sätzen, zum Gewinn einer ungeraden Anzahl von Münzen eine ungerade. In beiden Fällen muss also d eine gerade Zahl sein, damit überhaupt bei $a + d$ Sätzen das Spiel enden kann. Wenn also für gerades d das Spiel bei $a + d$ Sätzen noch nicht beendet ist, so kann es frühestens bei $a + d + 2$ Sätzen beendet werden. Allgemein kann bei einer geraden bzw. ungeraden Anzahl von Sätzen die Anzahl der gewonnenen bzw. verlorenen Münzen bei beiden Spielern wieder nur gerade bzw. ungerade sein.

Ohne Einschränkung der Allgemeinheit wollen wir also im Folgenden annehmen, dass $d = 0, 2, 4, ...$ ist.

6.1.1.2 Die Beiträge von Montmort und Nikolaus Bernoulli

Montmort entwickelte das Spieldauerproblem in Briefwechseln mit Johann und Nikolaus Bernoulli ab 1710 weiter. Dabei kam er, wie aus seinen numerischen Beispielen geschlossen werden kann, vermutlich auf eine allgemeine Formel für $p(a, a+d)$, falls die Gewinnwahrscheinlichkeiten beider Spieler gleich sind. Hald [1990, 350] hat in einer Rekonstruktion die Formel so angegeben:

$$p(a, a + 2m) = \sum_{k \geqslant 0} \sum_{i=m-2ka-a+1}^{m-2ka} \frac{1}{2^{a+2m-1}} \binom{a + 2m + 1}{i}. \tag{6.1}$$

Die äußere Summe erstreckt sich dabei nur über diejenigen der endlich vielen k, bei denen sich sinnvolle Grenzen für die $i \geqslant 0$ ergeben.

Bevor Montmort seine Formel kommunizieren konnte, hatte bereits Nikolaus Bernoulli eine allgemeinere Betrachtung über die Ruinwahrscheinlichkeit des Spielers A_2 (gleich der Wahrscheinlichkeit des Gesamtgewinns des Spielers A_1) bis spätestens zum n-ten Satz angestellt und das Ergebnis Montmort brieflich mitgeteilt, wobei er dabei sogar den allgemeinen Fall verschiedener Gewinnwahrscheinlichkeiten und verschiedener Anfangskapitale für beide Spieler berücksichtigte. Auch ein Äquivalent zu (6.1) konnte er daraus folgern, wobei er sich aber ebenfalls auf den dort behandelten Spezialfall beschränkte. Nikolaus wies auch darauf hin, dass sich die Lösung des Huygensschen V. Problems als Spezialfall seiner Ruinwahrscheinlichkeit ergeben würde, wenn man die Anzahl der Spiele als unendlich groß auffassen würde. Der Briefwechsel zwischen Montmort und Nikolaus Bernoulli zum Spieldauerproblem wurde in der zweiten Auflage des *Essay* 1713 publiziert, Beweise für die einschlägigen Formeln wurden jedoch von keinem der beiden Autoren gegeben. Eine Erläuterung des Beweises von Lajos Takács (1924–2015) für Nikolaus Bernoullis Ruinwahrscheinlichkeit findet man in [Hald 1990, 353-356].

Im Grunde genommen war mit Nikolaus Bernoullis Leistung bereits eine vollständige Lösung des Spieldauerproblems erzielt worden, weil praktisch alle in diesem Rahmen interessierenden Wahrscheinlichkeiten aus der Ruinwahrscheinlichkeit hergeleitet werden können. Allerdings waren die entsprechenden Formeln, die nicht in moderner Weise, sondern eher schwerfällig mit vielen Buchstaben oder gar nur beispielbezogen angegeben wurden, bei größeren Zahlen a bzw. d numerisch ungünstig. Und, wie schon erwähnt, Beweise bzw. auch nur Herleitungen fehlten. Es ging ja eher um die Lösung spezifischer Probleme im Wettbewerb zwischen Mathematikern, die nach gegenseitiger Anerkennung trachteten, als um die Entwicklung und Kommunikation einer umfassenden Theorie.

Ohne die Arbeiten von de Montmort und Nikolaus Bernoulli sind einerseits de Moivres entsprechende Beiträge kaum vorstellbar, andererseits fand dieser aber neue algebraische bzw. analytische Hilfsmittel, die dann für die weitere Entwicklung ausschlaggebend waren.

Im Folgenden wird auf weitere prominente Probleme eingegangen, die durch de Montmort und Nikolaus Bernoulli aufgestellt und gelöst worden sind, insbesondere auf solche, die für verwandte Beiträge von de Moivre besonders motivierend waren. Eine ausführliche Würdigung der Leistungen von beiden findet sich in der Monographie von Hald [1990].

6.1.2 Würfelsummen

Würfelsummen waren schon immer ein vorrangiges Thema der Glücksspielrechnung gewesen. Bereits in *De vetula* war eine systematische Abzählung der möglichen Würfeltripel angestellt worden, die zu den jeweiligen Augensummen von 3 bis 18 beim Werfen von 3 Würfeln führen (Kap. 2.4). Folgt man der Darstellung, die Hald [1990, 204 f.] für die weitere Entwicklung gegeben hat, so war es Montmort, der in seinem *Essay* von 1708 eine Ausweitung auf die Abzählung der günstigen Chancen für die jeweiligen Würfelsummen bis hin zu 9 Würfeln in Form von Tabellen brachte. Es ist möglich, dass er diese durch eine systematische Schlussweise von jeweils n auf $n + 1$ Würfel erzielt hat, die er dann in der zweiten Auflage des *Essay* vorstellte und die man auch in der *Ars Conjectandi* von Jakob Bernoulli findet, die im selben Jahr publiziert wurde. Möglich ist aber auch, dass Montmort eine Formel verwendete, die er 1710 in einem Brief an Nikolaus Bernoulli mitteilte und in der zweiten Auflage des *Essay* (S. 46–50) in einer Form publizierte, die sogar »Würfel« mit allgemein f Flächen berücksichtigte. Auch den kombinatorischen Beweisansatz für diese Formel erläuterte Montmort hier. In der Zwischenzeit hatte aber bereits de Moivre in der *Mensura sortis* [1712, 220–222] eine analoge Formel vorgestellt, deren Beweis er aber erst in den *Miscellanea analytica* [1730, 196 f.] gab, s. Abschn. 6.3.3. Die Moivre-

Montmortsche Beziehung für die Anzahl der günstigen Möglichkeiten α_p, mit n Würfeln zu je f Flächen die Punktesumme p zu erzielen, lautet in moderner Form:

$$\alpha_p = \sum_{if+j=p-n} (-1)^i \binom{n}{i} \binom{n+j-1}{j} = \sum_{i=0}^{[(p-n)/f]} (-1)^i \binom{n}{i} \binom{p-if-1}{n-1}. \qquad (6.2)$$

6.1.3 *Koinzidenzen*

Die wohl früheste Behandlung des Problems der Koinzidenzen – weitere geläufige Bezeichnungen sind »Problem of Matches« oder »Problème de rencontre« – geht auf de Montmort [1708, 54–64] in seiner Diskussion des *Jeu du treize*, also eines Spiels mit 13 Karten zurück. In der einfachsten Version geht es hier darum, aus einem französischen Kartenspiel die 13 Karten einer gemeinsamen Farbe herauszunehmen und zu mischen. Einer der Spieler deckt nun die Karten der Reihe nach auf. Gibt es dabei eine Übereinstimmung des Wertes einer Karte, aufsteigend von As, Zwei, ..., bis Bube, Dame, König, mit ihrer Ordnungszahl in der Reihenfolge der aufgedeckten Karten, so hat der Spieler gewonnen. Gibt es keine Übereinstimmungen zwischen Werten und Ordnungszahlen, so hat er verloren. Erweiterungen dieser einfachen Version (z. B. beliebige Anzahlen n von Karten aus u.U. verschiedenen Farben) ergeben sich unmittelbar. Die Beiträge von de Montmort und Nikolaus Bernoulli zu diesem Thema sind in [Hald 1990, 326–336] dargestellt.

De Montmort [1708, 57–60] löste das seither besonders prominente Problem der Wahrscheinlichkeit p_n für mindestens ein Zusammentreffen bei einem Satz von n Karten mit verschiedenen Werten von 1 bis n, indem er diese Wahrscheinlichkeit bei insgesamt 2, 3, 4 und 5 Karten berechnete und daraus durch unvollständige Induktion die folgende Formel für p_n erschloss:

$$p_n = 1 + \sum_{i=2}^{n} (-1)^{i-1} \frac{1}{i!}. \qquad (6.3)$$

Für $n \to \infty$ strebt p_n gegen $1-1/\mathrm{e}$, was von Montmort sinngemäß, aber in recht umständlicher Weise ausgedrückt wurde – die e-Funktion wurde damals noch nicht explizit als eigenständige Funktion betrachtet.

Montmort baute dieses Ergebnis wesentlich auf der Rekursion für $n \geqslant 2$

$$p_n = \frac{(n-1)p_{n-1} + p_{n-2}}{n}, \qquad p_0 = 0, p_1 = 1$$

auf, der Beweis von Nikolaus Bernoulli findet sich in der zweiten Auflage des *Essay*. Weitere wichtige Ergebnisse, die in Zusammenarbeit der beiden Mathematiker erzielt wurden, sind Formeln für die Wahrscheinlichkeit des ersten Zusammentreffens am i-ten Platz, für die Wahrscheinlichkeit, genau k Übereinstimmungen zu erzielen oder auch – allerdings ohne Beweis – für die Wahrscheinlichkeit, zu mindestens einer Übereinstimmung zu kommen, wenn von jeder Karte s Kopien existieren und n aus insgesamt ns Karten gezogen werden.

6.1.4 Nikolaus Bernoullis Abschätzung der binomialen Wahrscheinlichkeiten

Im Rahmen seiner Untersuchung der geschlechterabhängigen Geburtenzahlen (s. Abschn. 6.2.2) fand Nikolaus Bernoulli Ungleichungen für die Wahrscheinlichkeit der Abweichung zwischen der Trefferhäufigkeit H_n und dem Erwartungswert np einer Binomialverteilung, die in der Idee von den Abschätzungen seines Onkels Jakob ausgingen, aber wesentlich genauer waren: Unter der Voraussetzung, dass $p = r/(r+s)$ und $n = k(r+s)$ mit natürlichen k, r, s ist in der Darstellung von Hald [1990, 264–267] für natürliches d

$$\mathrm{P}(|H_n - np| \leqslant d) = \mathrm{P}(|H_n - kr| \leqslant d) > 1 - \max\left(\frac{f_d}{f_0}, \frac{f_{-d}}{f_0}\right). \tag{6.4}$$

Dabei ist

$$f_i = \binom{n}{kr+i} r^{kr+i} s^{ks-i}, \quad i = -kr, -kr+1, \dots, ks.$$

Nikolaus Bernoulli entwickelte in diesem Zusammenhang auch die Näherung für $n \gg d$

$$\frac{f_d}{f_0} \approx \left(\frac{(kr+d)(kr+1)ks}{(ks-d+1)(kr)^2}\right)^{-d/2}, \quad \frac{f_{-d}}{f_0} \approx \left(\frac{(ks+d)(ks+1)kr}{(kr-d+1)(ks)^2}\right)^{-d/2}.$$

Die Herleitung dieser Abschätzungen bzw. Approximationen gehört zu den mathematischen Hauptleistungen von Nikolaus. Leider fand sie bis in die zweite Hälfte des 20. Jahrhunderts hinein kaum Beachtung. Tatsächlich ist die Abschätzung (6.4) im Rahmen ihrer Voraussetzungen in der Güte kaum schlechter als die entsprechende von Chebyshev, die 1845 publiziert wurde (s. Kap. 10.8.2). Hald [1990, chapt. 16] hat in seinem Buch diese Leistung von Nikolaus Bernoulli ausführlich gewürdigt.

6.1.5 Das Waldegravesche Problem und das Strategiespiel Her

Das später von Todhunter [1865] so bezeichnete »Waldegravesche Problem« wurde zunächst für drei Spieler formuliert und gelöst, und zwar unabhängig voneinander einerseits in de Moivres *Mensura sortis* [1712] als Problem 15 und andererseits in dem Brief von de Montmort an Nikolaus Bernoulli vom 10. April 1711, der 1713 in der zweiten Auflage des *Essay* abgedruckt wurde. Bezüglich Problemstellung und Lösung bezog sich de Montmort [1713, 318] auf einen »Gentilhomme de beaucoup d'esprit« namens »de Waldegrave«. Die Behandlung des gleichen Problems bei de Moivre (von dem jedenfalls nicht bekannt ist, dass er mit einem Mitglied der Familie Waldegrave in Kontakt war) zeigt aber, dass es – bzw. die zugehörige Spielsituation – in interessierten Kreisen bekannt war.

Drei Spieler A, B, C spielen wechselseitig gegeneinander mit derselben Gewinnwahrscheinlichkeit. Zuerst spielt A gegen B. Der Verlierer muss in die gemeinsame Kasse ein Geldstück einzahlen, und der Gewinner spielt anschließend gegen C mit denselben Bedingungen. Diese gegenseitigen Spiele und die Einzahlungen der jeweiligen Verlierer werden so lange fortgesetzt, bis einer der Spieler hintereinander die anderen geschlagen hat. Die Verallgemeinerung auf mehr als 3 Spieler liegt auf der Hand.

Bei drei Spielern lässt sich die Gewinnerwartung jedes Spielers und auch die Wahrscheinlichkeit für eine bestimmte Anzahl von Spielen bis zum Ende relativ elementar ermitteln. Ab 4 Spielern wird dieses Verfahren aber sehr kompliziert. Nikolaus Bernoulli gelang es gegen Ende 1712, eine rekursive Beziehung für die Gewinnerwartung des $(i+1)$-ten Spielers in Abhängigkeit von der des i-ten Spielers aufzustellen und damit das Problem allgemein zu lösen. Der entsprechende Brief vom 30. Dezember 1712 ist wieder in Montmorts *Essay* abgedruckt. De Moivre, der sich dadurch herausgefordert fühlte, gelang es schließlich, das ursprüngliche Verfahren für 3 Spieler auf mehr Spieler zu erweitern, wobei der rechnerische Aufwand bereits bei 4 Spielern ziemlich groß ist. Die entsprechenden Ausführungen de Moivres wurden in den *Philosophical Transactions* von 1717 – wie übrigens auch nochmals die Beweise von Nikolaus Bernoulli – in Latein publiziert und finden sich auf Englisch in der *Doctrine* von 1718 (Problem 32).

Bellhouse [2007] hat durch intensives Studium der Familiengeschichte der Waldegraves herausgefunden, dass es sich mit großer Wahrscheinlichkeit bei dem »Mr. Waldegrave« um Charles Waldegrave handelt, einen 1662 oder etwas früher geborenen Sohn von Sir Charles Waldegrave (gestorben 1684). Charles war, wie mehrere andere Mitglieder der Familie Waldegrave, Jakobit (also Anhänger der Stuarts) und lebte, wie aus Briefen de Montmorts ersichtlich ist, zwischen 1711 und 1716 in Frankreich, wohin ein Teil seiner Familie gegangen war. Für die Zeit danach bestehen nur vage Hinweise.

Wie berechtigt de Montmorts Verweis auf die intellektuellen Fähigkeiten von Waldegrave war, zeigte sich in der Diskussion des Kartenspiels *Her*. Hier spielen zwei Personen A und B mit 52 Karten in vier verschiedenen Farben gegeneinander. Der Einfachheit halber nehmen wir an, dass die Karten jeder Farbe in der Wertigkeit von 1 (As) bis 13 (König) vorliegen. Nach dem Mischen gibt B dem A und sich selbst eine Karte, sodass der eine nicht die Karte des anderen sehen kann. Falls einer der beiden Spieler die höchstwertige Karte hat, ist das

Spiel beendet. Andernfalls kann A von B verlangen, die Karten zu tauschen. Falls B mit der ausgetauschten oder – falls kein Austausch verlangt wird – mit seiner ursprünglichen Karte unzufrieden ist, kann er diese ablegen und aus dem verbliebenen Kartenstapel eine beliebige Karte herausnehmen. Wer nun die höherwertige Karte hat, der hat gewonnen. Im Fall gleichwertiger Karten gewinnt B.

Bei diesem Spiel geht es also darum, Karten minderer Wertigkeit loszuwerden. Das Wort »her« bzw. »hère« lässt sich in diesem Zusammenhang nicht genau klären. Einerseits bedeutet es heute in der Jägersprache ein Hirschkalb oder einen jungen Rehbock, andererseits lässt sich das Wort gemäß dem *Grand Dictionnaire Larousse* vielleicht auf das fränkische »harja«, ein grobes Kleidungsstück, zurückführen und wurde daher zur Bezeichnung verarmter »Herren« (auch dieses Wort könnte dahinterstecken) verwendet. Das würde einen gewissen Sinn machen: Die niedrigeren Karten, die man abgeben will, wären dann in gewisser Weise die armseligen Herren. Es stellt sich die Frage nach der optimalen Strategie für die beiden Spieler A und B, ausgedrückt durch eine jeweils maximale Gewinnerwartung, welche Karten sie ggf. abgeben und welche sie behalten sollten.

Zwischen Montmort, der das Problem ohne Lösung bereits in der ersten Auflage des *Essay* präsentiert hatte, und Nikolaus Bernoulli war schnell klar, dass die günstigsten Strategien für A darin bestehen, alle Karten mit einem Wert von $\leqslant 7$ oder $\leqslant 6$ auszutauschen, die anderen aber zu behalten; umgekehrt gilt für B, dass die günstigsten Strategien darin bestehen, nur die Karten mit einem Wert von $\leqslant 8$ oder $\leqslant 7$ auszutauschen. Nennen wir diese Strategien im Folgenden kurz $A6$, $A7$ bzw. $B7$, $B8$. Im Briefwechsel darüber, der – soweit dokumentiert – mit dem Brief von Montmort an Nikolaus Bernoulli vom 11. April 1711 begonnen wurde, kamen beide Partner nach und nach auf das Ergebnis, dass die Gewinnwahrscheinlichkeit P_A des A von seiner eigenen Strategie, aber auch von der des B abhängt, und zwar so, dass bei $A6$, $B7$ sowie $A7$, $B8$ sich für P_A jeweils der Bruch 2828/5525, bei $A7$, $B7$ sich 2838/5525 und bei $A6$, $B8$ sich schließlich 2834/5525 ergibt. Alle diese Wahrscheinlichkeiten sind ungefähr gleich 0.51, sodass in der Spielpraxis die Wahl zwischen $A6$ und $A7$ bzw. $B7$ und $B8$ keinen merklichen Einfluss auf die Gewinnerwartung hat.

Montmort und Nikolaus Bernoulli bemerkten aber wohl, dass es sich hier um eine prinzipielle, neuartige Fragestellung handelte. A wird bestrebt sein, seine eigene Gewinnerwartung zu steigern, B umgekehrt, diese zu verringern. Grundsätzlich kann dies B dadurch erreichen, dass er die zu A analoge Strategie wählt, also $B7$ mit $A6$ bzw. $B8$ mit $A7$ kombiniert. Das Problem ist aber, dass B nicht weiß, welche Strategie A gewählt hat, außer in dem irrelevanten Fall, wo A ihm die Karte mit dem Wert 7 zum Tausch gibt. Auch wenn B dann sicher sein kann, dass A die Strategie $A7$ gewählt hat, nutzt ihm das nichts, da in diesem Fall die Gewinnwahrscheinlichkeit von A unabhängig von der Strategie des B ist. Ähnlich wie B weiß aber auch A nicht, welche der beiden Strategien für ihn die günstigere sein sollte. Um aus dem Dilemma herauszukommen, schlug Montmort das vor, was in der modernen Spieltheorie eine »gemischte Strategie« genannt wird. *A* und entsprechend *B* mögen doch die Wahl zwischen den jeweils beiden Strategien einem Zufallsinstrument überlassen. Die Frage aber, welche Wahrscheinlichkeit etwa für die Wahl von *A*7 bzw. *B*8 sorgen sollte, konnte Montmort nicht beantworten. Der mittlerweile in die Diskussion einbezogene Waldegrave fand die Antwort: Falls *A* die Strategie *A*7 dann wählt, wenn einer von drei günstigen unter insgesamt 8 Fällen beim Zufallsinstrument eingetreten ist, so wird seine Erwartung von der Strategiewahl des *B* unabhängig. Entsprechendes gilt für *B*, wenn er für die Wahl von *B*8 ein Instrument mit der Wahrscheinlichkeit 5/8 verwendet. Gleichzeitig sind die Wahrscheinlichkeiten 3/8 bzw. 5/8 in dem Sinne optimal als bei Wahl anderer Wahrscheinlichkeiten der Gegner stets eine gemischte Strategie verwenden kann, die die eigene Gewinnerwartung vermindert. Eine ausführliche Diskussion der ganzen Gedankenführung findet sich in [Hald 1990, chapt. 18.6].

Schon in seinem ersten Brief an Nikolaus Bernoulli zu dem Thema hat Montmort konstatiert, dass es sich im Zusammenhang mit dem Spiel *Her* um ein »Problême d'une nature singulière« handle. De Moivre hat sich anscheinend mit diesem Problem nicht beschäftigt.

6.2 Der Überschuss an Knabengeburten und die göttliche Vorsehung

Abb. 6.4: J. Arbuthnot

Wie schon im Kapitel 4.4 erwähnt, hatte sich Graunt in seinen *Observations* von 1662 auch intensiv dem Phänomen gewidmet, dass praktisch immer in größeren Populationen jährlich etwas mehr Knaben- als Mädchengeburten auftreten. Er hatte unter anderem dazu die Anzahl der Taufen in London zwischen 1629 und 1660 untersucht, wobei er davon ausging, dass Geburts- und Taufzahlen im Wesentlichen gleich seien. Graunt [1662, 47 f.] schlussfolgerte, dass die höhere Anzahl von Taufen von Knaben, gesamt 135034 gegenüber 125721 von Mädchen (Tabelle auf seiner S. 77 mit hier berichtigtem Additionsfehler bei den Mädchen), auf einen entsprechenden Überhang an männlichen Neugeborenen hindeute, der durch eine, ebenfalls von ihm untersuchte, höhere Zahl an Todesfällen in der männlichen Bevölkerung kompensiert werden würde, sodass dann jeder Frau ziemlich genau ein Mann zur Verfügung stünde. Somit wäre das christliche Gebot der Monogamie im Einklang mit den Gesetzen der Natur, im Gegensatz zum Islam. Seit Graunt wurde für ca. 200 Jahre der Überhang an Knaben- gegenüber Mädchengeburten zu einem Dauerbrenner der statistischen Literatur, begleitet von diversen, insbesondere auch religiösen Schlussfolgerungen.

6.2.1 Arbuthnot und die »Divine Providence«

Beispielgebend für religiöse Implikationen wurde der Beitrag von John Arbuthnot (1667–1735, Abb. 6.4), Arzt und Fellow der *Royal Society*, der 1712 mit dem vielsagenden Titel *An argument for Divine Providence, taken from the constant regularity observ'd in the births of both sexes* erschien. Bereits in seiner kommentierten Übersetzung der Abhandlung *De ratiociniis in ludo aleae* von Huygens ins Englische [1692] hatte er im Vorwort darauf hingewiesen, dass für eine Berechnung der fairen Einsätze bei Wetten auf Knaben- oder Mädchengeburten das wahre Geschlechterverhältnis bekannt sein müsse. In der Arbeit von 1712 untersuchte er nun die Taufzahlen in London von 1629 bis 1710, die er in einer teilweise auf Graunts Zahlen beruhenden Tabelle angab (s. Abb. 6.5) und ohne weiteres den Geburtenzahlen gleichsetzte. In all diesen 82 Jahren hatte es mehr Knaben- als Mädchentaufen gegeben. Arbuthnot machte mit Hilfe der Binomialverteilung plausibel, dass unter der Annahme, dass Knaben- bzw. Mädchengeburten durch das Werfen eines Plättchens (»die«) dargestellt werden könnten (also gleich wahrscheinlich seien), der »Losanteil« (»lot«) eines Spielers, der auf mehr Knaben- als Mädchengeburten in einem Jahr wettet, weniger als $1/2$ sein müsse. Wenn man dann sogar darauf wetten sollte, dass 82 Jahre hintereinander mehr Knaben als Mädchen geboren werden, wäre der Losanteil kleiner als $1/2^{82}$, also extrem klein. Die Tatsache, dass aber eben dieses Phänomen trotzdem eintritt, belege

> … that it is Art, not Chance, that governs.

Bereits am Anfang seiner Arbeit hatte Arbuthnot von den »innumerable Footsteps of Divine Providence« gesprochen, unter denen die untersuchte Erscheinung besonders bemerkenswert sei. In einem Scholium wiederholte er auch die Argumente von Graunt bezüglich der Polygamie, ohne sich explizit auf diesen zu beziehen.

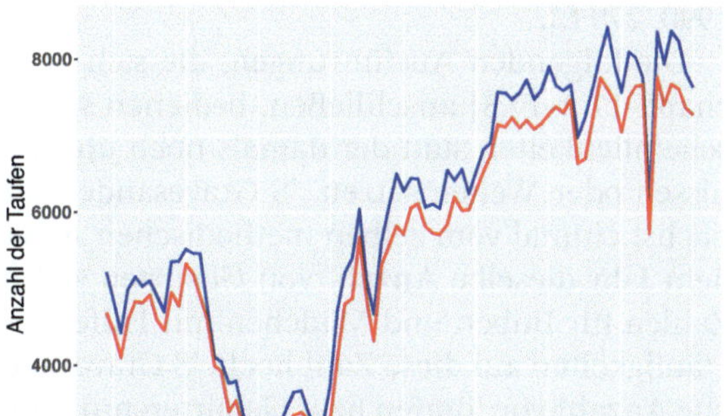

Abb. 6.5: Anzahl der Taufen in London zwischen 1629 und 1710. Graphische Auswertung von Arbuthnots Tabelle; männlich blau, weiblich rot

Wenn man will, kann man die Ausführungen von Arbuthnot als einen simplen Vorzeichentest gegen die Nullhypothese $p = 1/2$ für die Wahrscheinlichkeit von Knabengeburten sehen. In diesem Sinne wäre das dann einer der ersten Signifikantstests in der Geschichte der Statistik. In der von Hauser [1997, 144–146] vorgebrachten Interpretation ging es Arbuthnot aber nicht um einen Test über den Parameter einer Binomialverteilung nach modernem Verständnis, sondern um die Trennung von Zufall und Design. Dem Zufall entspräche demnach das Münzwurfmodell, die göttliche Vorsehung sorgt dagegen für den Überhang bei den männlichen Knabengeburten, der nur deshalb gewissen Schwankungen unterworfen ist, weil sich die natürlichen Rahmenbedingungen laufend ändern. Gemäß Hauser ging es bei Arbuthnot letztlich darum, dass er statistische Regularitäten strikt von Zufallsprozessen trennen wollte. Für Hausers Interpretation spricht neben dem Verweis auf die damaligen intellektuellen Rahmenbedingungen in Großbritannien, besonders unter dem Einfluss des Newtonschen Weltbilds, die Tatsache, dass Arbuthnot überhaupt nicht die jährlichen Anteile der Knabengeburten – schwankend zwischen 0.5027 und 0.5362 [Hald 1990, 279] – mit einem binomialen Modell in Verbindung brachte, obwohl das sicher im Bereich seiner mathematischen Fähigkeiten gelegen wäre.

6.2.2 Die Beiträge von ’s Gravesande und Nikolaus Bernoulli

1712 reiste Nikolaus Bernoulli über die Niederlande nach England. In Den Hag traf er den Astronomen Willem Jacob ’s Gravesande (1688–1742), mit dem er über Arbuthnots Artikel diskutierte und anschließend auch korrespondierte. In London sprach Bernoulli mit Mitgliedern der *Royal Society* über das Thema, und er informierte auch ’s Gravesande entsprechend. Die wichtigsten Resultate von ’s Gravesande wurden 1715 veröffentlicht, die Ausführungen von Bernoulli gingen im Wesentlichen aus einem Brief an de Montmort vom 23. Januar 1713 hervor, der in der 2. Auflage von dessen *Essay* [1713, 388–393] abgedruckt wurde [Hald 1990, 279 f.].

Die folgenden Ausführungen, die sich an die Darstellung von Hald [1990, chapt. 17.2–17.3] anschließen, bedienen sich der heutigen Sprache der Wahrscheinlichkeiten statt der damals noch üblichen Angabe von Chancenverhältnissen oder Wetteinsätzen. ’S Gravesande und Nikolaus Bernoulli gingen zunächst einmal vom selben methodischen Ansatz aus: Sie taten so, als ob in jedem Jahr dieselbe Anzahl von Geburten stattfinden würde und rechneten die Zahlen für Buben und Mädchen mit Hilfe der jeweilig beobachteten relativen Häufigkeiten auf diese Zahl hoch. ’S Gravesande errechnete die durchschnittliche Anzahl von Taufen bzw. Geburten pro Jahr mit 11429. Mit Hilfe der im Abschnitt 6.2.1 angegebenen Verhältnisse der Knabengeburten bestimmte er damit eine fiktive kleinste und größte Knabenzahl durch 5745 und 6128. Unter der Annahme einer Trefferwahrscheinlichkeit von $1/2$ berechnete er mit Hilfe einer rekursiven Beziehung für die Binomialkoeffizienten die Wahrscheinlichkeit dafür, dass bei 11429 Versuchen die Anzahl im Intervall zwischen diesen beiden Zahlen liegen würde. Das war eine gewaltige Rechenleistung, mit der er mit kleineren Rundungen auf ein aus heutiger Sicht nur ganz leicht zu großes Ergebnis von 0.292 kam. Wenn also die Knabenwahrscheinlichkeit gleich $1/2$ wäre, so wäre die Wahrscheinlichkeit, zu den beobachteten Werten hintereinander in 82 Jahren zu kommen, extrem klein, nämlich 0.292^{82}. Damit war aus Sicht von s' Gravesande die Argumentation Arbuthnots bekräftigt.

Nikolaus Bernoulli ging es offenbar nicht darum, theologische Schlussfolgerungen zu ziehen, sondern zu zeigen, dass die höhere männliche Geburtenquote, insbesondere mit ihrem als relativ gering erscheinenden Schwankungsbereich, im Einklang mit stochastischen Gesetzmäßigkeiten sei.

In dem oben beschriebenen Brief an Montmort ging Nikolaus Bernoulli (ohne nähere Begründung) von der hypothetischen Zahl $n = 14000$ Geburten pro Jahr aus und wendete seine Abschätzung (6.4) an. Gemäß den hierfür erforderlichen Voraussetzungen hatte er ganze Zahlen k, r, s zu wählen, sodass die durchschnittliche relative Häufigkeit für die Knabengeburten von 0.5163 in der Nähe von $r/(r+s)$ lag. Er wählte die Werte $r = 18$ und $s = 17$. Mit dem daraus folgenden $p = 18/35$ wird $np = 7200$, und aufgrund der auf n hochgerechneten minimalen Anzahl an jährlichen Geburten von 7037 berechnete Nikolaus Bernoulli mit seiner Abschätzung, dass

$$\mathrm{P}(|H_n - 7200| \leqslant 7200 - 7037) > 0.9776.$$

Die mit Hilfe der Normalverteilung ermittelte Wahrscheinlichkeit ist übrigens 0.994, was die Güte der Abschätzung, besonders für große Abweichungswahrscheinlichkeiten, illustriert. Bezüglich der Tatsache, dass oberhalb des gewählten Intervalls der Länge 163 um den Erwartungswert noch 11 Ausreißer lagen, argumentierte er in sich widersprüchlich (vgl. hierzu die ausführliche Analyse von Hald [1990, 282–285]). Auf jeden Fall gab sich Bernoulli aber damit zufrieden, gezeigt zu haben, dass die Beobachtungen des Geschlechterverhältnisses im Wesentlichen mit einem binomialen Prozess erklärt werden konnten.

6.2.3 Der Kommentar von de Moivre

De Moivre fügte in der zweiten Auflage seiner *Doctrine* (1738) seiner – auch durch die Abschätzungen von Jakob und Nikolaus Bernoulli motivierten – Herleitung der die Binomialverteilung approximierenden Normalverteilung einen »Remark I« hinzu, in dem er ausführlich auf die mit hoher Wahrscheinlichkeit erfolgende Annäherung der Trefferzahl an den Erwartungswert innerhalb sehr enger Grenzen im Verhältnis zu der Versuchszahl einging. Er schloss seine Ausführungen mit den Worten

> And thus in all Cases it will be found, that *altho' Chance produces Irregularities, still the Odds will be infinitely great, that in process of Time, those*

> *Irregularities will bear no proportion to the recurrency of that Order which naturally results from* ORIGINAL DESIGN.

Für de Moivre schließen sich also Zufall und Ordnung nicht mehr gegenseitig aus, sondern wirken so zusammen, dass über längere Zeiten hinweg sich die regulären Verhältnisse durchsetzen können.

In einem »Remark II«, der erst in der dritten Auflage der *Doctrine* erschien, ging de Moivre explizit auf Nikolaus Bernoulli ein, dem er in polemischer Weise unterstellte, behauptet zu haben, dass das Buben-Mädchen-Verhältnis von 18:17 auf reinem Zufall beruhen würde. Im Gegensatz dazu konstatierte de Moivre, dass es keinen Zweifel geben könne, dass der diesem Verhältnis entsprechende Würfel mit 18+17 Seiten das Resultat von »*Intelligence* and *Design*« sei.

Das Modell des Zusammenwirkens von zufälligen und regulären »Ursachen« spielte eine wesentliche Rolle in der Statistik bis hin zu Quetelets *Homme moyen*. Auf derselben Idee beruhte das Prinzip der Beobachtungsfehler, deren stochastische Betrachtung im 18. Jahrhundert mit Beiträgen etwa von Simpson, Lambert und Daniel Bernoulli begann.

6.3 Abraham de Moivre

Abb. 6.6: Münze zu Ehren von de Moivre, 1741

In den vorangehenden Abschnitten war schon etliche Male von de Moivre die Rede. Dies hat allein schon damit zu tun, dass er in einem Konkurrenzverhältnis zu Montmort und Nikolaus Bernoulli stand bzw. sich in einem solchen zu befinden glaubte. Doch nachdem Nikolaus Bernoulli seine stochastischen Aktivitäten weitgehend aufgegeben hatte und Montmort 1719 an den Folgen einer Pockenerkrankung gestorben war, stand von den drei Konkurrenten nur noch de Moivre für die Weiterentwicklung der Wahrscheinlichkeitsrechnung zur Verfügung. Für gut drei Jahrzehnte und auch noch über seinen Tod hinaus wurde er zur führenden Figur dieser Disziplin, und sein Hauptwerk, die *Doctrine of Chances* wurde zum wichtigsten Lehrwerk in der Wahrscheinlichkeitsrechnung bis zum Erscheinen der *Théorie analytique* von Laplace.

6.3.1 De Moivres Leben und Werk

Der Mathematiker Abraham de Moivre (1667–1754, Abb. 6.6) wurde am 26. Mai 1667 als Abraham Moivre in Vitry-le-François an der Marne als Sohn des protestantischen Chirurgen Daniel Moivre und dessen Ehefrau Anne geboren. Zwei Jahre später kam Abrahams Bruder Daniel zur Welt. Informationen über die ersten Jahre der beiden Brüder in Frankreich, vor ihrer Emigration nach England, finden sich hauptsächlich in der Biographie (1755, s. [Bellhouse und Genest 2007]) von Matthew Maty (1718–1776), dessen ersten die Jugend- und Studienjahre betreffenden Teil de Moivre kurz vor seinem Tod Maty noch diktiert hatte. Darnach bekam Moivre seinen ersten Unterricht von 1672 bis 1677 bei den katholischen Pères de la Doctrine Chrétienne, bevor er 1678 an die protestantische Akademie in Sedan kam, wo er hauptsächlich Latein und Altgriechisch studierte. Weil dort für die ihn interessierende Mathematik kein Lehrer zur Verfügung stand, studierte er zusammen mit einem Mitstudenten ein Arithmetik-Lehrbuch von François Le Gendre (gest. 1675), sehr wahrscheinlich die bis ins 19. Jahrhundert aufgelegte *L'Arithmetique en sa perfection*.

Abb. 6.7: Ansicht von de Moivres Geburtsort Vitry-le-François, Mitte 17. Jhdt.

Nachdem die Akademie in Sedan im Rahmen der ständig rigoroser werdenden Maßnahmen zur Beseitigung protestantischer Bildungsinstitutionen in Frankreich 1681 geschlossen worden war, setzte Moivre 1682–1684 seine Studien im Westen Frankreichs an der protestantischen Akademie in Saumure fort. Außerhalb des dortigen Pensums las Moivre den kleinen Traktat von Huygens über Glücksspiele, ohne den Inhalt dieser Arbeit, wie er selbst später bekannte, vollkommen zu verstehen.

Enttäuscht über das Fehlen jedweder Information über Descartes in Saumure ging Moivre 1684 nach Paris, um dort eine Physikvorlesung am Collège d'Harcourt zu hören. Seine Eltern waren wohl aufgrund der mit erheblichen Schikanen verbundenen Restriktionen gegenüber Protestanten nach Paris gezogen, wo Moivre als Privatschüler von Jacques Ozanam (1640–1718) Mathematik studierte, bis Ludwig XIV. im Oktober 1685 das Revokationsedikt von Fontainebleau erließ. Mit ihm wurde jedes Bekenntnis zur reformierten Kirche und jede entsprechende Aktivität verboten und unter Strafe gestellt. In schweren Fällen drohte Einzug des gesamten Vermögens und, gleichbedeutend mit einem frühen Tod, Galeere.

Ein Großteil der protestantischen Kirchen, der so genannten Tempel, wurde zerstört und damit ebenso beseitigt wie sämtliche protestantischen Bildungseinrichtungen. Schon im August war auch protestantischen Ärzten wie Moivres Vater Berufsverbot erteilt worden.

Der junge Moivre wurde ebenso wie sein Bruder in der Prieuré de Saint Martin in Paris bis April 1688 festgehalten, wo man vergeblich versucht hatte, die beiden zum Übertritt in die katholische Kirche zu bewegen. Bald darauf gelang es den beiden zusammen mit ihrer Mutter nach England zu fliehen, wo sie sich fortan de Moivre nannten. Abraham lebte in London getrennt von seiner Mutter, aber in deren Nähe, die sich noch 20 Jahre um Daniel und dessen Familie kümmern konnte. Schon im Dezember 1688 konnten die Brüder den Status eines Denizen gegen die durchaus beträchtliche Gebühr von jeweils ca. 25£ erwerben, ein Status, der den Erwerb von Grund erlaubte. All dies spricht dafür, dass sowohl die Überfahrt seiner Familie nach England als auch die Kosten für die Denization noch vom Vater getragen wurden, der bald nach seiner Freilassung in Paris verstarb und seine Familie nicht mehr sehen konnte. Im Gegensatz zu seinem Bruder wurde Abraham 1706 gegen die noch höhere Gebühr von etwa 65£ naturalisiert und damit zu einem Bürger Englands mit allen Rechten und Pflichten. Nach dem Tod des Vaters sah sich Abraham in London auf sich allein gestellt. Die letzten Jahre vor der Übersiedlung nach England hatte er auch mit Hilfe von Ozanam dazu genutzt, sich mit der verfügbaren französischen Lehrbuchliteratur in Mathematik vertraut zu machen; in London folgte er dem Vorbild seines Pariser Lehrers Ozanam und begann, sich eine Klientel von Privatschülern vor allem aus wohlhabenden und adligen Häusern aufzubauen. Seine Einbettung in eine Gemeinschaft von aus Glaubensgründen aus Frankreich geflohenen, so genannten Hugenotten, bot ihm lebenslang nicht nur eine kulturelle Heimat und über die von dort geknüpften Verbindungen einen Einstieg in sein weiteres Leben als Privatlehrer für Mathematik. Abgesehen von späteren Interessenkonflikten und daraus erwachsenen Problemen begründet eine solche Einbettung spätere durchaus unterschiedliche Bewertungen des Integrationsgrades des seit 1706 naturalisierten Abraham de Moivre.

Der Franzose de Montmort bezeichnete ihn nach einem Besuch in London in einem Brief vom 3. April 1718 an Johann Bernoulli als »furieusement anglisé«. Eine solche Charakterisierung verkennt durchaus nicht frei von Arroganz, dass de Moivre durch ein Edikt des französischen Königs aus seiner Heimat vertrieben dankbar sein musste, in England eine neue finden zu können. Da er die in Frankreich erworbene kulturelle und religiöse Prägung in England weder aufgeben musste noch wollte, erschien de Moivre auch als naturalisierter Engländer den meisten gebürtigen Engländern vor allem wegen seines französischen Akzents und seines stockenden Vortrags sprachlich nur mäßig integriert. Das war wohl auch der Hauptgrund dafür, dass er trotz der hohen Wertschätzung seiner fachlichen Fähigkeiten nie eine Chance hatte, eine feste Stelle an einer englischen Universität zu erhalten. Die Berufung de Moivres in die Kommission der *Royal Society* acht Tage vor deren gegen Leibniz gerichteten Entscheidung des Prioritätsstreits zwischen Leibniz und Newton um die Schöpfung des Infinitesimalkalküls bedeutete für de Moivre dann auch das Ende jeder Aussicht auf eine Professur an einer Universität auf dem Kontinent.

Immerhin hatte de Moivre im Rahmen seiner lebenslang beibehaltenen Tätigkeit als Privatlehrer den Zugang zu führenden Vertretern der Mathematik in England und Schottland geschafft. 1692 lernte er mit Edmond Halley (1656–1742) einen der damals bedeutendsten englischen Astronomen und Mathematiker kennen, der für die 1687 erfolgte Veröffentlichung von Newtons Hauptwerk, den *Philosophiae naturalis principia mathematica* wesentlich verantwortlich war.

Kurz danach wurde er auch mit Isaac Newton (1643–1727) bekannt, mit dem ihn später eine lange Freundschaft verband. Halley sorgte auch für die Veröffentlichung von de Moivres erster Arbeit über den Newtonschen Fluxionskalkül in den *Philosophical Transactions* von 1695 (s. [Schneider 1968, 189]). 1697 erschien ebenfalls in den *Phil. Trans.* de Moivres Erweiterung des allgemeinen Binomialtheorems von Newton auf Potenzen mit rationalen Exponenten von Polynomen und (formalen) Potenzreihen (s. [Schneider 1968, Kap. 5.1]). Ebenfalls 1697 wurde er Mitglied der *Royal Society*.

De Moivres erste Veröffentlichungen in den *Phil. Trans.* veranlassten den schottischen Arzt George Cheyne (1672–1743) in dessen 1703 veröffentlichter *Fluxionum methodus inversa*, einem Werk über die Newtonsche Fluentenmethode, zu einer harschen Kritik, die nach de Moivres im Folgejahr veröffentlichten *Animadversiones in G. Cheynaei Tractatum de fluxionum methodo inversa* in eine sehr unerfreuliche Auseinandersetzung mit Cheyne mündete.

Immerhin sicherte ihm der Streit mit Cheyne die Aufmerksamkeit von Leibniz und Johann Bernoulli, mit dem er 1704 zu korrespondieren begann in der Hoffnung aufgrund von entsprechenden Empfehlungen eine feste Stelle auf dem Kontinent zu erhalten. Auch wenn Leibniz und Johann Bernoulli bei der Wahl zwischen de Moivre und Cheyne, der sich schon früher an Jakob Bernoulli in derselben Absicht wie de Moivre gewandt hatte, die mathematischen Fähigkeiten de Moivres höher schätzten, zeigte sich insbesondere Leibniz von der Produktivität de Moivres in den folgenden Jahren nur wenig beeindruckt. Umgekehrt sah de Moivre keine Chance, mit Leibniz und den Bernoullis bei der Weiterentwicklung des Infinitesimalkalküls und anderer Methoden zur Lösung damals anstehender Probleme erfolgreich konkurrieren zu können. Diese Einsicht veranlasste ihn nach seiner rein formalen Mitgliedschaft in der Kommission zur Entscheidung des Prioritätsstreits dazu, die letzten an ihn gerichteten Briefe von Johann und Nikolaus Bernoulli 1714 nicht mehr zu beantworten.

Seine gegen Leibniz und dessen Anhänger gerichtete Parteinahme im Prioritätsstreit veranlasste ihn in den folgenden Jahren mehrfach, für Newton und den Newtonianer John Keill (1671–1721) gegen Leibniz gerichtete Schriften ins Französische zu übersetzen.

Vor diesem Hintergrund und auch angeregt durch seine Schüler zog sich de Moivre zurück auf ein Gebiet, auf dem er zunächst zumindest in England mit keiner großen Konkurrenz rechnen zu müssen glaubte. Es war dies der Bereich der Glückspielrechnung, für den sich nach dem Boom in Frankreich, vor allem am Hof von Ludwig XIV., auch englische Adlige zunehmend interessierten. Nach seinen Angaben war es Francis Robartes (1649–1718), jüngerer Sohn des ersten Earl of Radnor [Bellhouse 2011, 36], der ihn vor allem auf das 1708 anonym erschienene Werk *Essay d'analyse sur les jeux de hazard* von Montmort aufmerksam gemacht hatte. De Moivre verfasste 1710 eine Zusammenfassung seiner auch auf de Montmorts Werk fußenden Ergebnisse, die 1712 in den *Phil. Trans* für 1711 unter dem Titel *De mensura sortis* [de Moivre 1712] (Abb. 6.8) erschien. Um sich von de Montmorts Werk vorteilhaft zu unterscheiden, hielt es de Moivre für notwendig, in seiner Widmung für Robartes de Montmort mangelnde Einfachheit und Allgemeinheit vorzuwerfen. Dass für den in dieser Form nicht haltbaren Vorwurf, der die Beziehung zwischen den beiden bis zu de Montmorts Tod im Jahr 1719 vergiftete, auch de Montmorts Status als Mitglied des bis zur französischen Revolution privilegierten Adels eine Rolle spielte, ist einigermaßen wahrscheinlich. Dafür spricht auch der Umstand, dass de Montmort in seinem 1715 nach einem Besuch in London begonnenen Briefwechsel mit de Moivre und auch in Briefen an Nikolaus Bernoulli auf diesen niemals anders als auf »Moivre« verwies, also ohne das von diesem in England beanspruchte »de«. Die Berechtigung, ein solches »de« im Namen und damit den Status eines Adligen in England zu beanspruchen, ist auch dadurch nicht gegeben, dass bei einer Stichprobe von 1600 nach England emigrierten Hugenotten 140 ein solches »de« ihrem ursprünglichen Namen hinzufügten [Bellhouse 2011, 217].

De Montmort, der auch die zweite Auflage seines Essays anonym veröffentlichte, fügte dem gegenüber der ersten erweiterten Text noch, von einigen Briefen an Johann Bernoulli abgesehen, seinen bis Ende 1713 reichenden Briefwechsel mit Nikolaus Bernoulli hinzu, wobei er sich in den An- und Unterschriften der an ihn gerichteten und von ihm verfassten, jeweils nur mit »M. de M« gezeichneten Briefe und damit, wenn auch weitgehend anonym, deutlich machte, Mitglied des französischen Adels zu sein.

Auch wenn sich die Beziehung zwischen de Montmort und (de) Moivre 1715 nach de Montmorts Aufenthalt in London und der Begegnung mit (de) Moivre verbessert hatte, ja (de) Moivre in einem Brief de Montmorts an Brook Taylor (1685–1731) von 1716 zu »mon bon ami« aufgestiegen war, loderte der unterschwellig nie ganz verschwundene Groll zwischen den beiden wieder auf, als (de) Moivre 1718 seine *Doctrine of Chances* de Montmort zusammen mit einem von dem Adressaten als sehr höflich und sehr gut geschrieben bezeichneten Brief geschickt hatte. Was de Montmort so aufbrachte, war, dass die *Doctrine of Chances* vorgeblich Ergebnisse der zweiten Auflage des *Essay d'analyse* enthielt, ohne dass dabei de Montmort oder Nikolaus Bernoulli erwähnt worden wären.

Auch wenn de Montmort durchaus wie auch Nikolaus Bernoulli interessiert daran war, die von ihm und seinem Partner für das jeweilige Problem gefundene Lösung den Lesern verständlich zu machen, so spiegelt der Inhalt doch mehr den Wettbewerb zwischen einem adligen Mathematikliebhaber und seinen Partnern wider, während Moivre aus der Aufgabensammlung der *Mensura sortis* mit der *Doctrine* von 1718, erkennbar an einer Einführung und erklärenden Zwischenabschnitten, ein methodisch aufgebautes Lehrbuch gemacht hatte.

De Montmorts völlig überzogene Behauptung, dass die *Doctrine* ein Plagiat des *Essay* darstelle, ärgerte de Moivre so nachhaltig, dass er der Widerlegung noch Jahre nach de Montmorts 1719 erfolgten Tod ein ganzes, 83 Druckseiten umfassendes Kapitel der aus acht Kapiteln bestehenden und 1730 in London veröffentlichten *Miscellanea analytica de seriebus et quadraturis* widmete. Das Manuskript für dieses Werk war dem mit 15. November 1722 datiertem Vorwort für den Leser nach zu schließen schon lange vor seinem Druck zumindest in Teilen fertig gestellt; allerdings hat de Moivre mit der Endredaktion erst nach dem 1727 erfolgten Tod von Newton begonnen und die Einwerbung der dafür erforderlichen Mittel durch Subskription erst 1728 in Gang gesetzt. Die *Miscellanea analytica* enthielten ihrem Titel entsprechend vieles, was de Moivre zu dieser Zeit an mathematischen Ergebnissen vorweisen konnte oder er 1707 und 1722 in den *Phil. Trans.* veröffentlicht hatte, ohne dass er für die veröffentlichten Ergebnisse alleinige Urheberschaft oder Priorität beanspruchen konnte. Dazu gehört seine Darstellung von $\cos n\alpha$ als Funktion von $\cos\alpha$ entsprechend der Beziehung

$$(\cos\alpha + \mathrm{i}\sin\alpha)^n = \cos n\alpha + \mathrm{i}\sin n\alpha.$$

Andere Kapitel befassen sich mit den von de Moivre im Rahmen des Spieldauerproblems eingeführten rekurrenten Reihen oder mit dem zu einer sehr hohen Potenz erhobenen Binom $(a + b)$.

Die zweite, 1738 erschienene und wesentlich erweiterte Auflage der *Doctrine of Chances* enthielt die englische Version einer 1733 nur privat bekannt gemachten Entdeckung für die Möglichkeit, die Binomialverteilung im Fall sehr hoher Wiederholungszahlen durch die Normalverteilung zu approximieren. Wesentlich für diese Entdeckung war die so genannte Stirlingsche Formel für $n!$, die Stirling im Wettbewerb mit de Moivre gefunden hatte.

Die *Doctrine* von 1738 enthielt die inzwischen von de Moivre für die Stochastik entwickelten algebraischen und analytischen Hilfsmittel; das betrifft eine von de Moivre als neue Algebra bezeichnete Methode zur Lösung des Problems der *Matches*, der Übereinstimmungen, die Methode der erzeugenden Funktionen oder die Theorie der rekurrenten Reihen, also die Lösung von homogenen linearen Differenzengleichungen mit konstanten Koeffizienten. In der im Vergleich zur ersten nochmals erweiterten Einführung zur zweiten Auflage der *Doctrine* führte de Moivre die für die nachfolgende Entwicklung des Faches wichtigsten Begriffe ein, wie Wahrscheinlichkeit, bedingte Wahrscheinlichkeit, Erwartungswert, voneinander abhängige und unabhängige Ereignisse, die Produktregel und die Binomialverteilung. In der *Doctrine* von 1738 und der vergleichsweise nur wenig veränderten posthumen Ausgabe von 1756 interpretierte er seine Form des später von Poisson als Gesetz der großen Zahlen bezeichneten Hauptsatzes der von Jakob Bernoulli begründeten Stochastik im Rahmen einer Naturreligion als Beweis für die Existenz von Gott und dessen ständiges Wirken in seiner Schöpfung. Mit dieser Auffassung war die der Funktion und Rolle des Zufalls in der Welt verbunden.

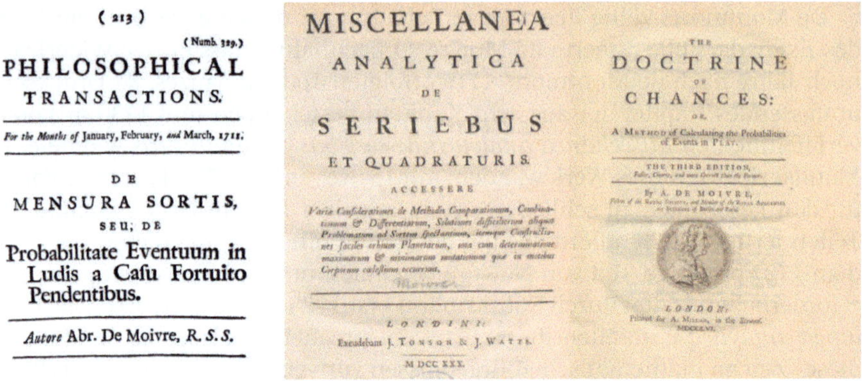
(213)

(Numb. 329.)

PHILOSOPHICAL TRANSACTIONS.

For the Months of January, February, and March, 1711.

DE MENSURA SORTIS, SEU; DE Probabilitate Eventuum in Ludis a Casu Fortuito Pendentibus.

Autore Abr. De Moivre, R. S. S.

MISCELLANEA ANALYTICA DE SERIEBUS ET QUADRATURIS.

ACCESSERE

Variæ Considerationes de Methodis Comparationum, Combinationum & Differentiarum, Solutiones difficiliorum aliquot Problematum ad Sortem spectantium, itemque Constructiones faciles orbium Planetarum, una cum determinatione maximarum & minimarum mutationum quæ in motibus Corporum cælestium occurrunt.

LONDINI:

Excudebant J. Tonson & J. Watts.

M DCC XXX.

THE DOCTRINE OF CHANCES: OR, A Method of Calculating the Probabilities of Events in Play.

THE THIRD EDITION,

By A. DE MOIVRE,

LONDON:

Printed for A. Millar, in the Strand.

MDCCLVI.

Abb. 6.8: Die drei für die Wahrscheinlichkeitsrechnung wichtigen Werke de Moivres: »De mensura sortis «, *Miscellanea analytica* und *Doctrine of Chances* (3. Aufl.)

Der Beginn von De Moivres Beschäftigung mit für eine kapitalistische Gesellschaft typischen Geschäften auf der Grundlage von Zinsnahme, Krediten, Hypotheken, Pensionen, Verpachtungen oder Leibrenten ist nicht bekannt.

Einerseits ist es naheliegend, dass de Moivres Klientele von adligen englischen Landbesitzern damit zusammenhängende Fragen als relevanter ansah als die Berechnung der Wahrscheinlichkeit von Gewinn und Verlust bei bestimmten Glücksspielen. Andererseits legten solche Landbesitzer Wert darauf, dass ihre Vermögensverhältnisse und die daraus erzielten Einnahmen diskret behandelt wurden. Insofern sind datierte Dokumente mit genauen Angaben über den Auftraggeber und die dabei von de Moivre zu berücksichtigenden Umstände über de Moivres Beratertätigkeit auf diesem Gebiet kaum zu erwarten; es sind bis heute nur einige wenige und nicht datierte relevante Dokumente gefunden worden.

Da de Moivre auch seine mathematischen Entdeckungen keineswegs immer unmittelbar veröffentlichte, kann aus seiner ersten 1725 erschienenen Publikation über Leibrenten *Annuities upon Live* nicht geschlossen werden, ab wann er sich mit diesem Bereich beschäftigt hatte. Auf jeden Fall wurde dieses Werk, das in mehreren Auflagen erschien, zu einem mathematischen Standard bis hin in das 19. Jahrhundert hinein, und auch Laplace bezog sich in seinen entsprechenden Ausführungen auf dieses (s. Kap. 10.4).

Wollte man eine Heldengeschichte der Stochastik schreiben, so wäre de Moivre hinsichtlich einer beginnenden Theorie der Wahrscheinlichkeiten wie auch hinsichtlich der Vielfalt und Tiefe seiner Beiträge die bestimmende Figur für einen Großteil des 18. Jahrhunderts, so wie das für Laplace bezüglich des 19. Jahrhunderts gilt.

6.3.2 *Wahrscheinlichkeitsbegriff*

De Moivre brachte viele seiner stochastischen Ausführungen noch in der traditionellen Sprache der als »gleich leicht« (»aeque facile«) [de Moivre 1712, 215]) eintreffenden Chancen bzw. der daraus abgeleiteten Chancenverhältnisse sowie der damit berechneten Gewinn- bzw. Verlusterwartungen. In der »Introduction« seiner *Doctrine* [1718, 1] führte er aber das heute als »Laplace-Wahrscheinlichkeit« titulierte Maß ein, so wie das bereits Jakob Bernoulli in seiner *Ars conjectandi* [1713] getan hatte:

> The Probability of an Event is greater, or less, according to the number of Chances by which it may Happen, compar'd with the number of all the Chances, by which it may either Happen or Fail.

Im übernächsten Abschnitt schloss de Moivre:

> Therefore, if the Probability of Happening and Failing are added together, the Sum will always be equal to Unity.

Im Anschluss daran erläuterte De Moivre auf wenigen Seiten (in den folgenden Auflagen erheblich erweitert, aber im Kern identisch) einige aus dieser Definition folgende Rechenregeln für Wahrscheinlichkeiten, wie sie immer noch zum Grundgerüst jeder Einführung in die Wahrscheinlichkeitslehre gehören.

Besonders widmete sich hier de Moivre den später von Laplace so bezeichneten »zusammengesetzten« Wahrscheinlichkeiten. Dies betraf zuerst zwei »unabhängige« Ereignisse [1718, 3 f.], wobei die Unabhängigkeit erst in den höheren Auflagen der *Doctrine* über das Fehlen einer wechselseitigen Beeinflussung erklärt wurde. Die Wahrscheinlichkeit dafür, dass solche Ereignisse sich zusammen ereignen, ist das Produkt der Wahrscheinlichkeiten der beiden Ereignisse. Die Fortführung dieser Regel auf das gemeinsame Eintreffen bzw. Nicht-Eintreffen gleichartiger Ereignisse führte schließlich zur Andeutung der Binomialverteilung [1718, 7 f.], die dann in den höheren Auflagen ausführlich erörtert wurde.

Die Regel für Wahrscheinlichkeiten für das gleichzeitige Eintreten von einander abhängiger Ereignisse deutete de Moivre in der ersten Auflage der *Doctrine* nur anhand von Beispielen an [1718, 6 f.]. Ab der zweiten Auflage kam er zu dem folgenden Verfahren: Wenn mehrere abhängige Ereignisse vorliegen, so bringe man sie in eine »gedachte« zeitliche Reihenfolge. Man multipliziere dann die Wahrscheinlichkeit für das als unabhängig betrachtete erste Ereignis mit der Wahrscheinlichkeit dafür, dass das zweite Ereignis eintritt, falls das erste vorher eingetreten ist. Dieses Produkt multipliziere man dann weiter mit der Wahrscheinlichkeit dafür, dass das dritte Ereignis eintritt, falls vorher das erste und das zweite zusammen eingetreten sind, u. s. w.

Aus heutiger Sicht ist festzuhalten, dass alle fraglichen Wahrscheinlichkeiten durch die Abzählung von Chancen gewonnen und daher als wohldefiniert angesehen werden können. Das dürfte der Grund dafür sein, dass de Moivre nicht explizit auf die Additionsregel für disjunkte Ereignisse einging, da diese im Rahmen seines Wahrscheinlichkeitsbegriffs (beinahe) eine Trivialität darstellt.

Den für die Glücksspielrechnung so wichtigen Begriff der Erwartung (*Expectation*) legte de Moivre [1718, 2] im traditionellen Sinne der Gewinnerwartung, also über das Produkt aus Gewinnwahrscheinlichkeit und Wert des Gewinns, fest. Falls mehrere Gewinne mit unterschiedlichen Wahrscheinlichkeiten möglich sind, so sind die entsprechenden Erwartungen zu addieren. Der Erwartung stand das entsprechend berechnete «Risiko« (*Risk*) bezüglich der möglichen Verluste gegenüber. In diesem Zusammenhang stellte de Moivre [1718, 3] auch kurz das Prinzip der Nettoprämien bei Versicherungen vor, die gleich dem Risiko zu berechnen seien. Der heute übliche Begriff des Erwartungswerts, berechnet aus allen möglichen positiven und negativen Werten einer zufälligen Größe, etablierte sich erst im 19. Jahrhundert.

De Moivres Verständnis von »Zufall« und »Wahrscheinlichkeit« geht in knapper Weise aus seinen Bemerkungen zur Diskussion des Wechselspiels zwischen Zufall und *Original Design* in »Remark I« und dem der dritten Auflage der *Doctrine* (1756) hinzugefügten »Remark II« (s. Abschn. 6.2.3) hervor. Zufall ist für die Irregularitäten verantwortlich, die determinierte Gesetzmäßigkeiten überdecken und nur zusätzlich zu der Existenz bestimmter Dinge (z. B. Würfel) und ihrer Eigenschaften denkbar. Damit ist Zufall Komplement und nicht Teil der als regelmäßig betrachteten Naturgesetze. Schneider hat wiederholt (z. B. in [2001]) darauf hingewiesen, dass nach der theologischen Überzeugung von de Moivre Zufall ebenfalls ein Teil des von Gott geschaffenen und gelenkten Universums sei und als Aspekt göttlichen Wirkens objektiven Charakter habe. Die Wahrscheinlichkeit für eine bestimmte Konstellation hat im Einklang mit diesem Zufallskonzept gemäß de Moivre ebenfalls objektiven Charakter und »becomes as proper a subject of Investigation as any other quantity or Ratio can be«. Tiefer gehende Untersuchungen von Zufallsursachen und -mechanismen sind nicht möglich und auch nicht nötig. In diesem Sinne unterschied sich de Moivre gemäß Schneider (a.a.O.) von der strikt deterministischen Weltsicht eines Jakob Bernoulli und später eines Laplace, die beide dem Zufall ausschließlich subjektiven Charakter beigemessen haben.

6.3.3 Algebraische Kunstgriffe: Koinzidenzen und Würfelsummen

De Moivre [1718, xi] beanspruchte bezüglich seiner Behandlung der Koinzidenzen für sich nicht, grundsätzlich neue Ergebnisse gegenüber Montmort und Nikolaus Bernoulli erzielt, dagegen aber mit einer »new sort of Algebra« eine bedeutende Vereinfachung des Lösungswegs erreicht zu haben. In seinem Problem 25 der ersten Auflage (Problem 35 der dritten, ansonsten unverändert) erläuterte er diese neue Algebra mit folgender Aufgabenstellung:

> Any number of Letters a, b, c, d, e, f, etc. all of them different, being taken promiscuously as it happens: to find the Probability that some of them shall be found in their places according to the rank they obtain in the Alphabet; and that others of them shall at the same time be displaced.

Es geht hier um die Gegenwahrscheinlichkeit der Wahrscheinlichkeit dafür, dass es bei keinem einzigen Buchstaben eine Übereinstimmung zwischen seinem alphabetischen und seinem durch Zufall bestimmten Platz gibt. Wenn man von n Buchstaben ausgeht, ist letztere Wahrscheinlichkeit gleich dem Quotienten aus der Anzahl der Permutationen von n Elementen, bei denen kein einziges Element auf sich abgebildet wird und der Anzahl aller Permutationen $n!$.

De Moivre führte nun die Symbole a', b'', c''', usw. für die Ereignisse ein, dass in der Zufallsfolge der Buchstabe a an der ersten bzw. b an der zweiten bzw. c an der dritten Stelle usw. vorkommt. Mit $+a' - b'' - c'''$ bezeichnete er beispielsweise die Wahrscheinlichkeit dafür, dass a an erster Stelle, b und c aber nicht an der zweiten bzw. dritten Stelle vorkommen. Um die Vorzeichen der Buchstaben vom arithmetischen $\pm$ zu unterscheiden, werden im Folgenden, im Gegensatz zu de Moivres Darstellung, die Wahrscheinlichkeiten durch runde Klammern abgegrenzt.

Allgemein gilt aus heutiger Sicht für beliebige Ereignisse A, B sowie das Gegenereignis $\overline{A}$ zu A, dass

$$\mathrm{P}(\overline{A} \cap B) = \mathrm{P}(B) - \mathrm{P}(A \cap B).$$

Bei de Moivre entspricht dem etwa bei seinem speziellen Problem

$$(-a' + b'') = (+b'') - (+a' + b'')$$

oder auch

$$(-a' + b'' + c''') = (+b'' + c''') - (+a' + b'' + c''').$$

Die »neue Algebra« bestand nun nicht, so wie im modernen Sinne, aus Verknüpfungsregeln, wie Assoziativ- oder Kommutativgesetz, sondern nur aus einer Vorzeichenregel, die von de Moivre verbal ausgedrückt wurde, hier aber in symbolischer Weise dargestellt wird. Bedeutet $\pm a_i$, dass der i-te Buchstabe im Alphabet an der i-ten Stelle der Zufallsfolge auftritt (+) oder nicht (−), so gilt für paarweise verschiedene Indizes

$$\begin{aligned}(+a_j \pm a_{i_1} \pm a_{i_2} \cdots \pm a_{i_n}) &= (\pm a_{i_1} \pm a_{i_2} \cdots \pm a_{i_n}) - (-a_j \pm a_{i_1} \pm a_{i_2} \cdots \pm a_{i_n})\\ (-a_j \pm a_{i_1} \pm a_{i_2} \cdots \pm a_{i_n}) &= (\pm a_{i_1} \pm a_{i_2} \cdots \pm a_{i_n}) - (+a_j \pm a_{i_1} \pm a_{i_2} \cdots \pm a_{i_n}).\end{aligned} \tag{6.5}$$

Eine Erweiterung durch ein UND-Ereignis drückt sich also durch eine Subtraktion und die Hinzufügung des Gegenereignisses aus.

Betrachtet man das Problem mit nur 3 Buchstaben und wendet man die de Moivresche Regel sukzessive auf 3 und dann 2 Buchstaben an, so ergibt sich:

$$\begin{aligned}(-a'-b''-c''') &= 1-(+a')-(+b'')-(+c''')+\\ &+(+a'+b'')+(+b''+c''')+(+a'+c''')-(+a'+b''+c''')=\frac{1}{2}-\frac{1}{6},\end{aligned}$$

was für de Moivre bereits zur Begründung der allgemeinen Beziehung (6.3) genügte.

Gestützt auf entsprechende Beispiele entwickelte de Moivre auch das bereits von de Montmort beschriebene Verfahren [Hald 1990, 334] zur Berechnung der Wahrscheinlichkeit des Zusammentreffens von genau k von n Buchstaben.

Der zweite algebraische Kunstgriff von de Moivre, auf den wir hier eingehen wollen, hatte eine weitreichende und nachhaltige Wirkung. Die ab Laplace so genannten »erzeugenden Funktionen« bilden immer noch eines der wichtigsten analytischen Hilfsmittel der Wahrscheinlichkeitsrechnung.

De Moivre [1730, 196 f.] ging von einem hypothetischen Würfel aus, der eine Seite mit einem Punkt, r Seiten mit zwei Punkten, r^2 Seiten mit drei Punkten und so fort, bis hin zu r^{f-1} Seiten mit f Punkten besitzt. Für $r = 1$ ist das dann ein »normaler« f-flächiger Würfel. Die Anzahl der Möglichkeiten, mit n Stück von diesen hypothetischen Würfeln die Punktesumme $p\,(p = n, n+1, \dots, nf)$ zu erhalten, ist dann gleich $\alpha_p r^{p-n}$ in der ausmultiplizierten Form des Multinoms

$$(1+r+r^2+\cdots+r^{f-1})^n = \alpha_n r^0+\alpha_{n+1}r+\cdots+\alpha_p r^{p-n}+\cdots+\alpha_{nf}r^{nf-n} =: g(r),\ \alpha_n = 1.$$

Nun ist gemäß der Summenformel für eine geometrische Progression

$$g(r) = \frac{(1-r^f)^n}{(1-r)^n}.$$

Unter Berücksichtigung der Reihenentwicklung für $(1-r)^{-n}$ ergibt sich (Schreibweise gemäß [Hald 1990, 211])

$$g(r) = \sum_{i=0}^{n}(-1)^i\binom{n}{i}r^{if}\sum_{j=0}^{\infty}\binom{n+j-1}{j}r^j.$$

Damit folgt

$$\begin{aligned}\alpha_p r^{p-n} &= r^{p-n}\sum_{if+j=p-n}(-1)^i\binom{n}{i}\binom{n+j-1}{j}\\ &= r^{p-n}\sum_{i=0}^{[(p-n)/f]}(-1)^i\binom{n}{i}\binom{p-if-1}{n-1}.\end{aligned}$$

Wenn man schließlich $r = 1$ setzt, ergibt sich die Montmort-De Moivresche Formel für die Anzahl α_p der Möglichkeiten, die bei normalen f-flächigen Würfeln zur Punktsumme p führen, vgl. (6.2).

De Moivres Vorgehen war genial, aber – zumindest aus späterer Sicht – analytisch fragwürdig: Die Reihe für $(1-r)^{-n}$ konvergiert gar nicht für $r = 1, 2, \ldots$. Allerdings könnte man sich ohne weiteres auf die Betrachtung von dem Betrag nach hinreichend kleinen r beschränken, da es ja nur auf den Koeffizienten α_p von r^{p-n} ankommt, der für sich schon die Anzahl aller Möglichkeiten angibt, mit n normalen Würfeln die Augensumme p zu erhalten. Genau in diesem Sinne wurden erzeugende Funktionen später von Lagrange und Laplace zur Darstellung der Wahrscheinlichkeiten von Summen unabhängiger Zufallsgrößen verstanden.

Lagrange [1776] etablierte im Wesentlichen erzeugende Funktionen im heutigen Sinn: Nimmt eine Zufallsgröße X die Werte $x_1, x_2, \ldots, x_n$ mit den Wahrscheinlichkeiten $p_1, p_2, \ldots, p_n$ an, so ist die zugehörige erzeugende Funktion gleich

$$g_X(t) = \sum_{i=1}^{n} p_i t^{x_i}.$$

Besitzt X eine Wahrscheinlichkeitsdichte f_X, so ist die erzeugende Funktion definiert durch

$$g_X(t) = \int_{-\infty}^{\infty} f_X(x) t^x \mathrm{d}x,$$

wobei man zunächst stillschweigend die Existenz dieses Integrals für ein bestimmtes Intervall von t-Werten annahm. Hat man eine zweite von X unabhängige Zufallsgröße Y, die Werte $y_1, y_2, \ldots, y_s$ mit den Wahrscheinlichkeiten q_1, $q_2, \ldots, q_s$ annimmt, so ist für einen Wert z der Zufallsgröße $X + Y$:

$$\mathrm{P}(X + Y = z) = \sum_{\{i,j\,:\,x_i+y_j=z\}} p_i q_j.$$

(Lagrange betrachtete allerdings nur den Fall identisch verteilter unabhängiger Zufallsgrößen). Diese Wahrscheinlichkeit ist gleich dem Koeffizienten von t^z in der ausmultiplizierten und nach Potenzen von t zusammengefassten Form von $g_X(t)g_Y(t)$. Die erzeugende Funktion der Summe zweier unabhängiger Zufallsgrößen ist also gleich dem Produkt der erzeugenden Funktionen der einzelnen Zufallsgrößen. Dies gilt auch, falls kontinuierliche Wahrscheinlichkeitsverteilungen vorliegen.

Vergleichen wir diese »moderne« Version mit der von de Moivre: Bei einem Würfel mit f Flächen ist die erzeugende Funktion gleich $g(t) = \sum_{i=1}^{f} \frac{1}{f} t^i$. Werden n Würfel unabhängig voneinander geworfen, so ist wegen der Produkteigenschaft die erzeugende Funktion der Würfelsumme gleich $g_n(t) = (g(t))^n$. Bei de Moivre ist entsprechend $\widetilde{g}(t) = t^{-1} f g(t)$ und $\widetilde{g}_n(t) = t^{-n} f^n g_n(t)$. Seine erzeugenden Funktionen unterscheiden sich von den später üblichen nur durch für die rechnerische Auswertung unwesentliche Faktoren. Allerdings gibt de Moivre der Variablen t eine stochastische Interpretation, während ab Lagrange diese Variable vorwiegend formalen Charakter hat.

So einfach sich erzeugende Funktionen zunächst auf Summen unabhängiger Zufallsgrößen anwenden lassen, so ist doch ein wesentliches Problem, wie dann von der erzeugenden Funktion der Summe $g_n(t)$ auf die diskreten Wahrscheinlichkeiten bzw. auf die Wahrscheinlichkeitsdichte der Summe rückzuschließen ist. Dies gelingt tatsächlich nur in einigen Spezialfällen, wie sie etwa von Lagrange diskutiert wurden. Diese Tatsache veranlasste Laplace um 1810, die Variable t durch die Variable $\mathrm{e}^{\mathrm{i}\omega}$ zu ersetzen. Aus der erzeugenden Funktion wird damit die später so genannte »charakteristische Funktion«, die im Falle einer Zufallsgröße X mit Dichte f_X gleich

$$g_X(\omega) = \int_{-\infty}^{\infty} f(x)\mathrm{e}^{\mathrm{i}\omega x}\mathrm{d}x$$

wird. Der Vorteil ist, dass das Integral stets existiert, und dass darauf die Ergebnisse der – um 1810 brandneuen – Fourier-Analysis angewendet werden können. Bei speziellen Untersuchungen betrachtete man ab der zweiten Hälfte des 19. Jahrhunderts auch erzeugende Funktionen der Form

$$g_X(s) = \int_{-\infty}^{\infty} f(x)\mathrm{e}^{sx}\mathrm{d}x,$$

deren Existenz zumindest für bestimmte Bereiche von s-Werten dann gesichert ist, wenn die Wahrscheinlichkeitsdichte $f(x)$ einen nach oben oder unten beschränkten Träger von x-Werten hat. In diesem Fall ist $g'_X(0) = \mathrm{E}X$, $g''_X(0) = \mathrm{E}X^2$ usw. Man spricht daher in diesem Zusammenhang auch von einer »momentenerzeugenden« Funktion.

6.3.4 Beiträge zum Spieldauerproblem

De Moivre war zum Spieldauerproblem durch die knappen Ausführungen in der ersten Auflage des *Essai* von de Montmort gekommen (s. Abschn. 6.1.1 und die dort eingeführten Bezeichnungen). Er wusste aber vom Briefwechsel zwischen diesem und Nikolaus Bernoulli offenbar nichts. In seinen einschlägigen Arbeiten konzentrierte sich de Moivre vorrangig nicht auf die Wahrscheinlichkeit dafür, dass das Spiel aus einer bestimmten Höchstzahl von Sätzen besteht, sondern auf die Gegenwahrscheinlichkeit, dass das Spiel nach n Sätzen immer noch nicht beendet ist.

Abb. 6.9: Vignette aus der *Doctrine* (S. 1 in allen Aufl.); links im Bild Athene als Patronin der Wissenschaften und daneben Tyche bzw. Fortuna mit dem Glücksrad und einer graphischen Darstellung, die sich auf die trigonometrische Lösung de Moivres für das Spieldauerproblem bezieht

6.3.4.1 Eine allgemeine Regel

In der »Mensura sortis« (1712) gab de Moivre, nachdem er »zu Fuß« einige einfache Fälle, wie etwa $\overline{p}(2,4) = 4p^2q^2$ durch explizite Berücksichtigung der hierfür relevanten Spielverläufe vorgerechnet hatte, die folgende allgemeine Regel zur Berechnung von $\overline{p}(a, a+d)$ an, allerdings ohne Begründung:

> *Multipliziere das Binom $(p+q)^a$ aus und streiche die beiden »äußeren« Terme p^a und q^a. Multipliziere den Rest mit $p^2+2pq+q^2$ und fasse ggf. nach gleichen Potenzen zusammen. Streiche die beiden Terme mit den jeweils höchsten Exponenten bei p bzw. q. Nach insgesamt $d/2$ Multiplikationen des jeweiligen Rests mit $p^2+2pq+q^2$ und anfolgenden Streichungen verbleibt als Ergebnis die gesuchte Wahrscheinlichkeit. Der Endterm kann dann noch mit Hilfe der Beziehung $p+q=1$ vereinfacht werden.*

Wir erläutern das Verfahren am Beispiel $\overline{p}(3,7)$ und machen es plausibel. Hier sind 2 Multiplikationen erforderlich. Es ist

$$(p+q)^3 = p^3 + 3p^2q + 3pq^2 + q^3.$$

Nach Streichung der beiden äußeren Terme wird das erste Mal multipliziert:

$$(3p^2q + 3pq^2)(p^2 + 2pq + q^2) = 3p^4q + 9p^3q^2 + 9p^2q^3 + 3pq^4.$$

Nach Streichung der beiden äußeren Terme wird ein zweites Mal multipliziert:

$$(9p^3q^2 + 9p^2q^3)(p^2 + 2pq + q^2) = 9p^5q^2 + 27p^4q^3 + 27p^3q^4 + 9p^2q^5.$$

Nach Streichung der beiden äußeren Terme verbleibt:

$$\overline{p}(3,7) = 27p^4q^3 + 27p^3q^4 = 27p^3q^3(p+q) = 27p^3q^3.$$

Offensichtlich beruht die Regel auf der Tatsache, dass, wie in Abschnitt 6.1.1.1 erläutert, eine Veränderung der fraglichen Wahrscheinlichkeiten nur in Zweierschritten möglich ist. Bezeichnen wir mit $p(A_i, a, a+s)$ die Wahrscheinlichkeit dafür, dass der Spieler A_i ($i = 1,2$) insgesamt a Münzen bei einer maximalen Satzlänge von $a+s$ (s gerade) gewinnt, so ist mit $a_1 = p$ und $a_2 = q$:

$$p(a, a+s+2) = p(a, a+s) + \sum_{i=1,2} p(A_i, a-2, a+s)a_i^2.$$

Im Falle $a = 3$, $d = 4$ ist somit

$$p(3,7) = p(3,3) + \sum p(A_i, 1, 3)a_i^2 + \sum p(A_i, 1, 5)a_i^2$$

und wegen $a_1 + a_2 = 1$:

$$\begin{aligned}\overline{p}(3,7) &= 1 - p(3,7) = 1 - a_1^3 - a_2^3 - \sum p(A_i, 1, 3)a_i^2 - \sum p(A_i, 1, 5)a_i^2\\ &= \left(\left((a_1 + a_2)^3 - a_1^3 - a_2^3\right)(a_1 + a_2)^2 - \sum p(A_i, 1, 3)a_i^2\right)(a_1 + a_2)^2\\ &\qquad - \sum p(A_i, 1, 5)a_i^2.\end{aligned}$$

Diese Darstellung entspricht genau der Anwendung der Regel.

6.3.4.2 Rekurrente Folgen und trigonometrische Formel

Spätestens ca. 1714 erzielte de Moivre wesentlich erweiterte Ergebnisse, die in die *Doctrine of Chances* (1. Aufl. 1718) einflossen sowie auch in allgemeinerer Weise zu seiner Theorie der rekurrenten Folgen und Reihen führten, wie sie bereits 1718 bei Newton hinterlegt und 1720 der *Royal Society* mitgeteilt worden war, und schließlich ausführlich in den *Miscellanea analytica* (1730) präsentiert wurde [Schneider 1968, 258 f.].

Unter einer endlichen oder unendlichen rekurrenten Reihe $\sum_{n\geqslant 0} u_n$ versteht de Moivre eine solche, bei der es eine natürliche Zahl r gibt, sodass ab dem Reihenglied u_r sich alle Reihenglieder durch denselben Linearausdruck der r vorangehenden ausdrücken lassen, also

$$u_n = c_r u_{n-r} + c_{r-1} u_{n-r+1} + \cdots + c_1 u_{n-1} \quad (n \geqslant r) \tag{6.6}$$

mit fest vorgegebenen Koeffizienten $c_1, \dots, c_r$ ist, deren Abfolge er als »Scala relationis« bezeichnet. Eine solche Beziehung tritt bei den $p(a, a+d)$ auf. So ist beispielsweise

$$p(6,14) = (p^6 + q^6)(1 + 6pq + 27p^2q^2 + 110p^3q^3 + 429p^4q^4),$$

wobei

$$110p^3q^3 = 2p^3q^3 \cdot 1 - 9p^2q^2 \cdot 6pq + 6pq \cdot 27p^2q^2$$

und

$$429p^4q^4 = 2p^3q^3 \cdot 6pq - 9p^2q^2 \cdot 27p^2q^2 + 6pq \cdot 110p^3q^3.$$

Entsprechend gilt auch

$$p(6,16) = p(6,14) + (p^6 + q^6)(2p^3q^3 \cdot 27p^2q^2 - 9p^2q^2 \cdot 110p^3q^3 + 6pq \cdot 429p^4q^4)$$

und so fort. Die *Scala relationis* für $a = 6$ ist also

$$c_1 = 6pq, \; c_2 = -9p^2q^2, \; c_3 = 2p^3q^3.$$

De Moivre gab in der *Doctrine* nicht nur eine Regel für die *Scala relationis* bei allgemeinem a an, sondern er ermittelte auch eine Formel für das jeweils letzte Glied in $p(a, a + d)$, entsprechend der Wahrscheinlichkeit, dass bei genau $a + d$ Sätzen der Ruin eines der Spieler eintritt. Schneider [1968, 286 f.] schließt aus den verschiedenen Publikationen de Moivres, dass er diese allgemeinen Zusammenhänge noch vor der Entwicklung seiner allgemeinen Theorie der rekurrenten Reihen in heuristischer Weise aus Zahlenbeispielen induktiv erschlossen hat. Solche Zahlenwerte konnten aufgrund seiner oben vorgestellten »Streichregel« gewonnen werden. Die Terme, aus denen sich $p(a, a + d)$ zusammensetzt, entsprechen ja genau den weggestrichenen Elementen bei Durchführung dieser Regel.

Besonders stolz war de Moivre auf eine »trigonometrische« Formel für $\overline{p}(a, a + d)$, die im Vergleich zu der Anwendung seiner sonstigen Ergebnisse, wie etwa der Streichregel, enorme numerische Vorteile bot. Die folgende Darstellung schließt sich der in [Schneider 1968, 287–292] und [Hald 1990, chapt. 20.5, 23.2] an, d wird nach wie vor als geradzahlig angenommen. Eine erste Version der Formel findet sich bereits in der ersten Auflage der *Doctrine* von 1718 als äquivalent zu:

$$\overline{p}(a, a + d) = \sum_{\rho=1}^{[a/2]} A_\rho x_\rho^{(a+d)/2},$$

$$x_\rho = 2pq\left(1 + \cos\left(\frac{(2\rho - 1)\pi}{a}\right)\right), \quad A_\rho = \frac{\prod_{\sigma\neq\rho}(1 - x_\sigma)}{\prod_{\sigma\neq\rho}(x_\rho - x_\sigma)}. \tag{6.7}$$

Die Hauptterme x_ρ sind die mit $2pq$ multiplizierten Sinus versi zu den ungeraden Vielfachen der Teilung eines Halbkreises in a Teile (Abb. 6.10). Welch großen Wert de Moivre diesem Ergebnis zubilligte, zeigt auch die allen Auflagen der *Doctrine* gemeinsame Vignette, jeweils zu Beginn der »Introduction« (Abb. 6.9) mit der Anspielung auf die Kreisteilung. Insbesondere in den

Miscellanea von 1730 gab de Moivre Hinweise zur Herleitung der Formel, die hier und in den weiteren Auflagen der *Doctrine* (1738, 1756) auch noch algebraisch umgeformt und durch Beispiele näher erläutert wurde.

Wie Schneider in seiner Rekonstruktion dargelegt hat, ging de Moivre offenbar von der oben erwähnten *Scala relationis* für $p(a, a + 2\nu)$ in Abhängigkeit von a aus, aus der sich dann eine entsprechende Scala $\gamma_1, \dots, \gamma_s$ mit $s := [a/2]$ für $\overline{p}(a, a + 2\nu)$ herleiten lässt:

$$\overline{p}(a, a+2\nu) = \gamma_1\overline{p}(a, a+2(\nu-1))+\gamma_2\overline{p}(a, a+2(\nu-2))+\cdots+\gamma_s\overline{p}(a, a+2(\nu-s)), \tag{6.8}$$

wobei

$$\gamma_1 = apq, \ \gamma_\sigma = (pq)^\sigma a\frac{(-1)^{\sigma+1}}{\sigma!}\prod_{\mu=\sigma+1}^{2\sigma-1}(a-\mu) \quad (\sigma \geqslant 2).$$

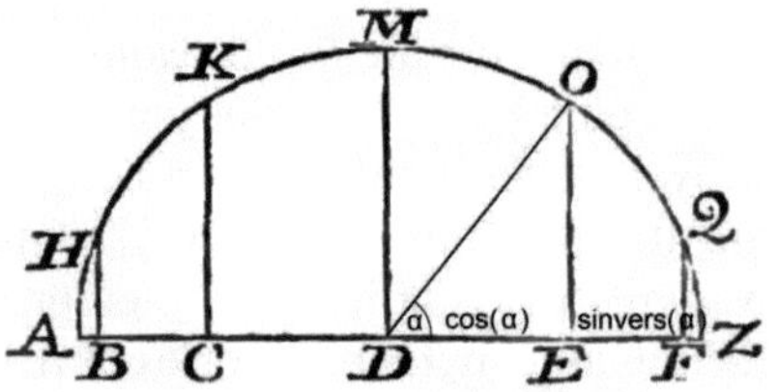

Abb. 6.10: Halbkreis des Radius 1 aus den *Micscellanea* (S. 41) mit den Teilungspunkten ungerader Ordnung entsprechend $a = 10$. Zusätzlich eingezeichnet ist der Sinus versus (»sinvers«) eines Teilungswinkels.

Ein wesentliches Element der de Moivreschen Theorie rekurrenter Folgen und Reihen ist der Ansatz $u_n = x^n$ für Lösungen von (6.6). Die Basis x kann dann aus der später so genannten »charakteristischen Gleichung«

$$x^r = c_1x^{r-1} + c_2x^{r-2} + \cdots + c_{r-1}x^1 + c_r$$

bestimmt werden. Im einfachsten Falle hat diese Gleichung r verschiedene reelle Lösungen $x_1, \dots, x_r$, sodass die allgemeine Lösung von (6.6) sich zu

$$u_n = A_1x_1^n + A_2x_2^n + \cdots + A_rx_r^n$$

ergibt, mit beliebigen reellen Koeffizienten $A_1, \dots, A_r$. Wenn $u_0, \dots, u_{r-1}$ vorgegeben sind, hat man schließlich r Gleichungen mit eindeutigen Lösungen für die Koeffizienten A_j.

Im Falle $u_\nu = \overline{p}(a, a + 2\nu)$ mit der Rekursion (6.8) hat die charakteristische Gleichung tatsächlich $s = [a/2]$ verschiedene reelle Lösungen x_ρ entsprechend (6.7), welche de Moivre aufgrund einer trigonometrischen Beziehung mit analoger Rekursion finden konnte. Da nun $\overline{p}(a, a - 2s) = \overline{p}(a, a - 2s + 2) = \cdots = \overline{p}(a, a - 2) = 1$, stehen auch die ersten s Glieder in dieser Rekursion fest, sodass die A_ρ mit dem in (6.7) angegebenen Ergebnis bestimmt werden können.

Mit Hilfe weiterer Umformungen erhielt de Moivre in den *Miscellanea* und den höheren Auflagen der *Doctrine* Varianten seines ursprünglichen Ergebnisterms für $\overline{p}(a, a+2\nu)$, von denen die vielleicht »stromlinienförmigste« (in Anlehnung an Problem 68 in Aufl. 2 und 3 der *Doctrine*) so lautet:

$$\overline{p}(a, a+2\nu) = \frac{p^a + q^a}{a} 2^{a+2(\nu+1)}(pq)^{\nu+1} \sum_{\rho=1}^{[a/2]} (-1)^{\rho-1} \frac{\sin v_\rho \cos^{a+2\nu+1} v_\rho}{1 - 4pq\cos^2 v_\rho}, \quad (6.9)$$

wobei $v_\rho = (2\rho-1)\pi/(2a)$. Hier hat man es, wie de Moivre am Ende von Problem 69 der *Doctrine* (ab 2. Aufl.) bemerkt, nicht mit einer Teilung des Halb- sondern des Viertelkreises zu tun. An der Version (6.9) sieht man besonders gut die numerischen Vorteile der trigonometrischen Lösung, wie auch de Moivre selbst im Anschluss an Problem 68 (ab 2. Aufl.) hervorhebt (weitere Ausführungen hierzu bei [Hald 1990, 436 f.]): Wenn 2ν relativ zu a »groß« ist, so wird $\cos^{a+2\nu+1} v_1$ deutlich größer sein als alle anderen entsprechenden Terme mit $\rho \geqslant 2$. Man kann sich dann also mit guter Genauigkeit auf nur ein Reihenglied beschränken (falls pq nicht zu klein ist). De Moivre illustriert dies a.a.O. für $p = q = 0.5$ am Beispiel

$$\overline{p}(12, 12+96) = 0.50053 - 0.0000778 + \cdots,$$

wo bereits das zweite Glied »fast nichts« beiträgt.

Angefangen mit seinen Ausführungen in der *Mensura* hat de Moivre in der Zeit zwischen ca. 1710 und ca. 1740 eine umfassende Theorie des Spieldauerproblems entwickelt. Dabei berücksichtigte er auch den in unserer Darstellung nicht explizierten, weil methodisch nicht andersartigen, Fall ungleicher Einsätze bei den beiden Spielern, allerdings mit Ausnahme der trigonometrischen Formeln, bei denen er sich auf gleiche Spieleinsätze beschränkte. Die Scalae relationis für $p(a, a+d)$ bzw. $\overline{p}(a, a+d)$ hat de Moivre vermutlich nur durch unvollständige Induktion gefunden. Hald [1990, chapt. 20.5] hat aber auch diese Zusammenhänge über vollständige Induktion bewiesen.

6.3.4.3 Laplaces und Lagranges Lösungen mit Differenzengleichungen

Auch wenn die wichtigsten Zusammenhänge im Rahmen des Spieldauerproblems durch Nikolaus Bernoulli und de Moivre erschlossen waren: Beweise fehlten noch. Dieser Herausforderung stellten sich Laplace und Joseph Louis Lagrange (1736–1813, Abb. 6.19) ab den 1770er Jahren auf der Grundlage der von beiden entwickelten Theorie der gewöhnlichen und partiellen linearen Differenzengleichungen (s. hierzu [Hald 1990, chapt. 23.3]), wobei die Anwendung dieses Werkzeugs natürlich durch de Moivres rekurrente Folgen bzw. Reihen motiviert worden war. Die methodischen Unterschiede zu de Moivres Vorgehen legen auch nahe, dass beide Mathematiker sich nicht die Mühe gemacht hatten, ein vollständiges Studium der Arbeiten de Moivres anzustellen. Die folgenden Ausführungen schließen sich an [Hald 1990, chapt. 23.4] an.

Wir betrachten ab jetzt den allgemeinen Fall, dass der Spieler A_1 ein Anfangskapital von a und der Spieler A_2 eines von b Münzen besitzt. Die Gewinnwahrscheinlichkeiten der beiden Spieler werden weiterhin mit p bzw. $q = 1 - p$ bezeichnet. $u_n(x)$ sei die Wahrscheinlichkeit dafür, dass der Spieler A_1 nach dem n-ten Satz insgesamt x Münzen gewonnen hat (negatives x entspricht einem Verlust) und das Spiel noch andauert, wobei dann $-a < x < b$ ist. Für $u_n(x)$ gilt dann die in n und x rekursive Beziehung

$$u_n(x) = pu_{n-1}(x-1) + qu_{n-1}(x+1), \tag{6.10}$$

von der (bzw. einem Äquivalent dazu) ausgehend Laplace [1774b; 1776b] das Spieldauerproblem anging. In der Arbeit von 1774 nannte Laplace – frei nach de Moivre – solche, von zwei ganzzahligen Variablen n, x abhängigen, Beziehungen »recurro-recurrentes«. Lagrange bezeichnete derartige Gleichungen von Anfang an als »Differenzengleichungen«, weil sich entsprechende Ausdrücke in (ggf. höheren) Differenzen ausdrücken lassen. Es ist nämlich für natürliches n – wir beschränken uns hier auf eine einzige ganzzahlige Variable x –

$$u(x+n) = (1+\Delta)^n u(x) = \sum_{k=0}^{n} \binom{n}{k} \Delta^k u(x),$$

wobei

$$\Delta^0 u(x) = u(x), \quad \Delta^{k+1} u(x) = \Delta^k u(x+1) - \Delta^k u(x).$$

Durch geschicktes Ausnutzen der Randbedingungen $u_0(0) = 1$ (vor dem Spiel hat man mit Sicherheit keine Münze gewonnen), $u_n(x) = 0$ für $x > \min(b-1, n)$ ($x > n$ ist nicht möglich und für $x > b-1$ ist das Spiel beendet) sowie $u_n(x) = 0$ für $x < \max(-a+1, -n)$ (analog zur zweiten Randbedingung) konnte Laplace aus der Differenzengleichung (6.10) eine rekursive Beziehung für $qu_{n-1}(-a+1)$ (das ist die Ruinwahrscheinlichkeit für den Spieler A_1 im n-ten Spiel) folgern, woraus sich auch de Moivres Rekursion für die Wahrscheinlichkeit der Fortsetzung nach dem n-ten Spiel ergab.

In der 1774er Arbeit hatte sich Laplace noch auf den Spezialfall $a = b$ beschränkt und nur die eben erwähnte Rekursion hergeleitet, in der 1776er Arbeit behandelte er den allgemeinen Fall und bewies auch eine Beziehung für die Wahrscheinlichkeit $D_n(a, b)$, dass das Spiel nach spätestens n Sätzen beendet ist, in der Form

$$D_n(a,b) = \sum_{j=1}^{[(a+b-1)/2]} c_j (4pq)^{n/2} \cos^n v_j, \quad v_j = \frac{j\pi}{a+b}.$$

Die Bestimmung der c_j überließ Laplace allerdings seinen Lesern.

Einen vollständigen Beweis für de Moivres trigonometrische Formel (samt ihrer Erweiterung auf den Fall $a \neq b$) brachte schließlich Lagrange [1777]. Er ging von der Wahrscheinlichkeit $w_n(x)$ dafür aus, dass das Spiel noch höchstens weitere n Sätze benötigt, um zum Ende zu kommen, wenn der Spieler A_1 den momentanen Kontostand x aufweist. Das Spiel ist dann beendet, wenn der

Kontostand von A_1 gleich 0 oder gleich $a + b$ ist. Vor Beginn des Spiels ist der Kontostand von A_1 gleich a. Damit entsprach Lagranges Formulierung des Problems der des im 20. Jahrhundert aufgekommenen Problems der Irrfahrt: Ein Teilchen bewegt sich auf einer Strecke zwischen den beiden »Barrieren« $x = 0$ und $x = a + b$, beginnend bei $x = a$. Zu jedem Zeitpunkt rückt das Teilchen mit der Wahrscheinlichkeit p einen Schritt nach rechts und mit der Wahrscheinlichkeit q einen Schritt nach links.

Für $w_n(x)$ gilt die partielle Differenzengleichung (die formal der von Laplace entspricht, wenn p mit q vertauscht wird)

$$w_n(x) = pw_{n-1}(x+1) + qw_{n-1}(x-1) \quad (n \geqslant 1, x = 1, 2, \dots, a+b-1) \quad (6.11)$$

mit den Randbedingungen

$$w_0(x) = 0 \quad (x = 1, 2, \dots, a+b-1), \; w_n(0) = w_n(a+b) = 1 \quad (n \geqslant 0).$$

Lagrange ging für partielle Differenzengleichungen vom Ansatz $w_n(x) = c\alpha^x\beta^n$ aus und erzielte damit auf direkte Weise eine Lösung für das Problem, aus dem sich auch (ohne dass dies Lagrange völlig explizit machte) die de Moivresche Formel folgern lässt, da $1 - w_n(a)$ die Wahrscheinlichkeit dafür ist, dass das Spiel länger als n Sätze dauert.

Die heute meist bevorzugte Lösung des Problems geht auf Laplaces Anwendung erzeugender Funktionen, entsprechend $g(s,t) = \sum_{x,y} u(x,y)s^x t^y$, zurück, wenn $u(x,y)$ die Lösung einer linearen Differenzengleichung bezüglich x und y ist. Aus der Differenzengleichung samt Randbedingungen lässt sich die erzeugende Funktion $g(s,t)$ relativ leicht ermitteln. Das Problem ist dann freilich, wie aus $g(s,t)$ auf $u(x,y)$ zurückgeschlossen werden kann (s. hierzu auch Kap. 7.3.2). Laplace, der mit einer ersten Publikation bereits 1782 die erzeugenden Funktionen als Hilfsmittel zur Lösung von Differenzengleichungen eingeführt hatte, bewältigte das Spieldauerproblem samt de Moivres trigonometrischer Formel auf diese Weise in seiner *Théorie analytique des probabilités* (1. Aufl. 1812) im Abschnitt 10 des zweiten Buchs. Er ging dabei von der Differenzengleichung für die Wahrscheinlichkeit $u_n(x)$ aus, dass Spieler A_1 bereits x Münzen gewonnen hat und höchstens noch weitere n Sätze bis zu seinem Sieg zu spielen sind. Diese Differenzengleichung hat ebenfalls die Form (6.11). William Feller (1906–1970, Abb. 6.11) hat ab der 1. Aufl. (1950) seiner *Probability Theory* in Vol. 1, Kap. 14.4 und 14.5 eine vereinfachte Version der Laplaceschen Herleitung gegeben, bei der nur erzeugende Funktionen in einer Variablen betrachtet werden müssen.

Die eigentlich naheliegende Frage, ob und wie aus den kombinatorischen Formeln von Montmort und Nikolaus Bernoulli auf direktem Wege die entsprechenden trigonometrischen Formeln hergeleitet werden könnten, wurde offenbar erst von Edgar C. Fieller (1907–1960) in einer Arbeit von 1931 gelöst. Der hierzu erforderliche Trick beruht auf Darstellungen [Fieller 1931, 387 f.], wie

$$\sum_{\substack{0\leqslant\alpha+z\beta\leqslant n\\ z\in\mathbb{Z}}} \binom{n}{\alpha+z\beta} = \frac{1}{\beta}\sum_{r=0}^{\beta-1} x_r^{-\alpha}(1+x_r)^n, \quad x_r = \mathrm{e}^{2r\pi\mathrm{i}/\beta}, \; \alpha,\beta,n\in\mathbb{N},$$

die aufgrund der Beziehung für $k \in \mathbb{Z}$ (geometrische Reihe!)

$$\sum_{r=0}^{\beta-1} x_r^k = \sum_{r=0}^{\beta-1} \exp\left(\frac{2r\pi\mathrm{i}}{\beta}k\right) = \begin{cases} \beta \text{ falls } & k/\beta \in \mathbb{Z} \\ 0 \text{ sonst} & \end{cases}$$

zustandekommt. Man kann nun darüber spekulieren, ob de Moivre selbst, der noch nicht die Exponentialfunktion im von Euler propagierten und heute üblichen Sinne verwendete, dem aber die entsprechenden trigonometrischen Beziehungen vertraut waren, solche Zusammenhänge bewusst waren. Sein Publikationsverhalten war freilich in erster Linie an Ergebnissen einschließlich der Andeutung innovativer Methoden und weniger an der umfassenden Erschließung von wechselseitigen Beziehungen orientiert. Wir werden bei der Erläuterung seiner Approximation an die Binomialverteilung nochmals auf diesen Umstand zurückkommen.

6.3.4.4 Moderne Entwicklungen

Eine moderne Version des Spieldauerproblems ist das der eindimensionalen Irrfahrt. Prinzipiell wurde diese bereits von Louis Bachelier (1870–1946) im Rahmen der Entwicklung von Aktienkursen (1900) und von Marian von Smoluchowski (1872–1917) im Rahmen eines einfachen Modells der Brownschen Bewegung (1906) diskutiert (vgl. Kap. 11.6.2). »Irrfahrt« ist der von Georg Pólya (1887–1985) in [1919] verwendete und allgemein auf d Dimensionen ausgedehnte deutsche Ausdruck für »random walk«. Ursprünglich hatte Karl Pearson (1857–1936) in der Zeitschrift *Nature* [1905b] das »Problem of the Random Walk« einer speziellen 2-dimensionalen Irrfahrt »gepostet«:

> A man starts from a point O and walks l yards in a straight line; he then turns through any angle whatever and walks another l yards in a second straight line. He repeats this process n times. I require the probability that after these n stretches he is at a distance between r and $r + \delta r$ from his starting point, O.

Zumindest für großes n und über dem Intervall $[0, 2\pi]$ gleichverteilte Zufallswinkel α_i ist das Problem leicht lösbar, weil dann der Zufallsvektor

$$\vec{r} = l\sum_{i=1}^{n}\begin{pmatrix}\cos\alpha_i\\ \sin\alpha_i\end{pmatrix}$$

aufgrund des zentralen Grenzwertsatzes einer approximativen bivariaten Normalverteilung (mit unkorrelierten x- und y-Komponenten) folgt. Genau in diesem Sinne hatte John William Strutt (1842–1919), der 3. Baron Rayleigh, bereits spezifische physikalische Probleme zur Schall- und Lichtstreuung gelöst, worauf er in einer Note [1905], ebenfalls in *Nature*, hinwies. Eigentlich hätte Pearson selbst über entsprechende mathematische Kenntnisse verfügt, wie er zugab [1905c].

Im Falle der eindimensionalen Irrfahrt startet ein Teilchen am Nullpunkt und rückt bei jedem Schritt mit der Wahrscheinlichkeit p eine Einheit nach rechts und mit der Wahrscheinlichkeit $q = 1 - p$ eine Einheit nach links. Der Ort $X(n)$ auf der Zahlengerade nach dem n-ten Schritt entspricht beim Spieldauerproblem der Anzahl der gewonnenen Münzen des Spielers A_1 nach dem n-ten Satz. Die unbeschränkte Irrfahrt ist analog zu einem Spiel, bei dem jeder der beiden Spieler ein unendlich großes Anfangskapital hat. In diesem Fall und bei $p = q = 1/2$ ist die Irrfahrt eine Approximation an die Brownsche Bewegung in folgendem Sinne: Angenommen, ein Teilchen startet zur Zeit $t = 0$ am Nullpunkt, und die bis zu einem Zeitpunkt $t = T$ zurückgelegte Wegstrecke soll untersucht werden, falls das Teilchen zu jedem Zeitpunkt $t_k = kT/n$ $(k = 1, \dots, n)$ mit der Wahrscheinlichkeit $1/2$ um die Teilstrecke $S_k = \pm\sqrt{T/n}$ nach rechts bzw. nach links rückt. Für die bis zum Zeitpunkt $t = T$ erreichte Gesamtstrecke $X(T) = \sum_{k=1}^{n} S_k$ ist dann $\mathrm{E}\,X(T) = 0$ und $\mathrm{Var}\,X(T) = T/4$. $X(T)$ ist für $n \to \infty$ asymptotisch normalverteilt mit Standardabweichung $\sqrt{T}/2$, entspricht also einer Brownschen Bewegung. Diese Idee der Diskretisierung war, wie eingangs angedeutet, bereits von Bachelier und Smoluchowski beim Studium der Brownschen Bewegung angewandt worden. Aleksandr Khinchin (1894–1959) gab in seiner kleinen Monographie von 1933 schließlich eine entsprechende allgemeine Theorie für Diffusionsprozesse, bei denen die Wahrscheinlichkeiten für die jeweiligen Bewegungsänderungen noch vom bis dahin erreichten Ort abhängen, die also in diesem Sinne eine »Markov-Eigenschaft« aufweisen.

Eine direkte Verbindung zum eigentlichen Spieldauerproblem kommt dann zustande, wenn man die Irrfahrt auf eine endliche Strecke $[-a; b]$ beschränkt (a bzw. b entspricht dem Anfangskapital von A_1 bzw. A_2). $-a$ und b werden dann auch als »absorbing barriers« für die Irrfahrt bezeichnet. Tatsächlich lassen sich mit Hilfe des oben angedeuteten Grenzprozesses auf diese Weise eine Reihe von Beziehungen für die Brownsche Bewegung aus den »klassischen« Formeln von Nikolaus Bernoulli, Montmort und de Moivre herleiten. Entsprechende Zusammenhänge wurden, wie es scheint, allerdings erst seit ca. 1950 wahrgenommen. Hinweise finden sich etwa in Kapitel 14.6 der verschiedenen Auflagen des 1. Bands des Lehrbuchs von Feller (1. Aufl. 1950) und in [Thatcher 1957].

Eine weitere moderne »Variante« des Spieldauerproblems ist der Bereich der Sequentialtests. Auch darauf hat schon Feller [1950, Kap. 14.8] hingewiesen. Eine umfassende Theorie der Sequentialanalyse verdankt man Abraham Wald (1902–1950, Abb. 6.11), der dazu 1943 die erste umfangreiche Arbeit veröffentlichte, allerdings in einem wohl nicht sehr verbreiteten Forschungsbericht der Columbia University. Feller, an dessen Darstellung in der 3. Aufl. [1968, Kap. 14.8] wir uns im Folgenden orientieren, bringt aber eine erweiterte Version des Spieldauerproblems – nun sind auch ggf. Schritte über mehrere

Einheiten hinweg möglich – mit einem Sequentialtest zusammen, der von Walter Bartky (1901–1968, Abb. 6.11), ebenfalls bereits 1943 und unabhängig von Wald, vorgestellt wurde: Um die Qualität einer bestimmten Charge eines Produkts zu testen, werden gegebenenfalls mehrere unabhängige Stichproben der Länge N entnommen und auf die Häufigkeit der defekten Elemente untersucht, bis über die Annahme oder Ablehnung der Charge entschieden wird.

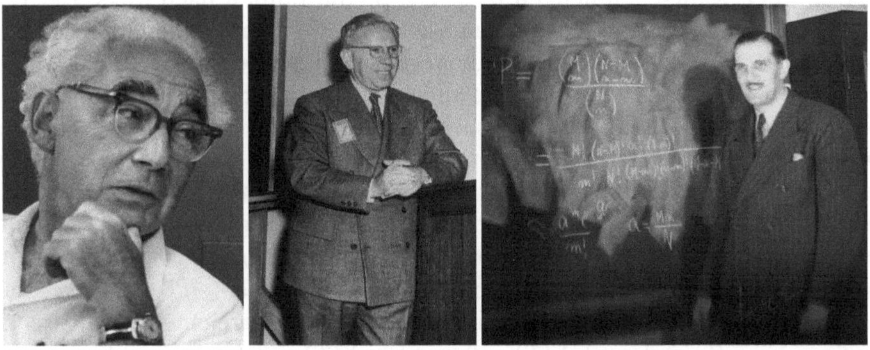

Abb. 6.11: W. Feller, A. Wald, W. Bartky (von links nach rechts)

Das Verfahren startet mit einer Art »Vortest«, der sich auf eine erste Stichprobe bezieht. Ist die Anzahl der defekten Teile z gleich 0, so wird die vorliegende Charge akzeptiert, ist die Anzahl größer oder gleich einer bestimmten Zahl a, so wird die Charge zurückgewiesen. Ist $0 < z < a$, so wird eine weitere Stichprobe angestellt. Es startet nun eine eindimensionale Irrfahrt ausgehend vom Punkt z: Wenn X_1 die Anzahl der Defekte in der weiteren Stichprobe ist, so rückt man $X_1 - t$ Schritte nach rechts (falls $X_1 - t$ positiv) bzw. nach links (falls negativ) weiter. t ist hierbei die »Toleranz«, die man bereit ist an Defekten pro Stichprobe gerade noch zu akzeptieren. In der Regel wird man bei kleineren Stichprobenlängen $t = 1$ wählen. Man macht nun mit der Irrfahrt bzw. den zusätzlichen Stichproben so lange weiter, bis man entweder die Barriere 0 oder die Barriere a erreicht bzw. überschritten hat. In ersterem Falle akzeptiert man das Produkt, im zweiten Falle lehnt man es ab. Um die Unabhängigkeit zwischen und innerhalb der Stichproben zu gewährleisten, ist bei kleineren Ausgangsmengen Ziehen mit Zurücklegen erforderlich. Ist p die Wahrscheinlichkeit dafür, dass ein Teil defekt ist und X_k die Anzahl der defekten Elemente in der k-ten Stichprobe, so ist der Ansatz gemäß einer Binomialverteilung

$$\mathrm{P}(X_k - t = \nu) = \binom{N}{\nu + t} p^{\nu+t}(1-p)^{N-\nu-t} \quad (\nu = -t, -t+1, \dots, N-t)$$

naheliegend. Wie bei »gewöhnlichen« Tests können Fehler erster und zweiter Art analog zu den entsprechenden Wahrscheinlichkeiten beim Spieldauerproblem berechnet werden. Der Vorteil ist, dass bei Sequentialverfahren die einzelnen Stichprobenlängen N recht klein gehalten werden können, sodass über eine längere Zeit hinweg der Gesamtaufwand für die Überprüfungen gegenüber herkömmlichen Tests reduziert wird.

Auch und gerade beim Spieldauerproblem zeigt sich der für die Geschichte der Stochastik typische Umstand, wie – bei hinreichend verallgemeinerter Sichtweise – spezielle Probleme der Glücksspielrechnung eine Ausdehnung auf Fragestellungen in den verschiedensten Anwendungsbereichen erfahren konnten.

6.3.5 Leibrenten

Tatsächlich kamen 1725 de Moivres *Annuities upon Lives*, die noch eine Reihe späterer Auflagen erlebten, erst auf den Markt, als andere sich längst mit der Berechnung von Leibrenten und von Pachtverträgen für Grundstücke, deren Dauer von der Lebenserwartung etwa des Pächters abhing, beschäftigt hatten. Bellhouse [2011, chapt. 11] erwähnt in seiner Biographie von de Moivre eine Reihe von Autoren, die vor de Moivre über die Berechnung von Leibrenten gearbeitet hatten; so hatte sich John Ward (1648–ca. 1730) im zweiten Teil seines 1695 erstmals veröffentlichten *Compendium of Algebra* mit Leibrenten und solchen als »leases for lives« bezeichneten Pachtverträgen befasst. Leibrenten hatten mit einer Verordnung der englischen Regierung von 1692, wonach der 1689 begonnene Krieg mit Frankreich durch den Verkauf von Leibrenten für eine Million Pfund finanziert werden sollte, in England erheblich an Bedeutung gewonnen, vor allem weil ihr Erwerb anders als bei den *Leases for lives* nicht an Grundbesitz gebunden war. Ob es Zufall war oder Planung, dass Edmund Halley (ca. 1656–1743) ein Jahr darauf seine Auswertung der aus Breslau stammenden Daten über die dortigen Geburten und Todesfälle für fünf Jahre in den *Phil. Trans.* veröffentlichte, ist nicht bekannt. Jedenfalls bezogen sich die seit 1695 über Leibrenten arbeitenden Mathematiker immer wieder auf Halleys Arbeit von 1693. Wenn de Moivre 32 Jahre verstreichen ließ, ehe er sich im Druck auch auf diese Arbeit bezog, kann das z. B. bedeuten, dass die bereits verfügbaren Antworten bzw. Berechnungen als ausreichend angesehen wurden. Seit wann de Moivre begonnen hatte, sich mit Leibrenten und Leibpachten (*Leases for lives*) zu befassen, kann nicht genau bestimmt werden, da seine eigenen Angaben dazu widersprüchlich erscheinen. In einem Brief an Nikolaus Bernoulli von März 1714, immerhin schon mehr als 20 Jahre nach Halleys Arbeit, hatte er behauptet, das Problem der menschlichen Sterblichkeit gelöst zu haben. Im Vorwort zur Auflage der *Annuities* von 1743 schrieb er, dass er diesen Gegenstand lange vernachlässigt habe, einerseits weil mit anderen Problemen beschäftigt und andererseits weil ihm die für eine angemessene Behandlung erforderlichen Mittel fehlten. Er habe sich dann etwa zwei oder drei Jahre nach der Veröffentlichung seiner 1718 erschienenen *Doctrine of Chances* mit der Lösung des Problems der menschlichen Sterblichkeit befasst, wobei ihm bei Betrachtung der von Halley 1693 ausgewerteten Daten von Breslau auffiel, dass die Anzahl der aus einer Altersgruppe jährlich Verstorbenen über einen langen Zeitraum konstant blieb. So lebten von 646 Zwölfjährigen noch 640 nach einem Jahr und 634 nach zwei, 628, 622, 616, 610, 604, 598, 592, 586 nach 3, 4, 5, 6, 7, 8, 9, 10 Jahren. Bei den 54-Jährigen verstarben bis zum Alter von 71 jährlich konstant 10 Personen. Da die Anzahlen der jährlich Verstorbenen in den ersten 12 Lebensjahren jeweils verschieden sind und zwischen 410 im ersten Jahr Verstorbenen und 6 im 12. variieren, erschien es de Moivre vernünftig, für seine Berechnungen erst mit dem Alter 12 zu beginnen.

Wie Halley berechnete de Moivre den Barwert einer Rente als die Summe der Barwerte der Rentenraten für die einzelnen Jahre; dazu musste man jeweils die einjährigen Erlebenswahrscheinlichkeiten für jedes Alter aus einer entsprechenden, in diesem Fall Halleys Tabelle berechnen, was de Moivre als eine zu langwierige Rechenarbeit zu vermeiden suchte. Ausgehend von den in den erwähnten Perioden jeweils gleich großen Anzahlen der jährlich Verstorbenen ging de Moivre von einer konstanten jährlichen Abnahme der Lebenden in dem Intervall von 12 bis 86, dem hypothetischen Lebensende aus. De Moivre sah sein hypothetisches Modell einer linearen Absterbeordnung aufgrund des relativ geringen Unterschieds zu den mit Halleys Tafel berechneten Rentenwerten weil für die Praxis brauchbar als gerechtfertigt an. Er übertrug das Prinzip einer linearen Absterbeordnung später auf Tafeln, die auf den Daten anderer Orte und anderer Zeiträume beruhten. Die aus dem linearen Abfall der Lebenden resultierende fallende arithmetische Folge der n-jährigen Erlebniswahrscheinlichkeiten führt bei der Berechnung des Barwertes einer Rente zur Summierung der Glieder einer rekurrenten Folge.

Im Gegensatz zu den einer Tafel wie Halleys von 1693 entsprechenden, von de Moivre als »real lives« bezeichneten, führte er später auch »fictitious lives« ein, denen eine konstante einjährige Erlebniswahrscheinlichkeit entspricht. Bezeichnet man die Anzahl der Lebenden im Alter x mit l_x, ist in diesem Fall l_{x+1}/l_x konstant, und die n-jährigen Erlebniswahrscheinlichkeiten l_{x+n}/l_x bilden eine geometrische Folge. Die Rentenberechnungen bei verbundenen Leben führte de Moivre ausschließlich mit solchen fiktiven Leben durch. Ihre Verwendung begründete er ähnlich wie im Fall einer linearen Abnahme der Lebenden mit den vergleichsweise geringen Unterschieden zu den aus den Tafeln bestimmten Werten. Erst in der 1756 postum veröffentlichten Ausgabe gab de Moivre zu, dass die Abweichungen in manchen Fällen nicht mehr vernachlässigt werden durften.

Der Hauptkonkurrent von de Moivre auf dem Buchmarkt zu Leibrenten und sogar insgesamt zur Wahrscheinlichkeitsrechnung war Thomas Simpson (1710–1761). 1740 veröffentlichte Simpson mit seinem Buch *The Nature and Laws of Chance* eine sehr reduzierte Bearbeitung der zweiten Auflage der *Doctrine*, aber im Gegensatz zu dieser zu einem sehr günstigen Preis. Hald [1990, 414] hat Simpsons Buch einerseits als »excellent textbook« bezeichnet, andererseits aber konstatiert, dass es »simply plagiarism« gewesen sei. Immerhin hat aber Simpson in diesem Buch de Moivres Darstellung der Approximation der Binomialverteilung vervollständigt, auch im Hinblick auf Trefferwahrscheinlichkeiten ungleich 1/2.

1742 veröffentlichte Simpson das Werk *The Doctrine of Annuities and Reversions* (*Reversions* sind Anwartschaften) in Konkurrenz zu de Moivres *Annuities upon Lives* von 1725. Hald [1990, 511] hat Simpsons Leistung so charakterisiert, dass er einerseits auf de Moivre aufbaute, andererseits aber eine »kürzere und klarere Darstellung« brachte und zudem auch in einigen Punkten über de Moivre, besonders bei den verbundenen Leben, hinausging. Der grundsätzliche Unterschied zwischen den beiden Autoren war wohl, dass de Moivre eine »fiktive« Absterbeordnung verwendete, was natürlich rechnerische Vorteile brachte, Simpson dagegen direkt mit statistischen Tabellen arbeitete.

De Moivre antwortete auf die Herausforderung von Simpson im darauffolgenden Jahr durch eine zweite Auflage seines Werks, die er im Untertitel als »fuller, clearer, and more correct than the former« bezeichnete. Im Vorwort griff er auch in sehr polemischer Weise Simpson an, den er der Übernahme und gleichzeitig der Verdrehung und der Vernebelung seiner eigenen Ideen bezichtigte. Simpson wehrte sich dagegen mit einer Schrift, die er als »Appendix« zu seinem Buch titulierte. Tatsächlich wiederholte de Moivre seine Angriffe auf Simpson daraufhin nicht mehr [Hald 1990, 512].

Die letzte Ausgabe der *Annuities* von de Moivre erschien 1756 als Teil der 3. Auflage der *Doctrine*. Simpson wiederum publizierte noch 1752 ein weiteres Buch *The Valuation of Annuities of Single and Joint Lives*.

De Moivres wie auch Simpsons Ansätze zur Berechnung von Rentenprämien standen einerseits in der Tradition, die bereits im 17. Jahrhundert begründet worden war. Andererseits bildeten sie den theoretischen Grundstock, auf den die ab dem 19. Jahrhundert florierende Versicherungsmathematik aufbauen konnte (s. Kap. 10.4, auch für mathematische Einzelheiten).

6.3.6 Die Approximation der Binomialverteilung

Die aus heutiger Sicht vielleicht hervorstechendste stochastische Leistung von de Moivre war seine Approximation der Binomialverteilung durch die Normalverteilung. Motiviert zu dieser Untersuchung war de Moivre einerseits durch die Abschätzungen von Jakob und Nikolaus Bernoulli, von denen bereits die Rede war, und andererseits durch seinen eigenen Ergebnisse zur Approximation von Binomialkoeffizienten und Fakultäten, Problemen, mit denen er nach eigener Bekundung seit 1721 beschäftigt war [Schneider 1968, 293]. Den Durchbruch brachte die asymptotische Entwicklung für Fakultäten großer Zahlen, die er in freundschaftlicher Konkurrenz zu James Stirling (1692–1770) um 1730 erzielt hatte.

Unter der Stirlingschen Formel versteht man heute meist den Zusammenhang für natürliche $n \gg 1$:

$$n! \approx \sqrt{2\pi n}\mathrm{e}^{-n}n^n.$$

Sowohl Stirling wie auch de Moivre haben 1730 dem entsprechende Approximationen für $\log n!$ unter Berücksichtigung zusätzlicher Korrekturglieder in jeweils leicht unterschiedlicher Form publiziert. Übertragen in die erst später üblich gewordene und heute gewohnte Darstellung mit Hilfe der Exponentialfunktion entsprach Stirlings Version, die in seinem *Methodus differentialis* enthalten ist:

$$n! = \frac{\sqrt{2\pi}(n+\frac{1}{2})^{n+\frac{1}{2}}}{\exp(n+\frac{1}{2})}\exp\left(-\frac{1}{24(n+\frac{1}{2})}+\frac{7}{8\cdot 360(n+\frac{1}{2})^3}-\cdots\right).$$

De Moivre veröffentlichte seine Approximation in den *Miscellanea analytica* äquivalent zu

$$n! = \frac{\sqrt{2\pi}(n+1)^{n+\frac{1}{2}}}{\exp(n+1)}\exp\left(\frac{1}{12n}-\frac{1}{360n^3}+\cdots\right).$$

Bereits Thomas Bayes, der uns in weit prominenterer Weise nochmals begegnen wird (s. Abschn. 6.6.2), hat übrigens in einer 1764 posthum publizierten Schrift darauf hingewiesen, dass die Reihen in Potenzen von $1/n$ in Stirlings und de Moivres Approximationen divergent sind, weil die Koeffizienten der entfernteren Reihenglieder sehr stark anwachsen [Hald 1998, 134]. Bricht man nach einem bestimmten Glied ab oder berücksichtigt man gar keines, so konvergiert aber der Quotient aus linker und rechter Seite für $n \to \infty$ gegen 1. Wendet man die Stirlingsche Formel auf Brüche aus Fakultäten (insbesondere also Binomialkoeffizienten) an, so ergibt sich unter bestimmten Voraussetzungen eine Approximation im üblichen Sinne.

De Moivre stellte zuerst sein Verfahren zur Approximation der Binomialverteilung in einem Sonderdruck mit dem Titel *Approximatio ad summam terminorum binomii $(a+b)^n$ in seriem expansi* (1733) vor. Von diesem siebenseitigen Sonderdruck sind heute noch 3 Exemplare erhalten [Schneider 1968, 295]. Mit geringen Änderungen ging der Text in englischer Übersetzung ab der zweiten Auflage in die *Doctrine* (1738) ein (wiederabgedruckt in [Schneider 1988, 125–134]). In der dritten Auflage wurde ein »Remark II« hinzugefügt, von dem bereits die Rede war (s. Abschn. 6.2.3).

De Moivres wesentliche Zielsetzung war, eine genaue Approximation an die Wahrscheinlichkeit $\mathrm{P}(|h_n - p| \leqslant \varepsilon)$ für relative Häufigkeiten h_n bei Bernoulliexperimenten der Länge n und der Trefferwahrscheinlichkeit p für beliebiges $\varepsilon > 0$ zu geben. Explizit behandelte er nur den Spezialfall $p = \frac{1}{2}$. Um dabei zunächst eine Approximation an die Einzelwahrscheinlichkeit

$$\mathrm{P}(Z = \left[\frac{n}{2}\right] + i) = 2^{-n}\binom{n}{[\frac{n}{2}]+i}$$

der Trefferanzahl Z zu geben, verwendete de Moivre die Näherungen

$$2^{-n}\binom{n}{[\frac{n}{2}]} \approx \frac{2}{\sqrt{2\pi n}} \text{ und } \log\frac{\binom{n}{[\frac{n}{2}]+i}}{\binom{n}{[\frac{n}{2}]}} \approx -2\frac{i^2}{n}. \tag{6.12}$$

Die beiden Näherungen kamen mit Hilfe der Stirlingschen Formel und der Reihenentwicklung für $\log(1+x)$ zustande. Fasst man die beiden Teile von (6.12) zusammen, so ergibt sich

$$\mathrm{P}(Z = \left[\frac{n}{2}\right] + i) \approx \frac{2}{\sqrt{2\pi n}}\mathrm{e}^{-2\frac{i^2}{n}}.$$

Dabei ist zu beachten, dass de Moivre entsprechend der britischen Ablehnung von kontinentalen Gepflogenheiten die Exponentialfunktion auf der rechten Seite nicht explizit in der von Euler propagierten Weise angab, sondern durch ihre Potenzreihenentwicklung darstellte.

Sinngemäß folgerte nun de Moivre, dass in

$$\mathrm{P}(|Z - \left[\frac{n}{2}\right]| \leqslant t\sqrt{n}) \approx 2\frac{2}{\sqrt{2\pi n}}\sum_{i=0}^{[t\sqrt{n}]}\mathrm{e}^{-2\frac{i^2}{n}}$$

die Summe mit Schrittweite $1/\sqrt{n}$ durch ein Integral angenähert werden könne, entsprechend

$$\mathrm{P}(|Z - \left[\frac{n}{2}\right]| \leqslant t\sqrt{n}) \approx \frac{4}{\sqrt{2\pi}}\int_0^t \mathrm{e}^{-2x^2}\mathrm{d}x.$$

Teilweise durch Darstellung der Exponentialfunktion als Potenzreihe und gliedweise Integration, teilweise auch durch näherungsweise Integration (falls zu viele Reihenglieder zu berücksichtigen gewesen wären), berechnete de Moivre nun Werte für $\mathrm{P}(|h_n - 1/2| \leqslant \varepsilon)$ für $\varepsilon = \frac{1}{2\sqrt{n}}, \frac{1}{\sqrt{n}}, \frac{3}{2\sqrt{n}}$. Es ergaben sich für P so die Werte 0.682688, 0.95428 und schließlich 0.99874. Der letzte Wert war wohl durch einen kleinen Rechenfehler leicht verfälscht; Hald [1998, 21] hat 0.99710 als korrekten Wert gemäß des gewählten Rechenverfahrens ermittelt. Damit waren zumindest für $p = 1/2$ und ausreichend großes n sehr genaue Beziehungen zwischen ε der Größenordnung $1/\sqrt{n}$ und Wahrscheinlichkeiten nahe der 1 gelungen. De Moivre behauptete im »Corollary 5« des entsprechenden Textes seiner *Doctrine*, dass im Falle der symmetrischen Binomialverteilung bereits für $n = 100$ eine ausreichende Approximationsgenauigkeit bestünde, »which I have had confirmed by Trials«.

Für das Vorgehen bei allgemeinen Trefferwahrscheinlichkeiten gab de Moivre nur sehr knappe, aber nachvollziehbare Erläuterungen, die wohl auf seiner

Erkenntnis basierten, dass im Falle großer n für die relative Häufigkeit h_n bei der Trefferwahrscheinlichkeit p und die relative Häufigkeit h'_n bei der Trefferwahrscheinlichkeit $1/2$ der Zusammenhang

$$\mathrm{P}(|h'_n - \frac{1}{2}| \leqslant \varepsilon) \approx \mathrm{P}(|h_n - p| \leqslant 2\varepsilon\sqrt{p(1-p)})$$

besteht [Schneider 1995].

Thomas Simpson hat in seinem 1740 erschienenen Lehrbuch *The Nature and Laws of Chance* eine explizite Darstellung des allgemeinen Falles $p \neq 1/2$ gegeben, wobei er ziemlich genau den Methoden von de Moivre folgte [Hald 1998, 22 f.].

Heute werden die de Moivreschen Approximationen im Sinne von lokalen bzw. integralen Grenzwertsätzen dargestellt

$$B(n,p,k)\sqrt{2n\pi p(1-p)} \sim \mathrm{e}^{-\frac{(k-np)^2}{2np(1-p)}} \quad (n \to \infty), \quad B(n,p,k) := \binom{n}{k} p^k (1-p)^{n-k}$$

bzw.

$$\mathrm{P}\left(a \leqslant \frac{Z - np}{\sqrt{np(1-p)}} \leqslant b\right) \to \frac{1}{\sqrt{2\pi}} \int_a^b \mathrm{e}^{-\frac{x^2}{2}}\,\mathrm{d}x$$

und meist mit dem Namen De-Moivre-Laplace-Theorem bezeichnet. Tatsächlich hat Laplace eine genaue Darstellung der Approximationen unter zusätzlicher Einbeziehung eines Korrekturglieds gegeben (s. Kap. 7.7.4). Er ist aber in der mathematischen Substanz nicht wesentlich über die Herleitungen von de Moivre hinaus gegangen. Die explizite Nennung seines Namens in den Grenzwertsätzen für die Binomialverteilung erscheint deshalb nicht angemessen. In diesem Buch wird daher immer nur vom »Satz von de Moivre« gesprochen.

6.4 Das Petersburger Problem

Das Problem entstand aus einem Brief von Nikolaus Bernoulli an Montmort, der mit Datum 9. September 1713 in der zweiten Auflage des *Essay* abgedruckt ist. Es ging hier um ein Spiel, in dem mit einem üblichen Würfel so lange wiederholt geworfen wird, bis ein Sechser erscheint. Ist dies schon beim ersten Wurf der Fall, erhält der Spieler, der vorher einen zu bestimmenden Einsatz geleistet hat, eine Münze; erscheint »6« erst bei zweiten Wurf, so erhält er 2 Münzen; erzielt er diese Augenzahl erst beim dritten Wurf, so erhält er 4 Münzen; allgemein erhält er 2^{i-1} Münzen, wenn »6« erst beim i-ten Wurf erscheint. Montmort nahm seine eigene Antwort noch in das *Essay* auf. Er verwies hier einfach auf die Lehre von den unendlichen Reihen, ohne im Rahmen einer expliziten Rechnung etwas Seltsames zu bemerken.

Tatsächlich ist aber die Erwartung des Spielers gleich

Abb. 6.12: Winterpalast und Akademie der Wissenschaften in St. Petersburg am Ufer der Neva. Kupferstich nach einer Zeichnung von M. I. Makhaev, 1745. Zur Namensgebung des »Petersburger Problems« s. Abschn. 6.4.2

$$\frac{1}{6} + \frac{5}{36} \cdot 2 + \frac{25}{216} \cdot 4 + \cdots = \sum_{i=1}^{\infty} \frac{5^{i-1}}{6^i} \cdot 2^{i-1} = \frac{1}{10} \sum_{i=1}^{\infty} \left(\frac{5}{3}\right)^i = \infty. \tag{6.13}$$

Dagegen ist der Erwartungswert für die Spieldauer gleich

$$\sum_{i=1}^{\infty} \frac{5^{i-1}}{6^i} \cdot i = 6,$$

und mit einer realistischen Anzahl von Würfen lässt sich eine Beinahe-Sicherheit erhalten, dass das Spiel zu Ende geht. So ist mit einer Wahrscheinlichkeit von ca. 0.996 das Spiel nach spätestens 30 Würfen beendet.

Nikolaus Bernoulli deutete in einem nicht mehr im *Essay* publizierten Brief von 1714 an Montmort seine grundsätzlichen Schwierigkeiten an: Warum sollte ein Spieler nach den Regeln des fairen Spiels (Spieleinsatz gleich Auszahlungserwartung) eine unendliche oder auch nur sehr große Summe leisten, wenn es »moralisch unmöglich« (»moralement impossible«) ist, dass das Spiel nicht nach einer realistischen Anzahl von Versuchen endet. Um dieses Paradoxon aufzulösen, schlug er daher vor, die Spielerwartung so zu berechnen, dass in der unendlichen Summe (6.13) die Wahrscheinlichkeiten unterhalb einer gewissen, sehr kleinen Schwelle, gleich Null gesetzt werden sollten.

Aus heutiger Sicht ist das Problem nichts Außergewöhnliches. Wir haben uns längst daran gewöhnt, dass Zufallsgrößen mit unbeschränktem Wertebereich unendliche Erwartungswerte haben können. Aus der Sicht des 18. Jahrhunderts rüttelte diese Spielsituation aber an den Fundamenten der Wahrscheinlichkeitsrechnung und ihres seit Jakob Bernoulli fast unbegrenzten Anwendungsanspruchs. Hatte nicht Huygens einwandfrei bewiesen, dass nach den rechtmäßigen Regeln der Gegenseitigkeit der Erwartungswert notwendig und hinreichend für einen fairen Kontrakt über ein dem Zufall unterliegendes Geschäft sei? Hatte nicht Jakob Bernoulli den Wahrscheinlichkeitsbegriff auf diesen Erwartungsbegriff zurückgeführt? Hatte sich nicht, ebenfalls seit Jakob Bernoulli, die Methode der unendlichen Reihen bei Wahrscheinlichkeits- und Erwartungsberechnungen stets bewährt? Oder war vielleicht die übliche Unabhängigkeitsannahme bei wiederholtem Würfeln nicht haltbar? Anders als heute ging man bis in die Zeit nach Laplace nicht von zwei getrennten Bereichen, der mathematischen Theorie der Wahrscheinlichkeiten einerseits und ihren Anwendungen andererseits aus, sondern betrachtete beide Bereiche als Einheit. Wenn also eine alltägliche Spielsituation – so lange würfeln, bis ein Sechser erscheint (man denke aus heutiger Sicht nur an die Eröffnungsphase von »Mensch ärgere Dich nicht«!) – im Widerspruch zur bestehenden Lehre ist, so muss an der Lehre etwas grundsätzlich falsch sein.

6.4.1 Moralische Erwartung und moralische Gewissheit

Komprimiert ausgedrückt war die Idee von Nikolaus Bernoulli schon 1714, dass sich bei Wahrscheinlichkeiten nahe 0 oder 1 die psychologische Einschätzung ihres Werts von ihrer rein mathematischen Betrachtung unterscheiden würde. Gabriel Cramer (1704–1752), seit 1724 Professor der Mathematik in Genf, hatte auf Reisen durch Europa zuerst in Genf Nikolaus Bernoulli getroffen und dort mit ihm offensichtlich das paradoxe Verhalten des Erwartungswerts diskutiert. Aus London, wohin er anschließend kam, schrieb er 1728 Nikolaus einen Brief (für eine Edition aller relevanter Briefe s. [Spieß 1975]), in dem er versuchte, das Paradox durch Verweis auf die psychologische Wirkung von unterschiedlichen Geldbeträgen und damit durch eine Modifikation des Erwartungswerts zu lösen.

Auf Cramers Brief geht auch die vereinfachte und jetzt geläufige Version des Bernoullischen Problems zurück: Der Spieler wirft eine Münze, etwa einen *Écu* (Abb. 6.13), und erhält, wenn »Wappen« das erste Mal beim i-ten Wurf erscheint, eine Auszahlung von 2^{i-1} *Écus*. Die mathematische Erwartung der Auszahlung ist jetzt

$$\sum_{i=1}^{\infty} \frac{2^{i-1}}{2^i} = \frac{1}{2} + \frac{1}{2} + \frac{1}{2} + \cdots = \infty.$$

Die Zahlen wirken hier noch überzeugender als beim Würfeln: Mit einer Wahrscheinlichkeit von $1 - 1/1024 \approx 1 - 10^{-3}$ erscheint Wappen nach nur spätestens 10 Würfen, der Erwartungswert für die Spieldauer liegt bei nur zwei Würfen. Der *Écu* in der traditionellen Form war eine französische Münze, die auf der einen Seite ein Wappen (auch *Pile* genannt) und auf der anderen ein Kreuz (*Croix*) zeigt. Es gab *Écus* in verschiedenen Legierungen. Im mathematischen Kontext war *Écu* oft ein Platzhalter für eine beliebige Münze, und *Croix* und *Pile* wurden zu Standardbezeichnungen für die beiden Seiten einer Münze.

Cramer schlug zwei Lösungen vor, die auf derselben Idee basieren, dass die persönliche Wirkung hoher Geldbeträge unterproportional zu diesen Beträgen zunimmt. Zum einen nahm er an, dass ab einem Betrag von beispielsweise 2^{24} *Écus* alle weiteren Auszahlungen denselben »moralischen« Wert hätten. Der Erwartungswert wird dann

Abb. 6.13: Hochwertiger *Écu* aus der Regierungszeit (1498–1515) Ludwigs XII.

$$\sum_{i=1}^{24} \frac{1}{2} + 2^{24} \sum_{i=25}^{\infty} \frac{1}{2^i} = 12 + 1 = 13.$$

Alternativ schlug er vor, die von ihm so genannte »moralische Hoffnung« so zu berechnen, dass er den »moralischen Wert« eines Gutes proportional zur Quadratwurzel aus seinem »mathematischen Wert« ansetzte. Im Falle des Münzwurfspiels wäre dann die moralische Hoffnung (bei Annahme der Proportionalitätskonstante 1) gleich

$$\frac{1}{2}\sqrt{1} + \frac{1}{4}\sqrt{2} + \frac{1}{8}\sqrt{4} + \cdots = 1 + \frac{\sqrt{2}}{2}.$$

Der zugehörige, von Eindrücken, wie »Schmerz« oder »Vergnügen« freie mathematische Wert wäre dann $(1 + \sqrt{2}/2)^2 \approx 2.9$, ein Wert, den man angesichts der Erfahrungen mit Münzwurf-Experimenten sicher als Spieleinsatz plausibel finden würde.

Nikolaus Bernoulli gab sich mit dem Cramerschen Ansatz nicht zufrieden, weil er, wie er diesem brieflich mitteilte, als Kern des Problems weniger die psychologische Wirkung größerer Summen, sondern eher die Einschätzung sehr kleiner Wahrscheinlichkeiten ansah. Bei einem Einsatz etwa von 20 *Écus* würde man beim Münzwurfspiel die Wahrscheinlichkeit eines Profits als sehr gering erachten. Diese Wahrscheinlichkeit wäre $(1/2)^5 = 1/32$, da mindestens fünf aufeinanderfolgende Würfe mit *Croix* stattfinden müssen, um mindestens 32 und damit mehr als 20 *Écus* zu erzielen. Ab $1/32$ sollten also im Zusammenhang mit dem Problem die Wahrscheinlichkeiten als Null angesehen werden, und der zu leistende Einsatz sei somit nur $4 \cdot 1/2 = 2$. Nikolaus Bernoulli spielte hier auf die »moralische Gewissheit« an, die sein Onkel Jakob bereits in der *Ars conjectandi* thematisiert hatte. Dort hatte er auf S. 211 ein Ereignis als »moraliter certum« bezeichnet, dessen Wahrscheinlichkeit der »vollständigen

Sicherheit so nahe kommt, dass eine Abweichung nicht wahrgenommen werden kann«. »Moralisch unmöglich« (»moraliter impossibile«) ist hingegen ein Ereignis, wenn – ausgedrückt in moderner Terminologie – das Gegenereignis moralisch gewiss ist. Auf S. 217 bemerkte Jakob Bernoulli, dass »Notwendigkeit« und »gewohnheitsmäßige Praxis« (»usus«) es notwendig machen würden, moralisch gewisse Ereignisse für unbedingt gewiss anzusehen. Und er empfahl, dass durch »Veranlassung der Obrigkeit« (»auctoritate Magistratus«) verbindliche Grenzen, wie etwa 99/100 oder 999/1000 für die moralische Gewissheit festgelegt werden sollten, damit ein »Richter ... einen festen Anhaltspunkt habe, den er bei seinen Urteilssprüchen beständig beachten könne«. Die letzte Bemerkung erinnert stark an die jetzt »verbindlichen« Grenzen in der Statistik für Signifikanz oder Hochsignifikanz, die letztlich willkürlich von den Autoritäten (Ronald Fisher u. Co.) festgesetzt worden sind.

Nikolaus Bernoulli hatte allerdings bei seinem Bezug auf die moralische Gewissheit keine universelle feste Grenze im Auge, sondern richtete sich nach der spezifischen Problemstellung, in diesem Falle der Einschätzung, welcher Einsatz angesichts einer gefühlten Gewinnchance noch akzeptabel sei.

6.4.2 Daniel Bernoullis Lehre über den Vorteil von Geldgewinnen

Abb. 6.14: D. Bernoulli

Das Problem wurde in der Fassung von Cramer von Nikolaus Bernoulli an seinen Vetter Daniel (1700–1782, Abb. 6.14) weitergegeben, allerdings ohne Erwähnung von Cramers Lösungsvorschlägen. Daniel war zu dieser Zeit an der Akademie in St. Petersburg (Abb. 6.12) tätig. Seine Ausführungen zum Problem wurden nach einiger Korrespondenz mit Nikolaus der Akademie 1731 vorgetragen und 1738 in den Akademiemitteilungen publiziert, wobei neben einer kurzen Bemerkung über die Stellungnahme von Nikolaus Bernoulli auch der mittlerweile von diesem an Daniel übermittelte, oben bereits erwähnte, Brief von Cramer in seinen wesentlichen Teilen in den Anhang der Abhandlung aufgenommen wurde. Seitdem hat das Münzwurfproblem seinen Namen: »Petersburger Problem« oder »Petersburger Paradox«.

In seinem »Specimen« erörtert Daniel Bernoulli [1738b] zuerst einmal die Tatsache, dass derselbe Gewinn für einen armen Mann eine andere Bedeutung hat als für einen reichen. Das Wertmaß für ein Glücksspiel könne daher nicht die landläufige Gewinnhoffnung sein, sondern ein neu einzuführender »mittlerer Vorteil« (»emolumentum medium«), welcher auch vom Besitz α des Spielers abhängt. In moderner Schreibweise bedeutet das: Wenn $f_\alpha(x_i)$ der zum Geldgewinn (bzw. Verlust) x_i gehörige Vorteil (oder Nachteil) ist, falls vor dessen Eintreten der Besitz α vorhanden war, so errechnet sich der mittlere Vorteil (Nachteil) in Analogie zum üblichen Erwartungswert als

$$\sum_i f_\alpha(x_i)p_i, \tag{6.14}$$

wenn die x_i mit der Wahrscheinlichkeit p_i eintreten.

Konkret ging Daniel Bernoulli von dem Grundpostulat aus, dass für den Vorteil $\mathrm{d}y$, der aus einem Zugewinn $\mathrm{d}x$ bei ursprünglichem Besitz x resultiert, gilt: $\mathrm{d}y \propto \mathrm{d}x/x$. Dabei ist x (»summa bonorum«) nicht nur das Vermögen an Geld, sondern »alles das, was uns Nahrung, Kleidung, Bequemlichkeit, ja auch Luxus und die Befriedigung irgendwelcher Wünsche zu gewähren imstande ist« [Bernoulli 1896, 28]. Mit diesem Ansatz, aus dem prinzipiell auch das spätere Weber-Fechner-Gesetz folgen sollte (vgl. Kap. 12.4), ging Daniel Bernoulli von einer psychologischen zu einer eher utilitaristischen Betrachtung über.

Aus der angesetzten Proportionalität folgt die Differentialgleichung $y' = b/x$ mit einer Konstanten b, die die Lösung $y = b\log(x) + C$ mit der Integrationskonstanten C hat. Da vor Beginn eines Geschäfts der Akteur mit dem ursprünglichen Vermögen α noch keinen Vorteil y aus dem Geschäft hat, wird $y(\alpha) = 0$ gesetzt, woraus $C = -b\log(\alpha)$ bzw. $y(x) = b\log(x/\alpha)$ resultiert, wobei dann x das aktualisierte Vermögen nach dem Geschäft ist. Für die oben eingeführte Funktion $f_\alpha(x_i)$ ist dann

$$f_\alpha(x_i) = y(\alpha + x_i) - y(\alpha) = y(\alpha + x_i).$$

Der mittlere Vorteil $\langle y \rangle$ eines Risikogeschäfts mit den möglichen (ggf. auch negativen) Erträgen x_i, die mit Wahrscheinlichkeiten p_i eintreten können, ist

$$\langle y \rangle = b\sum_i p_i \log\left(\frac{\alpha + x_i}{\alpha}\right). \tag{6.15}$$

Für die zugehörige Vermögenserwartung $\langle x \rangle$ besteht ebenfalls die Beziehung $\langle y \rangle = b\log(\langle x \rangle/\alpha)$, sodass sich

$$\langle x \rangle = \prod_i (\alpha + x_i)^{p_i}$$

ergibt. Der aus dem Risikogeschäft zu erwartende Zuwachs des Vermögens (»sors quaesita«) wäre demnach (§11-12 des »Specimen«)

$$\langle x \rangle - \alpha = \prod_i (\alpha + x_i)^{p_i} - \alpha. \tag{6.16}$$

Im Falle des Petersburger Problems ist $p_i = 2^{-i}$ und $x_i = 2^{i-1}$, und man kann zeigen, dass die fraglichen Mittelwerte $\langle y \rangle$ bzw. $\langle x \rangle$ für jedes $\alpha > 0$ existieren. Wenn der Spieler den Einsatz e leistet, so werden die Gewinne x_i um e reduziert, es ist also in der Beziehung (6.16) »x_i« durch »$x_i - e$« zu ersetzen. Analog zu den Regeln der fairen Spiels setzt Daniel Bernoulli die so modifizierte *Sors* gleich Null, also

$$\prod_i (\alpha + x_i - e)^{p_i} - \alpha = \prod_i (\alpha + 2^{i-1} - e)^{\frac{1}{2^i}} - \alpha = 0.$$

Für großes α besteht die von Bernoulli nicht explizierte Näherung

$$\begin{aligned}\sum_i p_i \log(\alpha + x_i - e) &\approx \sum_i p_i \log(\alpha + x_i) - e \sum_i \frac{p_i}{\alpha + x_i} \\ &\approx \sum_i p_i \log(\alpha + x_i) - e \sum_i \frac{p_i}{\alpha} = \sum_i p_i \log(\alpha + x_i) - \frac{e}{\alpha}.\end{aligned}$$

Wegen $\log(\alpha + e) \approx \log(\alpha) + e/\alpha$ folgt für die speziellen p_i und x_i die von ihm behauptete Beziehung

$$e \approx \prod_i (\alpha + 2^{i-1})^{\frac{1}{2^i}} - \alpha.$$

Bei einem Vermögen α von 1000 Dukaten wäre demnach der Einsatz bei etwa 6 Dukaten.

Daniel Bernoulli berichtet am Ende seiner Publikation kurz, dass Nikolaus mit seinem Vorschlag nicht völlig zufrieden gewesen sei. Einerseits sei zwar Daniels Idee ein guter Vorschlag für einen Spieler, seine eigenen Gewinnmöglichkeiten abzuschätzen. Andererseits sei sie aber ungeeignet, einen fairen Ausgleich »nach Recht und Billigkeit« zwischen beiden Parteien eines Spiels zu gewährleisten. Das Prinzip des gewohnten Erwartungswertes stellt eine symmetrische und als »gerecht« empfundene Beziehung zwischen zwei Spielern oder einem Spieler und einer »Bank« her. In einer einfachen Situation, die dem Petersburger Problem ähnelt, spielt ein Spieler gegen eine Bank. Er gibt der Bank den Einsatz e und erhält mit der Wahrscheinlichkeit p den Betrag x, mit der Wahrscheinlichkeit $1 - p$ den Betrag y (x bzw. y können dabei auch $\leqslant 0$ sein). Die Erwartung des Spielers auf den Netto-Gewinn ist dann $\mathrm{E}_S = (x-e)p+(y-e)(1-p)$, die analoge der Bank ist $\mathrm{E}_B = (e - x)p + (e - y)(1 - p)$. Die Forderung nach »Gleichheit« für beide Parteien wird durch $\mathrm{E}_S = \mathrm{E}_B$ ausgedrückt, und somit ergibt sich wegen $\mathrm{E}_S = -\mathrm{E}_B$ die Beziehung $\mathrm{E}_S = \mathrm{E}_B = 0$ bzw. $e = px + (1 - p)y$, wobei e der Erwartung auf den Brutto-Gewinn – das ist die üblicherweise so genannte »Gewinnerwartung« – gleich ist. Dass dieses Prinzip für die Daniel Bernoullische *Sors* auf Beziehungen führen kann, die als seltsam erachtet werden, zeigt schon folgende einfache Situation, die im »Specimen« in §13-14 abgehandelt worden ist: Wir nehmen an, dass der Spieler gegen die Bank um die Auszahlung eines Dukaten spielt, wobei die Gewinnwahrscheinlichkeit gleich $1/2$ ist. Andernfalls geht der Einsatz an die Bank (das obige x ist also gleich 1 und das y gleich 0). Wenn der Spieler den klassischen Einsatz von $1/2 \cdot 1$ leistet, wird die *Sors* des Spielers gleich

$$\sigma_S := \sqrt{(\alpha + 1 - \frac{1}{2})(\alpha - \frac{1}{2})} - \alpha = \sqrt{\alpha^2 - \frac{1}{4}} - \alpha < 0.$$

Die *Sors* der Bank wird bei Annahme desselben Vermögens α gleich

$$\sigma_B := \sqrt{(\alpha + \frac{1}{2} - 1)(\alpha + \frac{1}{2})} - \alpha = \sqrt{\alpha^2 - \frac{1}{4}} - \alpha = \sigma_S < 0.$$

Daniel Bernoulli [1896, 39] deutet übrigens diese Tatsache der auf jeden Fall negativen *Sors* beim üblichen Spieleinsatz als »Fingerzeig der Natur, das Glücksspiel zu meiden«. Wenn nun der Spieler einen Einsatz leisten will, der immerhin seine *Sors* nicht negativ macht, so darf er gemäß der (kleineren) Lösung von

$$\sqrt{(\alpha + 1 - e)(\alpha - e)} - \alpha = 0, \quad e = \frac{2\alpha + 1 - \sqrt{4\alpha^2 + 1}}{2}$$

höchstens den Betrag e einzahlen, der aber wegen $0 < 2\alpha + 1 - \sqrt{4\alpha^2 + 1} < 1$ kleiner als $1/2$ ist. Dann wird aber die neue *Sors* der Bank

$$\sigma_B' := \sqrt{(\alpha + e - 1)(\alpha + e)} - \alpha < \sigma_B$$

sich nochmals weiter ins Negative bewegen.

Im Falle des Petersburger Problems ist die Situation noch wesentlich unbefriedigender: Die *Sors* der Bank würde sich zu

$$\prod_{i=1}^{\infty} (\beta + e - 2^{i-1})^{1/2^i} - \beta$$

berechnen, wenn β das ursprüngliche Vermögen der Bank bedeutet. So groß β und e auch sein mögen: Ab einem bestimmten i wird der Ausdruck in der Klammer negativ, und die Potenz zum Exponenten $1/2^i$ ist nicht mehr im Bereich der reellen Zahlen, ganz zu schweigen davon, dass die Bank die entsprechende Auszahlung ja gar nicht mehr leisten könnte, wenn es dazu käme.

Trotz dieser Einwände führte Daniel Bernoullis Vorschlag zum Beginn einer immer noch lebhaft diskutierten *Expected Utility Theory* in den Wirtschaftswissenschaften. Durch die Darstellung von Laplace in der *Théorie analytique des probabilités* (1812, Buch 2, No. 2 und No. 41) hat sich auch der bereits von Cramer verwendete Terminus »moralische Erwartung« für die Ausdrücke (6.15) und allgemeiner (6.14) etabliert.

6.4.3 Die statistische Diskussion des Petersburger Problems

Georges-Louis Leclerc, Comte de Buffon (1707–1788, Abb. 6.15) ist besonders als Biologe durch seine vielbändige *Histoire naturelle générale et particulière* bekannt geworden. Er hatte aber breitgefächerte Interessen, die die gesamten

Naturwissenschaften und ganz wesentlich die Mathematik betrafen. Zur Wahrscheinlichkeitsrechnung hat er interessante Beiträge, darunter auch über das bekannte und nach ihm benannte Nadelproblem (s. Kap. 10.6.1), vor allem in seinem *Essai arithmétique morale* [1777b] veröffentlicht. Dort findet sich in §18-20 eine Diskussion des Petersburger Problems, die auf der Idee einer empirischen Überprüfung aufbaut.

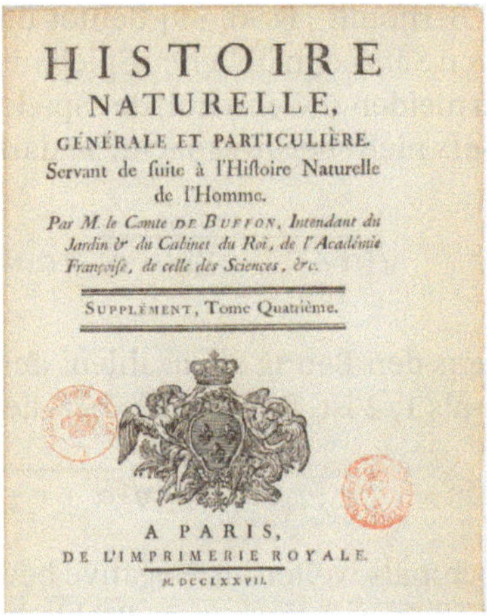
HISTOIRE NATURELLE, GÉNÉRALE ET PARTICULIÈRE. Servant de suite à l'Histoire Naturelle de l'Homme.

Par M. le Comte DE BUFFON, Intendant du Jardin & du Cabinet du Roi, de l'Académie Françoise, de celle des Sciences, &c.

SUPPLÉMENT, Tome Quatrième.

A PARIS, DE L'IMPRIMERIE ROYALE.

M. DCCLXXVII.

Abb. 6.15: Statue von G.-L. Buffon im Jardin des plantes in Paris und Titelblatt des »Suppléments« zur *Histoire naturelle* mit mathematischen Arbeiten

Buffon gibt an, in 2048 Wiederholungen des Petersburger Münzwurf-Spiels mit den üblichen Auszahlungen 1, 2, 4, 8, ... im Durchschnitt einen Gewinn von 5 *Écu* erreicht zu haben. Diesen Mittelwert fasst er nun als eigentlichen Erwartungswert auf und gelangt so zu zwei verschiedenen Lösungsvorschlägen.

Beim ersten Vorschlag nimmt Buffon statt der Auszahlungen im Sinne von 2^{i-1} ihren »moralischen und tatsächlichen« Wert, repräsentiert durch $(9/5)^{i-1}$ an. Diese moralischen Werte sind genau so bemessen, dass sich der – freilich reale – Mittelwert 5 gemäß

$$\sum_{i=1}^{\infty}\left(\frac{9}{5}\right)^{i-1} 2^{-i} = 5$$

ergibt. Allgemein führte Buffon nun auf dieser Grundlage den moralischen Wert einer Geldsumme so ein, dass eine Person A, die 2^k-mal so viel Geld besitzt wie eine Person B, den $(9/5)^k$-fachen Reichtum gemessen an dem von B hat. Buffon behauptete sogar:

> Hier ist daher eine allgemeine und genügend genaue Abschätzung des Geldwerts in allen möglichen Fällen, und unabhängig von irgendeiner Annahme.

Zur »Stützung« dieser Betrachtungen präsentierte Buffon noch eine zweite Lösung, in der nicht der Geldwert modifiziert, sondern die Wahrscheinlichkeiten unterhalb eines bestimmten Werts gleich 0 gesetzt wurden. Einen geeigneten Grenzwert fand Buffon [1777b, 56] aus den Sterbetafeln, die im Anschluss an das *Essai* abgedruckt wurden [1777a, 226]. Für einen eben 56-Jährigen schloss er aufgrund einer gleichmäßigen Verteilung der Todesfälle auf alle 365 Tage zwischen dem 56. und 57. Geburtstag darauf, man könne »4857 gegen 174/365 oder fast genau 10189 gegen 1« darauf wetten, dass die betreffende Person die nächsten 24 Stunden überleben würde. Daraus ergibt sich eine Wahrscheinlichkeit von 1/10190, also von weniger als 10^{-4} dafür, dass die besagte Person innerhalb der nächsten 24 Stunden sterben würde. Da aber die anderen Befürchtungen und Hoffnungen eines Menschen noch geringer sind als die praktisch nicht vorhandene Todesfurcht eines gesunden Menschen für die nächsten 24 Stunden, folgerte Buffon [1777b, 90], dass sogar alle Wahrscheinlichkeiten, die kleiner als 2^{-10} sind, als Null betrachtet werden könnten. Damit erhielt er schließlich für die Erwartung beim Petersburger Problem tatsächlich erneut $\sum_{i=1}^{10} 2^{i-1}/2^i = 5$.

Bei aller Willkür: Buffon hat mit seinem Beitrag, den er, wie er [1777b, 75–77] schilderte, bereits um 1730 seinem Briefpartner Cramer mitgeteilt hatte, die Idee des Erwartungswerts als Mittelwert bei zahlreichen Wiederholungen eingebracht, eine Idee, die nun auch in allgemeinerem Kontext wiederholt von dem Marquis de Condorcet (1743–1794), dem wir noch näher in Kap. 7.5.6 begegnen werden, vorgebracht wurde. Condorcet [1784, 708] stellte die klassische Erwartungswert-Regel für ein faires Spiel grundsätzlich in Frage. Wenn ein Spieler A mit der Wahrscheinlichkeit 1/3 zwei Münzen gewinnen kann, Spieler B aber mit Wahrscheinlichkeit 2/3 nur eine Münze, so sind zwar die Gewinnerwartungen beider Spieler gleich, aber ihre Gewinnchancen trotzdem verschieden. Die Frage sei also, wann die Regel der gleichen Erwartungswerte überhaupt einen Sinn machen würde. Condorcet kam zum Schluss, dass dies nur bei einer beträchtlichen Anzahl von Wiederholungen ein und desselben Spiels (oder allgemeiner Risikogeschäfts) möglich wäre, da nur dann beide Spielpartner mit Wahrscheinlichkeiten von nahe 1/2 durchschnittliche Gewinne erzielen würden, die kleiner bzw. größer als die Erwartung seien. Außerdem würden die durchschnittlichen Gewinne sich dann mit großer Wahrscheinlichkeit nahe dem Erwartungswert aufhalten. Erst so käme es zum Chancenausgleich und damit zu einer »größtmöglichen Gleichheit« [Condorcet 1784, 710]. In [1785, 142–145] begründete Condorcet dieses zunächst nur heuristische Prinzip auch mathematisch für den einfachsten Fall eines Spiels mit nur einem einzigen Gewinn a, der mit Wahrscheinlichkeit p erfolgt, durch eine genauere Untersuchung der Eigenschaften der Binomialverteilung.

Was das Petersburg-Spiel betrifft, so war dieses gemäß Condorcet [1784, 713] wegen des unendlich großen Erwartungswerts völlig ungeeignet, um einen fairen Ausgleich nach den oben beschriebenen Kriterien seines Prinzips der großen Zahlen herbeizuführen. Somit stellte sich auch nicht mehr die Frage nach einem angemessenen Einsatz. Konsequenterweise schlug Condorcet vor, das Petersburg-Spiel so abzuändern, dass es aus höchstens n Münzwürfen besteht.

6.4.4 D'Alemberts Fundamentalkritik

Die Kritik, die Condorcet am geläufigen Erwartungswertkonzept äußerte, war offensichtlich stark beeinflusst durch D'Alemberts sehr ähnliche Einwände, die sich dann aber – im Gegensatz zu Condorcets Lösungsvorschlägen – in die Richtung einer grundsätzlichen Infragestellung der üblichen mathematischen Grundlagen der Stochastik bewegt hatten. Jean Baptiste le Rond d'Alembert (1717–1783, Abb. 6.16) war als Findelkind auf den Stufen der Seitenkapelle St-Jean-le-Rond von Notre Dame in Paris ausgesetzt und dann in Pflege gegeben worden. Später bekannte sich sein Vater, ein Duc d'Arenberg, zu ihm und ermöglichte seine umfassende Ausbildung. »D'Alembert« war der spätere Kunstname, unter dem Jean Baptiste als eine der führenden Personen im französischen Wissenschaftsbereich der Zeit vor der Revolution bekannt werden sollte. Neben Denis Diderot war D'Alembert, mit Verantwortung für die Artikel aus den mathematischen Wissenschaften, Herausgeber der monumentalen *Encyclopédie*, die zwischen 1751 und 1780 erschien.

Abb. 6.16: D'Alembert

Bereits in seinem kurzen Artikel »Croix ou Pile« (Abb. 6.13), der in Band IV der *Encyclopédie* 1754 erschien, wies D'Alembert auf wesentliche Elemente seiner Kritik an den gewohnten Regeln der Wahrscheinlichkeitsrechnung hin: Dies betraf die Gleichwahrscheinlichkeitsannahme bei wiederholtem Münzwurf und das Konzept des Erwartungswerts als fairem Spieleinsatz. So warf er die Frage auf, ob es nicht zutreffender sei, etwa beim dreifachen Münzwurf nicht von 8, sondern nur von 4 Möglichkeiten (zweimal *Croix*, zweimal *Pile*, dreimal *Croix*, dreimal *Pile*) auszugehen und jeder von diesen die Wahrscheinlichkeit $1/4$ zuzuweisen. Den Erwartungswert erläuterte er am Petersburger Spiel, das nach dem n-ten Wurf abgebrochen wird, wobei n einen beträchtlichen Wert hat. Nur zwei »Narren« würden sich auf ein solches Spiel mit einem entsprechend hohen Spieleinsatz bzw. einer entsprechenden Auszahlungsverpflichtung einlassen, wenn dieser nach den üblichen Regeln festgelegt würde. In späteren Arbeiten kritisierte er mehrfach das Prinzip des Erwartungswerts, falls größere Diskrepanzen zwischen relativ hohen Gewinnmöglichkeiten einerseits, aber niedrigen Gewinnwahrscheinlicheiten andererseits existieren [Daston 1988, 81 f.].

Besonders bekannt wurden D'Alemberts Vorstellungen zum mehrfachen Münzwurf, die er zusammen mit genaueren Ausführungen zum Petersburger Problem in Band 7 der *Opuscules mathématiques* [1780] vorstellte. Die empirisch belegte Tatsache, dass lange Reihen nur aus einer Münzseite nicht beobachtbar sind, führte zu seiner Überzeugung, dass die Natur niemals genau dieselben Abläufe zweimal wiederholen würde. Mit jedem Münzwurf würde also eine der vorhandenen Möglichkeiten erschöpft. Wenn also die Wahrscheinlichkeit für *Croix* beim ersten Wurf gleich $1/2$ sei, so wäre sie für eine Wiederholung derselben Münzseite beim zweiten Wurf etwas geringer, nämlich $(1-a)/2$ und andererseits für *Pile* beim zweiten Wurf etwas größer, nämlich $(1+a)/2$ (man beachte, dass diese beiden Wahrscheinlichkeiten zusammen 1 ergeben). Auf diese Weise kam er mit kleinen positiven $a, b, c, \ldots$ zu

$$P(cp) = \frac{1}{2} \cdot \frac{1+a}{2}, \quad P(ccp) = \frac{1}{2} \cdot \frac{1-a}{2} \cdot \frac{1+a+b}{2},$$
$$P(cccp) = \frac{1}{2} \cdot \frac{1-a}{2} \cdot \frac{1-a-b}{2} \cdot \frac{1+a+b+c}{2}, \text{ u.s.w.}$$

Der nach den traditionellen Regeln gewonnene Erwartungswert beim Petersburger Spiel wäre dann gleich

$$E = \frac{1}{2}(1 + (1+a) + (1-a)(1+a+b) + (1-a)(1-a-b)(1+a+b+c) + \cdots).$$

Dieser Erwartungswert existiert, wenn nur die Reihe $a + b + c + d + \cdots$ gegen einen Wert von höchstens 1 (alle anderen Annahmen wären gar nicht sinnvoll) konvergiert.

Für lange Zeit wurden D'Alemberts Ausführungen zur Stochastik als skurril oder sogar destruktiv empfunden [Crépel 2001, 88]. Tatsächlich bewegte sich in der Zeit nach ihm die Entwicklung der Wahrscheinlichkeitsrechnung nicht zu einer Infragestellung ihrer grundsätzlichen Regeln oder zu einer Verkomplizierung üblicher Modellierungsannahmen hin. Andererseits stimulierte aber D'Alemberts Kritik die erfolgreichen Bemühungen von Condorcet (frequentistische Auffassung des Erwartungswerts), Laplace (inverse Wahrscheinlichkeiten) und auch noch Poisson (variable Trefferwahrscheinlichkeiten beim Gesetz der großen Zahlen), im Rahmen der traditionellen Wahrscheinlichkeitsrechnung eine zutreffendere Behandlung von Realsituationen zu erreichen. Dies wurde freilich erst in der historischen Literatur ab ca. 1970 gewürdigt.

6.4.5 *Variable Spieleinsätze*

Gegen ca. 1780 waren bis ins 20. Jahrhundert hinein die wesentlichen Argumente bezüglich des Petersburger Problems erschöpft. Man hielt zunehmend die Spielsituation für gekünstelt, da in der Realität wegen der begrenzten Zeit und der begrenzten finanziellen Ressourcen sowieso nicht beliebig lange gespielt, geschweige denn das Spiel beliebig oft wiederholt werden kann. Ferner spielte der rein rechtliche Aspekt des Erwartungswerts, der für Nikolaus Bernoulli noch im Zentrum des Interesses gestanden war, kaum mehr eine Rolle. Natürlich waren Erwartungswerte wichtig, etwa bei der Bestimmung der Nettoprämien von Versicherungen oder der Abschätzung von fehlerbehafteten Messwerten, aber meist im Zusammenhang mit zahlreichen Wiederholungen, wie er von Condorcet hergestellt worden war.

Eine wirklich neue mathematische Idee kam erst im 20. Jahrhundert auf, und zwar im Rahmen von Willy Fellers Beiträgen zum schwachen Gesetz der großen Zahlen, beginnend mit [Feller 1937]. Hier stellte Feller notwendige und hinreichende Bedingungen dafür auf, dass für eine Folge (X_k) unabhängiger Zufallsgrößen Zahlenfolgen (a_n) und $(b_n) > 0$ existieren, sodass mit $S_n := \sum_{k=1}^{n} X_k$ für alle $\varepsilon > 0$ gilt

$$\lim_{n\to\infty} \mathrm{P}\left(\frac{|S_n - a_n|}{b_n} > \varepsilon\right) = 0.$$

Dies ist die Verallgemeinerung der »klassischen« Aussage, bei der $a_n = \mathrm{E}\,S_n$ und $b_n = n$ sind. Die Betrachtung allgemeiner a_n und b_n gestattete jetzt aber, bei Vorliegen bestimmter Bedingungen das schwache Gesetz der großen Zahlen auf Folgen unabhängiger Zufallsgrößen auszudehnen, die keinen endlichen Erwartungswert oder keine endliche Varianz besitzen. Feller fasste bei leichter Modifikation der Version von Cramer jedes Petersburger Spiel (im Sinne einer Serie von Münzwürfen) als eine Zufallsgröße mit den Werten $2, 4, 8, \ldots, 2^i, \ldots$ auf, die mit den Wahrscheinlichkeiten $1/2, 1/4, 1/8, \ldots, 1/2^i, \ldots$ angenommen werden. Eine Folge von Petersburger Spielen entspricht also einer Folge von unabhängigen und identisch verteilten Zufallsgrößen (X_k) mit dieser Verteilung.

Aus der allgemeinen Theorie der schwachen Gesetze der großen Zahlen, aber auch im Rahmen eines speziellen, relativ elementaren Beweises, folgerte Feller [1950, 200 f.], dass im Falle der eben vorgestellten Petersburger Zufallsgrößen X_k

$$\mathrm{P}\left(\left|\frac{S_n}{n\log_2(n)} - 1\right| > \varepsilon\right) \to 0 \;\forall \varepsilon > 0.$$

Wird ein Spiel, bei dem der Erwartungswert des Gewinns gleich $0 < e < \infty$ ist, n-mal wiederholt, so gilt wegen der modernen Version des schwachen Gesetzes der großen Zahlen für den kumulativen Gewinn S_n bei beliebigem $\delta > 0$

$$\mathrm{P}\left(\left|\frac{S_n}{n} - e\right| > \delta\right) \to 0.$$

Äquivalent dazu sind

$$\mathrm{P}\left(\left|\frac{S_n}{ne} - 1\right| > \frac{\delta}{e}\right) \to 0 \text{ bzw. } \mathrm{P}\left(\left|\frac{S_n}{ne} - 1\right| > \varepsilon\right) \to 0 \;\forall \varepsilon > 0.$$

$e_n = ne$ ist der kumulative Einsatz für n Spiele. Feller definierte nun einfach als »faires Spiel« ein solches, bei dem für den kumulativen Einsatz e_n die Beziehung

$$\mathrm{P}\left(\left|\frac{S_n}{e_n} - 1\right| > \varepsilon\right) \to 0 \tag{6.17}$$

besteht, wobei er, wie bereits Condorcet, die Meinung vertrat, dass Fairness erst bei vielen Wiederholungen hergestellt werden könne. In diesem Sinne war dann entsprechend $e_n = n\log_2(n)$ der faire kumulative Einsatz bei einer großen Zahl n von Petersburger Spielen.

Feller selbst billigte dieser Lösung, bei der der Einsatz pro Einzelspiel von der Gesamtzahl der Spiele abhängt, keine wirklich praktische Relevanz zu. Tatsächlich hatte aber sein Ansatz auch Defizite, die jenseits rein praktischer Überlegungen lagen. Erstens konnte er nicht sicherstellen, dass mit Wahrscheinlichkeiten von je ca. $1/2$ die Erträge bei zahlreichen Wiederholungen größer bzw. kleiner als der kumulative Einsatz e_n sind, wie das aufgrund des zentralen Grenzwertsatzes bei Spielen mit endlichem Erwartungswert und endlicher Varianz der Fall ist. Feller [1950, 197] selbst wies explizit auf dieses Kriterium hin. Und zweitens ist die fundamentale Beziehung (6.17) beim Petersburger Spiel nicht nur gültig für $e_n = n\log_2(n)$, sondern ebenso für jede andere Folge e'_n, wenn nur $e'_n/e_n \to 1$. Beispielsweise wäre dann $e'_n = n(\log_2(n) + \alpha)$ mit beliebig großem, aber festen $\alpha > 0$ ein ebenso geeigneter kumulativer Einsatz, der von e_n deutlich verschieden ist.

Tatsächlich gelang dem schwedischen Statistiker Anders Martin-Löf [1985] eine wesentliche Verschärfung des Ergebnisses von Feller durch die genaue Untersuchung des asymptotischen Verhaltens der Verteilung von $S_n - n\log_2(n)$. Er zeigte, dass für die Teilfolge $Z_n := (S_n - n\log_2(n))/n$ mit $n = 2^k$ - aber nur für diese - die Verteilungsfunktionen bei $k \to \infty$ gegen eine Verteilungsfunktion $G(x)$ konvergieren, wobei er explizit die charakteristische Funktion (d.h. die Fouriertransformierte) von $G(x)$ angeben und somit auch Werte dieser Verteilungsfunktion numerisch bestimmen konnte. Für $\mu \approx 2.7$ gilt $G(\mu) = 0.5$. Damit folgt, dass für sehr großes k und $n = 2^k$ die Wahrscheinlichkeit, dass Z_n links oder rechts von μ liegt jeweils ungefähr gleich 0.5 ist. Wächst also die Zahl n der Wiederholungen des Petersburger Spiels gemäß $n = 2^k$, so wäre $e'_n = n(\log_2(n) + \mu)$ ein asymptotisch fairer Einsatz, der sogar beiden Kriterien von Condorcet entsprechen würde.

Die Idee variabler Einsätze scheint freilich rein mathematischen Charakter zu haben, und so zitieren wir zum Abschluss nochmals Feller [1950, 200] zu diesem Thema:

> Variable entrance fees are undesirable in gambling halls, but there the Petersburg game would be impossible anyway because of the limited resources.

6.5 Die Zeit zwischen de Moivre und Laplace

De Moivre und damit die bedeutsamste Persönlichkeit der in diesem Kapitel behandelten Ära, war 1754 gestorben, 1756 erschien posthum die dritte Auflage seiner *Doctrine*. Aber auch in der Zeit vor dem Auftreten von Laplace und Condorcet, die die nächste Phase in der historischen Entwicklung der Stochastik einleiteten, wurden bedeutende Ergebnisse in dieser Disziplin erzielt, teilweise mit und teilweise sogar ohne Beeinflussung durch de Moivre. In diesem Abschnitt werden einige dieser Beiträge vorgestellt; der nachmalig als besonders wichtig eingeschätzten Arbeit von Bayes, die thematisch direkt zu Beiträgen von Laplace und Condorcet überleitet, ist ein eigener Abschnitt gewidmet.

6.5.1 Daniel Bernoulli und die Pockenimpfung

Daniel Bernoulli wurde schon im Zusammenhang mit dem Petersburger Problem vorgestellt. Seit 1733 wirkte er freilich nicht mehr an der Petersburger Akademie, sondern er war nach Basel zurückgekehrt, wo er seine Jugendzeit und einen Teil seiner Studienzeit verbracht hatte. An der dortigen Universität, an der er bis zu seinem Lebensende blieb, hatte er zunächst Anatomie und Botanik, später Anatomie und Physiologie unterrichtet, ab 1750 hatte er einen Lehrstuhl für Physik inne.

Die Pockenschutzimpfung wurde in England spätestens in den 1720er Jahren verbreitet. Man hatte entdeckt, dass eine Person, die mit einem weniger gefährlichen Pockenstamm infiziert worden war, gegenüber der virulenteren Form immun wurde. Es schien vernünftig, die Impfung der Bevölkerung zu propagieren, aber viele fürchteten sich davor wegen des – wenn auch geringen – Risikos tödlicher Komplikationen.

Im Zusammenhang mit solchen Diskussionen wurde eine statistische Analyse durch Daniel Bernoulli durchgeführt, mit dem Ziel festzustellen, um wieviel die Lebenserwartung durch eine solche Maßnahme verlängert werden könne. Jean le Rond d'Alembert kritisierte die Schlussfolgerungen, wobei er sich zwar nicht generell als Impfgegner zeigte, aber auch Argumente vorbrachte, die heute noch von Impfgegnern bemüht werden.

Daniel Bernoulli erarbeitete ein mathematisches Modell für die Verbreitung der Pocken und die Lebensverlängerung, falls die Pocken ausgerottet wären. Eine eher populäre Darstellung bezüglich der Vorteile des Impfens gegen Pocken erschien als »Reflexions sur les avantages de l'inoculation, par M. Daniel Bernoulli« [1760]. Darin erwähnte er, dass er das Problem bei erster Gelegenheit noch eingehender untersuchen wolle. Tatsächlich fügte der Herausgeber am Ende des Artikels eine Bemerkung hinzu, in der angezeigt wurde, dass die angekündigte Untersuchung bereits fertiggestellt und bei der *Académie des sciences de Paris* eingereicht worden sei. Bernoulli wurde sofort von D'Alembert [1761] in dessen 11. *Mémoire* angegriffen. Leider wurde der eingehendere Artikel »Essai d'une nouvelle analyse de la mortalité causée par la petite verole, et des advantages de l'inoculation pour la prévenir« erst 1766 gedruckt [Bernoulli 1766].

Das Bernoullische Modell ist wie folgt: Sei x das gegenwärtige Alter eines Individuums, ξ die Anzahl der Überlebenden bis zum Alter x einer ursprünglichen Kohorte von Neugeborenen und s die Anzahl derjenigen Mitglieder der Kohorte, die sich bis zum Alter x noch nicht mit Pocken angesteckt haben. Bernoulli nimmt nun an, dass die Wahrscheinlichkeit der Ansteckung mit Pocken in den ersten 20 Lebensjahren konstant gleich $1/n$, und die Wahrscheinlichkeit, an Pocken nach einer Ansteckung zu sterben, gleich $1/m$ sei.

Da s mit zunehmendem x abnimmt, ist die Anzahl derjenigen, die sich an Pocken im Zeitintervall dx anstecken, gleich

$$-ds = \frac{s\,\mathrm{d}x}{n}$$

und die Anzahl derjenigen, die im selben Zeitintervall an den Pocken sterben, gleich

$$\frac{s\,\mathrm{d}x}{mn}.$$

Die Anzahl derjenigen Personen aus der Gesamtpopulation, die im selben Zeitintervall aus anderen Gründen sterben, ist daher

$$-\mathrm{d}\xi - \frac{s\,\mathrm{d}x}{mn}. \tag{6.18}$$

Um die gesamte Abnahme $-\mathrm{d}s$ von s zu berechnen, also der Zahl der Personen, die noch nicht an Pocken erkrankt waren, muss noch (6.18) im Verhältnis von s zu ξ verkleinert werden. Deshalb ist

$$-\mathrm{d}s = \frac{s\,\mathrm{d}x}{n} - \frac{s\,\mathrm{d}\xi}{\xi} - \frac{s^2\,\mathrm{d}x}{mn\xi}. \tag{6.19}$$

Die Lösung dieser Differentialgleichung (6.19) wird durch eine Substitution ermöglicht. Bernoulli multipliziert die Gleichung zuerst mit $\frac{\xi}{s^2}$ und setzt dann $q = \frac{\xi}{s}$. Weil $dq = \frac{s\,\mathrm{d}\xi - \xi\,\mathrm{d}s}{s^2}$ ist, kann er nach einigen algebraischen Umformungen

$$\mathrm{d}x = \frac{mn\,\mathrm{d}q}{mq-1}$$

schreiben. Die Integration ergibt

$$x + C = n \log|mq - 1|.$$

Nach der Substitution ξ/s für q und Auflösen nach s erhält man

$$s = \frac{m\xi}{\mathrm{e}^{(x+C)/n} + 1}. \tag{6.20}$$

Aus der Annahme $s = \xi$ für $x = 0$ ergibt sich $e^{C/n} = m - 1$. Folglich wird aus (6.20):

$$s = \frac{m\xi}{(m-1)\mathrm{e}^{x/n} + 1}.$$

Bernoulli wählt $m = n = 8$, weil dadurch sein Modell den Beobachtungen angepasst zu sein scheint. Er macht hierbei Gebrauch von Halleys Breslau-Tafeln [Halley 1693], für die er zusätzlich die Anzahl der Neugeborenen (bei Halley nicht angegeben) mit 1300 ansetzt. Somit kommt er zum Endresultat

$$s = \frac{8\xi}{7e^{x/8} + 1}.$$

Wie aus Tab. 6.1 hervorgeht, die sich nur auf die von Bernoulli betrachteten ersten 24 Lebensjahre bezieht, sagt sein Modell fast 100 Leben voraus, die aus der ursprünglichen Kohorte von 1300 bis zum Alter von 24 gerettet würden, falls die Pocken ausgerottet wären. Andernfalls, so seine Schätzung, würden beinahe 1/14 in jeder Generation den Pocken zum Opfer fallen.

Tab. 6.2 vermittelt einen Vergleich zwischen Überlebenden in jedem Alter unter der Voraussetzung, dass die Pocken ausgerottet sein sollten oder nicht. Bernoulli verspricht einen Zuwachs in der Lebenserwartung von 3 Jahren und 2 Monaten. Er bringt ferner das Argument vor, dass es im Interesse des Staates wäre, die Pockenimpfung zu propagieren, weil so die Anzahl der Erwachsenen gesteigert würde, die ihm dienen könnten.

D'Alembert trat bereits in die Diskussion ein, bevor Bernoullis ausführlichere Darstellung erschienen war. Er [1761] behauptete, dass Bernoullis Ansatz (1) weder korrekt noch überzeugend sei, (2) nicht hinreichend die Vorteile für den Staat von denen für das Individuum trenne, (3) keine gute Methode zur Berechnung der Überlebenswahrscheinlichkeiten enthalte, (4) das Todesrisiko über eine kurze Periode (etwa einen Monat) ohne Rechtfertigung mit dem über eine lange Periode, etwa bis zu einem hohen Alter, vergleiche, (5) keine Ansätze enthalte, wie rein physisches Leben mit echten Freuden und Leiden des Lebens verglichen werden könne und (6) nur auf einem theoretischen Ansatz für die Pockensterblichkeit beruhe.

D'Alembert nimmt an, dass ab einem Alter von 4 Jahren durch Pocken einer von 7 Ungeimpften, jedoch durch die Impfung nur eine von 300 Personen stirbt. Dies würde bedeuten, dass die Pocken 40- bis 50-mal tödlicher sind als die Impfung dagegen. Aber man könnte gegen diese Argumentation einwenden, dass das Risiko zu sterben bei der Impfung innerhalb weniger Wochen besteht, während das Risiko von Ungeimpften bezüglich der Pocken über die ganze Lebensspanne verteilt ist und mit dem Alter abnimmt. Die beiden Risiken seien folglich nicht miteinander vergleichbar, man müsse eine Neujustierung vornehmen, in denen beide Zeitspannen als äquivalent betrachtet werden. Jeder kleine Zuwachs an Lebenserwartung wird zudem kompensiert durch ein höheres Risiko eines unerwarteten Todes. Ein Gewinn wird erst gegen Ende des Lebens erreicht, allerdings in einer Phase geringerer Lebenslust.

D'Alembert sah Vorteile der Impfung in erster Linie für den Staat, weil dadurch die Bevölkerungszahl anwachse. Das Individuum müsse aber so oder so das Risiko tragen. Seine Perspektive war auf das Individuum und nicht auf die

Tab. 6.1: Ansteckungs- und Todesfälle durch Pocken abhängig vom Alter

Alter (Jahre) x	Überlebende gem. Halley ξ	Ohne Pocken s	Mit Pocken $\xi - s$	Pockenfälle während des Jahres[a] $s/8$	Pockentote während des Jahres[b]	Summe aller Pockentoten	Sonstige Todesfälle[c]
0	1300	1300	0				
1	1000	896	104	137	17.1	17.1	283
2	855	685	170	99	12.4	29.5	133
3	798	571	227	78	9.7	39.2	47
4	760	485	275	66	8.3	47.5	30
5	732	416	316	56	7.0	54.5	21
6	710	359	351	48	6.0	60.5	16
7	692	311	381	42	5.2	65.7	12.8
8	680	272	408	36	4.5	70.2	7.5
9	670	237	433	32	4.0	74.2	6
10	661	208	453	28	3.5	77.7	5.5
11	653	182	471	24.4	3.0	80.7	5
12	646	160	486	21.4	2.7	83.4	4.3
13	640	140	500	18.7	2.3	85.7	3.7
14	634	123	511	16.6	2.1	87.8	3.9
15	628	108	520	14.4	1.8	89.6	4.2
16	622	94	528	12.6	1.6	91.2	4.4
17	616	83	533	11.0	1.4	92.6	4.6
18	610	72	538	9.7	1.2	93.8	4.8
19	604	63	541	8.4	1.0	94.8	5
20	598	56	542	7.4	0.9	95.7	5.1
21	592	48.5	543	6.5	0.8	96.5	5.2
22	586	42.5	543	5.6	0.7	97.2	5.3
23	579	37	542	5.0	0.6	97.8	6.4
24	572	32.4	540	4.4	0.5	98.3	6.5

[a] In dieser Spalte ist s der Durchschnitt dieser Größe aus dem laufenden und dem vorangehenden Jahr. Der erste Eintrag ergibt z. B. $s = (1300 + 896)/2 = 1098$.

[b] Eintrag Spalte 5, die Anzahl der Pockeninfizierten durch 8.

[c] Sei ξ_x die Zahl der Lebenden zu Beginn des Jahres x. Die Anzahl der Verstorbenen im Vorjahr ist $\xi_{x-1} - \xi_x$. Die Todesfälle aus anderen Gründen ergeben sich nach Abzug des Eintrags aus Spalte 6. Zum Beispiel ist der erste Wert gleich $1300 - 1000 - 17.1$.

Gesamtheit gerichtet. In der Konsequenz betrachtete D'Alembert die Frage der Impfung eher als eine moralische und nicht als eine mathematische.

Leider hat D'Alembert in dieser Schrift, seinen Anmerkungen zu ihr und in weiteren Beiträgen letztlich wenig Substantielles zu den Vor- bzw. Nachteilen der Impfung beigetragen. Eine gute Zusammenfassung zur Kontroverse über die Pockenimpfung gibt [Bradley 1971].

Abschließend sei noch bemerkt, dass – zumindest was die Pocken betrifft – die Angelegenheit sich auch ohne Mathematik erledigte: durch Edward Jenners (1749–1823) Erfolg bei der Propagierung der harmlosen Kuhpockenimpfung ab 1796.

Tab. 6.2: Anzahl der überlebenden Kinder ohne bzw. nach Ausrottung der Pocken

Alter	ohne	nach	Überschuss	Alter	ohne	nach	Überschuss
0	1300	1300	0	13	640	741.1	74.1
1	1000	1017.1	17.1	14	634	709.7	75.7
2	855	881.8	26.8	15	628	705.0	77.0
3	798	833.3	35.3	16	622	700.1	78.1
4	760	802.0	42.0	17	616	695.0	79.0
5	732	779.8	47.8	18	610	689.6	79.6
6	710	762.8	52.8	19	604	684.0	80.0
7	692	749.1	57.2	20	598	678.2	80.2
8	680	740.9	60.9	21	592	672.3	80.3
9	670	734.4	64.4	22	586	666.3	80.3
10	661	728.4	67.4	23	579	659.0	80.0
11	653	722.9	69.9	24	572	651.7	79.7
12	646	718.2	72.2	25	565	644.3	79.3

6.5.2 Euler und das Lotteriewesen

Leonhard Euler (1703–1783) war einer der besonders bedeutenden, vielleicht sogar der bedeutendste, Mathematiker des 18. Jahrhunderts. Auch zur Wahrscheinlichkeitsrechnung hat er beigetragen. Beispielsweise schlug er zur Lösung des Petersburger Problems vor, die Gewinnerwartung entsprechend des geometrischen Mittels (statt des arithmetischen) zu bestimmen; die Arbeit wurde allerdings erst posthum veröffentlicht [Euler 1862c]. Im Folgenden wollen wir uns aber etwas eingehender einem anderen Problemkreis zuwenden, zu dem er mehrere Arbeiten verfasst hat, dem Lotteriewesen. Da dieses Gebiet natürlich ein wesentliches Anwendungsfeld der Wahrscheinlichkeitsrechnung ist, bisher aber noch nicht näher berührt worden ist, wollen wir in dieser Geschichte etwas weiter ausholen.

Während der zweiten Hälfte des 17. Jahrhunderts wählten einige italienische Städte ihre Stadtoberen durch einen Zufallsprozess aus einer Gruppe von Kandidaten aus. Dies führte dazu, dass Bürger anfingen, auf die Ergebnisse solcher Ziehungen zu wetten. Schließlich gründeten Unternehmer und Banken Lotterien verschiedener Arten, um aus diesem Wettinteresse Gewinn zu ziehen. Lotterien, in Form von Zahlenlotterien, verbreiteten sich in ganz Europa, auch um so die Staatseinnahmen zu vermehren. Aber es gab auch Kritik, dass diese Art von Geschäften unfair sei.

Besonders bekannt ist die »Genueser Lotterie«; in Italien wird sie »gioco del seminario« genannt. Fünf Senatoren wurden aus einer Urne mit 100 Namen gelost. Man konnte auf das Erscheinen eines, von zwei, von drei, vier oder fünf der Kandidaten bei der Ziehung wetten. Diese Wetten bzw. Wetterfolge wurden im Französischen als »extraits«, »ambes«, »ternes«, »quaternes« und »quines« bezeichnet (für nähere Einzelheiten s. [Bellhouse 1991] und [Stigler 2022]).

Der erste, der solch eine Lotterie mathematisch analysiert hat, war, wie es scheint, Juan Caramuel y Lobkowitz (1606–1682, Abb. 6.17), ein Zisterzienser, der später sogar Bischof wurde. In seiner Schrift *Mathesis Biceps* (1670) schrieb er über Kombinatorik, Glücksspiele, edierte *De ratiociniis in ludo aleae* von Huygens neu und untersuchte die als *Concertationes Cosmopolitanae* bezeichnete Lotterie, die von einem gewissen Franciscinus betrieben wurde [Caramuel 1670]. Seine Zielsetzung war zu zeigen, in welchem Maße der Betreiber der Lotterie die Loskäufer übervorteilt.

Abb. 6.17: Caramuel

Bei den fünf Ziehungen aus dieser Lotterie mit 100 Namen werden *Extraits*, *Ambes*, *Ternes*, *Quaternes* und *Quines* mit dem 1, 10, 300, 1500 und 10000-fachen für jede eingesetzte Geldeinheit entlohnt. Caramuels Geldeinheit, der *Aureus* ist eine dem Dezimalsystem entsprechende Einheit, bestehend aus 10 *Julia*, und jedes *Julium* besteht aus 10 *Grana*. Wir verwenden im Folgenden den Euro als Äquivalent.

Caramuel nimmt an, dass ein Spieler 1.00 € auf alle fünf möglichen Gewinne gleichmäßig verteilt, sodass er 0.20 € für jeden investiert.

Im Falle, dass nur eine Person korrekt benannt werden soll, wird einfach so gezählt, dass es fünf Namen und damit Möglichkeiten gibt, mit denen gewonnen werden kann, sowie 95 Namen und entsprechende Möglichkeiten, mit denen verloren wird. Caramuel ordnet den fünf Gewinnmöglichkeiten eine Art »partieller Wetteinsätze« zu und verteilt die 0.20 € unter ihnen, also 0.04 € auf jeden der Namenstreffer. Die restlichen Namen stehen im Verhältnis zu den Treffern wie 95 zu 5 bzw. 19 zu 1. Daher soll ein Betrag von 0.04 €·19 =0.76 € und der ursprüngliche Einsatz von 0.04 €, also insgesamt 0.80 € gemäß Caramuel von Franciscinus an den Spieler im Falle eines richtig vorhergesagten Namens ausbezahlt werden.

Wir betrachten nun den Fall, dass zwei Namen richtig geraten werden. Aus den 100 Kandidaten gibt es $\binom{100}{2} = 4950$ Möglichkeiten, zwei Namen zu wählen, und es gibt $\binom{5}{2} = 10$ Möglichkeiten, dass zwei bestimmte Namen unter fünf vorkommen. Caramuel ordnet wieder den 10 Gewinnpaaren partielle Wetten zu. Von den 4950 Paaren begünstigen folglich 10 den Spieler und 4940 den Franciscinus, entsprechend dem Verhältnis 1 zu 494.

Wenn man 0.20 € auf die 10 partiellen Wetteinsätze verteilt, ergibt sich für jeden 0.02 €. Entsprechend sollte Franciscinus dem gewinnenden Spieler das Produkt 0.02 €·494 = 9.88 € und zuzüglich den Einsatz von 0.02 €, also 9.90 €, ausbezahlen.

In analoger Weise berechnet Caramuel den Gewinn im Falle auch der weiteren Wettmöglichkeiten. Tab. 6.3 gibt das Ergebnis seiner Analyse wieder. Da die schwierigeren Wetten die einfacheren mit beinhalten, glaubt Caramuel, dass der

Auszahlungsbetrag die Preise für diese mit beinhalten sollte. Die letzte Spalte mit der Abweichung zugunsten von Franciscinus zeigt, dass die Lotterie unfair ist mit Ausnahme der Wette auf einen einzelnen Namen.

Tab. 6.3: Caramuels Analyse der Lotterie des Franciscinus für den Einsatz 1

Wettart	Preis	fairer Preis	Gesamtpreis	kumulative Preise	Abweichung
Extraits	1	0.76	0.80	0.80	−0.20
Ambes	10	9.88	9.90	10.70	.70
Ternes	300	323.38	323.40	334.10	34.10
Quaternes	1500	31369.76	31369.80	31703.90	30203.90
Quines	10000	15057503.80	15057504.00	15089207.90[a]	15079207.90

[a] Caramuel berechnet aufgrund eines kleinen Fehlers hier 15089208.

Der nächste Versuch einer Analyse des Lottospiels wurde von Bernard Frénicle de Bessy (ca. 1604–1674) unternommen, dessen Werk *Abrégé des combinations* [1693; 1729] aber erst recht spät erschien. Wieder besteht die Lotterie aus dem Ziehen von fünf Namen aus einer Menge von 100. Ebenfalls wird ein Einsatz von einer Geldeinheit angenommen.

Frénicle zählt die Anzahl der Möglichkeiten, k bestimmte Namen unter den fünf gezogenen zu erhalten, gemäß

$$\binom{5}{k} \cdot \binom{95}{5-k}, \quad k = 0, 1, 2, \dots, 5. \tag{6.21}$$

Dies sind die günstigen Möglichkeiten für den Wettenden.

Die Anzahl der für den Inhaber der Lotterie, die »Bank«, günstigen Fälle findet er, indem er die Anzahl der für den Wettenden günstigen Fälle von der Anzahl aller Fälle $\binom{100}{5} = 75287520$ abzieht. Für die *Quines*, wo $k = 5$, gibt es einen einzigen Fall zugunsten des Wettenden. Deshalb gibt es $75287520 - 1 = 75287519$ für die Bank günstige Fälle. Für *Quaternes*, wo $k = 4$, sind es gemäß (6.21) insgesamt 475 Möglichkeiten für den Wettenden und $75287519 - 475 = 75287044$ für die Bank.

Tab. 6.4 zeigt die Fälle für den Wettenden und für die Bank entsprechend jedem Wettgegenstand zusammen mit den entsprechenden Preisen. Eine »Erwartung« für den Wettenden wird berechnet, indem der von der Bank angebotene Preis mit der Anzahl der für den Spieler günstigen Fälle multipliziert wird. Die Erwartung der Bank ist (da der Wetteinsatz gleich der Geldeinheit ist) einfach durch die Anzahl der für die Bank günstigen Fälle bestimmt. Zum Beispiel hat für die Wette auf *Ternes* der Spieler die Erwartung $44650 \cdot 300 = 13395000$. Die Bank hat dagegen die Erwartung 75242394. Der Quotient aus beiden Erwartungen ist ein Maß für den Vorteil der Bank. Frénicle, findet schließlich, dass das Verhältnis zwischen den Einnahmen der Bank, gemessen durch die Anzahl aller Möglichkeiten (75287520), und der Summe der Erwartungen des Spielers (213326600) ungefähr gleich 3.5 ist.

Tab. 6.4: Frénicles Analyse einer Lotterie

Wette	Möglichkeiten für den Spieler	Möglichkeiten für die Bank	Preis	Erwartung des Spielers	Erwartung der Bank	Verhältnis
Quines	1	75287519	20000	20000	75287519	3764.38[b]
Quaternes	475	75287044	5000	2375000	75287044	31.70
Ternes	44650	75242394	300	13395000	75242394	5.6[b]
Ambes	1384150	73858244	4	5536600	73858244	13.34[b]
Extraits	15917725	57940519	0[a]	0	57940519	—

[a] Viele Lotterien boten keine Wetten auf nur einen Namen an.
[b] Die Dezimalstellen wurden berichtigt.

Die Doktorarbeit *De usu artis conjectandi in jure* von Nikolaus Bernoulli [1709] umfasste ein Kapitel über dieselbe Lotterie wie bei Caramuel. Bernoulli war ihm gegenüber hochkritisch eingestellt. Er behauptete, dass es nicht den Zeitaufwand wert sei, einen Kommentar über die *Mathesis Biceps* abzugeben, weil sie so voll von Fehlern und Widersprüchen sei. Die Studie von Robert Ineichen [1999] kommt betreffend Würfel- und Lottospielen in diesem Werk zu einem anderen Urteil.

Bernoulli nimmt ebenfalls an, dass eine Wette von 1 gleichmäßig auf die 5 Wettgegenstände aufgeteilt wird. Der faire Preis wird jeweils als Produkt aus dem (partiellen) Wetteinsatz und dem Kehrwert der Gewinnwahrscheinlichkeit bestimmt. Zum Beispiel ist der faire Preis für *Quines* gleich $\frac{1}{5} \cdot 75287520 = 15057504$.

Aus Tab. 6.5 gehen die Ergebnisse von Bernoulli hervor. Ähnlich zur Analyse von Caramuel begünstigt die Wette auf einen Namen leicht den Spieler.

Bei einer fairen Lotterie sollte die Erwartung des Spielers gleich seinem Einsatz sein. Die Summe aller Erwartungen des Spielers ist 43876725 verglichen mit den 75287520 der Bank. Bernoulli bemerkt, dass dies anzeigt, wie unfair die Lotterie ist. Nur 58% werden an die Spieler ausgegeben.

Tab. 6.5: Bernoullis Analyse der Genueser Lotterie

Wette	Gewinn	günstige Fälle für Spieler	Erwartung des Spielers	fairer Gewinn	Überschuss
Quines	10000	1	10000	15057504.00	15047504.00
Quaternes	1500	475	712500	31700.01	30200.01
Ternes	300	44650	13395000	337.23	37.23
Ambes	10	1384150	13841500	10.88	0.88
Extraits	1	15917725	15917725	0.95	-0.05
Rest	0	57940519			
Total		75287520	43876725		

Neben weiteren Studien im 18. Jahrhundert zu Lotterien wurden vor allem die von Leonhard Euler (1703–1783, Abb. 6.18) bekannt. Euler war von 1741 bis 1766 an der Berliner Akademie tätig, und in diesem Zusammenhang hatte er auch auf zahlreiche Anfragen zu antworten, die ihm der König von Preußen, Friedrich II zu vielerlei, auch technischen, Themen stellte.

In einem Brief vom 15. September 1749 fragte dieser bei Euler an, ob er nicht eine Untersuchung über eine von einem gewissen Roccolini vorgeschlagene Lotterie (die nicht in allen Einzelheiten überliefert ist) nach dem Vorbild des Genueser Modells anstellen könne [Euler 1986, 316–320]. Er bat Euler, die Berechnungen zu überprüfen und insbesondere Risiken und mögliches Profitpotential auszuloten.

In dieser Lotterie gibt es 90 Zettel, die von 1 bis 90 durchnummeriert sind, und es werden fünf Zettel gezogen, wenn ausreichend viele Wetten eingegangen sind. Ein Spieler kann bis zu fünf Zahlen auswählen und außerdem den Wert der Auszahlung, falls seine Zahlen tatsächlich gezogen sind. Euler schlug vor, grundsätzlich nur drei verschiedene Wetten einzuführen, nämlich auf eine, zwei (*Ambes*) oder drei richtige (*Ternes*) Zahlen. Es gebe natürlich noch viele weitere, wie er bemerkte. Die Gewinne müssten von der Anzahl der zutreffend geratenen Zahlen abhängen. Auch die Reihenfolge, in der die Zahlen gezogen würden, könnte eine Rolle spielen.

Euler nimmt an, dass der Spieler einen Preis von 100 *Écus* erlangen will. Unter dieser Annahme berechnet er den fairen Wetteinsatz über das Produkt des Preises mit der Gewinnwahrscheinlichkeit und vergleicht damit den veranschlagten Einsatz. Ein *Écu* ist gleich 24 *Gros*, und ein *Gros* ist gleich 12 *Denier*. Wir erhalten Werte gemäß Tab. 6.6.

Tab. 6.6: Eulers Lotterie-Analyse

Wette	Wahrscheinlichkeit	fairer Einsatz	tatsächlicher Einsatz	Profit
Einser	1/18	5 Écus, 13 Gr. 4 D.	8 Écus	44%
Zweier	2/801	6 Gros	14 Gros	133.625%
Dreier	1/11748	2.5 Denier	15 Denier	511.875%

Die relativen »Profite« für das Lotterieunternehmen errechnen sich dabei aus dem durch 100 *Écus* dividierten Unterschied zwischen der dem Spieler eigentlich zustehenden fairen Auszahlung bei dem tatsächlichen Einsatz (z. B. 8 *Écus*) und den 100 *Écus*. Bei Zweiern und Dreiern sind die Profite gewaltig, und daher nimmt Euler eine hypothetische Auszahlung von 120 *Écus* im ersten und von 180 *Écus* im zweitgenannten Fall an. Dies entspricht einer Reduzierung des Einsatzes für *Ambes* auf $11\frac{2}{3}$ *Gros* und für *Ternes* auf $8\frac{1}{3}$ *Denier*, wenn angenommen wird, dass bei einer Auszahlung von 100 *Écus* sich jeweils dieselben prozentualen Profite ergeben sollen wie bei den ursprünglich angesetzten Einsätzen und den erhöhten Auszahlungen.

Euler findet keine grundsätzlichen Fehler im Vorschlag von Roccolini, spricht aber an Friedrich Warnungen aus, die man als Elemente einer späteren Risikotheorie betrachten kann. Da Spieler ihren eigenen Preis für einen Gewinn festsetzen dürfen, riskiert die Bank den Ruin, falls sehr große Preise bei relativ geringen Einsätzen zur Auszahlung gelangen. Grundsätzlich würden diese hohen Preise aber keine Probleme schaffen, wenn ausreichend viele Spieler teilnähmen. Falls aber zu viele Spieler auf dieselben Zahlen setzen und hohe Preise benennen dürften, könnte wieder der Fall eintreten, dass die Bank nicht die Auszahlungen leisten könne.

Abb. 6.18: L. Euler

Am 17. August 1763 erhielt Euler eine weitere Anfrage von Friedrich bezüglich einer Lotterie, die von einem Holländer namens Griethausen vorgeschlagen worden war. Diese war nicht vom Genueser Typ, sondern eine Klassenlotterie. Hier wird pro Jahr eine festgelegte Anzahl von Auslosungen mit anwachsenden Gewinnen durchgeführt, die als »Klassen« bezeichnet sind. Man kauft Jahres- oder Mehrjahreslose und nimmt damit an allen Auslosungen eines Jahres teil. Euler [1986, 382 f.] arbeitete einen entsprechenden Vorschlag für eine Klassenlotterie mit fünf Klassen pro Jahr aus, in der pro Auslosung 8000 von insgesamt 50000 Losen gewinnen. Tatsächlich führte Friedrich noch im selben Jahr eine Klassenlotterie in Berlin ein, wenn auch mit einer niedrigeren Zahl an Losen.

Ein wesentliches Element von Eulers Vorschlag war eine sechste Klasse mit der Möglichkeit eines Trostpreises für all diejenigen, die bei den fünf Ziehungen leer ausgegangen sind. Euler setzte zunächst maximal 30000 Trostpreise zu je 28.5 Dukaten bei Jahreslosen zu 100 Dukaten voraus. Da die Anzahl der hier betroffenen Teilnehmer grundsätzlich in einen weiten Bereich fallen kann, waren genauere Berechnungen erforderlich, die er aber erst in einer späteren Arbeit, »Solution d'une question tres difficile dans le calcul des probabilités« [1771], durchführte. Euler nahm dort an, dass alle Mitglieder der sechsten Klasse einen Trostpreis erhalten und schätzte den Erwartungswert der Anzahl der Trostpreise im Falle der obigen Lotterie zu $42000\left(\frac{42}{50}\right)^{5-1} = 20910\frac{6}{10}$, was weniger als die ursprünglich vorausgesetzte Maximalzahl ist.

Euler schrieb vier weitere Artikel, in denen kombinatorische Probleme im Zusammenhang mit Lotterien behandelt wurden.

1767 wurde von der Akademie der Wissenschaften zu Berlin der Artikel »Sur la probabilité des séquences dans la Lotterie Génoise« [Euler 1767] publiziert. Hier untersucht Euler die Wahrscheinlichkeit, verschiedene aufeinanderfolgende Zahlen bei den Ziehungen einer Zahlenlotterie zu erhalten.

Am 8. Oktober 1781 trug Euler der Akademie in St. Petersburg seine Abhandlung »Solutio quarundam quaestionum difficiliorum in calculo probabilium« [1785] vor. Angenommen, eine Urne enthält 90 Nummern, und fünf werden gezogen. Anschließend werden die gezogenen Nummern in die Urne zurückgelegt, und der Vorgang wird einige Male wiederholt. Euler sucht die Wahrscheinlichkeit dafür, dass nach einer bestimmten Anzahl von Wiederholungen alle 90 Nummern (oder auch eine kleinere festgelegte Zahl) gezogen worden sind.

Am 10. März 1763 stellte Euler der Berliner Akademie den Artikel »Reflexions sur une singuliere de loterie, nommée Loterie génoise« [1862b] vor. Hier entwickelt er drei Pläne für Lotterien, in denen der Veranstalter im voraus eine feste Einnahme einbehält. Dieses Papier wurde erst 1862 publiziert.

Auch »Analyse d'un problème du calcul des probabilités« wurde erst posthum veröffentlicht [1862a]. Wieder wird eine Reihe von Ziehungen aus einer Urne durchgeführt analog zur oben erwähnten Untersuchung. Euler sucht nach der Wahrscheinlichkeit dafür, dass eine spezielle Nummer dabei einmal, keinmal oder mehrmals auftaucht.

Eulers Arbeiten zum Lotteriewesen zeigen deutlich die prinzipielle Nähe dieses Problemkreises zu dem der Leibrenten und Lebensversicherungen. Bei diesen dauerte es freilich etwas länger, bis die mathematischen Ergebnisse tatsächlich in der Praxis genutzt wurden (s. Kap. 10.4).

6.5.3 Lagranges Approximation der Multinomialverteilung

De Moivres Approximationstechnik hatte Einfluss auf die Diskussion der Multinomialverteilung durch Lagrange [1776] (die wesentlichen Inhalte dieser Arbeit waren der Berliner Akademie bereits um 1770 vorgestellt worden). In einem großen Teil dieser Publikation, von der schon die Rede in Bezug auf erzeugende Funktionen war (s. Abschn. 6.3.3), ging es um Beobachtungsfehler, die nur diskrete Werte $x_1, \dots, x_r$ mit den jeweiligen Wahrscheinlichkeiten $p_1. \dots, p_r$ annehmen können ($\sum p_i = 1$). Die Wahrscheinlichkeit dafür, dass bei insgesamt n Beobachtungen $n_1, \dots, n_r$ Fehler der jeweiligen Werte auftreten, ist dann gemäß der mindestens seit de Montmort (s. [Hald 1990, 293]) bekannten Multinomialverteilung gleich

$$\mathrm{P}(n_1, \dots, n_r) = \frac{n!}{n_1! \cdots n_r!} p_1^{n_1} \cdots p_r^{n_r}.$$

Lagrange zeigte, dass $\mathrm{P}(n_1, \dots, n_r)$ für $n_i = np_i$ maximal wird, falls die np_i natürliche Zahlen sind, und dass ansonsten sich die Modalwerte N_i in der Nähe von np_i befinden, sodass $N_i/n \approx p_i$ für große n gilt. Er forderte nun, die unbekannten Wahrscheinlichkeiten p_i bei bekannten Fallzahlen n_i so zu schätzen, dass dadurch die Wahrscheinlichkeit $\mathrm{P}(n_1, \dots, n_r)$ maximiert werde – das war ein frühes Beispiel für das von ihm nicht genauer begründete Maximum-Likelihood-Prinzip – mit der aus den eingangs gemachten Bemerkungen folgenden Konsequenz, dass man Schätzwerte $\widehat{p}_i = n_i/n$ erhält. Unter Verfolgung der de Moivreschen Methode zur Approximation leitete Lagrange die folgende Näherung für große $n_1, \dots, n_r$ und $\widehat{p}_i - p_i = O(1/\sqrt{n})$ her:

$$P(n_1, \dots, n_r)\sqrt{n^{r-1}} \approx \frac{1}{\sqrt{(2\pi)^{r-1}\widehat{p}_1 \cdots \widehat{p}_r}} \exp\left(-\frac{n}{2}\sum_{i=1}^{r}\frac{(p_i - \widehat{p}_i)^2}{\widehat{p}_i}\right). \quad (6.22)$$

Diese Näherung entspricht strenggenommen nicht dem heute gewohnten (lokalen) Grenzwertsatz für die Multinomialverteilung. Diesen erhält man, wenn man $\widehat{p}_i$ gegen p_i austauscht und umgekehrt p_i gegen $\widehat{p}_i$, was wegen der angenommenen Größenordnung der Differenz dieser Größen möglich ist, und die Substitution $p_r = 1 - p_1 - \cdots - p_{r-1}$ wie auch die entsprechende Substitution für $\widehat{p}_r$ durchführt.

Lagrange selbst war freilich nur an der Näherung (6.22) interessiert. Die rechte Seite kann man im Sinne einer Wahrscheinlichkeit für die unbekannten Parameter p_i bei gegebenen $\widehat{p}_i$ auffassen – Ronald Fisher (1890–1962) hat solche Überlegungen viel später als Fiduzialargumente bezeichnet – und auf diese Weise zu bestimmten Grenzen für die Abweichung der p_i von den $\hat{p}_i$ die zugehörigen Wahrscheinlichkeiten erschließen. Im Falle der Binomialverteilung mit $p_2 = 1 - p_1$ ist das einfach. Hier wird (6.22) zu

Abb. 6.19: J.-L. Lagrange

$$P(\widehat{p}_1 - p_1 = z) \approx \frac{1}{\sqrt{2\pi n\widehat{p}_1(1 - \widehat{p}_1)}} \exp\left(-\frac{nz^2}{2\widehat{p}_1(1 - \widehat{p}_1)}\right).$$

Wie schon beim Satz von de Moivre kann für großes n und positives t auf eine integrale Beziehung, hier

$$P\left(|p_1 - \widehat{p}_1| < t\sqrt{\widehat{p}_1(1 - \widehat{p}_1)/n}\right) \approx \frac{2}{\sqrt{2\pi}} \int_0^t e^{-x^2/2} dx$$

geschlossen werden. Für $t = 1$ bestimmte Lagrange so die Wahrscheinlichkeit 0.682688; dieser Wert war auch entsprechend schon bei de Moivre aufgetreten.

Für eine Anzahl $r > 2$ von Parametern p_i konnte Lagrange – den analytischen Schwierigkeiten geschuldet – nur eine numerisch wenig günstige Abschätzung der fraglichen Wahrscheinlichkeiten nach unten geben [Hald 1998, 45].

Lagranges Approximationen waren die weitreichendsten Ergebnisse, die im 18. Jahrhundert in dem Bereich erzielt wurden, den man heute den Grenzwertsätzen für Summen unabhängiger Zufallsgrößen bzw. Zufallsvektoren zuordnet. Erst durch Laplace kamen deutlich neue Impulse auf diesem Gebiet hinzu.

6.5.4 Daniel Bernoullis Herleitung der Normalverteilung

Offenbar nicht durch de Moivre beeinflusst war Daniel Bernoulli. Um 1770 beschäftigte auch er sich mit dem Problem des Geschlechterverhältnisses in den Geburtenzahlen in zwei größeren Arbeiten [1770; 1771]. In diesem Zusammenhang trat natürlich auch das Problem auf, bei Annahme eines Geschlechterverhältnisses p in der Nähe von $1/2$ und einer aus Gründen des bequemen Umgangs mit dem symmetrischen Fall geradzahlig gewählten Anzahl der Geburten $2N$ die binomiale Wahrscheinlichkeit $B(2N, p, m)$ für die Anzahl m der männlichen Geburten zu bestimmen (wir verwenden im Folgenden eine gegenüber Bernoulli modernisierte Schreibweise). Hierzu setzte er $m = M + \mu$, wobei $M = 2Np$ der Erwartungswert der Binomialverteilung ist. Nun gilt, wie Bernoulli [1771, 349–351] bemerkte, für Binomialverteilungen die Rekursionsformel

$$B(2N, p, M + \mu + 1) = \frac{(2N - M - \mu)p}{(M + \mu + 1)(1 - p)} \cdot B(2N, p, M + \mu)$$

(vgl. (A.4) und somit

$$\begin{aligned} B(2N, p, M + \mu) - B(2N, p, M + \mu + 1) = \\ = B(2N, p, M + \mu)\left(1 - \frac{(2N - M - \mu)p}{(M + \mu + 1)(1 - p)}\right). \end{aligned}$$

Führt man jetzt, wie von Bernoulli nur verbal beschrieben, die Differenzen

$$\Delta\mu = \mu + 1 - \mu = 1, \quad -\Delta B = B(2N, p, M + \mu) - B(2N, p, M + \mu + 1)$$

ein, so folgt die Differenzengleichung

$$-\frac{\Delta B}{\Delta\mu} = \left(1 - \frac{(2N - M - \mu)p}{(M + \mu + 1)(1 - p)}\right)B, \quad B := B(2N, p, M + \mu).$$

Bernoulli machte nun nur mit der Begründung, dass $\Delta\mu$ die kleinstmögliche Differenz der verschiedenen μ sei, aus diesem Differenzenquotienten einen Differentialquotienten und kam so zur Differentialgleichung

$$-\frac{\mathrm{d}B}{\mathrm{d}\mu} = \left(1 - \frac{(2N - M - \mu)p}{(M + \mu + 1)(1 - p)}\right)B = \frac{\mu + 1 - p}{(M + \mu + 1)(1 - p)}B.$$

Diese Differentialgleichung hat, falls μ von kleinerer Größenordnung ist als M (etwa, wenn $\mu = \mathrm{O}(\sqrt{M})$, die näherungsweise Lösung

$$B \approx Q\frac{M + 1}{M + \mu + 1}\exp\left(-\frac{\mu^2}{2(M + 1)(1 - p)} + \frac{\mu^3}{3(M + 1)^2(1 - p)}\right),$$

wobei $Q = B(2N, p, M)$ ist. Mit der Bemerkung: »Quod si nos magis a scrupulositate relaxare velimus« (weil wir uns stärker von einer ängstlichen Genauigkeit lösen wollen) vernachlässigte Bernoulli den kubischen Term und setzte den Vorfaktor $(M + 1)/(M + \mu + 1)$ gleich 1. Tatsächlich ist beides gerechtfertigt, wenn, wie schon bei der Lösung der Differentialgleichung angenommen, μ etwa von der Größenordnung $\sqrt{M}$ ist. Damit folgt schließlich, wenn man noch $(M + 1)/M \approx 1$ für großes N berücksichtigt, dass

$$B(2N, p, \mu) \approx Q \exp\left(-\frac{\mu^2}{2 \cdot 2Np(1-p)}\right) \quad (N \gg 1). \tag{6.23}$$

Im Falle $p = 1/2$ ist, wie Bernoulli bereits im §18 der 1770 publizierten Arbeit bemerkte,

$$B(2N, \frac{1}{2}, \mu) \approx Q\mathrm{e}^{-\frac{\mu^2}{N}}. \tag{6.24}$$

Dort bemerkte er auch, dass μ von der Größenordnung $\sqrt{N}$ sein solle. Die Approximationsgenauigkeit dieser Formel stellte er auch bereits in dieser Arbeit mit Hilfe zweier Tabellen aus §14 und §19 für $N = 100$, also einer Versuchszahl von 200, vor (Abb. 6.20).

I.	II.	I.	II.
1.	0, 9901 q′	10.	0, 3679 q′
2.	0, 9608 q′	15.	0, 1054 q′
3.	0, 9141 q′	20.	0, 01832 q′
4.	0, 8522 q′	25.	0, 001931 q′
5.	0, 7789 q′	30.	0, 0001235 q′

I.	II.	I.	II.
1.	0, 9901 q′	15.	0, 1057 q′
2.	0, 9610 q′	20.	0, 01819 q′
3.	0, 9143 q′	25.	0, 001864 q′
4	0, 8528 q′	30.	0, 0001124 q′
5.	0, 7797 q′	35.	0, 000003924 q′
10.	0, 3691 q′	40.	0, 0000000777+ q′

Abb. 6.20: Links: Tabelle für $B(200, 1/2, \mu)$ für verschiedene μ in Spalte I. Rechts: entsprechende Tabelle für die Näherung. Die Größe q' entspricht dem $Q = B(200, 1/2, 100)$.

Während Daniel Bernoulli in der 1770er Arbeit – übrigens wieder mit Hilfe einer Differentialgleichung – eine brauchbare Näherung für Q im Falle $p = 1/2$ gefunden hatte, gelang ihm das entsprechende im allgemeinen Fall (6.23) der 1771er Arbeit nur für p nahe bei 1/2, was allerdings für seine Zwecke genügte. Hier zeigt sich besonders, dass er de Moivres Arbeiten nicht zur Kenntnis genommen hat.

Bernoullis Arbeiten von 1770/71 wurden kaum beachtet. Ähnliches gilt für seine Arbeit, die 1780 publiziert wurde und die Unregelmäßigkeiten im Gang von Pendeluhren behandelte. Hier stellte Bernoulli bereits eine Idee vor, die später als »Elementarfehlerhypothese« bezeichnet wurde: Ein Fehler wird durch die Summe von vielen kleinen elementären Fehlern hervorgerufen, die einfachhalber nur als zweiwertig mit den sehr kleinen Werten $-a$ und $+a$ angenommen werden, die dieselbe Wahrscheinlichkeit $1/2$ haben. Die Wahrscheinlichkeiten der Fehler können dann mit Hilfe von (6.24) berechnet werden.

Abb. 6.21: G. Hagen

Eben dieselben Ideen entwickelte im 19. Jahrhundert Gotthilf Hagen (1797–1884, Abb. 6.21) in seinem Buch *Grundzüge der Wahrscheinlichkeitsrechnung* von 1837, sicher ohne Kenntnis der Arbeiten von Daniel Bernoulli. In ähnlicher Weise wie dieser entwickelte er dabei die Herleitung der approximierenden Normalverteilung über eine Differentialgleichung. Von einem etwas rigoroseren Standpunkt aus war aber diese Herleitung ebenso mit Zweifelhaftigkeiten versehen wie die von Bernoulli.

In der Folgezeit wurde die Idee genauer ausgearbeitet, sodass der Übergang von der Rekursionsformel für Binomialverteilungen zur Differentialgleichung nicht mehr so willkürlich erscheint. Wir setzen mit $\sigma = \sqrt{npq}$ und $q = 1 - p$:

$$y(x) = \begin{cases} \sigma B(n, p, np + x\sigma) & \text{falls } np + x\sigma \in \{0, 1, \dots, n\} \\ 0 & \text{sonst.} \end{cases}$$

$y(x)$ ist eine Dichtefunktion der standardisierten binomialen Zufallsgröße, ohne den Vorfaktor σ würde $y(x)$ mit wachsendem n gegen 0 gehen. Dann ist wegen der Rekursion (A.4) für $np + x\sigma \in \{0, 1, \dots, n\}$:

$$B(n, p, np + x\sigma + 1) = \frac{(n - np - x\sigma)p}{(np + x\sigma + 1)q} B(n, p, np + x\sigma),$$

und mit ein bisschen Termumformungen folgt für $\Delta x = 1/\sigma$:

$$\frac{y(x + \Delta x) - y(x)}{\Delta x} = \frac{-x\sigma^2 - q\sigma}{x\sigma q + \sigma^2 + q} y(x).$$

Unter der (natürlich noch zu beweisenden) Annahme, dass im Grenzfall $n \to \infty$ die Funktion $y(x)$ zu einer stetig differenzierbaren Funktion φ wird, folgt somit, da dann ja auch σ gegen Unendlich geht:

$$\varphi'(x) = -x\varphi(x).$$

Die Lösung dieser Differentialgleichung ist

$$\varphi(x) = C\mathrm{e}^{-\frac{x^2}{2}}.$$

Die Konstante C lässt sich über die Normierungsbedingung

$$\int_{-\infty}^{\infty} \varphi(x)\mathrm{d}x = C \int_{-\infty}^{\infty} \mathrm{e}^{-\frac{x^2}{2}}\mathrm{d}x = 1$$

finden. Der Wert $\sqrt{\pi}$ des fraglichen Integrals wurde durch Laplace (s. Kap. 10.1.3) etabliert. Ein ganz strenger Beweis auf dieser Linie ist Ernst Lykke Jensen und Holger Rootzén [1986] gelungen.

Auch Daniel Bernoullis Beispiel der Herleitung der Normalverteilung zeigt somit die Reichhaltigkeit der stochastischen Ergebnisse im 18. Jahrhundert und ihre immer noch aktuelle Relevanz.

6.6 Bayes, Price und eine neue Idee

Die Erschließung von Wahrscheinlichkeiten aus Beobachtungen war ein wichtiges Thema, das spätestens seit der Diskussion des schwachen Gesetzes der großen Zahlen durch Jakob Bernoulli auch in der stochastischen Theorie verankert war. Allerdings ging die mathematische Modellierung dabei von einer vorgegebenen Trefferwahrscheinlichkeit aus und fragte nach der Wahrscheinlichkeit dafür, dass diese in einer längeren Versuchsreihe durch die relative Häufigkeit angenähert werden würde. Die gewissermaßen umgekehrte stochastische Schlussweise würde dagegen, ausgehend von einer beobachteten Trefferhäufigkeit, unmittelbar auf die Trefferwahrscheinlichkeit innerhalb gewisser Grenzen schließen. Genau dieser Fragestellung widmete sich Thomas Bayes (1702–1761, Abb. 6.23) in nachgelassenen Schriften [1764; 1765]. Sein Kollege Richard Price (1723–1791, Abb. 6.25), der diese Schriften herausgab, versuchte die Ausführungen von Bayes zu einer allgemeineren Theorie induktiven Schließens auszubauen.

6.6.1 Das Induktionsproblem

Induktives Schließen bedeutet allgemein, aus einer endlichen – üblicherweise sehr großen – Anzahl von empirischen Tatsachen einen allgemeinen Sachverhalt zu folgern. Ein solches Vorgehen hat nicht dieselbe Beweiskraft wie ein deduktiver Schluss. Trotzdem spielt induktives Schließen sowohl in der täglichen Praxis wie auch in den Wissenschaften (in gewissem Umfang sogar in der Mathematik) eine unverzichtbare Rolle. David Hume (1711–1776, Abb. 6.22) hat

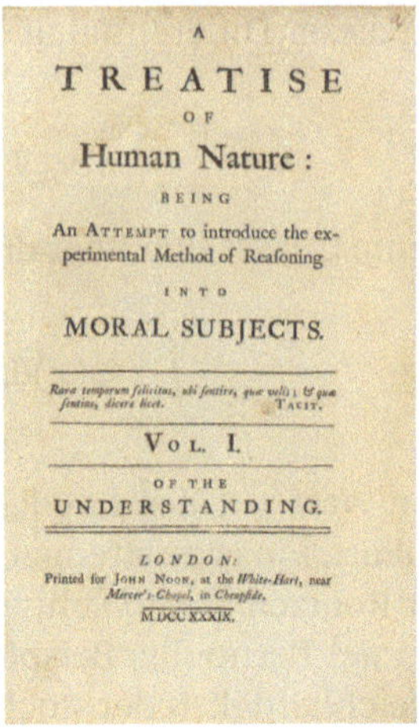

A

TREATISE

OF

Human Nature:

BEING

An ATTEMPT to introduce the experimental Method of Reasoning

INTO

MORAL SUBJECTS.

Rara temporum felicitas, ubi sentire, quæ velis; & quæ sentias, dicere licet. TACIT.

VOL. I.

OF THE

UNDERSTANDING.

LONDON:

Printed for JOHN NOON, at the *White-Hart*, near *Mercer's-Chapel*, in *Cheapside*.

MDCCXXXIX.

Abb. 6.22: D. Hume: Statue in Edinburgh und Titelblatt der *Treatise*

in seinem Werk *A Treatise of Human Nature* (1739) die induktive Schlussweise besonders mit dem Kausalitätsproblem verbunden, daraus aber eine für die Induktion allgemein gültige Folgerung gezogen.

Gemäß der Lehre der von Thomas Hobbes (1588–1679) und John Locke (1632–1704) begründeten Ideenassoziation, die grundsätzlich auch Hume vertritt, entstehen Ideen als Grundbestandteile des menschlichen Denkens durch die Verarbeitung von zueinander ähnlichen Eindrücken (»impressions«), die primär Sinneswahrnehmungen sind, sekundär aber auch aufgrund schon vorhandener Ideen durch Leidenschaften und Emotionen hervorgerufen werden können. Ideen können in gewisser Weise miteinander verknüpft bzw. »assoziiert« werden. Gemäß Hume gibt es drei verschiedene Assoziationen, die »den Verstand von einer Idee zu einer anderen tragen«: die Ähnlichkeit, die Nähe in Zeit und Raum sowie die Kausalbeziehung zwischen Konkretisierungen (»Objekten«) von Ideen (*Resemblance, Contiguity in Time or Place, Cause and Effect*). Der Kausalbeziehung widmet sich Hume besonders, da diese die einzige Möglichkeit ist, um von der Existenz einer bestimmten Art von Objekten auf die von Objekten einer anderen Art schließen zu können. Eine solche Beziehung wird gemäß Hume nur durch Erfahrung, also induktiv hergestellt, kann damit aber strenggenommen weder als allgemeingültig noch als wahrscheinlich bezeichnet werden.

Zur Begründung der mangelnden Allgemeingültigkeit induktiven Schließens führt Hume [1739, book 1, part iii, sect. 6] das folgende Argument an: Auch wenn in einer großen Reihe von Versuchen ein Objekt der Sorte A stets ein Objekt der Sorte B nach sich gezogen hat, so kann daraus nicht logisch gefolgert werden, dass dies auch weiterhin so stattfindet. Aber auch ein Schluss darauf, dass die Fortsetzung »wahrscheinlich« sei – im Sinne, dass der weitere Verlauf dem bisherigen ähnlich ist –, ist vom logischen Standpunkt aus nicht möglich.

Wenn es eine solche Schlussweise gäbe, so könnte sie jedenfalls nicht deduktiv begründet werden. Die einzige Alternative wäre, sie durch dieselbe Art des induktiven Schließens zu rechtfertigen, womit sich aber nur erneut die Frage nach der Begründung dieser Schlussart stellen würde.

Trotz dieser skeptischen Grundhaltung war sich Hume der Unverzichtbarkeit wie auch des großen Erfolgs induktiven Schließens für die Etablierung von Kausalbeziehungen in den Natur- und Humanwissenschaften bewusst, aufgrund derer ja erst Erkenntnisse jenseits reiner Beobachtungen entstehen konnten. Er argumentierte daher, dass zwar die Erwartung auf allgemeingültige Kausalbeziehungen aufgrund beständiger Erfahrungen nicht durch die Vernunft begründet werden könne, jedoch, sozusagen der Natur des Verstandes gemäß, zu den wesentlichen Mechanismen der Ideenassoziation gehören würde. Und er bezeichnete die letztlich auf Induktion beruhenden Feststellungen »morgen geht die Sonne auf«sowie »alle Menschen müssen sterben«als »gewiss genug« (*Treatise*, book 1, part iii, sect. 11). In den *Essays Concerning Human Understanding*, die Hume 1748 veröffentlichte, und in denen er eine im wesentlichen Kern unveränderte, aber auf bessere Präzision und Verständlichkeit abzielende Darstellung gab, bezeichnete er solche Tatsachen als »matters of fact« (s. z. B. Essay IV, part I).

6.6.2 Bayes' Essay

Abb. 6.23: Jetzige Gestalt des Wohnhauses von Bayes in Tunbridge und (mutmaßliches) Portrait von Bayes

Thomas Bayes wurde nach einem Studium der Theologie und Logik an der Universität Edinburgh presbyterianischer Geistlicher. Von 1731 bis 1752 wirkte er als Pfarrer in Tunbridge Wells (südöstlich von London). In der Folgezeit bestritt er seinen Lebensunterhalt vom ererbten Vermögen seines Vaters, blieb aber in Tunbridge und starb dort 1761. 1742 war er Fellow der *Royal Society* geworden, möglicherweise aufgrund einer Verteidigungsschrift für die Newtonsche Fluxionsrechnung gegen deren bekannten Kritiker George Berkeley (1685–1753). In

Bayes' Nachlass fand sich auch eine größere Schrift zur Wahrscheinlichkeitsrechnung, die von dem bekannten Philosophen Richard Price in zwei Teilen 1764 und 1765 zusammen mit Einleitungen und mit Anhängen versehen der *Royal Society* übermittelt und publiziert wurde. Price war ebenfalls Pfarrer in einer mit der anglikanischen Kirche im Glaubensdissens befindlichen unitarischen Gemeinde in Wales. Durch seine thematisch weitgespannten Schriften von Fragen der Moral bis zu volkswirtschaftlichen Problemen und vielseitigen Kontakte übte er auch wesentlichen Einfluss auf politische Entwicklungen aus, etwa bei der Gestaltung der Verfassung der Vereinigten Staaten.

Die wesentlichen stochastischen Konzepte der Bayesschen Arbeit sind in ihrem ersten gedruckten Teil [Bayes und Price 1764] enthalten. Vorangestellt ist diesem ein sechsseitiger Brief von Price an den Physiker und Mitglied des *Councils* der *Royal Society* John Canton (1718–1772), in dem auf die Besonderheiten und Vorzüge der Bayesschen Untersuchung hingewiesen wird, die dann unter dem Titel »An Essay towards solving a Problem in the Doctrine of Chances« erschien. Price betonte dabei besonders hinsichtlich des Werts des Bayesschen Beitrags:

> [It] is necessary to be considered by any one who would give a clear account of the strength of *analogical* or *inductive reasoning*.

Damit setzte bereits Price einen Rahmen, wie er auch heute benannt wird, wenn von »Bayesschen Schlussweisen« die Rede ist und ging damit weit über die zurückhaltende Darstellung von Bayes selbst hinaus.

Im ersten Teil seiner Arbeit von 1764 leitete Bayes Grundbeziehungen der Wahrscheinlichkeitsrechnung her. Er ging dabei von spezifischen Definitionen aus, verwendete aber daneben auch in selbstverständlicher Weise Eigenschaften, ohne diese als Axiome zu fordern. Übertragen in moderne Formelsprache definierte Bayes das Wahrscheinlichkeitsmaß $\mathrm{P}(A)$ eines Ereignisses A nicht über ein Verhältnis von Fallzahlen, sondern als Verhältnis zwischen der aus A resultierenden Erwartung $e(A)$ und dem Wert des damit verbundenen Gewinns $g(A)$, also $\mathrm{P}(A) = e(A)/g(A)$. Dies hatte den Vorteil, dass so auch geometrische (also kontinuierlich verteilte) Wahrscheinlichkeiten erfassbar waren und außerdem bei der Argumentation von Aspekten des Erwartungsbegriffs, die der Wettpraxis entsprechen, Gebrauch gemacht werden konnte. Den Summensatz für unvereinbare Ereignisse (also solcher, deren Eintreffen sich gemäß Definition gegenseitig ausschließt) leitete Bayes über die von ihm als selbstverständlich betrachtete Additivität von Erwartungen her.

Besonderes Gewicht legte er auf voneinander abhängige Ereignisse, und in diesem Zusammenhang auf die Beziehung (wiedergegeben in moderner Formelsprache)

$$\mathrm{P}(A \cap B) = \mathrm{P}(B \mid A)\,\mathrm{P}(A). \tag{6.25}$$

Die bedingte Wahrscheinlichkeit $\mathrm{P}(B \mid A)$ wurde dabei verbal ausgedrückt als »Wahrscheinlichkeit des zweiten [Ereignisses B] unter der Voraussetzung, dass das erste [A] eintritt«. Zu beachten ist, dass Bayes ebenso, wie es bereits de

Moivre in seiner *Doctrine* getan hatte, bedingte Wahrscheinlichkeiten mit einer zeitlichen Abfolge (zuerst A, dann B) zusammenbrachte.

Zum Beweis von (6.25) – heute wird die Beziehung postuliert oder aus der Definition bedingter Wahrscheinlichkeiten gefolgert – gebrauchte Bayes das folgende, nicht weiter begründete, Argument: Wenn A eingetreten ist, so steigt dadurch der Wert des Wettkontrakts auf das Eintreffen von A und B zusammen (in moderner Bezeichnungsweise) vom ursprünglichen Einsatz $e(A \cap B)$ auf einen höheren Wert $e(B \mid A)$. Dem Eintreffen von A entspringt folglich ein hypothetischer Gewinn, der sich aus der Differenz $e(B \mid A) - e(A \cap B)$ ergibt.

Besonders wichtig war, dass Bayes in seiner *Proposition* 5 die zeitliche Reihenfolge umdrehte und auf diese Weise die nachmalig so genannten »inversen« Wahrscheinlichkeiten einführte: Wenn ein in der zeitlichen Reihenfolge zweites Ereignis B wirklich eingetreten ist, so ist die Wahrscheinlichkeit dafür, dass ein erstes Ereignis A ebenfalls eingetreten ist gleich

$$\mathrm{P}(A \mid B) = \frac{\mathrm{P}(A \cap B)}{\mathrm{P}(B)}. \tag{6.26}$$

In heutiger Ausgestaltung spielt die zeitliche Reihenfolge bei bedingten Wahrscheinlichkeiten keine Rolle, die Beziehung (6.26) kommt einfach durch Vertauschung von A und B in (6.25) zustande. Hier zeigen sich deutlich die konzeptionellen Unterschiede in der Bayesschen Theorie und in späteren Ansätzen, die im Grunde mit Laplace beginnen.

Ausgestattet mit diesen Grundsätzen und außerdem einer Herleitung der Binomialverteilung konnte Bayes nun sein Hauptproblem angehen, das er in physikalischer Einkleidung präsentierte. In einem Gedankenexperiment wird angenommen, dass auf einen quadratischen Tisch $ABCD$ (s. Abb. 6.24) Kugeln so geworfen werden, dass sie auf jeden Fall auf dem Tisch liegen bleiben und die Wahrscheinlichkeit dafür, dass sie auf einer bestimmten Teilfläche landen, nur zum Inhalt dieser Teilfläche proportional ist, aber nicht von ihrer speziellen Lage auf dem Tisch abhängt. In einem ersten Schritt wird die Kugel W einmal geworfen. Sie bleibt irgendwo auf der Linie os liegen. Dann ist, wie Bayes explizit beweist, die Wahrscheinlichkeit dafür, dass eine andere Kugel O rechts von os zu liegen kommt – er nennt dies das »Ereignis M« – gleich dem Streckenverhältnis $\overline{Ao}/\overline{AB}$. Durch das Werfen von W wird also eine Wahrscheinlichkeit x, die gleich diesem Streckenverhältnis ist, zufällig so bestimmt, dass x zwischen 0 und 1 gleichverteilt ist.

In einem zweiten Schritt wird nun eine gleichartige Kugel O insgesamt n-mal auf den Tisch geworfen. Angenommen, man kennt nicht die genaue Lage von os bzw. den genauen Wert von x, weiß aber, dass im zweiten Schritt p-mal das Ereignis M eingetreten ist (diese Information wird im Folgenden durch M_p abgekürzt); was kann man dann über x aussagen? Bayes liefert die Antwort durch den Beweis des später nach ihm benannten Theorems, das in moderner Form so lautet:

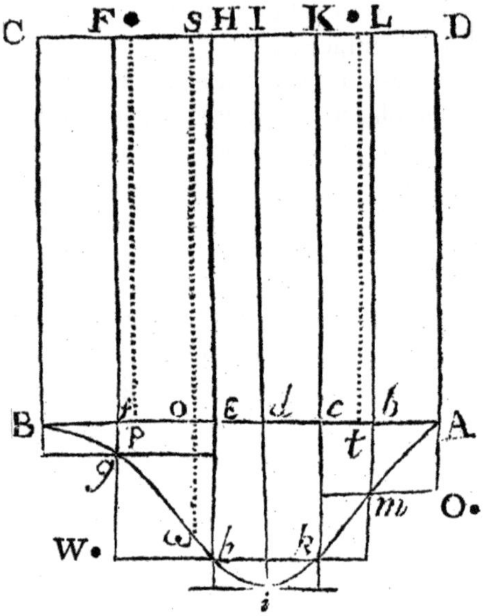

Abb. 6.24: Bayes' Graphik zu seinem Gedankenexperiment [1764, 385]. Ersichtlich ist der Tisch *ABCD* und die beiden Kugeln *W* und *O*. Unterhalb von *AB* ist die Funktionskurve von $x \mapsto \binom{n}{p} x^p(1-x)^{n-p}$ angedeutet; dabei verläuft sozusagen die x-Achse von rechts nach links, und die Länge von *AB* wird als Einheitslänge angesehen. Die Fläche unter der Kurve wird durch ein- und umbeschriebene Rechtecke approximiert, die ebenfalls angedeutet sind.

$$\mathrm{P}(x_1 < x < x_2 \mid M_p) = \frac{\int_{x_1}^{x_2} t^p(1-t)^{n-p}\mathrm{d}t}{\int_0^1 t^p(1-t)^{n-p}\mathrm{d}t} = \frac{(n+1)!}{p!(n-p)!}\int_{x_1}^{x_2} t^p(1-t)^{n-p}\mathrm{d}t. \tag{6.27}$$

Hier geht es also darum, dass aus dem Ergebnis des zweiten Schritts (p Treffer) das des ersten Schritts (Wert von x) erschlossen werden soll. Zu diesem Zweck kann Bayes genau seine Regel (6.26) anwenden, in der Form

$$\mathrm{P}(x_1 < x < x_2 \mid M_p) = \frac{\mathrm{P}(x_1 < x < x_2 \text{ und } M_p)}{\mathrm{P}(M_p)}.$$

Entsprechend der Newtonschen Tradition verwendet Bayes nicht die Integralschreibweise. Statt dessen drückt er die Integrale anschaulich durch Flächen unter der Kurve zu $x \mapsto \binom{n}{p} x^p(1-x)^{n-p}$ aus. Der Kern des Beweises ist, die Beziehung

$$\mathrm{P}(x_1 < x < x_2 \text{ und } M_p) = \binom{n}{p}\int_{x_1}^{x_2} t^p(1-t)^{n-p}\mathrm{d}t$$

zu begründen. Dazu geht Bayes im Sinne der antiken Exhaustionsmethode vor und bringt die Annahme, dass die linke Seite größer bzw. kleiner als die rechte ist zum Widerspruch. Im Rahmen dieses Widerspruchsbeweises ist es etwa nötig, gemäß der Abb. 6.24 die Wahrscheinlichkeit $\mathrm{P}(e < x < f \text{ und } M_p)$ nach oben abzuschätzen (der Einfachheit werden e und f als x-Werte aufgefasst). Dies geschieht durch

$$P(e < x < f \text{ und } M_p) = P(M_p \mid e < x < f)(f - e) \leqslant (f - e)\binom{n}{p}e^p(1 - e)^{n-p},$$

wobei die hier auftretende Ungleichung zwar intuitiv ist, von Bayes aber nicht begründet wird. Der Term auf der rechten Seite der Ungleichung ist gleich der Fläche des Teilrechtecks mit der Diagonalen fh.

Die Aussage des Theorems folgt schließlich unter Berücksichtigung, dass

$$P(M_p) = P(M_P \text{ und } 0 < x < 1) = \binom{n}{p}\int_0^1 t^p(1 - t)^{n-p}dt = \binom{n}{p}\frac{p!(n - p)!}{(n + 1)!}.$$

Bayes' Theorem betraf zunächst einmal eine rein theoretische Situation, die mit stochastischer Praxis kaum etwas zu tun hatte. Die Übertragung in Anwendungen deutete Bayes in einem *Scholium* an, das aber nicht mehr als insgesamt zwei Seiten umfasste. »Dieselbe Regel« könne, so Bayes, dann angewendet werden, wenn man die Wahrscheinlichkeit für ein Ereignis bestimmen wolle, von der ursprünglich überhaupt nichts bekannt sei, falls man anfänglich »keinen Grund habe zu glauben, dass bei einer bestimmten Versuchszahl das [fragliche] Ereignis eine bestimmte Anzahl von Malen eher als eine andere Anzahl von Malen auftreten solle «. In anderen Worten: Im Rahmen einer binomialen Versuchsreihe war das Theorem, so behauptete Bayes, anwendbar, wenn die Wahrscheinlichkeit für M_p vor Beginn der Versuche, oder wie man üblicherweise sagt »a priori« für jede Trefferzahl p denselben Wert haben würde. Tatsächlich sind die beiden Aussagen äquivalent: apriorische Gleichverteilung von p für alle beliebigen Versuchszahlen n und apriorische Gleichverteilung von x auf dem Intervall $[0, 1]$. Bayes' Argumentation hinsichtlich dieser Äquivalenz war allerdings sehr unvollständig, er zeigte nur, dass die apriorische Gleichverteilung von x die von p impliziert. In späteren Anwendungen des Bayes-Theorems oder dazu äquivalenter Aussagen wurde ab Laplace gleich die apriorische Gleichverteilung von x angenommen, wobei man sich auf das »Prinzip des unzureichenden Grundes« berief. Diese Gleichverteilungsannahme war und ist freilich in mehrfacher Hinsicht, nicht nur aus Modellierungsgründen, sondern auch grundsätzlich, problematisch (s. hierzu [Hald 2007, chapt. 11]); für Bayes' Voraussetzung gelten aber wesentliche der grundsätzlichen Einwendungen nicht. Freilich wurde die Tragweite dieser Idee von Bayes erst in jüngerer Zeit entdeckt (s. [Stigler 1986b, 128 f.]). Außerdem sind diese Überlegungen nur auf die Parameterschätzung im binomialen Fall (mit dem Parameter x) anwendbar.

6.6.3 Die Ergänzungen von Price

Anwendungen für seine Theorie auf konkrete Beispiele stellte Bayes nicht vor. Dieses Defizit behob in gewissem Umfang Price durch eine ausführliche Einleitung in Form eines Briefs an den schon erwähnten John Canton und einen umfassenden »Appendix« zum *Essay*. In der Einleitung hob Price, wie schon

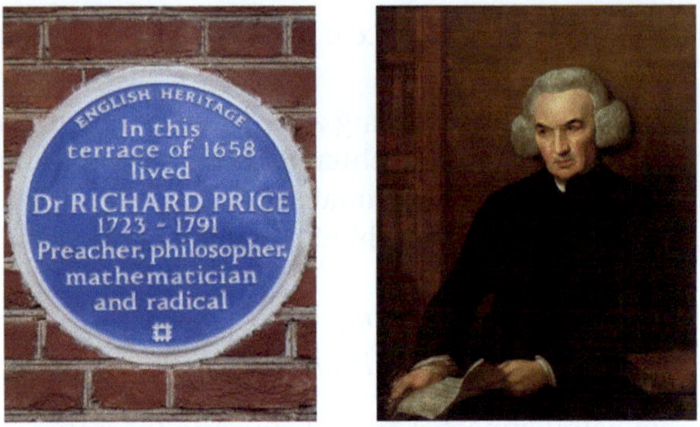

Abb. 6.25: R. Price: Gedenktafel und Portrait

eingangs erwähnt, besonders den Nutzen der neuen Untersuchung für das Induktionsproblem hervor. Dabei stellte er grundsätzlich nicht die Berechtigung der Induktion in Frage: Der gesunde Menschenverstand würde schon ausreichen, um zu erweisen, dass sich die Folgen bestimmter »Ursachen« oder »Aktionen«, die sich in der Vergangenheit gezeigt hätten, auch in der Zukunft wiederholen würden. Bislang sei jedoch nicht in ausreichender Genauigkeit eine Bestimmung über den Genauigkeitsgrad gelungen, mit dem wiederholte Versuche eine bestimmte Schlussfolgerung bestätigen würden. Auch die Approximation von de Moivre war nach Meinung von Price nicht so gut zur Lösung dieses Problems geeignet, weil sie dieses nur in eher indirekter Weise angehen würde und die Genauigkeit der vorgenommenen Näherung (durch die Normalverteilung) nicht feststehen würde. Bayes und er stellten tatsächlich Näherungen des später so genannten »unvollständigen Betaintegrals« $\int_0^x t^p(1-t)^{n-p}dt$ bei großen n und p samt Genauigkeitsbetrachtungen vor. Ein beträchtlicher Teil des *Essay* und der Priceschen Ergänzungen sind diesem Approximationsproblem gewidmet (s. z. B. [Hald 1998, chapt. 8.6]). Eine deutlich einfacher handhabbare Lösung erzielte Laplace (s. Kap. 7.5.4).

Prices Bemerkungen zum Induktionsproblem wirken aus heutiger Sicht vielleicht etwas übertrieben optimistisch, da sich ja die von ihm vorgestellte Theorie ausschließlich auf binomiale Versuchsanordnungen, also auf die Bestimmung von Trefferwahrscheinlichkeiten aufgrund der Beobachtung relativer Häufigkeiten bezog. Dabei ist freilich zu beachten, dass gerade regelmäßige Zahlenverhältnisse in Natur und Gesellschaft eine sehr große Rolle spielen, wie es ja auch bereits im Kapitel 6.2 am Beispiel des Verhältnisses von Knaben- zu Mädchengeburten deutlich geworden ist.

Von den Beispielen, die Price im »Appendix« brachte, wollen wir im Folgenden zwei genauer betrachten. Das eine betraf die ausnahmslos wiederholte Beobachtung des Sonnenaufgangs, ein Phänomen, das, wie bereits bemerkt, auch von Hume im Zusammenhang mit induktiver Schlussweise erwähnt worden war. Ein Mensch wird im Zustand völliger Ignoranz in die Welt gesetzt. Am ersten Morgen entdeckt er, dass es so etwas wie einen Sonnenaufgang gibt. Ab dem zweiten Morgen beginnt er zu zählen. Ob nun wie bei Price der erste Morgen aus der Zählung ausgenommen werden soll oder nicht, ist eine im Grundsatz spannende, bei einer großen Anzahl aber numerisch irrelevante Frage. Angenommen, er hat $p = n$-mal hintereinander ausnahmslos den Sonnenaufgang gezählt. Dann gilt gemäß dem Bayesschen Theorem für die Wahrscheinlichkeit x des Sonnenaufgangs

$$\mathrm{P}(x_1 < x < x_2 \mid p = n) = (n+1)\int_{x_1}^{x_2} t^n \mathrm{d}t = x_2^{n+1} - x_1^{n+1}.$$

Wurde der Sonnenaufgang eine Million mal beobachtet (dieses Ereignis wollen wir mit S bezeichnen), so ist, entsprechend der Berechnung von Price

$$\mathrm{P}\left(x \geqslant \frac{1.4 \cdot 10^6}{1.4 \cdot 10^6 + 1} \,\Big|\, S\right) = 0.5105, \quad \mathrm{P}\left(x \leqslant \frac{1.6 \cdot 10^6}{1.6 \cdot 10^6 + 1} \,\Big|\, S\right) = 0.5352.$$

Auffällig ist, dass Price bei seinen Zahlenbeispielen oft Wahrscheinlichkeiten P wählt, die nur leicht über 0.5 liegen, nach der damaligen Auffassung also Ereignisse bezeichnen, die »wahrscheinlich« sind. Die unbekannte Wahrscheinlichkeit x in der Nähe von 1 drückt Price dagegen mit Hilfe von Chancenverhältnissen, also beispielsweise »$1.6 \cdot 10^6 : 1$« aus.

Bemerkenswert sind die beiden folgenden Feststellungen von Price [Bayes und Price 1764, 410]:

> It should be carefully remembered that these deductions suppose a previous total ignorance of nature.
>
> [...]
>
> What has been said seems sufficient to shew us what conclusions to draw from *uniform* experience. It demonstrates, particularly, that instead of proving that events will *always* happen agreeably to it, there will be always reason against this conclusion.

Das erste Zitat zeigt, dass sich Price deutlich der mathematischen Voraussetzung einer uniformen A-priori-Verteilung für die unbekannte Trefferzahl bzw. die Trefferwahrscheinlichkeit x bewusst war. Die daraus resultierenden Probleme für die Anwendung auf das Induktionsproblem diskutierte er jedoch nicht. Das zweite Zitat ist vielleicht noch interessanter, wenn auch unklarer. War das Prices Antwort auf die Einwendungen von Hume? Einerseits setzt die zugrundegelegte binomiale Versuchsreihe die Unveränderlichkeit der Wahrscheinlichkeit x und damit der »Ursache« für die beobachtete Trefferzahl voraus, eine Unveränderlichkeit, die eben gemäß Hume nicht gewährleistet werden kann. Andererseits wird die Tatsache der beständigen Erscheinung eben nur durch eine – wenn auch sehr große – Wahrscheinlichkeit x ausgedrückt, und ebenso die Schlussfolgerung durch eine weitere Wahrscheinlichkeit P. Dies lässt die logische Möglichkeit der Alternative zu. Vielleicht hat dieser Umstand Price tatsächlich zu der Vermutung veranlasst, auf diese Weise eine Antwort auf das Induktionsproblem gefunden zu haben.

Das zweite Beispiel, das hier vorgestellt werden soll, ist vom stochastischen Standpunkt wohl noch relevanter, weil es der später so genannten »Umkehrung« des Gesetzes der großen Zahlen entspricht. Andererseits ist hier aber die Annahme der apriorischen Gleichwahrscheinlichkeit für alle Trefferzahlen eigentlich sehr fragwürdig – erst viel später wurde bemerkt, dass diese Annahme keine Rolle spielt, s. Kap. 7.5.4. Price berechnet Wahrscheinlichkeiten dafür, dass der Anteil der Gewinnlose in einer Lotterie zwischen x_1 und x_2 liegt, falls bei n Losungen p Gewinne zustandegekommen sind, wobei er – stillschweigend und etwas realitätsfremd – Ziehungen mit Zurücklegen annimmt. Hierfür greift er bis zu einer beobachteten Anzahl von $p = 10$ Gewinnen bei 110 Versuchen direkt auf die Auswertung von (6.27) nach Ausmultiplizieren des Binoms $(1-t)^p$ und gliedweiser Integration zurück. Es zeigt sich, dass bei festgehaltenen x_1, x_2 mit wachsendem n und konstantem Verhältnis p/n die fragliche Wahrscheinlichkeit ebenfalls wächst, wenn auch unter Umständen recht langsam. So ist für $n = 110$ etwa $\mathrm{P}(9/10 < x < 11/12 \mid p = 10) = 0.2506$. Für größere Fallzahlen greift Price auf die von Bayes entwickelten und von ihm verbesserten Abschätzungen zurück, deren Begründung noch eine zweite Publikation [Bayes und Price 1765] gewidmet ist. So findet er schließlich für $n = 11000$ die Abschätzung $\mathrm{P}(9/10 < x < 11/12 \mid p = 1000) > 0.974$. Aus diesen Zahlenbeispielen folgerte Price (S. 414) schließlich ähnlich wie das bereits de Moivre verlautet hatte (s. Abschn. 6.2.3), dass die Beobachtung von stabil festen Verhältniszahlen nicht aus blindem Zufall zustandekäme, sondern »from permanent causes, or laws orginally established in the constitution of nature in order to produce that order of events which we observe«.

6.6.4 Der Beginn der inversen Wahrscheinlichkeiten

Wenn Beobachtungen B aufgrund bestimmter Annahmen verursacht zu werden scheinen, so kann man prinzipiell zwei verschiedene Typen von Wahrscheinlichkeiten berechnen: Die für die Beobachtungen aufgrund der Annahmen, abgekürzt durch $\mathrm{P}(B \mid A)$ und umgekehrt die für die Annahmen aufgrund der Beobachtungen $\mathrm{P}(A \mid B)$. Ab dem 19. Jahrhundert wurde – vermutlich in Nachfolge von Augustus de Morgan (1806–1871) – der erstgenannte Typ als »direkte« und der zweitgenannte als »inverse« Wahrscheinlichkeit bezeichnet (s. Tab. 7.1). Um die Mitte des 18. Jahrhunderts zeigten sich erste Hinweise auf die Idee inverser Wahrscheinlichkeiten, so etwa im Werk von Johann Heinrich Lambert (1728–1777) um 1760 [Hauser 1997, Kap. 9.5; 10.3]. Bekannt ist ein Zitat von David Hartley (1705–1757), der 1749 in seinem Hauptwerk *Observations on Man, his Frame, his Duty and his Expectations* im Anschluss an eine Diskussion des de Moivreschen Grenzwertsatzes und seine Anwendung auf die Wahrscheinlichkeiten relativer Häufigkeiten von einem »ingenious friend« berichtete, der eine Lösung des »inversen Problems« gefunden habe, in dem Sinne, dass er die Wahrscheinlichkeit dafür angeben konnte, dass nach p-maligem Eintreten und q-maligem Nicht-Eintreten eines Ereignisses, das »ursprüngliche Verhältnis der Gründe für Eintreten und Nicht-Eintreten« in einem bestimmten Maße vom Verhältnis p zu q abweichen würden. Und er fügte hinzu (zitiert nach [Stigler 1986b, 132]):

> And it appears from this Solution, that where the Number of Trials is very great, the Deviation must be inconsiderable.

Ob nun Bayes tatsächlich der geniale Freund war, ist lebhaft diskutiert worden. Letztlich ist diese Frage vielleicht auch nicht gar so wichtig, wie ebenso die Frage, ob Laplace und Condorcet, die sich ab ca. 1770 mit inversen Wahrscheinlichkeiten im Rahmen binomialer Versuchsreihen zu beschäftigen begannen, dies mit oder ohne Kenntnis der Arbeiten von Bayes und Price taten. Fest steht jedenfalls, dass ein substantieller Einfluss der ursprünglichen Beiträge von Bayes und Price nicht erkennbar ist. Ein wesentlicher Grund für diese Vernachlässigung war wohl die sehr schwerfällige und daher nur mühsam anwendbare analytische Darstellung. Erst durch den Erfolg, den die Laplacesche Theorie der inversen Wahrscheinlichkeiten hatte und durch die sporadische Erwähnung von Bayes' Beitrag durch Laplace und Condorcet wurde dem *Essay* die ihm gebührende Aufmerksamkeit ab dem 19. Jahrhundert zuteil. Gleichzeitig stellt aber das *Essay* ein wesentliches thematisches Bindeglied dar, welches von der Wahrscheinlichkeitstheorie des 18. Jahrhunderts hin zu einer für die mathematische Statistik späterer Zeiten äußerst bedeutsamen Entwicklung weist.

Kapitel 7
Laplaces Théorie analytique

Fast jedes Schulkind kennt den Begriff »Laplace-Wahrscheinlichkeiten«. Wie so oft, wenn es in der Mathematik um die tatsächlichen Erfinder geht, handelt es sich auch hier nicht um eine eigenständige, geschweige denn die wichtigste Errungenschaft von Laplace im Rahmen der Wahrscheinlichkeitsrechnung.

Drei Gesichtspunkte sind tatsächlich für die herausgehobene Rolle von Laplace in der Geschichte der Stochastik ausschlaggebend: erstens das durch ihn geleistete, vielfältige Methodenrepertoire für den Bereich, der heute als »statistische Inferenz« bezeichnet wird, zweitens die nochmalige Erweiterung des Anspruchs der Stochastik als universelles Hilfsmittel in Situationen mit unvollständiger Informationslage einschließlich der Diskussion der zugehörigen philosophischen Aspekte, und schließlich die Entwicklung eines umfangreichen Fundus aus analytischen Methoden, die nicht nur als Hilfsmittel für die Lösung von Problemen der Stochastik dienen konnten, sondern mathematisches Eigenleben entfalteten. Auch wenn Laplaces Versuch nicht überzeugte, seinen Lesern diese analytischen Methoden unter der Leitidee erzeugender Funktionen als geschlossene Theorie zu verkaufen, so vermittelte er dennoch dadurch erfolgreich das Bild der Wahrscheinlichkeitsrechnung als einer wesentlich analytisch geprägten Disziplin, also einer »Théorie analytique«. Auf diese Weise wurde er zu einem der Wegbereiter in dem Prozess, der die Wahrscheinlichkeitsrechnung einschließlich ihrer statistischen Anwendungen zu einem mathematischen Teilgebiet im engeren Sinne werden ließ.

7.1 Leben und Werk

Pierre Simon Laplace (Abb. 7.1) wurde am 23. März 1749 in Beaumont-en-Auge (Normandie) in eine wohlsituierte Familie geboren. Ursprünglich plante sein Vater für ihn eine Karriere als Kleriker. Nachdem aber während des Studiums in Caen seine herausragende mathematische Begabung erkannt worden war, wurde er zu weiteren Studien nach Paris an D'Alembert empfohlen. Dieser

H. Fischer et al., *1000 Jahre Stochastik*, Vom Zählstein zum Computer,
https://doi.org/10.1007/978-3-662-72368-5_7

förderte das wissenschaftliche Fortkommen von Laplace und vermittelte ihm auch bereits 1769 eine Professur an der *École militaire.* Nachdem er eine Reihe von Arbeiten vorgelegt hatte (von denen nicht alle publiziert wurden), nahm die Pariser Akademie Laplace am 31. März 1773 als Mitglied auf. In den 1780er Jahren war Laplace wesentlich an Aktivitäten der Akademie bezüglich der Bevölkerungsstatistik in Frankreich beteiligt. Nach der Revolution wirkte er wesentlich bei der Einführung des metrischen Systems mit. Ab ca. 1795 entfaltete er deutlichen Einfluss in Organisation und Lehre der neu gegründeten *Ècole Polytechnique* und *École normale.* Laplaces Karriere blieb im Wesentlichen von allen politischen Veränderungen unberührt, die zu seinen Lebzeiten stattfanden. Unter Napoleon wurde er Mitglied und schließlich Kanzler des Senats, nachdem er – in recht unglücklicher Weise – 1799 nur für 6 Wochen als Innenminister fungiert hatte. Auch unter Louis XVIII wurden Laplace höchste Ehren zuteil: 1816 wurde er in die *Académie française* aufgenommen und 1817 zum Marquis ernannt. Laplace bildet eine signifikante Ausnahme von der »Regel«, dass Mathematiker ab dem Alter von 40 nicht mehr innovativ sein können. Fast bis zu seinem Tod am 5.3.1827 blieb er wissenschaftlich äußerst aktiv und produktiv. Für eine ausführliche wissenschaftliche Biographie s. [Gillispie 1997].

Abb. 7.1: Pierre Simon Laplace

Laplaces nicht wirklich vollständige *Œuvres complètes* umfassen insgesamt 14 Bände eines im Rahmen der mathematischen Wissenschaften thematisch breit gestreuten wissenschaftlichen Werkes, in dem aber theoretische Astronomie und Stochastik die Schwerpunkte bilden. Der stochastische und der astronomische Schwerpunkt lösten sich über lange Zeit gegenseitig ab: Zwischen 1774 und 1786 entstanden eine Reihe wichtiger Arbeiten zur Stochastik, bis ca. 1810 verfasste Laplace den Großteil seiner astronomischen Werke, insbesondere die ersten vier Bände seiner *Méchanique celeste* (der fünfte Band erschien 1825). Um 1810 wiederum, motiviert durch seinen eigenen Erfolg bei der Approximation der Verteilung von Summen unabhängiger Zufallsgrößen durch die Normalverteilung und durch Gauß' Ansätze zur Fehlertheorie, setzte eine weitere probabilistische Phase ein. 1812 erschien die *Théorie analytique des probabilités*, die eine zweite Auflage 1814 und eine dritte 1820 erfuhr. Ab der zweiten Auflage wurde dieser eine »populäre« Einleitung vorangestellt, die später auch separat in fünf Auflagen unter dem Titel *Essai philosophique sur les probabilités* erschien und – im Gegensatz zur *Théorie analytique* – in mehrere Sprachen übersetzt wurde.

7.2 *Théorie analytique des probabilités* und *Essai philosophique*

Laplaces stochastisches Hauptwerk von 1812 besteht aus zwei Teilen. Der erste Teil ist dem analytischen Apparat, insbesondere der Differenzenrechnung auf der Grundlage erzeugender Funktionen und der Berechnung bzw. Approximation bestimmter Integrale gewidmet. Er entspricht im Wesentlichen einer wörtlichen Wiedergabe früher erschienener Artikel. Nur der zweite Teil ist der eigentlichen Wahrscheinlichkeitsrechnung gewidmet. In 10 (bzw. ab der zweiten Auflage 11) Kapiteln wird das gesamte stochastische Spektrum vorgestellt: Nach Kapitel 1 über allgemeine Prinzipien gibt es zwei Kapitel, in denen, besonders mit dem Hilfsmittel der Differenzenrechnung, Probleme der Glücksspielrechnung, Urnenprobleme und Probleme zu Summen unabhängiger Zufallsgrößen gelöst werden. Kapitel 4 behandelt die brandneue asymptotische Fehlertheorie, die Laplace erst seit ca. 1810 entwickelt hat, und hier besonders seine Version eines allgemeinen zentralen Grenzwertsatzes. In Kapitel 5 findet man hauptsächlich Anwendungen des zentralen Grenzwertsatzes auf – modern ausgedrückt – Signifikanztests mit Stichprobensummen oder -mitteln als Testgrößen, vor allem im naturwissenschaftlichen Bereich, etwa hinsichtlich des Phänomens der täglichen Luftdruckschwankungen. Kapitel 6 enthält Laplaces Theorie der inversen Wahrscheinlichkeiten bei großen Fallzahlen und deren Anwendung, besonders auf Populationsstatistik. Das kurze Kapitel 7 beinhaltet eine Anwendung inverser Wahrscheinlichkeiten auf die Frage von Asymmetrien bei Glücksspielen, etwa aufgrund verfälschter Münzen. Kapitel 8 und 9 basieren im Wesentlichen auf Laplaces Approximationen von Wahrscheinlichkeiten bezüglich Summen oder arithmetischen Mitteln durch die Normalverteilung, hier etwa im Zusammenhang mit Lebensdauern oder auch Versicherungsgewinnen. Kapitel 10 resumiert die Theorie der moralischen Erwartung im Anschluss an das Petersburger Problem, und Kapitel 11 widmet sich schließlich – in Nachfolge von Condorcet, der aber nicht erwähnt wird – Problemen bezüglich Zeugenaussagen und Gerichtsurteilen. Die dritte Auflage der *Théorie analytique* wurde noch durch Supplemente, vor allem zur Geodäsie und Fehlerrechnung, ergänzt. Das erste Supplement enthält auch einen interessanten Beitrag zur Abschätzung der Korrektheit von Gerichtsurteilen. In beträchtlichem Maße lehnt sich auch der zweite Teil der *Théorie analytique* an schon erschienene Arbeiten von Laplace an, es gibt aber viele Passagen, die extra für dieses Buch geschrieben worden sind, wie etwa Laplaces Beweis des Satzes von de Moivre im 3. Kapitel.

Das *Essai philosophique* bietet umfassende Informationen über Laplaces Interpretation seiner mathematischen Ergebnisse bezüglich ihrer Auswirkungen in Natur und Gesellschaft. Hier wird der Anwendungsuniversalismus deutlich, den Laplace – ganz im Sinne der Aufklärung, aber auch konform zu den Fortschrittsideen des Bürgertums im 19. Jahrhundert – der Wahrscheinlichkeitsrechnung zubilligt. Wahrscheinlichkeitsrechnung ist, wie Laplace gegen Ende des *Essai philosophique* schreibt, »im Grunde nur der der Berechnung unterworfene gesunde Menschenverstand«.

7.3 Erzeugende Funktionen und Differenzenrechnung

Eine große Rolle in Laplaces Werk, jedenfalls in der Eigenwahrnehmung des Autors, spielten erzeugende Funktionen. Dieses Werkzeug wurde nun nicht mehr nur auf Summen unabhängiger Zufallsgrößen in der Wahrscheinlichkeitsrechnung angewandt, sondern nahm die Rolle eines universellen analytischen Handwerkszeugs ein, mit dessen Hilfe Laplace den Anspruch erhob, die gesamte Lehre von den endlichen wie auch den unendlich kleinen Differenzen in einheitlicher Weise bewältigen zu können. Laplaces Ansatz dürfte aus dem Anliegen heraus entstanden sein, eine allgemeine Methode zur Bestimmung von sogenannten »rekurrenten« wie auch »rekurro-rekurrenten« Folgen zu erreichen. Bereits de Moivre hatte Lösungen von linearen Differenzengleichungen als »rekurrent« bezeichnet. Der von Laplace selbst so gewählte zweite Terminus bezog sich auf Lösungen von linearen Differenzengleichungen in mehreren Indizes, also auf partielle Differenzengleichungen, wie sie etwa zur selben Zeit auch Lagrange [1777] ausführlich diskutierte. Auf diese Entwicklungen wurde bereits im Abschnitt 6.3.4.3 zum Spieldauerproblem eingegangen.

Mit dem Studium von Differenzen und Differenzengleichungen hatte Laplace bereits in seinen ersten Arbeiten begonnen. In einer umfangreichen Arbeit, »Mémoire sur les suites« [1782], stellte er seine allgemeine Theorie der erzeugenden Funktionen vor, die dann auch den ersten Teil und in der Anwendung auf partielle Differenzengleichungen das zweite Kapitel des zweiten Teils der *Théorie analytique* maßgeblich bestimmte.

Als »erzeugende Funktion« (»fonction genéatrice«) zu einer Folge (y_x) mit dem Index $x \in \mathbb{N}_0$ definierte Laplace die unendliche Potenzreihe in t (wir folgen genau der originalen Schreibweise)

$$u := y_0 + y_1 t + y_2 t^2 + ... + y_x t^x + y_{x+1} t^{x+1} + ... + y_\infty t^\infty .$$

Um die Konvergenz von u kümmerte sich Laplace üblicherweise nicht. Meist war es auch für die allgemeine Theorie ausreichend, u im Sinne einer formalen Potenzreihe aufzufassen. Der Nutzen des Konzepts ist dadurch begründet, dass zwischen den erzeugenden Funktionen von Folgen y_x und den erzeugenden Funktionen zu Folgen von Linearausdrücken aus Folgengliedern (dazu gehören insbesondere Differenzen) einfache Zusammenhänge bestehen. Ist aber erst einmal eine erzeugende Funktion $u(t)$ und ihre Potenzreihenentwicklung bekannt, so kann auf die zugrundeliegende Folge rückgeschlossen werden.

7.3.1 *Differenzen und Differentiale*

Bezeichnet man mit Δy_x die Differenz $y_{x+1} - y_x$, so ist die erzeugende Funktion dieser ersten Differenz gleich $(1/t - 1)u(t)$. Tatsächlich gilt ja

$$(\frac{1}{t} - 1)u(t) = y_0 t^{-1} + (y_1 - y_0)t^0 + (y_2 - y_1)t^1 + (y_3 - y_2)t^2 + \cdots$$

Gegebenenfalls muss dabei die erzeugende Funktion auf negative Potenzen von t ausgedehnt werden. Definiert man höhere Differenzen für natürliches $r \geqslant 2$ rekursiv gemäß

$$\Delta^r y_x := \Delta\Delta^{r-1} y_x,$$

so ist die erzeugende Funktion von $\Delta^r y_x$ gleich $(1/t-1)^r u(t)$. Für Anwendungen war es erforderlich, den Differenzbegriff auf beliebige Indexunterschiede i zu erweitern. Dazu führte Laplace die Bezeichnung

$$'\Delta y_x := y_{x+i} - y_x, \qquad '\Delta^r y_x := '\Delta '\Delta^{r-1} y_x \quad (r \geqslant 2)$$

ein und konstatierte, dass die erzeugende Funktion von $'\Delta^r y_x$ gleich $(1/t^i - 1)^r u(t)$ sein müsse, wenn u, wie üblich, die erzeugende Funktion von y_x bezeichnet. Nach einer kleineren, trickreichen, algebraischen Umformung dieser erzeugenden Funktion von $'\Delta^r y_x$ konnte Laplace zeigen, dass die Koeffizienten von t^x für $x \geqslant 0$ in den erzeugenden Funktionen von

$$'\Delta^r y_x \text{ und } [(1+\Delta)^i y_x - 1]^r, \quad (1+\Delta)^i y_x := \sum_{k=0}^{i} \binom{i}{k} \Delta^k y_x \quad (\Delta^0 y_x := y_x)$$

identisch sind, woraus er auf die für Interpolation wesentliche Gleichheit

$$'\Delta^r y_x = [(1+\Delta)^i y_x - 1]^r \tag{7.1}$$

schloss.

Von allgemeinen Differenzen kam Laplace fast »mühelos« zu Differentialen, indem er das Kontinuum als in unendlich kleine Bestandteile diskretisiert auffasste.

Exkurs 7.1
Sei $y(x')$ eine vorgegebene Funktion, sodass $x' = x\omega$ mit einem gemäß Laplace »unendlich kleinen« ω und einem »unendlich großen« x. Sei ferner $\alpha = i\omega$ mit einem ebenfalls »unendlich großen« i. x und i werden von Laplace wie natürliche Zahlen behandelt. Dann muss für $y_x = y(x')$ und $y_{x+i} = y(x' + \alpha)$ die Beziehung (7.1) gelten. Außerdem ist jetzt $\Delta y_x = y(x' + \omega) - y(x')$ ein Differential, das mit $\mathrm{d}y(x')$ bezeichnet wird. Setzt man schließlich noch $'\Delta^r y(x') := '\Delta^r y_x$, so ergibt sich

$$'\Delta^r y(x') = [(1+\mathrm{d})^i y(x') - 1]^r. \tag{7.2}$$

Weil d in seiner Anwendung auf $y(x')$ unendlich klein ist, gilt

$$\log((1+\mathrm{d})^i) = i\mathrm{d} = i\omega\frac{\mathrm{d}}{\omega} = \alpha\frac{\mathrm{d}}{\mathrm{d}x'},$$

wobei am Ende noch $\omega = \mathrm{d}x'$ gesetzt worden ist. Somit erhält man im Sinne einer Gleichung für Operatoren

$$(1+\mathrm{d})^i y(x') = e^{\alpha\frac{\mathrm{d}}{\mathrm{d}x'}}y(x').$$

Für $r = 1$ kann, wie Laplace bemerkt, damit sofort der »Taylorsche Satz« gefolgert werden: (7.2) wird zu

$$y(x'+\alpha) - y(x') = e^{\alpha\frac{\mathrm{d}}{\mathrm{d}x'}}y(x') - y(x') = \sum_{k=1}^{\infty}\frac{\alpha^k}{k!}\frac{\mathrm{d}^k}{\mathrm{d}x'^k}y(x').$$

Summen und (unbestimmte) Integrale betrachtete Laplace als Umkehrungen von Differenzen bzw. Differentialen. Die Umkehrung wurde dadurch ausgedrückt, dass in den einschlägigen Formeln allfällig auftretende positive Exponenten r durch negative Exponenten $-r$ zu ersetzen waren und »Differenzen« bzw. »Differentiale« $\Delta^{-r}y_x$ bzw. $\mathrm{d}^{-r}y(x)$ als r-fach wiederholte Summen $\sum^r y_x$ bzw. Integrale $\int^r y(x)\mathrm{d}x$ interpretiert wurden. Laplace sah sich damit, wie er im *Essai philosophique* ausführlich darlegte, als Vollender einer Art von verallgemeinerter Potenzrechnung, die von Descartes begründet, von Leibniz auf Differentiation und Integration ausgedehnt und von Lagrange nochmals erweitert worden war. Mit Hilfe der erzeugenden Funktionen konnten nun Beweise für die von Lagrange »induktiv« erschlossenen Zusammenhänge gegeben werden.

7.3.2 Differenzengleichungen

Den für die Wahrscheinlichkeitsrechnung direkt erfahrbaren Nutzen brachten, neben der Behandlung von Summen unabhängiger Zufallsgrößen (s. Abschn. 7.7.2), die erzeugenden Funktionen bei der Lösung von (meist partiellen) Differenzengleichungen. Ein Einblick kann mit einem relativ einfachen Beispiel gegeben werden, das auch Laplace selbst diskutiert hat, dem Teilungsproblem. Spieler A spielt gegen Spieler B auf eine vorher festgelegte Anzahl von Gewinnsätzen, wobei in jedem Satz die Gewinnwahrscheinlichkeit von A gleich der von B sein soll. Wenn $y_{x,x'}$ die Wahrscheinlichkeit dafür bezeichnet, dass A das gesamte Spiel gewinnen wird, wenn er noch x und B noch x' Sätze gewinnen muss, so gilt die Huygenssche Beziehung (vgl. Gleichung (4.2))

$$y_{x,x'} = \frac{1}{2}y_{x-1,x'} + \frac{1}{2}y_{x,x'-1}. \tag{7.3}$$

Für die $y_{x,x'}$ müssen zudem die Bedingungen

$$y_{0,x'} = 1 \text{ für } x' > 0, \quad y_{x,0} = 0 \text{ für } x \geqslant 0 \tag{7.4}$$

erfüllt sein. Es wird nun die erzeugende Funktion

$$u(t,t') = \sum_{x,x'\geqslant 0} y_{x,x'} t^x t'^{x'}$$

genauer untersucht. Zur Berücksichtigung der Differenzengleichung wird das Produkt $u(t,t')(1-t/2-t'/2)$ betrachtet, ein Ansatz, der aus der zu lösenden Differenzengleichung sofort ersichtlich ist. Unter Berücksichtigung von (7.3) und (7.4) heben sich in der Entwicklung dieses Produkts mehrere Bestandteile gegenseitig auf, sodass

$$u(t,t')(1-\frac{t}{2}-\frac{t'}{2}) = \sum_{z\geqslant 1} t'^z - \frac{1}{2}\sum_{z\geqslant 2} t'^z.$$

Die beiden Summen auf der rechten Seite entsprechen zumindest für $|t'| < 1$ konvergenten geometrischen Reihen, sodass insgesamt unter dieser (von Laplace natürlich nicht näher diskutierten Voraussetzung)

$$u(t,t') = \frac{\frac{t'}{1-t'} - \frac{t'^2}{2(1-t')}}{1-\frac{t}{2}-\frac{t'}{2}} = \frac{t'(1-\frac{t'}{2})}{(1-t')(1-\frac{t}{2}-\frac{t'}{2})}.$$

Die – wie in all diesen Fällen mühsame – Entwicklung der rechten Seite in eine Potenzreihe in t, t' und anschließender Koeffizientenvergleich erbringt schließlich das (bekannte) Resultat

$$y_{x,x'} = \frac{1}{2^x}\left\{1 + \sum_{k=2}^{x'} \frac{x(x+1)\cdots(x+k-2)}{1\cdot 2\cdots(k-1)} \cdot \frac{1}{2^{k-1}}\right\}.$$

7.3.3 *Wirkung*

Laplace selbst billigte dem Werkzeug der erzeugenden Funktionen, wie es eben skizziert wurde, eine hohe Bedeutung zu, ja er stellte sogar im *Essai philosophique* die Behauptung auf, dass seine gesamten analytischen Ausführungen und Ergebnisse einschließlich denen der Wahrscheinlichkeitsrechnung der Methode der erzeugenden Funktionen unterzuordnen seien. Andererseits waren aber viele analytische Errungenschaften von Laplace, darunter ausgerechnet solche, die besonders einflussreich in der zukünftigen Entwicklung der Analysis werden sollten, wie etwa seine Methoden zur Berechnung und Approximation bestimmter Integrale, höchstens in mittelbarem Zusammenhang zu erzeugenden Funktionen. Sieht man von dem Einsatz von erzeugenden bzw. charakteristischen Funktionen im Rahmen von Summen unabhängiger Zufallsgrößen ab, so blieb ihre Anwendung in der Wahrscheinlichkeitsrechnung, besonders im Rahmen von Differenzengleichungen, insgesamt gering. Ein Grund hierfür dürfte sicher auch die recht verwickelte und in ihrem Streben nach weitgehender Allgemeinheit sehr weitschweifige Darstellung von Laplace gewesen sein. Vielleicht hätte sich aber Laplace über die Anwendungen gefreut, die William Feller (1906–1970) im ersten Band seiner *Probability Theory*, allerdings in deutlich geläufigerer und elementarerer Weise von erzeugenden Funktionen gemacht hat. Feller [1950, 212] schrieb hier aber auch:

> ... the power and the possibilities of the method [of generating functions] are rarely fully utilized.

7.4 Wahrscheinlichkeitsbegriff und Philosophie

Was die Lehre der elementaren Wahrscheinlichkeitsrechnung betrifft, wurde Laplace besonders bekannt durch die Zusammenstellung im ersten Kapitel des zweiten Teils der *Théorie analytique* (inhaltlich rekapituliert im *Essai philosophique*), in der er die bis heute geläufige »klassische« Definition des Wahrscheinlichkeitsmaßes gab und die zugehörigen Rechenregeln erläuterte. Den Allgemeinbegriff »Wahrscheinlichkeit« verwendete Laplace als Merkmal für solche Situationen, in denen zum Teil »Unwissenheit« und zum Teil »Kenntnis« besteht. Dabei bezog er sich auf das von ihm vertretene deterministische Weltbild:

> Die von einem einfachen Luft- oder Gasmolekül beschriebene Kurve ist in eben so sicherer Weise geregelt wie die Planetenbahnen: es besteht zwischen beiden nur der Unterschied, der durch unsere Unwissenheit bewirkt wird [Laplace 1932, 3].

In diesem Sinne war auch »Zufall« nur der menschlichen Unkenntnis geschuldet und hatte keine objektive Qualität. Während aber nur ein übermenschliches Wesen, der später so bezeichnete »Laplacesche Dämon«, über vollständige Kenntnis aller Vorgänge im Universum verfügen kann, so ist es doch gemäß Laplace möglich, den aus menschlicher Unwissenheit entstehenden Problemen mit Hilfe der Wahrscheinlichkeitsrechnung in optimaler Weise zu begegnen.

Das Wahrscheinlichkeitsmaß definierte Laplace in Nachfolge von Jakob Bernoulli als das Verhältnis der Anzahl der »günstigen Fälle« zu der Anzahl aller möglichen Fälle, vorausgesetzt, dass alle Fälle »gleich möglich« sind. Es zeugt vom Einfluss, den Laplace auf die spätere Entwicklung der Disziplin hatte, dass diese Definition später und auch heute noch als »Laplace-Wahrscheinlichkeit« bezeichnet und nicht nach ihrem eigentlichen Urheber benannt wurde. Dabei wurde Laplaces Charakterisierung »gleich möglicher« Fälle durch das »Indifferenzprinzip« (im Deutschen auch als «Prinzip vom unzureichenden Grund« bezeichnet) vor allem im 19. Jahrhundert vielfältig und kontrovers diskutiert. Im *Essai philosophique* drückte sich Laplace [1820b, viii] so aus:

> ... la théorie des hasards consiste à réduire tous les evénements du même genre à un certain nombre de cas également possibles, c'est-à-dire tels que nous soyons également indécis sur leur existence, ...
>
> ... die Theorie des Zufalls besteht darin, alle Ereignisse derselben Art auf eine bestimmte Anzahl gleichermaßen möglicher Fälle zurückzuführen, das heißt auf solche, über deren Auftreten wir gleichermaßen unentschieden sind ...

Gleich am Anfang des zweiten Buchs der *Théorie analytique* lesen wir:

> ... la probabilité d'un événement est le rapport du nombre des cas qui lui sont favorables au nombre de tous les cas possibles, lorque rien ne porte à croire que l'un de ces cas doit arriver plûtot que les autres ...
>
> ... die Wahrscheinlichkeit eines Ereignisses ist das Verhältnis der Anzahl der Fälle, die es begünstigen, zu der Anzahl aller möglichen Fälle, wenn nichts zu der Überzeugung beiträgt, dass einer dieser Fälle leichter als die anderen auftreten muss ... [Laplace 1820b, 181]

Im Gegensatz zu Bernoulli betonte Laplace nicht mehr in so strikter Weise die reale Existenz eines universellen Urnenmodells, das – zumindest grundsätzlich – die Zerlegung von Ereignissen in gleich mögliche Teile gestattet. Er drückte sich vielmehr deutlich abstrakter aus. Allerdings gaben seine Erklärungen zu verschiedenen Interpretationen und auch zur Kritik Anlass. Besonders häufig wurde im 19. Jahrhundert vorgebracht, dass es bei Laplaces Wahrscheinlichkeiten um Charakterisierungen des Nicht-Wissens oder bloßer Meinungen ginge. John Stuart Mill (1806–1873) sprach beispielsweise daher der Laplaceschen Theorie ihren wissenschaftlichen Charakter ab [Mill 1843]. Zumindest ansatzweise kamen bereits im 19. Jahrhundert zwei weitere Punkte hinzu, die dann im 20. Jahrhundert stärker betont wurden: Einmal die Unmöglichkeit einer Reduktion der Ergebnisse auf gleichmögliche Elementarereignisse im allgemeinen (sozialen, medizinischen, etc.) Fall; und weiterhin die Kritik, dass Laplaces Definition zirkulär sei. »Gleich möglich« sei nur ein Synonym für »gleich wahrscheinlich«, somit basiere Laplaces Festlegung letztlich auf dem Begriff des Wahrscheinlichen.

Die hier wiedergegebenen Übersetzungen der beiden Textteile sind bereits durch die Interpretation geprägt, dass »rien ne porte à croire« bzw. »indécis« Ausdrücke logisch-rationalen Denkens und nicht einer bestimmten subjektiv-psychologischen Disposition darstellen. Die damit einhergehende »logische« Interpretation der Laplace-Wahrscheinlichkeiten wurde durch Johannes von Kries (1853–1928) und vor allem von Carl Stumpf (1848–1936) (vgl. Kap. 10.5) eingehend erörtert (s. [von Kries 1886], [Stumpf 1892]). Die logische Wahrscheinlichkeitsinterpretation kann man allerdings auch als vermittelndes Glied zwischen der subjektiven und der objektiven Interpretation betrachten. Tatsächlich findet man im Werk von Laplace alle drei Interpretationen, und es ist anzunehmen, dass er sich in seinen zusammenfassenden Arbeiten, also der *Théorie analytique* und dem *Essai philosophique* bewusst – und im Hinblick auf sein Motto von der Wahrscheinlichkeitsrechnung als Ausprägung des gesunden Menschenverstands – für eine Version entschieden hat, der man alle Aspekte unterordnen kann.

Bereits in der großen Arbeit [1781], die im Kern, mit Ausnahme des zentralen Grenzwertsatzes, bereits die meisten wesentlichen Elemente der Laplaceschen Wahrscheinlichkeitstheorie enthält, werden nämlich drei Möglichkeiten zur Gewinnung des Wahrscheinlichkeitsmaßes erläutert: Einmal über die Annahme der Gleichmöglichkeit von Elementarereignissen, wenn aufgrund der momentanen Kenntnislage nichts gegen diese Annahme spricht; das ist ein »subjektives« Prinzip, ohne dass Laplace dieses Adjektiv explizit verwendet. Zum zweiten über (logische!) Symmetriebetrachtungen, etwa bei einem perfekten Würfel, die freilich im Realfall nur hypothetisch-modellhaften Charakter haben können, und schließlich im frequentistischen Sinne durch relative Häufigkeiten. Laplace betonte immer wieder, dass es in einem Lernprozess möglich sein müsste, durch wiederholte Versuche bezüglich der zu bestimmenden Wahrscheinlichkeit »zur Gewissheit« zu kommen.

Für mathematische Wahrscheinlichkeiten findet man bei Laplace die Bezeichnungen »probabilité«, »possibilité« und »facilité«. Eine klare begriffliche Trennung dieser drei Wörter ist nicht erkennbar, manchmal scheinen stilistische Gründe für die Wortwahl entscheidend gewesen zu sein. Während sich »probabilité« auf alle möglichen – subjektiven wie frequentistischen – Wahrscheinlichkeiten beziehen kann, werden aber »possibilité« und »facilité« eher für Wahrscheinlichkeiten von »einfachen« Ereignissen, etwa einem »Treffer« in einem Bernoulliexperiment oder auch bei speziellen Themen, wie etwa dem »loi de facilité« in der Fehlerrechnung, verwendet.

Bei der Erläuterung der prinzipiellen Rechenregeln in der *Théorie analytique*, die Laplace alle mit Hilfe der klassischen Definition begründete, fällt einem ein zu der »Introduction« von de Moivres *Doctrine* durchaus ähnlicher Ansatz auf.

Die Additivität von Wahrscheinlichkeiten, heute das wichtigste Merkmal des Wahrscheinlichkeitsmaßes, wird auch von Laplace eher nur implizit angesprochen, etwa im Zusammenhang mit nicht gleichmöglichen »Fällen«, aus denen ein »Ereignis« besteht: Die Wahrscheinlichkeit eines Ereignisses ist gleich der Summe der Wahrscheinlichkeiten der einzelnen Fälle, die diesem Ereignis »förderlich« sind.

Besonders intensiv behandelt Laplace bedingte Wahrscheinlichkeiten im Zusammenhang mit »zusammengesetzten« Ereignissen. Das sind solche, die aus der heutigen mengentheoretischen Sicht dem Durchschnitt entsprechen, was aber bei Laplace letztlich nur über die angeführten Herleitungen und Beispiele völlig klar wird. Wir dürfen nicht vergessen, dass Laplace weder einen mengentheoretischen noch einen formallogischen Ereignisbegriff benutzt. Getrennt werden die Fälle der »unabhängigen« und der – in zeitlicher Reihenfolge betrachteten – »abhängigen« Ereignisse, bei Laplace sind das selbsterklärende Begriffe. So wird beispielsweise – nicht im Sinne einer Definition, sondern eines hergeleiteten Ergebnisses – konstatiert, dass – modern ausgedrückt –

$P(A \mid B) = P(A \cap B)/P(B)$, wenn das »zukünftige« Ereignis A durch das »beobachtete« Ereignis B »abgeleitet« ist.

Indem Laplace die Gültigkeit dieses Prinzip ohne weitere Erläuterungen auch auf die umgekehrte zeitliche Reihenfolge ausdehnte (die in modernen Versionen auch gar keine Rolle mehr spielt), kam er in der *Théorie analytique* – allerdings erst ab der zweiten Auflage – zu der folgenden Herleitung der allgemeinen Version des heute sogenannten »Satzes von Bayes« (von Bayes in dieser Allgemeinheit gar nicht formuliert), den wir in moderner Notation rekapitulieren: Angenommen, es bestehen n disjunkte »Ursachen« $C_1, \dots, C_n$ für das Auftreten eines bestimmten Ereignisses A und angenommen, dass, noch bevor irgendwelche Beobachtungen gemacht worden sind, also »a priori«, die Wahrscheinlichkeitsmaße $P(C_i \cap A)$, $P(C_i)$ und somit $P(A \mid C_i)$ $(i = 1, \dots, n)$ bekannt bzw. festgelegt worden sind. Dann muss für jedes i gelten:

$$P(C_i \mid A) = \frac{P(C_i \cap A)}{P(A)} = \frac{P(A \mid C_i)\,P(C_i)}{P(A)}.$$

Das ist die Umkehrung der zeitlichen Reihenfolge von der beobachteten Wirkung A zu einer Ursache C_i. Aus der Additivität des Wahrscheinlichkeitsmaßes und aus der Grundidee der bedingten Wahrscheinlichkeiten ergibt sich

$$P(A) = \sum_{k=1}^{n} P(A \mid C_k)\,P(C_k).$$

Es folgt schließlich

$$P(C_i \mid A) = \frac{P(A \mid C_i)\,P(C_i)}{\sum_{k=1}^{n} P(A \mid C_k)\,P(C_k)}. \tag{7.5}$$

Laplace drückte übrigens diese Gleichung, die ihm als wesentliche Grundlage für die statistische Inferenz diente, durch »$P = \frac{Hp}{SHp}$« aus.

Die Herleitung von (7.5) stieß auch noch gegen Ende des 19. Jahrhunderts auf Verständnisschwierigkeiten, wie man etwa der Diskussion [1899, 91–97] von Emanuel Czuber (1851–1925), dem damals führenden Fachvertreter für Wahrscheinlichkeitsrechnung im deutschsprachigen Raum, entnehmen kann. Einmal war, wie schon bei de Moivre, der Begriff der bedingten Wahrscheinlichkeit mit einer zeitlichen Abfolge von Ereignissen verknüpft, und dann war es nicht selbstverständlich, dass die Wahrscheinlichkeiten $P(A \mid B)$ und $P(B \mid A)$ in derselben formalen Weise behandelt werden durften. Zum zweiten machten die »Ursachen« Probleme, da es sich hier ja nicht, wie beim geläufigen Begriff, um solche handeln konnte, die zwingend eine bestimmte Wirkung nach sich ziehen. Dass diese »Ursachen« genauso wie allseits gewohnte Ereignisse, etwa bei Spielausgängen, zu behandeln waren, schien lange nicht klar. Gerne bezog man sich daher auf Urnenmodelle, um (7.5) in speziellen Situationen zu erklären. Bereits Richard Dedekind (1831–1916) gab aber in einem leider nicht sehr beachteten

Beitrag [1860] die oben beschriebene »moderne« Darstellung der Laplaceschen Gedankenführung – in anderer Notation – wieder, indem er allgemein Ereignisse ohne Berücksichtigung zeitlicher Reihenfolgen und spezifischer Interpretationen betrachtete und beispielsweise von einer »durch die Gewissheit von A modificirte[n] Wahrscheinlichkeit von B« sprach. Große Ähnlichkeit zu Dedekinds Darstellung der Grundbegriffe besteht in Ausführungen von Poincaré [1896, 12–16], der freilich keine entsprechende Herleitung von (7.5) gab [Schneider 1988, 354]. Henri Poincaré (1854–1912) zitierte auch nicht Dedekind. Felix Hausdorff (1868–1942) gab schließlich im ersten Teil seiner Abhandlung [1901] unter Bezug auf Poincaré, aber vermutlich ohne Kenntnis der Dedekindschen Arbeit, eine Theorie bedingter Wahrscheinlichkeiten auf der Basis eines möglichst allgemeinen, aber letztlich noch intuitiven Ereignisbegriffs. Dabei leitete er auch entsprechend der Laplaceschen Gedankenführung die Beziehung (7.5) in seiner auch jetzt noch geläufigen Notation $\mathrm{P}_F(E)$ für die »relative Wahrscheinlichkeit von E posito F« her. Diese Notation wurde übrigens von Andrei Kolmogorov (1903–1987) in seinen epochalen *Grundbegriffe*[n] *der Wahrscheinlichkeitsrechnung* von 1933 übernommen und ist – besonders in Schulbüchern – auch heute noch in Gebrauch.

Seit Laplace haben sich die Bezeichnungen für die einzelnen Wahrscheinlichkeiten im Rahmen der »Bayesschen« Schlussweisen verändert. Interessant ist der Bedeutungswandel beim Begriff »a priori« bzw. »Prior«, vgl. Tab. 7.1.

Tab. 7.1: Einige Bezeichnungen für die verschiedenen »Bayes-Wahrscheinlichkeiten«
Zugrundegelegt ist die Vorstellung eines stochastischen Ablaufs, bei dem eine »Ursache« C die Wahrscheinlichkeit des Eintreffens eines Ereignisses A beeinflusst.

Wahrscheinlichkeit	Bezeichnungen
$\mathrm{P}(A \mid C)$ (C fest, A variabel)	Laplace: A-priori-Wahrsch., Wahrsch. der zukünftigen Ereignisse de Morgan [1838]: direkte Wahrsch. Hausdorff [1901]: relative W.
$\mathrm{P}(A \mid C)$ (A fest, C variabel)	Fisher [1930]: Likelihood-Funktion
$\mathrm{P}(C)$	Jeffreys und Wrinch [1921]: Prior (deutsch: A-priori-Wahrsch.)
$\mathrm{P}(C \mid A)$	Laplace: Wahrsch. der Ursachen (der Hypothesen) Lacroix [1816]: A-posteriori-Wahrsch. de Morgan [1838]: inverse Wahrsch. Jeffreys und Wrinch [1921]: Posterior

7.5 Laplace als Begründer der »Bayes-Statistik«

Von Anfang an in seinem Schaffen hat sich Laplace mit »Wahrscheinlichkeiten der Ursachen« beschäftigt. Bereits eine seiner ersten Arbeiten [1774a] erbrachte einen Höhepunkt im Zusammenhang mit den Trefferwahrscheinlichkeiten in Bernoulliexperimenten.

7.5.1 Grundlagen und Urnenmodell

Seine Überlegungen leitete Laplace [1774a, 29] mit einem »Prinzip« ein, das in moderner Formelsprache so lautet: Wenn ein Ereignis A aus n verschiedenen Ursachen $C_1, \dots, C_n$ entstehen kann, dann ist

$$\frac{\mathrm{P}(C_j \mid A)}{\mathrm{P}(C_k \mid A)} = \frac{\mathrm{P}(A \mid C_j)}{\mathrm{P}(A \mid C_k)} \quad (j, k = 1, \dots, n) \tag{7.6}$$

und

$$\mathrm{P}(C_j \mid A) = \frac{\mathrm{P}(A \mid C_j)}{\sum_{k=1}^{n} \mathrm{P}(A \mid C_k)} \quad (j = 1, \dots, n). \tag{7.7}$$

Aus (7.6) folgt, dass es eine Konstante m geben muss, sodass $\mathrm{P}(C_j \mid A) = m\ \mathrm{P}(A \mid C_j)$. Der Teil (7.7) folgt dann bereits aus der Normierungsbedingung $\sum \mathrm{P}(C_j \mid A) = 1$. Laplaces Prinzip entspricht der stillschweigenden Annahme der Gleichverteilung des in Tab. 7.1 erwähnten Priors $P(C_j)$ über allen C_j.

Das Bernoulliexperiment modellierte Laplace durch eine Urne mit »unendlich vielen« weißen und schwarzen »Billetts«, aus der (stillschweigend mit Zurücklegen) sich bei einer Gesamtzahl von $p + q$ Ziehungen p weiße und q schwarze ergeben. Dann stellt sich die Frage nach der Wahrscheinlichkeit dafür, dass das tatsächliche Verhältnis der weißen zu der Gesamtzahl aller Billetts einen bestimmten Wert x hat. Zur Lösung berief sich Laplace auf das obige Prinzip, indem er in einer Weise, die für ihn typisch werden sollte, selbstverständlich vom diskreten zum kontinuierlichen Fall wechselte, wie im Folgenden – in ausführlicherer Weise als bei Laplace – dargestellt wird.

Bei der entsprechenden Urne mit endlich vielen Billetts gibt es endlich viele mögliche Werte für x, nämlich $x_0, x_1, \dots, x_n$, wobei $x_j = j/n$. Jeder dieser Werte kann als »Ursache« für das folgende Ziehungsergebnis »p, q« betrachtet werden, und es ist analog zu (7.7):

$$\mathrm{P}(x_j \mid p, q) = \frac{\binom{p+q}{p} x_j^p (1 - x_j)^q}{\sum_{k=0}^{n} \binom{p+q}{p} x_k^p (1 - x_k)^q}.$$

Der in Zähler und Nenner gleiche Binomialkoeffizient kürzt sich heraus. Andererseits kann man den Bruch mit $1/n$ (der Differenz zwischen zwei aufeinanderfolgenden x_j) erweitern, sodass bei unendlich vielen Billetts aus $1/n$ ein $\mathrm{d}x$ wird und die Gleichung für $x \in [0,1]$ übergeht in:

$$\mathrm{dP}(x \mid p, q) = \frac{x^p(1-x)^q \mathrm{d}x}{\int_0^1 x^p(1-x)^q \mathrm{d}x}$$

Aus dieser Beziehung folgt sofort die Gleichung

$$\mathrm{P}(x \in [a,b] \mid p, q) = \frac{\int_a^b x^p(1-x)^q \mathrm{d}x}{\int_0^1 x^p(1-x)^q \mathrm{d}x}. \tag{7.8}$$

Das ist das Bayessche Theorem, das ursprünglich unter Zugrundelegung eines anderen Zufallsexperiments entwickelt worden ist, in dem von vornherein die möglichen Trefferwahrscheinlichkeiten aus dem kontinuierlichen Intervall $[0,1]$ stammen (vgl. Kap. 6.6.2).

7.5.2 Die Prioritätsfrage

War Laplace in seiner Arbeit durch die Lektüre von Bayes und Price beeinflusst? Es gibt keine Hinweise darauf, dass diese Autoren vor 1780 in Frankreich bezüglich der Bedeutung ihrer Beiträge wahrgenommen worden sind, obwohl durchaus, etwa bei Laplace und Lagrange, Englischkenntnisse vorhanden waren, die eine Lektüre ermöglicht hätten. Andererseits bedeuten fehlende Verweise bei den damaligen Zitiergewohnheiten nicht allzu viel. Also angenommen, dass Laplace ohne Kenntnis oder zumindest eingehende Wahrnehmung des Bayesschen Ansatzes war, wofür schon sein von Bayes völlig verschiedener methodischer Ansatz spricht. Dann könnte Laplace tatsächlich inverse Wahrscheinlichkeiten unabhängig von Bayes in einer modifizierten Ausprägung »erfunden« haben oder über eine Plausibilitätsbetrachtung zu dem in Abschnitt 7.4 dargelegten Proportionalitätsprinzip gekommen sein. In gewisser Weise lag dieses Prinzip um 1760/70 bereits »in der Luft«. Man denke nur an die fehlertheoretischen Beiträge von Johann Heinrich Lambert und Daniel Bernoulli, in denen Analoga zum Maximum-Likelihood-Prinzip anlässlich der Schätzung physikalischer Parameter aufgrund von Beobachtungen zu finden sind: Je wahrscheinlicher eine Beobachtung bei Zugrundelegung einer bestimmten physikalischen Konstanten ist, umso wahrscheinlicher ist diese physikalische Konstante selbst.

Die Angelegenheit wird noch einmal dadurch verkompliziert, dass neben Bayes, Price und Laplace noch eine weitere Person wesentlich ins Spiel kommt: der Marquis de Condorcet (1743–1794, Abb. 7.3). Wie jetzt erst edierte Manuskripte zeigen (s. hierzu [Bru und Crépel 1994, Kap. 2]), hat sich dieser bereits um 1770 mit der Fragestellung der Wahrscheinlichkeit eines Mischungsverhältnisses von schwarzen und weißen Kugeln in einem »Sack« analog zu Laplaces Problem der Urne mit den Billetts beschäftigt. Ohne weitere Bemerkungen ging Condorcet dabei von einer Proportionalität entsprechend (7.6) aus und gelangte zu der Beziehung (7.8). Lag also etwa eine Zusammenarbeit zwischen Laplace und Condorcet bezüglich des »inversen« Urnenproblems vor, hat der ca. 20-jährige Laplace die diesbezüglichen Grundlagen von dem 6 Jahre älteren Condorcet gelernt? War gar ein Wettstreit zwischen beiden im Gange? Hat, wie Bru und Crépel [1994, 271] erwähnen, Condorcet in einem möglicherweise schon 1772 entstandenen Manuskript Laplaces *Rule of Succession* (s. Abschn. 7.5.5) vorweggenommen? Die Quellenlage lässt keinen klaren Schluss zu; Laplace hat auch niemals Condorcet zitiert.

Es ist sehr plausibel, dass Condorcets wie Laplaces Ideen zu inversen Wahrscheinlichkeiten auch durch D'Alemberts beständige Kritik an zu stark simplifizierten Annahmen über Wahrscheinlichkeiten, etwa beim Münzwurf, motiviert worden sind. Genaueres zu dieser Kritik wurde schon im Zusammenhang mit dem Petersburger Problem berichtet (s. Kap. 6.4.4). Inverse Wahrscheinlichkeiten boten nun eine Möglichkeit, empirische Ergebnisse laufend mit zu berücksichtigen und so etwaige Schwankungen in den Chancenverhältnissen während eines Prozesses wiederholter Zufallsexperimente mit ins Kalkül zu ziehen.

Genauere Hinweise und Diskussionen zu Laplaces und Condorcets Bedeutung für die Genese der inversen Wahrscheinlichkeiten finden sich in [Stigler 1986b, chapt. 3], [Bru und Crépel 1994, Kap. 1.1, 1.15, 2.4, 2.8] und [Bru und Bru 2018, vol. 2, 377–380].

7.5.3 Laplaces Approximation im binomialen Fall

Das Hauptproblem, das schon Price – eigentlich weitgehend erfolgreich, aber in so schwerfälliger Form, dass diese Leistung nicht wahrgenommen wurde – zu lösen versucht hatte, war, dass der Term (7.8) für größere p und q nicht mehr mit elementaren Methoden auswertbar ist.

Laplace interessierte sich natürlich besonders für den Spezialfall von (7.8), bei dem der Mittelpunkt des Intervalls $[a, b]$ die relative Häufigkeit für »weiß«, nämlich $x_0 := p/(p+q)$ ist. Die Quintessenz seiner Approximationsidee war nun, dass die Funktion $f(x) = x^p(1-x)^q$ für große p, q um ihr Maximum bei $x_0 = p/(p+q)$ herum eine mit wachsendem p und q immer schärfere Spitze erhält, während $f(x)$ außerhalb eines immer kleiner werdenden Intervalls um x_0 herum nur noch sehr kleine Werte annimmt. Der Graph der Funktion $y(x) = f(x)/f(x_0)$ wird daher zunehmend symmetrischer und schmäler (vgl. Abb 7.2), und die Reihenentwicklung von $\log y(x)$ um x_0 beginnt wegen $y(x_0) = 1$ und $y'(x_0) = 0$ erst mit dem quadratischen Glied, ist also von der Form $\log y(x_0 + t) = -kt^2 + \cdots$. Jedes bestimmte Integral über $f(x)/f(x_0)$ über ein beliebiges Intervall $[a, b]$, in dessen Inneren x_0 liegt, lässt sich folglich in guter Genauigkeit durch ein Integral der Form $\int_{x_0-\omega}^{x_0+\omega} \exp(-kt^2)dt$ approximieren, wobei ω mit wachsendem p und q immer kleiner gewählt werden kann. Damit wird plausibel, dass für großes $p + q$ sowohl der Zähler wie auch der Nenner in (7.8) annähernd gleich werden, sodass der Quotient aus beiden gegen 1 strebt.

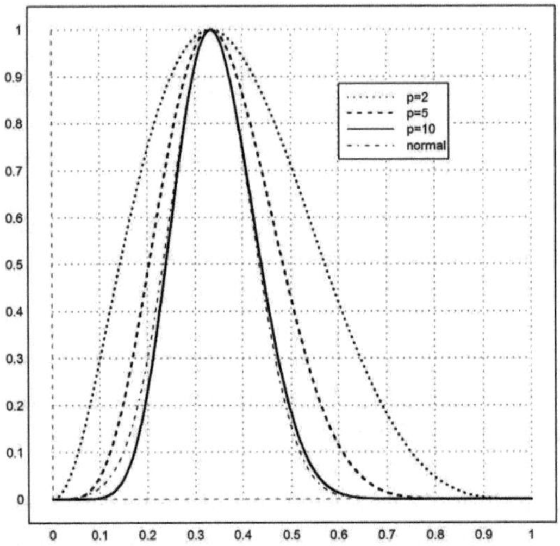

Abb. 7.2: Verhalten von Funktionen $f(x)/f(x_0)$ mit $q = 2p$ und daher $x_0 = 1/3$ bei wachsendem p. Die symmetrische und punktgestrichelte Kurve entspricht der Approximation durch eine Normalverteilungsdichte an die zu $p = 10$ gehörige Funktion.

Im Sinne einer Grenzwertaussage zeigte Laplace für eine positive Folge ω_n mit $\omega_n^3 n \to 0$ und $\omega_n^2 n \to \infty$ die Beziehung

$$\lim_{n\to\infty} \mathrm{P}\left(\left|x - \frac{p}{n}\right| < \omega_n \mid p\right) = 1,$$

wenn x den tatsächlichen Anteil und p die Anzahl der weißen Billetts bei n-fachem Ziehen mit Zurücklegen bezeichnet. Für Laplace war dieser Grenzwertsatz, der später auch als »Umkehrung« des Bernoullischen Gesetzes der großen Zahlen bezeichnet wurde, ein mathematisches Modell, wie man sich bei der Feststellung von Wahrscheinlichkeiten aufgrund von Beobachtungen der »Gewissheit« nähern konnte. Ausgangspunkt war dabei eine mangels genauerer Kenntnis vorgenommene Annahme der Gleichwahrscheinlichkeit aller möglichen Mischungsverhältnisse, die dann aufgrund von Beobachtungen von relativen Häufigkeiten angepasst werden konnte. Auch in Laplaces Ausführungen zur Gedankenassoziation im *Essai philosophique* finden sich zahlreiche Anspielungen auf diesen Anpassungsvorgang.

Laplaces Leistung war jedoch vielleicht noch bedeutsamer, weil in ihr ein erstes Beispiel für die Approximation der Posterior-Wahrscheinlichkeiten durch eine Normalverteilung auftrat, wodurch erst numerische Berechnungen bei großen Fallzahlen ermöglicht wurden.

7.5.4 Asymptotische Normalverteilungen von A-Posteriori-Wahrscheinlichkeiten

Es muss allerdings festgehalten werden, dass Laplace kein Konzept hatte, das dem modernen Verteilungsbegriff in formaler oder in inhaltlicher Hinsicht nahekam. Er interessierte sich für die (näherungsweise) Berechnung von Einzelwahrscheinlichkeiten und nicht für bestimmte Wahrscheinlichkeitsgesetze im Sinne spezifischer und eigenständiger Untersuchungsobjekte. Eine solche Entwicklung begann erst allmählich mit der Einführung des »Gaußschen Fehlergesetzes« und wurde im Rahmen von statistischen Untersuchungen im sozialen und biologischen Umfeld um die Mitte des 19. Jahrhunderts herum erheblich verstärkt.

Laplace [1781] baute seine Approximationsidee in sehr allgemeiner Weise auf Integrale der Form

$$\int_{\alpha}^{\beta} f_1(x)^{n_1} \cdots f_s(x)^{n_s} g(x)\mathrm{d}x =: \int_{\alpha}^{\beta} y(x)\mathrm{d}x \tag{7.9}$$

mit positiven Funktionen $f_j(x)$ und $g(x)$ aus, wobei angenommen wird, dass der Integrand $y(x)$ unimodal ist und für $x = a$ sein Maximum annimmt; die Exponenten $n_1, \dots, n_s$ sollen von einer gemeinsamen, »sehr großen« Ordnung μ sein. Er beschrieb hierfür ein Verfahren, das im vorrangig wichtigen Spezialfall $y'(a) = 0,\ y''(a) < 0$ auf der Taylorreihe für $\log(y(x))$ im Entwicklungspunkt $x = a$ beruht und auf

$$y(x)/y(a) \approx \exp\left(-\frac{(x-a)^2}{2\sigma^2}\right), \quad \sigma^2 = \frac{-y(a)}{y''(a)}$$

in einer Nachbarschaft von $x = a$ führt. Da außerhalb dieser Nachbarschaft für großes μ der Term $y/y(a)$ praktisch verschwindet, wird auch plausibel, dass

$$\frac{1}{y(a)} \int_{\alpha}^{\beta} y(x)dx \approx \int_{\alpha}^{\beta} \exp\left(-\frac{(x-a)^2}{2\sigma^2}\right)\mathrm{d}x \tag{7.10}$$

für beliebige Integrationsintervalle, die a enthalten oder zumindest in der Nähe von a liegen. Wenn das Integrationsintervall weit außerhalb von a liegt, wird die Approximation (7.10) für großes μ zur Trivialität, da beide Seiten sehr klein werden; der relative Approximationsfehler ist aber dann nicht mehr kontrollierbar. Für diesen Fall entwickelte Laplace alternative Approximationen. Für ausführliche Darstellungen sei auf [Hald 1998, chapt. 13] und [Bru und Bru 2018, vol. 2, appendice 1] verwiesen.

Laplace wandte seine Methode auch auf nicht-stochastische Probleme, wie etwa zur Bestätigung der Stirlingschen Formel für die Gammafunktion an. Bezüglich stochastischer Problemstellungen war die Laplacesche Approximationsidee, wie bereits erörtert, für die Approximation von A-posteriori-Wahrscheinlichkeiten in binomialen Modellen bedeutsam. Hier ist die Posterior-Dichte $p(x \mid s_1, s_2)$ für die unbekannte Trefferwahrscheinlichkeit x nach s_1 beobachteten Treffern und s_2 beobachteten Nieten proportional zu $x^{s_1}(1-x)^{s_2}$. Laplace behandelte auch den Fall einer Serie von unabhängigen Versuchen, bei denen drei verschiedene Versuchsausgänge mit den jeweiligen Wahrscheinlichkeiten x_1, x_2, $(1-x_1-x_2)$ möglich sind. Wenn die zugehörigen Fallzahlen s_1, s_2 und s_3 beobachtet worden sind, so gilt für die A-posteriori-Dichte in diesem multinomialen Modell:

$$p(x_1, x_2 \mid s_1, s_2, s_3) \;\propto\; x_1^{s_1} x_2^{s_2}(1-x_1-x_2)^{s_3}.$$

Durch Anwendung der Erweiterung seiner Approximationsmethode auf Funktionen in zwei Variablen zeigte Laplace [1785; 1786b], dass – modern ausgedrückt – $p(x_1, x_2 \mid s_1, s_2, s_3)$ approximativ durch die Dichte einer zweidimensionalen Normalverteilung ausgedrückt werden kann. Konkrete Anwendungen dieses Resutats gab er aber nicht.

Bemerkenswert ist schließlich noch, dass Laplace [1812, Livre II, Nr. 23] im Rahmen inverser Wahrscheinlichkeiten seine Approximationsidee auch auf einen Fall ausdehnte, dem kein diskretes stochastisches Modell zugrundelag: Angenommen, eine physikalische Konstante a ist aus fehlerbehafteten Beobachtungswerten x_i $(i = 1, \dots, n)$ zu schätzen, wobei $x_i = a + \epsilon_i$ mit zueinander unabhängigen Beobachtungsfehlern ϵ_i ist. Wenn die Beobachtungsfehler alle einer bezüglich $x = 0$ symmetrischen Wahrscheinlichkeitsdichte $f(x)$ folgen, so muss unter der für Laplace üblichen Annahme eines uniformen Priors für a gelten:

$$p(a|x_1, x_2, \dots, x_n) \;\propto\; f(x_1 - a)f(x_2 - a)\cdots f(x_n - a).$$

Auch in diesem Falle machte Laplace plausibel, dass bei einer großen Anzahl von Beobachtungen die Posteriordichte p approximativ der einer Normalverteilung folgt.

Laplace nahm bei seinen Betrachtungen inverser Wahrscheinlichkeiten fast immer einen uniformen Prior an. Trotz der bereits erörterten Berechtigung dieser Annahme, zumindest aus der Sicht eines von subjektiver Unkenntnis ausgehenden Erfahrungszuwachses, war sich Laplace offenbar der Problematik dieser Annahme in spezifischen Fällen bewusst. Im binomialen Fall würde ja mit der A-priori-Dichte $g(x)$, die den Wahrscheinlichkeiten $\mathrm{P}(C_i)$ in (7.5) entspricht, in Verallgemeinerung von (7.8) gelten:

$$\mathrm{P}(x \in [a, b] \mid p, q) = \frac{\int_a^b x^p(1-x)^q g(x)\mathrm{d}x}{\int_0^1 x^p(1-x)^q g(x)\mathrm{d}x}.$$

Laplace muss aber, wie Bemerkungen in [Laplace 1781, 469 f.] und [Laplace 1786b, 303] zeigen, klar gewesen sein, dass bei großen Anzahlen die mit seiner Methode erreichten approximierenden Wahrscheinlichkeiten weitgehend unabhängig von der spezifischen Form der A-priori-Dichte – entsprechend auch der Funktion $g(x)$ in (7.9) – sein müssten. Spätere Autoren, wie Poisson, Cournot oder von Kries, machten das deutlicher [Hald 1998, 585 f.], [Hald 2007, chapt. 11]. Das ganze 19. Jahrhundert hindurch wurde aber die Voraussetzung eines uniformen, ggf. auf ein bestimmtes Teilintervall des Parameterbereichs konzentrierten, Priors bevorzugt. Dies trifft auch auf Arbeiten von Irenée Jules Bienaymé (1796–1878) von 1838 und Francis Ysidro Edgeworth (1845–1926) von 1908/09 zu, in denen die Ansätze von Laplace weiterentwickelt wurden [Hald 1998, chapt. 28.3].

Richard von Mises (1883–1953) gab schließlich mit Hilfe der Laplaceschen Methode, aber unter Berücksichtigung der im 20. Jahrhundert üblich gewordenen analytischen Standards, strenge Beweise für Grenzwertsätze im binomialen und multinomialen Fall, wobei er auch nicht-uniforme A-priori-Verteilungen berücksichtigte [von Mises 1919a, 81–86].

Der von Misessche Grenzwertsatz für die aposteriorische Trefferwahrscheinlichkeit x im binomialen Fall besagt, dass unter der Voraussetzung, dass die relative Häufigkeit h der beobachteten Treffer unabhängig von der Versuchszahl n konstant bleibt – $[nh]$ ist dann die Anzahl der Treffer – und $g(x)$ stetig in $x = h$ ist,

$$\lim_{n\to\infty} \mathrm{P}\left(x \leqslant h + z\sqrt{\frac{h(1-h)}{n}} \mid [nh]\right) = \frac{1}{\sqrt{2\pi}} \int_{-\infty}^{z} \mathrm{e}^{-\frac{x^2}{2}} \mathrm{d}x.$$

Von Mises' Voraussetzung der Konstanz von h und analoge Voraussetzungen im multinomialen Fall waren unnötig restriktiv, aber bezüglich Realsituationen, in denen nur endlich viele Versuche auftreten können, angemessen.

Sergei Natanovich Bernshtein (1880–1968) hatte bereits in einem lithographierten Skript zu seiner Vorlesung in Kharkiv [1917, 118–122] einen entsprechenden Beweis für den binomialen Fall geführt, unter der etwas allgemeineren Voraussetzung, dass ein Grenzwert $a \in (0,1)$ für die relative Trefferhäufigkeit existiert und der Prior in a stetig und positiv ist.

Lucien Le Cam (1924–2000) stellte schließlich (auch bezüglich der Konvergenz) ein sehr allgemeines Ergebnis vor, das alle bisher behandelten Fälle unter Berücksichtigung nicht uniformer A-priori-Dichten beinhaltete [Le Cam 1953, 307–312, Theorem 7]. Auch er bediente sich dabei im Wesentlichen der Laplaceschen Methode. Le Cam war wohl durch sein häufiges Zitieren von Bernshtein (nur in recht vager Form) und von Mises wesentlich für die Etablierung der Bezeichnung »Bernstein-von Mises-Theorem« (»Bernstein« entsprechend der französischen Variante seines Namens) verantwortlich.

Exkurs 7.2

Betrachten wir etwa den Fall einer Folge unabhängiger und identisch verteilter Zufallsgrößen X_j, die auf $(\Omega, \mathcal{A})$, versehen mit dem Wahrscheinlichkeitsmaß P_θ, definiert sind, wobei $\theta \in \Theta$ als variabel angesehen wird (Θ sei ein offenes Intervall). Die X_j mögen einer stetigen Verteilung mit einer auf dem offenen Intervall I positiven Dichte $f(z,\theta)$ folgen. Angenommen, für $X_1, \dots, X_n$ wurden die Werte $x_1, \dots, x_n \in I$ beobachtet. Dann gilt für die A-posteriori-Dichte $p(\theta \mid x_1, \dots, x_n)$:

$$p(\theta \mid x_1, \dots, x_n) = \frac{f(x_1,\theta) \cdots f(x_n,\theta)\psi(\theta)}{\int_\Theta f(x_1,t) \cdots f(x_n,t)\psi(t)\mathrm{d}t},$$

wenn ψ eine auf Θ positive A-priori-Dichte bezeichnet. An die Dichte $f(z,\theta)$ werden gewisse Regularitäts- bzw. Beschränktheitsbedingungen gestellt.

Ferner wird vorausgesetzt, dass für $\theta \in \Theta$ bezüglich der Stichproben $(X_1, \dots, X_k)$ mit beliebiger Länge k ein Maximum-Likelihood-Schätzer μ_k existiert. Das bedeutet, dass für alle $\omega \in \Omega$ und die Stichprobenergebnisse $x_1 = X_1(\omega), \dots, x_k = X_k(\omega)$:

$$\sup_{\theta\in\Theta} f(x_1,\theta)\cdots f(x_k,\theta) = f(x_1,\mu_k(\omega))\cdots f(x_k,\mu_k(\omega)).$$

Bei Vorliegen entsprechender Differenzierbarkeitseigenschaften von $f(z,\theta)$ bezüglich θ ist μ_k eine Lösung t der Gleichung

$$\sum_{i=1}^{k} \frac{\partial}{\partial\theta} \log f(x_i,t) = 0.$$

Die Betrachtung des Logarithmus der Likelihood-Funktion hat rechnerische Vorteile und ist zugleich Grundlage der Laplaceschen Approximationsmethode.

Für alle θ aus einer offenen Menge $C \subset \Theta$ gibt es unter recht allgemeinen Voraussetzungen eine Teilmenge $S_\theta \subset \Omega$ mit $P_\theta(S_\theta) = 1$, sodass $\mu_k(\omega)$ für alle $\omega \in S_\theta$ gegen θ strebt und in der Nähe von θ eindeutig ist. Bezüglich klassischer Verteilungskonvergenz besagt das Theorem von Le Cam, dass für alle $\theta_0 \in C$ und alle $\omega \in S_{\theta_0}$ sowie alle reellen x die Grenzbeziehung

$$\lim_{k\to\infty} \int_{\Theta\cap(-\infty;x/\sqrt{k}+\mu_k(\omega)]} p(s \mid X_1(\omega), \dots, X_k(\omega))\mathrm{d}s = \Phi_{0,(\Gamma(\theta_0))^{-1/2}}(x),$$

$$\Gamma(\theta_0) := -\int_{\mathbb{R}} \partial^2 \log f(x,\theta_0)/\partial\theta^2 \mathrm{d}x$$

besteht, falls die A-priori-Dichte $\psi(\theta)$ in $\theta = \theta_0$ stetig ist. $\Phi_{0,(\Gamma(\theta_0))^{-1/2}}(x)$ ist dabei die Verteilungsfunktion der Normalverteilung mit Erwartungswert 0 und Varianz $(\Gamma(\theta_0))^{-1}$.

Im Falle diskreter Verteilungen der X_j ergibt sich eine analoge Grenzbeziehung.

7.5.5 Das Problem der nachfolgenden Versuche

Erkenntniszuwachs durch rationales Verarbeiten wiederholter Erfahrungen und damit verbundenes induktives Schließen war ein Dauerbrenner der philosophischen Diskussion im späten 17. und im ganzen 18. Jahrhundert. Auch wenn Laplace die Schriften von John Locke, David Hume und David Hartley (vgl. Kap. 6.6) vielleicht nur oberflächlich bekannt waren, so war er sicher mit entsprechenden Theorien etwa durch Beiträge von Étienne Bonnot de Condillac (1714–1780) oder Denis Diderot (1713–1784), die gegen Mitte des 18. Jahrhunderts erschienen waren, bestens vertraut (für den philosophischen Hintergrund s. [Daston 1988, chapt. 4], [Hald 1998, chapt. 7], [Loveland 2001]).

Es lag besonders nahe, die sukzessive Wirkung von Erfahrungen mit Hilfe inverser Wahrscheinlichkeiten zu modellieren, und auch Price hatte bereits in seinem Kommentar zu Bayes ein Beispiel gegeben (vgl. Kap. 6.6.3). Aus sachlogischer Sicht ist es daher nicht überraschend, dass Laplace auch diesen Problemkreis bereits in seinem 1774-Mémoire näher erörterte: Angenommen, in einer

Urne mit unendlich vielen weißen und schwarzen Billetts, deren Mischungsverhältnis unbekannt ist, wurden p weiße und q schwarze Billetts gezogen. Wie groß ist die Wahrscheinlichkeit, dass in $m + n$ weiteren Zügen m weiße und n schwarze Billetts gezogen werden? Wird die unbekannte Trefferwahrscheinlichkeit für »weiß« mit x bezeichnet, so ist gemäß Laplace (bei uniformem Prior) die Posterior-Dichte

$$r(x \mid p,q) = \frac{x^p(1-x)^q}{\int_0^1 x^p(1-x)^q \mathrm{d}x}$$

und

$$\begin{aligned} \mathrm{P}(m,n \mid p,q) &= \binom{m+n}{m} \int_0^1 x^m(1-x)^n r(x \mid p,q) \mathrm{d}x \\ &= \binom{m+n}{m} \frac{\int_0^1 x^{m+p}(1-x)^{n+q} \mathrm{d}x}{\int_0^1 x^p(1-x)^q \mathrm{d}x}. \end{aligned} \tag{7.11}$$

Mit elementaren Integrationsmethoden ergibt sich

$$\mathrm{P}(m,n \mid p,q) = \frac{\binom{m+p}{m}\binom{n+q}{n}}{\binom{p+q+m+n+1}{m+n}}. \tag{7.12}$$

In voller Allgemeinheit leitete Laplace diesen Ausdruck in seinem Artikel von 1781 her und approximierte ihn mit Hilfe der Stirlingschen Formel, falls alle vier Anzahlen »groß« sind.

Im Spezialfall $q = 0$, $n = 0$ und $m = 1$ hat man es mit der wichtigen Situation zu tun, dass p-mal hintereinander dasselbe Ereignis (weiße Kugel) beobachtet worden ist und man nach der Wahrscheinlichkeit sucht, dass es auch im $p + 1$-ten Versuch eintritt. Die Auswertung von (7.12) ergibt

$$\mathrm{P}(1,0 \mid p,0) = \frac{p+1}{p+2}. \tag{7.13}$$

Dieses Ergebnis wurde von John Venn (1834–1923) in der *Logic of Chance* (1. Aufl. 1866) mit der Bezeichnung »rule of succession« belegt und bis in das 20. Jahrhundert hinein immer wieder lebhaft diskutiert [Hald 1998, 256].

Laplace wendete im *Essai philosophique* [1932, 14] das Nachfolgegesetz (7.13) auf das Phänomen der sich ständig wiederholenden Sonnenaufgänge an. Dieses war seit der Antike als Metapher für zukünftige Gewissheit verwendet worden, und auch im 18. Jahrhundert findet man es in der erkenntnisphilosophischen Literatur, beispielsweise bei Hume. Laplace ging von einer 5000 Jahre währenden »ältesten Epoche der Geschichte« aus mit $n = 1826213$ Tagen und schloss, dass 1826214 gegen 1 darauf zu wetten sei, dass die Sonne auch wieder am nächsten Tag aufgehen würde. Dieses Verhältnis entspricht genau dem Quotienten $r/(1-r)$, wobei $r = (n+1)/(n+2)$ die Wahrscheinlichkeit für die Wiederkehr des Sonnenaufgangs ist. Laplace bezog sich in diesem Zusammenhang auch auf ein Problem in der bereits in Kap. 6.4.3 erwähnten Arbeit [1777b] des Compte de Buffon. Dieser war von einer fiktiven Person ausgegangen, die vor Beobachtung des ersten Sonnenaufgangs noch ohne jegliche Vorkenntnis ist. Ebenso, wie das übrigens bereits Price [1764] getan hatte, nahm Buffon an, dass erst nach Beobachtung des zweiten Sonnenaufgangs ein Erkenntnisfortschritt in Gang käme. Im Gegensatz zu Price, der A-posteriori-Wahrscheinlichkeiten verwendete, bediente sich Buffon aber eines ad-hoc-Modells, wonach sich ab dem zweiten Beobachtungstag jeweils die Wahrscheinlichkeit für das Ausbleiben des Sonnenaufgangs halbieren würde.

Die stochastische Diskussion des wiederholten Sonnenaufgangs durch Laplace (und andere) wurde in späteren Zeiten häufig als Missbrauch inverser Wahrscheinlichkeiten kritisiert oder gar lächerlich gemacht. Wie aus einer Zusatzbemerkung über das »regelnde Prinzip der Tage und Jahreszeiten« im *Essai philosophique* hervorgeht, war sich Laplace der Problematik seines Beispiels freilich durchaus bewusst. Wissenschaftliche Durchdringung bedurfte seiner Ansicht nach – und hier folgte er ganz dem Newtonschen Vorbild – einer Wechselwirkung aus Induktion und Deduktion (s. [Hald 1998, chapt. 15.3]). Der Sonnenaufgang, der natürlich mit den Gesetzen der Himmelmechanik im Einklang stand und daher nicht als Zufallsprodukt zu betrachten war, diente hier als plakatives Modell dafür, wie man sich induktiv der Gewissheit nähern konnte.

7.5.6 *Wahrscheinlichkeiten bei Mehrheitsbeschlüssen, besonders Gerichtsentscheiden*

Abb. 7.3: Marie Jean Antoine Nicolas Caritat, Marquis de Condorcet

Versuche, menschliche Entscheidungsprozesse mit Hilfe der Wahrscheinlicheitsrechnung zu modellieren, hatten Tradition. Bezüglich rechtlicher Angelegenheiten hatte bereits Nikolaus Bernoulli im Jahre 1709, also noch vor Erscheinen der *Ars conjectandi* seines Onkels Jakob, eine Abhandlung vorgelegt. Unter den französischen Aufklärern wurde ab ca. 1760 die Frage einer gerechten und möglichst fehlerfreien Urteilsentscheidung zu einem wichtigen Thema [Daston 1988, 6.4]. In diesem Zusammenhang schienen drei Stellgrößen besonders bedeutsam, wobei die ersten beiden seit Alters her feststanden: die Anzahl der Mitglieder einer Jury und die benötigte Mehrheit für eine Entscheidung. Die Wahrscheinlichkeitsrechnung kam mit einem dritten Aspekt ins Spiel, da bei dem Votum eines Jurymitglieds eine gewisse, natürlich zu minimierende, Irrtumswahrscheinlichkeit anzunehmen war. Im diesbezüglichen Werk von Condorcet, insbesondere seinem *Essai sur l'application de l'analyse à la probabilité des décions rendues à la pluralité des voix* [1785], das als Ideengeber für alle weiteren Arbeiten des 19. Jahrhunderts zu diesem Thema dienen sollte, vereinigten sich die avantgardistischen sozialen und politischen Anliegen mit der mathematischen Erfindungskraft des Autors. Leider stand dem eine insgesamt recht unklare und mit vielen kleinen Fehlern behaftete Darstellung entgegen, ein Umstand der das gesamte mathematische Werk von Condorcet betrifft und für lange Zeit eine eher negative Rezeption seiner Leistungen in diesem Bereich bewirkte. So sprach z.B. Isaac Todhunter (1820–1884) in seiner Darstellung des *Essai* von der »... obscurity and inutility of Condorcet's investigations ...« [Todhunter 1865, 409].

Bereits im ersten Teil des *Essai* finden sich die für Gerichtsbeschlüsse relevanten Aussagen; auf zwei besonders wichtige Punkte wird im Folgenden eingegangen. Condorcet ging modellhaft von einer Jury mit n Mitgliedern aus, die unabhängig voneinander ihr Votum treffen. Jeder Juror besitzt dieselbe Wahrscheinlichkeit v (wie *Verité*), korrekt zu entscheiden bzw. $e = 1 - v$ (wie *Erreur*) zu irren. Ein Urteil wird bei einer vorgegebenen Mindest-Mehrheit von q Stimmen ($n - q$ eine gerade Zahl) gefällt, d.h. mit $(n + q)/2$ Stimmen dafür und $(n - q)/2$ Stimmen dagegen. Condorcet stellte nun mehrere Forderungen auf, die durch die drei Bestimmungsstücke n, v, q erfüllt sein sollten. Die für Arbeiten späterer Autoren einflussreichste bezog sich auf die inverse Wahrscheinlichkeit dafür, dass ein bei der Stimmenmehrheit q getroffenes Urteil auch zutreffend sei: Falls m von n Richtern für ein Urteil gestimmt haben und $n - m$ dagegen, so ist mit den Abkürzungen »korr.« für »Urteil ist korrekt« und »m, n« für »m von n Personen sind für das gefällte Urteil«:

$$\mathrm{P}(\text{korr.} \mid m, n) = \frac{\mathrm{P}(m, n \text{ und korr.})}{\mathrm{P}(m, n)}.$$

Wenn m Stimmen »dafür« sind, so können m Juroren richtig und $n-m$ Juroren falsch urteilen oder m Juroren falsch und $n - m$ Juroren richtig. Es ist also

$$\mathrm{P}(\text{korr.} \mid m, n) = \frac{\binom{n}{m} v^m e^{n-m}}{\binom{n}{m} v^m e^{n-m} + \binom{n}{m} e^m v^{n-m}} = \frac{v^m e^{n-m}}{v^m e^{n-m} + v^{n-m} e^m}.$$

Mit Hilfe elementarer Algebra folgt nun, wie Condorcet auch herausstrich, dass

$$\mathrm{P}(\text{korr.} \mid m, n) = \frac{v^q}{v^q + e^q}. \tag{7.14}$$

Die A-posteriori-Wahrscheinlichkeit für ein korrektes Urteil hängt also in dem aufgestellten Modell nur von der Wahrscheinlichkeit v und der gewünschten Stimmenmehrheit q, aber nicht von der gesamten Anzahl der Jurymitglieder ab. Im Zusammenhang mit dieser Formel wird nun gefordert, dass $\mathrm{P}(\text{korr.} \mid m, n)$ oberhalb einer bestimmten Grenze liegt. Dann kann bei Vorgabe eines plausiblen Werts für v die zu empfehlende Stimmenmehrheit q berechnet werden.

Gewisse Prominenz hat in jüngerer Zeit das sogenannte »Condorcet-Jury-Theorem« erlangt. In der einfachsten Form, die auf Condorcet selbst zurückgeht, geht es darum, die Wahrscheinlichkeit dafür zu berechnen, dass in einer Jury mit n Mitgliedern ein korrektes Mehrheitsurteil erzielt wird, also ein Urteil mit mindestens $s = [an] + 1$ Stimmen, wobei a eine rationale Zahl zwischen $1/2$ und 1 ist. Diese Wahrscheinlichkeit, die wir hier mit r bezeichnen, ist gleich

$$r = \binom{n}{s} v^s e^{n-s} + \binom{n}{s+1} v^{s+1} e^{n-s-1} + \cdots + \binom{n}{n} v^n. \tag{7.15}$$

Das »Theorem« besagt nun, dass für $v > a$ die Wahrscheinlichkeit r bei $n \to \infty$ gegen 1 gehen muss. Dies ergibt sich schon mit Hilfe des schwachen Gesetzes der großen Zahlen von Jakob Bernoulli. Condorcet stellte jedoch einen eigenständigen Beweis für dieses Grenzverhalten auf.

Er gab auch Kriterien vor, die im Wesentlichen darauf hinausliefen, dass Wahrscheinlichkeiten, wie (7.14) und (7.15) über eine gewisse Mindestgrenze nahe bei 1 hinausgehen sollten und aus denen dann Werte für n, q und v gewonnen werden konnten. In diesem Zusammenhang machte er Annahmen, die aus – teilweise weit hergeholten – Analogien gewonnen wurden, sich aber mangels empirischem Material nicht auf die eigentlichen Probleme, wie Gerichtsprozesse, beziehen konnten. So erzielte er [1785, 285–287] beispielsweise das Ergebnis, dass gemäß (7.14) bei einer Stimmenmehrheit $q = 8$ die Wahrscheinlichkeit v mindestens gleich 0.9 sein müsse, um Urteile mit aus seiner Sicht hinreichend kleiner Irrtumswahrscheinlichkeit erzielen zu können.

Der Beitrag Condorcets fand, wegen seiner umständlichen Darstellung und Kompliziertheit, aber auch wegen seiner sehr modellhaften Annahmen (etwa bezüglich der Unabhängigkeit der einzelnen Voten) kaum Beachtung. Laplace nahm allerdings, ohne Condorcet explizit zu erwähnen, dessen Ansatz bezüglich inverser Wahrscheinlichkeiten auf und entwickelte ihn weiter. Die entsprechende Arbeit, datiert mit 1816, wurde im zweiten Teil des ersten Supplements der 3. Auflage der *Théorie analytique* von 1820 publiziert. Außerdem wurde auch dem *Essai philosophique* ein entsprechender Abschnitt hinzugefügt.

Laplace ging es darum, die Wahrscheinlichkeit – wieder mit P(korr. | m, n) ausgedrückt – dafür zu berechnen, dass ein Angeklagter tatsächlich schuldig ist, wenn ihn m von n Mitgliedern einer Jury für schuldig befunden haben. Er setzte modellhaft voraus, dass die Einzelentscheidungen unabhängig voneinander getroffen werden und dass die Irrtumswahrscheinlichkeit bei jedem Richter gleich, aber kleiner als 0.5 sei. Das war im Wesentlichen das Condorcetsche Modell (siehe Formel (7.14)), mit dem Unterschied, dass bei Condorcet nur eine feste Wahrscheinlichkeit für das korrekte Urteil jedes individuellen Jurymitglieds betrachtet worden war. Dieser Unterschied war freilich wesentlich: Condorcets Wahrscheinlichkeit v ließ sich natürlich nicht quasi per Dekret auf 0,9 festsetzen, allein schon deshalb, weil sie auch von der jeweils unterschiedlichen Sach- und Beweislage abhing. Die Formel von Laplace lautet:

$$\mathrm{P}(\text{korr.} \mid m, n) = \frac{\int_{0.5}^{1} v^m(1-v)^{n-m}\mathrm{d}v}{\int_{0.5}^{1}(v^m(1-v)^{n-m} + v^{n-m}(1-v)^m)\mathrm{d}v} = \\ = \frac{\int_{0.5}^{1} v^m(1-v)^{n-m}\mathrm{d}v}{\int_{0}^{1} v^m(1-v)^{n-m}\mathrm{d}v}. \quad (7.16)$$

Exkurs 7.3
Laplaces Ausführungen sind recht knapp gefasst. Etwas ausführlicher als bei ihm selbst verläuft die Argumentation so: Angenommen, von k gleichwahrscheinlichen Wahrscheinlichkeiten für ein individuelles korrektes Urteil $v_1, \dots, v_k$ wird in einem ersten Schritt eine Wahrscheinlichkeit v_j zufällig ausgewählt und dann in einem zweiten Schritt von einer hypothetischen Jury ein Urteil gefällt, wobei jedes Jurymitglied mit dieser Wahrscheinlichkeit v_j ausgestattet ist. Die Wahrscheinlichkeit dafür, dass ein bestimmtes v_j ausgewählt und mit m von n Stimmen ein Urteil gefasst wird, ist dann gleich

$$(v_j^m(1-v_j)^{n-m} + v_j^{n-m}(1-v_j)^m) \cdot \frac{1}{k},$$

und die Wahrscheinlichkeit dafür, dass mit m von n Stimmen ein Urteil gefasst wird, ist folglich

$$\sum_{j=1}^{k}(v_j^m(1-v_j)^{n-m} + v_j^{n-m}(1-v_j)^m) \cdot \frac{1}{k}.$$

Die Wahrscheinlichkeit P(korr. | m, n) dafür, dass mit m von n Stimmen ein korrektes Urteil gefasst wird, ist also gleich

$$\mathrm{P}(\text{korr.} \mid m, n) = \frac{\sum_{j=1}^{k} v_j^m(1-v_j)^{n-m} \cdot \frac{1}{k}}{\sum_{j=1}^{k}(v_j^m(1-v_j)^{n-m} + v_j^{n-m}(1-v_j)^m) \cdot \frac{1}{k}}.$$

Bei kontinuierlicher Gleichverteilung der Wahrscheinlichkeiten v zwischen 0,5 und 1 geht dieser Ausdruck in den Integralterm (7.16) über.

Laplace war gegenüber der praktischen Anwendbarkeit solcher Resultate vorsichtiger als Condorcet, betonte aber gleichwohl, dass sie »oft über diese schwierigen und wichtigen Fragen viel Licht verbreiten« könnten [Laplace 1932, 166]. Wie Condorcet legte Laplace besonderen Wert darauf, dass in Kriminalfällen die Irrtumswahrscheinlichkeit bei einer Mehrheitsentscheidung nicht zu groß werden sollte, wenngleich er im Interesse der Abschreckung und der Verfolgung tatsächlich Schuldiger nicht die extrem kleinen Werte von Condorcet für diese Wahrscheinlichkeiten anstrebte. Er kritisierte aber die im damaligen Frankreich gängigen Vorschriften für Mehrheiten in Schöffen- und übergeordneten Gerichten, da die gemäß (7.16) berechneten Irrtumswahrscheinlichkeiten zu groß seien und empfahl andere Mehrheitsverhältnisse [Laplace 1932, 108]; [Laplace 1820b, 529 f.]. Bei 12 Geschworenen sollten sich beispielsweise 9 statt nur 8 für die Verurteilung aussprechen.

Im Gegensatz zu Condorcet baute Laplace seine wesentlichen Ausführungen auf einer einzigen Formel über inverse Wahrscheinlichkeiten auf. Seine Ideen wurden später von Poisson auf der Basis von statistischem Material weiterentwickelt.

7.6 Bevölkerungsstatistik

Laplace entfaltete zahlreiche Aktivitäten im Rahmen der Bevölkerungsstatistik, freilich weniger im Sinne eines an sozialen oder politischen Angelegenheiten Interessierten, sondern eher als Wissenschaftler, dem die mathematische Durchdringung auch dieser Bereiche ein wichtiges Anliegen war. Bereits in seinen Arbeiten der 1770er Jahre beschäftigte sich Laplace ausführlich mit dem statistischen Phänomen des leichten Überschusses von Knaben- gegenüber Mädchengeburten. Von 1786 bis 1791 war er zusammen mit Condorcet und Achille Pierre Dionis du Séjour (1734–1794) Mitglied einer Akademiekommission zur Erfassung von Bevölkerungsdaten in Frankreich. In diesem Zusammenhang entwickelte er die Theorie für einen Mikrozensus aufgrund von Neugeborenenzahlen, wie er schließlich zwischen 1799 und 1801 tatsächlich durchgeführt wurde. Grundlage für Laplaces stochastische Ausführungen zu diesen Themen waren seine in Abschnitt 7.5.4 vorgestellten Approximationen der A-posteriori-Wahrscheinlichkeiten, wobei er sich praktisch immer auf die Betrachtung binomialer Zufallsexperimente beschränkte.

7.6.1 Der männliche Geburtenüberschuss

Der leichte Überschuss an Knaben- gegenüber Mädchengeburten war ein Phänomen, das im 18. Jahrhundert lebhaft diskutiert wurde, auch vom theologischen Standpunkt aus. Wie in Kap. 6.2.3 erläutert wurde, brachte schließlich de Moivre eine Synthese von »göttlichem Design« und Zufall ins Spiel: Die Vorsehung sorgte für die konstante Trefferwahrscheinlichkeit von mehr als 50%, der Zufall für die Unvorhersagbarkeit im Einzelfall.

Laplace griff direkt die de Moivreschen Ideen auf. »Reguläre Ursachen«, wie er sich bereits in einer frühen Arbeit [1776b, 151] ausdrückte, standen dem schieren Zufall gegenüber, und die Methode der inversen Wahrscheinlichkeiten gestattete es, nicht nur von Beobachtungen auf die »Ursachen«, also unbekannte Einzelwahrscheinlichkeiten, rückzuschließen, sondern auch gegebenenfalls die Variabilität solcher »Ursachen« zu untersuchen.

Dem Problemkreis des Verhältnisses von männlichen und weiblichen Geburtszahlen widmete er sich an drei wesentlichen Stellen seines Werks, [1781; 1786b] sowie *Théorie analytique*, II, No. 28–29. Im Folgenden werden drei wichtige Beispiele rekapituliert, die wiederholt diskutiert wurden, und es wird die jeweils früheste Quelle angegeben.
Beispiel 1 [Laplace 1781, No. XIX]:
251527 neugeborenen Knaben stehen 241945 weibliche Geburten in Paris von

1745 bis 1770 gegenüber. Was ist auf der Basis dieser Daten die Wahrscheinlichkeit dafür, dass die *Possibilité* p für einen Buben größer als 1/2 ist? Hier ist die relative Häufigkeit h_n einer Knabengeburt gleich 0.5097. Mit Hilfe seiner Approximation kommt Laplace zur Wahrscheinlichkeit des Gegenereignisses $P(p \leqslant 0.5 \mid h_n) \approx 10^{-42}$.
Beispiel 2 [Laplace 1786b, No. XXXIX]:
In Viteaux (Bourgogne) wurden 203 Buben gegenüber 212 Mädchen innerhalb von fünf Jahren geboren. Verletzt nicht dieser empirische Tatbestand die »Gesetzmäßigkeit« einer angeblich leicht über 0.5 liegenden Wahrscheinlichkeit für Knabengeburten? In diesem Fall ist $h_n = 0.489$. Laplace erhält nun $P(p \leqslant 0.5 \mid h_n) \approx 0.67$. Verglichen mit den sehr großen bzw. sehr kleinen Wahrscheinlichkeiten, die in analogen Fällen bei den großen Städten, wie Paris, zustandegekommen sind und die entsprechende Hypothese bestätigen, ist für Laplace dieses Ergebnis nicht hinreichend aussagekräftig, um darauf schließen zu können, dass Viteaux eine Ausnahme von der Regel darstellen würde.
Beispiel 3 [Laplace 1781, No. XXVI]:
Mit einer Art Zwei-Stichproben-Test geht Laplace auch die Untersuchung einer möglichen räumlichen Variabilität der Knabenwahrscheinlichkeit an. In London ist über den Zeitraum 1664–1757 eine relative Häufigkeit der Knabengeburten $h_L = 0.5135$, in Paris die entsprechende relative Häufigkeit von 1745 bis 1770 von $h_P = 0.5097$ beobachtet worden. Laplace entwickelt einen approximierenden Ausdruck für $P(p_L < p_P \mid h_L, h_P)$ bezüglich der Geburtswahrscheinlichkeiten p_L bzw. p_P in London bzw. Paris und findet einen Wert von ca. $0,0000024$ (s. [Hald 1998, chapt. 14.2–14.5] für eine genaue Analyse).

Für Laplace waren diese Probleme vorrangig nicht mehr wegen ihres philosophischen oder gar theologischen Charakters interessant, sondern weil er an ihnen das statistische Potential der A-posteriori-Wahrscheinlichkeiten in Verbindung mit seinen Approximationsmethoden aufzeigen konnte. Dafür, göttliches Wirken als Begründung für die Existenz der aufgezeigten Phänomene heranzuziehen, sah er offenbar keinen Anlass. Statt dessen diskutierte er verschiedene mögliche Gründe für die leicht erhöhte Londoner Knabenrate, zum Beispiel unter Berücksichtigung der vielen weiblichen Findelkinder, die aus ländlichen Gebieten nach Paris verbracht wurden, was zu einer »Verfälschung« der ursprünglichen Pariser Daten geführt hatte [Hald 1998, chapt. 14.6].

7.6.2 *Mikrozensus*

Das mindestens auf John Graunt (vgl. Kap. 4.4) zurückgehende Prinzip des Mikrozensus (s. [Hald 1998, 283 f.] für eine Übersicht) ist wie folgt: Angenommen, die Anzahl N einer Gesamtpopulation ist gesucht. Man kennt die Anzahl n einer Subpopulation und weiß, dass q Individuen dieser Subpopulation und q' Individuen der Gesamtpopulation ein bestimmtes Merkmal aufweisen. Wenn man davon ausgehen kann, dass $N/q' \approx n/q$, wenn also die Subpopulation und das erfasste Merkmal »repräsentativen« Charakter haben, so lässt sich N bestimmen. Natürlich ergibt sich sofort die Frage, wie repräsentative Subpopulationen bzw. Merkmale zu erhalten sind und außerdem, mit welchen durch stochastische Schwankungen bedingten Fehlergrenzen das Ergebnis für N behaftet sein könnte, auch wenn die Repräsentativität gewährleistet sein sollte.

Laplace widmete sich vorrangig der zweiten Frage. Die Quellen sind vor allem [Laplace 1786c] und No. 31 im Teil II der verschiedenen Auflagen der *Théorie analytique*. In der ersten Arbeit ging Laplace von einem Urnenmodell mit unendlich vielen schwarzen bzw. weißen Kugeln aus, wobei der (unbekannte) Anteil der weißen Kugeln x der Wahrscheinlichkeit für ein Neugeborenes entsprechen sollte und der Anteil $1 - x$ der Wahrscheinlichkeit, bei einer Ziehung irgendeinen Einwohner zu erhalten. Die Tatsache, dass unter den beliebigen Einwohnern auch Neugeborene sein könnten, wurde von Laplace nicht weiter kommentiert. Aufgrund des relativ geringen Anteils der Neugeborenen an der Gesamtbevölkerung spielte diese, in der zweiten Darstellung bereinigte, Ungenauigkeit keine große Rolle. Laplace ging nun von zwei Stichproben aus: die erste, mit einem geringeren Umfang, entsprach der Subpopulation, die zweite mit einem größeren, aber ebenfalls als endlich betrachteten Umfang, entsprach der Geamtpopulation. Aufgrund des unendlichen Inhalts der Urne spielte es keine Rolle, ob die Stichproben durch Ziehen mit oder ohne Zurücklegen zustandekamen.

Laplace [1786c] veröffentlichte einige Tafeln mit Daten bezüglich Geburten, Heiraten und Todesfällen zu Paris und ganz Frankreich aus den 1770er bzw. 1780er Jahren (s. Abb. 7.4). Statt eine ausführliche Analyse des Datenmaterials zu geben, war es aber eher Laplaces Anliegen, eine »neue, aber noch wenig bekannte« Theorie vorzustellen, um die Wahrscheinlichkeit der »Fehler« in der Bestimmung der Einwohnerzahl von Frankreich (entsprechend der Gesamtpopulation) zu finden und die benötigte Stichprobenlänge der Subpopulation so zu bestimmen, dass dieser Fehler möglichst klein ausfallen würde.

ANNÉES.	NAISSANCES.		TOTAL.	ENFANTS TROUVÉS.		TOTAL.
	Mâles.	Femelles.		Mâles.	Femelles.	
1771	9604	9337	18941	3581	3575	7156
1772	9557	9156	18713	3899	3777	7676
1773	9751	9096	18847	3037	2952	5989
1774	9892	9461	19353	3152	3181	6333
1775	10247	9403	19650	3379	3126	6505

Abb. 7.4: Ausschnitte aus der Aufstellung für Paris und Vororte [Laplace 1786c, 44]. Der Geburtenüberschuss an männlichen Neugeborenen ist deutlich erkennbar. Bei den Findelkindern, die in enormer Zahl auftreten, ist das Geschlechterverhältnis dagegen fast ausgeglichen.

Exkurs 7.4
Es handelt sich dabei um ein Problem, das sehr ähnlich zu dem wiederholter Stichproben (7.11) ist. Allerdings ist beim Bevölkerungsproblem nicht die Länge der zweiten Stichprobe vorgegeben, sondern das Stichprobenergebnis, nämlich q'. Prinzipiell waren sich die erste und die zweite Arbeit im Ansatz sehr ähnlich. Wir skizzieren im Folgenden gleich die Methode der zweiten Arbeit, die direkt auf (7.11) ansetzen konnte. Jetzt entsprach die erste Stichprobe einer Bernoullikette der Länge n, bei der q Treffer (also Geburten) erzielt werden, und die zweite Stichprobe einer weiteren Bernoullikette der Länge N mit q' Treffern. Laplace leitete zunächst eine (7.11) entsprechende Beziehung nochmals im betrachteten Spezialfall für die Wahrscheinlichkeit $\mathrm{P}(q', N - q' \mid q, n - q)$ her, dass in einer zweiten Stichprobe der vorgegebenen Länge N insgesamt q' Geburten auftreten, wenn in einer ersten Stichprobe der Länge n mit derselben Geburtenwahrscheinlichkeit q Geburten beobachtet worden sind. Ohne weitere Erläuterungen nahm nun Laplace die Variable q' als beobachtet und die Variable N als dem Zufall entspringend an und folgerte gemäß der üblichen Regeln für inverse Wahrscheinlichkeiten bei Annahme eines uniformen Priors für N – wegen der Unbeschränktheit von N eine nicht ganz unproblematische Annahme – eine Wahrscheinlichkeit $\mathrm{P}(N \mid q', q, n - q)$ proportional zu $\mathrm{P}(q', N - q' \mid q, n - q)$. Indem er $N = q'n/q + z$ setzte und die Binomialkoeffizienten im Ergebnisterm mit Hilfe der Stirlingschen Formel approximierte, leitete er eine Näherung für $\mathrm{P}(N \mid q', q, n - q)$ proportional zu $\exp(-z^2/(2\sigma^2))$ her, wobei $\sigma^2 = n(n - q)q'(q + q')/q^3$.

Laplace [1812, II, No. 31] bezog sich für eine Schätzung der Einwohnerzahl Frankreichs auf den Mikrozensus, der zwischen Herbst 1799 und Herbst 1802 in 30 über ganz Frankreich verteilten und somit geographisch repräsentativen Departements nach seinen Empfehlungen (hier gingen die Ergebnisse seines 1786er-Artikels bezüglich der benötigten Stichprobenlänge mit ein) durchgeführt worden war. Die Gesamtzahl der Einwohner in der Stichprobe betrug zum Ende der Erfassung ca. 2040000 Personen (etwa doppelt so viele wie Laplace 1786 empfohlen hatte), die Anzahl der Geburten in der Stichprobe während der vorangehenden 3 Jahre war ca. 216000 (bzw. 216000/3 pro Jahr) und damit etwas höher als die Anzahl der Todesfälle in dieser Zeit (ca. 203000). Für die Schätzung der Einwohnerzahl verwendete Laplace dennoch die 2040000 und nicht einen korrigierten Wert. Die Gesamtzahl der Geburten in Frankreich setzte er in der ersten Auflage der *Théorie analytique* (1812) mit 1.5 Millionen pro Jahr, in der zweiten und dritten Auflage (1814, 1820) nach drastischer Verkleinerung des französischen Staatsgebiets bei ansonsten unverändertem Zahlenmaterial nur noch mit einer Million pro Jahr an, offenbar lagen diesen Geburtszahlen aber keine Gesamterfassungen vor. Er kam so 1814/1820 auf die geschätzte Einwohnerzahl von ca. $2040000 \cdot 1000000 \cdot 3/216000 = 28,3$ Mio, während er 1812 noch rund 42.5 Mio errechnet hatte. Die Wahrscheinlichkeit dafür, dass diese Schätzwerte um höchstens 500000 unterhalb oder oberhalb des tatsächlichen Wertes liegen würden, konnte schließlich mit Hilfe seiner Theorie berechnet werden. Sie betrug für den späteren Wert von 1814/1820 ca. $1 - 1/300000$ (diese berichtigte Angabe findet sich freilich nur im *Essai philosophique* [Laplace 1932, 51]).

Laplaces Theorie des Mikrozensus ist ein gutes Beispiel dafür, wie bei ihm Theorie und praktische Anwendung auseinanderklafften. Offenbar war sein primäres Anliegen, seine Theorie der inversen Wahrscheinlichkeiten in attraktiver Einkleidung vorzustellen. Eine genauere Analyse des vorhandenen Datenmaterials scheint ihn weniger interessiert zu haben. Tatsächlich blieb auch der Einfluss von Laplace auf die bevölkerungsstatistische Praxis des 19. Jahrhunderts sehr gering. Laplace war hier seiner Zeit weit voraus. Für genauere Erläuterungen, auch bezüglich späterer, den Laplaceschen Ideen verwandter, Ansätze sei besonders auf [Hald 1998, chapt. 16] verwiesen.

7.7 Direkte Wahrscheinlichkeiten

Laplace beschäftigte sich ab seinen ersten Arbeiten auch mit direkten Wahrscheinlichkeiten. Hier kann man im Wesentlichen drei Bereiche erkennen: »klassische« Probleme, die aus der Glücksspielrechnung tradiert wurden, etwa das Teilungsproblem, das Spieldauerproblem oder das Waldegravesche Problem. Hier ging es Laplace um eine möglichst allgemeine Erfassung der jeweiligen Aufgabenstellungen und darum, bei der Lösung der auftretenden Differenzengleichungen die Überlegenheit seiner Methode der erzeugenden Funktionen zu demonstrieren (ein Beispiel wurde schon in Abschnitt 7.3.2 vorgestellt). Einen relativ kleinen, aber in seiner Nachwirkung bedeutsamen Bereich stellten Urnen-Mischungsprobleme in der Nachfolge von Daniel Bernoulli (1775) dar. Der allerdings wichtigste und für die spätere Entwicklung der Wahrscheinlichkeitsrechnung einflussreichste Problemkreis beschäftigte sich mit Verteilungen, insbesondere Grenzverteilungen, von Summen unabhängiger Zufallsgrößen mit dem Höhepunkt der Laplaceschen Versionen zentraler Grenzwertsätze.

7.7.1 Mischungsprobleme

Unter den von Laplace behandelten Urnen-Mischungsproblemen wurde das folgende in späteren Zeiten besonders intensiv diskutiert (Fundstellen: [Laplace 1811], [Laplace 1812, II, No. 17]). Zwei Urnen A und B werden betrachtet, wobei A als Inhalt x weiße und $n-x$ schwarze Kugeln hat, dagegen B den Inhalt $n-x$ weiße und x schwarze Kugeln. In beiden Urnen zusammen sind es damit n weiße und n schwarze Kugeln. In jedem Versuchsschritt wird aus A eine Kugel in B und von B eine Kugel in A überführt, sodass die Gesamtzahl an Kugeln in jeder Urne stets gleich n bleibt. Wenn nun am Anfang in Urne A eine Anzahl x_0 an weißen Kugeln ist, so stellt sich die Frage, wie groß die Wahrscheinlichkeit $y_{x,r}$ dafür ist, dass nach dem r-ten Schritt die Anzahl der weißen Kugeln in A gleich x ist. Laplace stellte eine Rekursionsformel für $y_{x,r}$ auf, mit der er sich allerdings nicht näher beschäftigte. Statt dessen nahm er ein »sehr großes« n an und substituierte

$$x = \frac{n}{2} + \frac{\mu\sqrt{n}}{2}, \qquad r = nr', \qquad U(\mu, r') = y_{x,r}.$$

U näherte er durch die Lösungen der partiellen Differentialgleichung

$$\frac{\partial U}{\partial r'} = 2U + 2\mu\frac{\partial U}{\partial \mu} + \frac{\partial^2 U}{\partial \mu^2} \tag{7.17}$$

an. Von Todhunter bis Maurice Fréchet (1878–1973) hat sich eine Reihe von Mathematikern mit der Sinnhaftigkeit dieser Näherung und mit der Diskussion der Lösungen dieser Differentialgleichung beschäftigt (s. [Jacobsen 1996] für eine gründliche historische Aufarbeitung und für eine Einbettung in die moderne Wahrscheinlichkeitstheorie).

Eine weitere, sehr interessante Tatsache ist, dass Laplace die allgemeine Lösung der Differentialgleichung (7.17) mit Hilfe orthogonaler Polynome $f_k(\mu)$ darstellte, die proportional zu den später so genannten Hermite-Polynomen (1864) sind. Er leitete eine Beziehung der folgenden Art her:

$$U(\mu, r') = ce^{-\mu^2}\left(1 + a_1 f_1(\mu)e^{-2r'} + a_2 f_2(\mu)e^{-4r'} + \dots\right), \tag{7.18}$$

wobei $c, a_1, a_2, \dots$ Konstanten sind und $f_k(\mu)$ Polynome des Grades k mit der Eigenschaft, dass

$$\int_{-\infty}^{\infty} f_j(\mu) f_k(\mu) e^{-\mu^2} \mathrm{d}\mu = 0 \quad (j \neq k).$$

Es war kein Zufall, dass dieses, auch für die mathematische Statistik in vielerlei Hinsicht wichtige Polynomsystem bei Laplace das erste Mal in einer Arbeit [1811] auftrat, die vorrangig dem zentralen Grenzwertsatz gewidmet war. Die hierbei verwendeten Fouriermethoden und Approximationsideen spielten auch bei der Begründung von (7.18) eine tragende Rolle.

7.7.2 Planeten, Kometen und Summen unabhängiger Zufallsgrößen

Summen unabhängiger Zufallsgrößen waren seit den frühesten Beiträgen zur Glücksspielrechnung ein wichtiges Thema – man denke nur etwa an das Problem der Augensummen bei dreimaligem Würfeln in *De vetula*. De Montmort (1708) und de Moivre (1712) lösten Probleme bezüglich Augensummen von hypothetischen »Würfeln« mit einer beliebigen Zahl von gleichberechtigten Flächen, beschäftigten sich also im Spezialfall mit Summen von identisch diskret-gleichverteilten und unabhängigen Zufallsgrößen (vgl. Kap. 6.1.2). De Moivre wandte als Methode bereits erzeugende Funktionen an, und damit ein Hilfsmittel, das für Summen unabhängiger Zufallsgrößen besonders wichtig werden sollte (Kap. 6.3.3). Thomas Simpson (1710–1761) ging 1756 bei seiner Diskussion des arithmetischen Mittels (s. Kap. 9.3) auf Summen diskreter rechtecks- und dreiecksverteilter Beobachtungsfehler über. Von der Formel für dreiecksverteilte Beobachtungsfehler ausgehend, bewältigte er 1757 auch den entsprechenden kontinuierlichen Fall. Schließlich publizierte Lagrange 1776 einen bereits recht allgemeinen, wenn auch für die Praxis nur bedingt geeigneten, Ansatz über erzeugende Funktionen für Summen identisch verteilter unabhängiger Zufallsgrößen mit allgemeineren kontinuierlichen Verteilungen, ebenfalls im Rahmen einer Diskussion des arithmetischen Mittels (vgl. Kap 6.3.3).

Laplace [1776a] brachte unabhängig von Lagrange einen weiteren Anlass für die Betrachtung von Summen unabhängiger Zufallsgrößen vor: die stochastische Diskussion der Verteilung des arithmetischen Mittels der Inklinationswinkel von Himmelskörperbahnen gegenüber der Ekliptikebene. Aus Untersuchungen seines Akademiekollegen Dionis du Séjour ging hervor, dass bei 63 beobachteten Kometen das arithmetische Mittel der zwischen 0° und 90° – also ohne Berücksichtigung der Bahnorientierung – angesetzten Inklinationswinkel gleich 46°16′ sei (vgl. [Dionis du Séjour 1775, xxi]). Wie Laplace berichtete, hatte du Séjour die Nähe dieses Werts zu 45°, also dem Mittel, das bei einer Gleichverteilung der Bahnwinkel sehr vieler Kometen ungefähr zu erwarten sei, als Indiz für eine »zufällige« Verteilung der Kometenbahnen gewertet (vgl. Abb. 7.5). Im Gegensatz dazu liegen die Planetenbahnen alle in fast derselben Bahnebene, was einem sehr kleinen arithmetischen Mittel ihrer Neigungswinkel zur Ekliptikebene entspricht. Zudem ist die Umlaufrichtung um die Sonne aller der damals bekannten 6 Planeten und 10 Monde dieselbe. Laplace folgerte daraus das Wirken einer »regulären Ursache« für dieses gemeinsame Verhalten, dessen Signifikanz mit Methoden der Wahrscheinlichkeitsrechnung, wie er auch erwähnte, bereits von Daniel Bernoulli (1735) untersucht worden war. Dieser hatte beispielsweise nachgewiesen, dass bei Annahme einer uniformen Verteilung der Neigungswinkel zwischen 0° und 90° zur Ekliptikebene bei den damals bekannten 5 Planeten (außer der Erde) nur mit der sehr kleinen Wahrscheinlichkeit $(7/90)^5$ der Bereich der tatsächlich beobachteten Neigungswinkel von 0° bis ca. 7° möglich sei [Hald 1998, 68–70]. Laplace [1776a] fügte nun hinzu, dass die Wahrscheinlichkeit für eine gleiche Umlaufrichtung bei allen Planeten und Monden gleich $2^{-15}(= 2 \cdot 2^{-16})$ sei und sich somit eine verschwindend kleine Wahrscheinlichkeit entsprechend dem Produkt von dieser und der oben erwähnten Bernoullischen Wahrscheinlichkeit für die Hypothese ergeben würde, dass Planeten und Mondbewegungen keinen »regulären Ursachen« entspringen würden.

Mit diesen einfachen Beispielen stellte Laplace ein statistisches Programm vor, das er prinzipiell zeitlebens beibehalten sollte. Die Existenz von regulären Ursachen wird dadurch nachgewiesen, dass, ausgehend von Gleichverteilungsannahmen – später allgemeiner von Annahmen über symmetrische und unimodale Verteilungen –, die mit zufälligem Design gleichgesetzt werden, sich nur sehr kleine Wahrscheinlichkeiten für die angestellten Beobachtungen ergeben. Im Falle der Kometen ging es Laplace um eine Bewertung mit Hilfe von

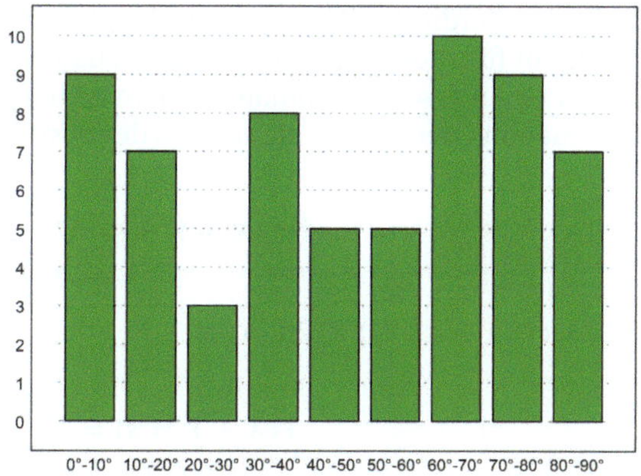

Abb. 7.5: Graphische Zusammenfassung der Ergebnisse von Séjour in einem modernen Säulendiagramm, jeweils für Intervalle der Länge 10° von Inklinationswinkeln entsprechend der verbalen Beschreibung in [Dionis du Séjour 1775, xx].

Wahrscheinlichkeiten, ob deren Bahnen durch dieselbe Ursache wie die Planeten beeinflusst würden oder nicht. Die Gleichverteilungsannahme bestand jetzt aus der Voraussetzung einer Rechtecksverteilung der ohne Berücksichtigung des Umlaufsinns gerechneten Neigungswinkel zwischen 0° und 90°. Wenn die Größenordnung des arithmetischen Mittels m aus den beobachteten Neigungswinkeln bei dieser Voraussetzung unwahrscheinlich ist, so besteht Anlass dafür, die Hypothese der »Zufälligkeit« abzulehnen. Genauer und ausgedrückt in der Sprache moderner Signifikanztests hatte Laplace die folgende Idee: Die »Nullhypothese« H_0 einer Gleichverteilung der unabhängigen Inklinationswinkel $X_1, \dots, X_n$ wird zugunsten der Hypothese der Existenz einer Ursache für die Bevorzugung kleiner Neigungswinkel abgelehnt, wenn $\mathrm{P}_{H_0}(\mu \leqslant m)$ sehr klein ist. Dabei bezeichnet μ das arithmetische Mittel $(X_1 + \cdots X_n)/n$.

Für eine wahrscheinlichkeitstheoretische Bewertung der Ergebnisse von Séjour hatte Laplace also die Wahrscheinlichkeiten für Summen rechtecksverteilter, unabhängiger Zufallsgrößen X_i zu bestimmen. Eigentlich hätte er hierfür auf entsprechende Vorarbeiten zu diskreten Zufallsgrößen zurückgreifen können, beispielsweise auf de Moivres schon erwähnten Beitrag zu n-flächigen »Würfeln«, wie er auch in dessen *Doctrine of Chance* wiedergegeben war, die Laplace gut gekannt haben sollte. Oder vielleicht doch nicht? Jedenfalls schrieb Laplace [1776a, 282], dass dieses Problem ihm als »eines der kompliziertesten der ganzen Analyse der Zufälle« erscheine. Zur Lösung des Problems wandte er ein Verfahren an, das später zum Standard geworden ist: die später so genannte Faltung der Wahrscheinlichkeitsfunktionen einzelner Zufallsgrößen. Nehmen wir als einfaches Beispiel zwei identisch verteilte unabhängige Zufallsgrößen X bzw. Y, die die Werte $0, 1, 2, \dots, n$ mit den jeweiligen positiven Wahrscheinlichkeiten $p_1, p_2, \dots, p_n$ annehmen. $X + Y$ nimmt dann die Werte $0, 1, 2, \dots, 2n$ an, und es ist

$$\mathrm{P}(X + Y = s) = \sum_{i=0}^{n} \mathrm{P}(Y = s - i) p_i.$$

Dabei ist allerdings $P(Y = s-i)$ gleich 0, wenn $s-i < 0$ oder $s-i > n$ werden sollte. Damit führt der eigentlich einfach aussehende Ansatz in der rechnerischen Praxis zu gewissen Komplikationen, in Abhängigkeit von s gibt es verschiedene Summationsgrenzen für die Indices der positiven Glieder. Ist $0 \leqslant s \leqslant n$, so gilt

$$P(X + Y = s) = \sum_{i=0}^{s} p_{s-i} p_i.$$

Ist dagegen $n + 1 \leqslant s \leqslant 2n$, so ist

$$P(X + Y = s) = \sum_{i=s-n}^{n} p_{s-i} p_i.$$

Bei gleichverteilten Zufallsgrößen ist $p_i = 1/(n+1)$ und

$$P(X + Y = s) = \frac{s+1}{(n+1)^2} = P(X + Y = 2n - s), \quad s = 0, 1, \ldots, n.$$

Die Wahrscheinlichkeitsfunktion von $X + Y$ entspricht also einer Dreiecksverteilung. Umgekehrt sieht man damit auch, dass die Wahrscheinlichkeitsfunktion der Summe von n unabhängigen und dreiecksverteilten Zufallsgrößen durch die einer Summe von $2n$ unabhängigen und gleichverteilten Zufallsgrößen dargestellt werden kann, ein »Trick«, der bereits Simpson (dessen Werk Laplace wahrscheinlich nicht gekannt hat) geläufig war [Hald 1998, 36].

Bei kontinuierlich verteilten Zufallsgrößen sind die Summen durch entsprechende Integrale zu ersetzen. Wenn also – in der geläufigen Ausdrucksweise des 18. und 19. Jahrhunderts – $f(x)\mathrm{d}x$ (das entspricht den p_i) die Wahrscheinlichkeit dafür ist, dass die unabhängigen Zufallsgrößen X bzw. Y jeweils Werte zwischen x und $x + \mathrm{d}x$ im Intervall $[0, a]$ annehmen, so nimmt $X + Y$ im Intervall $[0, 2a]$ mit der Wahrscheinlichkeit $g(s)\mathrm{d}s$ Werte zwischen s und $s + \mathrm{d}s$ an, wobei

$$g(s) = \int_0^a f(s - x) f(x) \mathrm{d}x.$$

Wieder muss man in dieser Beziehung $f(z) = 0$ setzen, falls $z \notin [0, a]$. Wieder sind daher bei »konkreten« Berechnungen Fallunterscheidungen vorzunehmen. Laplace führte für die Rechtecksverteilung, bei der $f(z) = 1/a$ für $z \in [0, a]$, die expliziten Berechnungen bis zu einer Zahl von vier Summanden durch. Bei drei Summanden etwa sind drei Fallunterscheidungen nötig, je nachdem in welchem Teilintervall der Länge a die Summe $s \in [0, 3a]$ liegt (Abb. 7.6). Anschließend stellte Laplace in allgemeiner Weise durch Rekursion Formeln für die Koeffizienten der abschnittsweise geltenden Polynome (bei n Zufallsgrößen von der Ordnung $n-1$) auf, die die Dichte der Summe darstellen. Die so erzielten analytischen Ergebnisse waren sehr schwerfällig und numerisch kaum auswertbar, erst recht nicht bei einer Gesamtzahl von $n = 63$ entsprechend den von Séjour erfassten Kometen. Immerhin gelang es Laplace aber, für die 12, zwischen

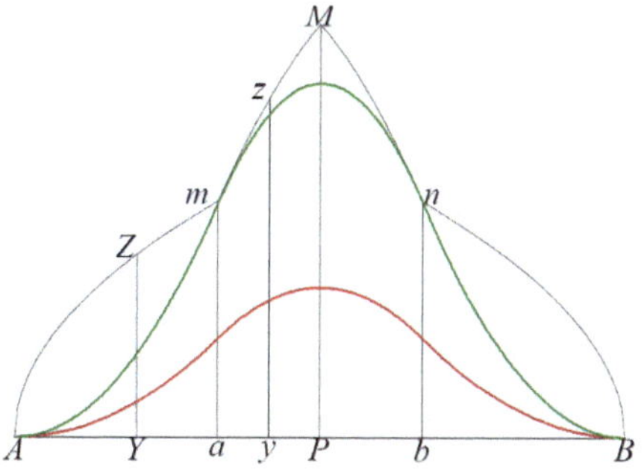

Abb. 7.6: Graphik in [Laplace 1776a, 283] für die *Courbe des Probabilités AmMnB* der Summe aus drei rechtecksverteilten Zufallsgrößen. Die Kurve ist nicht normiert, um Wahrscheinlichkeiten zu erhalten, muss jeweils noch durch die gesamte Fläche *AMB* dividiert werden. Allerdings ist die gezeichnete Kurve auch nicht in ihren Größenverhältnissen und in ihrem Krümmungsverhalten korrekt. Die grüne Kurve ist die an die Punkte *m* und *n* angepasste berichtigte Kurve, die rote entspricht der tatsächlichen, normierten Wahrscheinlichkeitsdichte.

1762 und 1774 beobachteten, Kometen die Wahrscheinlichkeit nach unten abzuschätzen, dass das arithmetische Mittel ihrer, auf dem Intervall $[0, 90°]$ rechtecksverteilten zufälligen Inklinationswinkel kleiner als das tatsächlich festgestellte arithmetische Mittel von $42°31'$ ausfallen würde. Es ergab sich hierbei keineswegs ein sehr kleiner Wert; Laplace schloss, dass die Existenz einer Ursache, die die Kometenbahnen hin zur Ekliptikebene treiben würde, nicht bestätigt werden könne.

Offenbar erlangte Laplace erst nach Erscheinen seiner 1776er Arbeit Kenntnis von dem eingangs dieses Abschnitts erwähnten Beitrag von Lagrange. Dieser hatte hier versucht, das Prinzip erzeugender Funktionen auf Zufallsgrößen mit kontinuierlichen Verteilungen zu übertragen. Ist f die auf $[a, b]$ definierte Dichte einer Zufallsgröße, so ist die dazu gehörende erzeugende Funktion $T(t)$ (man ging stillschweigend immer davon aus, dass diese für geeignete t existieren würde) festgelegt durch

$$T(t) = \int_a^b f(x)t^x \mathrm{d}x.$$

Wie im diskreten Fall gilt für die erzeugende Funktion $T(t)$ einer Summe aus n unabhängigen Zufallsgrößen mit auf $[a, b]$ definierten Dichten $f_1, \ldots, f_n$:

$$T(t) = T_1(t) \cdot T_2(t) \cdots T_n(t), \quad T_i(t) = \int_a^b f_i(x)t^x \mathrm{d}x.$$

Lagrange war es immerhin gelungen, einen Katalog von erzeugenden Funktionen zu erstellen, sodass in bestimmten Fällen Rückschlüsse von diesen auf Wahrscheinlichkeitsfunktionen ermöglicht wurden. Was aber fehlte, war eine allgemeine Umkehrformel, die gestattete, von erzeugenden Funktionen auf die zugrundeliegenden Dichtefunktionen zu schließen. So blieb auch Lagranges

Behandlung rechtecksverteilter Zufallsgrößen unvollständig und für eine numerische Auswertung schwer zugänglich.

1781 erschien mit Laplaces *Mémoire sur les probabilités* eine sehr umfangreiche Abhandlung, in der schon viele theoretische Ansätze und Problemstellungen behandelt wurden, die auch später seine *Théorie analytique* prägen sollten. Hier wurde auch ein neues und sehr allgemeines Verfahren zur Bestimmung der Wahrscheinlichkeiten von Summen unabhängiger Zufallsgrößen, oder wie sich Laplace jetzt allgemein ausdrückte, *Quantités variables*, dargelegt. Die Methode, die zugegebenermaßen sehr schwer zu verstehen ist (eine etwas zugänglichere Version findet sich in [Laplace 1812, Livre II, Kap. 3]) basierte auf Faltungen und zugleich auf der Einführung von zusätzlichen Symbolen, die zur Erleichterung von Fallunterscheidungen gleich 0 oder gleich 1 gesetzt wurden. Laplace gab einige Beispiele für sein Verfahren, so etwa zu Summen von identisch verteilten Zufallsgrößen mit einer durch einen Parabelbogen gegebenen Dichte. Jetzt gelang es Laplace auch, eine zumindest analytisch gut brauchbare Formel im Falle rechtecksverteilter Zufallsgrößen zu entwickeln: Falls die n unabhängigen Zufallsgrößen jeweils im Intervall $[0, h]$ rechtecksverteilt sind, so gilt (in modernisierter Form) für ihre Summe S_n:

$$\mathrm{P}(a \leqslant S_n \leqslant b) = \frac{1}{h^n n!}\left(\sum_{i=0}^{N}\binom{n}{i}(-1)^i(b-ih)^n - \sum_{i=0}^{M}\binom{n}{i}(-1)^i(a-ih)^n\right)$$

$$N = \min(n, [\frac{b}{h}]),\ M = \min(n, [\frac{a}{h}]). \tag{7.19}$$

Allerdings litt auch diese Formel noch unter der Einschränkung, dass sie bei etwas beträchtlicherem n einer numerischen Auswertung nicht mehr zugänglich war. Laplace kehrte auch vorerst – und sogar für längere Zeit – nicht zu einer stochastischen Diskussion des Kometenproblems zurück.

7.7.3 Der Durchbruch um 1810: zentraler Grenzwertsatz

Gegen 1810 kam es jedoch zu einer Rückkehr zur Kometenfrage. Mittlerweile waren die Daten von 97 Kometen bekannt, und damit war es noch schwieriger geworden, die Formel (7.19) anzuwenden. Aber Laplace [1810a] hatte jetzt einen neuen Trick parat, mit dem er das Problem der Summen unabhängiger Zufallsgrößen neu anging: Er ersetzte in den erzeugenden Funktionen die Variable t durch den komplexen Term $e^{-i\omega}$ und ging auf diese Weise zu jetzt so genannten »charakteristischen Funktionen« über. Zugleich startete er mit diskreten Zufallsgrößen konstanter Schrittweite und vollzog den Übergang zum Kontinuierlichen erst in einem weiter fortgeschrittenen Stadium. Die Grundidee lässt sich gegenüber Laplaces Ausführungen im Zusammenhang mit einer etwas spezielleren Problemstellung so darstellen: Angenommen, es liegen s unabhängige und identisch verteilte Zufallsgrößen X_k mit der auf dem Trägerintervall $[-1, 1]$ definierten Dichte f vor. Dann betrachtet man zunächst die diskreten Zufallsgrößen $\widetilde{X}_k$, die jeweils die Werte $-m, -m+1, \dots, 0, 1, 2, \dots, m$ (m ist eine natürliche Zahl) mit den Wahrscheinlichkeiten $p(-m), p(-m+1), \dots, p(m)$ annehmen. Dabei ist $p(j) = f(jh)h$ mit $h = 1/m$ für $j = -m, -m+1, \dots, m$. Die $\widetilde{X}_k$ sind damit die diskreten Verwandten der X_k, es ist $\widetilde{X}_k = j$ genau dann, wenn $X_k = jh$. Mit $\mathrm{i} = \sqrt{-1}$ ist

$$\frac{1}{2\pi}\int_{-\pi}^{\pi} \mathrm{e}^{-\mathrm{i}j\omega}\mathrm{e}^{\mathrm{i}j'\omega}\mathrm{d}\omega = \delta_{jj'} \quad (j, j' \in \mathbb{Z}). \tag{7.20}$$

Die erzeugende Funktion $T(t)$ von $\widetilde{X}_k$ ist $\sum_{j=-m}^{m} p(j)t^j$, und $T(t)^s$ ist die erzeugende Funktion von $\widetilde{S}_s = \sum_{k=1}^{s} \widetilde{X}_k$. Mit der Substitution $t = \mathrm{e}^{-\mathrm{i}\omega}$ erhält man die charakteristische Funktion $\tau(\omega) = T(\mathrm{e}^{-\mathrm{i}\omega}) = \sum_{j=-m}^{m} p(j)\mathrm{e}^{-\mathrm{i}j\omega}$ für jedes der $\widetilde{X}_k$. Wenn schließlich $c(l)$ die Wahrscheinlichkeit dafür bezeichnet, dass $\widetilde{S}_s = l$, so muss $c(l)$ der Koeffizient von $\mathrm{e}^{\mathrm{i}l\omega}$ in der ausmultiplizierten Form von $(\tau(\omega))^s$ sein. Wegen (7.20) ist also

$$c(l) = \frac{1}{2\pi}\int_{-\pi}^{\pi} \mathrm{e}^{-\mathrm{i}l\omega}\left(\sum_{j=-m}^{m} p(j)\mathrm{e}^{-\mathrm{i}j\omega}\right)^s \mathrm{d}\omega.$$

Damit wird die gesuchte Wahrscheinlichkeit zumindest der Form nach durch ein Integral ausgedrückt, das bei großem s der Laplaceschen Approximationsmethode zugänglich ist.

Der Einfachheit halber beschränken wir uns im Folgenden auf Zufallsgrößen mit Erwartungswert 0. Dann bringt eine modifizierte Durchführung der Approximationsmethode für »große« s das Ergebnis

$$c(l) = \frac{1}{\widetilde{\sigma}\sqrt{2\pi s}}\mathrm{e}^{-\frac{l^2}{2\widetilde{\sigma}^2 s}} \quad \left(\widetilde{\sigma}^2 = \sum_{j=-m}^{m} p(j)j^2\right).$$

Durch Übergang von $\widetilde{X}_k$ zu den eigentlich betrachteten X_k bei $m \to \infty$ und entsprechende Ersetzung von Summationen durch Integrationen ergibt sich schließlich für beliebige Grenzen a_1, a_2:

$$\mathrm{P}(a_1\sqrt{s} \leqslant \sum X_k \leqslant a_2\sqrt{s}) \approx \frac{1}{\sigma\sqrt{2\pi}}\int_{a_1}^{a_2} \mathrm{e}^{-\frac{x^2}{2\sigma^2}}\mathrm{d}x. \tag{7.21}$$

Dabei ist – modern ausgedrückt – σ^2 die gemeinsame Varianz der X_k.

Diese Approximationsaussage für »großes« s wurde erst im letzten Drittel des 19. Jahrhunderts, beginnend mit Chebyshev, in die Form einer Grenzwertaussage gebracht und schließlich von Georg Pólya (1887–1985) in einer Arbeit von 1920 als »zentraler Grenzwertsatz der Wahrscheinlichkeitsrechnung« bezeichnet. In seinen verschiedenen Ausprägungen und Verallgemeinerungen sollte dieser zentrale Grenzwertsatz bis in die ersten Jahrzehnte des 20. Jahrhunderts hinein als wichtiger Forschungsgegenstand die Entwicklung der Wahrscheinlichkeitstheorie wesentlich beeinflussen. Nach wie vor ist er ein unverzichtbarer Fundamentalsatz, insbesondere auch für die mathematische Statistik.

Laplace selbst betrachtete in fast allen Fällen identisch verteilte, unabhängige Zufallsgrößen mit Dichtefunktionen, die auf endliche, nicht unbedingt bezüglich $x = 0$ symmetrische, Trägerintervalle konzentriert waren. Allgemeiner als eben dargestellt berücksichtigte er auch die Existenz von Erwartungswerten μ ungleich 0. In diesen Fällen ist in (7.21) die linke Seite durch $\mathrm{P}(a_1\sqrt{s} \leqslant \sum X_k - s\mu \leqslant a_2\sqrt{s})$ zu ersetzen. Für Zwecke der Fehlerrechnung (s. Kap. 9.5.2) erweiterte er [1811] die Aussage (7.21) auf Linerkombinationen $\sum_{k=1}^{s} \lambda_k \epsilon_k$ von Beobachtungsfehlern ϵ_k und Multiplikatoren λ_k. Motiviert wurde er hierzu vermutlich durch Gauß' Überlegungen zur Methode der kleinsten Quadrate [1809], in denen ja die Normalverteilung ebenfalls eine erhebliche Rolle spielte (vgl. Kap. 9.5.2).

Während Laplace in der 1781-Arbeit noch versucht hatte, eine allgemeine Theorie für Zufallsgrößen (*Quantités variables*) darzulegen, konzentrierte er sich in allen späteren Werken einschließlich der *Théorie analytique* immer auf die jeweils behandelten Spezialfälle, wie Inklinationswinkel, Beobachtungsfehler, Versicherungsprämien, Barometerstände bei jeweiliger Wiederholung desselben analytischen Vorgehens, was zu gewissen Redundanzen führte, andererseits aber auch dem Leser die Lektüre anderer Arbeiten ersparte. Einerseits strebte Laplace im Rahmen seiner rein analytischen Ausführungen oftmals eine beinahe übertriebene Allgemeinheit an; zumindest im *Essai philosophique* wird deutlich, dass er auch im Bereich der stochastischen Anwendungen übergreifende Konzepte und Prinzipien betonte. Eine allgemeine Ausarbeitung ist ihm aber in diesem Bereich offenbar nicht ausreichend wichtig erschienen.

Der vielleicht bedeutendste Schlüssel zum Erfolg scheint die Orthogonalitätsbeziehung (7.20) gewesen zu sein. Es ist eine naheliegende Vermutung, dass Laplace auf die Idee zur Anwendung dieser Eigenschaft durch die 1807 zur Veröffentlichung bei der Pariser Akademie eingereichten Schrift *Sur la propagation de la chaleur* von Joseph Fourier (1768–1830) gekommen war, in der Orthogonalitätsrelationen trigonometrischer Funktionen – (7.20) ist eine komplexe Version davon – ein große Rolle spielen. Allerdings war die Anwendung solcher Beziehungen zur Ermittlung von Koeffizienten in trigonometrischen Reihen oder Polynomen seit Euler nicht ganz unbekannt, und auch Laplace [1785] hatte selbst in Spezialfällen (nicht im stochastischen Kontext) solche Techniken angewandt. Offensichtlich ist er erst gegen 1810 auf die Idee gekommen, davon Nutzen auch im Zusammenhang mit Summen unabhängiger Zufallsgrößen zu ziehen. Ein deutlich früherer Erfolg hätte sicher bei der Wichtigkeit des Inklinationsproblems zu einer alsbaldigen Publikation geführt.

Bei den jetzt 97 Kometen betrug der Mittelwert der gemessenen Neigungswinkel 51.88 G (G bedeutet Neugrad; 100 Neugrad entsprechen einem rechten Winkel). Laplace berechnete nun mit Hilfe seiner Näherung unter Annahme einer Rechtecksverteilung zwischen 0 G und 100 G die Wahrscheinlichkeit, die dem Intervall [50G − 1.88G; 50G + 1.88G] zukommen würde und kam auf einen Wert von ca. 0.5, durch den die getroffene Verteilungsannahme nicht ausgeschlossen werden konnte.

Exkurs 7.5

Laplace behielt stets die Vorstellung bei, dass eine »zufällige« Bahnebene für Kometen durch eine Gleichverteilung der Inklinationswinkel charakterisiert sei. Wie aus einem Brief vom 12. Februar 1841 hervorgeht, den Wilhelm Weber (1804–1891) an Jakob Friedrich Fries (1773–1843) schrieb (ediert in [Nelson 1906]), hatte allerdings Gauß im Gespräch darauf hingewiesen, dass eine zufällige Bahnebene durch den Koordinatenursprung (hier die Sonne S) dadurch gekennzeichnet sei, dass die Wahrscheinlichkeit für jede Fläche auf der Einheitskugel, innerhalb derer die durch S errichtete Normale der Bahnebene hindurchstößt, proportional zum Flächeninhalt A ist. Drückt man den Normalenvektor der Bahnebene durch Kugelkoordinaten $\vartheta \in [0, \pi]$ und $\varphi \in [0, 2\pi)$ aus, wobei ϑ der Inklinationswinkel ist, so bedeutet das, dass deren Wahrscheinlichkeitsdichte $\mathrm{dP}(\vartheta, \varphi) = 1/2 \cdot \sin(\vartheta)\mathrm{d}\vartheta\mathrm{d}\varphi$ ist. Die Randverteilung für ϑ wird dann $\mathrm{dP}(\vartheta) = 1/2 \cdot \sin(\vartheta)\mathrm{d}\vartheta$. Wird die Orientierung der Kometenbahn vernachlässigt, werden also die Daten für ϑ und $\pi - \vartheta$ zusammengefasst, so kann man sich auf $\vartheta \in [0, \pi/2]$ beschränken und erhält $\mathrm{dP}(\vartheta) = \sin(\vartheta)\mathrm{d}\vartheta$, aber nicht $\mathrm{dP}(\vartheta) = \mathrm{d}\vartheta/(\pi/2)$ wie von Laplace angenommen.

Berechnet man mit Hilfe der approximativen Normalverteilung die Wahrscheinlichkeit dafür, dass im Gaußschen Modell der Mittelwert der Beobachtungen m höchstens gleich 51.88G ist, so ergibt sich ein Wert von ca. $4 \cdot 10^{-7}$. In Laplaces Betrachtungsweise müsste es also dann eine »Ursache« für diese signifikante Abweichung vom Erwartungswert 63.66G der Sinus-Verteilung geben.

Der amerikanische Astronom Hubert Anson Newton (1830–1896) diskutierte in einer Publikation [1878] die beiden Verteilungsmodelle für die Inklinationen von Kometen – natürlich unabhängig von Gauß' Kritik, von der er nichts wissen konnte. Er machte plausibel, dass die Gleichverteilungsannahme dann gerechtfertigt sei, wenn die Kometen aus einem von der Sonne relativ weit entfernten Bereich innerhalb der Ekliptikebene stammen sollten, die Annahme der Sinus-Verteilung aber einem Kometen-Ursprung im Raum außerhalb des Sonnensystems entsprechen würde. Letztere Hypothese kam sogar eher der von Laplace zur Kometenentstehung nahe, wie er sie im Schlusskapitel bzw. ab der 5. Auflage in einer abschließenden »Note VII« seiner *Exposition du système du monde* (1. Aufl.1796) aufgestellt hatte. Newton bezog sich besonders auf die 234 Kometen, bei denen bislang keine Periodizität beobachtet worden war, weil er annahm, dass diese ihren Ursprung außerhalb des Sonnensystems hätten. Aufgrund der grafischen Darstellung der Daten und unter Einbeziehung von Überlegungen, in welchem Sinne Kometenbahnen durch die Planeten beeinflusst würden, schloss Newton darauf, dass zumindest bei den gemäß dem damaligen Kenntnisstand nichtperiodischen Kometen die Sinus-Verteilung eher den Beobachtungen entsprechen würde.

Allerdings ist festzuhalten, dass Newtons Daten für diese 234 Kometen von der Gleichverteilung wie auch von der Sinus-Verteilung signifikant abweichen, und dies sowohl mit als auch ohne Berücksichtigung der Bahnorientierung (Chiquadrat-Test bei ungefähr gleichen hypothetischen Wahrscheinlichkeiten für die Teilintervalle).

Tatsächlich ist es angemessen, bezüglich der statistischen Verteilung von Kometenbahnen noch weitere Bahnparameter zu betrachten, wie das etwa in [Bogart und Noerdlinger 1982] durchgeführt ist.

Die Idee des zentralen Grenzwertsatzes erweiterte beträchtlich Laplaces Möglichkeiten für stochastisches Schließen. Besonders prominent sollten seine schon erwähnten Beiträge zur Fehlerrechnung werden. Einige Ausführungen zu Summen unabhängiger Zufallsgrößen gingen in die Richtung, die man heute mit (schwachen) Gesetzen der großen Zahlen in Verbindung bringen würde, etwa im Kapitel 9 des zweiten Buchs der *Théorie analytique* mit dem Titel »Über die Vorteile, die von der Wahrscheinlichkeit der zukünftigen Ereignisse abhängen«. Im Rahmen von Wahrscheinlichkeitsbetrachtungen, die man heute als Signifikanztests bezeichnen würde, mit Summen bzw. arithmetischen Mitteln als Testgrößen, konnten nun sogar recht allgemeine Verteilungen der einzelnen Zufallsgrößen angenommen werden, da bei großen Stichproben der zentrale Grenzwertsatz unabhängig von den speziellen Verteilungen der einzelnen Zufallsgrößen stets eine Normalverteilung garantierte. Laplace wurde so zum Begründer der schließenden Statistik bei großen Stichproben.

7.7.4 Der Satz von »de Moivre-Laplace« und das Bernoullische Gesetz der großen Zahlen

Laplaces zentraler Grenzwertsatz beinhaltet natürlich als Spezialfall auch Summen unabhängiger zweiwertiger Zufallsgrößen, die jeweils die Werte 0 und 1 mit den respektiven Wahrscheinlichkeiten p und $1-p$ annehmen. Die Summe solcher Zufallsgrößen kann dann als Trefferzahl in einer Bernoullikette angesehen werden. Klarerweise muss dann auch jede Binomialverteilung asymptotisch normalverteilt sein. Insofern ist der Satz von de Moivre nur ein Spezialfall des zentralen Grenzwertsatzes. Obwohl auch bei Laplace selbst bereits dieser Aspekt im 9. Kapitel des zweiten Buchs der *Théorie analytique* erwähnt wird, findet man auch heute noch in Lehrbüchern üblicherweise eine eigenständige Behandlung des Satzes von »de Moivre-Laplace« und zwar in aller Regel in der Art wie von Laplace in der *Théorie analytique*, II, Kapitel 3 dargestellt – freilich an die analytischen Standards angepasst, wie sie seit dem späten 19. Jahrhundert üblich sind. Für Laplace selbst bot die eigenständige Behandlung des Satzes natürlich auch die Gelegenheit, die Vielfalt seiner analytischen Methoden vorzustellen, auch wenn er im Grund der Beweisidee von de Moivre folgte. Nicht zuletzt zeigte seine Behandlung auch die Überlegenheit der kontinentalen, insbesondere von Euler geprägten, Analysis im Vergleich mit der umständlichen Darstellung de Moivres, welche statt Verwendung der Exponentialfunktion noch ausschließlich auf wenig durchsichtige Reihenentwicklungen bezogen war. De Moivre hatte zudem explizit nur den Fall der Trefferwahrscheinlichkeit $1/2$ dargestellt. Laplace war allerdings nicht der erste, der sich um eine weitere Erörterung bemühte. An die einschlägigen Beiträge von Simpson, Lagrange und Daniel Bernoulli sei erinnert (s. Kap. 6.3.6, 6.5.3, 6.5.4).

Neu bei Laplace war allerdings im Vergleich zu den genannten Vorgängern, dass dem durch die Normalverteilung bestimmten Integralterm noch ein Korrekturglied hinzugefügt wurde. Bezeichnen wir mit Z die Trefferzahl in einer Bernoullikette der Länge n mit der Trefferwahrscheinlichkeit $p \in (0,1)$ und mit x den Modalwert (oder ggf. einen der beiden Modalwerte) der zugehörigen Binomialverteilung, so zeigte Laplace, dass für großes n bei Vernachlässigung von Termen der Größenordnung $1/n$ und darunter:

$$P(x - l \leqslant Z \leqslant x + l) \approx \frac{2}{\sqrt{\pi}} \int_0^{\frac{l\sqrt{n}}{\sqrt{2x(n-x)}}} e^{-t^2} dt + \frac{\sqrt{n}}{\sqrt{2\pi x(n-x)}} e^{-\frac{nl^2}{2x(n-x)}}. \quad (7.22)$$

Laplace betonte, dass diese Approximation bei »unendlichem« n »streng gültig« sei, sodass diese Beziehung auch im Sinne einer modernen Grenzwertaussage interpretiert werden kann. Es fällt auf, dass Laplace die betrachtete Verteilung um die Maximalstelle x zentriert und nicht um ihren Erwartungswert np. Dies ist der Genauigkeit in seiner Argumentation geschuldet und hat damit zu tun, dass np in der Regel nicht ganzzahlig ist, ein Problem, das bei früheren Autoren mehr oder weniger vernachlässigt wurde, da ja $|np - x| < 1$. Tatsächlich ist, wie Laplace ansatzweise darlegte, der Fehler in (7.22) von der sowieso vernachlässigten Größenordnung $1/n$, wenn dort die Größe x durch np ersetzt wird.

Neben einem Zahlenbeispiel findet man verschiedene Folgerungen aus (7.22) hinsichtlich des Verhaltens relativer Häufigkeiten bei großen Zahlen. Einer gegenüber Laplace vereinfachten, aber die Kernideen bewahrenden, Darstellung wegen vernachlässigen wir im Folgenden den Korrekturterm, da dieser sowieso bei $n \to \infty$ gegen 0 geht, und außerdem ersetzen wir gleich x durch np bzw. x/n durch p. Mit $h_n = Z/n$ und $l = a\sqrt{n}$ folgt:

$$P(np - a\sqrt{n} \leqslant Z \leqslant np + a\sqrt{n}) = P(|h_n - p| \leqslant \frac{a}{\sqrt{n}}) \approx \frac{2}{\sqrt{\pi}} \int_0^{\frac{a}{\sqrt{2p(1-p)}}} e^{-t^2} dt. \quad (7.23)$$

Aus dieser Beziehung ergeben sich zwei Konsequenzen, die Laplace herausstreicht, die man sinngemäß aber auch schon bei de Moivre findet: Wenn der mit der rechten Seite asymptotisch zusammenfallende Wert der Wahrscheinlichkeit und damit der Wert von a konstant gehalten wird, so verkleinert sich das zugehörige Intervall für h_n mit Mittelpunkt p asymptotisch proportional zu $1/\sqrt{n}$. Wenn aber andererseits $a/\sqrt{n}$ konstant gehalten wird, in dem Sinne, dass $a/\sqrt{n} = \varepsilon > 0$, dann wächst die obere Grenze des Integrals proportional zu $\varepsilon\sqrt{n}$, sodass das gesamte Integral und damit auch die Wahrscheinlichkeit $P(|h_n - p| \leqslant \varepsilon)$ für $n \to \infty$ gegen 1 geht. Das ist nichts anderes als die Aussage des Bernoullischen Gesetzes der großen Zahlen.

In einer weiteren Überlegung vertauschte Laplace in (7.23) auch die Bedeutung von h_n und p, fasste also p als Zufallsgröße und h_n als gegeben auf, allerdings ohne auf die damit verbundenen konzeptionellen Probleme einzugehen. Ähnliche Ideen findet man im Kontext der Fehlerrechnung übrigens auch schon bei Lagrange [1776], den Laplace hier nicht erwähnt, s. Kap. 6.5.3. Setzt man in (7.23) $a = T\sqrt{2p(1-p)}$, so ergibt sich

$$P(|h_n - p| \leqslant \frac{T\sqrt{2p(1-p)}}{\sqrt{n}}) \approx \frac{2}{\sqrt{\pi}} \int_0^T e^{-t^2} dt.$$

Löst man die Ungleichung $|h_n - p| \leqslant T\sqrt{2p(1-p)}/\sqrt{n}$ nach p und vernachlässigt in der Lösung die Glieder der Größenordnung $1/n$ und darunter – das deutet Laplace nur sehr knapp an –, so ergibt sich tatsächlich $|p - h_n| \leqslant T\sqrt{2h_n(1-h_n)}/\sqrt{n}$. Es folgt, jetzt mit p als »unbekannter« Größe bei gegebenem h_n:

$$\mathrm{P}\left(|p - h_n| \leqslant \frac{T\sqrt{2h_n(1-h_n)}}{\sqrt{n}}\right) \approx \frac{2}{\sqrt{\pi}} \int_0^T \mathrm{e}^{-t^2} \mathrm{d}t.$$

Laplace beschloss den Abschnitt mit der Bemerkung, dass dasselbe Ergebnis auch mit seiner in späteren Kapiteln der *Théorie analytique* aufgezeigten Theorie der »Wahrscheinlichkeiten der Ursachen«, also mit inversen Wahrscheinlichkeiten, erzielt werden könne. Viel Aufhebens machte er aber um diese Tatsache nicht.

Ähnliche Ideen wurden viel später in den 1930ern auch von Ronald Aylmer Fisher (1890–1962) im Rahmen seiner – niemals vollständig präzisierten – »Fiduzialwahrscheinlichkeiten« vorgestellt. Vermutlich wollte Laplace mit diesen Bemerkungen auf die Analogie zwischen direkten und inversen Wahrscheinlichkeiten bei großen Fallzahlen verweisen. In der Moderne (vgl. Abschn. 7.5.4) sollten diese ja noch in wesentlich allgemeinerer Weise wahrgenommen werden, durchaus im Sinne von Laplace.

7.8 Vollendung des Bernoullischen Programms und Wegweisung in die Zukunft

Laplace wollte mit seinem Werk die Wahrscheinlichkeitsrechnung ganz im Sinne von Jakob Bernoulli als Wissenschaft »für alles« etablieren. Allerdings sollten bald nach Laplace wesentliche Teile, die sich auf menschliche Überzeugungen und Entscheidungen bezogen, also etwa bezüglich Zeugenaussagen, Wahlen oder Gerichtsurteilen, in starke Kritik geraten. Das Konzept inverser Wahrscheinlichkeiten, das den methodischen Rahmen in diesen Bereichen bildete, wurde dadurch insgesamt in seiner Bedeutung abgeschwächt. Auf der anderen Seite erweiterte Laplaces zentraler Grenzwertsatz nicht nur das Methodenrepertoire der direkten Wahrscheinlichkeiten in immenser Weise, vielmehr sollte dieser Problemkreis noch im 19. Jahrhundert zu einer der Keimzellen der späteren, rein mathematischen, Wahrscheinlichkeitstheorie werden.

Auf dem Felde der schließenden Statistik hatte Laplace Konzepte in zwar höchst innovativer Form, aber gleichzeitig in nur unsystematischer Weise vorgelegt. Besonders seine Ansätze zur Fehlerrechnung, auf die in Kapitel 9 noch genauer eingegangen wird, waren in einem schwer verständlichen Stil verfasst und erschienen somit während des 19. Jahrhunderts den meisten Autoren als weniger attraktiv als die von Gauß (s. Kapitel 9.5.2). Andererseits bildeten sie aber den Grundstock für eine Theorie großer Stichproben.

Auch wenn die *Théorie analytique* wegen ihrer Schwierigkeiten einen sehr beschränkten Leserkreis hatte, so wurden doch ihre wesentlichen Inhalte – auch die rein analytischen – in der Lehrbuchliteratur des 19. Jahrhunderts, beispielsweise [Lacroix 1816], [Poisson 1837], [de Morgan 1838], [Laurent 1873] oder [Meyer 1874], gründlich aufbereitet. De Morgan [1837a, 347] bezeichnete die *Théorie analytique* gar als »Mont Blanc der Mathematik«. Das ganze 19. Jahrhundert hinweg blieb so der Themen- und Methodenreichtum von Laplace aktuell.

Laplaces häufig, auch im *Essai philosophique*, vorgebrachte Idee des Zusammenwirkens von »zufälligen« und »beständigen« Ursachen fand in seiner Fehlerrechnung die schärfste mathematische Ausprägung. Umgekehrt wurde so in der Zeit nach Laplace die Erwartung geweckt, dass alle Schwankungserscheinungen in Natur und Gesellschaft nach dem Modell der Fehlerrechnung behandelt werden könnten. Die Normalverteilung, die bei Laplace sehr häufig in Approximationen auftrat, von ihm aber noch nicht als eigenständiges Untersuchungsobjekt wahrgenommen worden war, gewann so eine prominente Bedeutung, besonders in den Arbeiten von Adolphe Quetelet (1796–1874) und seinen Nachfolgern.

Kapitel 8
Historischer Rahmen II: von der Französischen Revolution bis zum ersten Weltkrieg

Es macht durchaus Sinn, in der allgemeinen historischen Entwicklung bereits mit der Französischen Revolution 1789 eine wesentliche Zäsur anzunehmen, und dann für den Zeitraum von 125 Jahren bis zum Beginn des ersten Weltkriegs ein »langes 19. Jahrhundert« anzusetzen. Dabei ist aber zu berücksichtigen, dass aus der Sicht der Wissenschafts- der Wirtschafts- oder auch der Kunstgeschichte, um nur einige Einzeldisziplinen herauszunehmen, diese Einteilung nur unter Einbeziehung relativ langer Übergangszeiten zu passen scheint. Leitideen der Aufklärung wirkten in der Wissenschaft bis in die ersten Jahrzehnte des 19. Jahrhunderts hinein fort. Mathematiker, wie Laplace, änderten ihre Forschungsschwerpunkte nicht nach 1789, die *Kritik der reinen Vernunft* von Kant war in erster Auflage bereits 1781 erschienen, blieb aber eines der einflussreichsten Werke der Philosophie der Erkenntnis im ganzen 19. Jahrhundert – und sogar bis in die jetzige Zeit. Die »industrielle Revolution« samt Begleiterscheinungen für das soziale Gefüge hatte – zumindest in Großbritannien – bereits im 18. Jahrhundert begonnen. Andererseits sollte die »klassische Moderne« in Kunst, Musik und Literatur, die auch in der Mathematik ihre Spuren hinterließ, schon deutlich vor dem ersten Weltkrieg einsetzen und bis in die 1930er Jahre hinein andauern.

Abb. 8.1: Symbol der Industrialisierung: Textilfabrik in Manchester, ca. 1820

H. Fischer et al., *1000 Jahre Stochastik*, Vom Zählstein zum Computer,
https://doi.org/10.1007/978-3-662-72368-5_8

8.1 Zeittafel

1794	Gründung der École polytechnique in Paris
1794/95	Veröffentlichung von J. G. Fichtes *Wissenschaftslehre*
1797	Erste Schrift von F. W. Schelling zur romantischen Naturphilosophie
1798	Beginn der Napoleonischen Eroberungskriege
1804	Einführung des »Code Napoléon« im Machtbereich Frankreichs
1806	Napoléons Kontinentalsperre gegen England
1809	Abstammungslehre von J. de Lamarck
1812–1816	Hegels »Wissenschaft der Logik« in drei Bänden
1814	Einsatz der Lokomotive, genannt »Blücher«, von G. Stephenson mit wegweisenden technischen Innovationen
1814/15	Entdeckung der Absorptionslinien im Sonnenspektrum durch J. Fraunhofer
1815	Wiener Kongress und Neuordnung der europäischen Staaten
1815	Gründung des Deutschen Bundes
1819	Karlsbader Beschlüsse mit der Folge der Einschränkung von Freiheitsrechten in Deutschland
1820	Entdeckung der von elektrischen Strömen erzeugten Magnetfelder durch H. Ch. Ørsted
1821	Cauchys »Cours d'analyse« mit beispielgebender Wirkung auf analytische Strenge
1825	Errichtung der Republik Bolivien unter S. Bolivar und Ende des spanischen Kolonialreichs in Südamerika
1825	Gründung der ersten deutschen polytechnischen Schule (später Technische Hochschule) in Karlsruhe
1826	Nichteuklidische Geometrie von N. I. Lobachevskii
1827	Entdeckung der Bewegung von Kleinteilchen durch R. Brown
1828	Erste Synthese eines organischen Stoffes (Harnstoff) aus anorganischen Bestandteilen durch F. Wöhler
1829	Unabhängigkeit Griechenlands von der Türkei
1830	Politische Unruhen in mehreren europäischen Ländern
1831	Entdeckung der elektromagnetischen Induktion durch M. Faraday
1832	Publikation einer unabhängig von Gauß und Lobachevskii gefundenen nichteuklidischen Geometrie durch J. Bolyai
1832	Entwicklung des elektromagnetischen Telegraphen durch C. F. Gauß und W. Weber
1833	Gründung des Deutschen Zollvereins
1835	Eröffung der Eisenbahnlinie Nürnberg-Fürth mit Dampflokomotive

1837	Beginn der Regentschaft von Königin Victoria in Großbritannien
1840	J. v. Liebigs *Chemie in ihrer Anwendung auf Agricultur und Physiologie*
1842	Fertigstellung des sechsten und letzten Bandes des *Cours de philosophie positive* von A. Comte
1842	Energieerhaltungssatz von J. R. Mayer
1843	Erster Ozeandampfer mit Schiffsschrauben
1844	Weberaufstände in Schlesien
1845–1852	Hungersnot in Irland und Massenauswanderung
1846	Krieg zwischen USA und Mexiko
1846	Eröffnung des Ludwig-Donau-Kanals
1848	»Kommunistisches Manifest« von K. Marx und F. Engels
1848	Schweizerische Bundesverfassung
1848	Deutsche Nationalversammlung
1848/49	Revolutionäre Erhebungen in europäischen Ländern
1852	Proklamation von Charles Louis Napoléon zum Kaiser von Frankreich als Napoléon III.
1852	Beginn einer verstärkten europäischen Einwanderung in die USA
1853–1856	Krimkrieg zwischen Russland und der Türkei, Frankreich, Großbritannien und Sardinien
1855	Erste Arbeit zur Theorie elektromagnetischer Felder von J. C. Maxwell
1857–1859	Weltweite Banken- und Wirtschaftskrise
1857	Publikation erster Arbeiten von L. Pasteur zur Bakteriologie
1858	Entdeckung der Kathodenstrahlen durch J. Plücker und J. W. Hittorf
1858	Begründung der Zellular-Pathologie durch R. Virchow
1859	Beginn des italienischen Befreiungskrieges unter G. Garibaldi
1859	Begründung der Spektralanalyse durch R. Bunsen und G. Kirchhoff
1859	Veröffentlichung der Evolutionstheorie von Ch. Darwin
1861–1865	Sezessionskrieg in den USA
1864	Preußisch- Österreichischer Krieg gegen Dänemark
1865	Gründung der BASF
1865	Publikation der Mendelschen Vererbungsgesetze
1866	Krieg Preußens gegen Österreich und den Deutschen Bund
1867	*Das Kapital* von K. Marx
1867	Konstitutionelle Umwandlung des Kaisertums Österreich zur Realunion Österreich-Ungarn
1869	Unabhängige Entwicklung des Periodensystem der Elemente durch D. I. Mendeleev und L. Meyer
1869	Eröffnung des Suezkanals
1870/71	Deutsch-Französischer Krieg
1871	Proklamation von Wilhelm I. zum deutschen Kaiser

1875	Einführung des internationalen metrischen Systems
1876	Patenterteilung für N. Otto auf den gasbetriebenen Viertaktermotor
1878	Patenterteilung auf Th. A. Edisons Kohlegranulatmikrophon als Voraussetzung für den verbreiteten Einsatz von Telefonen
1882	Dreibund zwischen Deutschland, Italien und Österreich
1885	Erste Fahrt des »Motorwagen No. 1« von C. Benz
1889	Begründung der konstitutionellen Monarchie in Japan und Beginn der Modernisierung des Landes
1896	Erste Olympische Spiele der Neuzeit in Athen
1896	Entdeckung der Radioaktivität von Uran durch H. Becquerel
1898	Spanisch-Amerikanischer Krieg; die USA begründen ihre Stellung als Weltmacht
1899	D. Hilberts *Grundlagen der Geometrie* als Muster für Axiomatisierung
1900	Einführung des Wirkungsquantums durch M. Planck im Rahmen einer speziellen Untersuchung
1900	Weltausstellung in Paris mit 50 Millionen Besuchern
Ab 1900	Entwicklung der drahtlosen Telefonie
1903	Erster Flug eines gesteuerten Motorflugzeuges (Gebrüder Wright, USA)
1904	Besetzung der ersten ordentliche Professur für numerische Mathematik in Deutschland (Göttingen) mit C. Runge
1905	A. Einsteins »annus mirabilis«: Lichtquantenhypothese, Brownsche Bewegung, spezielle Relativitätstheorie
1905	Bürgerliche Revolution in Russland
1905/06	Erste Marokko-Krise
1905/07	Wirtschaftskrise in führenden Industriestaaten
1907	Entente-Bündnis zwischen Frankreich, Großbritannien und Russland
1912/13	Balkankriege
1913	Bohrsches Atommodell
1914–1918	Erster Weltkrieg
1914	Eröffnung des Panama-Kanals
1915	Einsteins Allgemeine Relativitätstheorie
1917	Revolutionen in Russland, Sturz des Zaren, Errichtung einer Sowjetrepublik
1918	Friede von Brest-Litowsk, Zerfall des russischen Reiches, Novemberrevolution, Abdankung von Kaiser Wilhelm II. und Kaiser Karl I. (Österreich-Ungarn), Ausrufung der republikanischen Staatsform in Deutschland durch Ph. Scheidemann
1918/19	Revolution in mehreren Ländern, Bürgerkrieg in Russland (bis 1921)
1918/19	Grippe-Epidemie mit weltweit mindestens 20 Millionen Toten
1919	Friedensverträge von Versailles und Saint-Germain, Gründung des Völkerbundes, Weimarer Verfassung

8.2 Die industrielle Revolution

Nach dem britischen Vorbild (Abb. 8.1) verlief in vielen europäischen Ländern etwa zwischen 1830 und 1860 die Orientierung des Wirtschaftsgefüges hin zur Industrialisierung, gekennzeichnet dadurch, dass ein überwiegender Teil der nationalen Produktion an Gütern und Dienstleistungen in die Bereiche des Handwerks, der Verarbeitung von Rohstoffen und die Energieerzeugung eingingen. Dieser Prozess führte zu einer Aufspaltung wesentlicher Teile der Gesellschaft in Bürgertum (Besitzbürgertum, Wirtschaftsbürgertum, Bildungsbürgertum) und Arbeiterschaft, mit einem Kleinbürgertum (Handwerker, Verwaltungsbeamte, Volksschullehrer), das zwischen diesen beiden gesellschaftlichen Gruppen eine nicht klar festgelegte Position einnahm. Dem wachsenden Wunsch des Bürgertums nach Absicherung des erworbenen Vermögens entsprechend erlebte die Versicherungswirtschaft im 19. Jahrhundert einen gewaltigen Aufschwung.

Den Erfordernissen der Industrialisierung entsprach ein umfangreicher Ausbau des Verkehrswesens. Bereits zu Beginn des 19. Jahrhunderts tauchten in Großbritannien erste Lokomotiven für den Einsatz in Gruben auf. 1830 wurden in England und in den USA erste Eisenbahnlinien mit regulärem Einsatz von Dampflokomotiven eröffnet, im deutschsprachigen Raum begann der Betrieb mit Lokomotiven mit der Eröffnung der Bahnlinie zwischen Nürnberg und Fürth am 7. Dezember 1835, die allerdings noch zu verschiedenen Zeiten im Fahrplan als Pferdebahn betrieben wurde (Abb. 8.2).

Abb. 8.2: Zeichen des wirtschaftlichen und wissenschaftlichen Fortschritts: die Eisenbahn von Nürnberg nach Fürth, ca. 1835

Auch Dampfschiffe wurden – zuerst auf Flüssen – ab Anfang des 19. Jahrhunderts eingesetzt. Reine Überseedampfer ohne Segelunterstützung gab es erst ab ca. 1890; trotzdem führte die Dampfschifffahrt im Verlauf des 19. Jahrhunderts zu einer beträchtlichen Ausweitung der Möglichkeiten für den Export und Import von Waren.

Für das Verkehrswesen spielte auch der Kanalbau eine wichtige Rolle. So wurde etwa der Ludwig-Donau-Kanal zwischen Kelheim und Bamberg 1846 als Vorläufer des heutigen Rhein-Main-Donaukanals eröffnet. Der Kanalbau bedurfte sehr genauer Vermessungsmethoden und hat so die Einführung der Fehlerrechnung auch in der niederen Geodäsie gefördert.

Die Elektrifizierung in größerem Umfang begann um 1880. Die dadurch nochmals erleichtere Verfügbarkeit von Beleuchtung (statt der um ca. 1820 aufgekommenen Gasbeleuchtung) und der Einsatz von im Vergleich zu Dampfmaschinen oder später Gasmotoren (ab ca. 1860) wesentlich flexibler einsetzbaren Elektromotoren brachte einen weiteren Schub in der technologischen Entwicklung.

Die Übertragung von Information mit Hilfe der Elektrotechnik setzte schon früher ein: ab dem zweiten Drittel des 19. Jahrhunderts durch Telegrafie, und ab ca. 1880 in großem Stil durch das Telefon. Ab 1900 begannen erste Versuche zur Funktechnik, die durch den Einsatz von Rückkopplungsschaltungen und Röhrenverstärkern (Meißnersche Rückkopplungsschaltung 1913) zumindest über mittlere Entfernungen zu einem noch überwiegend militärischen Einsatz kam.

Natürlich ist noch zu erwähnen, dass bereits in den 1880er Jahren die ersten Automobile mit Benzin- oder Elektromotoren fuhren 1886 reichte Carl Benz (1844–1929) das Patent für seinen Motorwagen ein. Der berühmte »erste« Motorflug war 1903 durch die Gebrüder Wright. Um 1910 gab es im Deutschen Reich geschätzt bereits ca. 30000 Automobile und ca. 20000 Motorräder.

Parallel zu der wirtschaftlichen Entwicklung nahm in den einzelnen Ländern das Bedürfnis nach effektiver Organisation der staatlichen Institutionen weiter zu. Ein vorrangiges Instrument hierfür war dabei die genauere statistische Erfassung der verschiedensten Belange der Bevölkerung. Nachdem bereits 1756 in Schweden eine entsprechende Institution geschaffen worden war, wurden ab dem Beginn des 19. Jahrhunderts vermehrt in verschiedenen europäischen Staaten statistische Büros eingerichtet.

8.3 Wissenschaft und Bildung

In der Zeit von ca. 1830 bis 1900 ereigneten sich in der Wissenschaft Änderungen und Neuerungen in einem Gesamtausmaß wie in vielleicht keiner Epoche davor. Natur- Gesellschafts- und Humanwissenschaften differenzierten sich zu ihrer im Wesentlichen auch heute noch bestehenden Gestalt aus. Charakteristisch für diesen Prozess war eine zunehmende Mathematisierung bisher qualitativ oder gar nur spekulativ erfasster Gebiete, wie etwa von Elektrizität und

Magnetismus in der Physik oder der Wahrnehmung von Sinnesreizen (Stichwort »Weber-Fechner-Gesetz«) in der Psychologie. Unterstützt wurde diese Entwicklung durch die kritische Grundtendenz in verschiedenen philosophischen Strömungen und durch die grundlegende Neuorganisation im Bildungswesen, die sich über die von französischen Ansätzen motivierte Humboldtsche Reform auf die meisten Länder Europas und gegen Ende des 19. Jahrhunderts auch weit darüber hinaus verbreitete.

Eine Folge der Französischen Revolution war, dass die Universitäten in Frankreich aufgelöst wurden (ab 1808 erfolgte ihre erneute Einrichtung). Stattdessen wurden auf spezielle Disziplinen konzentrierte *Grandes Écoles* gefördert bzw. neu eingerichtet, wie sie grundsätzlich, vor allem zur Ausbildung von Militärs, bereits vorher bestanden. So gründete man etwa die *École polytechnique* in Paris 1794, und 1795 die *École normale superieure*, um die beiden vielleicht bekanntesten zu nennen. An diesen *Grandes Écoles* wurden besonders solche Fachgebiete betont, die im traditionellen Universitätssystem den *Artes liberales* angehörten und sich damit dort eher am Rand des Fächerspektrums befanden, andererseits aber für die Modernisierung von Staat und Gesellschaft unerlässlich waren. Wilhelm von Humboldt (1767–1835, Abb. 8.3) versuchte in seiner Reform, die französischen Vorteile der Wissensvermittlung mit einer gegenüber französischen Gepflogenheiten stärkeren Betonung der Forschung zu vereinen sowie die höhere Bildung auf ein klassisches Fundament (»Neohumanismus«) zu stellen. Organisatorisches Merkmal war das dreigliedrige Schulsystem mit der Konsequenz der erheblichen Verbesserung des fachlichen Niveaus der Gymnasiallehrerausbildung, die im Wesentlichen an der philosophischen Fakultät erfolgte, welche dadurch eine starke Aufwertung erfuhr. 1809 wurde bereits mit dieser Zielsetzung die Berliner Universität gegründet, in anderen deutschen Ländern führte man mit gewisser zeitlicher Verzögerung ähnliche Reformen durch. Die Konsequenz war, dass in Mathematik und den Naturwissenschaften die Forschung an den Universitäten gestärkt wurde, Akademien und Universitäten ergänzten sich gegenseitig. Die wachsende Zahl an Wissenschaftlern auch außerhalb der Akademien führte dazu, dass sich diese ab der Mitte des 19. Jahrhunderts zu wissenschaftlichen Gesellschaften zusammenschlossen, die auf nationaler Ebene und schließlich auch international zusammenarbeiteten. Bereits 1828 war die *Gesellschaft der deutschen Naturforscher und Ärzte* gegründet worden.

Was die Ingenieursausbildung betrifft, wurde ab den 1820er Jahren in den einzelnen Ländern des deutschsprachigen Raums eine Vielzahl von polytechnischen Schulen bzw. Gewerbeschulen gegründet, jedoch mit unterschiedlichen Leistungsanforderungen, die im Allgemeinen gerade in den mathematischen Disziplinen zunächst gering blieben. Ab Mitte des Jahrhunderts setzte eine zunehmende Betonung der Grundlagenfächer, wie Mathematik, ein. Im letzten Drittel des 19. Jahrhunderts erlangten dann diese Bildungseinrichtungen den Status von »Technischen Hochschulen«, die ab Beginn des 20. Jahrhunderts im Wesentlichen den Universitäten – auch im Promotionsrecht – gleichgestellt waren.

Abb. 8.3: Wilhelm von Humboldt vor der jetzt nach ihm benannten Universität zu Berlin; Ansicht der Universität zu Berlin, 1845

8.4 Philosophie, Naturwissenschaften, Mathematik

Die Weiterentwicklung der Mathematik, der Naturwissenschaften und natürlich auch der Gesellschaftswissenschaften im 19. Jahrhundert war stark beeinflusst durch die vorherrschenden philosophischen Strömungen. Beschränken wir uns auf Mathematik und Naturwissenschaften, so übten die Philosophien von Immanuel Kant (1724–1804, Abb. 8.4), die der deutschen Idealisten, der Materialisten und die der Positivisten besonderen Einfluss aus.

Kants Philosophie sieht für die reine Verstandestätigkeit eine klare Struktur aus den »reinen Formen der Anschauung« Raum und Zeit und den »Verstandesbegriffen« (Kategorien), wie Substanz oder Kausalität, vor. Andererseits betont sie die Rolle der Erfahrung als sinnstiftendes Element und als Mittel zur Überprüfung, auf die nicht verzichtet werden kann. Daraus ergibt sich die Forderung nach Selbstbeschränkung der Philosophie und überhaupt aller Wissenschaften auf solche Gegenstände, die in diesem Rahmen des Wechselspiels zwischen Vernunft und Erfahrung untersucht werden können.

Der Idealismus mit seinen Hauptvertretern Johann Gottlieb Fichte (1762–1814), Friedrich Wilhelm Schelling (1775–1854) und Georg Wilhelm Friedrich Hegel (1770–1831) versucht die von Kant aufgezeigten Grenzen aufzulösen. Besonders einflussreich in der Physik wurde die Naturphilosophie Schellings: Naturbetrachtung entspricht der Erschließung der im menschlichen Denken bereits angelegten Vorstellungen. Die Natur ist ein auf geistigen Ideen basierendes System, das sich aufgrund von Gegensätzen, wie Anziehung und Abstoßung, organisiert. Solche dialektischen Prinzipien des Entstehens aus Widersprüchen treten in der Philosophie von Hegel noch stärker hervor.

Der besonders in Frankreich und Großbritannien verbreitete Positivismus war eine Weiterentwicklung des Empirismus des 18. Jahrhunderts. Gegenstände der Philosophie sind hier ausschließlich »positiv« feststellbare Fakten. Verwendete Begriffe und abgeleitete Gesetze sollen sich ausschließlich auf die Art der Registrierung solcher Fakten beziehen. Als Begründer des modernen Positivismus gilt Auguste Comte (1798–1857). In der Physik wurde im letzten Drittel

Abb. 8.4: Portrait von Immanuel Kant und Abbildung von Kants Wohnhaus in Königsberg, in dem er auch seine Vorlesungen hielt

des 19. Jahrhunderts Ernst Mach (1838–1916) besonders bekannt und einflussreich. Er rekonstruierte physikalische Theorien durch strengen Rückgriff auf Messprozesse, und er lehnte – vom damaligen Stand der Experimentalphysik aus verständlich – jegliche Art von Atomhypothesen ab.

Atomhypothesen kann man wiederum im Zusammenhang mit der philosophischen Strömung des Materialismus sehen. Nicht nur physikalische Erscheinungen, sondern auch menschliches Bewusstsein sind demnach aus Eigenschaften der Materie mit Hilfe naturwissenschaftlicher Methoden ableitbar. Die Existenz von Ideen oder irgendwie gearteter geistiger Elemente wird strikt abgelehnt. Besondere Unterstützung erhielt diese Art von naturwissenschaftlichem Materialismus durch die Fortschritte in der Biologie, besonders durch die Evolutionstheorie. Ein wichtiger Vetreter dieser Richtung war Ludwig Feuerbach (1804–1872).

Die marxistische Philosophie, wie sie von Karl Marx (1818–1883) und Friedrich Engels (1820–1895) entwickelt wurde, greift einerseits dialektische Ansätze auf, aber bezieht sich andererseits ausschließlich auf die materiellen Voraussetzungen der gesellschaftlichen, ökonomischen oder naturwissenschaftlichen Gegebenheiten. In den Naturwissenschaften spielte diese Philosophie des dialektischen Materialismus erst nach dem ersten Weltkrieg im real existierenden Sozialismus eine deutlich wahrnehmbare Rolle.

Von Anfang an hatte die Wahrscheinlichkeitsrechnung engen Kontakt zur Philosophie. Im 19. Jahrhundert äußerte sich dieser etwa in der Diskussion des Wahrscheinlichkeitsbegriffs und in der Kritik an solchen Anwendungen, die sich auf Entscheidungen bei Gerichtsprozessen beziehen, wobei besonders die Kantsche und die positivistische Sicht eine Rolle spielten.

Was nun die naturwissenschaftlichen Disziplinen selbst angeht, können hier nur die gröbsten Entwicklungslinien aufgezeigt werden. Eine essentielle Gemeinsamkeit war die durch den technologischen Fortschritt bedingte Verfügbarkeit an genauen Experimentiervorrichtungen. Die Astronomie profitierte von den Methoden der Fehler- und der Störungsrechnung – prominentestes Beispiel war die Entdeckung des Neptun 1846 – und entwickelte sich mit Hilfe der vielfachen Anwendungen der Spektroskopie zur Astrophysik.

In der Biologie standen Fragen der Vererbung, z. B. die von Gregor Mendel (1822–1884) formulierten Gesetze (1865), und der Evolution, vor allem die Ansätze von Jean-Baptiste de Lamarck (1744–1829) und Charles Darwin (1809–1882), im Blickpunkt. Die Rolle von Mikroorganismen für die Entstehung von Krankheiten führte ab den letzten Jahrzehnten des 19. Jahrhunderts zur Mikrobiologie.

In der Chemie gelang es – auch mit Hilfe der ab Beginn des 19. Jahrhunderts aufkommenden Elektrolyse – zahlreiche Elemente darzustellen; bereits 1803 schlug John Dalton (1766–1844) sein Atommodell vor, und 1866 erschienen die äquivalenten Periodensysteme von Dmitri Mendeleev (1834–1907) und Lothar Meyer (1830–1895). Die organische Strukturchemie wurde ab ca. 1850 entwickelt. Besonders bedeutend war die Entdeckung der Radioaktivität, an der Grenze zur Physik. Sehr wichtig war natürlich auch der Beitrag der chemischen Industrie zum gesamten Prozess der Industrialisierung (Abb. 8.5). Ohne Chemie hätte es keine Kraftstoffe für Gas- Benzin- oder Dieselmotoren gegeben.

Die Physik erlebte außerhalb der sowieso schon weit entwickelten Mechanik einen besonders großen Sprung und wurde zur Leitwissenschaft der Naturwissenschaften. Die Entdeckungen von Hans Christian Ørsted (1777–1851) und Michael Faraday (1791–1867) der elektromagnetischen Erscheinungen in den ersten Jahrzehnten wurden von James Clerk Maxwell (1831–1879) im letzten Drittel des 19. Jahrhunderts in einer Theorie der elektrischen und magnetischen Felder zusammengefasst, die auch für das Licht galt. Das genauere Studium der Wärmekraftmaschinen leitete zur Thermodynamik über, und diese wiederum zur kinetischen Gastheorie und allgemeiner zur statistischen Physik, wie sie hauptsächlich von Maxwell und Ludwig Boltzmann (1844–1906) geprägt wurde. Gegen Ende des Jahrhunderts führte Max Planck (1858–1947) im Rahmen spezieller Betrachtungen in der statistischen Physik das nach ihm benannte Wirkungsquantum ein, das wenige Jahre später von Albert Einstein (1879–1955) in universeller Weise zur Quantelung von Energien herangezogen wurde. Einstein wiederum verdanken wir (neben weiteren beteiligten Wissenschaftlern) die spezielle (1905) und allgemeine Relativitätstheorie (1915).

Der Fortschritt der Medizin wurde wesentlich von den naturwissenschaftlichen Erkenntnissen des 19. Jahrhunderts beeinflusst. Drei Punkte können hier vielleicht als vorrangig betrachtet werden: Die Entwicklung der Narkosetechnik (z. B. mit Äther, Chloroform, Lachgas) ab den 1840er Jahren ermöglichte zugleich eine Vielzahl neuer Operationstechniken. Die zunehmend verbreitete Einsicht in die Wirksamkeit von Hygienemaßnahmen, die auch durch statistische Untersuchungen bekräftigt wurde, verringerte erheblich die Sterblichkeit bei medizinischen Maßnahmen und die Verbreitung von Epidemien. In diesem Zusammenhang stehen etwa die Untersuchungen von Ignaz Semmelweis (1818–1865) bereits in den 1840er Jahren zur Kindbettsterblichkeit und die vielfältigen Aktivitäten von Florence Nightingale (1820–1910) und ihren Mitstrei-

Abb. 8.5: Beitrag der Chemie zur Industrialisierung: Die Badische Anilin- und Sodafabrik (BASF) zog kurz nach der Firmengründung 1865 in Mannheim in das nicht lange vorher gegründete bayerische Ludwigshafen auf der anderen Rheinseite um, weil dort weit bessere Bedingungen samt Subventionen geboten waren. Der Stahlstich zeigt die Verhältnisse kurz nach Errichtung der Werke.

tern ab den 1850er Jahren. Ein dritter, mit dem zweiten zusammenhängender Punkt war schließlich die Erkenntnis der Bedeutung von Bakterien für die Verbreitung von Krankheiten und deren beginnende Klassifizierung ab dem dritten Drittel des 19. Jahrhunderts.

Die Entwicklung der reinen Mathematik im 19. Jahrhundert war motiviert durch die Befreiung von unklaren Elementen bzw. Methoden, beispielsweise der Verwendung von Reihenentwicklungen ohne genaue Konvergenzbetrachtung, wodurch eine stärkere Hinwendung in der Problemorientierung zur Klärung der Grundbegriffe (beispielsweise dem Begriff der reellen Zahl) veranlasst wurde. Dieser Prozess stand im Einklang mit Kants für die Philosophie geforderten Selbstbeschränkung. In der Geometrie findet man erste Versuche zur Loslösung von den Erfahrungen mit der physischen Umgebung durch erste Beispiele nichteuklidischer Geometrien. Gegen Ende des 19. Jahrhunderts setzte sich die axiomatische Methode, mit David Hilbert (1862–1943) als prominentesten Vertreter, durch, nach der zu jedem Teilbereich der Mathematik eine Grundlegung durch ein Axiomensystem zu erfolgen habe. Den wachsenden Anforderungen in den Naturwissenschaften und der Technik entsprechend nahm aber auch die Bedeutung der numerischen Mathematik im Sinne einer eigenständigen Unterdisziplin der Mathematik zu, und es entstanden erste Professuren mit dieser speziellen Ausrichtung.

Die Wahrscheinlichkeitsrechnung hatte an dieser Entwicklung der Mathematik kaum Anteil, da sie doch wegen ihres Anwendungsbezugs eher nicht als mathematische Teildisziplin im engeren Sinne angesehen wurde. Dass ab dem letzten Drittel des 19. Jahrhundert in einigen Einzelarbeiten die Grenzwertsätze mit größerer analytischer Strenge angegangen wurden, fand zunächst kaum Beachtung. Hilberts Forderung nach Axiomatisierung der Wahrscheinlichkeitsrechnung vor dem Internationalen Mathematikerkongress 1900 im Rahmen seiner Vorstellung des sechsten aus insgesamt 23 Problemen, die er als wegweisend für das 20. Jahrhundert betrachtete, war zu einem guten Teil ihrer Rolle im Rahmen der Physik geschuldet. Durch die vermehrte Betrachtung von stochastischen Problemstellungen mit innermathematischem Charakter wurde aber tatsächlich in der Zeit von ca. 1890 bis 1920 ein Prozess begonnen, der schließlich in der Folgezeit zur Bildung einer mathematischen Disziplin »Wahrscheinlichkeitstheorie« im jetzt geläufigen Sinne führen sollte.

Kapitel 9
Fehlerrechnung im 18. und 19. Jahrhundert

9.1 Einführung

Die Genese der Fehlerrechnung als Teil der Wahrscheinlichkeitsrechnung mit ersten Anfängen ab ca. 1750 und den fundamentalen Beiträgen von Gauß und Laplace ab ca. 1810 war eng verbunden mit Fortschritten in Astronomie und Geodäsie und dem damit zusammenhängenden Instrumentenbau, der mit zunehmender Verfeinerung auch die Motivation für eine genauere mathematische Behandlung von Beobachtungsfehlern mit sich brachte.

9.1.1 Die Frage nach der genauen Erdform

1687 waren die *Philosophiae naturalis principia mathematica* von Isaac Newton (1643–1727) in erster Auflage erschienen. Eine der Hauptaussagen dieses bahnbrechenden Werks war das universelle $1/r^2$-Kraftgesetz für die Massenanziehung, mit welchem Hypothesen über Art und Übertragung von Kräften zwischen Massen überflüssig gemacht und gleichzeitig theoretische Vorhersagen über die Bewegungen von Planeten, Monden und Kometen angestellt werden konnten. Newtons Theorie stand in mehreren ihrer fundmentalen Aussagen im deutlichen Widerspruch zur Mechanik von René Descartes (1596–1650). In dieser werden die Bewegungen von Himmelskörpern mit Hilfe von Wirbeln erklärt, die in einer den ganzen Raum durchdringenden Suppe aus feiner Materie existieren und auch für die verstärkte Ansammlung von grober Materie an bestimmten Orten und damit für die Bildung von Himmelskörpern sorgen. Die Schwerkraft kommt gemäß Descartes durch ein Ungleichgewicht zwischen Fliehkraft und der ihr entgegengesetzten Kräften in den verschiedenen Wirbelbereichen zustande: Wenn ein massiver Körper in einen höheren Bereich gelangt, in dem die Fliehkraft kleiner als die durch die Feinmaterie vermittelte Gegenkraft ist, so wird er wieder nach unten befördert [Slowik 2023].

H. Fischer et al., *1000 Jahre Stochastik*, Vom Zählstein zum Computer,
https://doi.org/10.1007/978-3-662-72368-5_9

Während der letzten Jahre des 17. Jahrhunderts und den ersten Jahrzehnten des 18. Jahrhunderts wurde eine intensive Kontroverse zwischen Newtonianern einerseits und Cartesianern andererseits ausgetragen. Diese Kontroverse hatte auch Aspekte nationaler Rivalität (England gegen Frankreich), die insbesondere zwischen den Akademien in London und Paris bestand. Letztlich konkretisierte sich der Streit um die mechanische Deutungshoheit in der Frage nach der wahren Gestalt der Erde (s. hierzu ausführlich [Greenberg 1995; Hoare 2005]). Während einer Expedition zum französischen Gebiet Cayenne am Äquator, in der 1672-73 zahlreiche astronomische und physikalische Experimente durchgeführt wurden, wurde ermittelt, dass das in Paris feinjustierte Sekundenpendel deutlich nachging (über 2 Minuten pro Tag). Dieser Umstand konnte nur mit einer Verminderung der Schwerkraft am Äquator erklärt werden. Als naheliegende Ursachen kamen eine signifikante Wirkung der der Schwerkraft entgegengesetzten Zentrifugalkraft im Bereich der Erdoberfläche, aber auch – in Cartesischer Interpretation – Wirbel im Bereich des Äquators in Frage, die zu einer Verminderung der Schwerkraft und einer geringeren Ansammlung gröberer Materie führten. Entsprechend musste die Gestalt der Erde aber dann so aussehen, dass sie entweder durch die zentrifugale Wirkung am Äquator ausgebeult und an den Polen abgeflacht oder sowohl am Äquator wie auch an den Polen verschlankt sein sollte. Je nachdem wäre dann die Erdform einem oblaten oder einem prolaten Ellipsoid ähnlich.

Newton selbst favorisierte die Zentrifugalidee und legte entsprechende mathematische Modelle vor. Obwohl beispielsweise auch Christiaan Huygens (1629–1695), der eher der Cartesischen Interpretation der Mechanik zugeneigt war, zu ähnlichen Ergebnissen kam, geriet die Angelegenheit zu einer Prinzipienfrage zwischen Newtonianern und Cartesianern. Letztere wurden von Giovanni Cassini (1625–1712), dem führenden Astronomen in Paris, angeführt (vgl. Abb. 9.1). Tatsächlich ergaben Messungen an zwei Meridianbögen (Verbin-

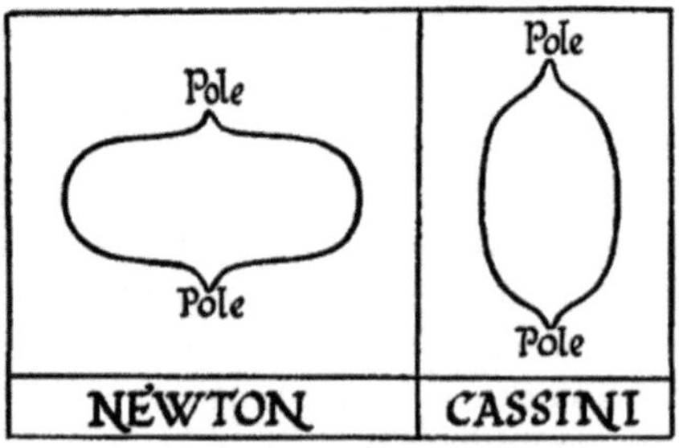

Abb. 9.1: Oblate und prolate Form der Erde. Die zwei Theorien von Newton bzw. Cassini wurden mit dieser Abbildung karikiert [Cajori 1934, 664].

dungen von Orten gemeinsamer geographischer Länge) in Frankreich, die im Rahmen eines sich über Jahrzehnte erstreckenden Projekts durchgeführt und schließlich von einem Sohn Cassinis, Jacques (1677–1756), im Jahre 1718 abgeschlossen wurden, dass der südlichere von beiden etwas länger war, woraus die prolate Form des Erdellipsoids empirisch gesichert zu sein schien. Andererseits bestanden aber auch erhebliche Zweifel an einer hinreichenden Genauigkeit der vorgenommenen Messungen. Da sich zudem auch in Frankreich die Newtonsche Mechanik schon allein wegen ihrer mathematischen Vorzüge durchsetzte, kam es während des 18. Jahrhunderts wiederholt zu weiteren Vermessungen von Meridianbögen. Besonders berühmt wurden die Expeditionen, die von der Pariser Akademie nach Finnland 1736/37 und nach Peru 1735-1745 organisiert wurden. Die erste wurde von Pierre Louis de Maupertuis (1698–1759) sowie Alexis-Claude Clairaut (1713–1765) geleitet, die zweite von Pierre Bouguer (1698–1758), Charles-Marie de La Condamine (1701–1774) sowie Louis Godin (1704–1760). Aus den in den Expeditionen erzielten Ergebnissen sowie aus erneuten Messungen innerhalb Frankreichs, ausgerechnet durch einen Enkel von Cassini, schien nun eindeutig die oblate Form zu folgen. Allerdings blieb die Frage nach der Abschätzung der Genauigkeit bei der Erdvermessung nach wie vor weitgehend offen. Jenseits der bisherigen Anwendung von ad-hoc-Methoden zur Ausgleichung von offenkundigen Fehlern bei der Aufstellung und dem Betrieb von Instrumenten versuchte erstmalig Roger Boscovich (1711–1787) um 1760, eine systematische Ausgleichung von als zufällig betrachteten Fehlern vorzunehmen. Allerdings kam er so zu dem Ergebnis, dass alle bisherigen Messungen bzw. Schätzungen stark anzuzweifeln waren.

Die Längenbestimmung eines Meridianbogens wurde seit dem 17. Jahrhundert durch Triangulation vorgenommen, wie sie insbesondere von Willebrord Snellius (1580–1626) propagiert worden war und allgemeine Methode bei verschiedensten Vermessungen wurde. Nach genauem Auslegen einer Basisstre-

Abb. 9.2: Ausmessung der Basislinie zwischen Oberföhring und Aufkirchen für die bairische Landesaufnahme 1801

cke $[PQ]$ – je nach vorliegenden Bedingungen ein höchst mühsames Geschäft, s. Abb. 9.2 – können gemäß der landschaftlichen Bedingungen ausgewählte Dreiecke durch die Ausmessung von Winkeln bestimmt und schließlich eine zu bestimmende Gesamtlänge AB berechnet werden (s. Abb. 9.3). Bei nicht zu großen Seitenlängen der ausgewählten Dreiecke (typische Seitenlänge bei ca.

30 km) kann man mit hinreichender Genauigkeit im Rahmen der ebenen Trigonometrie verfahren, ansonsten muss man sphärische Trigonometrie betreiben.

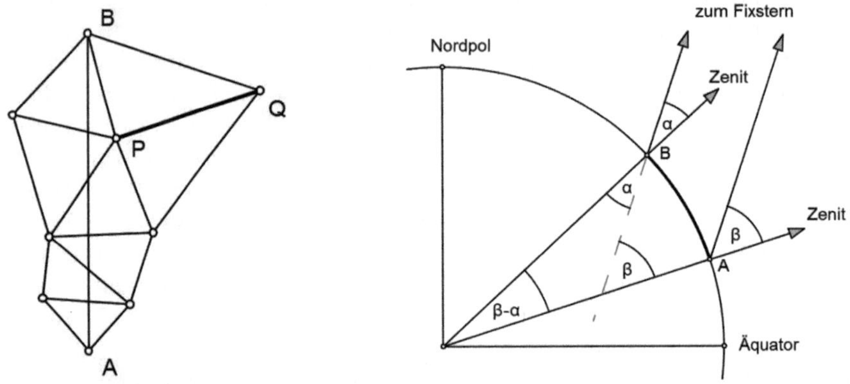

Abb. 9.3: Links: Schemaskizze einer Triangulation mit Basislänge *PQ*. Die gesuchte Länge *AB* kann über verschiedene Polygonzüge berechnet werden. Rechts: Bestimmung der Differenz von Breitengraden, die sich zu $\beta - \alpha$ ergibt. Die Annahme der genau kugelförmigen Erde führt erst bei Anforderungen sehr großer Messgenauigkeit zu Problemen. Wenn der Fixstern direkt über dem Nordpol stünde (beim Polarstern gilt das beinahe), wären die beiden Winkel α, β sogar gleich den jeweiligen Breitengraden.

Bei der Ausmessung von Meridianbögen *AB* muss natürlich festgestellt werden, ob die beiden Endpunkte dieselbe geographische Länge besitzen. Dies kann dadurch überprüft werden, dass bestimmte astronomische Konstellationen an beiden Orten zur selben Ortszeit (nach dem Sonnenstand bestimmt) auftreten. Besonders beliebt für solche Konstellationen waren Auftauchen oder Verschwinden von Jupitermonden, was ca. 1000 mal im Jahr in regelmäßigen Abständen stattfindet. Der Breitengrad der Endpunkte *A* und *B* wurde durch astronomische Messungen, beispielsweise mit Hilfe des mittäglichen Sonnenstands oder über die Zenitdistanz zu Fixsternen beim Meridiandurchgang, bestimmt. In vielen Fällen genügte es aber, die Differenz der Breitengrade dieser beiden Punkte festzustellen, was auf recht einfache Weise möglich war (für ein geläufiges Verfahren im 18. Jahrhundert s. Abb. 9.3). Dann konnte man bereits die Länge des Meridianbogens pro Breitengrad im Bereich zwischen *A* und *B* berechnen. Aus den beiden französischen Expeditionen ergab sich eine Bogenlänge von ca. 57400 *Toises* (ca. 111,9 km) pro Breitengrad in Finnland und ca. 56800 *Toises* (ca. 110,7 km) pro Breitengrad am Äquator [Hoare 2005, 227].

9.1.2 Bestimmung von Bahnelementen in der Astronomie

Eines der Hauptprobleme der Astronomie bestand in der Zeit ab Newton darin, aus Beobachtungen von Winkeln auf Bahnelemente von Himmelskörpern des Sonnensystems zu schließen und daraus dann den weiteren Bahnverlauf zu berechnen. Schon bei Annahme einer rein elliptischen Bahn ist dies eine komplizierte Angelegenheit, die erst von Gauß [1809] in numerisch günstiger Weise bewältigt wurde [Schmeidler 1981]. Traditionell wurde eine solche Bahn durch 6 Bahnelemente angegeben, vgl. Abb. 9.4. Über komplizierte, teilweise transzen-

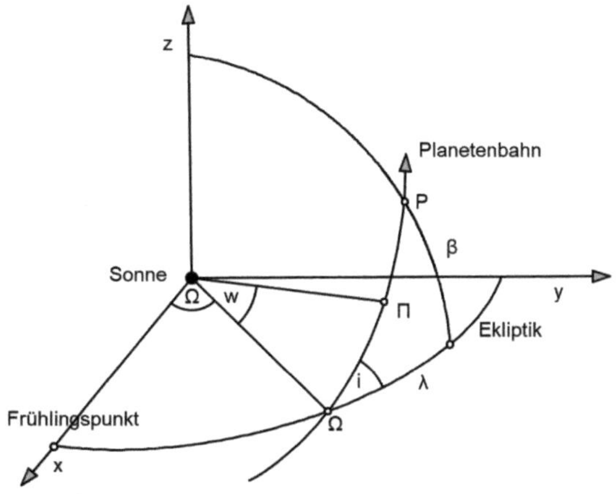

Abb. 9.4: Die 6 Bahnelemente zu einer Planetenbahn: i – Neigungswinkel der Bahnebene gegen die Ebene der Ekliptik (die Bahnebene der Erde), Ω – Länge (eigentlich ein Winkel) des aufsteigenden Knotens (der ebenfalls mit Ω bezeichnet wird), w – Winkel zwischen Knoten Ω und Perihel Π; dazu kommen noch die große Halbachse der Planetenbahn a, die Durchgangszeit T durch das Perihel, die Exzentrizität der Planetenbahn e. (x, y, z) bilden das »heliozentrische« Koordinatensystem. λ (ekliptikale Länge, gemessen vom Frühlingspunkt) und β (ekliptikale Breite) sind die Winkel zu der Planetenposition P in diesem Koordinatensystem. Planetenbahn und Ekliptik verstehen sich als Großkreise der Himmelskugel um die Sonne (Abb. in Anlehnung an [Schmeidler 1981, 67]).

dente, Gleichungen sind die 6 Bahnelemente mit den beiden Winkeln λ und β sowie der Durchgangszeit t der jeweiligen Planetenposition P verbunden. Bei Kenntnis der beiden Polarkoordinaten λ und β zu drei verschiedenen Zeiten t lassen sich die Bahnelemente prinzipiell aus diesen Gleichungen bestimmen. Umgekehrt ist es dann möglich, die beiden Polarkoordinaten zu einem anderen Zeitpunkt vorherzusagen. Die Situation wird noch dadurch verkompliziert, dass λ und β nicht direkt beobachtbar sind, sondern mittelbar aufgrund von Messungen von der Erdoberfläche aus (beispielsweise über den Höhenwinkel bei einem Meridiandurchgang) bestimmt werden müssen. Ein zusätzliches, hier noch gar nicht berücksichtigtes, Problem ist, die verschiedenen Bahnstörungen bei Erde, Planeten oder Monden mit zu erfassen. Besonders prominent waren hier im

18. Jahrhundert die Libration, also die taumelnde Bewegung, des Mondes und die Bahnstörungen bei Jupiter und Saturn. Falls ein Bahnelement x freilich bereits näherungsweise bekannt ist, können nach erneuten Messungen Korrekturen Δx vorgenommen werden, indem die Gleichungen, die beobachtbare Größen und Bahnelemente verbinden, bezüglich Δx linearisiert werden. Das war genau der Punkt, an dem die Fehlerrechnung im Rahmen der Astronomie ansetzte.

Die theoretische Astronomie auf der Basis der Newtonschen Mechanik diente als Paradigma für das bis weit in das 19. Jahrhundert hinein gültige deterministische Weltbild: Alle zukünftigen Zustände können bei genauer Kenntnis der Anfangswerte vorausberechnet werden. Nur übermenschliche Wesen, etwa der sprichwörtliche Laplacesche Dämon, können dies mit voller Genauigkeit erledigen. Den Menschen steht aber immerhin die Wahrscheinlichkeitsrechnung zur Verfügung, die ihm dabei helfen kann, Messfehler in geeigneter Weise zu berücksichtigen. In diesem Sinne waren die im letzten Drittel des 18. Jahrhundert vermehrten Versuche, Beobachtungsfehler stochastisch aufzufassen, eingebettet in die allgemein akzeptierte Naturphilosophie [Schneider 1981b, 153 f.].

9.1.3 Fortschritte im Instrumentenbau

Eine weitere, wesentliche Motivation für die genauere Diskussion von Beobachtungsfehlern waren die Fortschritte im Instrumentenbau, die im 17. Jahrhundert in konzeptioneller Hinsicht und im 18. Jahrhundert bezüglich der genaueren Ausführung und der Fertigungsmethoden erzielt wurden. An dieser Stelle kann natürlich nur ein kurzer Abriss der Entwicklung gegeben werden. Genauere und umfassendere Ausführungen finden sich in [Kern 2010, Bd. 2–4; Daumas 1989; Repsold 1908]. Für die oben vorgestellten geodätischen und astronomischen Fragestellungen waren besonders Instrumente zur Zeit- und Winkelmessung ausschlaggebend, auf die wir uns im Folgenden konzentrieren. Die Winkelmessung beruhte seit alters her auf dem Prinzip eines über einem Winkelfeld drehbaren Diopters (der oft auch mit dem arabischen Wort »Alidade« bezeichnet wurde und wird). Je größer der Diopterarm und das Winkelfeld, umso genauer dachte man, die Winkelablesung durchführen zu können. Die Höhenwinkel bei Meridiandurchgängen von Himmelskörpern konnten so mit Hilfe von großen Mauerquadranten bestimmt werden, die an einer in Nord-Süd-Richtung gebauten, genau senkrechten Mauer angebracht waren (s. Abb. 9.5). Kleinere Quadranten oder auch Sextanten (Winkelfeld gleich 60°) wurden für Landvermessung und Navigation verwendet. Ab ca. 1660 begann man damit, statt eines Diopters ein Fernrohr mit einer geeigneten Vorrichtung zum punktgenauen Anpeilen anzuwenden. So verwendete 1669 Jean Picard (1620–1682) bei der Vermessung des Meridianbogens zwischen Paris und Amiens Quadranten, die mit Kepler-Fernrohren ausgestattet waren, und bei denen zudem ein Fadenraster in der gemeinsamen Brennebene von Objektiv und Okular angebracht

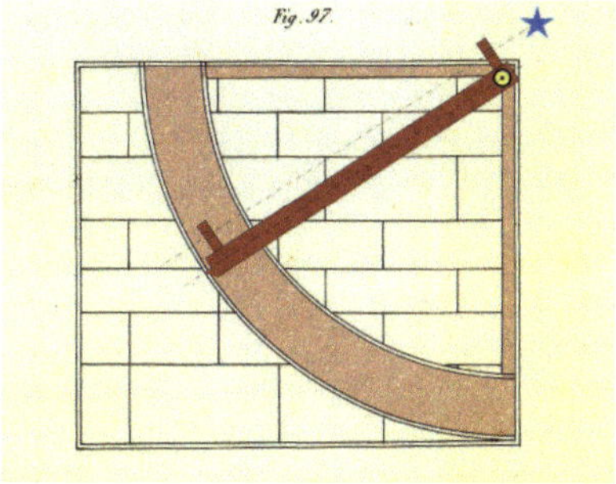

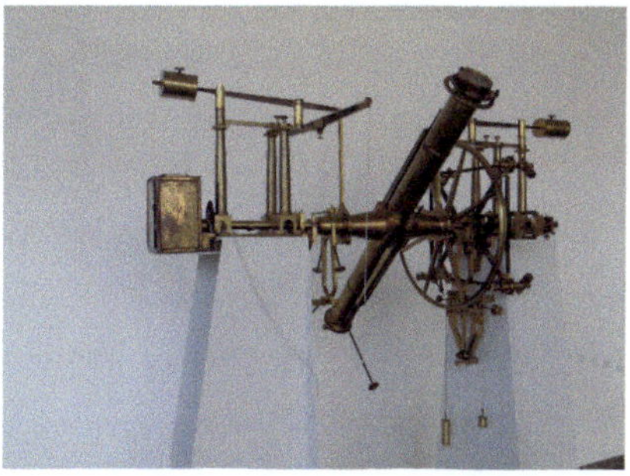

Abb. 9.5: Links: Schemaskizze eines Mauerquadranten. Rechts: Reichenbachscher Meridiankreis, 1821

war. Solche »Mikrometer« wurden ab etwa dieser Zeit in verschiedenen Ausfertigungen, auch in Form von Glasplatten mit Einritzungen, häufig gebraucht. Bei der Längen- und Winkelmessung setzte sich das von Pierre Vernier (1580–1637) um 1631 eingeführte Nonius-Prinzip – benannt nach dem portugiesischen Mathematiker Pedro Nuñes (1502–1578), der 1542 bereits eine entsprechende Idee mit entfernter Ähnlichkeit vorgestellt hatte – durch. Dieses Prinzip wendet man auch heute noch jedesmal an, wenn man eine Schublehre verwendet.

Die Horizontalwinkel von Gestirnen konnten indirekt durch Zeitmessung bestimmt werden. Die von Huygens konzipierte Pendeluhr wurde 1657 fertiggestellt, womit der Beginn genauer Zeitmessung gemacht war. Erst im 20. Jahrhundert wurden Präzisions-Pendeluhren durch Quarzuhren und noch später durch Atomuhren abgelöst.

Der Genauigkeit der Messinstrumente waren freilich feinmechanische und optische Grenzen gesetzt. Besonders wegen der günstigen wirtschaftlichen Verhältnisse und leicht zugänglicher Ressourcen war das ganze 18. Jahrhundert über der englische Instrumentenbau führend. Insbesondere motiviert durch die Bedürfnisse im Bau von Webmaschinen und im Militärwesen wurden Herstellungsmethoden, etwa für Schrauben und Zahnräder, verfeinert, wie man beispielsweise an der Fortentwicklung der Drehbank verfolgen kann. Die Herstellung von Metalllegierungen und von Stahl wurde laufend verbessert. Im optischen Bereich hatten die Engländer für die Fertigung von Flintglas, das für achromatische Linsensysteme benötigt wurde, praktisch das Monopol. Aber erst ab den 1770er Jahren war der Stand der technologischen Verbesserungen so weit, dass tatsächlich signifikante Fortschritte im Instrumentenbau konstatiert werden konnten. In diesem Zusammenhang war die Einführung der Maschinen von Jesse Ramsden (1735–1800) zur »automatischen« Teilung und Verfeinerung von Winkel- und Längenskalen ab 1773 ein wichtiger Meilenstein im Übergang zu wirklichen Präzisionsinstrumenten.

Ab Ende des 18. Jahrhunderts wurde die englische Vormachtstellung durch stärker werdende Konkurrenz, vorrangig in Frankreich und in Bayern, abgeschwächt. Gerade in Bayern etablierte sich eine sehr erfolgreiche feinmecha-

Abb. 9.6: Repetitionstheodolit, ca. 1810. Bemerkenswert sind die Arretierschrauben, die zum Fixieren bzw. Lösen des Drehgestells und der drehbaren horizontalen Winkelskala dienen. Das zweite, unten angebrachte Fernrohr (das sogenannte »Sicherungsrohr«) dient der Kontrolle, dass sich zwischen den einzelnen Messungen die Position des Geräts nicht verändert.

nische und optische Industrie, getragen durch Personen, wie Georg Reichenbach (1771–1826), der in England erfolgreich Industriespionage betrieben hatte, Joseph Utzschneider (1763–1840) oder Joseph Fraunhofer (1787–1826). Schon im 17. Jahrhundert waren Vollkreisinstrumente zur Winkelmessung angefertigt worden (»Holländischer Kreis«), aber erst im 19. Jahrhundert wurden sie allgemeiner Standard. In der Astronomie war dies der Meridiankreis, der fest installiert und mit zahlreichen Justierungsmöglichkeiten versehen, sekundengenaue Winkelmessungen ermöglichte (s. Abb. 9.5). In der Geodäsie hatte sich der Theodolit mit einem horizontalen und einem vertikalen Kreis ab ca. 1790 (wieder war Ramsden wesentlich beteiligt) durchgesetzt. Oft wurde ein sogenannter Repetitionstheodolit verwendet, in dem eine von Tobias Mayer (1723–1762) um 1750 erfundene Vorrichtung die mechanische Addition von Einzelmessungen ermöglichte und damit die der Genauigkeitssteigerung dienliche Durchschnittsbildung nach wiederholten Messungen erleichterte (Abb. 9.6). Erst der Einsatz von Präzisionsinstrumenten ab dem Ende des 18. Jahrhunderts gewährleistete, dass Schwankungen in den Ergebnissen wiederholter Messungen nicht auf irgendwelche bauartbedingte Gründe, wie etwa ungleichmäßig gearbeitete Schrauben, zurückzuführen waren, sondern nur auf relativ kleinen, zufallsbedingten Messfehlern beruhten. Dadurch erst bestand auch ein praktisch überzeugender Anlass, die bis weit ins 18. Jahrhundert vorherrschende, meist adhoc-Methoden überlassene Kombination von einander abweichenden Beobachtungen oder von diesen abgeleiteten Gleichungen durch eine systematische Diskussion im stochastischen Rahmen abzulösen. Andererseits hatte sich aber auch die Messmethodik dieser Systematik anzupassen.

9.2 Anfänge einer mathematischen Fehlertheorie

Als eine mehr oder weniger selbständige stochastische Disziplin existierte die Fehlerrechnung bis in das zwanzigste Jahrhundert hinein [Sheynin 1996]. Die Probleme der Fehlertheorie liefen und laufen im Wesentlichen auf die Schätzung einer oder mehrerer physikalischer Konstanten aufgrund fehlerbehafteter Beobachtungen hinaus. Wenn möglich, soll auch die Genauigkeit eines so ermittelten Schätzwerts beurteilt werden. Wird eine einzelne physikalische Konstante μ beobachtet, so gilt für eine Beobachtung x:

$$x = \mu + \epsilon, \tag{9.1}$$

wobei ϵ der Beobachtungsfehler ist. Wenn mehrere Beobachtungen angestellt werden, so ergibt sich die Frage nach der Wahl einer Kombination aus ihnen, welche den »besten« oder »wahrscheinlichsten« Ausgleichswert $\widehat{\mu}$ von μ ergibt. Wenn wir diesen Ausgleichswert in (9.1) einsetzen, müssen wir auch ϵ durch seine Schätzung $e = x - \widehat{\mu}$ ersetzen. Wie wir sehen werden, hängt das, was als am »besten« oder am »wahrscheinlichsten« bezeichnet wird, von bestimmten Annahmen ab.

Sehr häufig betrachten wir allerdings eine funktionale Beziehung zwischen zwei oder mehr Variablen, die unbekannte Konstanten enthält. Um besser verstehen zu können, wie diese Konstanten in der Praxis bestimmt wurden, wollen wir ein wichtiges Beispiel betrachten, das auch bereits in der Einleitung angesprochen wurde, die Frage nach der Erdgestalt.

Beispiel 9.1 Isaac Newton hatte die Erdgestalt in den *Principia*, (Buch III, Proposition XIX) auf theoretische Weise so bestimmt, dass sie einem oblaten Ellipsoid entsprach. Der Vollbogen eines Meridians ist in diesem Modell eine Ellipse, deren große Achse durch den Äquator und deren kleine Achse durch beide Pole geht. Meridianbögen und Breitengrade (bzw. ihre Differenzen) können durch weitgehend direkte Messungen bestimmt werden. Dies gilt aber nicht für die Parameter, die für die Erdgestalt maßgeblich sind, etwa die Bogenlängen am Äquator bzw. an den Polen pro Grad. Jedoch ist es möglich, die Länge eines Meridianbogens s über eine Breitengraddifferenz von $1°$, dessen Mittelpunkt die geographische Breite θ hat, durch einen einfachen Zusammenhang darzustellen:

$$s \approx z + y \sin^2(\theta). \tag{9.2}$$

Dabei ist z die Länge eines $1°$-Meridianbogens am Äquator und $z + y$ die an einem Pol. ■

Das eben dargestellte Beispiel 9.1 führt zu einem System von Gleichungen, die aus den einzelnen Messungen der Meridianbögen s_i und der Breitengrade ihrer Mittelpunkte θ_i resultieren. Bei nur zwei Messungen sind die Werte von z und y eindeutig bestimmt. Üblicherweise liegen jedoch mehr Messungen als Unbekannte vor. Hauptsächlich wegen der Beobachtungsfehler und zu einem geringeren Maß wegen des Approximationsfehlers, wird das System in sich widersprüchlich sein. Ein System aus n Gleichungen, das aus (9.2) abgeleitet ist, kann in der Form

$$\epsilon_i = s_i - z - y\sin^2(\theta_i) \quad i = 1, \dots, n$$

dargestellt werden, wobei ϵ_i einen Fehler bezeichnet.

Das Problem ist nun, diese Gleichungen so zu kombinieren, dass ein »bester« oder ein »wahrscheinlichster« Schätzwert jeder unbekannten Konstante herausgefunden werden kann. Natürlich wird man ein Vorgehen wählen, bei dem die Größe der dabei auftretenden Fehler kontrolliert werden kann.

Bei Messungen gibt es zwei Arten von Fehlern: systematische und zufällige. Die ersteren resultieren aus Ungenauigkeiten der Instrumente, aus natürlichen Ursachen oder der persönlichen Disposition des Beobachters (Abschn. 12.4). Systematische Fehler, die nur in einer Richtung wirksam werden, werden als identifizierbar und korrigierbar angesehen. Sie haben keinen eigentlich statistischen Charakter. So unterscheidet sich etwa die scheinbare Position eines Sterns von ihrer tatsächlichen aufgrund der Lichtbrechung in der Atmosphäre. Das Ausmaß, in dem dies geschieht, hängt von dem Höhenwinkel des Sterns ab. Zufällige Fehler dagegen, die in beiden Richtungen, wenn auch nicht unbedingt symmetrisch, auftreten, sind Schwankungen im Messprozess selbst geschuldet und einer stochastischen Behandlung zugänglich. Ihre Größe ist von der Ordnung der kleinsten Einteilung auf der Messskala des Instruments. In der Landvermessung treten solche Fehler bei der Messung von Längen und Winkeln auf.

In dem Zeitraum, dem dieses Kapitel gewidmet ist, wurden die Grundbegriffe oftmals nicht sehr genau erklärt oder gar nur vage dargestellt. Insbesondere wurde kein Unterschied zwischen den Werten von Beobachtungsfehlern und diesen selbst als Zufallsgrößen gemacht.

9.3 Das arithmetische Mittel

Wie in der Einleitung beschrieben, war in der beobachtenden Astronomie die Bestimmung von Sternpositionen das grundlegende Problem. Intuitiv klar war, dass mehrfache Beobachtungen die Genauigkeit der Positionsbestimmung steigern konnten. Wie sollten dann aber die erhaltenen Daten kombiniert werden, um einen optimalen Schätzwert zu erhalten? Einige Astronomen schlugen vor, die mit der größten Sorgfalt gewonnene Beobachtung heranzuziehen und die restlichen zu verwerfen, ein sehr subjektives Verfahren! Wenn aber mehrere Beobachtungen in das Ergebnis eingehen sollten, waren verschiedene Methoden in Gebrauch. Der Astronom Al-bīrūnī (973–1048) wies bei der Bestimmung des Breitengrads von Bagdad auf die Spannweitenmitte hin, also das arithmetische Mittel aus dem größten und dem kleinsten Beobachtungswert. Galileo Galilei (1564–1642) berechnete den Ausgleichswert aus einer Folge von Beobachtungen, indem er – modern ausgedrückt – die Minimalisierung der Summe der

Absolutbeträge der Abweichungen dieses Werts von den einzelnen Beobachtungswerten forderte. Dies lief auf die Bestimmung des Medians hinaus, also eines in der Mitte liegenden Werts, wenn alle Beobachtungswerte vom kleinsten bis zum größten der Reihe nach angeordnet werden [Sheynin 1996]. Bis zur Zeit von Johannes Kepler (1571–1630) hatte sich aber das arithmetische Mittel als bevorzugte Methode zur Kombination direkter Beobachtungen etabliert. Roger Cotes (1682–1716) empfahl bei seiner Diskussion der Position von Raumpunkten, ihren Schwerpunkt als Mittelwert heranzuziehen, was wieder auf das arithmetische Mittel hinauslief [Cotes 1722, 22].

Bei aller Bevorzugung des arithmetischen Mittels: Wie konnte man wissen, ob ein wie immer gestalteter »Durchschnitt« mehr oder weniger genau sein sollte als eine Einzelmessung? Sicherlich kann ein solcher Ausgleichswert nicht unüberlegt angewandt werden. Es muss beispielsweise Regeln für die Entfernung von Ausreißern, also besonders ungewöhnlichen Werten, aus der Messreihe geben. Wie wir sehen werden, spielten das Verteilungsgesetz der Fehler und die an die Schätzung gestellten Bedingungen eine entscheidende Rolle.

Da es keine Selbstverständlichkeit ist, das arithmetische Mittel zu verwenden, könnte man nach dem Zusammenhang zwischen den als Zufallsgrößen verstandenen Beobachtungsfehlern und diesem aus einer Stichprobe bestimmten Mittelwert fragen. Thomas Simpson (1710–1761) machte den wichtigen Schritt, sich dabei eher auf den Mittelwert der Fehler als auf den der Beobachtungen zu konzentrieren. In einem Artikel, den er der *Royal Society of London* im Jahre 1755 vorstellte, versuchte er die Wahrscheinlichkeit zu berechnen, dass das arithmetische Mittel einer Stichprobe innerhalb eines vorgeschriebenen Abstands zum wahren Wert liegt [Simpson 1756]. Modern ausgedrückt lautet seine Problemstellung wie folgt:

Angenommen, die Beobachtungsfehler ϵ folgen einer diskreten Dreiecksverteilung

$$f(\epsilon) = \frac{\upsilon + 1 - |\epsilon|}{(\upsilon + 1)^2}, \quad \epsilon \in \{-\upsilon, \dots, -1, 0, 1, \dots, \upsilon\},$$

so ist die Wahrscheinlichkeit dafür zu bestimmen, dass der Absolutbetrag des arithmetischen Mittels $|\bar{\epsilon}|$ bei n (unabhängigen) Beobachtungen eine vorgegebene Größe $\frac{m}{n}$ nicht übertrifft.

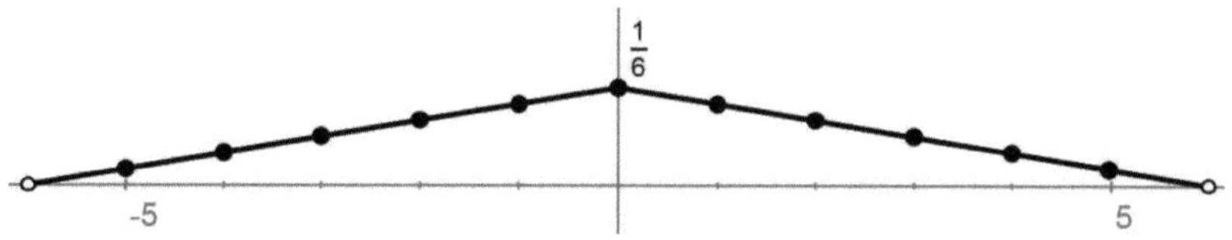

Abb. 9.7: Diskrete Dreiecksverteilung (Punkte, $\upsilon = 5$) und Dichte (durchgezogene Linie) der entsprechenden stetigen Dreiecksverteilung

Simpson gibt ein Beispiel: Für $n = 6$ und $\upsilon = 5$ (vgl. Abb. 9.7) findet er

$$P(|\overline{\epsilon}| \leqslant 1) = \frac{788814800}{1088391168} \approx 0.7248$$
$$P(|\overline{\epsilon}| \leqslant 2) = \frac{1052311761}{1088391168} \approx 0.9669.$$

Wenn dagegen nur eine Beobachtung angestellt werden würde, wären die Wahrscheinlichkeiten 16/36 bzw. 24/36. Simpson bemerkt unter Bezug auf die Gegenwahrscheinlichkeiten, wie etwa $P(|\overline{\epsilon}| > 2)$: »... that the taking of the Mean of a number of observations, greatly diminishes the chances for all the smaller errors, and cuts off almost all possibility of any great ones: which ... seems sufficient to recommend the use of the method«. Er weist explizit darauf hin, dass alle Beobachtungen unter gleichen Bedingungen durchgeführt werden müssen. Zwei Jahre später führte Simpson [1757] die analoge Aufgabenstellung an einer stetigen symmetrischen Dreiecksverteilung als Fehlergesetz (*Error Law*) durch.

Lagrange veröffentlichte 1776 eine Abhandlung, in der (neben anderen Themen) die Nützlichkeit der Verwendung des arithmetischen Mittels bei mehreren Beobachtungen hervorgehoben wurde [Lagrange 1776] (s. a. Kap. 6.5.3). Bezüglich dieses Problems erzielte er aber keine wesentlichen Fortschritte gegenüber Simpson.

Dem arithmetischen Mittel liegt die Vorstellung zugrunde, dass alle Beobachtungen dasselbe Gewicht haben. Daniel Bernoulli war freilich der Ansicht, dass diese Annahme im Widerspruch zum gesunden Menschenverstand sei, weil kleine Fehler wahrscheinlicher als große sind. In seiner Abhandlung [1778] schlug er daher ein alternatives Verfahren vor. Er nahm an, dass ein Fehlergesetz symmetrisch und von 0 nach beiden Seiten abnehmend sowie auf ein bestimmtes endliches Intervall konzentriert sein müsse. Als Beispiele nahm er eine Halbellipse, den Bogen einer nach unten geöffneten Parabel und insbesondere einen Halbkreis mit Mittelpunkt c und Radius r. In dem letztgenannten Fall ist die Wahrscheinlichkeit, den Wert x zu beobachten, proportional zu $f(x) = \sqrt{r^2 - (x-c)^2}$.

Der Radius r des Halbkreises ist der maximal mögliche Fehler. Für diese unbekannte Größe empfahl Bernoulli eine Schätzung im Größenbereich der Beobachtungen oder sogar darüber. Wir betrachten wie Bernoulli den Fall von drei unabhängigen Beobachtungen $A < A + a < A + b$. Sei der Mittelpunkt c gleich $A + x$. Dann ist die (infinitesimale) Wahrscheinlichkeit, diese Beobachtungen zusammen zu machen, proportional zu

$$\sqrt{r^2 - x^2} \cdot \sqrt{r^2 - (x-a)^2} \cdot \sqrt{r^2 - (x-b)^2}.$$

Der Wert von x, der diese Wahrscheinlichkeit maximiert, kann dadurch erhalten werden, dass die Ableitung – bequemlichkeitshalber des Quadrats – dieses Ausdrucks gleich Null gesetzt wird.

In seinem ersten Beispiel setzt Bernoulli $a = 0.2$ und $r = b = 1$. Die Ableitung führt zur Gleichung fünften Grades

$$1,92 - 0,32x - 12,96x^2 + 4,64x^3 + 12x^4 - 6x^5 = 0,$$

welche die Näherungslösung $x \approx 0.4427$ hat. Dagegen ist das arithmetische Mittel von $A = 0$, $a = 0.2$ und $b = 1$ gleich 0.4. Es stellt sich die Frage, ob diese geringe Abweichung den Aufwand wert ist. Mit seiner – freilich nicht mit stichhaltigen stochastischen Begründungen versehenen – Idee hat aber Bernoulli das später sogenannte »Maximum-Likelihood-Prinzip« eingeführt, das in späteren Zeiten eine sehr wichtige Rolle bei der Konstruktion von Schätzern spielen sollte. Wie Bernoulli ebenfalls beobachtete, konvergiert interessanterweise sein Schätzwert für $r \to \infty$ gegen das arithmetische Mittel.

Leonhard Euler (1707–1783) gab eine Erwiderung auf Bernoullis Artikel, in dem er dessen Grundidee, also das Maximum-Likelihood-Prinzip, kritisierte [Euler 1777].

Laplace präsentierte 1772 vor der Pariser Akademie Ergebnisse seiner Untersuchungen zu Mittelwerten, hielt sie aber schlussendlich nicht für publikationswürdig. Nachdem er jedoch auf Manuskripte von Daniel Bernoulli und Lagrange gestoßen war, nahm er diese Arbeit wieder auf. In der folgenden Publikation betrachtete Laplace [1774a] das Problem der Schätzung einer Ortskoordinate aufgrund von drei Messungen. Dabei unterstellte er als Fehlergesetz die doppelte Exponentialverteilung $\varphi(x) = \frac{m}{2}e^{-m|x|}$, wobei $x \in \mathbb{R}$ und $m > 0$. Dieses Fehlergesetz ist symmetrisch bezüglich $x = 0$ sowie nach außen streng monoton fallend und entspricht, anders als die bisher betrachteten Fehlergesetze, unbeschränkten Fehlern.

Angenommen, es liegen die Beobachtungswerte $a, a+p$ und $a+p+q$, $p, q \geqslant 0$ vor. Sei in diesem Zusammenhang $w = x + a$ der zu schätzende wahre Wert. Laplace wandte das Prinzip inverser Wahrscheinlichkeiten an, indem er – modern ausgedrückt – den wahren Wert als eine Art Zufallsgröße, hier W genannt, auffasste: Seine Forderung war in moderner Notation, dass für den aufzusuchenden Mittelwert μ – er nannte ihn »astronomisches Mittel« – gelten müsse, dass der bedingte Erwartungswert

$$\mathrm{E}(|W - \mu| \,\big|\, a, p, q) \tag{9.3}$$

ein Minimum annehmen möge. Nach den üblichen Regeln für inverse Wahrscheinlichkeiten nahm Laplace die bedingte Dichte $f(w \mid a, p, q)$ als proportional zu der gemeinsamen Fehlerdichte der drei (unabhängigen) Beobachtungen

$$\varphi(w-a)\varphi(w-a-p)\varphi(w-a-p-q) = \varphi(x)\varphi(p-x)\varphi(p+q-x) =: F(x)$$

an. Wenn man sinngemäß zu Laplace $\mu = \xi + a$ setzt, so wird die Minimalbedingung für (9.3) zu der Minimalbedingung

$$\int_{\mathbb{R}} |x - \xi| F(x) \mathrm{d}x = \min . \tag{9.4}$$

Laplace zeigte, dass der Wert ξ nichts anderes als der Median der Dichtefunktion $F(x)$ sein müsse, und für $p > q$ ermittelte er damit

$$\xi = p + \frac{1}{m} \ln(1 + \tfrac{1}{3}e^{-mp} - \tfrac{1}{3}e^{-mq}).$$

Um den noch unbekannten Parameter m zu eliminieren, versuchte Laplace erneut inverse Wahrscheinlichkeiten anzuwenden, beging dabei aber einen substantiellen Fehler [Stigler 1986b, 109–117].

Eine weitere Untersuchung stellte Laplace im Anschluss an die bereits erwähnte Publikation von Lagrange [1776] an. In einem Beitrag, der der Akademie in Paris am 8. März 1777 vorgetragen worden war (ediert in [Gillispie 1979]), erörterte Laplace die wichtige Unterscheidung zwischen dem Fall, dass die Beobachtungen noch nicht gemacht worden sind, und dem, dass bereits Beobachtungsergebnisse vorhanden sind. Falls die Beobachtungen $x_1, x_2, \ldots, x_n$ noch nicht vorliegen, kann immerhin der Term $\psi(x_1, x_2, \ldots, x_n)$ für den Schätzwert von vornherein festgelegt werden. $x_1, x_2, \ldots, x_n$ können unendlich viele verschiedene Werte annehmen, und ebenso kann ψ unendlich viele verschiedene Abweichungen vom wahren Wert ergeben. Der Schätzwert wird so bestimmt, dass die Summe der Produkte aus diesen (absolut genommenen) Abweichungen und ihren jeweiligen Wahrscheinlichkeiten ein Minimum ergibt.

Wenn andererseits die Beobachtungen bereits angestellt worden sind, müssen $x_1, x_2, \ldots, x_n$ als Konstanten behandelt werden. Eine Funktion, ähnlich zu ψ, muss unter Berücksichtigung der Daten gefunden werden. Den Schätzwert sollte man dann so bestimmen, dass der »Fehler ein Minimum wird«. Gemeint war damit offensichtlich eine Bedingung, wie (9.4), die auf den Median der A-posteriori-Verteilung führt. Laplace bemerkte, dass man zwar bisher Betrachtungen über Mittelwerte nach der ersten Methode angestellt hätte, klarerweise aber die zweite Methode, basierend auf inversen Wahrscheinlichkeiten, die angemessene sei [Gillispie 1979, 229].

In seiner Schrift von 1777 führte Laplace in einer langen und komplizierten Argumentation ein weiteres spezielles Fehlergesetz ein,

$$\varphi(x) = \frac{1}{2a} \log\left(\frac{a}{|x|}\right)$$

für $a > 0$ und $|x| \leqslant a$, ein eher seltsames Gesetz, das für $x = 0$ nicht definiert ist. Laplace [1781] empfahl, dieses Gesetz nur dann heranzuziehen, wenn es um besonders genaue Resultate ginge.

Die Herleitung eines Fehlergesetzes aus allgemein akzeptierten Grundprinzipien blieb ein vorrangiges Ziel. Man nahm generell an, dass Fehlergesetze bezüglich des Nullpunktes symmetrisch und von diesem aus abnehmend sein müssten. Aber man fand kein wirklich überzeugendes Argument für ein spezielles Fehlergesetz. Zudem wurden erst im 19. Jahrhundert Untersuchungen zur empirischen Verteilung von Beobachtungsfehlern angestellt.

In seiner *Photometria* betrachtete 1760 Johann Heinrich Lambert (1728–1777) Fehlergesetze von einem allgemeinen Standpunkt aus, und er gab Regeln für Schätzwerte (entsprechend dem Maximum-Likelihood-Prinzip) und für die näherungsweise Bestimmung ihrer Präzision. In späteren Arbeiten diskutierte er Gleichungssysteme, unter anderem auch in Verbindung mit fehlerbehafteten Beobachtungen. Offenbar prägte Lambert auch den Ausdruck »Theorie der Fehler« [Sheynin 1971].

Wie in Abschnitt 9.5.2 näher erläutert wird, gelang schließlich Laplace durch Anwendung der von ihm zunächst abgelehnten ersten Methode eine Diskussion optimaler Mittelwerte ohne Zugrundelegung spezifischer Fehlergesetze unter der Vorausstzung einer großen Anzahl von Beobachtungen.

9.4 Überbestimmte Gleichungssysteme

Systeme von – meist linearen – Gleichungen einer größeren Anzahl als der der Unbekannten ergeben sich immer dann, wenn diese Unbekannten aus möglichst vielen Beobachtungen heraus bestimmt werden sollen. Allgemein betrachtet geht es darum, die unbekannten Größen $x_1, \dots, x_n$ zu schätzen, wenn $m > n$ Beobachtungen $d_1, \dots, d_m$ so gemacht worden sind, dass

$$\epsilon_i = f(x_1, \dots, x_n) - d_i \quad (i = 1, \dots, m),$$

wobei die Beobachtungsfehler ϵ_i als voneinander unabhängige Zufallsgrößen anzusehen sind und die Gestalt der Funktion f bekannt ist. Grundsätzlich gilt für die Schätzungen $\widehat{x}_1, \dots, \widehat{x}_n$, dass

$$f(\widehat{x}_1, \dots, \widehat{x}_n) - d_i = e_i \quad (i = 1, \dots, m),$$

wobei die e_i in der modernen Literatur im Unterschied zu den Beobachtungsfehlern als »Residuen« bezeichnet werden. In der historischen Literatur wurde eine solche Unterscheidung allerdings in aller Regel nicht vorgenommen. Bestimmte Bedingungen an die Residuen, wie etwa die, dass die Summe ihrer Quadrate minimal sein soll, führen zu bestimmten Typen von Schätzern.

Wie schon in der Einleitung angedeutet, waren bedeutende, und für die spätere Theorie wegweisende Beispiele im 18. Jahrhundert mit der Schätzung der Mondörter, der ekliptikalen Länge des Saturn und der Elliptizität der Erde verbunden.

9.4.1 Das Längengrad-Problem

Obwohl die Bestimmung des Breitengrads auf See in relativ einfacher Weise durch Anpeilen eines Fixsterns, meist des Polarsterns, möglich war (s. Abb. 9.3), bereitete die Bestimmung des Längengrads enorme Schwierigkeiten, da wegen der starken Schiffsschwankungen die Angabe einer Standardzeit (z. B. Greenwich) mit den damals verfügbaren Uhren nicht hinreichend genau möglich war. Tobias Mayer schlug eine Lösung auf der Basis von Mondtafeln vor. Diese Tafeln sollten die Positionsbestimmung zu jeder Zeit in der Vergangenheit und in der Zukunft ermöglichen. Der Vergleich zwischen der aktuellen Position eines bestimmten Mondkraters mit entsprechenden Positionen in der Mondtafel konnte zur Berechnung der Standardzeit dienen [Mayer 1750]. Zur genaueren Bestimmung der Mondbahn entwickelte Mayer eine Gleichung in drei unbekannten Winkeln α, β, θ. Seine 27 Beobachtungen ergaben 27 «Bedingungsgleichungen« (d.h. Gleichungen für den Zusammenhang zwischen Unbekannten und Beobachtungswerten) [Mayer 1750, 153]. Meyers erste Gleichung lautete beispielsweise

$$\beta - 13°10' = +0,8836\,\alpha - 0.4682\,\alpha \sin \theta.$$

Die weiteren 26 Gleichungen sind von derselben Form.

In einem ersten Schritt wählte Mayer drei Gleichungen und bestimmte daraus

$$\alpha = 1°40' \qquad \beta = 14°33' \qquad \theta = 3°36'.$$

Als Nächstes bildete er aus den 27 ursprünglichen Gleichungen drei Gruppen zu je 9 Gleichungen und addierte die Gleichungen innerhalb jeder Gruppe. Auf diese Weise erhielt er wieder 3 Gleichungen mit den Lösungen

$$\alpha = 1°30' \qquad \beta = 14°33' \qquad \theta = -3°45' \quad (\theta \text{ jetzt negativ}).$$

Mayer nahm nun (fälschlicherweise) an, dass das zweite Lösungstripel neunmal genauer als das erste sei. Der Unterschied in den beiden Lösungen für α führte ihn beispielsweise zum Schluss, dass $\alpha = 1°30'$ einen Approximationsfehler von $\pm 1.25'$ haben müsse.

9.4.2 Die ekliptikale Länge des Saturn

Ein weiteres schwieriges astronomisches Problem bestand darin, die Schwankungen in den Bahnen von Jupiter und Saturn, verursacht durch deren wechselseitige Anziehung, in geeigneter Weise der Berechnung zugänglich zu machen. In seinem Werk *Théorie de Jupiter et de Saturne* entwickelte Laplace [1788] Korrekturen zur ekliptikalen Länge des Saturn. Er wählte 24 Beobachtungen aus Oppositionen zwischen Sonne und Saturn bezüglich der Erde (die Erde befindet sich dann auf einer Linie zwischen Sonne und Saturn), die über einen Zeitraum von zwei Jahrhunderten angestellt worden waren, da er diese speziellen Beobachtungen für besonders genau hielt. Laplaces Gleichungen, von denen die erste

$$0 = -1'11.9'' + \delta\epsilon' - 158\delta n' + 2\delta e' \cdot 0.22041 - 2e'(\delta\varpi' - \delta\epsilon') \cdot 0.97541,$$

ist, enthalten vier unbekannte Korrekturen von Bahnelementen: $\delta\epsilon'$, $\delta n'$, $\delta e'$ und $\delta\varpi'$, wobei etwa ϵ' eine bekannte Konstante darstellt.

Aus diesen 24 Gleichungen ermittelte Laplace 4 Gleichungen durch die folgenden Schritte:

(a) Addition aller 24 Gleichungen,
(b) Subtraktion der Summe der zweiten 12 von der Summe der ersten 12,
(c) Kombination der Gleichungen in der Form

$$-(1) + (3) + (4) - (7) + (10) + (11) - (14) + (17) + (18) - (20) + (23) + (24),$$

(d) Kombination der restlichen Gleichungen in der Form

$$+(2) - (5) - (6) + (8) + (9) - (12) - (13) + (15) + (16) - (19) + (21) + (22).$$

Anschließend ermittelte er die Lösungen der so erhaltenen 4 Gleichungen.

Im Gegensatz zu Mayer fällt auf, dass Laplace bemüht war, bei jedem Schritt möglichst viele der Daten zu verwenden.

9.4.3 *Größe und Gestalt der Erde*

Das dritte prominente Problem des 18. Jahrhunderts war, wie in der Einleitung dargelegt, die Frage nach der oblaten oder der prolaten Form der Erde bzw. nach dem Maß ihrer Elliptizität. Wie schon im Beispiel 9.1 erläutert, besteht im Falle der oblaten Form für den auf einen Breitenunterschied von 1° bezogenen Meridianbogen s die Beziehung

$$s \approx z + y\sin^2(\theta) = z + y \cdot \frac{1}{2}\,\text{sinus versus}(2\theta), \tag{9.5}$$

wobei z die einem Breitenunterschied von 1° zugeordnete Länge des Meridianbogens am Äquator ist, y den polaren Exzess bezeichnet, also den Überschuss der Länge des zu 1° gehörenden Meridianbogens am Pol zu dem am Äquator, und θ die geographische Breite im Mittelpunkt des vermessenen Meridianbogens. Aus z und y wird die Elliptizität zu $3y/z$ berechnet. Der Sinus versus, definiert durch sinus versus$(x) := 1 - \cos(x)$, wurde ehemals in der sphärischen Trigonometrie häufig angewendet.

Aufgrund von erheblichen Mängeln in den Karten von deutschen Ländern und dem Vatikanstaat beauftragte Papst Benedikt XIV die Jesuiten Roger Joseph Boscovich (1711–1787) und Christopher Maire (1697–1767), den Meridianbogen bei Rom auszumessen, was dann auch zwischen 1750 und 1752 geschah. In seinem Bericht gab Boscovich die Bogenmessungen an fünf Stellen, wie aufgeführt in Tab. 9.1, an und versuchte möglichst gute Schätzwerte für y und z aus den Daten zu gewinnen.

Boscovich löste zuerst die 10 möglichen Paarungen der Gleichungen

$$s_i = z + y\sin^2(\theta_i) \quad \text{und} \quad s_j = z + y\sin^2(\theta_j), \quad i \neq j,$$

Tab. 9.1: Messungen von Meridianbögen gemäß [Boscovich und Maire 1755, 500]

Ort	Breitengrad	$\frac{1}{2}$ sinus versus mal 10000	Anzahl der Toises[a]	Unterschied zum ersten Ort
Quito	0° 0′	0	56751	0
Kap der g. H.[b]	33 18	2987	57037	286
Rom	42 59	4648	56979	228
Paris	49 23	5762	57074	323
Lappland	66 19	8386	57422	671

[a] Die Toise, eine französische Längeneinheit, entsprach ungefähr 1.949 Meter.
[b] Das Kap der guten Hoffnung wird als in der nördlichen Hemisphere gelegen betrachtet. Der Eintrag in Spalte 3 ist fehlerhaft und sollte 3014 betragen. Fälschlicherweise wurde die Breite 33° 8′ anstatt 33° 18′ bei der Berechnung verwendet.

die er aus den Daten gewinnen konnte. Aber die so für y erhaltenen Werte streuten sehr stark, von -350 bis $+1327$.

Zwei Jahre später nahm er das Problem wieder auf, indem er forderte, dass Schätzwerte $\widehat{z}$ bzw. $\widehat{y}$ für z bzw. y so bestimmt werden sollten, dass für die Residuen e_i bei der i-ten Beobachtung mit

$$e_i = \widehat{z} + \widehat{y}\sin^2(\theta_i) - s_i, \qquad i = 1, \dots, 5,$$

sowohl die Bedingung $\sum e_i = 0$ als auch $\sum |e_i| = \min$ gelten solle. Aus der Forderung $\sum e_i = 0$ ergibt sich unmittelbar, dass das arithmetische Mittel der Bogenlängen $\overline{s}$ und das arithmetische Mittel $\overline{\sin^2\theta}$ der $\sin^2\theta_i$, die Gleichung

$$z + y\,\overline{\sin^2\theta} = \overline{s}$$

erfüllt. Auf diese Weise lässt sich z in Abhängigkeit von y darstellen. Boscovich versuchte nicht, y in direkter Weise so zu berechnen, dass beide Bedingungen an die Residuen erfüllt wurden, sondern verwendete hierfür ein geometrisches Verfahren [Boscovich 1757].

Laplace [1793], der Boscovichs Ideen weiter verfolgte, entwickelte ein analytisches Verfahren, das die geometrische Methode ersetzen konnte. Er wandte dieses auf einen Datensatz von neun Bogenmessungen an. Die so berechneten Residuen waren aber so groß, dass er das elliptische Modell für die Erdform in Zweifel zog.

Bereits einige Jahre früher hatte Laplace Meridian-Daten mit einer anderen Methode behandelt. Aufgrund der Messungen in Tab. 9.2 ermittelte er Schätzwerte unter der Bedingung, dass das größte Residuum minimiert werden solle, er versuchte also ein Minimax-Verfahren. Das gefundene Residuum war aber bereits zu groß, um auch nur die Hypothese einer ellipsoiden Erdform zu stützen.

Tab. 9.2: Messungen von Meridianbögen gemäß [Laplace 1786a, 19]

	geogr. Breite	Länge pro Breitengrad
Äquator	0° 0′	56753 toises[a]
Kap der g. H.	33 18	57037
Frankreich	49 23	57074
Norden	66 20	57405

[a] Die Toise, eine französische Längeneinheit, entsprach ungefähr 1.949 Meter.

In Buch III der *Mécanique celeste* untersuchte Laplace [1793; 1799, §39–41] bisher ermittelte Daten für Meridianbögen ausführlich. Er schloss daraus, dass die Erde kein Ellipsoid sein könne, wegen der erheblichen »Fehler « (also Residuen), die bei der Anpassung an dieses Modell (9.5) auftreten, und er vertrat die Meinung, dass diese großen Abweichungen nicht irgendwelchen reinen Messfehlern geschuldet sein könnten. .

Boscovich und Laplace konzentrierten sich beide in bemerkenswerter Weise auf eine Minimierung von »Fehlern« im Sinne von Residuen: Einerseits ging es um die Minimierung der Summe der Absolutbeträge, andererseits um die Minimierung des maximalen »Fehlers«. Letztere Methode sollte später in die Simplex-Methode der linearen Programmierung einfließen.

9.5 Methode der kleinsten Quadrate

Bereits ab dem frühen 19. Jahrhundert etablierte sich die Methode der kleinsten Quadrate als die übliche Methode zur Fehlerausgleichung. Sie wurde erstmals von Legendre im Jahre 1805 publiziert und angewendet, Gauß und Laplace unterwarfen sie einer eingehenden stochastischen Diskussion.

9.5.1 Legendres Beitrag von 1805

In einem Anhang zu seiner Arbeit *Nouvelles mèthodes pour la détermination des orbites des comètes* führte Adrien-Marie Legendre (1752–1833) die Methode der kleinsten Quadrate ein. Gegeben war das System von Gleichungen

$$E_i = w_i + a_i x + b_i y + c_i z + \dots \qquad i = 1, \dots, n$$

mit Beobachtungen w_i sowie bekannten Koeffizienten a_i, b_i, c_i,... Die Unbekannten x, y, z,... sollten so bestimmt werden, dass E_i in jeder Gleichung möglichst klein wird. Bemerkenswert ist, dass die Fehler E_i (bzw. Residuen, je nach Betrachtungsweise) explizit in den Gleichungen berücksichtigt wurden. Legendre war der Meinung, dass es kein »allgemeineres, genaueres und leichter anwendbares« Verfahren gebe als von der Bedingung einer minimalen Summe $\sum E_i^2$ auszugehen. Sei

$$f(x, y, z, \dots) = \sum_{i=1}^{n} E_i^2 = \sum_{i=1}^{n} (w_i + a_i x + b_i y + c_i z + \cdots)^2.$$

Das Minimum von f kann gefunden werden, indem die partiellen Ableitungen bezüglich x, y, z, … gleichzeitig gleich Null gesetzt werden. Man erhält so die »Normalgleichungen«

$$\frac{\partial f}{\partial x} = 2\sum_{i=1}^{n} a_i(w_i + a_i x + b_i y + c_i z + \cdots) = 0$$
$$\frac{\partial f}{\partial y} = 2\sum_{i=1}^{n} b_i(w_i + a_i x + b_i y + c_i z + \cdots) = 0$$
$$\frac{\partial f}{\partial z} = 2\sum_{i=1}^{n} c_i(w_i + a_i x + b_i y + c_i z + \cdots) = 0 \qquad \dots$$

Unter Benutzung der Notation von Gauß [1811] (»Gaußklammern«):

$$[aa] = \sum_{i=1}^{n} a_i^2, \quad [ab] = \sum_{i=1}^{n} a_i b_i,$$

können wir die Normalgleichungen so umschreiben:

$$\begin{aligned} [wa] + x[aa] + y[ab] + z[ac] + \cdots &= 0 \\ [wb] + x[ab] + y[bb] + z[bc] + \cdots &= 0 \\ [wc] + x[ac] + y[bc] + z[cc] + \cdots &= 0 \qquad \dots \end{aligned}$$

Diese Gleichungen können dann leicht nach x, y, z,… durch Elimination aufgelöst werden.

Legendre wies auch darauf hin, dass im Falle direkter Beobachtungen w_i entsprechend Gleichungen der Art $E_i = w_i + x$ das Minimum von $f(x) = \sum_{i=1}^{n}(w_i - x)^2$ sich für $x = \overline{w}$, das arithmetische Mittel der w_i, ergibt.

Exkurs 9.1
Wir wollen Legendres Überlegungen auch in moderner Matrixschreibweise behandeln: Die Bedingungsgleichungen lassen sich darstellen durch

$$\mathbf{d} = A\mathbf{x} + \boldsymbol{\epsilon},$$

wobei $\mathbf{d} = (d_1, \dots, d_n)^\top$ der Vektor der Beobachtungswerte, $\boldsymbol{\epsilon}$ der entsprechende Spaltenvektor aus n unabhängigen Beobachtungsfehlern, $\mathbf{x}$ ein Spaltenvektor aus $m < n$ unbekannten, zu schätzenden Elementen und $A \in \mathbb{R}^{n,m}$ eine Matrix mit bekannten Werten ist. Falls ein Vektor $\overline{\mathbf{x}}$ die Kleinste-Quadrate-Bedingung

$$(\mathbf{d} - A\overline{\mathbf{x}})^\top(\mathbf{d} - A\overline{\mathbf{x}}) = \min$$

erfüllt, muss gelten

$$\nabla(\mathbf{d} - A\mathbf{x})^\top(\mathbf{d} - A\mathbf{x}) = 0 \quad \text{für } \mathbf{x} = \overline{\mathbf{x}},$$

und daraus resultieren die Normalgleichungen

$$A^\top(\mathbf{d} - A\overline{\mathbf{x}}) = 0 \quad \text{bzw. } A^\top\mathbf{d} = A^\top A\overline{\mathbf{x}}.$$

Aus der Sicht der modernen linearen Algebra ergibt sich auch eine geometrische Überlegung: Angenommen, die Spaltenvektoren $\mathbf{A}_1, \dots, \mathbf{A}_m$ von A sind linear unabhängig. Dann hat die senkrechte Projektion $\mathbf{d}^\perp$ des Vektors $\mathbf{d}$ auf den von diesen Vektoren aufgespannten Unterraum die Darstellung

$$\mathbf{d}^\perp = \sum_{i=1}^{m} \overline{x}_i \mathbf{A}_i$$

mit eindeutigen $\overline{x}_i$. Gleichzeitig gilt, dass $|\mathbf{d}^\perp - \mathbf{d}|$ der kleinstmögliche Betrag der Differenz von $\mathbf{d}$ und einem Vektor aus dem Unterraum ist. Es folgt sofort, dass $\overline{\mathbf{x}} = (\overline{x}_1, \dots, \overline{x}_m)^\top$ die Kleinste-Quadrate-Bedingung und die Normalgleichungen erfüllt. Diese drücken nichts anderes aus als dass die Skalarprodukte zwischen dem Differenzenvektor $\mathbf{d}^\perp - \mathbf{d}$ und allen Vektoren $\mathbf{A}_i$ gleich 0 sein müssen.

Beispiel 9.2 Legendre [1805, 76–80] illustrierte die Anwendung seiner Methode an der Meridianbogenmessung. Das Verhältnis der Achsen der angenommenen Ellipse wird hier gleich $1/(1 + \alpha)$ gesetzt. Wenn D die Länge des Erdradius bei einer geographischen Breite von 45° bezeichnet und man hierbei einen schon ermittelten groben Wert von 28500 Modulen berücksichtigt (1 Modul = 2 Toises), macht es Sinn,

$$\frac{1}{D} = \frac{1 + \beta}{28500}$$

zu setzen. Für einen Bogen S, der zwischen den beiden Breitengraden L und L' liegt, kann man zeigen, dass die Bedingungsgleichung

$$L' - L = \frac{S}{28500} + \beta \cdot \frac{S}{28500} + \alpha \cdot \frac{270}{\pi} \sin(L' - L)\cos(L' + L) \tag{9.6}$$

gilt. Insgesamt verfügte Legendre über 4 Messungen von Teilbögen auf einem gemeinsamen Meridian in Frankreich, die zwischen fünf aufeinanderfolgenden Breitengraden vorgenommen worden waren (s. Tab. 9.3).

Tab. 9.3: Meridianbogenmessungen nach [Legendre 1805]

Ort	*geogr. Breite*	*Bogenlänge in Modulen*[a]	$L' - L$	$L' + L$
Dunkerque	51° 2′ 10.50″			
		DP 62472.59	2° 11′ 20.75″	99° 53′ 0″
Pantheon in Paris	48 50 49.75			
		PE 76145.74	2 40 7.25	95 1 32
Evaux	46 10 42.50			
		EC 84424.55	2 57 48.10	89 23 37
Carcassonne	43 12 54.40			
		CM 52749.48	1 51 9.60	84 34 39
Montjouy	41 21 44.80			

[a] Ein Modul ist gleich 2 Toises, insgesamt fast 3.9 Meter.

Das alle Beobachtungsdaten berücksichtigende Gleichungssystem ist somit überbestimmt. Legendre ordnet den Breitengraden Fehler $E', E'', \ldots$ zu, die allerdings nur auf der linken Seite von 9.6 berücksichtigt werden. Er erhält so:

$$\begin{aligned} E' - E'' &= 0.002923 + 2.192\beta - 0.563\alpha \\ E'' - E''' &= 0.003100 + 2.672\beta - 0.351\alpha \\ E''' - E^{iv} &= -0.001096 + 2.962\beta + 0.047\alpha \\ E^{iv} - E^{v} &= -0.001808 + 1.851\beta + 0.263\alpha \end{aligned} \tag{9.7}$$

Um jeden Fehler einzeln auf der linken Seite zu erhalten, betrachtet er den Fehler E''' als gegeben und erreicht durch verschiedene Kombinationen von Gleichungen das neue System

$$\begin{aligned} E' &= E''' + 0.006023 + 4.864\beta - 0.914\alpha \\ E'' &= E''' + 0.003100 + 2.672\beta - 0.351\alpha \\ E''' &= E''' \\ E^{iv} &= E''' + 0.001096 - 2.962\beta - 0.047\alpha \\ E^{v} &= E''' + 0.002904 - 4.813\beta - 0.310\alpha. \end{aligned} \tag{9.8}$$

Legendre macht nun die ad-hoc-Annahme, dass die Summe aller Fehler auf den linken Seiten von (9.8) verschwinden soll, und er erhält so

$$E''' = -0.002625 + 0.048\beta + 0.324\alpha$$

Durch Einsetzen dieser Beziehung in das gleiche System (9.8) erhält man

$$\begin{aligned}
E' &= 0.003398 + 4.912\beta - 0.590\alpha\\
E'' &= 0.000475 + 2.720\beta - 0.027\alpha\\
E''' &= -0.002625 + 0.048\beta + 0.324\alpha\\
E^{iv} &= -0.001529 - 2.914\beta + 0.277\alpha\\
E^{v} &= 0.000279 - 4.765\beta + 0.014\alpha.
\end{aligned}$$

Um der Bedingung gerecht zu werden, dass die Summe aller Fehlerquadrate bezüglich β minimiert wird, wird nun jede Gleichung mit ihrem jeweiligen Koeffizienten von β multipliziert, und die Summe all dieser Produkte gleich Null gesetzt. In analoger Weise wird die Minimierung bezüglich α durchgeführt. Dieses Vorgehen führt zu den beiden Gleichungen

$$\begin{aligned}
0 &= 0.020983 + 62.726\beta - 3.830\alpha\\
0 &= -0.003287 - 3.830\beta + 0.531\alpha,
\end{aligned}$$

aus denen sich $\alpha = 0.00675$ ergibt; der Abplattungsparameter α wäre folglich 1/148. Aus $\beta = 0.0000778$ findet man $D = 28497.78$. Hätte Legendre die Methode der kleinsten Quadrate bereits auf das ursprüngliche Gleichungssystem (9.7) angewendet, so wäre er auf die geringfügig anderen Werte $\alpha = 0.00665$ und $\beta = 0.0000902$ (entsprechend $D = 28497.43$) gekommen. ■

Bezüglich der Meridianergebnisse bemerkte Legendre, dass diese nicht im Einklang mit den üblichen Werten für die Abplattung der Erde und für ihren Radius bei der geographischen Breite von 45° seien. Das größte seiner Residuen übertraf dabei nicht $2''$. Bei dem Versuch, den bisher geläufigen Wert für die Abplattung $\alpha = 1/320$ einzusetzen und auf dieser Grundlage β mit Hilfe der Methode der kleinsten Quadrate zu ermitteln, ergaben sich unangemessen große Fehlerschätzungen. Legendre schloss daraus, dass Messungen von Meridianbögen weniger zufriedenstellende Ergebnisse erbringen würden als Messungen an Sekundenpendeln im Zusammenhang mit theoretischen Überlegungen im Rahmen der (nunmehr allgemein akzeptierten) Newtonschen Mechanik.

Legendres Ausführungen betrafen letztlich auch die Festlegung der Längeneinheit Meter, da diese ja ursprünglich als der einmillionste Teil des Meridianbogens vom Äquator zum Nordpol festgelegt worden war.

Wir sehen anhand des Beispiels, dass Legendre bei der Durchführung »seiner« Methode der kleinsten Quadrate einerseits von dem Gesichtspunkt algebraischer Vorteile, andererseits aber auch von einer – noch relativ willkürlichen – Behandlung von Beobachtungsfehlern geleitet war. Immerhin gab er für die Idee der kleinsten Quadrate auch eine Plausiblitätsbetrachtung, indem er die entsprechenden Schätzwerte mit Schwerpunkten von Massenansammlungen verglich.

9.5.2 Gauß und Laplace

Zwischen 1809 und 1828 entwickelten Gauß und Laplace zusammen die Methode der kleinsten Quadrate zu einem universellen Instrument der Fehlerausgleichung. Damit wurde nach den ersten zaghaften und wenig praxisrelevanten Versuchen des 18. Jahrhunderts zur Einbeziehung stochastischer Prinzipien und nach den von wahrscheinlichkeitstheoretischen Betrachtungen unabhängigen Bestrebungen zur Minimierung von »Fehlern« ein Stadium erreicht, in dem eine sowohl die stochastischen Grundlagen wie auch die praktische Durchführung abdeckende Theorie geschaffen wurde. Keiner der beiden Autoren bietet leichten Lesestoff. Die wichtigsten Arbeiten von Gauß im Zusammenhang mit kleinsten Quadraten sind in den *Abhandlungen zur Methode der kleinsten Quadrate von Carl Friedrich Gauss* [Gauß 1887] gesammelt. Laplaces Artikel sind in seinen *Oeuvres complètes* enthalten.

Abb. 9.8: Carl Friedr. Gauß

Johann Carl Friedrich Gauß (Abb. 9.8) wurde in Braunschweig im Jahre 1777 geboren und starb 1855 in Göttingen. Als einer der bedeutendsten Mathematiker aller Zeiten erzielte er wesentliche Beiträge in vielen Bereichen, so der Zahlentheorie, der Differentialgeometrie, der Analysis, und auch in angewandten Wissenschaften, wie der Astronomie, der Geodäsie oder dem Magnetismus. Seine Beiträge zur Stochastik sind im Wesentlichen in seinen Arbeiten zur Fehlerrechnung enthalten. Die Normalverteilung wird oft ihm zu Ehren als »Gaußverteilung « bezeichnet.

Gauß [1809, §§172–186] untersuchte die Bedeutung der Methode der kleinsten Quadrate und speziell des arithmetischen Mittels zuerst in seiner *Theoria motus corporum celestium in sectionibus conicis solem ambientium*. Seien $x_1, x_2, \ldots, x_n$ Beobachtungen eines unbekannten Wertes μ, sodass $\epsilon_i = x_i - \mu$ die unabhängigen Fehler sind. Angenommen, es liegt ein symmetrisches Fehlergesetz φ zugrunde und alle Werte von μ werden a priori als gleich wahrscheinlich angesehen, so muss nach den Regeln inverser Wahrscheinlichkeiten die A-posteriori-Dichte für μ proportional zu $\prod_{i=1}^{n} \varphi(\epsilon_i)$ sein. Die Forderung – von Gauß als »Axiom« bezeichnet –, dass letzterer Ausdruck für $\mu = \overline{x}$, dem arithmetischen Mittel, maximal werden soll, führt nach einigen Rechnungen zu dem Ergebnis, dass (in damaliger Schreibweise)

$$\varphi(\epsilon) = \frac{h}{\sqrt{\pi}} e^{-hh\epsilon\epsilon}$$

mit einer positiven Konstanten h sein muss. Als Nächstes zeigt er, dass h als Präzisionsmaß interpretiert werden kann, wobei mit wachsendem h die Präzision zunimmt. Aus heutiger Sicht kann natürlich h mit der Varianz σ^2 der Normalverteilung in Verbindung gebracht werden, es ist $h^2 = \frac{1}{2\sigma^2}$. Eine frühe graphische Darstellung für $h = 1$ findet sich in Abb. 9.9.

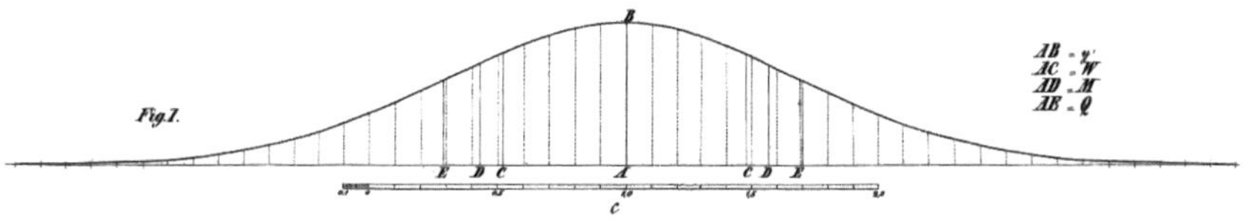

Abb. 9.9: Gaußsches Fehlergesetz für $h = 1$ aus der Kupfertafel in [Hagen 1837]

Trotz ihres gewissen Reizes wurde Gauß' Argumentation als logisch zirkulär kritisiert. Die Gedankenführung war so angelegt, dass aus der Tatsache des arithmetischen Mittels als wahrscheinlichstem A-posteriori-Schätzwert gefolgert wurde, dass das zugrundeliegende Fehlergesetz einer Normalverteilung entsprechen würde, woraus dann wiederum geschlossen werden kann, dass die Methode der kleinsten Quadrate zu den wahrscheinlichsten Schätzwerten führt. Wenn aber andererseits ein Gaußsches Fehlergesetz vorliegt, so ist der Kleinste-Quadrate-Schätzwert des unbekannten wahren Werts bei direkten Beobachtungen das arithmetische Mittel. Außerdem hatte Gauß keinerlei Hinweise bezüglich der praktischen Relevanz seines Fehlergesetzes geben können. Eine Rechtfertigung von Gauß' Argumenten findet sich in [Waterhouse 1990].

Gauß' Überlegungen bezüglich der Methode der kleinsten Quadrate lassen sich ohne weiteres auf den Fall linearer Modelle mit mehr als einer Unbekannten ausdehnen: Wenn Beobachtungen $d_1, \ldots, d_n$ mit (unabhängigen) Beobachtungsfehlern $\epsilon_1, \ldots, \epsilon_n$ vorliegen, sodass

$$d_i = \sum_{j=1}^{m} a_{ij} x_j + \epsilon_i \quad (i = 1, \ldots, n > m) \tag{9.9}$$

mit bereits bekannten Koeffizienten a_{ij} und zu schätzenden Konstanten x_j, so gilt bei der üblichen Gleichwahrscheinlichkeitsannahme a priori für alle möglichen Werte dieser Konstanten, dass die A-posteriori-Dichte $p(x_1,.., x_m | d_1,.., d_n)$ proportional zu

$$\exp\left(-h^2 \sum_{i=1}^{n} (d_i - \sum_{j=1}^{m} a_{ij} x_j)^2\right)$$

sein muss. Die »wahrscheinlichsten« Werte für die x_j erhält man folglich mit Hilfe der Methode der kleinsten Quadrate. Gauß zeigte, dass diese Schätzwerte ebenfalls einer Normalverteilung gehorchen, und er entwickelte damit auch ein Maß für die »relative Genauigkeit« (bezüglich der Konstanten h im Fehlergesetz) dieser Werte.

Beispiel 9.3 Gauß [1809, § 184] illustrierte sein Vorgehen mit folgendem Beispiel: Gegeben seien vier Gleichungen mit drei Unbekannten p, q,r der allgemeinen Form

$$ap + bq + cr = m,$$

wobei a, b, c und m bekannte Werte sind:

$$\begin{aligned} p - q + 2r &= 3 \\ 3p + 2q - 5r &= 5 \\ 4p + q + 4r &= 21 \\ -2p + 6q + 6r &= 28 \end{aligned} \quad \text{für die wir setzen} \quad \begin{aligned} v_0 &= -3 + p - q + 2r \\ v_1 &= -5 + 3p + 2q - 5r \\ v_2 &= -21 + 4p + q + 4r \\ v_3 &= -14 - p + 3q + 3r. \end{aligned}$$

Gauß nimmt an, dass die vierte Gleichung aus einer Beobachtung resultiert, die nur die halbe Genauigkeit der anderen aufweist. Daher halbiert er alle ihre Koeffizienten, was zwar an der Gleichung nichts ändert, aber bezüglich der Anwendung der Methode der kleinsten Quadrate die zutreffende Gewichtung ergibt. Die Schätzwerte für p, q und r werden nun so berechnet, dass die »Normalgleichungen« in der Form

$$P = 0, \quad Q = 0, \quad R = 0$$

erfüllt sind, wobei

$$\begin{aligned} P &= \sum_{i=0}^{3} a_i v_i = 27p + 6q - 88 \\ Q &= \sum_{i=0}^{3} b_i v_i = 6p + 15q + r - 70 \\ R &= \sum_{i=0}^{3} c_i v_i = q + 54r - 107. \end{aligned}$$

Das übliche Eliminationsverfahren ergibt

$$\begin{aligned} 19899p &= 49154 + 809P - 324Q + 6R \\ 737q &= 2617 - 12P + 54Q - R \\ 6633r &= 12707 + 2P - 9Q + 123R \end{aligned} \tag{9.10}$$

oder

$$\begin{aligned} p &= \frac{49154}{19899} + \frac{809}{19899}P - \frac{12}{737}Q + \frac{2}{6633}R \\ q &= \frac{2617}{737} - \frac{12}{737}P + \frac{54}{737}Q - \frac{1}{737}R \\ r &= \frac{12707}{6633} + \frac{2}{6633}P - \frac{1}{737}Q + \frac{41}{2211}R, \end{aligned}$$

woraus $p = 2.470$, $q = 3.551$, $r = 1.916$ bei Annahme verschwindender P, Q, R folgt. Die relative Präzision für p, q, r ergibt sich aus den Koeffizienten von

p und P bzw. q und Q bzw. r und R in den Gleichungen (9.10) gemäß

$$\sqrt{\frac{19899}{809}} = 4.96 \text{ für } p$$
$$\sqrt{\frac{737}{54}} = 3.69 \text{ für } q$$
$$\sqrt{\frac{2211}{41}} = 7.34 \text{ für } r.$$

■

Im folgenden Jahr benutzte Gauß [1811] die Methode der kleinsten Quadrate, um Korrekturen von Bahnelementen bei dem Asteroiden Pallas vorzunehmen. Dazu löste er 11 Gleichungen in 6 Unbekannten. Hier führte er auch seine Bezeichnung (später »Gaußklammer« genannt) für Summen von Produkten ein, nämlich $[ab] = \sum_i a_i b_i$, und ein Näherungsverfahren zur Lösung der Normalgleichungen.

Am 9. April 1810 präsentierte Laplace der Pariser Akademie in seinem »Mémoire sur les approximations des formules qui sont fonctions de très grands nombres et sur leur application aux probabilités« [Laplace 1810a] eine erste hinreichend allgemeine Version des zentralen Grenzwertsatzes, zunächst nur im Anwendungsfall für Summen und dann auch etwas allgemeiner für Linearkombinationen von Beobachtungsfehlern. Seine Aussage bezüglich Linearkombinationen, die die für Summen (Koeffizienten identisch 1) mit umfasst, kann in moderner Form so wiedergegeben werden:

Zentraler Grenzwertsatz für Linearkombinationen: *Seien $X_1, X_2, \ldots, X_n$ unabhängige, identisch verteilte Zufallsgrößen mit einer Wahrscheinlichkeitsdichte $\varphi(x)$, die auf einem kompakten Intervall $[a, b]$ definiert ist. Seien ferner $\alpha_1, \alpha_2, \ldots$ sowie A, B Konstanten mit $0 < A \leqslant |a_i| \leqslant B$. Mit $\mathrm{E}X = \int_a^b x\varphi(x)\,dx = \mu$ und $\mathrm{Var}\,X = \int_a^b (x-\mu)^2\varphi(x)\,dx = \sigma^2$ gilt, dass für beliebige $r_1 < r_2$:*

$$\mathrm{P}\left(n\mu + r_1\sqrt{\sum_{i=1}^{n}\alpha_i^2} \leqslant \sum_{i=1}^{n}\alpha_i X_i \leqslant n\mu + r_2\sqrt{\sum_{i=1}^{n}\alpha_i^2}\right) \approx \frac{1}{\sigma\sqrt{2\pi}}\int_{r_1}^{r_2} e^{-\frac{t^2}{2\sigma^2}}\,dt,$$

wobei die Approximation mit wachsendem n immer genauer wird.

Nachdem er von Gauß' Beitrag Kenntnis erlangt hatte, schrieb Laplace [1810b] eine Fortsetzung zu dem gerade erwähnten Artikel, in dem er in einem ersten Ansatz plausibel machte, dass bei großer Anzahl von Beobachtungen eine Normalverteilung für die einzelnen Fehler nicht notwendigerweise vorliegen muss, um die Anwendung der Methode der kleinsten Quadrate zu rechtfertigen.

Im folgenden Jahr präzisierte Laplace [1811] seine Ausführungen. Er geht dabei von der – aufgrund der üblichen Rechenpraxis natürlichen – Vorstellung aus, die üblicherweise linearen Bedingungsgleichungen mit Hilfe geeigneter konstanter Multiplikatoren so linear zu kombinieren, dass sich ein eindeutiges Gleichungssystem für die unbekannten Variablen ergibt. Ohne auf inverse Wahrscheinlichkeiten zurückzugreifen, beweist er mit Hilfe eines zentralen Grenzwertsatzes, dass dann die Abweichungen zwischen wahren Werten und Schätzwerten approximativ normalverteilt sein müssen, woraus sich schließlich die Überlegenheit der Methode der kleinsten Quadrate aufgrund verschiedener stochastischer Kriterien zeigen lässt. So werden bei Kleinste-Quadrate-Schätzern die Erwartungswerte der Absolutbeträge dieser Abweichungen minimiert, und diese Schätzer besitzen unter allen möglichen Schätzern die größte Wahrscheinlichkeit, in ein symmetrisches Intervall vorgegebener Länge um den jeweiligen wahren Wert herum zu fallen. Dieses Kriterium ist, wie Laplace sinngemäß auch darlegte, äquivalent zu der Bedingung minimaler Konfidenzintervalle für den Schätzer. Die so aufgezeigte Optimalität der Methode der kleinsten Quadrate bewog Laplace, diese Methode als die »vorteilhafteste« Schätzmethode zu bezeichnen, zumindest bei Vorliegen einer großen Anzahl von Beobachtungen.

Exkurs 9.2

Die Argumentation kann – wie schon von Laplace selbst so beschrieben – am Beispiel eines einzigen zu schätzenden Elements x gut dargestellt werden. Das zugehörige lineare Modell ist

$$d_i = a_i x + \epsilon_i, \quad i = 1, \dots, n$$

mit vorgegebenen Werten a_i und Fehlern ϵ_i, die im Sinne von Zufallsgrößen den Erwartungswert 0 und die Varianz σ^2 haben. Die Gleichungen werden nun zuerst mit Multiplikatoren b_i durchmultipliziert und dann addiert. Daraus ergibt sich

$$x = \frac{\sum b_i d_i}{\sum b_i a_i} - \frac{\sum b_i \epsilon_i}{\sum b_i a_i}.$$

Wenn man nun für den Schätzer den Ansatz

$$\widehat{x} = \frac{\sum b_i d_i}{\sum b_i a_i}$$

macht, so folgt

$$\widehat{x} - x = \frac{\sum b_i \epsilon_i}{\sum b_i a_i}$$

und mit Hilfe des zentralen Grenzwertsatzes

$$\mathrm{P}(|\widehat{x} - x| \leqslant r) = \mathrm{P}\left(\left|\frac{\sum b_i \epsilon_i}{\sum b_i a_i}\right| \leqslant r\right) \approx \frac{2}{\sqrt{2\pi}} \int_0^{\rho} e^{-\frac{t^2}{2\sigma^2}} dt$$

mit

$$\rho = \frac{r|\sum b_i a_i|}{\sqrt{\sum b_i^2}}.$$

Die fragliche Wahrscheinlichkeit der Höchstabweichung zwischen Schätzer $\widehat{x}$ und wahrem Wert x wird für alle r maximal, wenn ρ maximal wird. Das ist dann der Fall, wenn $b_i = ka_i$ mit beliebigem $k \neq 0$, entsprechend

$$\widehat{x} = \frac{\sum a_i d_i}{\sum a_i^2},$$

wobei dieser Ergebnisterm genau der Bedingung

$$\sum (d_i - a_i \widehat{x})^2 = \min$$

entspricht.

Laplaces *Théorie analytique des probabilités*, welche seine bisherigen Untersuchungen seit den 1770er Jahren zusammenfasste, erschien 1812. Das vierte Kapitel des zweiten Teils ist in ausführlicher Weise Laplaces asymptotischer, auf dem zentralen Grenzwertsatz aufbauender, Fehlertheorie gewidmet. Zur *Théorie analytique* wurden in späteren Auflagen drei Supplemente hinzugefügt: Das erste widmet sich allgemeinen Eigenschaften von Schätzern [1815]. In den anderen beiden wird die Methode der kleinsten Quadrate auf Korrekturen bei Triangulationen angewendet [1818; 1820a].

Gauß [1816] setzte seine Untersuchungen in »Bestimmung der Genauigkeit der Beobachtungen« fort. In diesem Beitrag führte er den im 19. Jahrhundert als Streumaß beliebten »wahrscheinlichen Fehler« r über die Bedingung

$$\frac{h}{\sqrt{\pi}} \int_{-r}^{r} e^{-h^2 x^2} dx = \frac{1}{2}, \qquad \text{mithin } r = 0.4769363/h$$

ein. Insbesondere untersuchte er aber die Eigenschaften von Schätzern für den Genauigkeitsparameter h, allerdings nur unter der sehr theoretischen Annahme, dass die wirklichen Beobachtungsfehler bekannt und normalverteilt seien. In [1823b] leitete Gauß unabhängig von speziellen Voraussetzungen an das Fehlergesetz schließlich einen erwartungstreuen Schätzer für die Varianz der Beobachtungsfehler – in seiner spezifischen Terminologie das Quadrat des »mittleren Fehlers« – bei Anwendung der Methode der kleinsten Quadrate her: Sei $S^2 = \sum e_i^2$ die Summe der Residuenquadrate, dann gilt für den Schätzer

$$\widehat{\sigma^2} = \frac{S^2}{n-r} \tag{9.11}$$

für σ^2, dass $\mathrm{E}\,\widehat{\sigma^2} = \sigma^2$. Mit n ist dabei die Anzahl der linearen Bedingungsgleichungen und mit r die Anzahl der zu schätzenden Unbekannten bezeichnet. Laplace hatte dagegen gezeigt, dass S^2/n asymptotisch einer Normalverteilung mit Erwartung σ^2 und einer asymptotisch verschwindenden Varianz gehorchen müsse. Da bei sehr großen n die Verminderung um r keine Rolle spielt, folgte aus Laplaces Ergebnis, dass der Schätzer von Gauß auch stochastisch gegen die unbekannte Fehlervarianz konvergieren musste, was letzterer auch noch durch zusätzliche Argumente untermauerte.

Besondere Prominenz erlangte die nachmalig so genannte »zweite Begründung« von Gauß [1823a] für die Methode der kleinsten Quadrate. Hier wird gezeigt, dass unter allen Schätzern für eine Unbekannte in (9.9), die durch eine

Linearkombination von Beobachtungswerten ausgedrückt sind, derjenige, der über die Methode der kleinsten Quadrate gewonnen ist, die kleinste Varianz aufweist, unabhängig von der speziellen Form des Fehlergesetzes. Wegen dieses Kriteriums bezeichnete Gauß die über die Methode der kleinsten Quadrate gewonnenen Schätzwerte als die »plausibelsten Werte«. Die Basis für Gauß' Argumentation bildete der Satz, dass für die Varianz einer Linearkombination unabhängiger Fehler $\epsilon_1, \dots, \epsilon_n$ gelten muss:

$$\mathrm{Var}\Big(\sum_{i=1}^{n} \lambda_i \epsilon_i\Big) = \sum_{i=1}^{n} \lambda_i^2 \,\mathrm{Var}\, \epsilon_i. \tag{9.12}$$

Exkurs 9.3
Auch hier lohnt ein Vergleich mit moderner Matrixnotation. Ausgehend von dem linearen Modell

$$\mathbf{d} = A\mathbf{x} + \boldsymbol{\epsilon} \quad (A \in \mathbb{R}^{n,m}, n > m),$$

wobei A maximalen Rang besitzt, machen wir einen Ansatz für den Schätzer $\mathbf{x}'$ für $\mathbf{x}$ gemäß $\mathbf{x}' = B\mathbf{d}$ mit einer zunächst beliebigen Matrix $B \in \mathbb{R}^{m,n}$, die noch die Nebenbedingung $BA = \mathbf{1}$ ($\mathbf{1}$ die Einheitsmatrix) erfüllt. Es gilt dann unter der Voraussetzung verschwindender Erwartungswerte der Fehler: $\mathrm{E}\,\mathbf{x}' = \mathbf{x}$. Als Nächstes kann man zeigen, dass die Varianz jeder Koordinate x'_j ein Minimum annimmt, wenn $B = (A^\top A)^{-1} A^\top$, gleichbedeutend mit der Methode der kleinsten Quadrate. Wenn die Fehler alle identisch verteilt sind mit Varianz σ^2, ist die Kovarianzmatrix $\mathrm{E}(\widehat{x}_i - x_i)(\widehat{x}_j - x_j)$ des Kleinste-Quadrate-Schätzers $\widehat{\mathbf{x}}$ gleich $\sigma^2 (A^\top A)^{-1}$. Die Quadratsumme $\mathbf{e}^\top \mathbf{e}$ der Residuen $\mathbf{e} = \mathbf{d} - A\widehat{\mathbf{x}}$ wird in der modernen Statistik mit RSS (*Residual Sum of Squares*) bezeichnet. Mit dieser Bezeichnung wird der Gaußsche Schätzer $\widehat{\sigma^2}$ für die Fehlervarianz durch

$$\widehat{\sigma^2} = \frac{\mathrm{RSS}}{n - m}$$

ausgedrückt. Die Erwartungstreue dieses Schätzers folgt aus den oben angegeben Beziehungen für Erwartungswerte und (Ko)-Varianzen.

Die Beiträge von Laplace und Gauß beeinflussten sich in den zugrundeliegenden Ideen wechselseitig. Beide hatten sich der Fehlertheorie zunächst auf der Basis spezieller Fehlergesetze und mit Hilfe von inversen Wahrscheinlichkeiten genähert. Mit Hilfe des zentralen Grenzwertsatzes gelang es jedoch, eine von spezifischen Fehlergesetzen unabhängige Begründung der Methode der kleinsten Quadrate zu finden und gleichzeitig die Bedeutung der Normalverteilung aufzuzeigen. Gauß konnte schließlich mit seinem Kriterium der minimalen Varianz eine von großen Zahlen unabhängige Begründung geben. Insgesamt erwiesen sich die Methoden der direkten Wahrscheinlichkeiten, wie sie in den späteren Werken beider Autoren angewandt wurden, als flexibler und allgemeiner handhabbar. Nicht zuletzt trug auch diese Erfahrung mit dazu bei, dass die Bedeutung inverser Wahrscheinlichkeiten im 19. Jahrhundert deutlich abnahm, eine Entwicklung, die sich erst in der zweiten Hälfte des 20. Jahrhunderts wieder umkehrte.

9.5.3 *Gauß' Kontroverse mit Legendre*

In § 186 der *Theoria motus* verwies Gauß [1809] auf die Methode der kleinsten Quadrate als »principium nostrum« (unser Prinzip) und beanspruchte für sich, diese bereits seit 1795 angewandt zu haben Legendre widersprach vehement dieser Feststellung, da er die Priorität bezüglich der Veröffentlichung hätte. Bereits in der Ausgabe seines Werks von 1806 [Legendre 1805, Edition 1806] stellte ein gewisser »M. ***« (sic!) fest, dass eine Entdeckung nicht mehr länger demjenigen gehöre, der sie gemacht habe, sondern jedermann, der danach strebe, sie für sich zu beanspruchen (s.a. [Stigler 1977]). Wir können jetzt mit ziemlicher Sicherheit sagen, dass Gauß und Legendre das Prinzip unabhängig voneinander entdeckt haben. Gauß hatte die Priorität der Entdeckung, Legendre die der Publikation. Ein nicht zu vernachlässigender Aspekt bei dieser Prioritätsfrage ist allerdings auch, dass Gauß, ganz im Gegensatz zu Legendre, der nur eine Plausibilitätsbetrachtung auf algebraischer Basis gab, ganz bewusst die Methode der kleinsten Quadrate in eine stochastische Theorie einbettete, wobei sich deren Anfänge bis ins Jahr 1798 zurückverfolgen lassen [Schneider 1981b, 151 f.].

9.6 Bessel und die empirische Fehlerverteilung

Obwohl vom theoretischen Standpunkt aus Fehler und Fehlergesetze ein Thema waren, etwa, wenn es um die Eignung von Schätzern ging, hatte niemand die tatsächliche Verteilung von Fehlern untersucht. Aber nachdem Gauß gezeigt hatte, dass die Normal- oder Gauß-Verteilung das arithmetische Mittel als »besten« Schätzwert begründen würde, entstand größeres Interesse daran, auch die praktische Relevanz dieses Fehlergesetzes zu untersuchen. Was man suchte, war einerseits ausreichende empirische Evidenz und andererseits ein stochastisches Modell, mit dem man einsehen konnte, warum dieses Fehlergesetz so häufig – zumindest annähernd – vorkommt.

Falls man jeden Beobachtungsfehler als additiv aus wiederum sehr vielen kleinen unabhängigen Fehlern erzeugt ansieht, dann wird aufgrund des zentralen Grenzwertsatzes zu erwarten sein, dass der Beobachtungsfehler normalverteilt ist. Diese Idee wurde als »Elementarfehlerhypothese« bekannt, wie sie Gotthilf Hagen (1797–1884) in seinem Lehrbuch [1837], allerdings noch in Form eines sehr simplen Modells, verbreitete.

Hagens Elementarfehler nahmen nur die Werte a und $-a$ mit jeweils gleicher Wahrscheinlichkeit an. Der Astronom Friedrich Wilhelm Bessel (1784–1846) hingegen generalisierte die Idee von Hagen wesentlich, indem er im Zusammenhang mit einer eigenen Herleitung des zentralen Grenzwertsatzes für die Elementarfehler beliebige, bezüglich 0 symmetrische, Wahrscheinlichkeitsdichten zuließ.

Eine erste Bestätigung, dass in typischen Fällen Beobachtungsfehler einer Normalverteilung gehorchen, kam aus Messungen der Deklination und

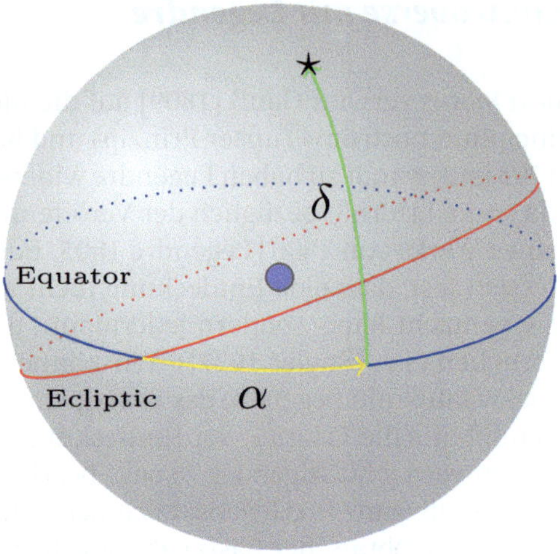

Abb. 9.10: Äquatoriale Sternkoordinaten: Rektaszension α, gemessen vom Frühlingspunkt zum Stundenkreis entlang des Himmelsäquators; Deklination δ, gemessen vom Himmelsäquator zum Stern entlang des Stundenkreises. Die Erde ist im Zentrum.

Rektaszension bestimmter Sterne. Abb. 9.10 zeigt das entsprechende äquatoriale Koordinatensystem, das mit der Erde rotiert. Der Himmelsäquator (blau) ist die Projektion des Erdäquators auf die hypothetische Himmelskugel. Der Großkreis durch die Himmelspole und den Stern, der senkrecht zum Himmelsäquator verläuft, ist der Stundenkreis des Sterns (grün eingezeichnet). Ein spezieller Stundenkreis wird durch den Frühlingspunkt festgelegt, bei dem die Ekliptikebene (Spur rot eingezeichnet) den Himmelsäquator schneidet. Die Rektaszension α entspricht dem Längenwinkel, aber ausgedrückt in einem Zeitmaß (360° entsprechen 24 h), auf dem Himmelsäquator vom Frühlingspunkt zum Stundenkreis des Sterns. Die Deklination δ ist der Winkel längs des Stundenkreises vom Himmelsäquator aus. Die Messung der Deklination kann mit Hilfe eines Meridiankreises, s. Abb. 9.5, erfolgen, da die Stundenkreise Projektionen von Meridianen auf die Himmelskugel sind.

Bessel hatte die Idee, empirische Verteilungen der Absolutbeträge von Beobachtungsfehlern, geschätzt durch die entsprechenden Residuen, mit den entsprechenden Zahlen gemäß einer Normalverteilung zu vergleichen. In [1818] untersuchte er, inwiefern Residuen bei der Messung von Rektaszensionen und Deklinationen verschiedener Sterne einer angepassten Normalverteilung folgen. Zwanzig Jahre später diskutierte Bessel [1838] wieder seine Daten in dem Beitrag »Untersuchungen über die Wahrscheinlichkeit der Beobachtungsfehler«. Neu in dieser Arbeit war ein Satz von 100 Beobachtungen, die er selbst über die Rektaszension des Polarsterns von 1813 bis 1815 angestellt hatte.

Bessels Ergebnisse zu den Fehlerschätzungen in den Rektaszensionen des Polarsterns sind in Tab. 9.4 wiedergegeben. Unter der Annahme, dass die Fehler einer Normalverteilung mit Erwartungswert 0 und geschätzter Standardabweichung $m = 1.3093''$ folgen, berechnete Bessel die Anzahl der Beobachtungen, die man theoretisch innerhalb der gegebenen Grenzen erwarten würde. Diese verglich er mit den tatsächlichen Zahlen.

Tab. 9.4: Bessels Vergleich der Residuen aus 100 Beobachtungen des Polarsterns. m bezeichnet die Stichproben-Standardabweichung [Bessel 1838, 403].

Rektaszensionen des Polarsterns $m = \pm 1.3093''$ Zeitmaß			
Grenzen[a]	Beob.	Theorie.	Untersch.
0.0 – 0.4	25	24,0	−1.0
0.4 – 0.8	22	21,9	−0.1
0.8 – 1.2	19	18,2	−0.8
1.2 – 1.6	11	13,7	+2.7
1.6 – 2.0	9	9.5	+0, 5
2.0 – 2.4	8	6.0	−2, 0
2.4 – 2.8	2	3.4	+1, 4
2.8 – 3.2	3	1.8	−1, 2
3.2 – 3.6	1	0.9	−0, 1
3.6 –...	0	0.6	+0, 6

[a] in Zeitsekunden

Bessel schloss aus den Ergebnissen, dass die gute Übereinstimmung zwischen Beobachtung und Theorie die Verwendung von Normalverteilungen als Fehlergesetz rechtfertigen würde. Andererseits bezweifelte er die Universalität dieses Fehlertyps. An vorangehender Stelle des Artikels bemerkte er nach einer theoretischen Diskussion anderer Fehlergesetze und der Schilderung von Situationen ihres möglichen Auftretens, dass Verteilungen von Fehlern beträchtlich von Normalverteilungen abweichen könnten. In einigen Fällen seien sogar größere Fehler häufiger anzutreffen als kleinere. Letztlich sei die Mühe vergebens, nach einem universellen Fehlergesetz zu suchen [Bessel 1838, § 2].

9.7 Weitere Entwicklungen

Merriman [1877] stellte eine Übersicht über Beiträge zur Methode der kleinsten Quadrate und zur Fehlerrechnung zusammen. Er erfasste 354 Einzelschriften, die von 1805 bis 1874 erschienen waren, wobei er einschränkte, dass diese Zusammenstellung sicher unvollständig sei. In »The method of least squares and some alternatives«, annotierte Harter [1975] wesentliche Arbeiten in diesem Bereich bis zur Mitte der 1970er Jahre.

Der Großteil der von Merriman zitierten Literatur besteht aus Anwendungen der Methode der kleinsten Quadrate in Astronomie und Geodäsie. Bald nach den wegweisenden Arbeiten von Gauß und Laplace wurden die ersten anwendungsbezogenen Lehrtexte verfasst, wobei viele auf die Artikelserie »Ueber die Methode der kleinsten Quadrate« [1834] von Johann Franz Encke (1791–1865) aufbauten.

9.7.1 »Niedere« Anwendungsgebiete

Ab den 1830er Jahren wurde die Fehlertheorie allmählich auch in technischen Anwendungen relevant, etwa in der »Feldmesskunst«, also der niederen Geodäsie, dem Wasserbau und bei physikalischen Messungen. Das bereits erwähnte Buch von Hagen [1837] war in dieser Hinsicht wegweisend. Besonders wichtig war die schon immer intuitiv bestehende, nunmehr aber im Rahmen der Fehlertheorie eindeutig quantifizierte Erkenntnis, dass wiederholte Messungen der Fehlerreduzierung dienlich seien. Bereits in seiner Arbeit von 1809 hatte Gauß für normalverteilte, in dem Beitrag [1823a] für allgemeine, Fehler gezeigt, dass bei n Messwiederholungen, die jeweils mit dem mittleren Fehler m behaftet sind, sich für das arithmetische Mittel aus allen Messungen nur noch ein mittlerer Fehler von $m/\sqrt{n}$ ergeben würde. Hintergrund ist, dass bei direkten Beobachtungen $x_1, \dots, x_n$ einer Größe mit wahrem Wert x die Differenz $x - \sum x_i/n$ gleich dem arithmetischen Mittel $\sum \epsilon_i/n$ der Beobachtungsfehler ist. Als Spezialfall von (9.12) ergibt sich

$$\operatorname{Var}\left(\sum \epsilon_i/n\right) = \sum \operatorname{Var} \epsilon_i/n^2 = m^2/n.$$

Zusammen mit der Formel für die Schätzung des mittleren Fehlers für eine Einzelmessung (9.11) konnte so gut der mittlere Fehler bei wiederholten Messungen überschlagen werden. Im praktischen Messwesen war es daher erstrebenswert, durch geeignetes Vorgehen und bedienerfreundliche Apparaturen eine möglichst bequeme und gleichzeitig gegen Verrückungen sichere Wiederholung der Messungen zu ermöglichen. Der im 19. Jahrhundert beliebte Repetitionstheodolit (s. Abb. 9.6) ist ein Beispiel für eine solche Vorrichtung.

Beim Kanalbau war es, besonders in Gegenden mit sehr geringen Höhenunterschieden, entscheidend, Niveauunterschiede mit großer Genauigkeit zu bestimmen. Beim »Nivellieren« (s. Abb. 9.11) gelang es Hagen [1837, § 51] mit

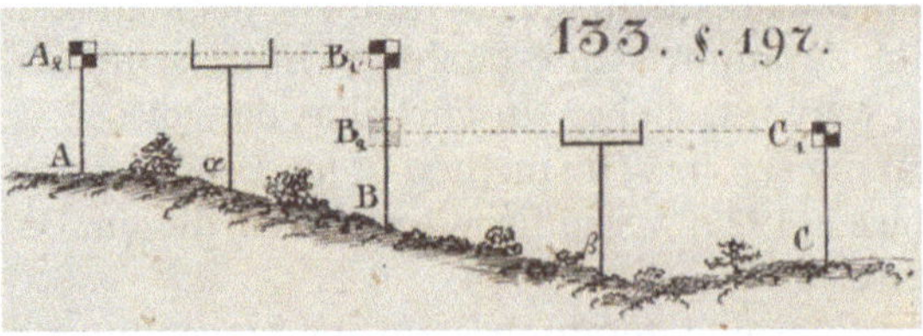

Abb. 9.11: Schemaskizze des Nivelliervorgangs aus [Crelle 1826]

verbesserten Visiergeräten zur Herstellung von genau waagrechten Sichtlinien und bei systematischer Wiederholung unabhängiger Messungen, unter optimalen Bedingungen den mittleren Fehler im Höhenunterschied über Strecken von einer preußischen Meile (ca. 7540 m) auf 0.2 Zoll (ca. 5 mm) zu drücken.

9.7.2 Grundlagenprobleme

Aber auch die theoretischen Untersuchungen zur Weiterentwicklung der Methode wurden fortgeführt. Da der Rechenaufwand im Allgemeinen sehr groß war, wurde nach möglichst günstigen numerischen Verfahren gesucht. Man benötigte Kriterien, wie verschiedenen Beobachtungen unterschiedliche Gewichtungen zugeordnet werden konnten und auch, wie Ausreißer zu behandeln waren. Bezüglich der Anwendung auf mehrere Unbekannte schlug Bienaymé [1852] vor, mehrdimensionale Konfidenzbereiche zu betrachten anstatt jeden einzelnen Schätzwert als unabhängig von den anderen anzusehen.

Die Methode der kleinsten Quadrate blieb das wichtigste Werkzeug der Fehlerrechnung, und sie bleibt auch in der heutigen Statistik unverzichtbar. Allerdings war sie nicht unangefochten. Merriman führt dreizehn verschiedene »Beweise« oder Begründungen für die Überlegenheit dieser Methode zur Ausgleichung fehlerbehafteter Beobachtungen auf, inklusive der von Legendre und denen von Gauß und Laplace.

Legendre motivierte die Methode durch ihre Handhabbarkeit. Für ihn war sie aber nichts anderes als eine Approximationsmethode. Dagegen verwendeten die Begründungen von Gauß und Laplace in wesentlicher Weise wahrscheinlichkeitstheoretische Aspekte. Die durch die Methode der kleinsten Quadrate erhaltenen Schätzwerte sind die »wahrscheinlichsten« im Sinne des modernen Maximum-Likelihood-Prinzips, aber nur dann, wenn die Fehler normalverteilt sind, was bestenfalls einer zweifelhaften Annahme zu entsprechen scheint. Dazu kam, dass das Maximum-Likelihood-Prinzip nur die maximale Fehlerdichte gewährleistet, während die dem Schätzwert zugeordnete Wahrscheinlichkeit selbst nur infinitesimal klein ist, eine Tatsache, die von Gauß selbst kritisch gesehen wurde. Bei Anwendbarkeit des zentralen Grenzwertsatzes im Falle einer großen Anzahl von Beobachtungen lieferten die kleinsten Quadrate die in mehrfachem Sinne optimalen Ausgleichswerte, doch blieb offen, welche Mindestzahl von Beobachtungen dies in der Praxis bedeutete. Das Kriterium minimaler Varianz von Gauß war letztlich ebenfalls willkürlich.

Von weiteren »Beweisen« wollen wir nur zwei erwähnen. James Ivory (1765-1842) versuchte in dem Artikel »On the Method of Least Squares« (1825) die Methode über eine Analogie zum Gleichgewicht beim Hebel zu rechtfertigen. Sein Bestreben war, alle Bezüge zu Wahrscheinlichkeiten zu vermeiden. Über die Elementarfehlerhypothese von Hagen wurde bereits berichtet. Aufgrund dieser Hypothese gelang ein mehr oder weniger überzeugendes Argument dahingehend, dass Fehler normalverteilt sein müssten. Darauf aufbauend konnte dann, wie es Hagen [1837] in seinem Lehrbuch auch tat, das ursprüngliche Maximum-Likelihood-Prinzip von Gauß angewendet werden.

9.7.3 Die Bienaymé-Cauchy Kontroverse

Als Beispiel für die im 19. Jahrhundert geführten Debatten über die Rechtfertigung der Methode der kleinsten Quadrate wollen wir noch die Kontroverse zwischen Bienaymé und Cauchy während der Monate Juli und August 1853 etwas näher betrachten. Bienaymé äußerte die Meinung, dass Laplaces »Beweis«, basierend auf der Vorstellung großer Stichproben und dem Kriterium minimaler Konfidenzintervalle, die beste Grundlegung biete.

Cauchy [1835] wiederum hatte eine spezielle Methode der »Interpolation« (heute würde man eher sagen der »Approximation«) entwickelt. Er ging dabei von fehlerbehafteten Beobachtungen aus, die Werten konvergenter Reihen von Funktionen mit unbekannten Koeffizienten entsprechen. Sein Vorgehen zur näherungsweisen Bestimmung der Koeffizienten war iterativ, indem pro Schritt soviel Terme wie nötig hinzugefügt wurden, bis eine geeignete Approximation erreicht war. Cauchy betonte den geringen rechnerischen Aufwand und die Genauigkeit der erzielten Schätzungen, da diese der Minimierung des »größten zu befürchtenden Fehlers« entsprächen. Außerdem könne der Praktiker gut abschätzen, bis zu welchen Schritten er das Verfahren vorantreiben müsse, um die gewünschte Genauigkeit zu erhalten.

Als Cauchy [1853a] die Diskussion seiner Methode erneut aufnahm, strich er heraus, dass diese auch gut als Alternative zu der Methode der kleinsten Quadrate im Zusammenhang mit den üblichen linearen Modellen geeignet sei, deren Gleichungen nur jeweils endlich viele Terme aufweisen. Bienaymé [1853b] reagierte vehement, indem er darauf hinwies, dass Cauchys Ausführungen geradezu im Widerspruch zu wahrscheinlichkeitstheoretischen Prinzipien stünden, die er, Bienaymé, für unverzichtbar im Rahmen der Fehlerrechnung hielt.

Der folgende wissenschaftliche Streit konzentrierte sich auf Seiten Cauchys darauf, mit genauer mathematischer Analyse und Gegenbeispielen die These einer universellen Optimalität der Methode der kleinsten Quadrate zu widerlegen, während Bienaymé, ebenso mit mathematischen Mitteln, beispielsweise seiner Version der Bienaymé-Chebyshev-Ungleichung, die Relevanz der von Laplace bevorzugten asymptotischen Betrachtungen herausstrich (vgl. Kap. 10.7). In seinem letzten Beitrag zu der Kontroverse stellte Cauchy [1853b] die Skizze zu einem strengen Beweis für den zentralen Grenzwertsatz unter schon relativ allgemeinen Bedingungen vor, in dem er auch explizite Abschätzungen für den Unterschied zwischen der tatsächlichen Verteilung der endlichen Linearkombination unabhängiger Beobachtungsfehler und der approximierenden Normalverteilung gab. Offensichtlich war dies mit der Zielsetzung verbunden, eine genauere Differenzierung bezüglich der Optimalität verschiedener Ausgleichsmethoden vornehmen zu können. Aufgrund seiner erzielten Ergebnisse konnte dies aber nicht gelingen. Letztlich verlief der Streit unentschieden, wohl weil beide Parteien schließlich einsehen mussten, dass sie keine weiteren Argumente mehr vorbringen konnten und die verwendeten Kriterien nicht frei von einer gewissen Willkür waren.

Cauchys und Bienaymés Arbeiten sind ein gutes Beispiel dafür, wie die Diskussion der Methode der kleinsten Quadrate ihrerseits Rückwirkungen auf theoretische Überlegungen innerhalb der Wahrscheinlichkeitsrechnung hatte. Über das Bindeglied des zentralen Grenzwertsatzes wurde die Fehlerrechnung so sogar zu einer der Keimzellen der modernen Wahrscheinlichkeitstheorie.

9.8 Hinweise zur weiteren Lektüre

Von den vielen zusammenfassenden Darstellungen der Geschichte der Fehlerrechnung empfehlen wir *The History of the Theory of Errors* von Sheynin [1996] und auch seine Studie über Gauß [Sheynin 1979]. Stigler [1986b] berücksichtigt in seiner *History of Statistics* in sehr substantieller Weise auch die Fehlerrechnung. Zwei Gesamtdarstellungen aus dem 19. Jahrhundert liefern nach wie vor viele nützliche Informationen: Todhunter's *A History of the Mathematical Theory of Probability from the time of Pascal to that of Laplace* [1865] beinhaltet insbesondere die Anfänge der Fehlertheorie; Czubers *Theorie der Beobachtungsfehler* [1891] gibt über den Stand der Wissenschaft gegen Ende des 19. Jahrhunderts ausführlich Auskunft und berücksichtigt zugleich alle wesentlichen historischen Quellen. Richard Farebrother's *Fitting Linear Relationships* [1999] deckt die Geschichte bis ca. 1900 ab. [Plackett 1958] ist speziell dem arithmetischen Mittel gewidmet. Die meisten wichtigen Quellentexte zur Fehlerrechnung sind in deutscher Übersetzung in [Schneider 1988] enthalten. Eine reichhaltige Auswahl an englischen Übersetzungen ist in den Webseiten `https://probabilityandfinance.com/pulskamp/index.html` von Richard Pulskamp zu finden.

Vom eher mathematischen Standpunkt aus erörtert *A History of the Central Limit Theorem* von Hans Fischer die Geschichte des zentralen Grenzwertsatzes bis in die Gegenwart hinein. Das Buch enthält auch ausgiebig Material zur Elementarfehlerhypothese. Anders Hald behandelt die mathematischen Einzelheiten zu Laplace, Gauß und Bessel in *A History of Mathematical Statistics from 1750 to 1930* [1998] sowie, besonders unter dem Gesichtspunkt der Parameterschätzung, in seiner *History of Parametric Statistical Inference* [2007]. Zu Laplaces analytischem Vorgehen sei auch auf die vielen interessanten Einzelheiten in [Bru und Bru 2018, T. 2] verwiesen.

Zur Entdeckung der Methode der kleinsten Quadrate und dem Streit zwischen Legendre und Gauß siehe [Plackett 1972; Stigler 1977; 1981; Schneider 1981b]. Weiteres Material, das den gesamten Rahmen der Gaußschen Fehlertheorie und ihrer Genese aufzeigt, ist im Sammelband [Schneider 1981a] zu finden. Die Kontroverse zwischen Cauchy und Bienaymé wird im Buch *Bienaymé: Statistical Theory Anticipated* [Heyde und Seneta 1977] beschrieben.

Kapitel 10
Die weitere Entwicklung im 19. Jahrhundert

Der Mathematisierung der verschiedensten Wissenschaftsdisziplinen im Verlauf des 19. Jahrhunderts entsprach auch die zunehmende Durchdringung dieser Bereiche mit stochastischen Ansätzen und Ideen, ganz im Sinne von Laplace. Mit einigem Recht hat man daher diese Epoche als die Zeit einer anhaltenden »Probabilistic Revolution« bezeichnet [Krüger et al. 1987].

Da überrascht es, dass von Mathematikhistorikern die Weiterentwicklung der Wahrscheinlichkeitstheorie im engeren Sinne als Zeit der Stagnation, ja sogar des Niedergangs, angesehen worden ist. So ist das entsprechende Kapitel in Dastons *Classical Probability in the Enlightenment* [1988] mit »Decline of the Classical Theory« betitelt. Gnedenko [1957] spricht im »historischen Anhang« seines bekannten Lehrbuchs der Wahrscheinlichkeitsrechnung von »Enttäuschung«, die einer ursprünglichen »Begeisterung» Platz gemacht habe und die weitere Entwicklung stagnieren ließ. Schneider [1987, 193] charakterisiert die fragliche Phase mit »development, or rather nondevelopment«. Allgemein wird in der Geschichtsschreibung als Symptom für die nur noch retardierte Weiterentwicklung die nach Laplaces Tod einsetzende, verstärkte Kritik an Anwendungen der Wahrscheinlichkeitsrechnung auf den Bereich individueller Entscheidungen, etwa bei Gerichtsurteilen, vorgebracht. Nach Poissons vielkritisiertem Werk über diesen Themenkreis habe es kaum mehr substantielle Beiträge zu diesem, für das Selbstverständnis der Stochastik angeblich zentralen, Gebiet gegeben. Die drei zitierten Autoren betonen allerdings durchaus unterschiedliche historische Aspekte: Daston geht es vorrangig um den »Decline« bezüglich der von ihr so genannten »klassischen« Interpretation, die sich auf die Vorstellung bezieht, dass Wahrscheinlichkeitsrechnung ein Abbild vernunftgeleiteten Handelns sei. Nach der französischen Revolution sei das Zutrauen in allgemein verbindliche, rationale Standards verloren gegangen, wodurch eben solche Vorstellungen obsolet geworden seien. Bei Gnedenko sind es naheliegende politische Beweggründe, die ihn veranlassen, die russischen, besonders die sowjetischen, Stochastiker in historisch günstigem Licht darzustellen, stand doch besonders zu Stalins Zeiten die Wahrscheinlichkeitstheorie in ständiger Gefahr, als »idealistische« Verirrung zu gelten. Zu diesem Zweck erzählt er eine

H. Fischer et al., *1000 Jahre Stochastik*, Vom Zählstein zum Computer,
https://doi.org/10.1007/978-3-662-72368-5_10

russische Erfolgsgeschichte, die mit Chebyshev beginnt und durch die unzureichenden Aktivitäten weitgehend orientierungsloser, westeuropäischer Mathematiker kontrastiert wird, die aufgrund der »Misserfolge« in der Anwendung auf die »moralischen Wissenschaften« nicht mehr von der Relevanz der Wahrscheinlichkeitsrechnung überzeugt sein konnten. In der deutschen Ausgabe, die von Gnedenkos Lehrbuch nach der Wende 1991 erschien, fehlen übrigens all diese Bemerkungen. Schneider schließlich legt besonderes Augenmerk auf die Neuorientierung der Mathematik im 19. Jahrhundert, der auch die Stochastik zu folgen hatte. Bedingt durch die nur geringe Berücksichtigung der Wahrscheinlichkeitsrechnung im Lehrkanon der meisten europäischen Länder konnten neue Standards für mathematische Strenge zunächst nur ansatzweise in der Fehlerrechnung realisiert werden. Andererseits blieben aber gemäß Schneider die vielfältigen Anwendungsmöglichkeiten der Laplaceschen Wahrscheinlichkeitsrechnung, insbesondere in einer Zeit des wirtschaftlichen und technischen Aufbruchs, so attraktiv, dass sie ein Überleben der Disziplin garantierten.

War nun die Sache mit dem »Niedergang« tatsächlich so schwerwiegend? Wir werden sehen, dass nach Laplace durchaus eine ebenso notwendige wie fruchtbare Phase der Konsolidierung, der Umorientierung und des Aufbruchs einsetzte, die auch noch die Entwicklung im 20. Jahrhundert ganz wesentlich prägte.

10.1 Poisson und der »Skandal«

Abb. 10.1: Siméon Denis Poisson

Beginnen wir also die Detailerzählung mit der Person, die angeblich für den »Niedergang« verantwortlich war. Siméon Denis Poisson (1781–1840, Abb. 10.1) wuchs in eher bescheidenen Verhältnissen auf, war aber ein Profiteur des nach der französischen Revolution geschaffenen Bildungssystems, in dem seine herausragende Begabung optimal gefördert wurde. Laplace betrachtete ihn als seinen eigentlichen Nachfolger, und bereits 1806 erhielt Poisson eine ordentliche Professur an der *École polytechnique*. Ab ca. 1815 wurden ihm, der es stets verstand, sich aus politischen Streitigkeiten weitgehend herauszuhalten, erhebliche Kompetenzen innerhalb des gesamten französischen Universitätssystems zugebilligt, die zu einer Art Alleinherrschaft über den gesamten wissenschaftlichen Betrieb in Mathematik und Naturwissenschaften führten. Diese Stellung behielt er bis zu seinem Tod bei, und er machte sich dabei nicht nur Freunde. Der Schwerpunkt von Poissons Werk liegt in mathematischer Physik und Analysis. Obwohl vielzitiert stand er doch in seiner historischen Nachwirkung lange im Schatten von Fourier und Cauchy. Erst in der zweiten Hälfte des 20. Jahrhunderts wurde die Originalität und Vielfalt seiner Leistungen wieder ausdrücklich gewürdigt, s. z. B. [Grattan-Guinness 1990]. Eine Vielzahl von Informationen zu Poisson findet man in [Métivier und Costabel 1981].

In einer relativ späten Schaffensperiode hat sich Poisson auch wesentlich mit stochastischen Problemen beschäftigt. Sein diesbezügliches Hauptwerk, *Recherches sur la probabilité des jugements* von 1837, enthält, anders als durch den Titel nahegelegt, eine aus damaliger Sicht weitgehend vollständige theoretische Grundlegung der Wahrscheinlichkeitsrechnung. Das Buch wurde 1841 von Heinrich Schnuse (1807–1878) ins Deutsche übersetzt und mit einem Anhang versehen, der auch die Übersetzungen zweier für die spätere Entwicklung sehr einflussreicher Arbeiten von Poisson zur Laplaceschen Fehlertheorie (die in den *Recherches* fehlt) beinhaltet.

10.1.1 Die Recherches*: Gesetze der großen Zahlen, zentraler Grenzwertsatz, philosophische Betrachtungen*

Wie bei der *Théorie analytique* von Laplace kann man auch bei den *Recherches* von einer Zweigliederung sprechen. Während aber in Laplaces Werk der erste, analytische, Teil so gut wie keine expliziten Bezüge zur Wahrscheinlichkeitsrechnung aufweist, ist bei Poissons Werk der Teil, der aus den ersten vier Kapiteln besteht, einer allgemeinen Wahrscheinlichkeitstheorie gewidmet, auf der dann im fünften Kapitel spezifische Anwendungen, besonders zu Gerichtsentscheidungen, folgen. Die ersten beiden »Theoriekapitel« betreffen »generelle Regeln« einschließlich philosophischer Betrachtungen, während die beiden folgenden Kapitel der mathematischen Berechnung von Wahrscheinlichkeiten, die von »sehr großen Zahlen« abhängen, gewidmet ist.

Die Einleitung zu Poissons Werk beginnt mit dem für ihn wohl wichtigsten Aspekt der Wahrscheinlichkeiten, dem von ihm so genannten »Gesetz der großen Zahlen«:

> Die Erscheinungen jeglicher Art sind einem allgemeinen Gesetze unterworfen, welches man das »*Gesetz der großen Zahlen*« nennen kann. Es besteht darin, dass, wenn man sehr große Anzahlen von Erscheinungen derselben Art beobachtet, welche von constanten und von unregelmäßig veränderlichen Ursachen abhängen, die aber nicht progressiv veränderlich sind, sondern bald in dem einen, bald in dem anderen Sinne; man zwischen diesen Zahlen Verhältnisse findet, welche fast *unveränderlich* sind [Poisson 1841, V].

Mit diesem universellen Gesetz antwortete Poisson auf all die Kritiker, die seit Leibniz eine regelhaft gültige Existenz konstanter Verhältnisse bei der Beobachtung von Ereignissen angezweifelt hatten. Und er versuchte mit nicht unerheblichem mathematischen Aufwand, dieses Gesetz zu beweisen. Zu diesem Zweck modellierte er das Wirken der »constanten« und »unregelmäßig veränderlichen« Ursachen durch ein zweistufiges Zufallsexperiment und bewies in den Kapiteln 3 und 4 der *Recherches* zwei Hilfssätze, die heute als schwache Gesetze der großen Zahlen bezeichnet werden. Im ersten der beiden Sätze geht es um eine Folge von Zufallsexperimenten, die jeweils die Ereignisse E bzw. F mit dem Wahrscheinlichkeiten p_i bzw. $1-p_i$ $(i = 1, 2, \dots)$ ergeben. Bezeichnet h_μ die relative Häufigkeit des Auftretens von E in μ Versuchen, so ist es gemäß Poisson [1841, 214] bei »großem« μ »fast gewiss« dass sich h_μ von der mittleren Wahrscheinlichkeit $\sum p_i/\mu$ »sehr wenig« entfernt und sich ihr desto mehr nähert, »je größer μ noch wird«. Dies kann man in die moderne Form übersetzen, dass für alle $\varepsilon > 0$ die Aussage

$$\mathrm{P}\left(\left|h_\mu - \frac{\sum_{i=1}^{\mu} p_i}{\mu}\right| \leqslant \varepsilon\right) \to 1 \quad (\mu \to \infty) \tag{10.1}$$

besteht. Da relative Häufigkeiten als Summen von Zufallsgrößen mit den Werten 0 und 1 aufgefasst werden können, ist im Grunde diese Beziehung nur ein Spezialfall einer allgemeineren und von Poisson ebenfalls bewiesenen, die sinngemäß lautet:

$$\mathrm{P}\left(\left|\frac{\sum_{i=1}^{\mu} X_i}{\mu} - \frac{\sum_{i=1}^{\mu} \mathrm{E} X_i}{\mu}\right| \leqslant \varepsilon\right) \to 1 \quad (\mu \to \infty), \tag{10.2}$$

wobei die X_i gleichmäßig beschränkte Zufallsgrößen sind.

Wenn hier von »Zufallsgröße« die Rede ist, so umso mehr mit Recht als Poisson tatsächlich eine allgemeine Sprachregelung getroffen hat, die man mit diesem modernen Begriff in Verbindung bringen kann. In den *Recherches* (sehr ähnlich bereits in [1829]) spricht Poisson von den »Werthen« einer »Sache« (»chose«) A, die unter sich, aber auch von Versuch zu Versuch mit unterschiedlichen Wahrscheinlichkeiten auftreten können.

Bei der Untersuchung von Summen unabhängiger Zufallsgrößen startet Poisson ähnlich wie Laplace mit diskreten Größen, die Werte im Intervall $[\alpha\omega; \beta\omega]$ mit ganzzahligen $\alpha < \beta$ und einer beliebigen Einheit ω annehmen. Wie Laplace entwickelt er mit Hilfe erzeugender Funktionen mit Variablen $e^{\mathrm{i}\theta}$ eine Formel für die Wahrscheinlichkeiten der Summenwerte, geht aber dann schon zu unendlich kleinen ω (und entsprechend dem Betrag nach unendlich großen α, β) über und zeigt für die Summe S_n aus n unabhängigen Zufallsgrößen X_i mit auf das Intervall $[a, b]$ konzentrierten Dichten f_i die Formel

$$\mathrm{P}(c - \varepsilon \leqslant S_n \leqslant c + \varepsilon) = \frac{1}{\pi} \int_{-\infty}^{\infty} \left(\prod_{i=1}^{n} \int_a^b f_i(x) e^{\alpha x \sqrt{-1}} \mathrm{d}x \right) e^{-\alpha c \sqrt{-1}} \sin(\varepsilon\alpha) \frac{\mathrm{d}\alpha}{\alpha}.$$

Ausgehend von dieser Darstellung leitet Poisson Aussagen über approximative Normalverteilungen für Summen unabhängiger Zufallsgrößen X_i her, deren Dichtefunktionen alle auf ein endliches Intervall $[a, b]$ konzentriert sind und die sich in moderner Form so ausdrücken lassen:

$$P\left(\gamma \leqslant \frac{\sum_{i=1}^{n}(X_i - \mathrm{E}X_i)}{\sqrt{2\sum_{i=1}^{n}\mathrm{Var}X_i}} \leqslant \gamma'\right) \approx \frac{1}{\sqrt{\pi}}\int_{\gamma}^{\gamma'} e^{-u^2}\mathrm{d}u, \tag{10.3}$$

wobei die Approximation mit zunehmendem n immer besser und der Unterschied zwischen linker und rechter Seite bei »unendlich großem« n »unendlich klein« wird. Poisson war der Meinung, dass diese Aussage auch für diskrete Zufallsgrößen gültig sei, wobei dann die jeweilige Dichtefunktion bis auf endlich viele Punkte und »unendlich kleine« Umgebungen dieser Punkte identisch Null sein müsse. Seine Herleitung des zentralen Grenzwertsatzes (10.3) war für das gesamte 19. Jahrhundert stilbildend, zumindest im Rahmen der Anwendungen von Fouriermethoden. Noch in Lyapunovs Arbeiten zum zentralen Grenzwertsatz um 1900 (s. Kap. 13.4.1) ist der methodische Einfluss Poissons deutlich erkennbar. Dieser diskutierte auch – freilich noch in unsystematischer Weise – hinreichende Voraussetzungen für die Gültigkeit von (10.3), beispielsweise die gleichmäßige Beschränktheit der Zufallsgrößen auf einen endlichen Wertebereich $[a, b]$ (s. hierzu auch den folgenden Abschnitt).

Aus (10.3) folgt im Spezialfall $\gamma = -u, \gamma' = u > 0$ mit $n = \mu$ und unter Berücksichtigung gleichmäßig beschränkter Zufallsgrößen, also mit $|X_i| \leqslant C$:

$$P\left(\left|\frac{\sum_{i=1}^{\mu}(X_i - \mathrm{E}X_i)}{\mu}\right| \leqslant u\frac{\sqrt{2\sum_{i=1}^{\mu}\mathrm{Var}X_i}}{\mu}\right) \approx \frac{1}{\sqrt{\pi}}\int_{-u}^{u} \mathrm{e}^{-t^2}\mathrm{d}t.$$

Wenn man nun bei vorgegebenem $\varepsilon > 0$ die Substitution $\varepsilon = u\sqrt{2\sum \mathrm{Var}X_i}/\mu$ vornimmt, so ergibt sich mit

$$u = \frac{\varepsilon\mu}{\sqrt{2\sum_{i=1}^{\mu}\mathrm{Var}X_i}} \geqslant \frac{\varepsilon\sqrt{\mu}}{C\sqrt{2}}$$

die Grenzbeziehung (10.2), da ja auch das »≈« für $\mu \to \infty$ zur Gleichheit wird. Auch die speziellere Aussage (10.1) begründete Poisson durch einen eigens zu diesem Zweck in analoger Weise hergeleiteten zentralen Grenzwertsatz für zweiwertige Zufallsgrößen, wobei in diesem noch ein Korrekturglied wie in Laplaces Version des Grenzwertsatzes für die Binomialverteilung (Kap. 7.7.4) berücksichtigt wurde. Die separate Behandlung dürfte der Wichtigkeit dieses Spezialfalls geschuldet gewesen sein.

Poisson stand natürlich in der Tradition der französischen Aufklärung, und sein wahrscheinlichkeitstheoretisches Werk ist – ohne dass er diese Bezüge explizit machte – neben Laplaces *Théorie analytique* deutlich auch von den philosophischen Ideen Condorcets geprägt. Die Charakterisierung von Wahrscheinlichkeit aller Art als »Grund zu glauben«, dass ein »ungewisses« Ereignis stattfindet, gleich zu Beginn des ersten Kapitels der *Recherches*, ist direkt von Condorcet (z. B. [1785, vii], »motif de croire«) übernommen. Anders als dieser und auch anders als Laplace vollzieht dann Poisson [1837, 30 f.]; [1841, 2] allerdings eine klare Trennung zwischen subjektiven und objektiven Wahrscheinlichkeiten. Die letzteren, die »an sich« und unabhängig von Personen existieren, werden von ihm mit dem Wort »chance« bezeichnet, während die subjektiven Wahrscheinlichkeiten, die vom Kenntnisstand des jeweiligen Betrachters abhängen, mit dem üblichen »probabilité« versehen werden. Andererseits betont Poisson [1837, 31], dass er häufig die beiden Wörter synonym anwenden würde, wenn der Unterschied unwichtig sei. Tatsächlich findet man im französischen Original Stellen, in denen dieselben Wahrscheinlichkeiten einmal mit *Probabilité* und einmal mit *Chance* bezeichnet werden. In der deutschen Version werden die beiden französischen Wörter einheitlich mit »Wahrscheinlichkeit« übersetzt. Nur dann, wenn wirklich klar ist, dass *Chance* sich auf eine objektive Wahrscheinlichkeit bezieht, drückt dies der Übersetzer mit dem Begriff »abstracte Wahrscheinlichkeit« aus. Das Wahrscheinlichkeitsmaß definiert Poisson schließlich in gewohnter Weise über – subjektiv oder objektiv – gleich mögliche Fälle.

Poissons Gesetze der großen Zahlen legen nahe, dass zumindest mittlere objektive Wahrscheinlichkeiten näherungsweise erfasst werden können. Signifikante Abweichungen der Mittelwerte aus verschiedenen Beobachtungsreihen deuten dagegen auf Veränderungen der objektiven Wahrscheinlichkeiten hin, und im letzten Kapitel der *Recherches* werden auch, gestützt auf approximative Normalverteilungen für Mittelwerte großer Stichproben, solche Abweichungen auf Signifikanz getestet.

10.1.2 Poisson- und Cauchy-Verteilung

Sehr häufig werden mathematische Begriffe nicht nach ihren Urhebern benannt oder, wenn doch, so entsprechen sie nicht den besonders herausragenden Forschungsergebnissen ihrer Erfinder. Im Rahmen von Poissons stochastischem Werk gibt es gleich zwei Beispiele, die diese Beobachtung stützen.

Das erste Beispiel betrifft »natürlich« die Poisson-Verteilung. Sie wurde im Rahmen von Approximationen für die Binomialverteilung bei großen Versuchszahlen hergeleitet. Ausgedrückt in moderner Notation sucht Poisson [1841, §73–81] mit Hilfe von Reihenentwicklungen die Wahrscheinlichkeit $P(Z \leqslant k)$ dafür anzunähern, dass die Anzahl der Treffer Z in einer Bernoullikette der Länge n und der Trefferwahrscheinlichkeit p höchstens gleich k ist. Er betrachtet hierbei zwei Fälle: Einmal, mit gegenüber Laplace etwas modifizierten Methoden, den Fall einer approximativen Normalverteilung samt Korrekturglied, entsprechend (Kap. 7.7.4), wobei Poisson als Voraussetzung für eine hinreichend gute Approximation angibt, dass weder p noch $1 - p$ »sehr klein« sein dürfen. Für den Fall, dass man aber eine »sehr geringe« Wahrscheinlichkeit p hat, leitet Poisson für großes n die Näherung

$$P(Z \leqslant k) \approx \sum_{i=0}^{k} \frac{\omega^k}{k!} e^{-\omega}, \qquad \omega = np$$

her. Die rechte Seite bildet nach heutigem Verständnis die Verteilungsfunktion der »Poisson-Verteilung« mit Parameter ω. Seit längerem ist bekannt, dass bereits de Moivre – allerdings eher in impliziter Weise bei der Lösung eines spezifischen Problems – dieselbe Approximationsidee verwendet hat [Hald 1990, 214–217]. Bei Poisson tritt das Konzept der Näherungsverteilung freilich explizit auf. Aber auch im Rahmen seines Werks handelte es sich dabei eher um eine Randnotiz. Erst in dem Büchlein von Ladislaus von Bortkiewicz (1868–1931) zum *Gesetz der kleinen Zahlen* [1898] wurde die Anwendung der Poissonverteilung auf seltene Ereignisse anhand verschiedener Beispiele, etwa Todesfälle durch Hufschlag im preußischen Heer (Tab. 10.1), wirklich publik gemacht, obwohl er nicht der erste war, der die Anwendungsmöglichkeit der Poissonverteilung »wiederentdeckt« hatte. Bereits Ludwig Seidel (1821–1896) hatte auf mögliche Anwendungen bei Untersuchungen zur Häufigkeit von Kometenerscheinungen verwiesen [Seidel 1876].

Tab. 10.1: Von Bortkiewicz' [1898, 25] Werte zur Häufigkeit von Todesfällen pro Jahr durch Hufschlag innerhalb von 200 Jahren und Vergleich mit den hypothetischen Fallzahlen gemäß der Poisson-Verteilung mit dem arithmetischen Mittel 0,61 der tatsächlichen Todesfälle als Erwartungswert

Todesfälle pro Jahr	tatsächliche Häufigkeit	hypothetische Häufigkeit
0	109	108.7
1	65	66.3
2	22	20.2
3	3	4.1
4	1	0.6
$\geqslant 5$	—	0.1

Wenn man bei sehr prioristischer Betrachtung die Berechtigung der Benennung der Poissonverteilung nach Poisson anzweifeln könnte, so gibt es doch eine Verteilung, die seinen Namen tragen müsste: die heute so genannte Cauchy-Verteilung. Im Rahmen der Diskussion von Voraussetzungen zum zentralen Grenzwertsatz war eine der Forderungen von Poisson, dass die Taylorentwicklungen der Beträge der charakteristischen Funktionen der einzelnen Zufallsgrößen kein lineares Glied enthalten, eine Forderung, die bei beschränkten Zufallsgrößen immer erfüllt ist. Als Gegenbeispiel führte Poisson [1824, 278] identisch verteilte Zufallsgrößen X_i mit der Dichte $f(x)$ bzw. der charakteristischen Funktion $\varphi(\alpha) = \int_{-\infty}^{\infty} f(t) e^{i\alpha t} dt$ an, wobei

$$f(x) = \frac{1}{\pi(1+x^2)} \text{ und } \varphi(\alpha) = |\varphi(\alpha)| = e^{-|\alpha|} = 1 - |\alpha| + \frac{\alpha^2}{2} - \dots$$

Die charakteristische Funktion von $\sum_{i=1}^{n} X_i$ ist im vorliegenden Fall gleich dem Produkt der einzelnen charakteristischen Funktionen, also $\mathrm{e}^{-n|\alpha|}$, und daraus folgt, dass die Dichte dieser Summe gleich $f(x/n)/n$ ist, das heißt bis auf eine affine Koordinatentransformation der Dichte jeder einzelnen Zufallsgröße entspricht. Die Verteilung der Summe dieser Zufallsgrößen weicht folglich für alle n erheblich von einer Normalverteilung ab. Cauchy hat – ohne Poisson zu erwähnen – eben diese Eigenschaft herangezogen, um in seiner Kontroverse mit Bienaymé (1853, s. Kap. 9.7.3) die Relevanz der Laplaceschen Fehlertheorie, die ja auf der Vorstellung einer asymptotischen Normalverteilung für Summen bzw. Linearkombinationen von Beobachtungsfehlern beruht, in Zweifel zu ziehen. Poisson hatte dagegen ca. 30 Jahre zuvor betont, dass es Beobachtungsfehler mit einer solchen seltsamen Dichte gar nicht geben könne.

10.1.3 Das »Fehlerintegral«

Eine ganz wesentliche Rolle in der Wahrscheinlichkeitsrechnung spielt natürlich das Integral

$$\int_{-\infty}^{\infty} \mathrm{e}^{-x^2} \mathrm{d}x = \sqrt{\pi},$$

häufig auch als »Fehlerintegral« bezeichnet. Die Wertbestimmung dieses Integrals bezeichnete Gauß [1809, Nr. 177] als »theorema elegans«, das »zuerst von Laplace gefunden« worden sei. Tatsächlich hatte Laplace [1774a] durch die Variablensubstitution $x = \sqrt{-\log \mu}$ die Umformung

$$\int_{0}^{\infty} \mathrm{e}^{-x^2} \mathrm{d}x = \frac{1}{2} \int_{0}^{1} \frac{1}{\sqrt{-\log \mu}} \mathrm{d}\mu$$

erzielt und mit Hilfe eines Ergebnisses von Euler durch eine aus heutiger Sicht gewagt erscheinende Argumentation den Wert des rechten Integrals zu $\sqrt{\pi}$ berechnet. Alsbald stellte allerdings der Astronom Barnaba Oriani (1752–1832) fest, dass Euler selbst bereits vor Laplace den Wert dieses rechten Integrals herausgefunden hatte [Bru und Bru 2018, Bd. 2, S. 382 ff.]. Es war freilich ein Desideratum, diese recht komplizierten Herleitungen durch eine elementarere zu ersetzen. Und offenbar war es Poisson, der die auch heute noch weitverbreitete Lehrbuchvariante fand. Das Fehlerintegral spielt auch in der Wärmeleitung eine wichtige Rolle, und so finden wir die Herleitung in Poissons *Théorie mathématique de la chaleur* [1835, Nr. 74]: Es ist

$$k^2 := \left(\int_{-\infty}^{\infty} \mathrm{e}^{-x^2} \mathrm{d}x \right)^2 = \int_{-\infty}^{\infty} \mathrm{e}^{-x^2} \mathrm{d}x \int_{-\infty}^{\infty} \mathrm{e}^{-y^2} \mathrm{d}y = \int_{-\infty}^{\infty} \int_{-\infty}^{\infty} \mathrm{e}^{-(x^2+y^2)} \mathrm{d}x \mathrm{d}y.$$

Da für (x, y) mit $x^2 + y^2 = r^2$ sich stets derselbe, nur von r abhängige, Wert der Integrandenfunktion ergibt, ist das letzte Integral gleich dem Volumen eines Rotationskörpers, dessen Rotationsachse die z-Achse ist (vgl. Abb. (10.2)). Es kann folglich durch »Aufsummierung« von Zylinderringen der Höhe $\exp(-r^2)$ und der infinitesimalen Grundfläche $2\pi r dr$ berechnet werden. Daher gilt

$$k^2 = \pi \int_0^\infty 2r\mathrm{e}^{-r^2}\mathrm{d}r = -\pi \int_0^\infty \frac{\mathrm{d}}{\mathrm{d}r}\mathrm{e}^{-r^2}\mathrm{d}r = \pi, \quad k = \sqrt{\pi}.$$

Poisson kann also auch mit großer Wahrscheinlichkeit das Verdienst zugebilligt werden, eine besonders einfache Herleitung für dieses in vielerlei Kontexten vorkommende Integral gefunden zu haben.

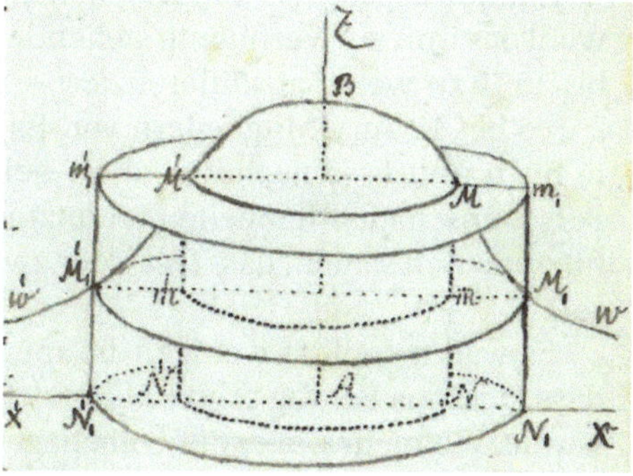

Abb. 10.2: Bereits im Sommersemester 1840 hat Dirichlet in seiner Vorlesung über Integralrechnung die Herleitung von Poisson präsentiert. Dabei wurde sehr genau mit Hilfe von äußeren und inneren Stufenkörpern argumentiert, wie aus dieser Skizze in der Vorlesungsmitschrift des Studenten Ludwig Seidel hervorgeht.

10.1.4 Die Anwendung der Theorie auf Gerichtsurteile

Condorcet hatte verschiedentlich die Absicht bekundet, seine stochastischen Modelle zu Zeugenaussagen und Gerichtsurteilen durch statistisches Material zu untermauern. Erst Poisson hat freilich diesen Anspruch wirklich eingelöst und hierfür einen sehr bemerkenswerten Ansatz vorgestellt (s. [Hald 1998, 582–586] für eine eingehende Analyse). Insbesondere gelang es Poisson, die von ihm heftig kritisierten Gleichverteilungsannahmen für A-priori-Wahrscheinlichkeiten durch Einbeziehung von statistischen Erhebungen zu ersetzen. Bei einer Jury mit n Mitgliedern ging Poisson von einem Modell des individuellen Abstimmungsverhaltens aus, das darauf hinausläuft, dass alle Mitglieder unabhängig voneinander mit derselben Wahrscheinlichkeit u korrekt urteilen. Wenn k die Wahrscheinlichkeit bezeichnet, dass ein beliebiger Angeklagter, der vor Gericht erscheinen muss, tatsächlich schuldig ist, folgt für die Wahrscheinlichkeit γ_i seiner Verurteilung mit $n - i$ gegen i Stimmen:

$$\gamma_i = \binom{n}{i}\left[ku^{n-i}(1-u)^i + (1-k)u^i(1-u)^{n-i}\right].$$

Die Wahrscheinlichkeit c_i dafür, dass ein Angeklagter mit mindestens $n-i$ aus insgesamt n Stimmen verurteilt wird, ist dann:

$$c_i = \gamma_i + \gamma_{i-1} + \cdots + \gamma_0.$$

Wenn die c_i durch relative Häufigkeiten, gewonnen aus den mittlerweile vorliegenden statistischen Erfassungen, ersetzt werden, erhält man Gleichungen, aus denen k und u ermittelt werden können. Mit k und u gelingt es schließlich über einen Bayes-Ansatz, die Wahrscheinlichkeit P_{mn} dafür zu bestimmen, dass ein Angeklagter tatsächlich schuldig ist, wenn er mit m gegen $n-m$ Stimmen verurteilt worden ist.

Einmal abgesehen von möglichen Einwänden gegen Poissons Modell war wohl das ihm zur Verfügung stehende statistische Material aus den Jahren 1825 bis 1831 zu wenig ausdifferenziert – letztlich lagen nur Zahlen für $i = 4$ und $i = 5$ bei 12 Jury-Mitgliedern vor. Es ergaben sich sehr unterschiedliche Werte für u und k, je nachdem ob es sich um Eigentumsdelikte oder Delikte mit Personenschaden handelte (bei letzteren ergab sich nur $k = 0,54$, was darauf hinzudeuten schien, dass fast jeder zweite vor Gericht erscheinende unschuldig sei).

Es waren freilich weniger die methodischen Einwände, die dafür sorgten, dass Poissons Beitrag schon kurz nach erstem Erscheinen 1835 heftig kritisiert wurde. Vielmehr war es das Unbehagen darüber, dass für einen Bereich menschlicher Willensfreiheit eine Art Gesetz- und Regelmäßigkeit postuliert wurde, die etwa von Louis Poinsot (1777–1859) als »aberration de'l esprit« bezeichnet wurde. Da half es auch nichts, dass Claude Louis Marie Henri Navier (1785–1836) eine frequentistische Deutung der Ergebnisse Poissons vorschlug. Die dort berechneten Wahrscheinlichkeiten entsprächen nur Durchschnittszahlen, die für Einzelfälle gar nicht relevant seien (zu den Reaktionen auf Poissons Theorie s. [Schneider 1987, 197–200]; [Daston 1988, 363–369]).

Tatsächlich war der Poissonsche »Skandal« weniger Ursache als vielmehr Symptom dafür, dass ab ca. 1840 für die Wahrscheinlichkeitsrechnung der Bereich individueller menschlicher Entscheidungen kaum mehr eine Rolle spielte. Es gab aus verschiedenen philosophischen Richtungen heraus, von Persönlichkeiten wie Victor Cousin (1792–1867), Auguste Comte (1798–1857), John Stuart Mill (1806–1873, Abb. 10.8) oder auch Jakob Friedrich Fries (1773–1843, Abb. 10.7), eine strikte Ablehnung der mathematischen Erfassung dieses Bereichs. Nimmt man zudem Laplaces *Théorie analytique* als Vorschlag für all die stochastischen Problemstellungen, die im 19. Jahrhundert einer weiteren Entwicklung offenstanden, so stellt man fest, dass Gerichtsurteile oder Zeugenaussagen dabei einen insgesamt nur sehr geringen Teil einnahmen. Das Werk der zweiten, für die Weiterentwicklung der Wahrscheinlichkeitsrechnung maßgeblichen Person, Gauß, war ohnehin praktisch ausschließlich der Fehlerrechnung gewidmet.

10.2 Gauß' Impulse zu einer allgemeinen Wahrscheinlichkeitstheorie

Passend zu seiner offiziellen Funktion als Astronom und Geodät beschränkten sich die stochastischen Aktivitäten von Carl Friedrich Gauß (1777–1855) fast ausschließlich auf die Fehlerrechnung. Statistische Untersuchungen im Zusammenhang mit der Pensionskasse der Universität in Göttingen wurden erst aus seinem Nachlass bekannt [Schneider 1981b]. Über Gauß' Beiträge zur Methode der kleinsten Quadrate wird im Kapitel über Fehlerrechnung (s. Kap. 9.5) ausführlich berichtet. Da seine theoretischen Ansätze aber einen erheblichen Einfluss auf die Wahrscheinlichkeitsrechnung im Ganzen hatten, wollen wir hier die wichtigsten Ideen zusammenfassen.

Am prominentesten ist der Name »Gauß-Verteilung«, der heute synonym zu »Normalverteilung« verwendet wird. Natürlich waren Wahrscheinlichkeiten, die über die Funktion e^{-hx^2} zu berechnen waren, bereits im 18. Jahrhundert häufig aufgetreten. Aber erst durch Gauß [1809] fanden sie als spezielle »Fehlergesetze«, und damit als eigenständige mathematische Objekte Verbreitung. Dieser Entwicklung entsprechend wurden von Gauß [1823a] die beiden wichtigsten Parameter von Fehlergesetzen nicht nur als rechnerische Größen (so wie bei Laplace und auch noch bei Poisson) betrachtet, sondern es wurde ihnen eine besondere stochastische Bedeutung zugebilligt: Für Fehlergesetze φ mit Träger (a, b) wurde $k = \int_a^b x\varphi(x)\mathrm{d}x$ als »mittlerer Werth«, $m^2 = \int_a^b x^2\varphi(x)\mathrm{d}x$ als Quadrat des »mittleren Fehlers« m, und m' mit

$$m'^2 = \int_a^b (x-k)^2\varphi(x)\mathrm{d}x = m^2 - k^2$$

als »mittlerer Fehler der verbesserten Beobachtungen« bezeichnet. Gauß bewies auch bereits den Zusammenhang für den mittleren Fehler M einer Linearkombination $\sum \lambda_i\epsilon_i$ unabhängiger Beobachtungsfehler ϵ_i mit deren mittleren, von einem »constanten Theil freien« (d.h. $k = 0$) Fehlern m_i, nämlich $M^2 = \sum \lambda_i^2 m_i^2$. Für unimodale Fehlergesetze φ mit Modalwert 0 entwickelte Gauß ferner eine Ungleichung, die einen Zusammenhang zwischen m und Wahrscheinlichkeiten für Intervalle $[-a; a]$ herstellte und einer Verschärfung der Bienaymé-Chebyshevschen Ungleichung entspricht. Mit seiner Betonung der Bedeutung des mittleren Fehlers kam Gauß in nächste Nähe von Überlegungen, die später Chebyshev mit »seiner« Ungleichung zum Gesetz der großen Zahlen anstellte. So berechnete Gauß (ebenfalls in der 1823er Arbeit) für unabhängige Beobachtungsfehler $x_1, \dots, x_\sigma$ ohne »constanten Theil« und mit jeweils demselben Fehlergesetz φ das Quadrat des mittleren Fehlers der Größe $y - m^2$, wobei $y = \sum x_i^2/\sigma$, zu

$$\frac{n^4 - m^4}{\sigma}, \quad \left(n^4 = \int_{-\infty}^{\infty} x^4\varphi(x)\mathrm{d}x\right).$$

Er schloss daraus in einer Plausibilitätsbetrachtung:

> … die Wahrscheinlichkeit aber, dass ein gelegentlicher Werth des y von dem mittleren m^2 nicht wesentlich abweiche, wird sich stetig umso mehr der Gewissheit nähern, je mehr die Zahl σ wächst.

Von 1830 bis 1832 stellte Carl Friedrich Hauber (1804–1831) eine mehrteilige »Theorie der mittleren Werthe« vor, in der er mit theoretischen Konzepten von Laplace, Gauß und Poisson (bei letzterem aus seinen bis dato erschienenen Artikeln) begann. Vermutlich von dem allgemeinen Ansatz Poissons in dessen Arbeit von 1829 inspiriert, sprach Hauber allgemein von »unbestimmten Größen«, und er unterschied in seiner Darstellung zwischen diesen Größen selbst und ihren »möglichen Werthen«. Im Prinzip bewies Hauber im ersten Aufsatz der Serie ausführlich alle Sätze über Erwartungswerte und Varianzen von Zufallsgrößen und Summen aus Zufallsgrößen, wie sie heute geläufig sind. Der größte Teil der folgenden Hauberschen Arbeiten bestand freilich aus einer Rekapitulation von Anwendungen, besonders in der Fehlerrechnung. Der – im Übrigen von den Zeitgenossen nicht sehr beachtete – Beitrag Haubers (er wurde aber immerhin in Czubers »Bericht« [1899, 163] erwähnt), zeigt den Stand der Wahrscheinlichkeitsrechnung gegen Ende des ersten Drittels des 19. Jahrhunderts gut auf: Ein – auch heute noch relevanter – theoretischer Kern wird zwar klar erkannt, die verschiedenen Anwendungen, die sich in vielen Fällen auf große Zahlen beziehen, stehen jedoch nach wie vor im Vordergrund.

10.3 Zu den Rahmenbedingungen der Wahrscheinlichkeitsrechnung ab ca. 1830

Gemäß der von Laplace propagierten universellen Anwendbarkeit der Wahrscheinlichkeitsrechnung gewannen ab dem zweiten Drittel des 19. Jahrhunderts vor dem Hintergrund der allgemeinen politischen und wirtschaftlichen Entwicklung die Statistik und die Versicherungsmathematik an weiterer Bedeutung, wobei jetzt die Gewinnung und Aufbereitung der Daten besonders im Vordergrund standen. Die Fehlerrechnung, von der im Gegensatz zu diesen beiden Gebieten auch theoretische Impulse in Richtung der Wahrscheinlichkeitsrechnung ausgingen, hatte sich um diese Zeit schon fest etabliert und ein beachtliches mathematisches Niveau erreicht. Ein weiteres Anwendungsgebiet, die kinetische Gastheorie, sollte noch kurz nach der Jahrhundertmitte eine immer größere Bedeutung erlangen.

10.3.1 Der innermathematische Rahmen

Wesentlich für die Weiterentwicklung einer Wahrscheinlichkeitstheorie im engeren Sinne waren aber besonders die sich ändernden mathematischen Standpunkte und Standards. Die Mathematik gab zunehmend ihre ontologischen Bindungen an eine wie auch immer geartete physische Realität auf und konzentrierte sich auf eine genauere Auslotung ihrer Grundbegriffe. Besonders durch die französische Revolution war der allgemeine Glaube an natürliche, vernunftbasierte Standards erschüttert worden, sodass in der Zeit nach der Aufklärung, auch entsprechend den vorherrschenden philosophischen Strömungen, eine verstärkte Untersuchung der Grundlagen und Grenzen mathematischer Erkenntnis stattfand. Die damit einhergehende stärkere Betonung der reinen Mathematik wurde auch durch den geänderten akademischen Beschäftigungsrahmen von Mathematikern beeinflusst: von den Akademien des 18. Jahrhunderts hin zu den Universitäten des 19. Jahrhunderts [Schneider 1981c].

Besonders in der Analysis, wo es zudem zu einer gewissen Erschöpfung der anwendungs- und kalkülbetonten Problemstellungen gekommen war, drückte sich die »neue Mathematik« deutlich aus. Diese Entwicklung ist zunächst eng mit Augustin Louis Cauchy (1789–1857) und seinen einschlägigen Werken, etwa dem *Cours d'analyse* (1821) oder den *Leçons sur le calcul infinitésimal* (1823) verbunden. Hier wurde ein begriffsbezogener Aufbau der Analysis, basierend auf Grenzwert und Stetigkeit (s. hierzu besonders [Spalt 2015]), gegeben, wie er grundsätzlich als Muster für entsprechende spätere Untersuchungen im 19. Jahrhundert diente. Im deutschsprachigen Bereich wurde Cauchys Ansatz durch Gustav Lejeune Dirichlet (1805–1859) und von ihm beeinflusste Mathematiker, wie etwa Rudolf Lipschitz (1832–1903), Eduard Heine (1821–1881), Seidel und vor allem auch Bernhard Riemann (1826–1866) weiterverbreitet. Schließlich etablierte sich in Nachfolge von Karl Weierstraß (1815–1897) ab dem letzten Drittel des 19. Jahrhunderts die heute gewohnte »Epsilontik«. Die veränderten Maßstäbe für analytische Strenge hatten letztlich auch eine Auswirkung auf die Wahrscheinlichkeitsrechnung und hier besonders auf Argumentationen im Bereich zentraler Grenzwertsätze.

Die verstärkte Berücksichtigung von Grundlagenfragen fand in der Wahrscheinlichkeitsrechnung auch ihren Niederschlag in Untersuchungen zur philosophischen Interpretation des Wahrscheinlichkeitsbegriffs. Während Laplace noch von einer engen Verzahnung subjektiver und objektiver Wahrscheinlichkeiten ausgegangen war, kam es im 19. Jahrhundert ab Cournot (1843) zu einer strikten Ausdifferenzierung dieser Auffassungen (s. Abschn. 10.5).

10.3.2 Nationale Entwicklungen in Lehre und Forschung: eine kleine Rundreise durch Europa

Bis in die letzten Jahrzehnte des 19. Jahrhunderts hinein war die Weiterentwicklung der eher mathematisch ausgerichteten Stochastik stark von der Verarbeitung, Modifikation und Generalisierung der in der *Théorie analytique* vorgestellten Methoden und Konzepte geprägt, auch wenn dieses Werk selbst, das als besonders schwer zu lesen galt, vermutlich nur wenige ausführlich studiert haben. Damit wird die besondere Bedeutung der Lehre, gerade für den Fortschritt der eher theoretischen Ideen, deutlich.

Doch eben in der Lehre blieb die Lage im internationalen Kontext zumeist defizitär. Abgesehen von der Fehlerrechnung, die sehr oft im Rahmen der Astronomie und Geodäsie unterrichtet wurde, kam die Wahrscheinlichkeitsrechnung im 19. Jahrhundert nicht über den Status eines Wahlfachs hinaus, auch wenn sie als spezifisches Gebiet in der Lehrbuchliteratur durchaus sichtbar war. Allmählich und ansatzweise bildeten sich auch gewisse nationale Eigenheiten heraus.

In Frankreich wurden während des 19. Jahrhunderts Kurse in Wahrscheinlichkeitsrechnung selbst an den Elitehochschulen nur in einem relativ geringen Gesamtumfang und mit eher bescheidenem Niveau abgehalten (für eine Übersicht s. [Meusnier 2006]). Das elementar gehaltene Buch (erste Aufl. [1816]) von Sylvestre Lacroix (1765–1843) diente an der *École polytechnique* (Abb. 10.3, links), an der das Fach noch in der größten Kontinuität ab 1819 unterrichtet wurde, mindestens bis 1873 als hauptsächliches Lehrwerk. In diesem Jahr gab der *Répétiteur* an dieser Hochschule Hermann Laurent (1841–1908, nicht zu verwechseln mit Pierre Adolphe Laurent, 1813–1854, nach dem die »Laurent-Reihe« benannt ist) ein durchaus anspruchsvolles neues Lehrbuch heraus, das sowohl in analytischer Hinsicht wie auch bezüglich der stochastischen Anwendungen, vor allem auf Versicherungen, ein bemerkenswertes Niveau aufweist. Es ist freilich zu bezweifeln, dass dieses Buch tatsächlich im Lehrbetrieb eine wesentliche Rolle gespielt hat.

Abb. 10.3: Links: Portal des ehemaligen Gebäudes der *École polytechnique*. Rechts: ehemaliges Kollegiengebäude der Universität St. Petersburg

Zwischen 1819 und 1838 wurde an der *École polytechnique* ein aus fünf mehrstündigen Lektionen bestehender Kurs in *Arithmétique sociale* mit einem gewissen Schwerpunkt auf Renten und Lebensversicherungen gegeben, danach wurde die Wahrscheinlichkeitsrechnung als Teil der angewandten Analysis je nach Vorlieben des zuständigen Dozenten behandelt. Die Fehlerrechnung wurde in die Astronomie ausgegliedert. Von 1854 bis 1894 übernahm Joseph Bertrand (1822–1900) in den geraden Jahren den Unterricht mit der Zielsetzung einer kritischen Durchdringung der Grundlagen der Wahrscheinlichkeitsrechnung, wovon auch sein Buch von 1888 zeugt. In den ungeraden Jahren fand Wahrscheinlichkeitsrechnung praktisch nicht statt, sodass viele Studierende mit diesem Gebiet nur oberflächlich im Artillerieunterricht in Berührung kamen.

Die von Poisson initiierten Kurse an der *École normale superieure* und der *Faculté des sciences* der Pariser Universität in den 1830er und 1840er Jahren fanden mit deutlich höherem analytischen Niveau statt, wovon auch das 1837er Buch von Poisson Auskunft gibt; das Hörerinteresse blieb aber recht gering. Bis zum Ende des 19. Jahrhunderts wurden hier nur noch sporadisch Lehrveranstaltungen zur Wahrscheinlichkeitsrechnung angeboten, beispielsweise im Studienjahr 1893/94 eine von Henri Poincaré (1854–1912) gehaltene Vorlesung an der *Faculté des Sciences*, die auch seinem Buch von 1896 zugrunde lag.

Bis ca. 1850 führte der offenbar noch anhaltende Einfluss von Laplace und Poisson zu bemerkenswerten Ergebnissen französischer Mathematiker, wie Cournot im philosophisch-kritischen Bereich, Bienaymé oder auch Cauchy in der Fehlerrechnung. In der zweiten Jahrhunderthälfte freilich sind kaum mehr wirklich signifikante Forschungsergebnisse bemerkbar.

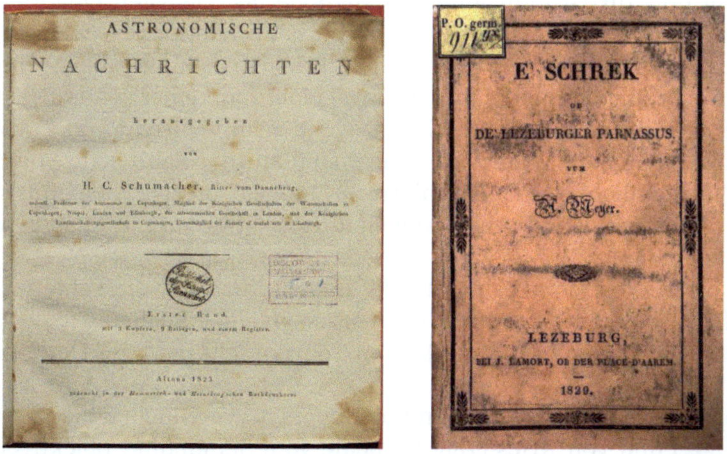

Abb. 10.4: Links: erste Ausgabe der *Astronomischen Nachrichten*. Rechts: Titelblatt der ersten Publikation von Antoine Meyer auf Lëtzebuergesch: »Ein Schritt auf den Luxemburgischen Parnass«

In den deutschsprachigen Ländern dagegen blieb während des gesamten 19. Jahrhunderts der Einfluss des romantisch verklärten Heroen Gauß spürbar, wenn auch nur im Spezialgebiet der Fehlerrechnung. Stark zur »Popularisierung« der Fehlerrechnung in Deutschland trug in der zweiten Hälfte des 19. Jahrhunderts bei, dass dieser Zweig der Wahrscheinlichkeitsrechnung nicht nur Voraussetzung für tiefergehende universitäre Studien in Astronomie und höherer Geodäsie war, sondern auch zunehmend Pflichtfach in allen Ausbildungsgängen der Vermessungstechnik und allgemeiner des gesamten Bauwesens an polytechnischen Schulen (den späteren technischen Hochschulen). »Wahrscheinlichkeitsrechnung« wurde so zum Synonym für die Fehlerrechnung. Die 1821 gegründeten *Astronomischen Nachrichten* (Abb. 10.4, links) und ab 1871 die *Zeitschrift für Vermessungswesen* enthalten eine Vielzahl von originellen Ideen zur Fehlerrechnung, die Konzepte der statistischen Schätztheorie vorwegnahmen und auch die Wahrscheinlichkeitstheorie befruchteten (zufällige Beobachtungsfehler sind ja spezielle Zufallsgrößen). Wer sich vom hohen Niveau, aber auch den – nicht einem veralteten Stil geschuldeten – Schwierigkeiten überzeugen will, der möge etwa einen Blick in das Buch von Friedrich Robert Helmert (1843–1917) über die *Methode der kleinsten Quadrate* von 1872 werfen, das aus Vorlesungen am Aachener Polytechnikum (der jetzigen RWTH Aachen) hervorgegangen ist.

Zumindest in der ersten Hälfte des Jahrhunderts gab es aber noch eine interessante »Sonderentwicklung« in Berlin: Dirichlet, der in Paris von 1822 bis 1826 studiert hatte, hatte sich dort offensichtlich auch sehr intensiv mit der Poissonschen Wahrscheinlichkeitstheorie beschäftigt. In Berlin hielt er zwischen 1829 und 1850 insgesamt 9 Lehrveranstaltungen zur Wahrscheinlichkeitsrechnung und zur Grundlegung der Methode der kleinsten Quadrate – diese nicht gemäß Gauß, sondern im Anschluss an Laplace [Fischer 1994]. Für Dirichlet waren offenbar die analytischen Problemstellungen der Wahrscheinlichkeitsrechnung besonders interessant. Leider hat keiner seiner Schüler diesen Ansatz wesentlich vorangetrieben, wenn man vielleicht von Ludwig Seidel absieht, der an der Münchner Universität ab 1846 zahlreiche Vorlesungen zur Wahrscheinlichkeits- und Fehlerrechnung gab, dessen Forschungsinteressen aber eher in stochastischen Anwendungen, etwa auf die Ausbreitung von Krankheiten, lagen.

An Lehrwerken fehlte es nicht. Dies betrifft nicht nur die Fehlerrechnung. Vielmehr wurden auch wichtige französischsprachige Bücher, wie das von Lacroix, das von Poisson oder auch das von Cournot sehr rasch ins Deutsche übersetzt.

Im philosophischen Bereich sind besonders hervorzuheben die Studien von Fries (1842) und von Kries (1886) – beide vom Standpunkt objektiver Wahrscheinlichkeiten aus – sowie von Stumpf (1892), der eine subjektiv-logische Interpretation vertrat (s. Abschn. 10.5).

Im Gegensatz zu Frankreich und Deutschland gab es in Großbritannien keinen »Helden«, an dem man sich zunächst in der Wahrscheinlichkeitsrechnung hätte orientieren können. Trotzdem bestanden gerade dort das ganze Jahrhundert hindurch sehr rege Forschungsaktivitäten, freilich ohne dass diese signifikant von entsprechenden Lehraktivitäten begleitet gewesen wären. Der Erfolg der »englischen statistischen Schule« ab ca. 1870 beruhte zumindest teilweise auf diesem Fundament, wenngleich ausgerechnet Galton als ihr Gründer nur als mathematischer Amateur bezeichnet werden kann.

Abb. 10.5: Zwei für die Mathematik besonders wichtige Colleges der Universität Cambridge. Links: Eingang zum St. John's College. Rechts: Great Court des Trinity College

Fast alle der bedeutenden britischen Stochastiker des 19. Jahrhunderts absolvierten ein mathematisches Studium an der Universität Cambridge (Abb. 10.5) und belegten im mathematischen »Tripos«, der Abschlussprüfung des Bachelorstudiums, einen der vordersten Plätze, deren Inhaber als »Wrangler« bezeichnet wurden (die genaue Bedeutung von »Tripos«, eigentlich einem dreibeinigen Hocker, ist in diesem Zusammenhang nicht sicher geklärt). Derweil spielte Wahrscheinlichkeitsrechnung im Studium selbst offenbar keine große Rolle, wenn man die noch verfügbaren Prüfungsaufgaben von Cambridge als Maßstab [Rouse Ball 1889] heranzieht.

Besondere Verdienste um die Aufbereitung der Laplaceschen Theorie für das britische Publikum erwarb sich Augustus de Morgan (1806–1871) mit zwei Monographien [1837b; 1838]. Die erste enthält eine ausführliche und kritische Bestandsaufnahme der Laplaceschen Arbeiten mit dem Anspruch eines weniger aufwendigen analytischen Vorgehens, die man insgesamt aber kaum als leichter lesbar als die ursprünglichen Texte einschätzen kann. Die zweite ist populär gehalten und enthält auch eine für das ganze 19. Jahrhundert recht einflussreiche Einführung in die Versicherungsmathematik. De Morgan vertrat eine dezidiert subjektive Wahrscheinlichkeitsinterpretation.

Damit unterschied er sich von praktisch allen anderen britischen Autoren (Abb. 10.8), die über philosophische Aspekte des Wahrscheinlichkeitsbegriffs schrieben und dabei die frequentistische Grundlegung bevorzugten, wie George Boole (1815–1864), John Stuart Mill (1806–1873), Robert Leslie Ellis (1817–1859) und besonders John Venn (1834–1923), der mit seiner *Logic of Chance* (erste Aufl. 1866) einen starken Einfluss noch zu Beginn des 20. Jahrhunderts ausübte.

Im Bereich der »analytischen« Wahrscheinlichkeitsrechnung sind besonders die Beiträge von Ellis, James Whitbread Lee Glaisher (1848–1928) und Morgan William Crofton (1826–1915) zur asymptotischen Grundlegung der Methode der kleinsten Quadrate hervorzuheben. Crofton stellt eine der wenigen Ausnahmen dar, die nicht in Cambridge studiert haben, und er profilierte sich auch als einer der Propagatoren der »modernen« Theorie der geometrischen Wahrscheinlichkeiten.

Das *Institute of Actuaries* wurde 1848 in London als erste Aktuarsvereinigung weltweit gegründet. Dieser Vorsprung führte im 19. Jahrundert zu einer gewissen Vorreiterrolle der englischen Versicherungsmathematik, was sich schon in der allgemeinen Übernahme der vom *Institute* eingeführten symbolischen Notationen bemerkbar machte. 1856 folgte für Schottland die *Faculty of Actuaries.*

Die Vielseitigkeit der britischen Stochastik wird schließlich auch noch dadurch unterstrichen, dass sie mit Maxwell die neben Boltzmann zweite führende Persönlichkeit in der kinetischen Gastheorie hervorbrachte.

Ähnlich wie für die britische Mathematik de Morgan, so führte für die russische Mathematik Viktor Yakovlevich Bunyakovskii (1804–1889) durch ein grundlegendes, an Laplaces *Théorie analytique* angelehntes Werk [1846] in die Wahrscheinlichkeitsrechnung ein. Bunyakovskii hatte in den 1820ern in Paris studiert und war von 1846 bis 1880 Professor an der St. Petersburger Universität (Abb. 10.3, rechts). Dort waren bereits ab 1837 Lehrveranstaltungen zur Wahrscheinlichkeitsrechnung, zunächst durch Vikentii Aleksandrovich Ankudovich (ca. 1790–1876) durchgeführt worden. An der Moskauer Universität fanden entsprechende Kurse ab 1850 statt. Auffällig ist, welchen Wert Bunyakovskii und andere russische Mathematiker der Lebensversicherungsmathematik und der damit verbundenen Bevölkerungsstatistik beimaßen, indem sie einerseits auf die von Laplace geäußerte Nützlichkeit solcher Unternehmungen und gleichzeitig auf den Nachholbedarf Russlands im Versicherungswesen hinwiesen [Maistrov 1974, chapt. III, 12]; [Seneta 1998].

Ab den 1860er Jahren gab Chebyshev in St. Petersburg Vorlesungen zur Wahrscheinlichkeitsrechnung, die in der Laplace-Poissonschen bzw. – was die Fehlerrechnung betrifft – auch Gaußschen Nachfolge waren. Diese eher traditionelle Ausrichtung der Lehrveranstaltungen wird aber kontrastiert durch wenige, aber innovative Arbeiten, die Chebyshev zur Wahrscheinlichkeitsrechnung publizierte und vor allem den Einfluss, den er damit auf seine Schüler, besonders Markov und Lyapunov ausübte. Näheres hierzu wird in Abschnitt 10.8 beleuchtet.

Insgesamt fanden aber auch in Russland während des 19. Jahrhunderts Kurse zur Wahrscheinlichkeitsrechnung nur in eher sporadischer Form außerhalb des Pflichtkanons statt.

Wie es aussieht, war das kleine Belgien Vorreiter, wo unter dem Einfluss von Adolphe Quetelet (1796–1874) in der Wahrscheinlichkeitsrechnung ab den 1830er Jahren ein fest etabliertes Programm durchgeführt wurde [Mazliak 2021,

322–325]. Die Vorlesungen von Antoine Meyer (1801–1857) in Lüttich und Emmanuel-Joseph Boudin (1820-1893) in Gent erschienen 1874 bzw. 1916 in Buchform. Das Werk von Boudin wurde allerdings erst posthum durch den auch in der Stochastik recht aktiven und in der belgischen Mathematik sehr einflussreichen Paul Mansion (1844–1919) herausgegeben, der ab 1867 ebenfalls in Gent wirkte. Das Lehrbuch von Meyer, das 1879 ins Deutsche übersetzt wurde, zeugt von einer sehr gründlichen Aufarbeitung der gesamten Laplace-Poissonschen Theorie einschließlich Lebensversicherungen und Methode der kleinsten Quadrate. Meyer trat nicht nur als Mathematiker hervor, sondern auch – und insbesondere – als Schöpfer der luxemburgischen Schriftsprache, für die er das erste Regelwerk schuf (Abb. 10.4, rechts).

Die kleine Rundreise durch Europa zeigt wesentliche Merkmale der äußeren Entwicklung der Wahrscheinlichkeitsrechnung im 19. Jahrhundert: Die Lehre, die meist an die Vorbilder Laplace und Poisson angelehnt ist, allerdings Laplaces Lieblingsthema »erzeugende Funktionen« vermeidet, ist in der Regel noch nicht systematisch organisiert, wenn man von der Fehlerrechnung absieht. Dieses Gebiet sowie die Anwendungen auf Versicherungen und später auch auf die kinetische Gastheorie erhalten zunehmend Gewicht. Der theoretische Kern der Wahrscheinlichkeitsrechnung bleibt aber mit wenigen Ausnahmen – die besonders mit dem Namen Chebyshevs verbunden sind – unverändert. Themen, die Zeugenaussagen und Gerichtsurteile betreffen, finden sich zwar noch verbreitet in Lehrbüchern, sie spielen aber für die Forschung keine Rolle mehr. Eine beginnende Trennung der Literatur in eher mathematische und eher philosophische Ausrichtung ist deutlich erkennbar.

In den folgenden Abschnitten werden wir diese verschiedenen Aspekte näher beleuchten.

10.4 Versicherungsmathematik im 19. Jahrhundert

Laplace ist in seiner *Théorie analytique* nur kurz in der Nr. 40 des zweiten Teils auf von Lebensdauern abhängige Versicherungen eingegangen. Allerdings enthalten die wenigen Seiten den Kernbestandteil dessen, was im 19. Jahrhundert tatsächlich relevant wurde. Ausgangspunkt war das mittlerweile allgemein akzeptierte mathematische Modell für Leibrenten, wie es prinzipiell bereits bei Jan de Witt (1671, s. Kap. 4.4) zu finden ist. Die Basis für dieses Modell ist der Grundsatz eines fairen Kontraktes zwischen Versicherer und Versichertem unter Berücksichtigung der Verzinsung von einbezahltem und zunächst zurückgehaltenem Kapital. Da sich im 19. Jahrhundert entsprechend der wirtschaftlichen Bedeutung der Versicherungen in England die in diesem Lande übliche Notation durchsetzte, bedient sich auch die folgende Zusammenfassung von grundlegenden Versicherungsmodellen der entsprechenden Abkürzungen.

Der genaueren mathematischen Behandlung waren bis zum Ende des 19. Jahrhunderts Lebens- und Rentenversicherungen zugänglich, da hier mit

Sterbetafeln und später auch Invaliditätstafeln ausreichend statistisches Material zur Verfügung stand, um die relevanten Wahrscheinlichkeiten von Versicherungsleistungen berechnen zu können. Außerdem konnte man hier – im Gegensatz etwa zu Brandversicherungen – angesichts des medizinischen Fortschritts davon ausgehen, dass – abgesehen von Kriegen und Naturkatastrophen, die man aus der Versicherungsleistung herausnehmen konnte – katastrophale Massenereignisse nur sehr selten eintreten würden.

Bei einer Leibrente gibt der Versicherte, der das Eintrittsalter x hat, dem Versicherer einen bestimmten Geldbetrag A_x, um dann mit Ablauf jedes Versicherungsjahres einen festen Rentenbetrag h zu erhalten. Der Betrag A_x kann als Summe einzelner Jahresbeiträge a_n aufgefasst werden. Die Fairness-Regeln verlangen, dass jeder hypothetische Jahresbeitrag a'_n, der genauso wie die Jahresrente h erst zum Zeitpunkt der jährlichen »Wettentscheidung« zu bezahlen wäre, gleich dem Erwartungswert für die auszubezahlende Jahresrente wäre, also $a'_n = {}_np_xh$, wobei ${}_np_x$ die Wahrscheinlichkeit ist, das n-te Jahr ab Vertragsbeginn zu überleben. Nun werden aber die ganzen Jahresbeiträge kumulativ bereits zu Versicherungsbeginn fällig. Bei einem Zinssatz i – sehr oft wurde $i = 3/100$ angesetzt – wäre der im Voraus einbezahlte Beitrag $a_n = a'_nv^n$ mit dem »Diskontierungsfaktor« $v = 1/(1+i)$ genau nach dem n-ten Jahr mit Zins und Zinseszins auf a'_n angewachsen. Daraus ergibt sich $a_n = {}_np_xhv^n$. Somit folgt als »Wert« der Leibrente der Betrag

$$A_x = h\sum_{n=1}^{N} {}_np_xv^n.$$

Dabei ist N gleich der Anzahl der Versicherungsjahre oder, falls die Leibrente lebenslänglich angelegt ist, gleich dem in den Sterbetafeln aufgeführten Maximalalter abzüglich x.

Das eben vorgestellte System ist das einer »nachschüssigen« Rente. Die Rentenzahlungen kommen erst am Ende jedes Versicherungsjahres zustande, in dem der Rentner noch lebt, während der Versicherungswert A_x gleich am Anfang entrichtet wird. Bei einer »vorschüssigen« Rente wird dagegen die erste Rentenzahlung h gleich mit Sicherheit am Anfang und dann mit Beginn jedes Versicherungsjahres geleistet, in dem der Versicherungsnehmer noch lebt. Unter Berücksichtigung der ersten Auszahlung ist dann der Rentenwert

$$A'_x = h(1 + \sum_{n=1}^{N} {}_np_xv^n). \tag{10.4}$$

Eine Lebensversicherung kann als »umgekehrte« Leibrente auf Lebensdauer aufgefasst werden. Nun erhält die Versicherung die jährlichen Zahlungen h, die erste mit Versicherungsbeginn. Die Erwartung der Versicherung bemisst sich folglich am Versicherungsbeginn gemäß (10.4). Die entsprechende Gewinnerwartung des Versicherten (der »Gewinn« tritt im Sterbefall ein und wird am

Ende des zugehörigen Versicherungsjahres ausbezahlt) ist unter Berücksichtigung der allfälligen Diskontierung der Versicherungssumme k gleich

$$G_x = (1 - {}_1p_x)kv + ({}_1p_x - {}_2p_x)kv^2 + \cdots + ({}_{N-1}p_x - {}_Np_x)kv^N + {}_Np_x kv^{N+1}.$$

Dabei gilt es zu beachten, dass ${}_np_x - {}_{n+1}p_x$ die Wahrscheinlichkeit ist, im Alter $x+n$ zu sterben und dass ${}_Np_x$ die letzte positive Wahrscheinlichkeit in der Reihe der Überlebenswahrscheinlichkeiten ist. Mit $a_x := \sum_{n=1}^{N} {}_np_x v^n$ wird für $k = 1$:

$$G_x = v(1 + a_x) - a_x = 1 - (1 - v)(1 + a_x) = 1 - iv(1 + a_x).$$

Nach den Fairness-Regeln muss $A'_x = G_x$ sein. Die Jahresprämie P_x $(= h)$, die der Versicherungssumme 1 entspricht, ergibt sich also zu

$$P_x = 1/(1 + a_x) - iv. \tag{10.5}$$

Spätestens mit de Moivres *Annuities upon Lives* (erste Auflage 1725, s. Kap. 6.3.5) war die theoretische Grundlage für die Berechnung von Versicherungswerten und Nettoprämien bei Lebensversicherungen in den verschiedensten Varianten gelegt. Die praktische Umsetzung der Theorie ließ freilich, zumindest was Versicherungsunternehmen betrifft, noch auf sich warten. In England, für das mit [Daston 1988, chapt. 3] und [Bellhouse 2017] ausführliche historische Untersuchungen vorliegen, war allerdings die Expertise von Mathematikern bei individuell bestehenden Leibpachten durchaus gefragt (s. Kap. 6.3.5 für de Moivre). Zu Beginn des 18. Jahrhunderts waren dort auch Brand- und Schiffsversicherungen sehr verbreitet, und gegen Mitte des 18. Jahrhunderts konnte man sich in London beinahe gegen jede Kalamität versichern, wobei viele Versicherungen eher als spekulative Wetten denn als seriöse Vorsorgemaßnahmen zu betrachten waren. Leibrenten blieben sehr beliebt, weil sich mit ihnen das Wucherverbot bezüglich überhöhter Zinsen umgehen ließ: Ein Kredit musste nur als Leibrentenkapital getarnt werden, und der Kreditnehmer hatte dann die überteuerten Raten als »Leibrente« an den Kreditgeber auszuzahlen. Bereits 1706 wurde aber auch die *Amicable Society* in London zur wechselseitigen Versicherung von Leben gegründet. Mit ihren bis zu 2000 Mitgliedern operierte sie als Verein, in dem jedes Jahr die Vereinsbeiträge auf die stattgefundenen Todesfälle verteilt wurden. Insgesamt spielten bei Versicherungsunternehmen für die Prämienbemessung wahrscheinlichkeitstheoretische Prinzipien keine Rolle, obwohl für an Leben gebundene Versicherungen ausreichend statistisches Material vorgelegen wäre, um die relevanten Wahrscheinlichkeiten abschätzen zu können.

Gegen 1770 kam es in England sogar zu einer »Blase« an Leibrentengeschäften, die insbesondere solche betrafen, bei denen die Rente nach dem Ableben an Hinterbliebene zu zahlen war (*Revisionary Annuities*). Solche Versicherungen erfreuten sich eines wachsenden Interesses, weil sich – zumindest in besser situierten Kreisen – die Vorstellung der Notwendigkeit und Möglichkeit einer

Vorsorge für die Familie verbreitete. Die meisten der Unternehmen gingen aber, nachdem ihre Einnahmen sich in der allerersten Zeit prächtig entwickelt hatten, alsbald pleite, da sie die spätere Belastung durch die Rentenzahlungen viel zu niedrig kalkuliert hatten.

Eine Ausnahme war die *Equitable Society for Insurance of Lives and Survivorships*, gegründet 1762 mit der Zielsetzung, Leibrenten und Lebensversicherungen nach wahrscheinlichkeitstheoretischen Grundsätzen zu berechnen. Die *Equitable* war grundsätzlich ebenfalls ein Versicherungsverein, aufgrund der sehr konservativen Prämienbemessung ergab sich aber im weiteren Verlauf nicht das Problem eines durch die Mitglieder aufzufangenden Defizits, sondern eher das von sehr hohen Überschüssen, deren Verwendung strittig war. Bei der Nettoprämie, die gemäß (10.5) berechnet wurde, berücksichtigte man nur den für die damaligen Zeiten sehr niedrigen Zinssatz von 3% und man verwendete für die Berechnung der Sterbewahrscheinlichkeiten solche Tafeln, welche, gemessen an dem Kreis der tatsächlich Versicherten, unrealistisch hohe Werte schon bei mäßigem Lebensalter lieferten. Auf diese Weise kam es zu einer Überschätzung der Nettoprämien und erst recht der Bruttoprämien, die sich nach einem Aufschlag von 6% ergaben.

Vor dem Hintergrund der zunehmenden Industrialisierung interessierte sich das aufstrebende Bürgertum im 19. Jahrhundert verstärkt um seine Existenzsicherung, und somit erfreuten sich Lebensversicherungen einer nochmals vermehrten Nachfrage, wobei die *Equitable* für die Prämienberechnung als Vorbild diente. Allerdings wurden dabei Modifikationen vorgenommen, insbesondere den spezifischen Kundenstamm berücksichtigende Sterbetafeln und eine an die tatsächliche Entwicklung angepasste Bemessung der Zinsen, Maßnahmen, wie sie etwa im Buch von Charles Babbage (1791–1871) *A Comparative View of the Various Institutions for the Assurance of Lives* von 1826 und etwas später in de Morgans populärem Lehrbuch von 1838 erläutert wurden. Das Buch von Babbage diente übrigens auch als theoretische Grundlage für die Arbeit der *Gothaer Lebensversicherungsbank*, die als erste deutsche Versicherung dieser Art 1827 gegründet wurde [Gothaer Versicherung 2023]. In kaum einem Lehrwerk, das zur Wahrscheinlichkeitsrechnung im 19. Jahrhundert erschien, fehlte ein Abriss der Versicherungs- und insbesondere der Lebensversicherungsmathematik. Die rasch zunehmende wirtschaftliche Bedeutung von Versicherungen, natürlich nicht nur von Lebensversicherungen, wurde auch bisweilen als Argument dafür herangezogen, Wahrscheinlichkeitsrechnung in den Kanon von Mathematikstudiengängen aufzunehmen. Tatsächlich boomte die Versicherungsbranche in der zweiten Hälfte des 19. Jahrhunderts, was sich immer noch an den in der Gründerzeit erbauten »Versicherungspalästen« anschaulich manifestiert (Abb. 10.6, links).

Während die Berechnung von Nettoprämien nun zumindest bei Versicherungen auf Leben und später auch auf Invalidität auf einer mathematisch sicheren und allgemein akzeptierten Basis erfolgen konnte, blieb die Festlegung der Bruttoprämien in der Praxis ausnahmslos der individuellen unternehmerischen Verantwortung vorbehalten. Derweil hatte Laplace in der schon erwähnten Nr. 40

des zweiten Buchs der *Théorie analytique* auch einen theoretischen Ansatz für die Berechnung des Risikos der Versicherung bei Leibrenten in einem simplen, aber sofort erweiterbaren Beispiel vorgestellt. Laplace ging von einer Leibrente aus, die mit dem jeweils gleichen Kapitaleinsatz K von s Personen desselben Alters mit demselben Jahresbetrag h zur selben Zeit abgeschlossen wird. Die mit der Person k über ihre gesamte Lebensdauer verbundene und um die allfälligen Zinseinnahmen reduzierte Auszahlung der Versicherung A_k führt zu einer Netto-Bilanz, die in moderner Notation einer Zufallsgröße $X_k = K - A_k$ entspricht, wobei aufgrund der Regel über faire Kontrakte $\mathrm{E}X_k = 0$ sein muss. $\mathrm{Var}\,X_k = \mathrm{Var}\,A_k := \sigma^2$ kann mit Hilfe der für die Versichertengruppe geltenden Sterbetafel berechnet werden. Wenn bei Vertragsabschluss sich die Versicherung noch einen Bruttozuschlag b zusätzlich zu K zahlen lässt, entspricht die Brutto-Bilanz der Versicherung der Summe von s unabhängigen und identisch verteilten Zufallsgrößen $X_k + b$, die bei großem s in guter Approximation normalverteilt mit Erwartungswert sb und Varianz $s\sigma^2$ sein wird. Somit lässt sich die Wahrscheinlichkeit dafür berechnen, dass die Bruttobilanz über einer bestimmten Grenze liegt, oder umgekehrt bei Vorgabe einer solchen Grenze und eines bestimmten Wahrscheinlichkeitsniveaus nahe 1 das hierzu erforderliche b. Dieses Prinzip lässt sich auf komplexere Versicherungsbestände und -arten erweitern und gestattet somit, Bruttozuschläge mit Risikowahrscheinlichkeiten in Verbindung zu bringen.

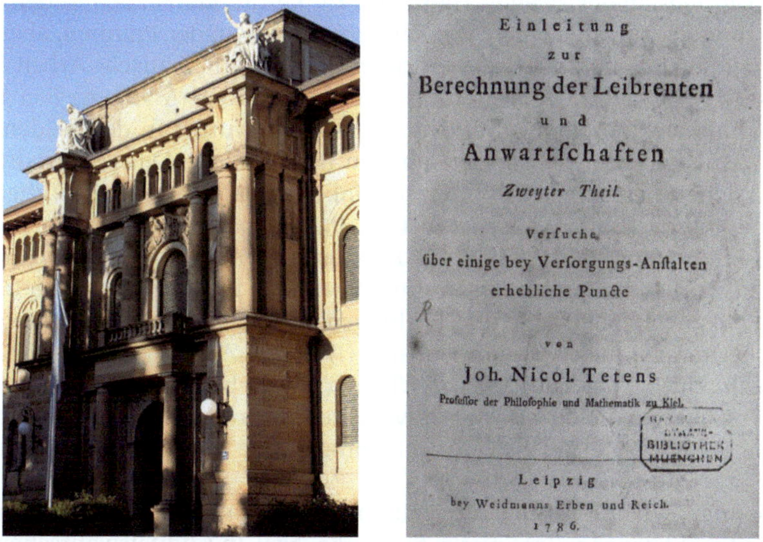

Einleitung
zur
Berechnung der Leibrenten
und
Anwartschaften
Zweyter Theil.
Versuche
über einige bey Versorgungs-Anstalten
erhebliche Puncte
von
Joh. Nicol. Tetens
Professor der Philosophie und Mathematik zu Kiel.
Leipzig
bey Weidmanns Erben und Reich.
1786.

Abb. 10.6: Links: »Versicherungspalast« der Gothaer Versicherung, erbaut 1894. Rechts: die vermutlich erste Schrift zur Risikotheorie

Der schleswigsche Philosoph Johannn Nicolaus Tetens (1736–1807) hatte schon in einer Schrift zur Berechnung von »Leibrenten und Anwartschaften«

[1786] die Laplacesche Methode einer Bestimmung des Risikos bei einer großen Zahl von Versicherungsnehmern in gewisser Weise vorweggenommen (Abb. 10.6, rechts). Statt die verschiedenen Überlebenswahrscheinlichkeiten in verschiedenen Lebensjahren der Versicherungsnehmer zu betrachten, ging er von dem simplen Modell aus, dass während der gesamten Laufzeit der Auszahlungsfall einer für jeden Versicherten gleichen Summe genau einmal mit der Wahrscheinlichkeit 1/2 stattfindet oder nicht. Die den Berechnungen zugrundeliegende Binomialverteilung näherte er gemäß de Moivre an. Während Tetens' Beitrag erst gegen Ende des 19. Jahrhunderts eingehender gewürdigt wurde, erreichte das 1859 veröffentlichte Werk *Das Risiko bei Lebensversicherungen* von Carl Bremiker (1804–1877) einigen Einfluss. Häufig zitiert wurde auch Felix Hausdorffs (1868–1942) Klärung der wichtigsten Begriffe [1897] der Risikotheorie. Diese Ansätze fanden aber im 19. und beginnenden 20. Jahrhundert noch keinen Eingang in die Versicherungspraxis, wohl weil das verfügbare statistische Material im Allgemeinen noch als unzureichend empfunden wurde und auch weil noch keine allgemeinen Standards für Risikobemessung verfügbar waren. Dazu kamen Zweifel an einer ausreichenden Genauigkeit in der Approximation der fraglichen Wahrscheinlichkeiten durch die Normalverteilung. Dieses Problem sollte noch viel später, in den 1920er Jahren, Anlass zu weiteren Untersuchungen im Bereich des zentralen Grenzwertsatzes durch Harald Cramér (1893–1985) geben.

Aufgrund der immer vielfältiger werdenden Versicherungsangebote gab es aber spätestens ab der zweiten Hälfte des 19. Jahrhunderts auch in der Netto-Bemessung der verschiedenen Versicherungssummen, der Prämien, aber auch der vorzuhaltenden Prämienreserven ausreichend mathematische Arbeit zu tun, sodass die Tätigkeit in Versicherungen für ausgebildete Mathematiker neben dem Schuldienst zu einer attraktiven Alternative wurde. In den beiden britischen Vereinigungen wurden schon in den 1850er Jahren Lehrveranstaltungen zur Versicherungsmathematik in beschränktem Umfang sowie Prüfungen für Aktuare durchgeführt. Während aber im angelsächsischen Raum vorwiegend die Ausbildung und Bestallung von Aktuaren in Händen von Berufsvereingungen war, wurden im kontinentalen Europa eher an Hochschulen bzw. Universitäten entsprechende Kurse und Prüfungen angeboten. Im deutschsprachigen Raum begann damit der Maschinenbauer (!) Gustav Zeuner (1828–1907) an der *Polytechnischen Schule* (der jetzigen ETH) in Zürich bereits 1856, in den 1890er Jahren etablierten die TH und die Universität in Wien, die Universität Göttingen und die TH Dresden spezifische Studienprogramme für »Versicherungstechniker« [Forfar 2006].

Besonders wichtig für die Tätigkeit von Aktuaren war die Aufstellung hinreichend realitätsnaher Tafelwerke für Sterbe- bzw. Invaliditätswahrscheinlichkeiten. Die durch die verschiedenen Volkszählungen ermittelten amtlichen Tafeln waren, da in ihnen keine besondere Berücksichtigung der verschiedenen Versichertenkreise erfolgte, zu pauschal. Versicherungen taten sich daher zusammen, um aus ihrem Datenbestand »doppelt abgestufte Tafeln« oder auch «Selekttafeln« zu erstellen. Bei doppelt abgestuften Tafeln wird neben dem Geschlecht und dem Alter auch noch die bestehende Versicherungsdauer berücksichtigt, bei Selekttafeln verschiedene weitere Merkmale, wie Beruf, Vorerkrankungen, aber auch die Versicherungssumme. Entsprechende deutsche Sterbetafeln wurden 1883 aufgrund der Daten von 23 Versicherungen veröffentlicht, bei den *British Offices' Life Tables*, die 1903 erschienen, haben sogar 66 Versicherungsgesellschaften zusammengearbeitet [Westergaard 1932, 248].

Üblicherweise wurden und werden bei Tafelwerken die direkt durch relative Häufigkeiten gebildeten Wahrscheinlichkeiten noch »ausgeglichen«oder näherungsweise durch eine analytische Darstellung ausgedrückt. Bei der Ausgleichung geht man davon aus, dass benachbarte Werte idealerweise etwa auf einer Geraden oder einer Parabel liegen sollten, und man bestimmt eine stückweise Ausgleichskurve mit Hilfe einer Approximationsmethode, z. B. der Methode der kleinsten Quadrate.

Analytische Darstellungen für den globalen Verlauf waren bereits früh ein Thema (vgl. z. B. Kap. 6.3.5 für de Moivre). Besonders beliebt im 19. Jahrhundert wurde die Gompertz-Makehamsche Formel für die Wahrscheinlichkeit q_x innerhalb des Lebensalters x und $x + 1$ zu sterben, wenn mit l_x die Anzahl der Überlebenden mit Alter x bezeichnet:

$$q_x = \frac{l_x - l_{x+1}}{l_x} = 1 - sr^{c^x},$$

wobei die Parameter s, r, c an die Daten aus den verschiedenen l_x anzupassen sind. Die Anpassung kann wieder mit Hilfe der Methode der kleinsten Quadrate vollzogen werden, aber auch, so wie von dem Wiener Statistiker und Versicherungsmathematiker Ernst Blaschke (1856–1926) in seinem Büchlein von 1893 zur Ausgleichsrechnung vorgeschlagen, mit Hilfe der später (1912) von Ronald A. Fisher (1890–1962) so benannten Maximum-Likelihood-Methode.

Benjamin Gompertz (1779–1865) hatte in seiner Schrift [1825] aufgrund eines Modells der exponentiellen Abnahme auf eine Formel gemäß $l_x = kg^{c^x}$ mit Konstanten k, g, c geschlossen (Wiederabdruck der entsprechenden Passage in [Schneider 1988, 212 f.]), William Makeham (1826–1891) hatte [1860] den Ansatz von Gompertz erweitert, äquivalent zu $l_x = ks^x g^{c^x}$.

Einen gut lesbaren Überblick über den Stand der mathematischen Aspekte von Lebens- und Invaliditätsversicherungen zu Beginn des 20. Jahrhunderts vermittelt Czuber [1910] im zweiten Band der zweiten Auflage seines Lehrwerks zur Wahrscheinlichkeitsrechnung. Die (Lebens-) Versicherungsmathematik entwickelte sich als zunehmend autonomer Teil einer angewandten Wahrscheinlichkeitsrechnung, während aber umgekehrt die Wahrscheinlichkeitstheorie kaum von dieser Anwendung neue Impulse erfuhr. Im 20. Jahrhundert sollte sich dies freilich, insbesondere bezüglich der Theorie stochastischer Prozesse, grundlegend ändern.

10.5 Philosophie der Wahrscheinlichkeiten

Eine der Folgen der Kritik an Teilen des Problemrepertoires der Laplace-Poissonschen Wahrscheinlichkeitsrechnung, besonders solcher, die sich mit »Bayes-Methoden« auf Erkenntnis- und Entscheidungsvorgänge in Einzelfällen bezogen, war eine verstärkte Diskussion der philosophischen Aspekte und insbesondere eine klare Trennung zwischen subjektiven und objektiven Wahrscheinlichkeiten. Es überrascht nicht, dass dabei von vielen Autoren ein objektiver Standpunkt und eine frequentistische Interpretation im Umgang mit Wahrscheinlichkeiten favorisiert, wenn auch nicht unbedingt als einzige Möglichkeit gesehen wurde.

Wie Daston [1994] untersucht hat, sind ab 1820 die beiden Bezeichnungen »subjektiv« und »objektiv« verstärkt verwendet worden, wobei sich seitdem zumindest im Groben ihr Bedeutungsumfang nicht mehr verändert hat. »Objektiv« bezieht sich auf die von den mentalen Dispositionen der Betrachter unabhängigen Eigenschaften von Dingen, während »subjektiv« auf die gegenteiligen Aspekte abzielt; diese nehmen freilich ein breites Spektrum ein. Die Bedeutung objektiver Fakten gelangte natürlich in der Stochastik ab dem 19. Jahrhundert durch die vielfältig verstärkten statistischen Aktivitäten immer mehr in den Vordergrund. Wie Daston [1988] deutlich gemacht hat, ging nach der französischen Revolution das Vertrauen in allgemeine, subjektunabhängige Standards bei der mentalen Verarbeitung von Erfahrungen verloren. Dieser Prozess war eine der maßgeblichen Ursachen für die Aufspaltung in subjektive und objektive Wahrscheinlichkeiten ab ca. 1840, wobei sich natürlich je nach zugrundgelegter philosophischer Basis differenzierte Begriffserklärungen und Schwerpunkte ergaben.

In größerem Umfang begann sich ebenfalls Literatur über die Philosophie der Wahrscheinlichkeiten ab den 1840er Jahren zu entwickeln. In seinem Buch von 1842 *Versuch einer Kritik der Principien der Wahrscheinlichkeitsrechnung* stellte Jakob Friedrich Fries eine frequentistische Sinngebung numerischer Wahrscheinlichkeiten auf der Grundlage der Kantschen Philosophie vor. Von mathematischen Wahrscheinlichkeiten zu sprechen, war seiner Ansicht nur im Zusammenhang mit der oftmaligen Wiederholung von Zufallsexperimenten sinnvoll. Der faire Einsatz gemäß Erwartungswert bei einem nur wenige Male durchgeführten Glücksspiel war ihm gemäß eine reine Konvention. Quantifizierungen konnte man entweder über logische Überlegungen, etwa der Symmetrie eines perfekten Würfels, oder durch Registrierung relativer Häufigkeiten in Versuchsfolgen gewinnen. Dagegen durften durch subjektive Erwägungen gewonnene »philosophische« Wahrscheinlichkeiten nicht mit numerischen Werten belegt und für mathematische Betrachtungen herangezogen werden.

Ganz im Kantschen Sinne verband Fries seine Betrachtungen mit einem vollständig deterministischen Weltbild. Dagegen unternahm Antoine Cournot (1801–1877, Umfassendes zu ihm in [Martin 1996]) in seiner bekannten *Exposition de la théorie des chances et des probabilités* [1843] erste Schritte zu einer

Loslösung von dieser Grundvorstellung [Schneider 1999, § 2]. Als »zufällige Erscheinungen« bezeichnete Cournot [1849, §39] solche, die

> durch ein Zusammentreffen oder durch eine Vereinigung mehrerer hinsichtlich der Kausalität von einander unabhängiger Erscheinungen hervorgebracht werden ...

Abb. 10.7: Links: Büste von Fries am Fürstengraben, Jena. Rechts: A. A. Cournot

Cournot verdeutlichte diese Erklärung am Beispiel zweier Brüder, die als Soldaten am selben Tag zu Tode kommen. Wenn sie im gleichen Armeecorps dienen und am selben Ort sterben, so könne man nicht von unabhängigen Ereignissen und damit nicht von »Zufall« sprechen. Wenn dagegen die Todesfälle in verschiedenen Armeen und bei verschiedenen Schlachten an weit auseinanderliegenden Orten stattfänden, so hätte man es – in heutiger Ausdrucksweise – mit unabhängigen Kausalketten zu tun und damit mit Zufall im eigentlichen Sinne. Nach Cournot wäre eine »höhere als die menschliche Intelligenz« allenfalls imstande, Kausalketten zu verfolgen und so festzustellen, inwieweit sie unabhängig seien. Es wäre eine unberechtigte Annahme, dass sich alle Erscheinungen, besonders die »in intellektueller und moralischer Beziehung« nach den »Principien der Mechanik und Geometrie« erklären ließen. Cournots Absage an ein universelles mechanistisches Weltbild – und damit an die generelle Allwissenheit des Laplaceschen Dämons – war die Grundlage für sein Postulat von der fallweisen Existenz eines objektiven Zufalls.

Bei seiner Diskussion zufälliger Ereignisse ging Cournot [1849, §42] auch auf einen Aspekt ein, der später, etwa bei Henri Poincaré (1854–1912), zu einem Übergang in Richtung einer Art semi-deterministischen Sichtweise auch in der Physik führte: Prinzipiell bestehende Ungenauigkeiten könnten zur Unmöglichkeit führen, Anfangsbedingungen so genau festzulegen, dass die weitere Entwicklung vorausberechnet werden könne, Stichwort »kleine Ursache – große Wirkung« [von Smoluchowski 1918, 83]. Cournot machte die entsprechenden Bemerkungen bei seiner Erläuterung des Zusammenhangs zwischen

Zufall und »physischer Unmöglichkeit«. Diese charakterisierte und bewertete er folgendermaßen:

> Ein physisch unmögliches Ereigniß ist also dasjenige, dessen mathematische Wahrscheinlichkeit unendlich klein ist, und hierdurch allein bekommt die Theorie der mathematischen Wahrscheinlichkeit eine objektive Bedeutung in der wirklichen Welt.

Im ersten Teil seines Buchs hatte Cournot »mathematische« Wahrscheinlichkeiten in der gewohnten Weise, als Verhältnisse zwischen der Anzahl der »günstigen Fälle« und der aller Fälle eingeführt, vorausgesetzt, dass alle diese Fälle mit »derselben Leichtigkeit« eintreten können, wobei die »Fälle« für ihn eine abstrakte, eben mathematische Bedeutung hatten.

Dass physisch unmögliche Ereignisse durch verschwindende Wahrscheinlichkeit charakterisiert sind, wurde später (von Maurice Fréchet) als »Cournotsches Prinzip« bezeichnet; dieses spielte im stochastischen Diskurs des 20. Jahrhunderts eine gewisse Rolle (s. [Shafer und Vovk 2006, 72–76]). Das Prinzip, das von Cournot neben anderen Beispielen an dem physisch unmöglichen Ereignis illustriert wurde, dass ein Kegel auf seiner Spitze zu stehen kommt, ist von grundlegender Bedeutung für die stochastische Modellierung. Cournot selbst zielte bei seiner Betonung der Wichtigkeit des Prinzips für die »objektive Bedeutung« von Wahrscheinlichkeiten allerdings, wie seine nachfolgenden Ausführungen zeigen, primär auf das Gesetz der großen Zahlen ab. Bei einer »unendlichen« Anzahl von Wiederholungen eines Zufallsexperiments müsste es gemäß dem Gesetz der großen Zahlen »physisch unmöglich« sein, dass die mathematische Wahrscheinlichkeit um mehr als jeden noch so kleinen Betrag von der relativen Häufigkeit abweicht. Auf diese Weise erhalten Wahrscheinlichkeiten objektiven Charakter, und objektive Wahrscheinlichkeiten entsprechen »physischen Möglichkeiten« und sind somit an deren Existenz gebunden. Am Ende des §48 erläuterte Cournot noch einen weiteren wichtigen Punkt seines Prinzips: Nur ein physisch gewisses Ereignis und damit eines, dessen Wahrscheinlichkeit unendlich nahe bei 1 liegt, tauge als »Vergleichungsglied« für objektive Wahrscheinlichkeiten. Und wenn bei zwei disjunkten Ereignissen die Summe der beiden subjektiven Wahrscheinlichkeiten gleich 1 wäre, so ließe sich daraus nicht bei der zugehörigen Disjunktion auf ein Ereignis »absoluter Gewissheit« schließen.

Cournot [1849, §46–48] gestand zu, dass die Theorie der mathematischen Wahrscheinlichkeiten auch auf solche Fragen anwendbar sei, die – und hier zitierte er Laplace – »sich zum Theil auf unser Wissen und zum Theil auf unser Nichtwissen beziehen«. Die in diesem Bereich verwendeten Wahrscheinlichkeiten bezeichnete er als »subjektiv«, und über das Laplace-Zitat unterstellte er diesem eine rein subjektive Interpretation. Die Verwendung subjektiver Wahrscheinlichkeiten birgt gemäß Cournot freilich die Gefahr, »in Missgriffe zu verfallen«.

Bereits im Vorwort der *Exposition* betonte Cournot den primären Wert der Wahrscheinlichkeitsrechnung für Erscheinungen, die in großen Anzahlen auftreten. Allerdings begründete und diskutierte er im fünften Kapitel auch ausführlich die »Billigkeitsregel« über den fairen Einsatz bei Einzelspielen: Wenn ein Spieler m Chancen und der Gegenspieler n Chancen auf den Gewinn hat, so entspricht das der Situation, dass der eine m Lose und der andere n Lose auf den Spielgewinn erworben hat. Cournot war also bezüglich einer rein frequentistischen Sinngebung für die Wahrscheinlichkeitsrechnung nicht so rigoros wie etwa Fries. Andererseits betonte Cournot aber vorrangig die annähernde numerische Bestimmung objektiver Wahrscheinlichkeiten über relative Häufigkeiten und ging nur in Beispielen, etwa zu Würfeln, »die vollkommen regelmäßig und homogen sind« auf mögliche Betrachtungen der »physischen Struktur« ein [Cournot 1849, §46].

Laplaces Indifferenzprinzip wurde besonders von britischen Autoren, wie Ellis, Boole oder Mill abgelehnt (gute Zusammenfassungen finden sich in [Porter 1986, 77–83] und [Daston 1994].) Das Indifferenzprinzip charakterisierte Mill [1843, vol. 2, 71-75] in seinem *System of Logic* so, dass es Unkenntnis an die Stelle von Kenntnis setzen würde und daher ohne wissenschaftlichen Wert sei, wenn nicht zusätzlich die »Erfahrung« (*Experience*) in Form relativer Häufigkeiten hinzukäme. Letztere wären sogar ausreichend, da es sich in der Praxis oft als sehr schwierig erweisen würde, in empirisch gesicherter Weise eine bestimmte Anzahl von Fällen aufzuzeigen. Indem er auf das Problem der A-Priori-Gleichverteilungen bei inversen Wahrscheinlichkeiten anspielte, bemerkte Mill schließlich in bissigem Ton, dass ausgerechnet dann, wenn keinerlei Erfahrungsbasis vorhanden sei, es kein »Zögern und Zaudern« bei der Anwendung der Theorie gäbe. Man müsse nur »gleich unentschlossen« bezüglich der Möglichkeiten« sein. In späteren Auflagen seines Werks – es waren insgesamt 8 – schwächte Mill seine Ablehnung des Indifferenzprinzips etwas ab, blieb aber im Wesentlichen bei seiner Meinung. Ideen ähnlich denen von Mill bezüglich der vorrangigen Bedeutung der Erfahrung, ausgedrückt in relativen Häufigkeiten, finden sich auch in Booles *Laws of Thought* von 1854.

Abb. 10.8: Britische Frequentisten, von links: Ellis, Mill, Boole, Venn

Neben den als willkürlich erachteten A-Priori-Gleichverteilungen wurden bezüglich inverser Wahrscheinlichkeiten von den genannten Autoren die Vorauswahl der zu betrachtenden Ereignisse durch die Daten und insbesondere

Beispiele unsinniger Folgerungen aus dem Nachfolgegesetz (6.15) kritisiert. So bemängelte Ellis [1849], indem er ein Problem von de Morgan aufgriff, dass gemäß dieses Gesetzes ein Schiffbrüchiger mit derselben Wahrscheinlichkeit von 8/9 nach sieben rot beflaggten ein weiteres rot beflaggtes wie überhaupt noch ein beliebig beflaggtes Boot an seiner Insel vorbeiziehen sehen würde. Das Ereignis eines grün beflaggten Schiffes wäre aus einer derartigen Betrachtung wiederum völlig ausgeschlossen.

Ähnlich wie bei Mill lief auch Ellis' Postulat [1849], der klassische Wahrscheinlichkeitsbegriff beinhalte von vornherein – also nicht erst als Ergebnis des Gesetzes der großen Zahlen – dass das Verhältnis zwischen der Anzahl günstiger und der Anzahl aller Fälle sich auch in der entsprechenden Trefferhäufigkeit bei sehr langen Versuchsreihen widerspiegeln würde, im Wesentlichen auf eine Erklärung von Wahrscheinlichkeiten durch relative Häufigkeiten »in the long run« hinaus. In sehr ausführlicher Weise nahm dann John Venn [1866/76/88] in seiner verbreiteten *Logic of Chance* einen eindeutig frequentistischen Standpunkt ein. Besonders deutlich gab er in der zweiten und dritten Auflage auch die Definition des Wahrscheinlichkeitsmaßes als Grenzwert relativer Häufigkeiten bei unendlich vielen Versuchen. Dabei legte er Wert darauf, dass die zugrundeliegenden Versuche von einem »unveränderlichen Typ« (»fixed type«) sein sollten, also unter homogenen Rahmenbedingungen stattfinden müssten. Strenggenommen sei dies nur im Idealfall möglich, freilich sei aber Idealisierung eine übliche wissenschaftliche Methode (vgl. insbesondere [Venn 1888, chapt. VI]).

Ellis, Boole, Mill und Venn stehen in Kontrast zu de Morgans Interpretationen und Anwendungen, wie sie in seinen schon erwähnten Darstellungen [1837b; 1838] der Laplaceschen Wahrscheinlichkeitstheorie enthalten sind. De Morgan hatte sogar eine dezidiert subjektive, auf das einzelne Individuum ausgerichtete, Sichtweise auf den Wahrscheinlichkeitsbegriff. So bezeichnete er [1837b, Nr. 8] als »moral probability« den Eindruck (*Impression*), den ein Ereignis auf ein Individuum aufgrund seines Wesens und Kenntnisstandes unter Berücksichtigung der möglichen Folgen ausübt. *Mathematical Probability* ist dann eine spezielle *Moral Probability*, bei der der »Verstand geneigt ist, nacheinander erfolgende gleichwertige Änderungen von günstigen Umständen in ungünstige oder umgekehrt als von gleicher Bedeutung anzusehen«. Natürlich musste de Morgan, um das gesamte Anwendungsspektrum der Laplaceschen Theorie und besonders seinen Schwerpunkt in Versicherungsmathematik abzudecken, auch »objektive« relative Häufigkeiten im Sinne von Wahrscheinlichkeiten anwenden. In diesem Zusammenhang versuchte er das Wort *Probability* weitgehend zu vermeiden.

Die Beiträge der britischen Philosophen wurden in Mitteleuropa kaum beachtet. So hatten die frequentistischen Ansätze von Heinrich Bruns (1848–1919) [1906] und von Mises [1919b] in Teilen signifikante Gemeinsamkeiten mit den Ideen von Venn, dieser wurde aber nicht in den genannten Arbeiten erwähnt. Hingegen erfreute sich, zumindest im deutschsprachigen Bereich, von Kries' Abhandlung *Die Principien der Wahrscheinlichkeitsrechnung* [1886] großer Popularität. Johannes von Kries (1853–1928, Abb. 10.9) war Physiologe, hatte aber auch beachtliche psychologische und physikalische Kenntnisse sowie Interessen.

Im Bestreben, das klassische Wahrscheinlichkeitsmaß objektiv zu begründen, führte von Kries den Begriff des »ursprünglichen Spielraums« ein, den man in gewisser Hinsicht mit einem modernen Ergebnisraum, bestehend aus abzählbar vielen, gleichmöglichen und nicht noch weiter zerlegbaren Elementen, vergleichen kann. Von Kries [1886, 11] forderte, dass ein geeigneter Spielraum sich in »zwingender Weise unter genauer Beachtung des Zufallsexperiments (S. 34) und ohne Willkür» aufgrund »objectiver Grössen-Beziehungen« (S. 15) ergeben müsse. Freilich gestand er zu (S. 77), dass eine solche Vorstellung nur einen »idealen Fall logischen Verhaltens darstellt«. Wahrscheinlichkeiten, die dann in der üblichen Weise durch Verhältnisse von Fallzahlen berechnet werden, würden die «mehr oder weniger große Berechtigung einer Erwartung« (S. 21) aufgrund objektiven Wissens angeben.

Von Kries erörterte auch nicht-numerische, unter Umständen Größer-Kleiner-Beziehungen unterliegende, Wahrscheinlichkeiten, die in Bereichen eine Rolle spielen können, wo die Aufstellung objektiv gleichmöglicher Fälle unmöglich ist (Kap. VII) oder die nur einer rein »psychologischen« Auffassung als Grad »subjectiver Gewissheit« (S. 3) entsprechen. Er (Kap. VI) diskutierte auch ausführlich die Gewinnung numerischer Wahrscheinlichkeiten durch »empirische« Methoden, also aufgrund von relativen Häufigkeiten in Versuchsreihen. Dieses Vorgehen war seiner Meinung nach dann zulässig, wenn durch genauere Analyse aller Rahmenbedingungen eine weitgehende Analogie zu Reihen von Zufallsspielen gewährleistet werden könne. Als Hilfsmittel zu einer solchen Analyse stellte von Kries die Lexissche Dispersionstheorie (s. Kap. 12.3) vor.

Die im *Essai* gegebene Begriffserklärung des Wahrscheinlichkeitsmaßes von Laplace (s. Kap. 7.4) aufgrund des Indifferenzprinzips bezeichnete von Kries [1886, 6–9] als eine »logische Deutung«, da sie sich auf allgemeines Wissen und Nichtwissen beziehen würde. Bei allen individuellen Verschiedenheiten sei »das logische Verhalten mit Bezug auf die Erwartung der verschiedenen Erfolge immer wesentlich das gleiche«. Freilich war von Kries der Meinung, dass diese Deutung »noch keineswegs hinreicht«, da in konkreten Fällen je nach vorliegender Informationsbasis unterschiedliche Ereignisse als gleich möglich betrachtet werden könnten. Eine dezidierte Unterstützung des Indifferenzprinzips im Sinne eines logischen Symmetriearguments wurde von dem Psychologen Carl Stumpf (1848–1936, Abb. 10.9) in einer ausführlichen Abhandlung [1892] vorgebracht. Stumpf (S. 41) erörterte, dass die oftmals übliche Gleichsetzung von »gleichmöglich« und »gleichwahrscheinlich« einem logischen Zirkel entspräche und somit nicht zielführend sei. Ferner forderte er (S. 46), dass Wahrscheinlichkeiten sich nicht nur auf Ereignisse, sondern auf »jede beliebige sonstige Urteilsmaterie« (er meinte damit offenbar logische Aussagen) beziehen sollten. Stumpf kam so zu folgender Festlegung (S. 48):

> Jede beliebige Urteilsmaterie nennen wir $\frac{n}{N}$ wahrscheinlich, wenn wir sie auffassen können als eines von n Gliedern (günstigen Fällen) innerhalb

Abb. 10.9: Johannes von Kries (links) und Carl Stumpf

> einer Gesamtzahl von N Gliedern (möglichen Fällen), von denen wir wissen, dass eines und nur eines wahr ist, dagegen schlechterdings nicht wissen welches.

Aus Beispielen (S. 47 f.) geht hervor, dass Stumpf unter »Wissen« einen der jeweiligen Kenntnislage entsprechenden Zustand verstand, wobei er durchaus auch individuelle Ausprägungen in seine Betrachtungen einbezog. Somit waren – ohne dass er dies formal so ausdrückte – seine Wahrscheinlichkeiten eigentlich von zwei Argumenten A, B abhängig, in dem Sinne, dass $\mathrm{P}(A, B)$ die Wahrscheinlichkeit von A aufgrund der Kenntnis von B angibt. A ist dabei die betrachtete Urteilsmaterie und B repräsentiert den aktuellen Wissensstand (den man ebenfalls als Urteilsmaterie ansehen kann). Der wesentliche Unterschied zu von Kries bestand hier darin, dass dieser in Bezug auf B einen Zustand weitestgehender quantitativer Auslotung verlangte.

Stumpfs Ansatz kann man daher trotz seiner auch rein subjektiven Elemente mit einigem Recht in Verbindung zu modernen »logischen« Wahrscheinlichkeiten bringen (s. hierzu [Kamlah 1987]). In noch größere Nähe zu diesem Konzept war – auch in formaler Hinsicht – bereits Bernard Bolzano (1781–1848) in seiner *Wissenschaftslehre* (1837) gekommen [Daston 1994, 338 f.]. Wie in vielem anderen, was die Grundlagen der Mathematik betrifft, war er seiner Zeit weit voraus, von seinen Zeitgenossen wurden seine Ideen aber kaum beachtet.

Sogar die Idee der unpräzisen Wahrscheinlichkeiten kommt bereits im 19. Jahrhundert vor: Boole [1854, I.16] beschreibt sie freilich nur in allgemeinen Worten. In einem einfachen, bei Boole so nicht zu findenden Beispiel würde das Folgendes bedeuten: Angenommen, wir kennen nur die Wahrscheinlichkeit für $A = \{a\}$ und für $B = \{b_1, b_2\}$. Dann kann die Wahrscheinlichkeit $\mathrm{P}(\{a, b_1\})$ nicht präzise, aber immerhin durch den Term $\mathrm{P}(A) + \alpha\, \mathrm{P}(B)$ mit $\alpha \in [0, 1]$ ausgedrückt werden.

Bereits im 19. Jahrhundert finden wir also nicht nur im Groben die heute geläufige Aufspaltung von Wahrscheinlichkeitsdefinitionen und -interpretationen, sondern auch eine Vielfalt von verschiedenen Schwerpunkten, Nuancen und

Ausprägungen, die sich im 20. Jahrhundert noch weiter ausdifferenzieren sollte.

Ebenfalls im 19. Jahrhundert wurde der Weg hin zu einer indeterministischen Weltsicht bereitet. Am radikalsten trug diese Charles Sanders Peirce (1839–1914) in den 1890ern vor. Ausgangspunkt seiner Überlegungen war die Überzeugung, dass die Evolution der verschiedensten Prozesse in Natur und Gesellschaft nicht aufgrund fester Gesetzmäßigkeiten, sondern nur durch das Wirken eines objektiv bestehenden Zufalls erklärbar sei [Porter 1986, 224–227].

10.6 Geometrische Wahrscheinlichkeiten

Die klassische Wahrscheinlichkeitsdefinition als Verhältnis der Anzahl der »fruchtbaren« Fälle zur Anzahl aller Fälle setzt eigentlich voraus, dass es nur endlich viele gleichwertige Fälle gibt. Doch sehr bald wurde in mehr oder weniger selbstverständlicher Weise dieses Prinzip auf unendlich viele, unter Umständen sogar überabzählbar viele Fälle erweitert und dann oft in einen geometrischen Kontext gestellt.

Ein besonders frühes Beispiel stammt aus einer Zeit, in der vom Wahrscheinlichkeitsmaß noch gar nicht die Rede war. Isaac Newton erweiterte in einer nachgelassenen Schrift von 1665 den Huygensschen Erwartungswertbegriff auf irrationale Chancenverhältnisse, indem er eine geometrische Einkleidung heranzog [Schneider 1988, 486]: Ein Kreis sei in zwei Sektoren unterteilt, deren Flächeninhalte im Verhältnis von 2 zu $\sqrt{5}$ stehen. Eine Kugel wird in Richtung Kreismittelpunkt fallengelassen. Wenn sie dann auf dem ersten Sektor zu liegen kommt, gewinnt man den Betrag a, wenn auf dem zweiten Sektor, so gewinnt man den Betrag b. Der faire Einsatz muss dann gleich $(2a+b\sqrt{5})/(2+\sqrt{5})$ sein.

Die mehr oder weniger selbstverständliche Verallgemeinerung der Abzählung von Fällen durch geometrische Maßbestimmungen liegt auch dem Umgang mit Wahrscheinlichkeitsdichten zugrunde. So berechnete etwa de Moivre in seinem berühmten Ansatz zur Approximation der Binomialverteilung die Wahrscheinlichkeit dafür, dass bei einer Trefferwahrscheinlichkeit von $1/2$ und einer »unendlichen« Zahl n von Versuchen die Trefferzahl zwischen $1/2 - l\sqrt{n}$ und $1/2 + l\sqrt{n}$ liegt, indem er die approximierende Dichte zwischen den entsprechenden Grenzen näherungsweise integrierte, also den zugehörigen Flächeninhalt bestimmte (vgl. Kap. 6.3.6).

Eine explizite Problematisierung geometrischer Wahrscheinlichkeiten im Kontrast zu elementaren Wahrscheinlichkeiten findet man erst relativ spät, etwa bei Cournot [1849, §14; 18]. Dieser betrachtete zur Illustration ein Zufallsexperiment, bei dem eine Billardkugel zweimal hintereinander »ganz zufällig« gegen eine Billardbande von einem Meter Länge gestoßen wird. Es wird die Wahrscheinlichkeit dafür gesucht, dass der Abstand der beiden Aufprallpunkte nicht kleiner als 0.3 Meter sei. Zur Berechnung ging Cournot von einer Aufteilung der Bande in $1/10$, $1/100$, $1/1000 \ldots$ Meter aus. Bei der Bestimmung

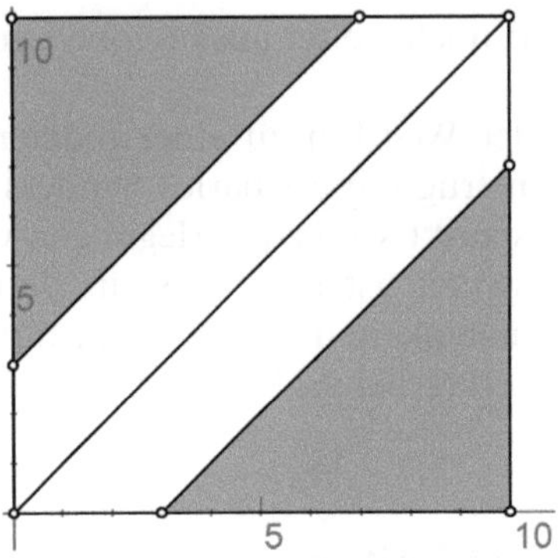

Abb. 10.10: Cournots Billardproblem: Die graue Fläche entspricht den Punkten (x, y) mit $0 \leqslant x, y \leqslant 10\text{dm}$, sodass $|x - y| \geqslant 3\text{dm}$. Sie hat den Inhalt 49dm^2.

der Aufprallpunkte nur auf 1/10 Meter genau ergeben sich $49 + 7 = 56$ aus insgesamt 100 Möglichkeiten für eine Differenz von mindestens 3/10 Meter, und die Wahrscheinlichkeit wird 56/100. Wenn man mit einer Genauigkeit von 1/100 bzw. 1/1000 Meter vorgeht, ergeben sich $4900 + 70 = 4970$ aus 10^4 bzw. $490000 + 700 = 490700$ aus 10^6 Möglichkeiten für eine Mindest-Differenz von 30/100 Meter bzw. 300/1000 Meter. Offenbar konvergiert die gesuchte Wahrscheinlichkeit gegen den Wert 0.49. Der selbst auferlegten Einfachheit in der Darstellung geschuldet, erklärt Cournot, dass es allgemeine Rechnungsmethoden (in einer Fußnote [1849, 29] wird die Infinitesimalrechnung erwähnt) gebe, mit deren Hilfe man den Übergang von diskreten in »stetige Größen« bewältigen und vermöge derer man das Ergebnis 0.49 direkt aufzeigen könne. Tatsächlich kann man aber auch mit einer elementaren geometrischen Betrachtung das Ergebnis finden (s. Abb. 10.10).

Cournot [1849, 33] definiert nun die mathematische Wahrscheinlichkeit allgemein als »das Verhältnis der Ausdehnung der einem Ereignisse günstige[n] Fälle zu der Ausdehnung aller möglichen Fälle«. »Ausdehnung« wird dabei je nach Anlass als Anzahl oder geometrisches Maß verstanden. Auf das Problem der Definition für die Gleichmöglichkeit der zugrundeliegenden »Fälle« bei geometrischen Wahrscheinlichkeiten geht Cournot in diesem Zusammenhang allerdings nicht explizit ein.

10.6.1 Das Buffonsche Nadelproblem

Besonders bekannt innerhalb der geometrischen Wahrscheinlichkeiten wurde – vielleicht auch wegen seiner Skurrilität – das »Nadelproblem« von Buffon. Dieses war bereits 1733 der Pariser Akademie vorgestellt worden, das entsprechende Protokoll enthält aber nur Andeutungen (s. [Schneider 1988, 494]). In seinem »Essai d'arithmétique morale« (auf das in vorangegangenen Kapiteln bereits einige Male verwiesen wurde, s. Kap. 6.4.3, 7.5.5) erläuterte Buffon [1777b, 100–103] ausführlich das Problem (Übersetzung von Schneider [1988, 494]):

Angenommen, man wirft in einem Zimmer, dessen Fußboden schlicht aus parallelen Brettern besteht, einen Stab in die Luft und einer der Spieler wettet, dass der Stab keine der Parallelen des Fußbodens kreuzt, während der andere darauf setzt, dass der Stab irgendwelche dieser Parallelen kreuzt. Man fragt nach der Gewinnaussicht dieser beiden Spieler.

Seinen Namen hat das Problem wohl aus der Zusatzbemerkung Buffons erhalten:

Man kann dieses Spiel auf einem Schachbrett mit einer Nähnadel oder einer Stecknadel ohne Kopf spielen.

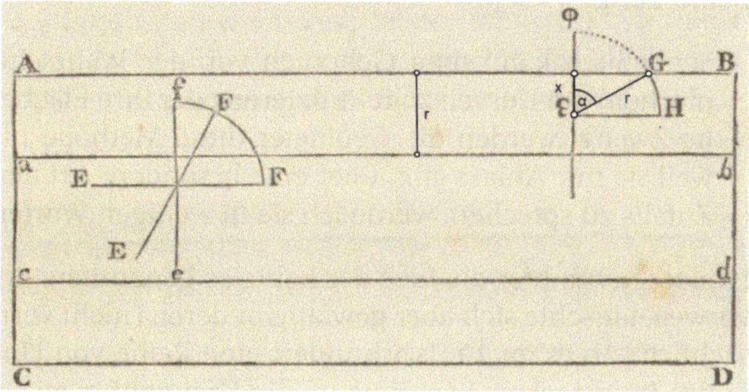

Abb. 10.11: Buffons Graphik zum Nadelexperiment: links der Fall, wo keine Kreuzung mit den Parallelen stattfindet; rechts der Fall der Kreuzung, ergänzt durch die Einzeichnung des Abstands x sowie des Grenzwinkels α und der halben Nadellänge r

Bei seiner Lösung beschränkte sich Buffon auf den Fall, dass die Nadellänge $2r$ kürzer als der Parallelenabstand s ist (tatsächlich gilt die Herleitung aber auch noch für $s = 2r$). Die folgende Darstellung lehnt sich an die von Laplace [1820b, 365 f.] an, der die Argumentation von Buffon weniger umständlich wiedergab. Gehen wir von Buffons eigener Zeichnung (Abb. 10.11) aus: Man überlegt sich zuerst, dass die Gewinnwahrscheinlichkeit nicht von der Anzahl der Parallelen und der Bretterlänge abhängt, wenn man nur annimmt, dass die Mittelpunkte der Nadeln in einem festgelegten Bereich zu liegen kommen. Daher kann man sich auf die Betrachtung eines Parallelenpaars AB, CD beschränken. Buffon nimmt an, dass das Zufallsexperiment aus zwei unabhängigen Ereignissen besteht: Einmal der zufälligen Lage des Mittelpunkts der Nadel, gegeben durch seinen Abstand x zu einer der Parallelen, und zum zweiten dem zufälligen Winkel, den die Nadel bezüglich der Parallelen einnimmt. »Zufällig« bedeutet hier wie auch üblicherweise, dass die entsprechenden Größen einer Gleichverteilung folgen. Zum Schnitt einer Nadel mit einer der Parallelen kann es nur kommen, wenn der Mittelpunkt der Nadel in das Rechteck $abBA$ oder $cdDC$ fällt, wobei der Abstand von ab zu AB wie auch der Abstand von cd zu CD gleich der halben Nadellänge r ist. Die für den Schnitt »günstigen« Winkel α genügen der Beziehung $\cos\alpha \leqslant x/r$. Laplace »zählt« nun ganz einfach – wobei er sich offensichtlich auf Grenzwerte bei nicht näher erklärten Diskretisierungen bezieht – die günstigen Fälle, indem er zu jedem x die günstigen Winkel

»aufsummiert«, sprich integriert, und dann auch noch nach den x-Werten »summiert«. Dies führt etwa für den Raum $abBA$ zum Term

$$4 \cdot \int_0^r \int_0^{\arccos(x/r)} \mathrm{d}\alpha \mathrm{d}x = 4 \int_0^r \arccos(x/r) \mathrm{d}x = 4r.$$

In der geschilderten Argumentationsweise wird die »Anzahl« aller Fälle gleich $2\pi s$, wenn s den Parallelenabstand bezeichnet. Die gesuchte Wahrscheinlichkeit wird damit gleich

$$p = \frac{2 \cdot 4r}{2\pi s} = \frac{4r}{\pi s}. \tag{10.6}$$

Besonders interessant wird Laplaces Darstellung durch die folgende einleitende Bemerkung:

> Schließlich kann man Gebrauch von der Wahrscheinlichkeitsrechnung machen, um Kurven zu rektifizieren oder ihre Flächen zu quadrieren. Ohne Zweifel werden die Geometer diese Methode nicht anwenden; aber, weil sie mir Anlass gibt, über eine besondere Art der Kombinationen des Zufalls zu sprechen, werde ich sie in wenigen Worten ausführen.

Laplace nahm hier die Idee der heute so genannten »Monte-Carlo-Methoden« vorweg, täuschte sich aber gewaltig in deren (nicht vermuteter) Tragweite. Tatsächlich gab es im 19. Jahrhundert eine Reihe von Unentwegten, die mit Hilfe des Buffonschen Experiments die Kreiszahl π aus der relativen Häufigkeit der Nadelkreuzungen zu bestimmen versuchten. Nun ist, wie man sich sofort in einem Eigenversuch vergewissern kann, die »Zufälligkeit« der Mittelpunktslage und dann auch noch des Winkels ein Problem. 1850 erzielte der Schweizer Astronom Rudolf Wolf (1816–1893) bei 5000 Versuchen den Näherungswert $\pi \approx 3{,}1596$ (für Diskussionen einschlägiger Ergebnisse siehe [Czuber 1884, 88–91] und [Haller und Barth 2017, 422]). Den besonders genauen Wert $\pi \approx 3{,}14152929$ erhielt Mario Lazzarini im Jahre 1901 bei 3408 Versuchen. Er hat aller Vermutung nach genau dann sein Experiment beendet als der Näherungswert für π besonders gut war. Bei all diesen Versuchen war – vermutlich schon wegen der Handhabbarkeit – der Parallelenabstand nicht erheblich größer als die Nadellänge.

Exkurs 10.1
Das Buffon-Experiment ist neben den bestehenden Problemen in der praktischen Durchführung auch theoretisch gesehen keine sehr günstige Methode. Aus (10.6) folgt nämlich $\pi = 4r/(sp) =: c(p)$. Wenn p mit einer kleinen Ungenauigkeit Δp versehen ist, ergibt sich für die Ungenauigkeit bei der Bestimmung von $c(p)$:

$$\Delta c(p) \approx c'(p)\Delta p = -\frac{4r}{sp^2}\Delta p.$$

Ist Δp der Streuung der relativen Häufigkeit f der Überschneidungen bei n Versuchen geschuldet, so ist deren Standardabweichung $\sigma = \sqrt{p(1-p)/n}$ ein geeignetes Maß für Δp. Die Ungenauigkeit $\Delta c(p)$ wird dann dem Betrag nach minimal, wenn

$$\frac{4r}{sp^2}\frac{\sqrt{p(1-p)}}{\sqrt{n}} = \frac{\pi}{2\sqrt{n}}\sqrt{\frac{s\pi}{r}-4}$$

minimal ist. Im Rahmen der Vorgaben ist das der Fall, wenn $2r = s$ ist, mehr oder weniger entsprechend den Abmessungen bei den praktischen Durchführungen. Bei $n = 1000$ ist dann die Genauigkeit bei der π-Bestimmung nur von der Größenordnung ± 0.1. Bezüglich der »Buffon-Methode« war also Laplaces pessimistische Einschätzung richtig.

Im 19. Jahrhundert wurde die Aufgabenstellung des Nadelproblems noch erheblich erweitert, s. [Czuber 1884, 91–97; 116 f.] und [Seneta et al. 2001].

10.6.2 Eine erste Theorie geometrischer Wahrscheinlichkeiten

Hatten bisher Aufgabenstellungen wie das Buffonsche Nadelproblem eher zur Unterhaltungsmathematik gehört, so entstand ab ca. 1860, durch Arbeiten französischer und britischer Mathematiker, besonders Joseph-Émile Barbier (1839–1889) und Morgan Crofton (1826–1915), eine Art Theorie geometrischer Wahrscheinlichkeiten. Während in Frankreich in Nachfolge von Barbier im Wesentlichen problembezogen aufgrund von Verallgemeinerungen des Buffonschen Nadelproblems argumentiert wurde (statt Nadeln = Strecken kann man beispielsweise komplexere Polygonzüge betrachten, statt Parallelen auch andere Geradenanordnungen), ging Crofton in systematischer Weise von geometrischen Grundgebilden (Punkte, Geraden, Ebenen) aus. Interessant ist, wie durch beide Ansätze äquivalente Ergebnisse zu allgemeinen Problemstellungen erreicht werden konnten, s. hierzu [Seneta et al. 2001]. Eine erste Monographie zu diesem Thema lieferte Czuber [1884], der sich aber vorrangig an Crofton orientierte.

Hier kann nur ein Einblick in die konzeptionelle Problematik gegeben werden. Diese tritt bereits beim einfachen Thema »willkürlich gezogene Geraden« zu Tage. Geraden können durch verschiedene Parameter ausgedrückt werden, und »willkürlich« bzw. »zufällig« bedeutet, dass diese Parameter gleichverteilt sind. Doch welche Parameter geben auf besonders natürliche Weise die Lage von Geraden an? Etwa Steigung und Achsenabschnitt oder eher Neigungswinkel und Abstand zum Koordinatenursprung? Crofton (und in seiner Nachfolge Czuber) gehen von Geraden aus, die einen gemeinsamen Punkt oder eine gemeinsame Richtung haben. Im ersten Fall ist klar, dass die Wahrscheinlichkeit dafür, dass eine Gerade einen Winkel zwischen α und $\alpha + \mathrm{d}\alpha$ bezüglich einer vorgegebenen Richtung einnimmt, gleich $\mathrm{d}\alpha/(2\pi)$ sein muss. Im zweiten Falle ist die Wahrscheinlichkeit dafür, dass zu einer vorgegebenen Geraden eine Parallele einen Abstand zwischen x und $x + \mathrm{d}x$ innerhalb des Bereichs $[0, d]$ hat, gleich $\mathrm{d}x/d$. Wenn man beide Vorstellungen zusammenfasst, ergibt sich eine zufällige Gerade als ein solche, die durch die Gleichung

$$x\cos\theta + y\sin\theta = p \tag{10.7}$$

gegeben ist, wobei θ und p (innerhalb bestimmter Bereiche) gleichverteilt sind (θ ist der Winkel, den die x-Achse mit der durch den Koordinatenursprung verlaufenden Normalen der Geraden gegen den Uhrzeigersinn einschließt, p der Abstand der Geraden vom Nullpunkt). Mit diesen Überlegungen tritt schon eine – zunächst nicht explizit thematisierte – Grundidee hervor, die im weiteren Verlauf der Entwicklung der geometrischen Wahrscheinlichkeiten eine wichtige Rolle spielen sollte: Man sucht nach Wahrscheinlichkeitsverteilungen, die unter bestimmten geometrischen Abbildungen (hier der Drehung bzw. der Verschiebung) invariant sind.

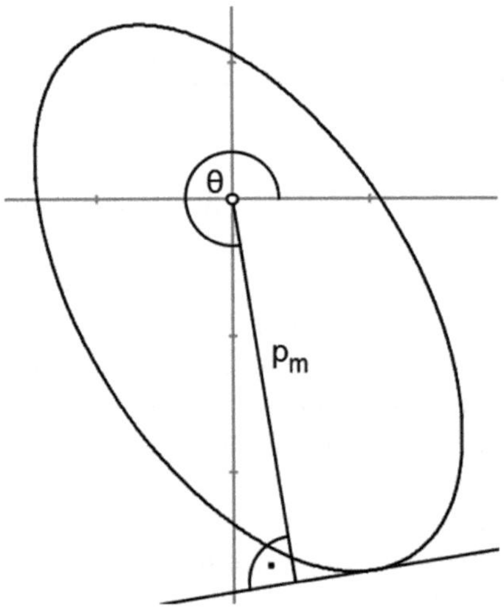

Abb. 10.12: Illustration zum Maß der eine Figur zufällig treffenden Geraden

Als typisches Aufgabenbeispiel soll hier das Problem des Schneidens zufälliger Geraden mit einer Sehne in einer konvexen Figur F in Anlehnung an Czubers Darstellung [1899, 55 f.] diskutiert werden. Ohne Einschränkung der Allgemeinheit kann angenommen werden, dass der Koordinatenursprung im Inneren der Figur liegt. Das Maß für die zufälligen Geraden (im Sinne der Cournotschen »Ausdehnung«), die die Figur überhaupt treffen, ist dann gleich $m = \int_0^{2\pi} \int_0^{p_m(\theta)} \mathrm{d}p\mathrm{d}\theta$, wobei p und θ der Gleichung (10.7) entsprechen; p_m ist der Abstand vom Koordinatenursprung zu der Tangente an die Randkurve, deren Normale den Winkel θ gegen den Uhrzeigersinn mit der positiven x-Achse einschließt (vgl. Abb. 10.12). Aufgrund eines Integralsatzes (jetzt manchmal als »Cauchyscher Projektionssatz« bezeichnet, ein elementarer Beweis findet sich in [Czuber 1884, 113–115]), ist

$$m = \int_0^{2\pi} p_m(\theta)\mathrm{d}\theta = L,$$

wobei L die Länge der Begrenzung der vorgegebenen Figur ist. Eine beliebige Sehne der Länge C innerhalb der Figur kann nun ebenfalls als geschlossene

Randkurve einer (entarteten) konvexen Menge der Länge $2C$ aufgefasst werden. Das Maß der zufälligen Geraden, die die Sehne treffen, ist dann gleich $2C$, die gesuchte Wahrscheinlichkeit somit gleich $2C/L$.

Auch wenn etwa bei den zufälligen Geraden gewisse Grundsätze die Bevorzugung bestimmter Parameter nahelegen, so bleibt doch generell das Problem, dass geometrische Objekte in der Regel durch verschiedene Größensysteme charakterisiert werden können. Daher können je nach Parameterwahl verschiedene Ergebnisse für die fraglichen Wahrscheinlichkeiten erzielt werden. Czuber [1884, 7 f.] präzisierte die Angelegenheit, indem er das Beispiel eines zufälligen Punktes auf einem Kurvenstück betrachtete. Man könne hier sowohl die Kurvenlänge bis zu diesem Punkt wie auch die Abszisse des Punktes als »willkürlich« betrachten, würde aber dann zu verschiedenen Ergebnissen für die einschlägigen Wahrscheinlichkeiten kommen. Die Deutung des Wortes »willkürlich« falle folglich mit der »Wahl der unabhängigen Variabeln« zusammen. Czuber griff damit eine Problematik auf, die alsbald durch die Präsentation eingängiger »Paradoxa« wesentlich bekannter werden sollte. Besonders populär wurde dabei Bertrands Beispiel der zufälligen Sehne im Kreis.

10.6.3 Bertrands Paradoxon

In seinem Buch *Calcul des probabilités* stellt Bertrand [1888, 4 f.] ein Zufallsexperiment vor, dessen Erfolgswahrscheinlichkeit je nach Ansatz gleich $1/2$, $1/3$ oder $1/4$ ist. Bertrand kommentiert (Übersetzung gemäß [Schneider 1988, 498]):

> Welche unter diesen drei Antworten ist die richtige? Keine von den dreien ist falsch, keine ist ganz richtig; die Frage ist schlecht gestellt.

Bei der »Frage« geht es darum, die Wahrscheinlichkeit dafür zu berechnen, dass eine zufällig gezogene Kreissehne größer als die Seite eines dem Kreis einbeschriebenen gleichseitigen Dreiecks ist.

Bertrand interpretiert die Zufälligkeit auf drei verschiedene Arten, wobei er sich bei seinen Lösungen jeweils von Symmetrieargumenten leiten lässt. Einmal wird die zufällige Sehne von einem gegebenen Punkt des Kreisumfangs (alle diese Punkte sind gleichberechtigt) in beliebiger Richtung gezogen. Es ergibt sich eine Wahrscheinlichkeit von $1/3$. Bei der zweiten Lösung wird die Sehne ausgehend von einer beliebig vorgegebenen Richtung in zufälligem Abstand zum Mittelpunkt des Kreises gezogen. Die Wahrscheinlichkeit ist jetzt gleich $1/2$. (Diese Lösung entspricht übrigens der Croftonschen Theorie zufälliger Geraden, ohne dass Bertrand darauf eingeht). Bei der dritten Version wird die Sehne so ausgewählt, dass ihr Mittelpunkt ein zufälliger Punkt der Kreisfläche ist, mit der Folge, dass die Wahrscheinlichkeit gleich $1/4$ wird.

Wir erläutern hier den dritten Lösungsansatz (für eine ausführliche Diskussion aller Ansätze sei auf [Haller und Barth 2017, 431–433] verwiesen). Der gemeinsame Inkreis aller dem Kreis mit Radius r einbeschriebenen und

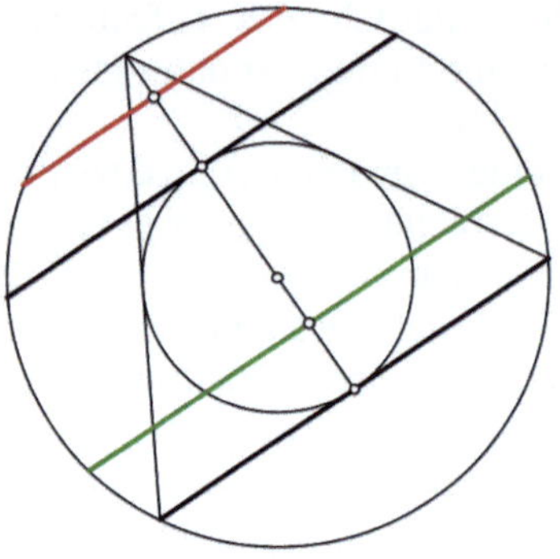

Abb. 10.13: Bertrands dritter Ansatz: Fällt der Mittelpunkt einer Sehne in den Außenbereich des Inkreises (rot), so ist deren Länge kleiner als die Seitenlänge des einbeschriebenen gleichseitigen Dreiecks. Fällt der Mittelpunkt einer Sehne in den Inkreis (grün), so ist deren Länge größer als die Seitenlänge des gleichseitigen Dreiecks. Die Mittelpunkte von zur Dreiecksseite längengleichen Sehnen (schwarz) liegen genau auf dem Rand des Inkreises.

untereinander kongruenten gleichseitigen Dreiecke hat den Radius $r/2$. Wie der Abb. 10.13 zu entnehmen ist, muss für einen »günstigen« Fall der zufällig ausgewählte Mittelpunkt im Inneren des Inkreises liegen. Damit ergibt sich für die gesuchte Wahrscheinlichkeit das Verhältnis aus der Fläche des Inkreises und der Fläche des vorgegebenen Kreises, und das ist $1/4$.

Bertrands Paradoxon – das im Übrigen nur ein typisches Beispiel für eine Reihe ähnlicher Problemstellungen verschiedener Autoren darstellt – diente dem Autor freilich weniger dazu, auf spezifische Schwierigkeiten bei geometrischen Wahrscheinlichkeiten hinzuweisen. Vielmehr wollte Bertrand damit seinen Lesern klarmachen, wie wichtig eine genaue Beschreibung und Analyse des jeweiligen Zufallsexperiments sei. Hier befand er sich auf der prinzipiell gleichen Argumentationslinie wie von Kries mit seiner Forderung nach genauester quantitativer Auslotung des zum Experiment gehörigen Spielraums.

Tatsächlich war die systematisierte Lehre von den geometrischen Wahrscheinlichkeiten ein neues Thema, das im 19. Jahrhundert hinzukam, jedoch gegenüber den sonstigen stochastischen Problemstellungen einen völlig andersartigen, nämlich rein innermathematischen Charakter hatte. Der Themenkreis mündete schließlich im 20. Jahrhundert in die »Integralgeometrie«, die meistens als Teilgebiet der Geometrie angesehen wird.

10.7 Impulse aus der Weiterentwicklung der Laplaceschen Fehlertheorie

Augustin Louis Cauchy (1789–1857) gehört sicher nicht nur zu den Mathematikern, die besonders viel geschrieben haben – um die von ihm ausgelöste Publikationsflut bewältigen zu können, wurde der maximale Umfang von Artikeln in den *Comptes rendus hebdomadaires* der Pariser Akademie auf maximal 4 Seiten beschränkt –, er hat vielmehr zu praktisch allen Teilgebieten der Mathematik sowie der mathematischen Astronomie und Physik Grundlegendes beigetragen. Auch in der Wahrscheinlichkeitsrechnung hat er einige, wenn auch relativ wenige, Arbeiten publiziert. Seine herausragende Leistung war dabei nicht, wie wir ja schon gesehen haben, die »Erfindung« der Cauchy-Verteilung, sondern vielmehr der Ansatz zu einem strengen Beweis des zentralen Grenzwertsatzes für Linearkombinationen von Beobachtungsfehlern.

Das Kernproblem der Laplaceschen Fehlertheorie besteht darin zu zeigen, dass unter noch genauer zu spezifizierenden Voraussetzungen Linearkombinationen $\sum_{i=1}^{n} \lambda_i \epsilon_i$ von Beobachtungsfehlern ϵ_i bei einer großen Anzahl von Beobachtungen n approximativ normalverteilt sind. Dabei wurden im Laufe des 19. Jahrhunderts – freilich nur sporadisch – Vorbehalte bezüglich Laplaces analytischem Vorgehen geäußert. Hauptkritikpunkt war, dass in der Laplaceschen Analyse der Unterschied zwischen dem exakten Term und der approximierenden Normalverteilung durch Reihenentwicklungen ausgedrückt wurde, für deren Glieder zwar leicht zu zeigen war, dass sie bei größer werdendem n individuell immer kleiner werden, woraus aber über das Kleinwerden, ja nicht einmal über die Konvergenz der gesamten Reihe eigentlich keine Aussage getroffen werden konnte. Poissons Herleitungen brachten zwar gegenüber denen von Laplace manche Klärung, dieses grundlegende Problem wurde durch sie aber noch nicht gelöst.

Die Frage nach den Voraussetzungen, aber auch nach der Genauigkeit der Approximation durch die Normalverteilung spielte eine wichtige Rolle in der wissenschaftlichen Kontroverse, die zwischen Cauchy und Irenée Jules Bienaymé (1796–1878) im Sommer 1853 über die von Bienaymé verteidigte, von Cauchy dagegen angezweifelte Überlegenheit der Methode der kleinsten Quadrate, besonders aufgrund ihrer Begründung durch Laplace, ausgetragen wurde (s. Kap. 9.7.3). In seinem letzten Beitrag zu diesem Thema stellte Cauchy [1853b] eine Abschätzung für den Unterschied zwischen exakter und approximativer Wahrscheinlichkeit auf:

$$\left| \mathrm{P}\left(-v \leqslant \sum_{j=1}^{n} \lambda_j \epsilon_j \leqslant v \right) - \frac{2}{\sqrt{\pi}} \int_0^{\frac{v}{2\sqrt{c\Lambda}}} e^{-\theta^2} d\theta \right| \leqslant C_1(n) + C_2(n, v) + C_3(n),$$

wobei alle Konstanten C_1, C_2, C_3 gegen 0 für $n \to \infty$ gehen. Von den (unabhängigen) Fehlern wurde vorausgesetzt, dass sie identisch verteilt sind mit einer hinreichend glatten und symmetrischen Dichte f, die auf ein endliches Intervall $[-\kappa; \kappa]$ konzentriert ist mit $c := \int_0^{\kappa} x^2 f(x) dx$; die Multiplikatoren λ_j sollten von der Größenordnung $\frac{1}{n}$ sein; dieselbe Größenordnung wurde auch für $\Lambda := \sum_{j=1}^{n} \lambda_j^2$ angenommen. Die Lücken in dem nur skizzenhaften Beweis können mit geläufigen Methoden der damaligen Zeit ohne größere Schwierigkeiten geschlossen werden. Cauchys Schranken waren freilich für Zwecke der Fehlerrechnung nicht scharf genug, die Arbeit wurde in nur geringem Maße beachtet.

Bereits einige Jahre früher hatte Dirichlet bei gleichen Voraussetzungen und im selben Zusammenhang ähnliche Ideen vorgebracht, freilich nur im Rahmen einer Vorlesung (höchstwahrscheinlich im SS 1846), wovon eine unpublizierte Vorlesungsmitschrift zeugt [Fischer 2011, chapt. 2.4].

Die Kontroverse zwischen Cauchy und Bienaymé zeitigte noch ein weiteres signifikantes Ergebnis, wieder in der Einkleidung der Fehlerrechnung, diesmal auf Seiten Bienaymés [1853a]: Um zu zeigen, dass die Methode der kleinsten Quadrate Parameterwerte liefert, die asymptotisch gleich den tatsächlichen sind, leitete er für identisch verteilte, unabhängige Beobachtungsfehler ϵ_j mit Varianz σ^2 und verschwindendem Erwartungswert die folgende Ungleichung her:

$$\mathrm{P}\left(\left|\sum_{j=1}^{n} \lambda_j \epsilon_j\right| \leqslant t\sqrt{2\sigma^2}\right) = 1 - \frac{\theta f}{2t^2} \sum_{j=1}^{n} \lambda_j^2. \tag{10.8}$$

Dabei bezeichnen θ und f positive Zahlen kleiner als 1, die vom spezifische Fehlergesetz und von den Multiplikatoren λ_j abhängen.

1867 veröffentlichte Chebyshev eine äquivalente Ungleichung, nun für allgemeine Zufallsgrößen, die seitdem für die Herleitung von schwachen Gesetzen der großen Zahlen verwendet wird. Chebyshev [1874] anerkannte freilich auch die Verdienste von Bienaymé, sodass die Ungleichung auch als »Bienaymé-Chebyshev-Ungleichung« bezeichnet wird.

10.8 Chebyshev und Markov

Wir kommen nun zu den wahrscheinlichkeitstheoretischen Leistungen der »Petersburger Schule« mit ihren Hauptexponenten Chebyshev als dem »Patron« und Markov als seinem prominentesten «Schüler«. Chebyshev war einer der herausragendsten Mathematiker des 19. Jahrhunderts. Ob man seine wenigen, sicher historisch bedeutsamen, Beiträge zur Wahrscheinlichkeitsrechnung in der Weise überhöhen muss, wie es in der sowjetischen Literatur des 20. Jahrhunderts – wohl auch aus politischen Gründen – geschehen ist, sei dahingestellt.

Abb. 10.14: P.L. Chebyshev und seine bedeutenden Schüler A.A. Markov und A.M. Lyapunov (von links nach rechts)

Pafnutii Lvovich Chebyshev (1821–1894, Abb. 10.14) entstammte einer durchaus begüterten Familie. Das Studium in Moskau schloss er 1846 mit einer Magisterarbeit mit dem Titel »Ein Versuch zur elementaren Analyse der Wahrscheinlichkeitstheorie« ab. 1847 wurde er an der Universität von St. Petersburg Dozent und 1860 schließlich dort zum ordentlichen Professor für Mathematik ernannt. Seit 1858 war er ordentliches Mitglied der Petersburger Akademie. Chebyshev war international bestens vernetzt und Mitglied zahlreicher wissenschaftlicher Akademien bzw. Gesellschaften in Europa. Er reiste viel und unterhielt besonders zu französischen Mathematikern freundschaftliche Beziehungen. Ein großer Briefeschreiber war er – sehr zum Verdruss der Wissenschaftshistoriker – allerdings nicht. Chebyshevs mathematische Interessen waren breitgestreut, Schwerpunkte lagen in Zahlentheorie, Mechanik (Theorie der Gelenkmechanismen) sowie Momenten- und Approximationstheorie; letzterem Gebiet können auch seine wenigen Arbeiten zur Wahrscheinlichkeitsrechnung untergeordnet werden.

10.8.1 Kettenbrüche, Momente, orthogonale Polynome

Im Folgenden wollen wir daher auf einige Grundideen der Chebyshevschen Approximationstheorie eingehen. Es handelt sich um die Verbindung dreier Elemente, die auf den ersten Blick nicht viel miteinander zu tun haben scheinen: Kettenbruchentwicklungen, orthogonale Polynome und Momente. Zu einer auf (A, B) positiven Funktion f kann eine dem Integralausdruck

$$\int_A^B \frac{f(x)}{z-x}\mathrm{d}x \tag{10.9}$$

»assoziierte« (d.h. bis zu einem bestimmten Glied der formalen Potenzreihe in $1/z$ des Integralausdrucks übereinstimmende) Kettenbruchentwicklung

$$\cfrac{1}{\alpha_1 z+\beta_1+\cfrac{1}{\alpha_2 z+\beta_2+\cfrac{1}{\alpha_3 z+\beta_3+\cdots}}}$$

aufgrund der Orthogonalitätsbeziehung der »Näherungsnenner« ψ_n ermittelt werden. Dabei ist $\psi_0(z) := 1$, $\psi_1(z) = \alpha_1 z + \beta_1$, $\psi_2(z) = (\alpha_2 z + \beta_2)\psi_1(z) + 1$, usw. Die α_i können aus

$$\int_A^B \psi_n(x)\psi_m(x)f(x)\mathrm{d}x = \frac{(-1)^n}{\alpha_{n+1}}\delta_{mn}, \tag{10.10}$$

und die β_i aus einer ähnlichen Beziehung gewonnen werden. Es zeigt sich, dass α_n und β_n von den »Momenten« $M_i := \int_A^B f(x)x^i\mathrm{d}x$ mit $0 \leqslant i \leqslant 2n-1$

abhängen. Analoges gilt für den diskreten Fall, wo »Punkten« $x_1 < x_2 < \cdots < x_m$ »positive Gewichte« $g_1, \dots, g_m$ zugeordnet sind. An die Stelle des Integralausdrucks (10.9) tritt jetzt die Summe

$$\sum_{j=1}^{m} \frac{g_j}{z - x_j}, \tag{10.11}$$

und die Momente sind jetzt durch $M_i = \sum_{j=1}^{m} g_j x_j^i$ gegeben. Momente wiederum können dazu dienen, wie Chebyshev [1874] in einem kurzen Artikel – noch ohne Beweis – aufzeigte, um Abschätzungen (letztlich also auch Approximationen) für Verteilungsfunktionen $\int_A^x f(t)\mathrm{d}t$ bzw. $\sum_{x_j \leqslant x} g_j$ zu geben. Bei diesen Abschätzungen spielen die nach einem bestimmten Glied abgebrochenen Kettenbruchentwicklungen, die zu (10.9) bzw. (10.11) assoziiert sind und die Wurzeln der entsprechenden Näherungsnenner eine entscheidende Rolle. Damit war der Start für die Momententheorie gegeben, der sich außerhalb der St.-Petersburg-Schule besonders Thomas Jan Stieltjes (1856–1894) widmete; der nach ihm benannte Integraltyp entstand in diesem Zusammenhang.

Die orthogonalen Polynomsysteme ψ_n eignen sich besonders für eine Approximation »willkürlicher« Funktionen gemäß der Methode der kleinsten Quadrate, wie Chebyshev im Wesentlichen bereits 1855 zeigte: Für alle (nicht näher spezifizierten) Funktionen F und eine vorgegebene positive Funktion f wird unter allen Polynomen p des Grades n das Integral $\int_A^B f(x)(F(x) - p(x))^2 \mathrm{d}x$ minimal, wenn p eine Linearkombination $\sum_{i=0}^{n} a_i \psi_i$ aus den Näherungsnennern bis zum Grade n der zu $\int_A^B f(x)/(z-x)\mathrm{d}x$ assoziierten Kettenbruchentwicklung ist. Die Koeffizienten a_i können dann unter Ausnutzung der Orthogonalität (10.10) gewonnen werden. Chebyshev [1859] widmete sich besonders einigen Spezialfällen. Die Gewichtsfunktion $f(x) = 1/\sqrt{1-x^2}$ zusammen mit den Integrationsgrenzen $A = -1$, $B = 1$ etwa führt zu Näherungsnennern, die zu den heute so genannten »Chebyshev-Polynomen« $\cos(n \arccos x)$ proportional sind. Besonders wichtig für Anwendungen in der Fehlerrechnung war der Fall $f(x) = \sqrt{k/\pi}\exp(-kx^2)$ mit den Integrationsgrenzen $A = -\infty$, $B = \infty$, der auf Näherungsnenner proportional zu den – erst 1864 von Charles Hermite (1822–1901) selbst diskutierten – »Hermite-Polynomen« führte.

Die Approximationstheorie stand auch in enger Verbindung zu Untersuchungen über Gelenkmechanismen, einem anderen bevorzugten Interessensgebiet von Chebyshev, und war so charakteristisch für sein Anliegen und seine Fähigkeit, reine Mathematik mit konkreten Anwendungen zusammenzubringen.

Um die Grundlagenfragen der »modernen« Analysis, wie Stetigkeit, Konvergenz oder Vertauschung von Grenzprozessen, kümmerte sich Chebyshev im Rahmen der Approximationstheorie kaum. Vielmehr bezog er sich gerne auf den Fall diskreter Strukturen, etwa auf endliche Summen, um dann ohne weitere Erklärungen die so erreichten Ergebnisse auf Integrale zu übertragen.

Kettenbrüche als vorrangiges Handwerkszeug gestatteten ihm eine mit Virtuosität wahrgenommene Schlussweise, die grundsätzlich den Argumentationen der algebraischen Analysis, dort im Zusammenhang mit formalen Potenzreihen, ähnelt.

Von Chebyshevs Schülern führten Markov und Possé die Approximationstheorie und hier besonders die Momentenmethoden fort, teilweise sogar in direkter Konkurrenz zu Chebyshev selbst. Für Markov waren diese Methoden auch maßgeblich im Zusammenhang mit Grenzwertsätzen der Wahrscheinlichkeitsrechnung. Einen Überblick über die Aktivitäten von Chebyshev und der »Petersburger Schule« zur Approximations- und Momententheorie geben z. B. [Akhiezer 1998] und [Steffens 2006, Chap. 3].

10.8.2 Chebyshevs Beiträge zur Wahrscheinlichkeitsrechnung

Chebyshev hat nur 4 Arbeiten veröffentlicht, die vorrangig der Wahrscheinlichkeitsrechnung gewidmet waren (ausführliche Darstellungen hierzu finden sich beispielsweise in [Maistrov 1974] und [Gnedenko und Sheynin 1992]). Seine Magisterarbeit erschien 1845 in gedruckter Form, blieb aber weitgehend unbeachtet (sie wurde dann im 5. Band seiner *Polnoe sobranie sochinenii* wiederabgedruckt). Hier setzte er sich das Ziel einer Elementarisierung bestimmter Methoden von Laplace verbunden mit der Erschließung von möglichst genauen Fehlerschranken für Approximationen. Für die Stirlingsche Formel fand er beispielsweise

$$\mathrm{e}^{-x+\frac{1}{12x}} > \frac{x!}{\sqrt{2\pi}x^{x+\frac{1}{2}}} > \mathrm{e}^{-x+\frac{1}{12x}-\frac{1}{36x^3}}.$$

Explizite Approximationsschranken hatten gemäß Chebyshev nicht nur praktische Zwecke; vielmehr garantierten sie auch mathematische Strenge in Herleitungen, die auf Approximationen beruhten. In seiner ersten Arbeit, die einem breiteren Leserkreis zugänglich war, drückte dies Chebyshev [1846] besonders deutlich aus. Es ging hier um das schwache Gesetz der großen Zahlen für relative Häufigkeiten (10.1) bei nicht-konstanten Trefferwahrscheinlichkeiten, das Poisson aufgrund der approximativen Normalverteilung für die Trefferzahl bei sehr vielen Versuchen hergeleitet hatte. Über diese Herleitung schrieb nun Chebyshev:

> So kunstvoll auch die Methode ist, die von dem berühmten Geometer angewandt wurde, sie liefert nicht die Grenze des Fehlers, den seine angenäherte Analyse ergibt, und wegen dieser Ungewissheit über den Wert des Fehlers mangelt es dem Beweis des Satzes an Strenge.

Tatsächlich hatte Poisson – wie auch Laplace – bei seiner Herleitung der approximativen Normalverteilung mit abgebrochenen Reihenentwicklungen gearbeitet und dabei keine Restgliedbetrachtung vorgenommen. Auf der anderen

Seite wäre freilich eine explizite Betrachtung von Approximationsfehlern nicht unbedingt für die strenge Herleitung eines Grenzwertsatzes erforderlich gewesen. Chebyshev wollte wohl mit diesen Worten die besonderen Verdienste seines Beweises herausstreichen, in dem er tatsächlich eine recht scharfe Schranke für die Abweichung der fraglichen Wahrscheinlichkeit von 1 angab. Für $s = \sum_{i=1}^{\mu} p_i$ (p_i sind die Trefferwahrscheinlichkeiten) und natürliche Zahlen m, n ($n < s - 1, m > s + 1$) leitete er die folgende Ungleichung für die relative Trefferhäufigkeit h_μ bei μ Versuchen her:

$$P(n < \mu h_\mu < m) > 1 - \frac{1}{2(m-s)}\sqrt{\frac{m(\mu-m)}{\mu}}\left(\frac{s}{m}\right)^m \left(\frac{\mu-s}{\mu-m}\right)^{\mu-m+1} - \\ - \frac{1}{2(s-n)}\sqrt{\frac{n(\mu-n)}{\mu}}\left(\frac{s}{n}\right)^{n+1} \left(\frac{\mu-s}{\mu-n}\right)^{\mu-n}. \qquad (10.12)$$

Die Grenzbeziehung (10.1) folgt daraus. Dass Nikolaus Bernoulli für den Fall konstanter Trefferwahrscheinlichkeiten bereits auf ähnliche Abschätzungen gekommen war (vgl. Kap. 6.1.4), wurde erst in der zweiten Hälfte des 20. Jahrhunderts gewürdigt.

Die nachhaltigste Wirkung erzielte Chebyshev [1867] mit der gemeinhin nach ihm benannten Ungleichung, die heute meist so ausgedrückt wird:

$$\mathrm{P}(|X-\mu| \geqslant \varepsilon) \leqslant \frac{\sigma^2}{\varepsilon^2} \quad (\varepsilon > 0) \qquad (10.13)$$

für beliebige Zufallsgrößen X mit Erwartungswert μ und Varianz σ^2. Beschränkt man sich wie Chebyshev auf diskrete Zufallsgrößen, die die Werte $x_1, \dots, x_n$ mit den jeweiligen Wahrscheinlichkeiten $p_1, \dots, p_n$ annehmen, so ergibt sich die Ungleichung sofort aus dem folgenden Einzeiler:

$$\sigma^2 = \sum_{i=1}^{n}(x_i-\mu)^2 p_i \geqslant \sum_{|x_i-\mu|\geqslant\varepsilon}(x_i-\mu)^2 p_i \geqslant \varepsilon^2 \sum_{|x_i-\mu|\geqslant\varepsilon} p_i = \varepsilon^2\,\mathrm{P}(|X-\mu| \geqslant \varepsilon).$$

Liegt nun eine Summe S_n aus unabhängigen Zufallsgrößen $X_1, \dots, X_n$ mit Erwartungswerten μ_i und Varianzen σ_i^2 vor, so muss entsprechend gelten:

$$\mathrm{P}(|S_n - \mathrm{E}\,S_n| \geqslant n\varepsilon) \leqslant \frac{\mathrm{Var}\,S_n}{n^2\varepsilon^2}.$$

Wegen

$$\mathrm{E}\,S_n = \sum_{i=1}^{n}\mu_i, \quad \mathrm{Var}\,S_n = \sum_{i=1}^{n}\sigma_i^2 \qquad (10.14)$$

folgt unter der Zusatzvoraussetzung $\sigma_i^2 \leqslant C$ ($i = 1, \dots, n$):

$$\mathrm{P}\left(\left|\frac{S_n}{n} - \frac{\sum_{i=1}^n \mu_i}{n}\right| \geqslant \varepsilon\right) \leqslant \frac{C}{n\varepsilon^2}.$$

Daraus ergibt sich sofort das schwache Gesetz der großen Zahlen für arithmetische Mittel aus unabhängigen Zufallsgrößen mit gleichmäßig beschränkter Varianz: Bezeichne $\overline{X}$ das arithmetische Mittel der Zufallsgrößen und $\overline{\mu}$ das arithmetische Mittel ihrer Erwartungswerte, so ist für alle $\varepsilon > 0$:

$$\mathrm{P}(|\overline{X} - \overline{\mu}| < \varepsilon) \to 1 \quad (n \to \infty). \tag{10.15}$$

Die eben gegebene »stromlinienförmige« Darstellung, die sich bei Verwendung der entsprechenden analytischen Techniken sofort auf allgemein verteilte Zufallsgrößen erweitern lässt, geht vermutlich auf Markovs Lehrbuch über Wahrscheinlichkeitsrechnung (s. Kap. 13.1) zurück. Tatsächlich wurde erst durch Markov die Chebyshev-Ungleichung wirklich populär. Chebyshev selbst bewies in seiner 1867-Arbeit aufgrund der eben erläuterten Ideen, aber ohne expliziten Rückgriff auf (10.14) – das machte dann die Darstellung etwas langatmig und schwerfällig – die Ungleichung (die er in Worten ausdrückte)

$$\mathrm{P}\left(-\alpha\sqrt{\sum_{i=1}^n \mathrm{E}X_i^2 - \sum_{i=1}^n(\mathrm{E}X_i)^2} \leqslant \sum_{i=1}^n X_i - \sum_{i=1}^n \mathrm{E}X_i \leqslant \alpha\sqrt{\sum_{i=1}^n \mathrm{E}X_i^2 - \sum_{i=1}^n(\mathrm{E}X_i)^2}\right) > 1 - \frac{1}{\alpha^2} \tag{10.16}$$

und leitete damit das schwache Gesetz der großen Zahlen (10.15) her.

Wie schon erwähnt ist Chebyshevs Ungleichung (10.16) äquivalent zu Bienaymés Beziehung (10.8), die mit der grundsätzlich selben Argumentation – und unter expliziter Verwendung von (10.14) – hergeleitet worden war. Diese Äquivalenz scheint schon früh erkannt worden zu sein, denn Chebyshevs Beitrag von 1867 (es handelte sich um die französische Übersetzung eines im selben Jahr schon auf Russisch erschienenen Artikels) fand sich im *Journal de mathématiques* in unmittelbarer Nähe zu einem Wiederabdruck der entsprechenden Bienayméschen Arbeit von 1853. Bei allen Gemeinsamkeiten war die Zielrichtung der beiden Artikel freilich verschieden: Bienaymé ging es um die Methode der kleinsten Quadrate, Chebsyshev dagegen um das Gesetz der großen Zahlen.

Der vierte und letzte wahrscheinlichkeitstheoretische Beitrag von Chebyshev erschien 1887 auf Russisch und 1890 auf Französisch. Der Titel bezieht sich auf »zwei« Sätze, von denen der erste das schwache Gesetz der großen Zahlen ist, das eingangs der Arbeit in der Fassung von 1867 rekapituliert wird. Chebyshev stellt nun dieses Ergebnis in den Kontext seiner Arbeiten zur Momententheorie. Tatsächlich handelt es sich bei der Ungleichung (10.13) um eine Abschätzung der Wahrscheinlichkeitsverteilung aufgrund der Momente m_1, m_2 erster und zweiter Ordnung. Im diskreten Fall ist ja $m_1 = \mu = \sum_{i=1}^n x_i p_i$, $m_2 = \sum_{i=1}^n x_i^2 p_i$

und $\sigma^2 = m_2 - m_1^2$, und analoge Beziehungen bestehen im kontinuierlichen Fall mit Integralen statt Summen. Chebyshev behauptet nun, dass auch sein zweiter Satz aus der Wahrscheinlichkeitsrechnung eine Konsequenz momententheoretischer Abschätzungen sei.

Dieser zweite Satz ist der zentrale Grenzwertsatz in der Fassung von Chebyshev (hier in etwas modernisierter und eindeutigerer Form als im Original wiedergegeben): Für eine Folge u_i von (stillschweigend unabhängigen) Zufallsgrößen mit $\mathrm{E}\, u_i = 0$ wird angenommen, dass Momente $\mathrm{E}\, u_i^m$ beliebig hoher Ordnung m existieren und dass es »Grenzen« C_m gibt, sodass $\mathrm{E}\, |u_i^m| < C_m$ gleichmäßig für alle i. Dann ist für alle $t < t' \in \mathbb{R}$:

$$\lim_{n\to\infty} \mathrm{P}\left(t \leqslant \frac{\sum_{i=1}^n u_i}{\sqrt{2\sum_{i=1}^n \mathrm{E}u_i^2}} \leqslant t' \right) = \frac{1}{\sqrt{\pi}} \int_t^{t'} \mathrm{e}^{-x^2} \mathrm{d}x. \tag{10.17}$$

Mit dieser Formulierung stellte Chebyshev insbesondere klar, wie man die von Laplace, Poisson und anderen formulierte »Approximation« bei »unendlicher« Anzahl von Versuchen zu interpretieren hatte, nämlich im Rahmen der später so bezeichneten »normierten Summen« $\sum_{i=1}^n u_i / \sqrt{2\sum_{i=1}^n \mathrm{E}u_i^2}$. Eine andere mögliche Interpretation im Rahmen sogenannter »Dreiecksschemata« sollte erst im 20. Jahrhundert diskutiert werden.

Zum Beweis nahm Chebyshev an, dass alle Zufallsgrößen auf $\mathbb{R}$ »positive« Dichten besitzen (was aber nicht ausschließt, dass die Dichten außerhalb eines kompakten Intervalls verschwinden dürfen), und er zeigte mit Hilfe einer Reihenentwicklung, wobei er bezüglich methodischem Vorgehen und analytischer Strenge nicht über die von Laplace oder Poisson beschrittenen Wege hinausging, dass für die – stillschweigend als existent vorausgesetzte – Grenzdichte f der Summe $\sum_{i=1}^n u_i / \sqrt{n}$ gelten müsse

$$\int_{-\infty}^{\infty} \mathrm{e}^{sx} f(x) \mathrm{d}x = \mathrm{e}^{\frac{s^2}{2q^2}} \quad (s \in \mathbb{R}). \tag{10.18}$$

$1/q^2$ bezeichnet dabei den Grenzwert des arithmetischen Mittels $\sum \mathrm{E}\, u_i^2 / n$, dessen Existenz ebenso als selbstverständlich angenommen wurde wie auch die Eigenschaft, dass er ungleich 0 sei. Erst an dieser Stelle kam die Momententheorie überhaupt ins Spiel. Indem er beide Seiten in (10.18) in Potenzreihen von s entwickelte und Glieder gemeinsamer Potenz von s gleichsetzte, schloss Chebyshev, dass die Grenzfunktion f und die Funktion $\frac{q}{\sqrt{2\pi}} \exp(-\frac{q^2}{2} x^2)$ gleiche Momente in jeder beliebigen Ordnung haben. Nun konnte er auf eines seiner früheren Resultate zurückgreifen, wonach Funktionen des Typs $\exp(-ax^2)$ eindeutig durch ihre Momente bestimmt sind, um auf die Behauptung des zentralen Grenzwertsatzes schließen zu können. Anstatt für $s \in \mathbb{R}$ hätte Chebyshev dieselbe Argumentation mit $s = it$ (i die imaginäre Einheit, $t \in \mathbb{R}$) durchführen können, (10.18) wäre dann ersetzt durch

$$\int_{-\infty}^{\infty} \mathrm{e}^{\mathrm{i}tx} f(x)\mathrm{d}x = \mathrm{e}^{-\frac{t^2}{2q^2}} \quad (t \in \mathbb{R}). \tag{10.19}$$

Im Anschluss hätte er sich auf bekannte Tatsachen über die Fouriertransformation berufen können, wie das schon eine Reihe von Mathematikern im Rahmen entsprechender Überlegungen in der Fehlertheorie (beispielsweise auch Cauchy) getan hatten. Die rechte Seite von (10.19) ist Fouriertransformierte der gesuchten Funktion f und zugleich Fouriertransformierte einer normalen Verteilungsdichte mit Varianz $1/q^2$. Die Anwendung von Momenten erscheint somit als eine Hinzufügung zu dem durchaus traditionellen Rechengang, um Momentenmethoden ins Spiel zu bringen.

Im Rahmen des zentralen Grenzwertsatzes hielt Chebyshev, im Gegensatz zu der 1846er und 1867er Arbeit, nicht sein eigenes Programm ein, explizite Abschätzungen für den Unterschied zwischen exaktem und approximierenden Term zu geben, eine Forderung, die er in seiner Vorlesung über Wahrscheinlichkeitsrechnung auch im Zusammenhang mit Summen unabhängiger Zufallsgrößen und der approximierenden Normalverteilung aufgestellt hatte. Immerhin verwies er – freilich ohne weitere Erläuterungen, aber für den Kenner natürlich mit klarem Bezug zu seiner Approximationstheorie – am Ende seines Beitrags von 1887 auf die Möglichkeit, bei einer endlichen Anzahl von Zufallsgrößen die exakte Wahrscheinlichkeit durch eine Reihenentwicklung der Form

$$\mathrm{P}\left(t \leqslant \frac{\sum_{i=1}^{n} u_i}{\sqrt{2\sum_{i=1}^{n} \mathrm{E}\, u_i^2}} \leqslant t' \right) = \frac{1}{\sqrt{\pi}} \int_{t}^{t'} [1 + A_3\psi_3(x) + A_4\psi_4(x) + \cdots]\mathrm{e}^{-x^2}\mathrm{d}x$$

zu approximieren. Die ψ_k sind dabei Hermite-Polynome, definiert gemäß

$$\psi_k(x) = e^{x^2} \frac{\mathrm{d}^k}{\mathrm{d}x^k} e^{-x^2}.$$

10.8.3 Chebyshev und die »St.-Petersburg-Schule«

Während der Stalinistischen Epoche (1927–1953) galten in der Sowjetunion Mathematiker, auch reine Mathematiker, nicht von vornherein als so suspekt, wie man vielleicht heute vermuten könnte. Allerdings mussten sie, besonders zu Zeiten von Säuberungen, immer wieder die Nützlichkeit ihrer Wissenschaft unter Beweis stellen und eine intellektuelle Grundhaltung im Einklang mit dem dialektischen Materialismus und fern irgendwelcher »idealistischer« Vorstellungen nachweisen [Lorentz 2002]. Wahrscheinlichkeitsrechnung und mathematische Statistik wurden besonders in den 1930ern angegriffen, da sie ja von Natur aus auf einem schwankenden Fundament errichtet zu sein schienen. Nicht der Zufall, sondern feste Gesetzmäßigkeiten der Materie sollten die Welt regieren. Da lag es nahe, nicht nur – berechtigterweise – auf die außergewöhnlichen Leistungen zeitgenössischer sowjetischer Stochastiker – voran Sergei Bernshtein (1880–1968), Aleksandr Khinchin (1894–1959), Andrei Kolmogorov (1903–1987) – zu verweisen, sondern diese auch in den Kontext einer nationalen Tradition, eben in die der von Chebyshev »gegründeten« Petersburger Schule, zu stellen. Dabei war natürlich sehr hilfreich, dass Chebyshev selbst Verbindungen zwischen reiner und angewandter Mathematik hergestellt hatte und somit als gutes Vorbild für das sowjetische Wissenschaftsideal dienen konnte (für einen Überblick s. [Fischer 2011, 183 f.]). Eine wissenschaftliche »Schule« im modernen Sinne hatte freilich das knappe Dutzend von später zu gewisser Prominenz gelangten Wissenschaftlern, die sich im weiteren Sinne als »Schüler« Chebyshevs bezeichnen konnten, wohl nicht gebildet. Vor allem durch seine Vorlesungen, seine den Studenten vorgelegten Problemstellungen und durch die Methoden in seinen Publikationen wirkte Chebyshev auf seine Schüler ein, engerer Austausch oder gar Kooperation dürfte aber wohl von seiner Seite aus kaum stattgefunden haben, erst recht nicht, nachdem er 1882 von seinen Lehrverpflichtungen entbunden worden war. Unabhängig von Chebyshev gab es aber einen »harten Kern« der Gruppe, der recht intensiv zusammenarbeitete, dazu gehörten die etwas älteren Aleksandr Nikolaevich Korkin (1837–1908, Hauptarbeitsgebiet partielle Differentialgleichungen) und Konstantin Alexandrovich Possé (1847–1928, Hauptarbeitsgebiet Approximationstheorie) sowie die beiden jüngeren Markov und Lyapunov, von denen noch ausführlich die Rede sein wird [Fischer 2011, 159].

Aus heutiger, rein resultatsbezogener Sicht wirken die in wenigen Publikationen präsentierten Ergebnisse von Chebyshev in der Wahrscheinlichkeitsrechnung nicht so herausragend (im Falle »seiner« Ungleichung kam ihm strenggenommen nicht die Priorität zu), wie es mancher seiner Hagiographen (beispielsweise Khinchin [1937] oder Maistrov [1974, 188–208]) ausgedrückt hat. Auch die immer wieder hervorgehobene Leistung, dass er Sätze nun in allgemeiner Weise für »Größen« formuliert hätte, bezog sich auf wenig Originelles. Das hatten vor ihm bereits Poisson und Hauber getan. Die Arbeit zum zentralen Grenzwertsatz wies, wie bereits erläutert, einige Defizite auf. Andererseits waren aber Chebyshevs allgemeine und mathematisch präzisen Ansätze für die damalige Zeit noch außergewöhnlich, und so übte er in der Wahrscheinlichkeitsrechnung einen starken und klar nachvollziehbaren methodischen Einfluss, vor allem auf Markov, aber auch auf Lyapunov, aus. Diese beiden waren es, die eigentlich den Status der russischen Wahrscheinlichkeitstheorie im 20. Jahrhundert begründeten.

10.8.4 *Auf dem Weg ins 20. Jahrhundert: Markovs momententheoretischer Beweis des zentralen Grenzwertsatzes*

Andrei Andreevich Markov (1856–1922, Abb. 10.14) wuchs als Sohn eines Gutsverwalters auf und studierte von 1874 bis 1880 an der Petersburger Universität; das Studium schloss er mit einer bemerkenswerten Magisterarbeit über Zahlentheorie ab (der damalige Magisterabschluss an russischen Universitäten entsprach in etwa einer heutigen Promotion). Ab 1880 wirkte er als Dozent an der Petersburger Universität, wo er auch nach Chebyshevs Freistellung von Lehraufgaben die Vorlesung über Wahrscheinlichkeitstheorie übernahm. 1884 erwarb er schließlich den Doktorgrad, der den Zugang zu höheren professoralen Würden gestattete, mit einer Arbeit über Approximationstheorie. Ordentlicher Professor an der Petersburger Universität wurde er schließlich 1893; seit 1886 war er – zunächst adjungiertes – Mitglied der Petersburger Akademie.

Markov war seit der Schulzeit freundschaftlich verbunden mit Aleksandr Mikhailovich Lyapunov (1857–1918, Abb. 10.14), der ab 1876 an der Petersburger Universität studierte; 1885 verteidigte dieser seine Magisterarbeit zur Stabilität rotierender Fluide, die durch Anziehungskräfte zusammengehalten werden und dadurch Ellipsoide bilden. Stabilitätstheorie blieb zeitlebens das Hauptarbeitsgebiet von Lyapunov. In der Folge verließ Lyapunov die Petersburger Universität, er erwarb den Doktorgrad 1892 in Moskau, und im Anschluss wirkte er an der Universität in Kharkiv bis 1902. In diesem Jahr kehrte er nach Petersburg zurück, um dort eine Forschungsstelle als ordentliches Akademiemitglied wahrzunehmen. Neben seiner entsprechenden Lehrtätigkeit beschäftigte sich Lyapunov nur »nebenbei« mit Wahrscheinlichkeitsrechnung. Seine beiden 1900 und 1901 erschienenen Hauptarbeiten haben es aber in sich: Sie enthalten strenge Beweise des zentralen Grenzwertsatzes unter sehr allgemeinen Voraussetzungen einschließlich der Erfüllung des von Chebyshev vorgegebenen Desideratums, der expliziten Angabe einer Approximationsschranke bezüglich der Annäherung der exakten Verteilung durch die Normalverteilung. Nicht nur was ihr Erscheinungsdatum betrifft, verkörpern diese Arbeiten den Beginn einer modernen Wahrscheinlichkeitstheorie; daher werden sie erst in einem späteren Kapitel (s. 13.4.1) ausführlicher behandelt. Den Weg zu dieser Entwicklung hin hatte aber bereits Markov in den letzten Jahren des 19. Jahrhunderts vorgegeben.

Erst in dieser Zeit begann Markov, sich nicht nur in der Lehre, sondern auch in Publikationen mit Wahrscheinlichkeitsrechnung zu beschäftigen. Anlass hierfür war nach eigenem Bekunden die Darstellung der wahrscheinlichkeitstheoretischen Leistungen Chebyshevs in der wissenschaftlichen Biographie, die 1898 von Aleksandr Vasiletivich Vasilev (1853–1929) veröffentlicht wurde (eine deutsche Fassung erschien 1900). Auch Vasilev, der später als Wissenschaftsorganisator und Mathematikhistoriker hervortrat, kann in einem etwas weiteren Sinne zu den »Schülern« Chebyshevs gezählt werden. Markov war ein kritischer Geist. Er wies in einem später teilweise veröffentlichten

Briefwechsel mit Vasilev [Markov 1899] unverblümt auf die Defizite in Chebyshevs »Beweis« des zentralen Grenzwertsatzes hin und zeigte, wie ein momententheoretischer Beweis wirklich möglich sei.

Dieser Beweis besteht aus zwei Teilen, die beide getrennt publiziert worden sind. Im ersten Teil wird gezeigt, dass unter den (bezüglich des Verhaltens der Varianz ergänzten) Voraussetzungen Chebyshevs (s. Abschn. 10.8.2) die Momente beliebiger Ordnung der normierten Summe gegen die der entsprechenden Normalverteilung konvergieren, also für $n \to \infty$:

$$\mathrm{E}\left(\frac{\sum_{i=1}^{n} u_i}{\sqrt{2\sum_{i=1}^{n} \mathrm{E}\, u_i^2}}\right)^m \to \begin{cases} 0, & m \text{ ungerade} \\ \dfrac{1\cdot 3\cdot 5\cdots(m-1)}{2^{m/2}}, & m \text{ gerade.} \end{cases}$$

Dieser Teil des Beweises ist elementar, aber naturgemäß etwas schwerfällig in der Durchführung. Er wurde 1899 in einem – dem internationalen Publikum eher unbekannten – Organ der Kazaner Universität als Teil des bereits erwähnten Briefwechsels zwischen Markov und Vasilev veröffentlicht, ging dann aber später in das Lehrbuch von Markov zur Wahrscheinlichkeitsrechnung (ab 2. Aufl. 1908) ein. Der zweite Teil des Beweises zeigt, dass aus der Momentenkonvergenz die Verteilungskonvergenz folgt, also tatsächlich (10.17) gilt. Für diesen Teil musste Markov auf das volle Inventar der Momententheorie und der ihr zugrundeliegenden Theorie der Kettenbrüche zurückgreifen. Ergebnis war eine sehr elegante, aber alles andere als elementare Argumentation, die im international verbreiteten Bulletin der Petersburger Akademie [Markov 1898] veröffentlicht wurde. In diesem Rahmen wurde freilich das Problem der Chebyshevschen Unzulänglichkeiten nicht erwähnt. Markov behauptete sogar, dass sich seine Aussage nur »in unwesentlichen Details« von der Chebyshevs unterscheide, obwohl bei diesem Entsprechendes gar nicht zu finden ist.

Auch wenn man den Eindruck hat, dass es Markov weniger um Wahrscheinlichkeitsrechnung als um Momenten- und Kettenbruchtheorie ging, zeigte er doch mit diesen Beiträgen noch vor der Jahrhundertwende auf, wie man fürderhin Wahrscheinlichkeitsrechnung zu betreiben habe: Mit der vollen, mittlerweile etablierten, analytischen Strenge. Damit wies er einen Weg, der dann im 20. Jahrhundert weiterverfolgt wurde und zur Wahrscheinlichkeitstheorie als eigenständiger Subdisziplin der Mathematik führte.

10.9 Zusätzliche Literaturhinweise

Zur gesamten Weiterentwicklung der Stochastik nach Laplace wird zusätzlich zu der im Text vermerkten Literatur noch auf [Schneider 1999] und [Gnedenko und Sheynin 1992] verwiesen. Besonders intensiv hat sich Oskar Sheynin mit der Geschichte der Stochastik im 19. Jahrhundert auseinandergesetzt, wovon eine Reihe von Artikeln im *Archive for History of Exact Sciences*, vor allem zwischen ca. 1975 und ca. 1995 sowie die Gesamtdarstellung [Sheynin 2017] zeugt. Speziell zu Poisson und seinem Umfeld findet man in [Métivier und Costabel 1981] viel Interessantes; die stochastischen Beiträge Poissons sind besonders ausführlich in [Hald 1998] behandelt. Das analytische Werk von Poisson wurde beispielsweise durch Grattan-Guinness [1990] gewürdigt. Das Cournotsche Werk hat Thierry Martin analysiert, s. z. B. [Martin 1996]. Der Versicherungsmathematik, speziell der Risikotheorie, widmete sich Purkert [2006b]. Eine sehr ausführliche Darstellung zu diesem Gebiet findet sich auch in einer Reihe von Artikeln, die Friedrich Boehm (1885–1965) zwischen 1933 und 1939 in den Bänden 4,5 und 9 der Zeitschrift *Das Versicherungsarchiv* geschrieben hat. Zu den russischen Mathematikern enthalten die einschlägigen Kapitel in [Maistrov 1974] und die von Sheynin herausgegebenen Quellenbände (in englischer Übersetzung) [Sheynin und Nekrasov 2004; Sheynin 2004a;b; 2005] eine Fülle von Informationen. Die Approximationstheorie der »Petersburger Schule« wurde von Steffens [2006] eingehend untersucht.

Kapitel 11
Von der kinetischen Gastheorie zur statistischen Physik

Abb. 11.1: Originales Rührwerk von Joule zum Nachweis der Äquivalenz von mechanischer Arbeit und Wärme

Ab Ende des 18. Jahrhunderts wurde die Vorstellung der »Kalorik«, dass Wärme eine Art Substanz sei, die von einem heißeren zu einem kälteren Körper fließen würde, zunehmend erschüttert. In der Rückschau sind die Versuche des Amerikaners Benjamin Thompson (1753–1814), der als kurbairischer Kriegsminister diente und 1792 als Graf Rumford in den Reichsgrafenstand erhoben wurde, besonders populär. Durch Experimente zur Wärmeentwicklung beim Ausbohren von Kanonenrohren hat dieser 1797 festgestellt, dass Wärme kein in Körpern gespeicherter und somit nur in begrenztem Umfang verfügbarer Stoff sei, sondern unbeschränkt durch mechanische Arbeit erzeugt werden kann (Abb. 11.1). Damit war Thompson einer der ersten, der die Stoffeigenschaft der Wärme in Frage stellte und einen Zusammenhang zwischen den verschiedenen Energieformen herstellte. Diese Überlegungen wurden durch Robert Mayer (1814–1878) und James Prescott Joule (1818–1889) ab ca. 1840 vertieft.

Doch wenn Wärme keinen stofflichen Charakter hat, was ist dann ihre Natur? Seit dem Beginn des 19. Jahrhunderts war die – im Grunde bereits auf die Antike zurückgehende – Atomvorstellung durch John Dalton (1766–1844), Amadeo Avogadro (1776–1856) und andere stark propagiert worden, und so lag es nahe, die verschiedenen Materiezustände fest, flüssig, gasförmig im Sinne des

H. Fischer et al., *1000 Jahre Stochastik*, Vom Zählstein zum Computer,
https://doi.org/10.1007/978-3-662-72368-5_11

Atomismus zu interpretieren. Gase, genauer gesagt »ideale Gase« stellte man sich im Sinne von frei beweglichen Teilchen vor, die untereinander sowie mit angebrachten Stempeln bzw. Gefäßwänden ohne Energieverlust zusammenstoßen und nur dabei – innerhalb einer sehr kurzen Zeitspanne – in ihrer Bewegung beeinflusst werden. Die bei den Stößen gegen Stempel oder Membranen übertragenen Kräfte bewirken den messbaren Gasdruck, Temperaturerhöhung entspricht höheren kinetischen Energien, »Wärme« ist also gleichzusetzen mit der Bewegung von Atomen bzw. Molekülen.

Bereits im 18. Jahrhundert wurde mit Hilfe von sehr vereinfachten Modellen, die auf der Annahme einheitlicher Geschwindigkeiten und senkrechter Aufprallrichtungen auf Messstempeln beruhten, ein proportionaler Zusammenhang zwischen Gasdruck und (allen Teilchen gleichem) Geschwindigkeitsquadrat gefolgert (für die »Vorgeschichte« der kinetischen Gastheorie s. [Truesdell 1975]). Unter den kaum beachteten Beiträgen brachte einzig Daniel Bernoulli [1738a] in einem kurzen Abschnitt eines vorzugsweise der Hydrodynamik gewidmeten Buches einen stochastischen Aspekt ins Spiel, indem er bei seinen Überlegungen die Veränderung der »mittleren Distanz« zwischen den Teilchen bei einer Bewegung des Stempels berücksichtigte.

11.1 Krönig und Clausius

Abb. 11.2: Rudolf Clausius, ca. 1885

In der ersten Hälfte des 19. Jahrhunderts gab es verstreut weitere Arbeiten, besonders britischer Autoren, die aber großenteils unpubliziert blieben oder nur mit großem zeitlichen Abstand zur Publikation kamen. So blieb es August Krönig (1822–1879) vorbehalten, mit einem weder sehr originellen noch fehlerfreien Beitrag [1856] das Interesse der Fachwelt zu erregen. Allgemein wird mit diesem Ereignis der Beginn der modernen kinetischen Gastheorie verbunden. Krönig wandte freilich noch keine spezifisch stochastischen Methoden an, sondern bezog sich nur in sehr allgemeiner Weise auf die »Gesetze der Wahrscheinlichkeitsrechnung« um seine sehr restriktiven Modellannahmen zu rechtfertigen: Das Gas wird in drei Teile gleicher Teilchenzahlen zerlegt gedacht mit paarweise aufeinander senkrechten Bewegungsrichtungen und gleichen Geschwindigkeitsbeträgen; die Gefäß- bzw. Stempelflächen werden als vollkommen glatt angesehen. Auch Rudolf Clausius (1822–1888, Abb. 11.2) ging in seiner ersten Arbeit mit dem bezeichnenden Titel »Ueber die Art der Bewegung, welche wir Wärme nennen« [1857] methodisch ähnlich vor, wenngleich er ein gegenüber Krönig weniger simplifiziertes Modell verwendete.

Freilich hatte das zu wenig kritische Vertrauen in die Wahrscheinlichkeitsrechnung seine Tücken, was sich etwa in der von Krönig (mit anderen Bezeichnungen) und Clausius hergeleiteten Formel

$$P = \rho u^2/3 \tag{11.1}$$

für den Druck P in Abhängigkeit von einer in hypothetischer Weise allen Teilchen gemeinsamen Geschwindigkeit u zeigte (ρ ist die Dichte des Gases). u ist nicht die Durchschnittsgeschwindigkeit der Gasteilchen, wie man zuerst meinen könnte, sondern die Wurzel aus dem Mittel der Geschwindigkeitsquadrate. Clausius [1857] machte es – freilich in einer nicht-stochastischen Betrachtung und ohne auf das eigentliche Problem explizit hinzuweisen – dann richtig, indem er forderte, dass »die lebendige Kraft [die kinetische Energie] aller Molecüle bei der mittleren Geschwindigkeit [u] dieselbe ist, wie bei den wirklich stattfindenden Geschwindigkeiten«. Da seiner Auffassung nach die absolute Temperatur T proportional zur kinetischen Energie E_{kin} sei, müsse die Druckformel mit dem noch genauer zu spezifizierenden Mittelwert u im Einklang zur Gesetzmäßigkeit $PV = \text{const.} \cdot T$ (wobei die Konstante nur von der Gasmenge abhängt) für ideale Gase sein. Für das Volumen V des Gases aus N Teilchen der jeweiligen Masse m und den Druck des Gases P gemäß (11.1) würde nun entsprechend der obigen Forderung von Clausius tatsächlich gelten

$$PV = V\rho u^2/3 = Nmu^2/3 = 2E_{\text{kin}}/3 = \text{const.} \cdot T.$$

Dann ist ferner, wenn v_i die individuelle Geschwindigkeit eines Einzelteilchens bezeichnet, $Nmu^2 = m\sum v_i^2$, mithin $u^2 = \sum v_i^2/N = \overline{v^2}$. Eine im Rahmen der Gastheorie konsequente Herleitung für diese Beziehung unter Berücksichtigung der Geschwindigkeitsverteilung der Gasteilchen gab erst Maxwell [1860].

Wahrscheinlichkeitstheoretische Überlegungen im eigentlichen Sinne stellte Clausius [1858] schließlich in einer nachfolgenden Arbeit zu der mittleren freien Weglänge, also der durchschnittlichen Streckenlänge zwischen zwei Zusammenstößen eines Gasteilchens an. Dieser Beitrag markiert den eigentlichen Beginn einer »stochastischen« Physik.

Clausius war ab 1850 allerdings besonders durch Beiträge über die nachmalig »phänomenologisch« genannte Thermodynamik hervorgetreten, in der ohne Rückgriff auf Modelle Zustandsgrößen, wie der Druck, das Volumen, die absolute Temperatur und Prozessgrößen, wie Arbeit oder Wärmemenge miteinander in Verbindung gebracht werden. Wesentlich auf Clausius gehen verschiedene Fassungen des 2. Hauptsatzes der Thermodynamik zurück. Die populärste ist dabei wohl

> Es kann nie Wärme von einem kälteren in einen wärmeren Körper übergehen, wenn nicht gleichzeitig eine andere damit zusammenhängende Änderung [z. B. vermöge einer Wärmepumpe] eintritt [Clausius 1854, 488].

Im Zusammenhang zu diesen Überlegungen strich Clausius auch die von ihm [1865] so bezeichnete »Entropie« heraus. Im Falle eines idealen Gases, welches in reversibler Weise vom Zustand (P_1, V_1) in den Zustand (P_2, V_2) auf einem beliebigen Weg γ übergeführt wird, ist die dabei stattfindende und wegunabhängige Entropieänderung gleich

$$\Delta S = \int_\gamma \frac{\mathrm{d}U + P\mathrm{d}V}{T} = \int_\gamma \frac{\mathrm{d}Q}{T}.$$

$\mathrm{d}Q$ ist dabei die dem Gas in reversibler Weise zugeführte (oder abgeführte) differenzielle Wärmemenge, $\mathrm{d}U$ bezeichnet das Differential der inneren Energie, und $P\mathrm{d}V$ entspricht der auf den Druck bezogenen differentiellen Kolbenarbeit. Die Entropie ist nur bis auf eine additive Konstante eindeutig festgelegt. In der Praxis treten freilich Wärmeverlust an den Gefäßwänden sowie am Kolben Reibungs- und Beschleunigungsarbeit auf, die nicht wiedergewonnen werden können, sodass die Vorstellung der Reversibilität rein hypothetisch ist. Die damit zusammenhängenden Schwierigkeiten mit dem Entropiebegriff bei der Betrachtung irreversibler Vorgänge wurden durch Boltzmanns H-Funktion deutlich vermindert.

Damit ist schon eine Hauptperson genannt, die im 19. Jahrhundert für die statistische Physik besonders wegweisend war. Eine zweite wichtige Person war Maxwell, und diesem wollen wir uns zunächst widmen.

11.2 Maxwell, Boltzmann und der Stoßzahlansatz

James Clerk Maxwell (1831–1879, Abb. 11.3) wurde vermutlich über die englische Übersetzung der 1857er Arbeit von Clausius dazu angeregt, die Geschwindigkeitsverteilung der Gasmoleküle einer genaueren theoretischen Untersuchung zu unterziehen. Ab 1850 hatte er in Cambridge studiert, und 1854 »natürlich« als »second wrangler« einen der besten Studienabschlüsse dieses Jahrgangs in Mathematik erreicht. 1856 wurde Maxwell Professor in Aberdeen, und von 1860 bis 1865 wirkte er am *King's College* in London. Nachdem er einige Jahre privatisiert hatte, um sich ganz seinen Studien widmen zu können, wurde er 1871 auf die *Cavendish*-Professur für Physik nach Cambridge berufen. Heute ist Maxwell besonders für die »Maxwell-Gleichungen« der Elektrodynamik bekannt, zu seinen Lebzeiten war es eher die kinetische Gastheorie, mit der er Anerkennung erlangte.

Schon in den Anfängervorlesungen für Physik wird man mit der »Maxwellschen Geschwindigkeitsverteilung« konfrontiert. Sehr oft verwendet man dort zur Herleitung die erste von zwei verschiedenen Methoden, die von Maxwell [1860; 1867] präsentiert wurden. Dieser selbst bevorzugte übrigens die zweite Herleitung, weil sie seiner Ansicht nach auf weniger Hypothesen beruhte.

Rekapitulieren wir die erste Methode von Maxwell: Seien x, y, z die drei Geschwindigkeitskoordinaten eines Teilchens, von denen angenommen wird, dass sie stochastisch unabhängig sind (erste Hypothese), und sei f die für alle

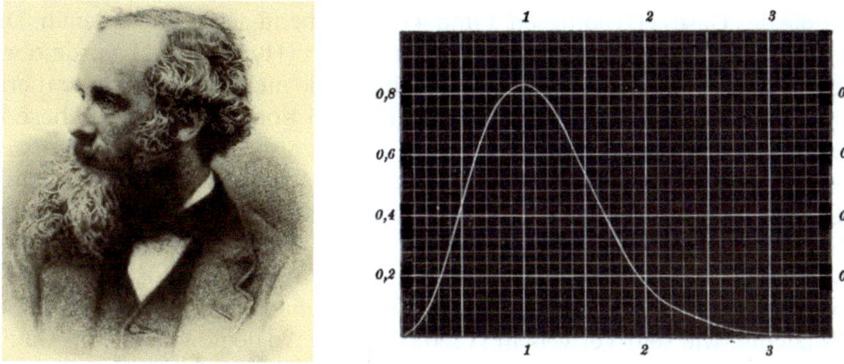

Abb. 11.3: Maxwell und seine Geschwindigkeitsverteilung; Graphik für $\alpha = 1$ aus dem verbreiteten Lehrbuch von Oskar Emil Meyer [1877]

drei Koordinaten jeweils identische (zweite Hypothese) Häufigkeitsdichte (d. h. $Nf(x)dx$ bezeichnet die »mittlere Zahl« der Teilchen mit x-Geschwindigkeit zwischen x und $x + dx$, wenn N die Gesamtzahl der Teilchen ist). Es wird angenommen, dass f unabhängig vom Teilchenort ist (dritte Hypothese). Schließlich wird noch vorausgesetzt, dass die gemeinsame Häufigkeitsdichte der drei Koordinaten nur vom Betrag (bzw. seinem Quadrat) der vektoriellen Geschwindigkeit (x, y, z) abhängt (vierte Hypothese). Dann folgt daraus mit einer geeigneten Funktion φ eine Funktionalgleichung der Form

$$f(x)f(y)f(z) = \varphi(x^2 + y^2 + z^2)$$

mit der Lösung $f(t) = a\exp(-bt^2)$. Da das Integral von f über $\mathbb{R}$ gleich 1 sein muss, ergibt sich $a = \sqrt{b/\pi}$. Wenn $NF(v)$ die »Anzahl« der Teilchen mit einem Geschwindigkeitsbetrag kleiner oder gleich v bedeutet, wird somit

$$F(v) = \int_{|(x,y,z)|\leqslant v} f(x)f(y)f(z)\mathrm{d}x\mathrm{d}y\mathrm{d}z = 4\pi\sqrt{b/\pi}^{\,3} \int_0^v \exp(-br^2)r^2\mathrm{d}r.$$

Wenn man wie Maxwell $b = 1/\alpha^2$ setzt, folgt schließlich für die Häufigkeitskeitsdichte g des Geschwindigkeitsbetrags

$$\mathrm{g}(v) = F'(v) = \frac{4}{\alpha^3\sqrt{\pi}} v^2 \mathrm{e}^{-(v^2/\alpha^2)}$$

und für die mittlere Geschwindigkeit, $\overline{v} = 2\alpha/\sqrt{\pi}$ (s. Abb. 11.3).

Die insgesamt vier Hypothesen in der hier gegebenen Darstellung wurden von Maxwell nicht so ausdifferenziert. Allerdings bemerkte er, das Gas sei in einem Zustand, dass vorher »eine große Zahl von Stößen zwischen einer großen Zahl gleicher Teilchen stattgefunden hat«, wodurch wohl die Homogenität und

Isotropie des Gases (Hypothesen 3 und 4) hinreichend gesichert schienen. Die Unabhängigkeit der Geschwindigkeitskoordinaten (Hypothese 1) wurde ohne weitere Begründung konstatiert, dagegen dürfte die nicht weiter kommentierte Tatsache einer identischen Verteilung für die drei Koordinaten (Hypothese 2) wiederum der Isotropie geschuldet sein. Wir sehen also, dass auch in der ersten Arbeit von Maxwell, ähnlich wie bei Krönig und Clausius, Annahmen bezüglich vorhandener Symmetrien auf der Basis der »Gesetze der Wahrscheinlichkeitsrechnung« gemacht wurden.

Maxwell selbst verwendete hier wie auch in der Regel sonst den Begriff »Wahrscheinlichkeit« nicht, obwohl er wohl durchaus im Rahmen dieses Begriffs dachte, wie sein Verweis in [1860] über die Analogie von f zum Gaußschen Fehlergesetz zeigt. Wir sehen an diesem Beispiel, wie Wahrscheinlichkeiten im Rahmen der kinetischen Gastheorie aufgefasst wurden: als relative Häufigkeiten in sehr großen Populationen. Maxwell sprach bereits in seinem Buch *Theory of Heat* [1871, 288] von einer »statistischen Methode«. Es sei unmöglich, die Bewegung jedes einzelnen Gasmoleküls zu verfolgen. Wenn man sich auf die »durchschnittlichen Anzahlen« von Teilchen in bestimmten »Gruppen« bezöge, so könne man präzise Aussagen über neuartige »Regularitäten« machen. Oftmals betonte er, wie übrigens auch Boltzmann, die Gemeinsamkeiten zwischen dieser Art von Statistik und dem entsprechenden Vorgehen in der Sozial- und Bevölkerungsstatistik.

Die statistische Sichtweise erläuterte Maxwell [1871, 308 f.] auch am zweiten Hauptsatz der Thermodynamik, den er in der folgenden Version betrachtete: Ein Gas im thermischen Gleichgewicht kann ohne Energiezufuhr nicht in einen Zustand übergehen, in dem Teile mit ungleichem Druck oder ungleicher Temperatur entstehen. Zur Illustration des statistischen Charakters dieses Grundsatzes führte er den später so bezeichneten »Maxwellschen Dämon« ein. Der Ausdruck geht vermutlich auf William Thomson alias Lord Kelvin (1824–1907) zurück. Angenommen, man würde einen Gasbehälter durch eine Trennwand in zwei Teile A und B aufteilen, in der ein kleines Loch angebracht ist. Wenn dann ein durchaus menschenähnliches Wesen, das freilich mit »geschärften Sinnen« ausgestattet ist, den Weg der einzelnen Moleküle nachverfolgen und das Loch jedes Mal ohne Energieaufwand öffnen würde, um den schnelleren Teilchen die Passage von A nach B und den langsameren von B nach A zu ermöglichen, so könne ein thermisches Ungleichgewicht hergestellt werden. Da es »gegenwärtig« (!) aber für den Menschen unmöglich sei, so wie der Dämon zu agieren, bliebe ihm nichts anderes übrig als die statistische Methode anzuwenden, also die Verfolgung von Massenerscheinungen. Der zweite Hauptsatz ist damit in Maxwells Interpretation auch Ausdruck einer unzulänglichen menschlichen Naturbetrachtung, in der wir »gezwungen« (*compelled*) sind, statistisch vorzugehen.

Der Maxwellsche Dämon kann wohl als kleiner Bruder des Laplaceschen bezeichnet werden. Im Gegensatz zu diesem, der alles vorausberechnen kann, beschränken sich seine Fähigkeiten auf genaue Beobachtung. Und während Laplace den Dämon benutzt, um die optimistische Botschaft über eine Wahrscheinlichkeitsrechnung zu verbreiten, die imstande ist, die menschlichen Defizite praktisch vollständig zu kompensieren, scheint Maxwell einen eher skeptischen Standpunkt einzunehmen.

Abb. 11.4: Boltzmann und die Wiener Universität um 1900

Ludwig Boltzmann (1844–1906, Abb. 11.4) verbanden mit Maxwell gemeinsame Forschungsschwerpunkte: Elektrodynamik und kinetische Gastheorie. Hervorzuheben sind aber auch Boltzmanns Arbeiten zu Grundlagenfragen der klassischen Mechanik, besonders seine *Vorlesungen über die Principe der Mechanik* (Bd. 1, 1897, Bd. 2, 1904, Bd. 3 posthum 1920). Komplementär zu Maxwell wird er aber in seiner Nachwirkung vorzugsweise mit der kinetischen Gastheorie bzw. den Anfängen einer allgemeineren statistischen Physik in Verbindung gebracht. Nach dem Studium der Mathematik und Physik in Wien, das er mit der Promotion 1866 abschloss (eine schriftliche Arbeit war dabei damals nicht erforderlich), erlangte er, ebenfalls an der Wiener Universität, 1868 die Venia docendi. Es folgte eine beachtliche Anzahl akademischer Stationen mit Lehrstühlen, die vorrangig der theoretischen Physik gewidmet waren: Graz, Wien, wieder Graz, München, wieder Wien, Leipzig und ab 1902 zum dritten Male Wien. Gegen Ende seines Lebens hatte Boltzmann mit seiner starken Sehbehinderung, schweren körperlichen Leiden und Depressionen zu kämpfen. Er setzte 1906 während eines Kuraufenthaltes in der Nähe von Triest seinem Leben selbst ein Ende.

Boltzmann [1868; 1871b] dehnte Maxwells Geschwindigkeitsverteilung auf den Fall aus, dass auch äußere (konservative) Kraftfelder wirken und dass aus mehreren Atomen zusammengesetzte Moleküle vorliegen. Maßgeblich war hierfür der »Stoßzahlansatz«, den bereits Maxwell [1867] in seiner zweiten Herleitung der Geschwindigkeitsverteilung verwendet hatte.

Das Gas wird dabei als Vielteilchen-System mit konstanter Gesamtenergie aufgefasst, das die Regeln der klassischen Mechanik, insbesondere die Hamilton-

Gleichungen erfüllt. Falls der Zustand des i-ten Teilchens durch (verallgemeinerte) Lage- bzw. Impulskoordinaten $q_1^i, \dots, q_r^i$ und $p_1^i, \dots, p_r^i$ (r ist die Anzahl der mechanischen Freiheitsgrade) ausgedrückt und die Energiefunktion $E(q_1^1, \dots, p_r^N)$ in Abhängigkeit von N Teilchen gegeben ist, entsprechen die Hamilton-Gleichungen dem System

$$\frac{\mathrm{d}}{\mathrm{d}t} q_s^i = \frac{\partial E}{\partial p_s^i}, \quad \frac{\mathrm{d}}{\mathrm{d}t} p_s^i = -\frac{\partial E}{\partial q_s^i} \quad (i = 1, \dots, N; \; s = 1, \dots, r).$$

Bei einem Gas, das aus zweiatomigen Molekülen besteht, wäre beispielsweise $r = 6$. Befinden sich die beiden Atome stets in einem starren Abstand zueinander – es liegt dann ein sogenanntes »Hantelmolekül« vor –, so verringert sich r auf die Zahl 5: Man könnte dann beispielsweise als Lagekoordinaten die drei Raumkoordinaten des Schwerpunkts und die beiden Richtungswinkel der Molekülachse hernehmen.

Im thermischen Gleichgewicht ist die Verteilung der Zustände jedes Gasmoleküls durch eine zeitlich unveränderliche Wahrscheinlichkeitsdichte f gegeben, die bei allgemeiner Sichtweise von den jeweiligen Lage- und Impulskoordinaten $(q_1, \dots, q_r; p_1, \dots, p_r) =: (q, p)$ abhängt: $f(q, p)\mathrm{d}q\mathrm{d}p$ bedeutet die Wahrscheinlichkeit dafür, dass ein Molekül in einem Zustand ist, der durch seine Koordinaten zwischen (q, p) und $(q + \mathrm{d}q, p + \mathrm{d}p)$ ausgedrückt wird. Es wird nun angenommen, dass sich zwei sehr eng begrenzte Molekülgruppen gegenseitig durchdringen, wodurch es zu einer Zahl $\mathrm{d}m$ von Zusammenstößen kommt. Im Moment direkt vor den Zusammenstößen sollen die Moleküle in den Gruppen Orts- bzw. Impulskoordinaten in einer infinitesimalen Umgebung von (q, p) bzw. (q', p') haben, nach den in sehr kurzer Zeit Δt erfolgenden Zusammenstößen sollen die entsprechenden Koordinaten in einer infinitesimalen Umgebung um (Q, P) bzw. (Q', P') liegen. Bei Annahme der stochastischen Unabhängigkeit der Bewegungen der beteiligten Moleküle und aufgrund sehr allgemeiner Modellannahmen bezüglich ihrer Wechselwirkung kann die Anzahl der Zusammenstöße zwischen den beiden oben erklärten Molekülgruppen während der Zeit Δt als proportional zu $f(q, p)f(q', p')$ angenommen werden. Dies ist der Kern des von Paul und Tatjana Ehrenfest [1911, 13; 19 f.] so bezeichneten Stoßzahlansatzes. Mit Hilfe von Symmetriebetrachtungen und aufgrund allgemeiner mechanischer Gesetzmäßigkeiten zeigt man nun, dass $\mathrm{d}m$ auch proportional zu $f(Q, P)f(Q', P')$ sein muss, mit derselben Proportionalitätskonstante. Es folgt die Funktionalgleichung

$$f(q, p)f(q', p') = f(Q, P)f(Q', P').$$

Unter Berücksichtigung der Tatsache, dass die Summe der Energien zweier Teilchen vor und nach ihrem Zusammenstoß gleich ist, folgt als Lösung dieser Funktionalgleichung die »Boltzmann-Verteilung«

$$f(q, p) = A\mathrm{e}^{-hE(q,p)}, \tag{11.2}$$

wobei $E(q, p)$ die Gesamtenergie eines Moleküls im Zustand (q, p) ist. A ist eine Normierungskonstante, sodass bei gegebenem h, auf dessen Bedeutung noch einzugehen sein wird, das Integral von $f(q, p)$ über die Teilmenge der zulässigen (q, p) aus $\mathbb{R}^{2r}$ gleich 1 ist.

Boltzmann [1871b] leitete aus (11.2) auch den – bereits von Clausius und Maxwell in Spezialfällen durch Plausibilitätsbetrachtungen angesprochenen – Äquipartitionssatz her (zunächst für kinetische Energien, die analoge Ausdehnung auf potentielle Energien kam explizit erst später): Angenommen, die Energie eines freien Moleküls hängt von n verallgemeinerten Lagekoordinaten und m verallgemeinerten Impulskoordinaten, die bequemlichkeitshalber mit $x_1, x_2, \dots, x_{n+m}$ bezeichnet werden, so ab, dass mit positiven Konstanten $a_1, a_2, \dots, a_{n+m}$

$$E(x_1, \dots, x_{n+m}) = a_1 x_1^2 + \cdots + a_{n+m} x_{n+m}^2 =: e_1 + \cdots + e_{n+m}.$$

Dann ist der Mittelwert der Energie e_i (der Integrationsbereich kann sich wegen des raschen Abfalls der beteiligten Exponentialfunktion über den ganzen reellen Bereich erstrecken):

$$\overline{e_i} = \sqrt{\frac{ha_i}{\pi}} \int_{-\infty}^{\infty} \mathrm{e}^{-ha_i x^2} a_i x^2 \mathrm{d}x = \frac{1}{2h}. \tag{11.3}$$

Die mittleren Werte aller beteiligten inneren Energien haben also im thermischen Gleichgewicht denselben Wert. Da insbesondere die mittleren kinetischen Energien bei idealen Gasen proportional zur absoluten Temperatur T sind, folgt, dass h proportional zu $1/T$ sein muss. Mit der von Max Planck [1900] eingeführten Konstante $k \approx 1.381 \cdot 10^{-23}$J/K (jetzt gültiger Wert) wird Boltzmanns h gleich $1/(kT)$. In der eben erwähnten Arbeit von Planck tritt andererseits erstmals das jetzt so genannte »Wirkungsquantum« mit der Bezeichnung h auf. In seiner Nobelpreisrede bezog sich Planck [1920] nicht mehr auf das Boltzmannsche h, sondern auf kT und den mittlerweile allgemeinen Sprachgebrauch »Boltzmannkonstante« für k.

Der Äquipartitionssatz war (und ist natürlich immer noch) besonders wichtig für eine Erklärung der spezifischen Wärmen von Gasen aus mehratomigen Molekülen. Die hierzu erforderlichen Annahmen über die Molekülstruktur überforderten freilich die Vorstellungen der klassischen Mechanik. Besonders die Temperaturabhängigkeit bei einigen Gasen, z. B. bei Wasserstoff (H_2), konnte erst im Rahmen der Quantenmechanik des 20. Jahrhunderts geklärt werden.

Bei aller Eleganz des von ihm erzielten universellen Resultats über die Zustandsverteilung im thermischen Gleichgewicht musste Boltzmann natürlich noch die Frage beantworten, wodurch die Lösung (11.2) der Funktionalgleichung vor anderen möglichen Lösungen ausgezeichnet sei. Zu diesem Zweck griff er eine weitere Idee von Maxwell [1867] im Zusammenhang mit dem Stoßzahlansatz auf, die an dem folgenden, sehr einfachen (nicht-historischen) Modell erläutert werden kann: Betrachten wir für ein Gas zwei verschiedene Zustände, die mit den jeweiligen zeitabhängigen Teilchenzahlen $Z_1(t)$ und $Z_2(t)$

angenommen werden. Während der Zeitspanne zwischen t und $t + \Delta t$ sollen jeweils $k_1 Z_1(t)$ Teilchen vom Zustand 1 in den Zustand 2 wechseln und $k_2 Z_2(t)$ Teilchen vom Zustand 2 in den Zustand 1. k_1 und k_2 (beide kleiner als 1) werden als zeitlich konstant betrachtet. Nach Ablauf von Δt sind dann

$$Z_1(t + \Delta t) = Z_1(t)(1 - k_1) + k_2 Z_2(t), \quad Z_2(t + \Delta t) = Z_2(t)(1 - k_2) + k_1 Z_1(t)$$

Teilchen in den Zuständen 1 und 2. Dann ist für natürliches n

$$|k_1 Z_1(t + n\Delta t) - k_2 Z_2(t + n\Delta t)| = |1 - k_1 - k_2|^n |k_1 Z_1(t) - k_2 Z_2(t)|.$$

Weil $|1 - k_1 - k_2|^n$ mit wachsendem n gegen 0 geht, bewegen sich Z_1 bzw. Z_2 auf einen Gleichgewichtszustand zu, der durch die Bedingung $k_1 Z_1 = k_2 Z_2$ charakterisiert ist; das bedeutet, dass dann während der Zeit Δt ebensoviele Teilchen vom Zustand 1 in den Zustand 2 wechseln wie umgekehrt.

Boltzmanns Konzept der »H-Funktion« [1872] (die ursprünglich mit E und später erst mit einem griechischen »Eta«, also H, bezeichnet wurde) beruht genau auf diesem Prinzip der Zubewegung auf das Gleichgewicht, das man auch in statistischer Weise verstehen kann, wenn man die Übergangsquoten als Durchschnittszahlen auffasst. Allgemein ist die H-Funktion durch die Beziehung

$$H(t) = \int f(\tau, t) \log f(\tau, t) \mathrm{d}\tau \tag{11.4}$$

definiert, wobei in Boltzmanns ursprünglicher Auffassung $f(\tau, t)$ die Zustandsverteilung eines Teilchens bezüglich der in τ zusammengefassten Variablen zur Zeit t ist ($f(\tau, t)$ ist also proportional zur »mittleren« Anzahl der Teilchen im Zustand τ) und sich das Integral über den gesamten möglichen Bereich von τ erstreckt. Das grundsätzlich neue an Boltzmanns Ansatz ist, dass jetzt die zeitliche Entwicklung eines Systems aus einem Nicht-Gleichgewichtszustand heraus betrachtet werden kann. Wenn man von äußeren Kraftfeldern und räumlichen Inhomogenitäten absieht, sind Zustandsänderungen im Gas Stößen geschuldet, und es ergibt sich ein Austausch wie oben im Prinzip vorgestellt.

Es gelang nun Boltzmann [1872; 1875] im Rahmen komplizierter Ausführungen zu zeigen, dass auch im Falle der Anwesenheit äußerer Kraftfelder und für mehratomige Moleküle die Funktion $H(t)$ eine negative Ableitung besitzt, bis $f(\tau, t)$ in einen stationären Zustand übergeht, der eindeutig durch die Verteilung (11.2) gekennzeichnet ist. Das ist der Inhalt des sogenannten »H-Theorems«.

Mit dem H-Theorem eng verbunden war Boltzmanns Version des zweiten Hauptsatzes: 1.) Die Entropie $S(t) = -H(t)$ wächst so lange, bis sich ein thermisches Gleichgewicht, charakterisiert durch Vorliegen der Boltzmann-Verteilung, einstellt. 2.) Durchläuft ein thermodynamischer Prozess in infinitesimalen Schritten lauter Gleichgewichtszustände, so gilt für die übertragenen Wärmeportionen $\mathrm{d}Q$, dass $\mathrm{d}Q/T = \mathrm{d}S$, wenn man wie Boltzmann die Temperatur gleich $1/h$ (Boltzmanns h!) setzt. (Bei der Verwendung der absoluten Temperatur $T = 1/(hk)$ müsste für die Gültigkeit dieser differentiellen Beziehung die

H-Funktion gemäß (11.4), bzw. die Entropie $S = -H$, noch mit k multipliziert werden.) Sein Entropiekonzept erweiterte also das entsprechende Konzept der »klassischen« Thermodynamik, das die Entropie nur auf reversible Prozesse bezogen hatte. Boltzmann behandelte übrigens in diesem Zusammenhang nicht nur ideale Gase, sondern allgemeine »Körper«, die er sich in thermischem Kontakt zu idealen Gasen vorstellte [1872].

Boltzmanns Argumentationen beruhten auf vereinfachenden statistischen Annahmen über »durchschnittliches Verhalten« (stochastische Unabhängigkeit der Molekülbewegungen außerhalb der Stöße, räumliche Homogenität längs der dem äußeren Kraftfeld zugehörigen Äquipotentialflächen, Vernachlässigung von Mehrfachstößen während kurzer Zeitintervalle) und gleichzeitig auf der klassischen Mechanik für Mehrteilchensysteme, welche völlige Determiniertheit für sich beanspruchte. Problematisch war auch das Gleichsetzen der Durchdringungszeit Δt mit dem Zeitdifferential dt. Die Vermengung der statisischen und der deterministischen Auffassung führte zu Paradoxien. Besonders prominent wurden der Umkehreinwand (1876) von Josef Loschmidt (1821–1895) sowie der Wiederkehreinwand (1896) von Ernst Zermelo (1871–1953), der auf allgemeinen mechanischen Überlegungen (1889) Henri Poincarés (1854–1912) fußte. Der Umkehreinwand beruht darauf, dass in einem Vielteilchensystem zu jeder Lösung der Hamilton-Gleichungen auch ihre Zeitumkehrung eine Lösung ist und dann die Folge der $H(t)$ in umgekehrter Richtung, also monoton zunehmend verlaufen müsste. Damit ist Entropieabnahme anstatt Entropiezunahme im Sinne der klassischen Mechanik nicht unmöglich. Der Wiederkehreinwand geht von der Möglichkeit aus, dass in einem auf endlichem Raum eingeschlossenen Gas nach einer bestimmten, unter Umständen sehr langen Zeit derselbe Zustand, ausgedrückt durch $f(q, p, t)$ erreicht wird. Phasen der Entropiezunahme werden also periodisch durch Phasen der Entropieabnahme abgelöst.

Die Kritik kam genau zu einer Zeit, in der die kinetische Gastheorie auch wegen des ihr zugrundeliegenden Atomismus erheblichen Widerstand erfuhr. Boltzmann wehrte sich. Eine wesentliche Konsequenz der Einwände war sein Urnenmodell mechanischer Systeme, das den Übergang zu tiefergehenden stochastischen Überlegungen markierte.

11.3 Boltzmanns kombinatorisches Modell, 1877

Nehmen wir ein Gas an, das aus insgesamt N Molekülen besteht und in einem Gefäß mit ideal glatten Wänden bei konstanter Gesamtenergie eingeschlossen ist. Zu jedem Molekül gehören r Lage- und r Impulskoordinaten (vgl. Abschn. 11.2). Dem gesamten System entspricht also zu jedem Zeitpunkt t ein Punkt $(q(t), p(t))$ (in Maxwells Terminologie [1879] eine »Phase«) in einem $rN + rN$-dimensionalen Phasenraum, und die zeitliche Entwicklung des betrachteten Gassystems verläuft entlang eines – in Maxwells Ausdrucksweise – stetigen

»Pfades«, bestehend aus solchen Phasen. Die Bewegung jedes einzelnen Moleküls kann in einem $r + r$- dimensionalen Raum verfolgt werden. Der durch alle möglichen Bewegungen ausgezeichnete Teil dieses $2r$-dimensionalen Raums wird in volumengleiche Zellen aufgeteilt. Diese Zellen sollen dabei gleichzeitig »sehr klein« sein, aber dennoch so groß, dass die von ihnen repräsentierten (zunächst diskreten) Zustände von jeweils »sehr vielen« Molekülen eingenommen werden.

Boltzmann nimmt nun an, dass zu jeder dieser insgesamt n Zellen die betreffenden Molekülzahlen durch ein Zufallsexperiment bestimmt werden. Bei diesem wird gleichsam zu jedem Molekül eine Zelle ausgelost, wodurch dann umgekehrt als Ergebnis zu jeder Zelle eine bestimmte Molekülzahl zwischen 0 und N feststeht. Dazu stellt sich Boltzmann eine Urne vor, die »unendlich viele Zettel« enthält, die entsprechend der Zellen gekennzeichnet sind, wobei zu jeder Zelle gleich viele Zettel existieren – die Volumengleichheit der Zellen entspricht ihrer Gleichwahrscheinlichkeit. Nun wird N-mal aus der Urne gezogen (bei unendlich vielen Zetteln ist es egal, ob das Ziehen mit oder ohne Zurücklegen ist). Die Wahrscheinlichkeit dafür, dass der ersten Zelle insgesamt w_1 Moleküle, der zweiten insgesamt w_2 Moleküle usw. zugeordnet sind, ist

$$\frac{N!}{w_1!w_2!\cdots w_n!} \cdot \left(\frac{1}{n}\right)^N \tag{11.5}$$

entsprechend einer Multinomialverteilung (was aber Boltzmann nicht erwähnt). Boltzmann begründet mit der Stirlingschen Formel, dass das Verhalten von $\log(w_i!)$ für große w_i im Wesentlichen durch $w_i \log w_i$ bestimmt wird. Die betrachtete Wahrscheinlichkeit ist also dann maximal, wenn das »Permutabilitätsmaß«

$$\Omega = -\sum w_i \log(w_i)$$

maximal ist. Boltzmann stellt sich die Zellenvolumina so klein vor, dass sie rechnerisch durch differentielle »Parallelepipede« ersetzt werden können, und er zeigt so, dass die Bedingung eines maximalen Ω unter der Nebenbedingung einer gegebenen Gesamtenergie für alle Teilchen auf »seine« Verteilung entsprechend

$$w_i \propto e^{-h\epsilon_i}$$

führt. h entspricht dabei dem jetzigen $1/(kT)$, und ϵ_i ist die Energie, die einem Teilchen eines der i-ten Zelle entsprechenden Zustands zukommt. Die Größe Ω ist gleich der Funktion $-H$, wenn die w_i als zeitabhängig betrachtet werden. Damit dehnte Boltzmann seinen Begriff der H-Funktion und der damit zusammenhängenden Entropie auch auf sein kombinatorisches Modell aus. Die später oftmals beschworene »Boltzmannmethode« enthält als wesentliches Element die Festlegung der Entropie durch

$$S = k \log \mathrm{P} + C,$$

wobei P die Wahrscheinlichkeit für den Systemzustand ist – etwa gemäß (11.5) – und C eine additive Konstante. k bezeichnet die erst von Planck eingeführte Boltzmannkonstante. Bis auf die additive und die multiplikative Konstante ist somit S gleich Ω.

Mit diesem Modell hat Boltzmann die Tür für weitere Untersuchungen geöffnet und insbesondere Konzepte der späteren Quantenstatistik angebahnt – ohne diese vorwegzunehmen. Neben Klärung einiger speziellerer Fragestellungen hat er sich selbst besonders im Rahmen dieses Themas mit dem Umkehr- und Wiederkehreinwand beschäftigt, wenn auch nur in eher qualitativer Weise. Da die Natur immer den »wahrscheinlichsten Zustand« – entsprechend der Boltzmann-Verteilung – anstrebe, müsse die H-Funktion mit Ausnahme sehr kleiner Schwankungen abnehmen (bzw. die Entropie zunehmen), bis dieser Gleichgewichtszustand erreicht sei. Nur sehr selten könne es auch passieren, dass die H-Funktion wieder signifikant anwachse (Abb. 11.5). Boltzmann [1897] – ähnlich auch [1898a] – bemühte zur Veranschaulichung dieses Verhaltens, allerdings nur im stationären Fall, ein einfaches stochastisches Modell: Gegeben sei eine Folge von Augenzahlen $X_1, X_2, \ldots$ ($X_i \in \{1, 2, \ldots, 6\}$) beim Würfeln mit einem regulären Würfel. Mit $Y_i = 6$, falls $X_i = 6$ und $Y_i = 0$ in den anderen Fällen, ist $A_n(t) = (1 - \sum_{i=t}^{t+n} Y_i/n)^2$ eine stochastische »Funktion«, die bei großem n (aufgrund des Gesetzes der großen Zahlen) nur sehr selten beträchtlichere Werte annimmt, die, so Boltzmann, dann relativ scharfen Hochpunkten entsprächen. Das Monotonieverhalten der Funktion sei von der Zeitrichtung (t wird als Zeitvariable betrachtet) unabhängig. Genau so würde sich auch die H-Funktion verhalten (die allerdings zu der vorgestellten Funktion keine tiefere Beziehung hat), inklusive der Tatsache der Veränderung in nur diskreten Zeitabständen, die freilich im realen Fall sehr klein seien. Im Rahmen solcher Ausführungen versäumte es Boltzmann allerdings, in tiefergreifender Weise sein kombinatorisches Modell zu berücksichtigen und dieses gar mit dem Stoßzahlansatz in Verbindung zu bringen.

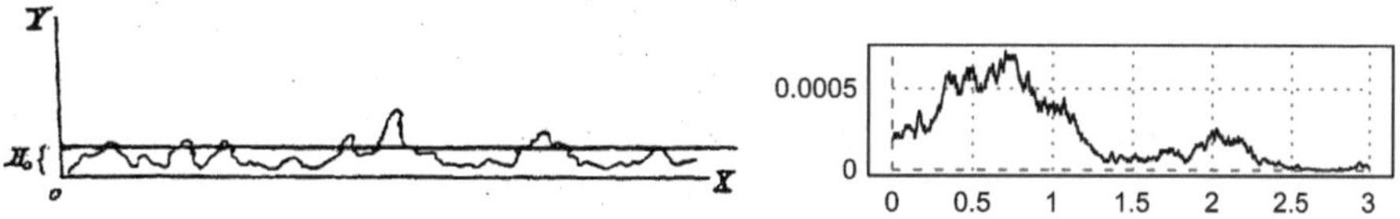

Abb. 11.5: Boltzmanns eigene Schemazeichnung – über das zugrundeliegende Modell äußert er sich nicht – einer H-Funktion [1897] (links); Simulation der Funktion $A_n(t)$ für $n = 1000$, die Rechtsachse bezieht sich auf $t/1000$ (rechts)

Häufig verwendete er auch das – von ihm nicht bewiesene – Argument, dass in seinem kombinatorischen Modell Zustandsverteilungen in der unmittelbaren Nähe zur Boltzmann-Verteilung gegenüber allen anderen eine überwältigende relative Wahrscheinlichkeit besäßen. Auf diesen Gesichtspunkt wird noch einzugehen sein.

Es fällt auf, dass Boltzmann in seinen späteren Arbeiten dem kombinatorischen Modell relativ wenig Aufmerksamkeit schenkte, obwohl er immer wieder den stochastischen Charakter der Gastheorie betonte. In den für ein breiteres Lesepublikum bestimmten, freilich alles andere als »populär« geschriebenen und einer relativ späten Schaffensphase entsprechenden *Vorlesungen über Gastheorie* in zwei Bänden [1896; 1898b] wie auch in dem Übersichtsartikel in der *Encyklopädie der mathematischen Wissenschaften* [1907], den er zusammen mit seinem Assistenten Josef Nabl (1876–1953) verfasste, bildete der Stoßzahlansatz nach wie vor die Hauptmethode, obwohl ja gerade dieses Prinzip in einer rein mechanischen Form den Umkehr- bzw. Wiederkehreinwand bestärken konnte. Vermutlich betrachtete Boltzmann das kombinatorische Modell eher nur als – wie er [1898a] sich auch ausdrückte – »Versinnlichung« von im einzelnen unüberschaubaren Prozessen.

11.4 Verschiedene Wahrscheinlichkeiten

Im Gegensatz zu Maxwell, der gemäß seiner »statistischen« Auffassung meist einfach von »Anzahlen« sprach, benützte Boltzmann häufig das Wort »Wahrscheinlichkeit«. Dabei verwendete auch er diesen Begriff oftmals im Sinne einer Häufigkeit: Das Verhältnis aus der Anzahl von Molekülen in einem bestimmten Zustand und der Gesamtzahl aller Moleküle ist gleich der Wahrscheinlichkeit für diesen Zustand.

Genauer erläuterte er das nachmalig so genannte »Zeitmittel«, beginnend mit der Arbeit [1868]: Die Wahrscheinlichkeit für einen Zustand, den ein Molekül oder eine Gruppe von Molekülen annehmen kann, ist gleich seiner mittleren relativen Zeitdauer, das heißt, gleich dem Quotienten aus der Summe aller Zeitspannen innerhalb einer »sehr großen« Beobachtungsdauer, in der die Gruppe in diesem Zustand ist, und dieser Beobachtungsdauer. Oft und ohne weitere Erläuterung deutete er diese Art von Wahrscheinlichkeit ebenfalls als Häufigkeit von Molekülen in einem bestimmten Zustand.

Zur Berechnung des Zeitmittels und zum Beweis seiner Unabhängigkeit vom Anfangspunkt der Beobachtungdauer verwendete Boltzmann [1871a] einen weiteren Ansatz, der aber meist Maxwell zugeschrieben wird; dieser hat ihn in seiner letzten Arbeit zur kinetischen Gastheorie [1879] ausführlich dargelegt. Maxwell betrachtete eine (unendlich) große Anzahl N von gleichartigen Gassystemen, von denen jedes eine große Anzahl n von Teilchen enthält und von denen jedes dieselbe Gesamtenergie E (bestehend aus verschiedenen Energieformen) hat. Die Wahrscheinlichkeit dafür, dass ein System mit Gesamtenergie E zur Zeit t_1 sich in einer unendlich kleinen Umgebung um die Phase (q, p) aufhält, ist dann intuitiv gleich dem Quotienten $N(q, p, t_1)$ aus der Anzahl der entsprechenden Systeme und der Zahl N »aller« Systeme der Gesamtenergie E. Diese »Methode der statistischen Untersuchung«, wie sich Maxwell ausdrückte, führt zu dem später so bezeichneten »Scharmittel« (eine weitere, verbreitete Bezeichnung hierfür, die auf Gibbs zurückgeht, ist »mikrokanonisches Mittel«).

Wesentlich für Maxwells Vorgehen in diesem Rahmen war die Annahme einer Eigenschaft, die später von Boltzmann als »Ergodizität« bezeichnet wurde: Alle mit der Gesamtenergie E im Einklang stehenden Punkte des Phasenraums (des Raums der $2rn$-Tupel (q, p)) werden vom Pfad jedes Systems der Gesamtenergie E zu irgend einer endlichen Zeit erreicht. Maxwell begründete diese Annahme mit den vielen kleinen Störungen, die aufgrund der molekularen Wechselwirkungen mit den Gefäßwänden laufend stattfinden und so schließlich ein System durch alle möglichen Phasen führen würden. Unter der Voraussetzung der Ergodizität folgt, dass alle gleichartigen Gassysteme mit derselben Gesamtenergie E denselben Pfad, nur zeitversetzt, durchlaufen.

Im Rahmen der Diskussion des Scharmittels spielt der »Satz von Liouville« (1838) eine wichtige Rolle: Fasst man die Elemente einer Menge M_1 des Phasenraums als Lösungen eines bestimmten Hamilton-Systems zur Zeit t_1 auf, so hat die Menge aller Lösungen zur Zeit $t_2 > t_1$, die sich aus den Anfangswerten in M_1 entwickelt haben, dasselbe Volumen wie M_1. Daraus lässt sich schließen, dass die räumliche Dichte $\rho(q(t), p(t))$ der möglichen Gassysteme im Phasenraum längs jedes System-Pfads $(q(t), p(t))_{t\in[t_0,\infty)}$ zeitlich konstant bleibt. Bei Zugrundelegung der Ergodenhypothese würde sich daraus ergeben, dass $\rho(q, p)$ für alle (q, p) längs einer gemeinsamen Energiefläche konstant ist, sich also ein funktionaler Zusammenhang $\rho(q, p) = F(E(q, p))$ ergibt. Ferner folgt dann unter dieser Voraussetzung die Anzahl dN der Systeme mit einer Phase (q, p) in einem Flächenelement dS der Energiefläche $E(q, p) = E_0$ dem Ansatz $\mathrm{d}N = \sigma(q, p)\mathrm{d}S$ mit einer besonders einfachen, »ergodischen« Flächen-Dichtefunktion $\sigma(q, p) = 1/\sqrt{\sum(\partial E/\partial q_i)^2 + \sum(\partial E/\partial p_i)^2}$. Daraus lässt sich dann tatsächlich, wie von Boltzmann [1871a] bereits gezeigt und von Maxwell in eleganterer Weise vollzogen, die Boltzmann-Verteilung herleiten, wenn man das Scharmittel bezüglich aller Systeme der Teilchenzahl N berechnet, bei denen das N-te Molekül sich in einer infinitesimalen Umgebung eines bestimmten Zustands befindet und N gegen Unendlich gehen lässt. Aus heutiger Sicht ist σ die Wahrscheinlichkeitsdichte des Scharmittels bezüglich des Lebesgue-Maßes auf der Energiefläche.

Falls Ergodizität hypothetisch vorausgesetzt wird, ist das Zeitmittel unabhängig von der Zeit, ab der gerechnet wird, und es besteht Gleichheit zwischen Zeitmittel und Scharmittel. Boltzmann selbst stand aber der Ergodenhypothese eher skeptisch gegenüber. In späteren Darstellungen (Gastheorie, Encyklopädieartikel) ging er auf das Zeitmittel kaum mehr ein, und er begründete im 2. Band der Gastheorie die Wahl der speziellen, oben vorgestellten, Dichte $\sigma(q, p)$ mit einem Einfachheitsargument. Übrigens bewiesen bereits 1913 Arthur Rosenthal (1887–1959) und Michel Plancherel (1885–1967) unabhängig voneinander die Unmöglichkeit nichttrivialer ergodischer Syteme. Andererseits sollte sich aus dem Problemkreis der Ergodizität in den 1930ern eine eigenständige »Ergodentheorie« entwickeln.

Josiah Gibbs (1839–1903) veröffentlichte 1902 sein wegweisendes Werk *Elementary Principles in Statistical Mechanics*, in dem er den Boltzmann-Maxwellschen Ansatz der Phasenraumdichten und der zugehörigen Scharmittel in einem abstrakten Rahmen ausbaute und so erheblich zur konzeptionellen Klärung der statistischen Physik beitrug. Auf Gibbs geht auch der jetzt geläufige Begriff »Ensemble« für eine Menge gleichartiger (nicht unbedingt energiegleicher) Gassysteme zurück.

Auch »geometrische« Wahrscheinlichkeiten im System-Phasenraum im Sinne von Volumen- oder Flächenverhältnissen (auf der Energiefläche) wurden ins Spiel gebracht. So bezog James Jeans (1877–1946), einer der vorrangigen Propagatoren der Maxwell-Boltzmannschen Lehre (und später ihrer Weiterentwicklung in Richtung Quantenstatistik), einen Zustand, ausgedrückt durch die Zahlen $w_1, \dots, w_n$ für die einzelnen Zellen im $2r$-dimensionalen, jedem Molekül zugeordneten, Phasenraum auf einen »Anteil« des $2rN$-dimensionalen Phasenraums des Gesamtsystems [Jeans 1904, §39-59]. Wenn mit μ das Volumen des Phasenraums für jedes einzelne Molekül und mit M das Volumen des Phasenraums für das gesamte System bezeichnet wird, so ist $M = \mu^N$. Unter der Voraussetzung, dass die Moleküle sich im Wesentlichen voneinander unabhängig bewegen, nimmt der Zustand das Volumen $(\mu/n)^N \cdot N!/(w_1! \cdots w_n!)$ im System-Phasenraum ein. Falls gleichvolumige Phasenraumteile als gleichwahrscheinlich angenommen werden, folgt (11.5). Unter der Voraussetzung eines sehr kleinen Verhältnisses n/N skizzierte Jeans eine Methode der Begründung dafür, dass der Anteil (gemessen durch seinen Inhalt) mit Belegungen $w_1, \dots, w_n$, die sehr nahe der Boltzmann-Verteilung sind, praktisch den gesamten von den betrachteten Systemen eingenommenen Teil des Phasenraums ausmacht. Er schloss daraus, dass mit »unendlicher Wahrscheinlichkeit« ein »zufällig« ausgewähltes System sich im »Normalzustand« (also dem der Boltzmann-Verteilung) befinde.

Die Boltzmann-Verteilung trat somit in zweifacher Bedeutung auf: Einmal als Wahrscheinlichkeitsverteilung, etwa für Zustände eines einzelnen Moleküls, zum anderen aber auch als realer Zustand, der bis auf kleine Schwankungen in stationären Systemen mit sehr großer Wahrscheinlichkeit angenommen wird.

Angesichts dieser verwirrenden Vielfalt von Wahrscheinlichkeiten verzichteten Paul und Tatjana Ehrenfest (1880–1933; 1876–1964) in ihrem zu Recht gepriesenen und immer noch sehr lesenswerten Encyklopädie-Artikel [1911] über statistische Physik meist auf die Verwendung des Wortes »Wahrscheinlichkeit« und stellten statt dessen die jeweils thematisierten »Häufigkeiten« vor.

11.5 Die Lage um die Jahrhundertwende

»Die Gastheorie [ist] in Deutschland aus der Mode gekommen«, so schrieb Boltzmann im Vorwort zum ersten Band seines Lehrbuchs [1896]. Tatsächlich wurde die kinetische Theorie zu Ende des 19. Jahrhunderts aus verschiedenen

Richtungen angegriffen. Während die Erklärung von Transportphänomenen, wie Wärmeleitung, Diffusion oder auch innere Reibung zunächst den Erfolg der kinetischen Gastheorie, besonders durch die Arbeiten von Maxwell begründet hatten, traten jetzt immer mehr experimentelle Resultate auf, die der Theorie nicht entsprachen. Noch eklatanter waren die Probleme bezüglich der Temperaturabhängigkeit von spezifischen Wärmekapazitäten. Erst die Quantenstatistik des 20. Jahrhunderts konnte diese offenen Fragen klären.

Der Streit um die Existenz von Atomen und damit der Gültigkeit des zugrundeliegenden Modells setzte der kinetischen Gastheorie besonders zu. Der Wortführer der Atomgegner, Wilhelm Ostwald (1853–1932), seit 1897 skurrilerweise Mitglied der Atomgewichtskommission, propagierte eine Physik, in der alle Begriffe aus dem Energiebegriff abzuleiten seien. Gestützt fühlte er sich hierbei durch die positivistische Philosophie von Ernst Mach (1838–1916), der immerhin der – nicht durch Beobachtung nachweisbaren – Atomvorstellung den Charakter eines heuristischen Instruments zubilligte.

Der Umkehr- und Wiederkehreinwand zielte auf das theoretische Fundament der kinetischen Theorie ab. Die stochastischen Erklärungen von Boltzmann zum H-Theorem beschränkten sich aber in unvollständiger Weise nur auf einige Ansätze. Die unklare Begriffslage in Sachen »Wahrscheinlichkeit« wurde immerhin von Hilbert in seiner Liste der 23 »Centenniumsprobleme«, die er 1900 auf dem internationalen Mathematikerkongress vorstellte, zum Thema gemacht. Eine nicht unerhebliche Rolle für die ungünstige Aufnahme der mathematischen Theorie spielten Maxwells Knappheit in der Darstellung auf der einen und Boltzmanns ausufernde Umständlichkeit auf der anderen Seite.

Nach der Jahrhundertwende erlebte freilich die kinetische Theorie bzw. die statistische Physik entgegen der eingangs zitierten Einschätzung Boltzmanns einen raschen Aufschwung. Von Jeans und Gibbs war schon die Rede, dazu kamen vor allem auch noch Beiträge von Planck und Einstein. Für diesen Aufschwung waren wohl vorrangig zwei Ursachen verantwortlich: Einmal ließ sich die klassische Theorie in ihrer zunehmend abstrakten Ausprägung sehr gut mit der aufkommenden Quantentheorie vereinigen. Schon vor der Jahrhundertwende hatten Untersuchungen zur Wärmetheorie der elektromagnetischen Strahlung begonnen, die schließlich zu der 1900 durch Max Planck aufgestellten Quantenhypothese $E = h\nu$ führten. Zum zweiten kam mit der mathematischen Erfassung der Brownschen Bewegung ein »mikroskopischer« Themenbereich hinzu, aus dem sich für die gesamte Theorie neue Impulse ergaben. In konzeptioneller Hinsicht war die statistische Physik ein wertvoller Ideengeber für die sich entwickelnde maßtheoretische Wahrscheinlichkeitsrechnung. Dieser Einfluss sollte auch noch in gewisser Weise in Kolmogorovs axiomatischem Ansatz [1933] zur Geltung kommen.

11.6 Brownsche Bewegung und Atomhypothese

Die Beobachtung unter dem Mikroskop, dass kleine organische Teilchen in Flüssigkeiten ungeordnete Zickzack-Bewegungen ausführen, war um 1820 bereits von mehreren Biologen gemacht worden. Der Botaniker Robert Brown (1773–1858) stellte hierüber aber systematische Untersuchungen an, über die er in einer Reihe von Artikeln 1828–1829 berichtete. Insbesondere bemerkte Brown, dass sich das Phänomen nicht auf lebende organische Materialien beschränkte, also eine wie auch immer geartete »animalische« Ursache auszuschließen war, und dass sogar anorganische Kleinteilchen aller Art von der Bewegung erfasst wurden. Außerdem stellte er fest, dass auch vereinzelte Teilchen die Bewegung ausführen, also wechselseitige Anziehung oder Abstoßung der Teilchen unter sich hierfür keine Rolle spielen sollten. Brown nannte die zu beobachtenden Kleinteilchen »Moleküle«, eine Bezeichnung, die auch aus damaliger Sicht irritierte.

Um 1850 wurde die Brownsche Bewegung verstärkt unter dem physikalischen Gesichtspunkt behandelt, dass sie irgendetwas mit der Übertragung von Wärme auf die Kleinteilchen zu tun haben müsse, wobei hierzu verschiedene Wärmemodelle, nicht nur kinetische, betrachtet wurden. Die – aus jetziger Sicht zutreffende – Annahme, dass die Bewegung durch Stöße der wärmebewegten Flüssigkeitsmoleküle (hier im heutigen Sinne) gegen die Teilchen zustandekämen, wurde aber kontrovers diskutiert. 1879 argumentierte beispielsweise Karl Nägeli (1817–1891) mit den bis dato erreichten (und auch aus jetziger Sicht größenordnungsmäßig zutreffenden) Abschätzungen für Massen und mittleren Geschwindigkeiten von Gasmolekülen. Jeder Zusammenstoß eines Moleküls mit dem um ein gewaltiges Vielfaches massereicheren Brown-Teilchen würde dieses praktisch nicht bewegen. In Flüssigkeiten, wo die mittlere Geschwindigkeit der Moleküle deutlich kleiner als in Gasen sei, wäre der Stoßeffekt noch geringer. Dazu käme noch die Tatsache, dass sich die vielen kleinen Stöße aus allen Richtungen gegenseitig kompensierten. Der französische Physiker Louis Georges Gouy (1854–1926), der in diesem Zusammenhang besonders bekannt wurde, stellte sich 1888 auf den Standpunkt, dass die Verrückungen der Teilchen durch Stöße mit Flüssigkeitsmolekülen zustandekämen, deren Bewegung in einem Raumbereich von ca. 1μ in gewisser Weise »koordiniert« ablaufe (zu Einzelheiten der Geschichte der Brownschen Bewegung vor Einstein s. z. B. [Brush 1976, vol. 2, chapt. 15.1–15.3]).

Eine der modernen theoretischen Physik entsprechende Erklärung der Brownschen Bewegung gab erst Albert Einstein (1879–1955, Abb. 11.6). 1905, in seinem berühmten »annus mirabilis«, in dem in den *Annalen der Physik* die Beiträge zur Lichtquantenhypothese, zur speziellen Relativitätstheorie und eben auch zur Brownschen Bewegung erschienen (mit letztgenanntem Thema war auch Einsteins Dissertation aus demselben Jahr verbunden), war er noch Angestellter am schweizerischen Patentamt in Bern.

11.6.1 Einsteins Theorie

Gleich zu Beginn seiner Arbeit »Über die von der molekularkinetischen Theorie der Wärme geforderte Bewegung von in ruhenden Flüssigkeiten suspendierten Teilchen« betonte Einstein [1905, 549], dass bislang seiner Kenntnis nach zwar keine genaueren Beobachtungen über die Brownsche Bewegung vorlägen, die experimentelle Bestätigung seiner Theorie aber die kinetische Auffassung der Wärme belegen und die »Bestimmung der wahren Atomgröße« ermöglichen würde.

Abb. 11.6: Einstein im Patentamt, 1905

Der Kern von Einsteins Ansatz in der Arbeit von 1905 war die bereits im ersten Abschnitt vorgebrachte Idee, dass in einer Flüssigkeit aufgelöste kugelförmige Teilchen, auch wenn sie deutlich größer als Moleküle wären, trotzdem genau so wie Teilchen molekularer Größe zu behandeln seien. Das System aus Flüssigkeit und suspendierten Teilchen müsse also also äquivalent einem Flüssigkeitsgemisch aus zwei unterschiedlichen Molekülsorten sein. Wenn nun in einem Gefäß die eine Molekülsorte durch eine »semipermeable« Wand von der zweiten Molekülsorte getrennt ist, durch die aber die zweite hindurchtreten kann, so wirkt auf die Wand ein osmotischer Druck p_o, der nach der bekannten Theorie (1884) von Jacobus Henricus van 't Hoff (1852–1911) analog zu dem eines idealen Gases sein müsse, also

$$p_o = \frac{RT}{N} \cdot \frac{n}{V*} = \frac{RT}{N}\nu, \tag{11.6}$$

wenn mit n die Anzahl der Moleküle der ersten Sorte, mit V^* ihr abgegrenztes Volumen, mit ν die daraus folgende Teilchenkonzentration (Anzahl der Teilchen pro Volumeneinheit), mit N die Anzahl der Moleküle pro Mol, mit R die Gaskonstante und mit T die einheitliche absolute Temperatur des Molekülgemisches bezeichnet wird. Die Mengeneinheit Mol (oder »Gramm-Molekül«) war nach den damaligen Regeln über die zur betrachteten Molekülart beitragenden Atomgewichte (sofern man der Atomvorstellung anhing) gegeben: 1 Mol von H_2 entspricht z. B. der Anzahl der in 2 Gramm befindlichen H_2-Moleküle, 1 Mol H_2O der Anzahl der Moleküle in 18 Gramm Wasser. Wichtig für das Verständnis ist, dass bei ungleichmäßiger Konzentration einer der beiden Molekülsorten Unterschiede im osmotischen Druck entstehen, die eine Kraft hervorrufen.

Einstein erweiterte in den Abschnitten 2 und 3 die Betrachtungen zum osmotischen Druck auf die suspendierten Teilchen. Mögliche Konzentrationsunterschiede dieser Teilchen sollten dann ebenfalls zu einer Kraft führen, die deren

Diffusion zur Folge hat. Bei linearen Bewegungen in x-Richtung, auf deren Betrachtung sich Einstein beschränkte, ist der Diffusionsstrom $j = \Delta n/(\Delta A \Delta t)$ durch die Anzahl Δn der Teilchen gegeben, die in der Zeitspanne Δt von links nach rechts durch ein Flächenelement ΔA, das senkrecht zur x-Achse steht, hindurchtreten (entsprechend führt eine Teilchenbewegung von rechts nach links zu einem negativen Strom). Ist $\nu(x)$ die Teilchenkonzentration an der Stelle x, so muss $j(x,t) = -D\frac{\partial \nu}{\partial x}(x,t)$ sein, wobei D die Diffusionskonstante ist. Um einen Ausdruck für D herzuleiten, stellte sich Einstein vor, dass die durch die Schwankung in der Konzentration bzw. dem osmotischen Druck der suspendierten kugelförmigen Teilchen hervorgerufene Kraft $F_o = -\frac{\partial p_o}{\partial x}/\nu$ im dynamischen Gleichgewicht durch die Stokesche Reibungskraft $F_R = -6\pi\eta r v$ ausgeglichen würde (r bezeichnet den Radius, v die Geschwindigkeit der Teilchen, η die Viskositätskonstante). Wegen $j = \nu v$ folgerte daraus Einstein die Beziehung

$$D = \frac{RT}{6\pi\eta r N}. \tag{11.7}$$

Exkurs 11.1 Im Abschnitt 2 seiner Arbeit von 1905 leitete Einstein die van 't Hoffsche Formel für p_o nochmals aus allgemeinen Prinzipien der »molekularkinetischen Theorie der Wärme« für beliebige Teilchen (entsprechend den Molekülen einer ersten Sorte) her, die in einer Flüssigkeit (entsprechend den Molekülen einer zweiten Sorte) gelöst sind, bevor er in Abschnitt 3 die wesentliche Überlegung vorbrachte. Seine sehr allgemeine Herleitung der auf die Teilchen wirkenden Kräfte im dynamischen Gleichgewicht ging nun von thermodynamischen Prinzipien aus, eine vereinfachte Betrachtung wäre die folgende (vgl. [Brush 1976, vol. 2, chapt. 15.4]): Angenommen, wir hätten an der Stelle x einen kleinen massiven Quader, dessen Stirnfläche ΔA senkrecht zur x-Achse liegt und dessen Seite parallel zur x-Achse die sehr kleine Länge Δx hat. Dann wirkt auf die linke Seite des Quaders aufgrund des osmotischen Drucks eine Kraft gleich $F_l = p_o(x)\Delta A$ und auf die rechte Seite eine Kraft entsprechend

$$F_r = -p_o(x+\Delta x)\Delta A = -p_o(x)\Delta A - \frac{\mathrm{d}p_o}{\mathrm{d}x}(x)\Delta x \Delta A.$$

Die resultierende Kraft ist dann

$$F = F_r + F_l = -\frac{\mathrm{d}p_o}{\mathrm{d}x}(x)\Delta x \Delta A = -\frac{\mathrm{d}p_o}{\mathrm{d}x}(x)\Delta V$$

(ΔV ist das Quadervolumen). Tatsächlich besteht aber bei x kein massiver Quader, sondern ein Konglomerat aus insgesamt $\nu(x)\Delta V$ Teilchen. Die »osmotische Kraft« auf ein Teilchen an der Stelle x ist dann unter Beachtung von (11.6)

$$F_o(x) = \frac{F(x)}{\nu(x)\Delta V} = -\frac{1}{\nu(x)}\frac{\mathrm{d}p_o}{\mathrm{d}x}(x) = -\frac{RT}{N\nu(x)}\nu'(x).$$

Diese Kraft sorgt dafür, dass etwaige Konzentrationsunterschiede der Teilchen durch Diffusion ausgeglichen werden.

Im dynamischen Gleichgewicht, von dem hier ausgegangen werden kann, da es um die Bestimmung der Diffusionskonstante geht, wird die osmotische Kraft durch die Reibung ausgeglichen, die die Teilchen in der Flüssigkeit erfahren. Für die Reibungskraft setzt Einstein die Formel an, die George Gabriel Stokes (1819–1903) um 1850 für nicht zu schnell bewegte kugelförmige Körper des Radius r in Flüssigkeiten mit der Viskositätskonstante η etabliert hatte:

$$F_R = -6\pi\eta r v,$$

wobei v die Geschwindigkeit des Körpers ist. Aus $F_o + F_R = 0$ ergibt sich

$$v(x)\nu(x) = -\frac{RT}{6\pi\eta r N}\nu'(x). \tag{11.8}$$

Stellen wir uns wieder den obigen Quader vor, der von $n = \nu(x)\Delta A\Delta x$ Teilchen gefüllt ist, die alle die Geschwindigkeit $v(x)$ in positiver x-Richtung haben. Dann wird in der Zeit $\Delta t = \Delta x/v(x)$ auch das letzte Teilchen durch die rechte Fläche mit Inhalt ΔA hindurchgetreten sein. Für den während Δt durch ΔA hindurchgetretenen Teilchenstrom $j = n/(\Delta A\Delta t)$ ist dann

$$j(x) = \nu(x)\frac{\Delta x}{\Delta t} = \nu(x)v(x).$$

Berücksichtigt man (11.8), so folgt

$$j(x) = -D\nu'(x), \text{ mit } D = \frac{RT}{6\pi\eta r N}.$$

D ist dabei die sogenannte »Diffusionskonstante«.

In Teil 4 seiner Arbeit von 1905 leitete Einstein eine partielle Differentialgleichung für die Wahrscheinlichkeit $f(x,t)\mathrm{d}x$ her – die er freilich im Sinne einer Häufigkeit ausdrückte –, dass ein Teilchen, das im Zeitpunkt 0 am Orte $x = 0$ gewesen sei, zum Zeitpunkt t sich zwischen x und $x + \mathrm{d}x$ befinde. Er setzte voraus, dass es eine sehr kurze Zeitspanne τ gebe, die aber wiederum lang genug sei, damit die Bewegung eines Teilchens nach dieser Zeitspanne von der davor als unabhängig betrachtet werden könnte. Für alle möglichen Zeitpunkte t sollte ferner die Wahrscheinlichkeit, dass ein Teilchen zwischen t und $t+\tau$ die Ortskoordinate zwischen Δ und $\Delta + \mathrm{d}\Delta$ verändere, einheitlich gleich $\varphi(\Delta)\mathrm{d}\Delta$ mit einer symmetrischen Dichtefunktion φ sein. Damit ergab sich die fundamentale Integral-Beziehung:

$$f(x, t+\tau) = \int_{-\infty}^{\infty} f(x+\Delta, t)\varphi(\Delta)\mathrm{d}\Delta.$$

Durch Taylorentwicklungen nach Δ bzw. τ, die nach den ersten Gliedern abgebrochen wurden, leitete Einstein daraus die Differentialgleichung her:

$$\frac{\partial}{\partial t}f(x,t) = D\frac{\partial^2}{\partial x^2}f(x,t), \quad D = \frac{1}{2\tau}\int_{-\infty}^{\infty}\Delta^2\varphi(\Delta)\mathrm{d}\Delta. \tag{11.9}$$

Die Differentialgleichung ist eine Diffusionsgleichung mit der Diffusionskonstanten D; $f(x,t)$ ist im Rahmen der üblichen Häufigkeitsinterpretation proportional zu der Teilchendichte $\nu(x,t)$, wenn alle Teilchen sich voneinander unabhängig bewegen, wie es Einstein auch annahm. Unter der Anfangsbedingung, dass sich alle Teilchen zum Zeitpunkt $t = 0$ genau bei $x = 0$ aufhalten, ergibt sich die Lösung der Differentialgleichung

$$f(x,t) = \frac{1}{\sqrt{4\pi Dt}} \mathrm{e}^{-\frac{x^2}{4Dt}}.$$

Die Anfangsbedingung wird von dieser Lösung in dem Sinne erfüllt, dass für alle $\varepsilon > 0$ gilt, dass

$$\lim_{t\to 0} \int_{-\varepsilon}^{\varepsilon} f(x,t)\mathrm{d}x = 1.$$

Das entscheidende Resultat wurde in Abschnitt 5 vorgestellt. Verwendet man die Lösung $f(x,t)$ des Anfangswertproblems, so ergibt sich für das mittlere Quadrat der bis zur Zeit t erreichten Koordinate x der Wert

$$\overline{x^2} = \int_{-\infty}^{\infty} x^2 f(x,t)\mathrm{d}x = 2tD = \frac{RTt}{3\pi\eta rN} \tag{11.10}$$

unter Berücksichtigung von (11.7) und im Einklang mit dem zweiten Teil von (11.9), da ja $f(\Delta,\tau) = \varphi(\Delta)$ sein muss. Wenn es also gelänge, in Versuchen das zu bestimmten Zeitspannen gehörende $\overline{x^2}$ zu finden, so könnte man einerseits Einsteins Theorie bestätigen (unter Verwendung bisheriger Bestimmungen der Avogadrozahl N) oder andererseits N genauer ermitteln. Da N über die Molvolumen und die mittlere freie Weglänge mit den Atom- bzw. Moleküldurchmessern zusammenhängt, könnte man dann auch diese abschätzen, so wie es Einstein zu Beginn seiner Arbeit behauptet hat.

11.6.2 Experimentelle Nachweise und weitere Theorien

Einsteins Arbeit zur Brownschen Bewegung fand gleich nach Erscheinen in Physikerkreisen lebhafte Resonanz. Diese hatte einerseits experimentelle Anstrengungen zur Folge, andererseits regte sie weitere theoretische Untersuchungen an.

Unter den experimentellen Resultaten stechen besonders die von Jean Perrin (1870–1942) und seinen Mitarbeitern hervor (Abb. 11.7). Perrin war von Anfang seines physikalischen Schaffens an ein glühender Befürworter der Atomhypothese. Ab 1906 ist bei ihm auch ein vermehrtes Interesse für die Brownsche Bewegung und verwandte Erscheinungen bemerkbar [Brush 1976, vol. 2, chapt. 15.6]. Seine ersten entsprechenden Beiträge waren allerdings nicht der Brownschen Bewegung selbst, sondern der Bestimmung der Avogadrozahl aufgrund der Konzentrationsunterschiede von in Flüssigkeit gelösten Kolloiden (d.h. Kleinteilchen), die durch das Gleichgewicht der durch die Auftriebskraft reduzierten Schwerkraft zu der durch die osmotischen Druckunterschiede verursachten Kraft zustandekommen. Perrin [1908] leitete eine Beziehung für die Dichte ν der Kolloide in Abhängigkeit von ihrem Abstand h zum Boden her, die äquivalent ist zu

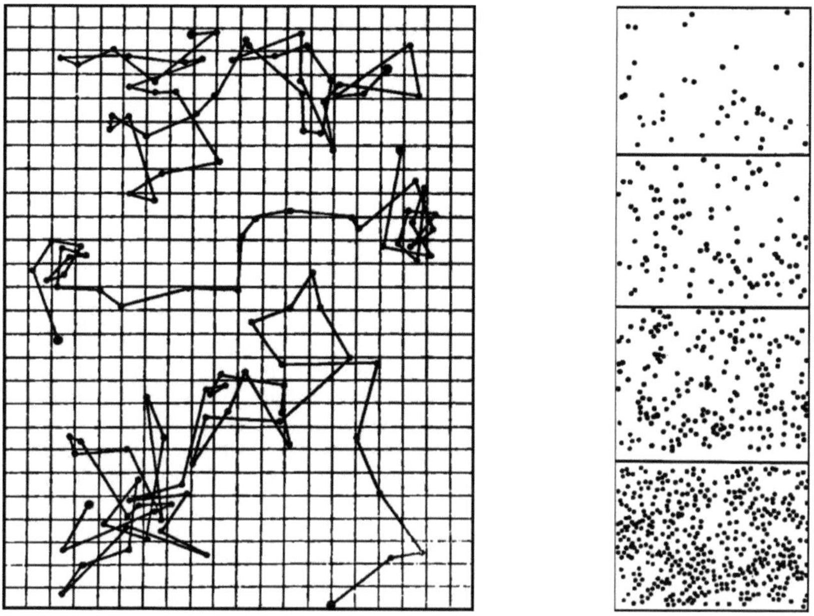

Abb. 11.7: Links: drei verschiedene Pfade der Brownschen Bewegung eines Mastix-Körnchens (Durchmesser ca. 1 μm) [Perrin 1910, 34]; die einzelnen Punkte wurden im 30 sec-Abstand beobachtet, die Gitterweite ist 50/16 μm. Rechts: verschiedene Schichten (Dicke 10 μm) einer der Schwerkraft unterworfenen Kolloid-Lösung (Gummigutt-Kügelchen mit Durchmesser 0.6 μm) [Perrin 1910, 28]

$$\nu(h) = \nu(0) \exp\left(-\frac{N}{RT} v(\rho - \rho_0) g h\right). \tag{11.11}$$

Dabei ist R die Gaskonstante, N die Avogadrozahl, T die absolute Temperatur, v das Volumen eines Einzelteilchens, ρ die Massedichte der Teilchensubstanz, ρ_0 die Massedichte der Flüssigkeit, in der die Teilchen aufgelöst sind, g die Erdbeschleunigung. Die Höhenformel (11.11) hatte bereits Einstein [1906] in einer Nachfolgearbeit zur Brownschen Bewegung aus der Boltzmann-Verteilung (s. Abschn. 11.2) hergeleitet. Perrin hatte aber diesen Beitrag vermutlich übersehen. Auf jeden Fall erlaubte die Formel eine Bestimmung der Avogadrozahl N, für die Perrin in verschiedenen Versuchen, deren Ergebnisse 1908 in den *Compes rendus* veröffentlicht wurden, Werte um $7 \cdot 10^{23}$ ermittelte. Perrin wies auch durch Versuche nach, dass das Stokesche Reibungsgesetz überhaupt für die von ihm untersuchten, sehr kleinen, Brown-Teilchen gilt; das war ja eine wichtige Annahme bei Einsteins Herleitung der Formel für die Diffusionskonstante (11.7). Schließlich gelang auch einem Mitarbeiter von Perrin, Chaudesaiges [1908], von dem leider nur der Nachname bekannt ist, der experimentelle Nachweis von Einsteins Formel für die mittlere quadratische Verrückung (11.10), passend zum Wert $N = 6.4 \cdot 10^{23}$ (berichtigt auf $6.87 \cdot 10^{23}$ in [Perrin 1909, 78]). Vorausgehende Versuche, beispielsweise durch den späteren

Chemie-Nobelpreisträger The Svedberg (1884–1971), hatten noch viel zu große Werte für $\overline{x^2}$ ergeben.

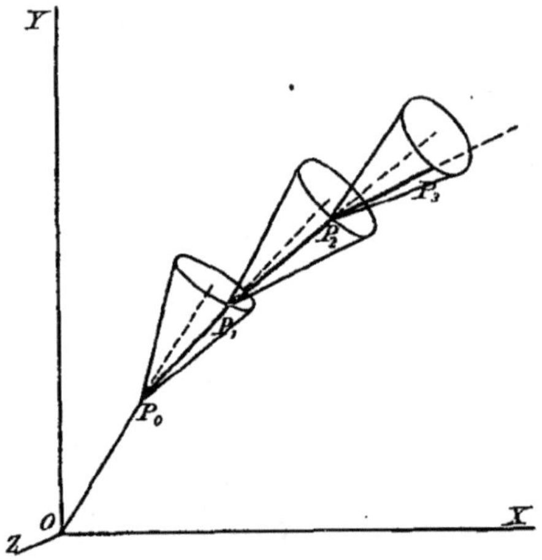

Abb. 11.8: Modell der dreidimensionalen Brownschen Bewegung in [Smoluchowski 1906, 766]. Die Streckenlängen $0P_0$, P_0P_1, P_1P_2 usw. entsprechen der mittleren freien Weglänge, die Kegel dem Raumwinkel mit fester Öffnung, um den jeweils abgelenkt wird. Die Achse des Raumwinkels entspricht jeweils der bisherigen Bewegungsrichtung, die neue Bewegungsrichtung ist durch eine Gleichverteilung auf dem Kegelrand gegeben, sodass das Modell von nur einem zufälligen Parameter abhängt.

In der Zwischenzeit war die Formel (11.10) noch auf zwei weitere Weisen gefunden worden. Paul Langevin (1872–1946) hatte im März 1908 eine besonders elementare Begründung gegeben, indem er von der durch einen fluktuierenden Term modifizierten Bewegungsgleichung für die einzelnen Teilchen zur Mittelwertbildung gelangte. Diese Herleitung findet sich heute in vielen Lehrbüchern der Physik. Noch bedeutsamer für die Grundlagendiskussion waren die Arbeiten von Marian Smoluchowski (1872–1917) (vollständiger Name: Marian Ritter Smoluchowski von Smolan). Dieser hatte bereits vor Einstein mit entsprechenden Arbeiten begonnen, veröffentlichte diese aber erst ab 1906. Essentiell war die Betrachtung der Brownschen Bewegung als Irrfahrt (vgl. Kap. 6.3.4.4). Damit konnte Smoluchowski [1906] bereits für ein einfaches eindimensionales Modell zeigen, dass viele sehr kleine zufällige Einzelschritte nach links bzw. nach rechts – jeweils mit Wahrscheinlichkeit $1/2$ – sich nicht gegenseitig aufheben, so wie von Nägeli und anderen behauptet, sondern gemäß den Gesetzen der Binomialverteilung zu einer mittleren quadratischen Abweichung proportional zu $\sqrt{n}$ führen, wenn n die Anzahl der einzelnen Schritte bedeutet. Das war bereits eine wichtige theoretische Untermauerung der Annahme, dass die Brownsche Bewegung durch unregelmäßige kleine Stöße der Flüssigkeitsmoleküle auf die suspendierten Teilchen erfolgt. Smoluchowski entwickelte aber die Angelegenheit noch wesentlich weiter in Richtung eines dreidimensionalen Irrfahrt-Modells, wie es in Abb. 11.8 dargestellt ist. Man stellt sich vor, dass jeweils nach geradliniger Zurücklegung der mittleren freien Weglänge die Bewegungsrichtung des Brown-Teilchens um einen Raumwinkel mit fester Öffnung abgelenkt wird, wobei die genaue Richtung auf diesem Winkel gleichverteilt ist. Mit dieser Vorstellung gelang es auch Smoluchowski [1906], Einsteins Formel (11.10) – mit einer kleinen, dem spezifischen Gang der Näherungsrechnung geschuldeten – Abweichung zu bestätigen; bei Annahme der Unabhängigkeit der Bewegungen in den drei Koordinatenrichtungen muss ja $\overline{x^2}$ gleich einem Drittel des von Smoluchowski berechneten mittleren Quadrats der Wegstrecke im dreidimensionalen Raum sein.

Ausgehend von all diesen theoretischen und experimentellen Resultaten unternahm Perrin ab 1908 einen intensiven Propaganda-Feldzug, um auch noch die letzten Zweifler von der Atom- bzw. Molekülvorstellung zu überzeugen. Der Einklang der Ergebnisse für die Avagadro-Zahl aus den Experimenten mit Kolloiden – auf der Basis der Höhenformel (11.11) wie auch der mittleren quadratischen Verrückung (11.10) bei der Brownschen Bewegung – zeigte, dass sich die Kolloide im thermischen Gleichgewicht mit der sie umgebenden Flüssigkeit so verhalten wie ideale Gase aufgrund der Vorstellungen der kinetischen Gastheorie. Sozusagen im Umkehrschluss konnte man daher davon ausgehen, dass Gase wie auch Flüssigkeiten denselben Teilchencharakter haben müssen wie die suspendierten Teilchen der Brownschen Bewegung. Dazu kamen natürlich noch weitere Resultate der Zeit, die für die Atomtheorie sprachen: Die Entdeckung der Radioaktivität 1896, die Gesetze der Elektrolyse, die diversen Experimente mit Kathodenstrahlen in den 1890ern, etwa von Philip Lenard (1862–1947) und Joseph John Thomson (1856–1940) und vor allem auch die Erkenntnisse zur Schwarzkörperstrahlung, von denen gleich noch die Rede sein wird. Besonders wichtig war dabei für Perrin, dass experimentelle Resultate aus verschiedenen Kontexten, verbunden mit Hypothesen über den diskreten Charakter der Materie und der Strahlung, stets zum (im Rahmen etwaiger Ungenauigkeiten) gleichen Ergebnis für die Avogadrozahl $N \approx 6.7 \cdot 10^{23}$ führen (der jetzt aktuelle Wert ist $N_A = 6.022 \cdot 10^{23}$). Besonders ausführlich schilderte er dies in seinem Konferenz-Beitrag zur ersten Solvay-Konferenz 1911(deutsche Übersetzung [Perrin 1914]).

Nur gute 12 Jahre nach der skeptischen Momentaufnahme von Boltzmann (s. Abschn. 11.5) war die Atomvorstellung und damit eine der grundlegenden Voraussetzungen für die statistische Physik allgemein etabliert. Sogar Ostwald gab 1909 seinen Widerstand auf, er wurde zum überzeugten Anhänger des Atomismus, wobei er zur Begründung für seine »Umkehr« die Brownsche Bewegung und die Experimente von Thomson vorbrachte [Brush 1976, vol. 2, chapt. 15.6].

11.7 Anfänge der Quantenstatistik

Die »Boltzmann-Methode«, also die kombinatorische Untersuchung von Wahrscheinlichkeiten für Zustände, in denen sich ein thermodynamisches System befindet, eignete sich besonders bei Voraussetzung der für die Quantenphysik typischen diskreten Energien. Den Anfang mit solchen Untersuchungen machte ausgerechnet ein Physiker, der zunächst den Konzepten der kinetischen Wärmetheorie eher skeptisch gegenüberstand.

11.7.1 Planck und das Strahlungsgesetz

Max Planck (1858–1947, Abb. 11.9) war seit 1889 als Professor an der Berliner Universität tätig, zuerst als Extraordinarius, seit 1892 als Ordinarius; bereits 1894 wurde er in die Preußische Akademie der Wissenschaften aufgenommen. Sein Hauptgebiet war schon seit seiner Promotion 1879 und seiner Habilitation 1880 (beides an der Universität München) die Thermodynamik gewesen. Dabei stand Planck der kinetischen Wärmetheorie lange Zeit eher skeptisch gegenüber. Gegen die Jahrhundertwende zu näherte er seinen Standpunkt aber allmählich dieser Auffassung an.

Dies zeigen seine Bemühungen, die experimentellen Ergebnisse zur Temperaturabhängigkeit der spektralen Strahlungsintensität von »schwarzen Körpern« durch eine Theorie erklären zu können, in der Elektrodynamik und Wärmelehre miteinander vereinigt sind. Die zunächst seltsam anmutende Bezeichnung »schwarzer Körper« wurde von Gustav Kirchhoff (1824–1887) geprägt. Hintergrund war dessen Strahlungsgesetz von 1860, wonach bei thermisch bedingter Strahlung (die sich bei hohen Temperaturen über viele Wellenlängenbereiche erstreckt) das Emissionsvermögen eines Körpers proportional zu seinem Absorptionsvermögen ist. Ein Körper, der sichtbares Licht einer bestimmten Wellenlänge vollständig – oder real beinahe vollständig – absorbiert, wirkt in diesem Licht schwarz. Eben dieser Körper hat aber dann für dieses Licht auch maximales Emissionsvermögen, wenn er erhitzt wird. Real existierende Materialien, die bezüglich des gesamten elektromagnetischen Spektrums als schwarze Körper wirken, gibt es nicht. Der Schwarzkörperstrahlung äquivalent ist aber die Strahlung in einem Hohlraum, etwa einem Kugel- oder Zylinderinneren, der von strahlungsundurchlässigen Wänden umschlossen ist. Weist dieser Hohlraum eine kleine Außenöffnung auf, so kann darin eindringende Strahlung kaum mehr entweichen, der Hohlraum wirkt also auf diese Weise absorbierend wie ein schwarzer Körper. Umgekehrt können aber an der durch die Öffnung austretenden Strahlung Messungen angestellt werden. Obwohl Kirchhoff bereits in seiner 1860er Arbeit diese Lösung grundsätzlich vorgeschlagen hatte, dauerte es bis zur Mitte der 1890er Jahre bis in der Physikalisch-Technischen Reichsanstalt in Berlin solche Hohlraumstrahler entwickelt wurden, um geeignete Normstrahler für lichttechnische Zwecke zu erhalten. Dadurch wurde es auch möglich, theoretisch erzielte Ergebnisse im Experiment zu überprüfen.

Das weitreichendste theoretische Resultat war das von Willy Wien (1864–1928) entwickelte Strahlungsgesetz [1893] für die sogenannte »spektrale Energiedichte« der im Hohlraum verteilten Strahlung in Abhängigkeit von der absoluten Temperatur T. Bezieht man die spektrale Energiedichte u_ν auf die Frequenz der elektromagnetischen Wellen, so ist diese festgelegt durch

$$u_\nu = \frac{\Delta U}{V \Delta \nu},$$

wenn mit ΔU die im Hohlraum mit Volumen V befindliche Energie der Strahlung mit Frequenzen innerhalb eines sehr kleinen Bereichs von ν bis $\nu + \Delta\nu$ im thermischen Gleichgewicht bezeichnet wird. Wegen der im Vakuum gültigen Beziehung $|\mathrm{d}\nu/\mathrm{d}\lambda| = c/\lambda^2$ (c ist die Vakuum-Lichtgeschwindigkeit) gilt für die analog festgelegte, auf die Wellenlänge bezogene spektrale Energiedichte

$$u_\lambda = u_\nu\Big|_{\nu=c/\lambda} \cdot \frac{c}{\lambda^2}.$$

Zwischen den in der Theorie leichter erfassbaren spektralen Energiedichten und den experimentell bestimmbaren spektralen Ausstrahlungsleistungen besteht zudem ein einfacher Zusammenhang.

Wien [1893] hatte bereits mit Hilfe eines genialen Gedankenexperiments unter weitgehender Verwendung nur der phänomenologischen Thermodynamik – man beachte, dass ja aus der Maxwellschen Theorie auch die Existenz des Strahlungsdrucks abgeleitet werden kann – ein Ergebnis für die Energiedichte hergeleitet, das äquivalent zu dem erst später so aufgeschriebenen

$$u_\lambda = \frac{1}{\lambda^5}\varphi\left(\frac{1}{\lambda T}\right)$$

mit einer noch zu bestimmenden Funktion φ war.

Ausgehend von diesem Ergebnis und der (alsbald kritisierten) Hypothese, dass die Schwarzkörperstrahlung von einem Gas erzeugt würde, dessen Moleküle monochromatische elektromagnetische Wellen aussenden würden, deren Frequenzen und Energien nur von der jeweiligen Molekülgeschwindigkeit abhingen, kam Wien [1896] unter Verwendung der Maxwellschen Geschwindigkeitsverteilung zur Gleichung

$$u_\lambda = \frac{C}{\lambda^5}\mathrm{e}^{-\frac{c}{\lambda T}} \tag{11.12}$$

mit zwei Konstanten C und c (letztere nicht zu verwechseln mit der erst später so bezeichneten Vakuum-Lichtgeschwindigkeit). Planck gelang es 1899, diese Beziehung aus allgemeinen thermodynamischen Prinzipien, ohne Verwendung so starker Modellannahmen, herzuleiten.

Wiens Formel stimmte gut mit den Messungen im kurzwelligeren Spektrum bei verschiedenen Temperaturen überein, nicht dagegen mit denen, die für größere Wellenlängen erzielt worden waren (s. Abb. 11.10). Ein neues, von John William Strutt, Third Baron Rayleigh (1842–1919) hergeleitetes Strahlungsgesetz $u_\lambda \propto T/\lambda^4$ [1900] war schon wegen seiner mathematischen Form nur für lange Wellen geeignet und blieb daher weniger beachtet. Planck gelang es aber in den letzten Monaten des Jahres 1900, eine mit den Messergebnissen global gut verträgliche Formel anzugeben und diese auch theoretisch zu begründen. Diese Begründung trug er am 14. Dezember der Physikalischen Gesellschaft in

Berlin vor. Der Tag gilt heute als Geburtstag der Quantenphysik. Zugleich markierte dieses Datum aber auch ein neues Kapitel in der statistischen Physik.

Abb. 11.9: Büste von Planck in der Walhalla

Planck [1900] (ähnlich in [1901]) stellte sich vor, dass Emission wie auch Absorption der Strahlung durch in einem Raum mit perfekt spiegelnden Wänden befindliche »Resonatoren« bedingt sei, »die man sich in irgend einem Zusammenhang mit den ponderablen Atomen der strahlenden Körper denken mag«. In einer statistischen Betrachtung ging er von N Resonatoren der einheitlichen Frequenz ν aus, deren Energien ganzzahlige Vielfache eines »Energieelements« ε sein sollten und deren jeweiliger Energiezustand im thermischen Gleichgewicht der absoluten Temperatur T innerhalb eines »Strahlungsfelds« einem Zufallsprinzip unterworfen sei. Die Gesamtenergie U_N der N Resonatoren wurde gemäß $U_N = P\varepsilon$ mit ganzzahligem P angenommen, wobei N und P als sehr große Zahlen betrachtet wurden. Ist $n_j\varepsilon$ mit $n_j \in \mathbb{N}_0$ die dem j-ten Resonator zukommende Energie, so muss $P = n_1 + n_2 + \cdots + n_N$ sein. Aufgrund einer kombinatorischen Regel müsse die Anzahl der zum Ergebnis P führenden N-Tupel $(n_1, n_2, \ldots, n_N)$ – Planck bezeichnete sie in Anlehnung an Boltzmann mit »Complexionen« – gleich

$$\binom{N+P-1}{N-1} = \frac{(N+P-1)!}{(N-1)!P!} \tag{11.13}$$

sein. Diese Regel kann man übrigens leicht einsehen: Jede dieser Summen entspricht einer linearen Anordnung von P weißen (die gruppenweise die Summanden bilden) und $N-1$ schwarzen Perlen (die Pluszeichen). Eine schwarze Perle gleich am Anfang bedeutet $n_1 = 0$, zwei schwarze Perlen nacheinander bedeuten, dass das n_j dazwischen gleich 0 ist. Es gibt genau so viele verschiedene lineare Perlenketten wie in der Formel (11.13) ausgedrückt.

Planck nahm nun die Gleichwahrscheinlichkeit für alle den N Resonatoren überhaupt möglichen Komplexionen an, wobei er offenbar ohne Weiteres unterstellte, dass zu jedem Resonator nur endlich viele Energiestufen mit einer fixen oberen Grenze gehören. Er verwies auf zukünftige Untersuchungen, durch deren Ergebnisse diese Hypothese möglicherweise überprüft werden könne. Die Wahrscheinlichkeit $W(P)$ des Summenbetrags P ist dann proportional zu dem in (11.13) gegebenen Ausdruck. Mit der groben, im Rahmen von Extremalproblemen aber hinreichenden, Näherung $\log n! \sim n \log n$ für große n kam er so zur Beziehung

$$\begin{aligned}\log W(P) &= (N+P)\log(N+P) - P\log P - N\log N + C \\ &= N\left((1+\frac{P}{N})\log(1+\frac{P}{N}) - \frac{P}{N}\log(\frac{P}{N})\right) + C\end{aligned}$$

mit einer additiven Konstante C. Damit folgt, wenn man die unwesentliche additive Konstante abzieht, für das System aus den zu P führenden Komplexionen die Entropie $S_N = k(\log W(P) - C)$ mit einer von Planck an dieser Stelle nicht näher erläuterten Skalierungskonstanten k, der später so genannten Boltzmannkonstanten. Mit Einführung der durchschnittlichen Energie $U = U_N/N$ und der durchschnittlichen Entropie $S = S_N/N$ pro Resonator ergibt sich wegen $P/N = U/\varepsilon$:

$$S = k\left((1 + \frac{U}{\varepsilon})\log(1 + \frac{U}{\varepsilon}) - \frac{U}{\varepsilon}\log(\frac{U}{\varepsilon})\right). \tag{11.14}$$

Da nun andererseits $\mathrm{d}S = \mathrm{d}U/T$ gelten muss, folgt nach Differentiation von S nach U:

$$\frac{1}{T} = \frac{k}{\varepsilon}\log(1 + \frac{\varepsilon}{U}). \tag{11.15}$$

In der ursprünglichen Darstellung seines Beitrags setzte Planck [1900] ohne weitere Erläuterungen $\varepsilon = h\nu$ mit einer Konstanten h. In der Ausarbeitung [1901] begründete er aber die direkte Proportionalität von ε zu ν durch einen Vergleich zwischen (11.14) und einer entsprechenden, mit Hilfe von Wiens allgemeiner Beziehung (11.12) gewonnenen Darstellung der Entropie. Durch Auflösen der Gleichung (11.15) nach U folgt:

$$U = \frac{h\nu}{\mathrm{e}^{\frac{h\nu}{kT}} - 1}. \tag{11.16}$$

Planck verwies auf eine seiner Vorgängerarbeiten bezüglich der allgemeinen Beziehung (c ist jetzt die Lichtgeschwindigkeit)

$$u_\nu = \frac{8\pi\nu^2}{c^3}U, \tag{11.17}$$

womit sich schließlich nach Umrechnung in Wellenlängen das »Plancksche Strahlungesetz« ergab:

$$u_\lambda = \frac{8\pi hc}{\lambda^5} \cdot \frac{1}{\mathrm{e}^{\frac{hc}{\lambda kT}} - 1}. \tag{11.18}$$

Die Konstanten h und k konnten aus den vorhandenen Messergebnissen bestimmt werden. Für das Wirkungsquantum ergab sich $h = 6.55 \cdot 10^{-34}\mathrm{Js}$ (aktuell: $h = 6.626 \cdot 10^{-34}\mathrm{Js}$). Es zeigte sich eine gute Übereinstimmung mit den bislang empirisch bestimmten Temperaturkurven (s. Abb. 11.10).

Die um 1900 erreichten Ergebnisse von Planck waren im Rückblick gleich aus drei Gründen bahnbrechend: Die für die moderne Physik fundamentalen Konstanten k und h wurden eingeführt, die Quantelung der Energie diente als Grundlage einer ganz neuen, die Physik des 20. Jahrhunderts prägenden Theorie, und nicht zuletzt wurde ein radikal stochastischer Standpunkt eingenommen. Hatten bei Boltzmann abstrakte kombinatorische Modelle noch weitgehend zur Ergänzung mechanischer Betrachtungen gedient, so bildeten sie jetzt die Basis der Untersuchung. Die angestellten hypothetischen Betrachtungen

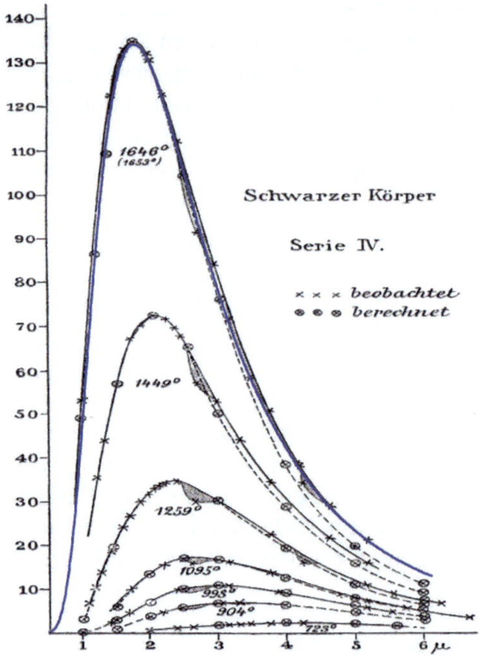

Abb. 11.10: Messungen von Otto Lummer (1860–1925) und Ernst Pringsheim (1859–1917) und Vergleich mit dem Wienschen Strahlungsgesetz (gestrichelt), das für größere Wellenlängen zu niedrige Werte für die spektrale Energiedichte ergibt [Lummer und Pringsheim 1899, 217]. Über die oberste Messkurve mit dem berichtigten Temperaturwert von 1653 K ist die entsprechende Kurve (blau) gemäß dem Planckschen Gesetz gelegt, die eine gute Übereinstimmung liefert. Die schraffierten Bereiche zeigen Messungen bei offenbar nicht stabilen Temperaturen. Die Skala auf der Hochachse entspricht spezifischen Werten der Messanordnung, die proportional zur spektralen Energiedichte sind.

waren freilich aus der Sicht des beginnenden 20. Jahrhunderts, auch aus der Sicht von Planck selbst, sehr gewagt und erschienen eher als provisorisch. Es dauerte daher einige Zeit, bis sie gründlich diskutiert, akzeptiert und weiterentwickelt wurden.

11.7.2 Einstein und die Lichtquanten

Bei dieser Weiterentwicklung spielte Albert Einstein eine ganz wichtige Rolle. Auf sein »annus mirabilis« wurde bereits im Rahmen der Brownschen Bewegung hingewiesen. Nach akademischen Stationen in Bern, Prag und Zürich wurde er 1914 wohlbestalltes Mitglied der Akademie in Berlin ohne Lehrverpflichtung, wo er bis 1933 blieb. Während der Berliner Zeit brachte er nicht nur die allgemeine Relativitätstheorie in eine definitive Form (1915), sondern er widmete sich auch weiterhin der Quantenstatistik. »Für seine Verdienste um die theoretische Physik, besonders für seine Entdeckung des photoelektrischen Effekts« erhielt Einstein 1922 den Nobelpreis. Diese eher vage gehaltene Formulierung lässt bereits schwierige und kontroverse Diskussionen erahnen, die tatsächlich mit der Preisverleihung verbunden waren [Friedman 2022].

Einstein stand zunächst der Planckschen Hypothese der gequantelten Resonatoren eher skeptisch gegenüber. Seine Lichtquantenhypothese sah er, wie er später [1907] konzedierte, anfangs als »Gegenstück« zu Plancks Hypothese, und tatsächlich bedingen sich aus der Sicht der klassischen Physik diese beiden Hypothesen nicht zwingend gegenseitig. In der mit dem Nobelpreis gewürdigten Arbeit ging Einstein [1905] von der seiner Meinung nach aufgrund der experimentellen Ergebnisse zumindest für kleine Wellenlängen bzw. hohe Frequenzen unstrittigen Wienschen Strahlungsformel (11.12) aus. Er entwickelte damit einen Ausdruck für die Entropie monochromatischer Strahlung der Frequenz ν und der Energie E in einem Hohlraum in Abhängigkeit von dessen Volumen und verglich diesen mit dem entsprechenden Ausdruck für ideale Gase. Der Anzahl der Gasteilchen n korrespondiert in dem Vergleich der Quotient $E/(h\nu)$, wenn man – im Gegensatz zu Einstein, der sich auf die ursprüngliche Notation des Wienschen Gesetz bezog – die von Planck eingeführte Konstante h verwendet. Daraus folgerte Einstein, dass sich die Strahlungsenergie E aus ganzzahlig vielen »Energiequanten« des Betrags $h\nu$ zusammensetzen müsse, freilich unter der Voraussetzung der Gültigkeit des Wienschen Gesetzes für die entsprechende Strahlung. Einstein [1905, 133] fasste seine Idee so zusammen:

> … es besteht dieselbe [die Strahlungsenergie] aus einer endlichen Zahl von in Raumpunkten lokalisierten Energiequanten, welche sich bewegen, ohne sich zu teilen und nur als Ganze absorbiert und erzeugt werden können.

Am bekanntesten wurde Paragraph 8 »Über die Erzeugung von Kathodenstrahlen durch die Belichtung fester Körper« aus Einsteins Arbeit. Die hier gelieferte Theorie des lichtelektrischen Effekts ist so einfach, dass sie schon seit langem zum Schulstoff gehört: Trifft ein Lichtquant auf eine metallische Oberfläche, so kann es ein Leitungselektron auslösen, wenn die Energie des Lichtquants mindestens so groß ist wie die hierfür erforderliche, materialtypische Austrittsarbeit A. Ist die Energie des Lichtquants größer als die Austrittsarbeit, so besitzt das ausgelöste Elektron noch eine restliche kinetische Energie E_r, die über die Gegenspannung U bestimmt wird, gegen die ein solches Elektron gerade nicht mehr anlaufen kann. Die Lichtquantenenergie wird also aufgespalten in Austrittsarbeit und Restenergie, also

$$h\nu = A + E_r = A + eU,$$

wobei e die Elektronenladung bezeichnet. Einstein konnte sich auf Versuche von Philip Lenard (1862–1947) beziehen, wonach größenordnungsmäßig Übereinstimmung mit seiner Theorie bestand, der präzise experimentelle Nachweis gelang aber erst Robert Millikan (1868–1953), der 1914 eine sehr genaue Versuchsanordnung zustandebrachte – besonders wichtig ist, dass das Experiment im Vakuum durchgeführt wird und die Metalloberflächen nicht verunreinigt sind.

Planck und die meisten anderen führenden Physiker lehnten die Lichtquantenidee noch eine geraume Zeit lang ab [Hermann 1971, 56]. Dagegen näherte sich Einstein, der, wie schon berichtet, anfangs skeptisch der Planckschen Idee der gequantelten Resonatoren gegenübergestanden war, dieser Vorstellung rasch an und übertrug sie sogar auf weitere schwingungsfähige Systeme.

In diesem Zusammenhang zeigte Einstein [1907] zuerst eine weitere Herleitung der Planckschen Strahlungsformel auf: Analog zur Boltzmann-Verteilung in der kinetischen Gastheorie setzte er die Wahrscheinlichkeit dafür, dass ein monochromatischer Resonator die Energie $jh\nu$ mit $j \in \mathbb{N}_0$ annimmt, proportional zu $\exp(-jh\nu/(kT))$. Für die mittlere Energie $\overline{E}_\nu$ dieses Resonators muss dann gelten

$$\overline{E}_\nu = \frac{\sum_{j=0}^{\infty} jh\nu \mathrm{e}^{-jh\nu/(kT)}}{\sum_{j=0}^{\infty} \mathrm{e}^{-jh\nu/(kT)}}. \tag{11.19}$$

Mit Hilfe der elementaren Reihenlehre ergibt sich

$$\overline{E}_\nu = \frac{h\nu}{\mathrm{e}^{h\nu/(kT)} - 1}$$

in Übereinstimmung mit der Planckschen Formel für die mittlere Energie (11.16). Für die weitere Herleitung verwendete Einstein freilich ebenfalls die aus der klassischen Maxwell-Theorie hergeleitete Formel (11.17).

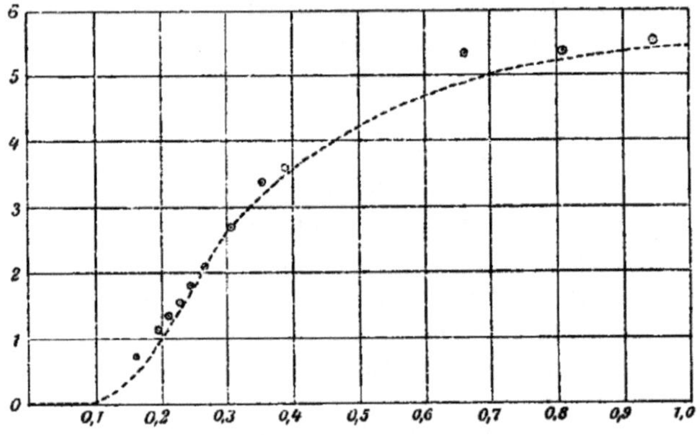

Abb. 11.11: Vergleich zwischen Theorie und Experiment bezüglich der molaren Wärmekapazität für Diamant (d.h. reinen Kohlenstoff) gemäß [Einstein 1907]: Einsteinsche Formel (gestrichelt) gegenüber Messwerten (Punkte) unter der Annahme einer Eigenfrequenz $\nu = 2.73 \cdot 10^{13}$ Hz. Die Skala auf der Rechtsachse bezieht sich auf $x = kT/(h\nu)$, 0.1 entspricht somit ca. 132 K. Die Skala auf der Hochachse bezieht sich auf die spezifische Wärmekapazität in Kalorien pro Grad und Mol. Der Punkt für $kT/(h\nu) = 0.36$ mit Hochwert 3.28 dürfte eigentlich nur geringfügig oberhalb der gestrichelten Linie liegen. Die Abweichungen für niedrigere Temperaturen beruhen auf systematischen Schwächen des Einsteinschen Modells, die durch spätere Theorien beseitigt wurden.

Einstein wandte nun die Beziehung (11.19) auch auf die Schwingungen in Festkörpern an, welche gemäß den Vorstellungen der kinetischen Theorie für die Wärme verantwortlich sind. Die klassischen Vorstellungen der sechs Koordinaten (drei Orts- und drei Geschwindigkeitskoordinaten), von denen die potentiellen bzw. kinetischen Energien der einzelnen Atome quadratisch abhängen, und die zu einer mittleren Energie von $6/2 \cdot kT$ pro Atom und damit bei konstantem Volumen zu einer auf ein Mol bezogenen Wärmekapazität c_V von $3R$ ($R = N_A k$, N_A die Avogadro-Konstante) führen (vgl. (11.3)), konnten für niedrige Temperaturen nicht experimentell bestätigt werden. Wenn man aber, so wie Einstein, annimmt, dass jedem Atom 3 Schwingungsrichtungen zugeordnet werden können, wobei jede Schwingung bei jedem Atom nur mit einer elementabhängigen Frequenz ν zustandekommt und ferner die zugehörigen Energien gequantelt sind, so ergibt sich pro Mol einer bestimmten Atomsorte die Gesamtenergie

$$E = 3N_A \frac{h\nu}{e^{h\nu/(kT)} - 1}.$$

Es folgt daraus die molare Wärmekapazität

$$c_V = \frac{\partial}{\partial T} E = 3R \frac{\left(\frac{h\nu}{kT}\right)^2 e^{\frac{h\nu}{kT}}}{\left(e^{\frac{h\nu}{kT}} - 1\right)^2}$$

für ein bestimmtes Element mit der »Eigenfrequenz« ν. Bei aus mehreren Elementen zusammengesetzten Stoffen müssen die entsprechenden Wärmekapazitäten zueinander addiert werden. Tatsächlich ergab bereits das sehr einfache Einsteinsche Modell gute Übereinstimmungen mit experimentellen Werten (vgl. Abb. 11.11). Natürlich musste es in der Folge noch wesentlich modifiziert und ausgebaut werden.

Die hier aufgezeigten Ansätze von Planck und Einstein waren typisch für die »ältere« Quantentheorie: Resultaten der klassischen Physik, etwa der aus der Maxwellschen Theorie gewonnenen Strahlungsformel (11.17) oder der Boltzmannschen Energieverteilung, werden Quantenbedingungen »aufgepfropft«. Dies führte in der Zeit vor und nach dem ersten Weltkrieg zu regen und kontroversen Diskussionen trotz der bedeutenden und unstrittigen Erfolge, die dieses Vorgehen hatte.

11.7.3 Nernstsche Hypothese und Plancksche »thermodynamische Wahrscheinlichkeit«

Die generelle Bedeutung von Einsteins Beitrag zur spezifischen Wärmekapazität von Festkörpern sollte in den darauf folgenden Jahren erst so richtig deutlich werden, besonders in Bezug auf das Forschungsprogramm von Walther Nernst

(1864–1941). Im Rahmen seiner Bestrebungen zu einem besseren Verständnis der thermodynamischen Theorie der Reaktionswärmen (damals »Wärmetönungen») bei chemischen Reaktionen in Festkörpern und Flüssigkeiten (beide als »Kondensate« bezeichnet) hatte Nernst um 1906 aufgrund von experimentellen Ergebnissen bereits Hypothesen aufgestellt, die in den folgenden Jahren durch eine Vielzahl weiterer Experimente zusätzlich untermauert wurden. Eine dieser Hypothesen war, dass die auf eine bestimmte Stoffmenge bezogenen Reaktionswärmen Q sich bei Annäherung an den Nullpunkt in der absoluten Temperaturskala nicht mehr ändern würden, also $\lim_{T\to 0} \frac{\partial Q}{\partial T} = 0$ sein müsse. Diese Hypothese implizierte, dass keine Entropieänderungen ΔS bei chemischen Reaktionen in der Nähe von $T = 0$ mehr stattfinden würden. Dadurch wurde die Vermutung nahegelegt, dass sich generell die – freilich nur bis auf eine willkürliche additive Konstante eindeutig bestimmte – Entropie sich bei $T \to 0$ in Kondensaten nicht mehr ändern und einem festen, nur von der Konstante abhängigen, Wert zustreben würde. Es liegt dann nahe, die Konstante stets so zu wählen, dass der Wert der Entropie bei $T = 0$ identisch 0 ist, und genau das hat Planck vorgeschlagen, s. z. B. [1912].

Dem entspricht nun im Rahmen der phänomenologischen Thermodynamik die Entropiedefinition $S(Z) = \int_0^{T_1} \mathrm{d}Q/T$, wenn Z einen Zustand mit einer absoluten Temperatur T_1 bedeutet und die infintesimalen Zustandsänderungen auf beliebigem Wege aber in reversibler Weise unter jeweiligem Aufwand der Wärmemenge $\mathrm{d}Q$ geschehen. In der Folge müssen Integrale der Form $\int_0^{T_1} c_V/T\mathrm{d}T$ bzw. $\int_0^{T_1} c_P/T\mathrm{d}T$ für die auf festgehaltenes Volumen bzw. festgehaltenen Druck bezogenen spezifischen Wärmekapazitäten existieren. Dies setzt voraus, dass die spezifischen Wärmekapazitäten temperaturabhängig sind und bei $T \to 0$ sehr rasch gegen 0 gehen. Einstein konnte in seiner Arbeit von 1907, die ein solches Verhalten modellhaft aufzeigte, nur auf rudimentäre experimentelle Ergebnisse mit nicht allzuniedrigen Temperaturen zurückgreifen. Nernst (z. B. [1911]) widmete sich aber mit seiner Arbeitsgruppe in den folgenden Jahren sehr intensiv solchen Untersuchungen. Die Experimente bestätigten die theoretischen Annahmen über die Temperaturabhängigkeit der spezifischen Wärmekapazitäten von Festkörpern und Flüssigkeiten.

Der Vorschlag, die Entropie am absoluten Temperaturnullpunkt gleich 0 zu setzen, hatte eine wesentliche Konsequenz für die statistische Definition der Entropie: In der ursprünglichen Boltzmannschen Version (mit der Modifikation durch den Faktor k) ist die Entropie für den Zustand Z eines Systems gleich $S(Z) = k \log \mathrm{P}(Z)$, wobei $\mathrm{P}(Z)$ die Wahrscheinlichkeit dafür ist, dass der Zustand Z angenommen wird. $\mathrm{P}(Z)$ ist proportional zur Anzahl $A(Z)$ der Möglichkeiten für das in geeigneter Weise diskretisierte System, den Zustand Z anzunehmen, wenn – und das ist bis heute ein heikler Punkt – jeder beliebige (zulässige) Zustand als gleichwahrscheinlich angenommen werden kann. Bezeichnen wir mit p den Proportionalitätsfaktor, so gilt $S(Z) = k \log A(Z) + k \log p$. Wenn die Entropie freilich nur bis auf eine additive Konstante genau festgelegt sein muss, so kann man genauso gut $S(Z) = k \log A(Z)$ betrachten, und so ist

Abb. 11.12: Das Ehrengrab von 1933 für Boltzmann und seine Familie auf dem Wiener Zentralfriedhof mit heroischer Büste und mit der Entropiedefinition, die der Form nach auf Planck zurückgeht, aber inhaltlich wesentlich den Ideen Boltzmanns entspricht

man auch üblicherweise bei der Verfolgung der Boltzmannschen Methode vorgegangen. Die um 1910 bereits diskutierten quantentheoretischen – und daher von Haus aus diskreten – Modelle legten nahe, dass bei Annäherung an $T = 0$ die Anzahl der »mikroskopischen« Möglichkeiten gegen 1 (oder zumindest eine sehr kleine Zahl) gehen würde. Daher schien Plancks Definition in der zweiten Auflage (1913) seiner *Vorlesungen über die Theorie der Wärmestrahlung* durch »$S = k \log W$« mit W in der Bedeutung des eben verwendeten $A(Z)$ gut für eine »absolute« Festlegung der Entropie geeignet (vgl. Abb. 11.12). Planck nannte die natürliche Zahl W »thermodynamische Wahrscheinlichkeit«, und dieser Begriff wurde rasch allgemein übernommen.

Einen Haken hatte die Sache freilich: Bei Gasen, die idealen Gasen ähnlich sind und nicht bei sehr niedrigen Temperaturen kondensieren sollten, schien die Existenz von Integralen $\int_0^{T_1} c_{V/P}(T)/T\mathrm{d}T$ nicht möglich. Nimmt man etwa ein einatomiges ideales Gas, so ist c_V bezogen auf ein Mol unabhängig von der Temperatur gleich $3R/2$, das Integral divergiert. Entweder war also das Modell idealer Gase, also solcher, bei denen die einzelnen Teilchen kaum miteinander wechselwirken, für sehr niedrige Temperaturen ungeeignet oder es musste erheblich modifiziert werden. Die Klärung gelang schließlich in den 1920er Jahren im Rahmen der »Bose-Einstein-« und «Fermi-Dirac-Statistiken«. Diese Entwicklung war eng verbunden mit der Ausprägung einer neuen, von klassischen Vorstellungen weitgehend unabhängigen Quantentheorie. Damit wurde freilich ein ganz neues Kapitel begonnen.

11.8 Literaturhinweise

Das Standardwerk zur Geschichte der kinetischen Gastheorie im 19. Jahrhundert ist [Brush 1976] in zwei Bänden. Eine eingehende Analyse der einschlägigen Arbeiten Boltzmanns in ihrem gesamten Kontext liefert [Darrigol 2018]. Gut lesbare Übersichten bieten [Schneider 1988, 299–305], [von Plato 1994, Chapt. 3] und [Myrvold 2016]. In letztgenanntem Werk findet sich auch eine Diskussion der verschiedenen Wahrscheinlichkeitsbegriffe, die in der statistischen Physik relevant sein können. Porter [1986] geht in ausführlicher Weise auf die spezifische Art des statistischen Denkens von Maxwell und Boltzmann ein. Es gibt eine Fülle von Gesamtdarstellungen über Leben und Werk von Maxwell und Boltzmann. Für das vorliegende Kapitel wurden besonders der Sammelband [Flood et al. 2014] zu Maxwell und [Stiller 1988] zu Boltzmann verwendet.

Zur Brownschen Bewegung findet man viele Hinweise, auch zu den experimentellen Aspekten, in Kap. 15 des zweiten Bandes von [Brush 1976] sowie im Kommentar, der in der Sammlung Einsteinscher Werke [Stachel 1989] auf S. 206–222 enthalten ist.

Eine sehr gründliche Diskussion der frühen Beiträge zur Quantentheorie einschließlich der Quantenstatistik ab Planck enthält der Band 1 in zwei Teilen des Werks *The Historical Development of Quantum Theory* von Mehra und Rechenberg. Zur frühen Geschichte bietet [Hermann 1971] eine gute Übersicht. Duncan und Janssen [2019] beleuchten besonders den Prozess der Entstehung der Quantenphysik im Rahmen der zeitgenössischen Konzepte. [Kangro 1970] und [Kuhn 1978] sind Klassiker mit dem Schwerpunkt Schwarzkörperstrahlung. Speziell zu Einstein findet sich umfangreiches Material samt ausführlicher Kommentierung in der bereits oben erwähnten Werksausgabe [Stachel 1989].

Kapitel 12
Von der Fehlerrechnung zur Untersuchung natürlicher Schwankungen, oder: von Quetelet bis Karl Pearson

Einen Großteil des neunzehnten Jahrhunderts hindurch richteten sich die mathematischen Methoden der Statistik nach den Vorbildern Laplace und Gauß aus. Die Entwicklung verlief entlang zweier Hauptlinien, die in eigenständiger Weise bis fast zum Ende des Jahrhunderts bestanden. Der erste Strang betraf die Theorie der Fehler, wie sie vor allem in Astronomie und Geodäsie angewendet wurde: Anpassung (linearer) Gleichungen an Daten und Bestimmung eines »besten« Werts für unbekannte Parameter. In diesem Rahmen wurde auch die multivariate Normalverteilung untersucht, und es wurden effizientere Berechnungsmethoden im Rahmen der Methode der kleinsten Quadrate entwickelt. Der zweite Entwicklungsstrang etablierte sich aus der Anwendung eher elementarer Techniken auf Sozial- und Biowissenschaften.

Die Frage, wie und ob Werte aus verschiedenen Beobachtungsreihen kombiniert werden können, hatte schon länger die Wissenschaft bewegt. Astronomische und geodätische Daten konnte man vernünftigerweise so behandeln als ob sie aus einer homogenen Grundgesamtheit stammten, wenn sie unter ähnlichen Bedingungen erhoben worden waren. In den Sozialwissenschaften war eine solche Annahme wesentlich schwerer zu rechtfertigen. Eine Zeit lang galten normal verteilte Daten als Indikator für Homogenität, also dafür, dass bezüglich eines bestimmten Merkmals jede Subpopulation demselben Wahrscheinlichkeitsgesetz genügen würde wie die Gesamtpopulation. Dagegen wurde bei nicht-normalen Verteilungen Heterogenität angenommen.

Einer der Gründe für diese Vorstellung war die Elementarfehlerhypothese, die sich in der Fehlertheorie entwickelt hatte (s. Kap. 9.6). Sie besagt, dass sich jeder Beobachtungsfehler als Summe vieler kleiner und unabhängiger sowie symmetrischer Elementarfehler ergeben würde. Daher müssten Fehler bei der Beobachtung physikalischer Konstanten aufgrund des zentralen Grenzwertsatzes einer Normalverteilung folgen. Aus diesem Grund wurde der vermeintlichen Universalität von Normalverteilungen ein zu großer Stellenwert beigemessen. Erst zum Ende des 19. Jahrhunderts sollten Tests entwickelt werden, mit denen die Nähe der empirischen Verteilungen zu theoretischen Normalverteilungen überprüft werden konnte.

H. Fischer et al., *1000 Jahre Stochastik*, Vom Zählstein zum Computer,
https://doi.org/10.1007/978-3-662-72368-5_12

Anwendungen statistischer Methoden auf verschiedene Umstände des täglichen Lebens waren zunächst seltener als solche innerhalb der exakten Naturwissenschaften und der Technik, aber es gab sie natürlich: Aufzeichnungen zu Geburten, Todesfällen, Heiraten oder auch zu kriminellen Handlungen und zu Gerichtsprozessen lieferten Daten für interessante Studien.

Dieser zweite Entwicklungsstrang der mathematischen Statistik war das Ergebnis des Bestrebens, die für die exakten Naturwissenschaften bestimmten Methoden auf die Moralwissenschaften, besonders die späteren Sozialwissenschaften, auszudehnen. Eminent wichtig waren aber auch entsprechende Aktivitäten im Bereich der Vererbung. Nach dem Beispiel der Himmelsmechanik, die sowohl in theoretischer wie in empirischer Hinsicht äußerst erfolgreich war, glaubten viele, dass es soziale und biologische Gesetzmäßigkeiten geben müsse, die ebenso streng gültig seien wie die Gesetze der Physik, und die in analoger Weise alle Bereiche des menschlichen Lebens regeln würden.

Während der Aufklärung hatte der Marquis de Condorcet (1743–1794) bereits den Namen *Mathématique sociale* in seinem *Tableau général de la science qui a pour objet l'application du calcul aux sciences politiques et morales* vorgeschlagen, eine Namensgebung, die sich nicht durchsetzte. Der französische Philosoph Auguste Comte (1798–1857), dem die Gründung der Soziologie als wissenschaftliche Disziplin zugeschrieben wird, charakterisierte seine *Physique sociale* als »Wissenschaft, deren eigentliches Betätigungsfeld die Untersuchung sozialer Phänomene ist, die in der gleichen Weise wie astronomische, physikalische, chemische oder physiologische Erscheinungen unveränderlichen Naturgesetzen unterworfen sind; die Entdeckung dieser Gesetze ist das eigentliche Ziel [dieser Wissenschaft]« [Comte 1883, 4e opuscule, 199]. Adolphe Quetelet [1831, 2] wählte zunächst den Ausdruck *Mécanique sociale* für seine Untersuchungen über den *Homme moyen*, also den durchschnittlichen Menschen, übernahm aber später Comtes Begriff *Physique sociale*. Und es war besonders Quetelet, der Gesetze dieser »Physik« aufstellte und genauer untersuchte.

12.1 Soziale Physik

Lambert-Adolphe-Jacques Quetelet (Abb. 12.1) wurde am 22. Februar 1796 in Gent geboren und starb am 17. Februar 1874. Er erwarb 1819 den Doktorgrad an der neu gegründeten Universität von Gent mit einer Arbeit über Kegelschnitte. Mit der mathematischen Lehre begann er im selben Jahr am Brüsseler Athenaeum. 1820 wurde er in die *Académie Royale des Sciences et Belles-Lettres de Bruxelles* aufgenommen, 1835 avancierte er zu ihrem ständigen Sekretär. Im Rahmen seiner Bemühungen um ein Observatorium in Brüssel kam er 1823 nach Paris, um seine Kenntnisse in Astronomie zu vertiefen. Neben anderen Persönlichkeiten traf er dort Laplace, Fourier, Poisson und Lacroix. 1828 gab er die Lehre auf und widmete sich ausschließlich einer – zunächst kommissarischen – Tätigkeit als Astronom an dem noch nicht ganz aufgebauten Observatorium. Nach dessen

Fertigstellung 1832 wurde er dorthin endgültig berufen. 1825 hatten Quetelet und sein Doktorvater Jean Garnier (1766–1840) das einflussreiche Journal *Correspondance mathématique et physique* gegründet, in dem Quetelet einen Großteil seiner Arbeiten publizieren sollte. Quetelet trieb entscheidend die Gründung der bedeutenden *Commission Centrale de Statistique* voran. Er stand ihr als Präsident von 1841 bis zu seinem Tod vor. Die *Commission* war für die Erhebung von Daten in Belgien und deren Aufbereitung zuständig. Das *Bulletin* der *Commission* wurde zu einem weiteren Veröffentlichungsorgan für Quetelets Artikel.

Abb. 12.1: Adolphe Quetelet

Um 1825 begann sich Quetelet für Statistik zu interessieren. Im folgenden Jahr nahm er an den Planungsarbeiten für eine Volkszählung in Belgien teil, und 1827 initiierte er kriminalstatistische Untersuchungen. Um 1831 war Quetelet zur Überzeugung gelangt, dass eine »méchanique sociale« für den Bereich des menschlichen Lebens und Zusammenlebens nach dem Vorbild der »méchanique celeste« geschaffen werden könne. Der Schlüssel zum Erfolg lag in den statistischen Regelmäßigkeiten, die sich in Verhältnissen und Mittelwerten aus großen Stichproben zeigten. Er hoffte, mit seiner Wissenschaft Ursachen für Variationen aufzeigen zu können und ihren Einfluss sowohl zu messen als auch zu kontrollieren. Anders als in der Himmelsmechanik sind aber die zu bestimmenden Mittelwerte in der »Sozialmechanik« keine physikalischen Konstanten, sondern meistens fiktive Größen ohne konkrete Entsprechung. Einen umfassenden Überblick über das statistische Werk von Quetelet findet man in [Sheynin 1986].

Die Pariser Publikation *Sur l'homme et le développement de ses facultés, essai d'une physique sociale* [Quetelet 1835] enthält die Zusammenfassung aller Studien, die Quetelet bis zu diesem Zeitpunkt angestellt hatte. Dieses Werk ist aus mehreren Gründen bedeutsam. Das statistische Material ist gut gegliedert, nach einheitlichen Standards aufbereitet und sorgfältig interpretiert. Zu jeder statistischen Kenngröße untersucht Quetelet die natürlichen Ursachen, die auf sie wirkenden Einflüsse und jede durch menschlichen Einfluss verursachte quantitative Veränderung. Übersetzungen wurden sowohl ins Deutsche wie auch ins Englische angefertigt [Quetelet 1838; 1842].

Quetelet schrieb auch ein populärwissenschaftliches Werk über Statistik, die *Lettres á S.A.R. le duc régnant de Saxe-Cobourg et de Gotha*, 1846 veröffentlicht in Brüssel. Das Buch war dem Neffen des belgischen Königs, Ernest, gewidmet, aber die Briefe waren sowohl an Ernest wie auch an einen anderen Neffen, Albert, den Ehegatten der Königin Victoria von England, gerichtet. In diesem Buch finden wir, wie Quetelet auch im Rahmen von Messungen am Menschen das Fehlergesetz vorfindet. Allerdings bezieht er sich in seiner Analyse auf eine Binomialverteilung zur Stichprobenlänge 999 und nicht auf das Gaußsche Fehlergesetz selbst.

Eine neue Ausgabe der Abhandlung *Sur l'homme* wurde mit wenigen Abänderungen 1869 unter dem Titel *Physique sociale ou essai sur le développement des facultés de l'homme* veröffentlicht. Im darauffolgenden Jahr erschien *Anthropométrie ou mesure des différentes facultés de l'homme* als Ergänzung.

12.1.1 Physique sociale *und* Homme moyen

Über den Untersuchungsgegenstand schreibt Quetelet in *Sur l'homme* (deutsche Übersetzung gemäß [1838, 14–15]):

> In diesem Werke sollen die Wirkungen der natürlichen sowohl, als der zufälligen (perturbirenden) Einflüsse, welche auf die Entwicklung des Menschen einwirken, untersucht und der Versuch gemacht werden, das Mass der Ergebnisse jener Einflüsse und ihrer Wechselwirkung zu bestimmen.
>
> Es kommt mir nicht in den Sinn, eine Theorie vom Menschen aufstellen zu wollen, ich will vielmehr blos versuchen, die ihn betreffenden Thatsachen und Erscheinungen auszumitteln, und auf dem Wege der Beobachtung die Gesetze, welche diese Erscheinungen mit einander verketten, ausfindig zu machen.
>
> Der Mensch, wie ich ihn hier betrachte, ist in der Gesellschaft dasselbe, was der Schwerpunkt in den Körpern ist; er ist das Mittel, um das die Elemente der Gesellschaft oszilliren; er ist, wenn man so will, ein fingirtes Wesen, bei dem alle Vorgänge den in Beziehung auf die Gesellschaft resultirenden mittleren Ergebnissen entsprechen werden.

Die zu untersuchenden Fragen betreffen die biologischen und moralischen Gesetze der Menschen, den Einfluss der Natur auf den Menschen und die Eigenschaften des *Homme moyen*, also des »durchschnittlichen Menschen«. Der durchschnittliche Mensch in einer bestimmten Population entspricht dem Schwerpunkt in einem physikalischen System. Wenn man sich dort auf diesen zentralen Punkt konzentriert, kann man alle statischen und dynamischen Phänomene erfassen. Quetelet erhofft sich ähnliche Schlussfolgerungen durch die Untersuchung des *Homme moyen*. Zu jedem Alter, jeder Rasse, jedem Land und Kombinationen aus diesen Merkmalen existiert ein durchschnittlicher Mensch. Er vertritt all das, was gut oder ideal oder typisch ist. Durch die Durchschnittsbildung werden zufallsbedingte Schwankungen geglättet, und es werden die regulären Eigenschaften aufgedeckt, die als Gesetze der Sozialphysik anzusehen sind. Wenn es keine Änderungen in den Ursachensystemen gibt, sollten diese Durchschnitte stabil bleiben. Somit kann der durchschnittliche Mensch auch dazu dienen, den gesundheitlichen Zustand einer Gesellschaft zu beobachten oder verschiedene Gesellschaftsgruppen miteinander zu vergleichen.

Quetelet war besonders von den statistischen Regelmäßigkeiten beeindruckt, die sich aus Datensätzen zur Kriminalität ergaben. Durch die Untersuchung von Gerichtsunterlagen fand er heraus, dass die Kriminalitätsrate im Wesentlichen von Jahr zu Jahr konstant blieb. Da also in beinahe beängstigender Weise die Anzahl der Morde und anderer Delikte zutreffend vorhergesagt werden konnte, hatte man es mit einem Beispiel für ein »soziales Gesetz« zu tun, das gar dem Prinzip des freien Willens zuwiderlaufen schien. Obwohl man nicht vorhersagen kann, dass ein bestimmtes Individuum ein Verbrechen begehen würde, zeigt doch die beobachtete Konstanz der Häufigkeiten die Existenz einer Ursache auf, die hier auf menschliches Verhalten einwirkt.

Quetelet klassifizierte Ursachen wie folgt:

- konstant: beständig mit derselben Intensität und in dieselbe Richtung wirkend
- variabel: beständig wirkend, aber Intensität und Richtung ändern sich gemäß einer Gesetzmäßigkeit oder auch durch Zufall; zum Beispiel periodisch veränderliche Ursachen aufgrund von jahreszeitlichen Schwankungen
- zufällig: in jeder Hinsicht regellos wirkend.

Bei all seinen Berechnungen von Mittelwerten und Verhältnissen schätzte Quetelet die stochastische Genauigkeit der Werte nicht ab. Er war vielmehr mit dem überzeugenden Eindruck zufrieden, der sich durch den Vergleich verschiedener Größen ergab. Er wusste aus der Theorie der Beobachtungsfehler, dass bei großen Stichproben die berechneten Durchschnittswerte nur geringen Abweichungen unterworfen sind, da sich zufällige Fluktuationen gegenseitig aufheben sollten. Unterschiede aufgrund konstanter Ursachen konnten daher gemäß Quetelet durch Vergleiche von Mittelwerten aus Untergruppierungen mit dem Mittelwert der gesamten Population erkannt werden.

12.1.2 Anpassung von Modellen an Daten

Eine wichtige Rolle in Quetelets statistischen Arbeiten spielte die Anpassung von funktionalen Modellen an Daten. Wir rekapitulieren zwei Beispiele:

Beispiel 12.1 Quetelet beschäftigte sich zeitlebens mit Gesetzmäßigkeiten, denen Geburten und Todesfälle unterliegen. Er stellte in einer Arbeit von 1824 zuerst in einer Tabelle für jeden Monat die Verhältnisse aus Geburten bzw. Todesfällen zu einem Mittelwert auf, indem er über einen Zeitraum von mehreren Jahren die jeweiligen Zahlen durch den zwölften Teil der jährlichen Werte dividierte [Quetelet 1826]. Entsprechende Zahlen für den Beginn der Schwangerschaften bestimmte er, indem er eine neunmonatige Schwangerschaftsdauer ansetzte. So fand er heraus, dass im Frühjahr mehr Empfängnisse mit einem Höhepunkt im Mai stattfinden und im Herbst (Oktober) die wenigsten. Die Anzahl der Todesfälle war im Winter höher und im Sommer niedriger, mit einem Minimum im Juli. Er vermutete konstante Ursachen, die Geburten und Todesfälle im Laufe eines Jahres periodisch beeinflussen. Daher empfahl er, Geburts- bzw. Todesfälle durch eine Sinusfunktion in Abhängigkeit von den Zeiten im

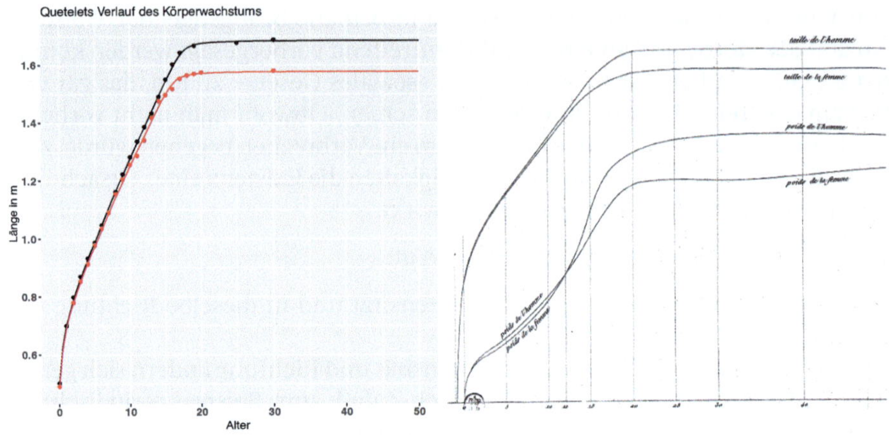

Abb. 12.2: Moderne Graphik (links) gemäß [Quetelet 1835, T. 2] zur Veränderung der durchschnittlichen Körperlänge bei Männern (schwarz) und Frauen (rot). Die Punkte entsprechen allen von Quetelet angegebenen Daten, die durchgezogenen Linien den Modellfunktionen. Die Übereinstimmung ist verblüffend. In der originalen Graphik (rechts) für die Funktionsverläufe sind auch die Wachstumskurven für das Körpergewicht eingezeichnet.

Jahr zu modellieren. Die Berechnung der Parameter für die Sinuskurve führte er allerdings nicht durch. ■

Beispiel 12.2 Quetelet stellte aus mehreren Quellen Daten über Länge und Gewicht von Männern und Frauen verschiedenen Alters in Brüssel zusammen [Quetelet 1835, T. 2, 23–27]. Er postulierte ein einfaches, in allen Populationen gültiges Gesetz, das die mittlere Größe und das Alter miteinander verbindet:

$$y + \frac{y}{1000(T-y)} = ax + \frac{t+x}{1+4x/3}.$$

Dabei ist y die zum Alter x gehörige Länge. Die Geburtsgröße und die Größe zur Zeit der maximalen Entwicklung werden mit t bzw. T bezeichnet. Der Koeffizient a wird aus der Größenveränderung zwischen dem 4. und 5. sowie dem 15. und 16. Lebensjahr geschätzt.

Für Männer in Brüssel ergibt sich $t = 0.500\text{m}$, $T = 1.684\text{m}$ und $a = 0.0545\text{m}$. Die Abhängigkeit der Körpergröße vom Alter bei Mädchen und Frauen modellierte Quetelet durch

$$y + \frac{y}{1000(1.579-y)} = 0.0521x + \frac{0.49+x}{1+4x/3}$$

In derselben Weise ging er vor, um ein modellhaftes Gesetz für das Körpergewicht zu entwickeln. Die Funktionsverläufe für das Längen- und Gewichtswachstum sind in Abb. 12.2 wiedergegeben. ■

In beiden Beispielen ergibt sich das Problem der Zulässigkeit der Kombination von Subpopulationen: Bei den Schwangerschafts- und Todesdaten wurde nicht auf das jeweilige Lebensalter geachtet. Bei Größe und Gewicht verwendete Quetelet Daten aus allen Gesellschaftskreisen zusammen.

12.1.3 Das Fehlergesetz

In Kapitel XX der *Lettres to S.A.R.* wird das nachmalig hochberühmte Beispiel des Brustumfangs von 5738 schottischen Soldaten, gerundet auf Inch, präsentiert. Quetelet berechnet ein Mittel von 40 Inches und eine »wahrscheinliche Abweichung« (entsprechend dem wahrscheinlichen Fehler, s. Kap. 9.5.2) von 1.312 Inch.

Tab. 12.1: Verteilung des Brustumfangs schottischer Soldaten [Quetelet 1846, 400]

Brustumf. (in)	33	34	35	36	37	38	39	40
Anzahl[a]	3	18	81	185	420	749	1073	1079

Brustumf. (in)	41	42	43	44	45	46	47	48
Anzahl	934	658	370	92	50	21	4	1

[a] Diese Daten wurden ursprünglich in Band 13 des *Edinburg Medical Journal* (1817) in einer Reihe von Tabellen veröffentlicht. Quetelet fügte die Daten zusammen, machte dabei aber einige Rechenfehler. Diese Tabelle zeigt seine ursprünglichen, nicht korrigierten Daten.

Das zu den Daten in Tab. 12.1 gehörige Histogramm findet sich in Abb. 12.3. Es zeigt in suggestiver Weise die Analogie zum Gaußschen Fehlergesetz auf. Die natürliche Entwicklung jedes Schotten scheint der Entstehung von zufälligen Beobachtungsfehlern zu entsprechen. Die Erkenntnis, dass das Fehlergesetz auch in menschlichen Messdaten auftritt, rechtfertigte die Verwendung des arithmetischen Mittels als Kenngröße auch in diesem Bereich.

Das Auftreten des Fehlergesetzes in einem Datensatz wertete man als Indikator für die Homogenität innerhalb der entsprechenden Population. Damit wurde dann auch die Kombination von Daten aus verschiedenen Subpopulationen gerechtfertigt. Die Lehrmeinung, dass in praktisch allen Lebensbereichen die Daten glockenförmigen Kurven und damit dem Fehlergesetz genügen, wurde als »Queteletismus« bezeichnet, weil Quetelet so stark die Bedeutung des Gaußgesetzes betonte. Allerdings findet man bei ihm auch die Diskussion nicht-symmetrischer Verteilungen, beispielsweise in Kapitel XXVI der *Lettres to S.A.R.*, wo er Bernoulli-Experimente mit einer Trefferwahrscheinlichkeit ungleich 1/2 diskutiert.

Es war das Verdienst von Quetelet, den Anwendungsbereich der Statistik – über Laplace hinaus – auf Bereiche außerhalb von Astronomie, Geodäsie oder

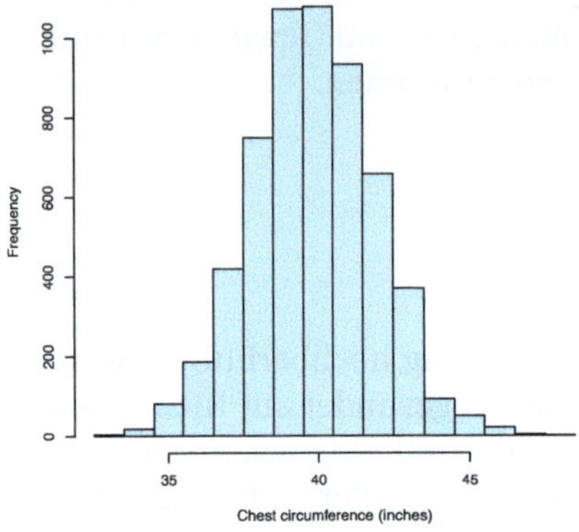

Abb. 12.3: Histogramm zu den Daten schottischer Soldaten gem. Tab. 12.1

Physik vorangetrieben zu haben. Wichtig war dabei das Konzept des *Homme moyen* und vor allem das systematische Sammeln, Aufbereiten und Anpassen von Daten. Damit hob er sich deutlich von Laplaces eher theoretischem Ansatz ab, andererseits machte er nur in sehr elementarer Weise Gebrauch von dessen mathematischen Konzepten bei dem Versuch, die Theorie der Beobachtungsfehler auf die Humanwissenschaften auszudehnen. In – durchaus Laplacescher Tradition – unterschied er in seiner »Sozialphysik« zwischen variablen und konstanten Ursachen. Als Defizit mag man empfinden, dass Quetelet in zu unkritischer Weise seine Modelle für zutreffend hielt und dabei zu wenig auf die Untersuchung von Abweichungen achtete. Die von ihm wahrgenommenen Regelmäßigkeiten bezüglich Kriminalfällen, Geburten, Sterbefällen oder Verheiratungen hat er keiner wirklich exakten stochastischen Analyse unterzogen. Seine Nachfolger sollten dieses Problem dann aber in vielfältiger Weise angehen.

12.2 Staatswissenschaften und Statistik

Wie wir bei Quetelet gesehen haben, wurde die Entwicklung von Konzepten und Methoden der Statistik im 19. Jahrhundert wesentlich durch die erhebliche Zunahme der Erfassung und Beschreibung von Daten beeinflusst, die die administrativen, ökonomischen und sozialen Belange der Gemeinwesen, also alle Aspekte der Staatswissenschaften betrafen. Die Gewinnung und Aufbereitung solcher »amtlicher« Daten erfolgte mit Mitteln der politischen Arithmetik, also im Rahmen der deskriptiven Statistik, die während des gesamten 19. Jahrhunderts das Bild der wissenschaftlichen Disziplin »Statistik« als Teil der Staats- bzw. Kameralwissenschaften prägte.

12.2.1 Volkszählungen und statistische Institutionen

Volkszählungen waren im 18. Jahrhundert durch das Anliegen motiviert, dass die Herrschenden einen Überblick über Wehrfähige und Steuerpflichtige, über Arbeitsfähige und Invalide erlangen wollten. Theologische Erwägungen sahen zudem in genaueren Untersuchungen des Geschlechterverhältnisses, der Geburten- oder der Sterblichkeitsrate die Möglichkeit zur Bestätigung, aber auch zur Aufrechterhaltung der »göttlichen Ordnung«. Genau diese Worte kennzeichnen das Werk *Die göttliche Ordnung in den Veränderungen des menschlichen Geschlechts aus der Geburt, dem Tode und der Fortpflanzung desselben erwiesen* von Johann Peter Süßmilch (1707–1767), das 1741 in erster und 1775/76 posthum in vierter Auflage erschien. Die mathematischen Methoden erstreckten sich dabei auf tabellarische Vergleiche und auf Durchschnittsbildungen, das aufbereitete Datenmaterial war jedoch von großem Wert auch für eingehendere stochatische Untersuchungen, etwa in der aufkommenden Versicherungsmathematik.

Ab ca. 1750 fanden in verschiedenen europäischen Ländern verstärkte Bemühungen statt, Einwohnerzahlen und weitere, damit verbundene Daten zu schätzen oder sogar Vollzählungen durchzuführen. In Frankreich und England gab es mehrere Versuche verschiedener Autoren, aus Heirats- oder Geburtenzahlen, aber auch aus der Zählung von Wohnhäusern, auf die Größe der Gesamtbevölkerung zu schließen. Über Laplaces Theorie für einen so gestalteten Mikrozensus, die freilich ihrer Zeit weit voraus war, wurde bereits in Kap. 7.6.2 berichtet. Vollzählungen fanden bereits 1755 in Schottland und 1769 in Dänemark sowie Norwegen auf Privatinitiative hin statt. Die Verfassung der USA (in Kraft ab 1789) sah sogar alle 10 Jahre eine verpflichtende Volkszählung vor; die erste erfolgte 1790 (s. die Übersicht in [Westergaard 1932, Kap. VIII] für all diese Aktivitäten).

Zur Durchführung von Volkszählungen und weiterer, damit verbundener Datenerhebungen wurden mit der Zeit in vielen Ländern staatliche Behörden gegründet, aus denen später die auch jetzt noch existierenden statistischen Ämter hervorgingen. Bereits 1756 wurde für Schweden und das damals schwedisch regierte Finnland die *Tabellkommissionen* eingerichtet, zunächst, um die in Kirchenbüchern befindlichen Daten zusammenzufassen (vgl. Tab. 12.2).

Um 1810 erfolgte die Gründung relativ vieler »statistischer Bureaus«, teilweise mit nur geringem personellen Aufwand. Durch die Napoleonischen Kriege bedingt wurden die Tätigkeiten dieser Institutionen aber auch zeitweise ausgesetzt. Dies betraf zuerst einmal Frankreich selbst: Das *Bureau de la Statistique Générale* begann 1800 mit der Arbeit. Eine erste Volkszählung, aus der übrigens auch die Zahlen für die Schätzung durch Laplace stammten, wurde alsbald initiiert, aber nicht vollständig durchgeführt. 1812 stellte das statistische Büro seine Tätigkeit schließlich ein, und erst 1833 nahm diese Behörde wieder ihren Betrieb auf. Trotzdem gab es freilich in dieser Zeit in Frankreich bemerkenswerte dezentrale statistische Untersuchungen, bei stärkerer Berücksichtigung medizinischer und sozialer Aspekte.

Preußen eröffnete 1805 ein – eher bescheidenes – statistisches Bureau, aber bereits 1806 stellte es seine Aktivitäten nach der Schlacht von Jena und Auerstedt wieder weitgehend ein. 1810 nahm es seinen Betrieb wieder auf [Kretschmer et al. 2005]. In Bayern gab es seit 1808 sowohl ein *Statistisch topographisches Bureau* im Außenministerium (!) wie auch eine »Polizei-Sektion« im Innenministerium für alle Angelegenheiten des Meldewesens. Beide Abteilungen wurden dann 1825 zum *Königlich Bayerischen Statistischen Bureau* vereinigt [Statistik Bayern 2008].

Bis ca. 1850 etablierten sich in den meisten europäischen Ländern öffentliche statistische Institutionen (s. Tab. 12.2 für einige Länder). Durch die Publikation in von den statistischen Ämtern herausgegebenen Zeitschriften und Jahrbüchern wurde das erzielte Datenmaterial der Öffentlichkeit zu großen Teilen zugänglich.

Zur Herstellung verbindlicher Standards und zur Förderung gemeinsamer Interessen fanden zwischen 1853 (Brüssel) und 1878 (Paris) ingesamt 9 internationale Kongresse statt, an denen amtliche Statistiker, Hochschullehrer oder auch sonstige Mitglieder statistischer Vereinigungen teilnahmen. Mit der Zeit wuchs allerdings die Zahl nicht direkt mit Statistik befasster Personen – meist Bürokraten des ausrichtenden Landes – stark, bei gleichzeitiger Abnahme des Anteils an internationalem Fachpublikum, und es kam außerdem zu Streitigkeiten über die Verbindlichkeit von Beschlüssen, die bei den Kongressen gefasst wurden [Westergaard 1932, Kap. XIV]. Nach 1878 fand daher kein weiterer Kongress mehr statt. 1885 wurde jedoch das *International Statistical Institute* als internationale Fachvereinigung für Statistik gegründet, in der vorrangig wissenschaftliche Ziele verfolgt wurden und deren Mitglieder nur aus fachlich besonders ausgewiesenen Personen bestanden. In der Regel führte und führt diese immer noch bestehende Vereinigung ab 1887 (Rom) zweijährlich Tagungen durch, deren Beiträge bis 2012 in einem speziellen Journal, dem *Bulletin de l'Institut international de statistique*, erschienen.

Auf nationaler Ebene waren bereits viel früher statistische Vereinigungen als Bindeglieder zwischen wissenschaftlich Interessierten und amtlich Beauftragten entstanden. Bereits 1831 wurde ein *Statistischer Verein für das Königreich Sachsen* gegründet, der sich einerseits amtlich veranlasster Aufgaben (Volkszählung und Viehzählung 1834), andererseits in den Anfangsjahren besonders auch der Medizinstatistik widmete ([Statistik Sachsen 2024] und [Westergaard 1932, 140]). Erst 1850 wurde dann in Sachsen ein amtliches statistisches Büro im Innenministerium eröffnet. Besonders viele statistische Vereinigungen kamen in Großbritannien und Irland zur Gründung. Am bedeutendsten war wohl die *Statistical Society of London* von 1834, die sich 1887 zur *Royal Statistical Society* umbenannte. Sehr bekannt ist auch die *American Statistical Association* (ASA), gegründet 1839 [Westergaard 1932, 140].

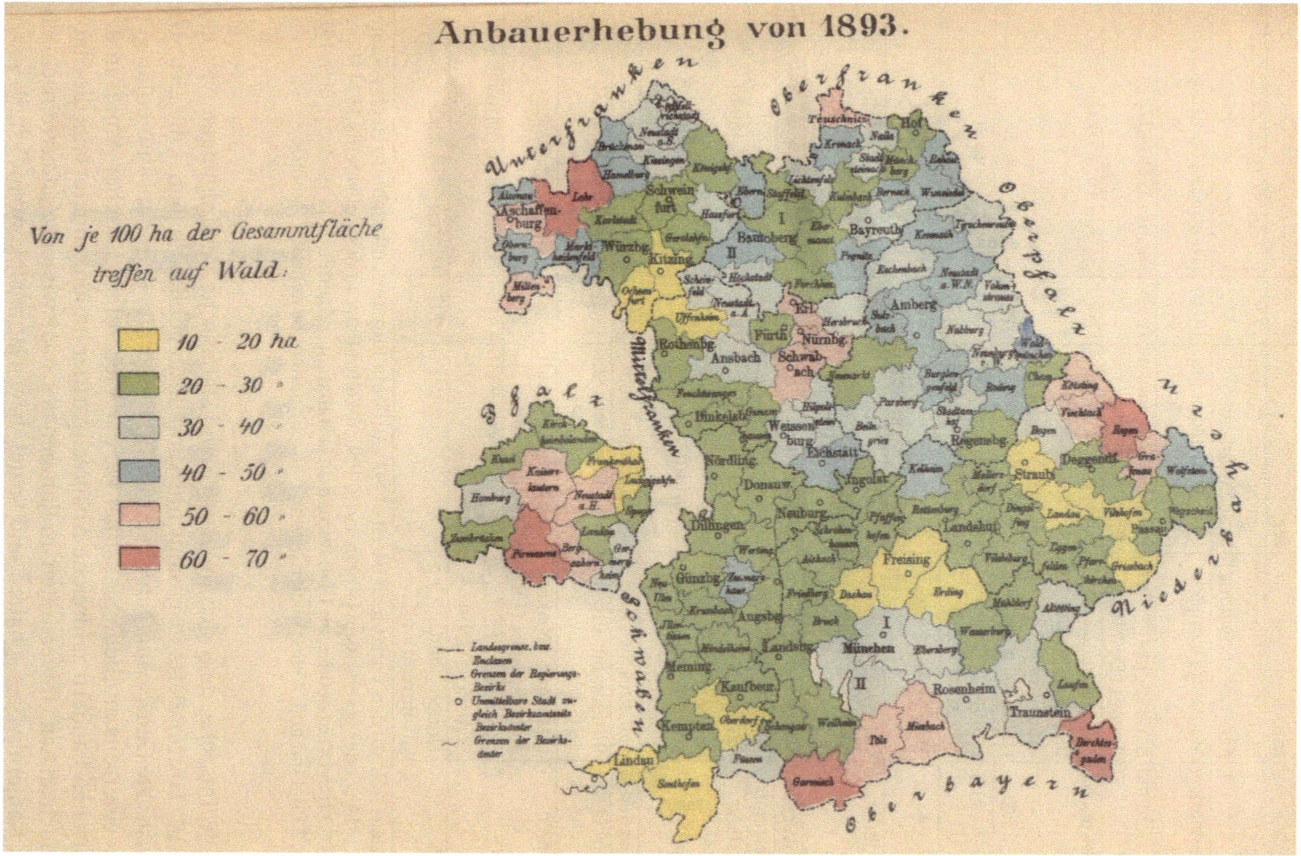

Abb. 12.4: Kartogramm aus dem Anhang zum *Statistischen Jahrbuch für das Königreich Bayern*, erster Jahrgang 1894

Tab. 12.2: Staatliche statistische Institutionen

Land	Gegenwärtiger Name	frühester Vorläufer	seit *	Quelle
Belgien	Statbel (Direction générale statistique)	Commission Centrale de Statistique	1831	[Koren 1918, 127]
Dänemark	Statistics Denmark	Det Statistiske Bureau	1850 [1]	[Danmarks Statistics 2024]
Deutschland	Statistisches Bundesamt (Destatis)	Kaiserliches Statistisches Amt	1872 [2]	[Koren 1918, 337]
Frankreich	Institut national de la statistique et des études économiques (INSEE)	Bureau de statistique	1800 [3]	[Koren 1918, 284]
Italien	Istituto Nazionale di Statistica (ISTAT)	Ufficio di Statistica Generale	1861	[Impicciatore 2012, 45]
Kanada	Statistics Canada	Census and Statistics Office	1905	[Koren 1918, 185]
Niederlande	Centraal Bureau voor de Statistiek (CBS)	nicht bekannt	1848	[Koren 1918, 433]
Norwegen	Statistics Norway	Tabellkontor	1832	[Statistics Norway 1995, 29]
Österreich	Statistik Austria	Statistisches Bureau	1829	[Koren 1918, 87]
Russland	Federalnaya slushchba gosudarstvennoi statistiki (Rosstat)	statistische Abteilung im Polizeiministerium	1810	[Koren 1918, 469 f.]
Schweden	Statistics Sweden	Tabellkommissionen	1756	[Statistics Sweden 2024]
Schweiz	Bundesamt für Statistik	Eidgenössisches Statistisches Bureau	1860	[Kummer 1885, 13]
Spanien	Instituto Nacional de Estadística (INE)	Comisión de Estadística del Reino	1856	[INE 2007]
UK	Office for National Statistics (ONS)	General Register Office [4]	1837	[Koren 1918, 370]
USA	United States Census Bureau	–	1902 [5]	[Koren 1918, 682]

* bezieht sich auf den Vorläufer, [1] bereits 1797 wurde ein Büro für Volkszählungen eingerichtet und 1819 wieder geschlossen [Koren 1918, 199], [2] Centralbureau des Zollvereins 1834 [Koren 1918, 334], [3] 1812 beendet, ab 1840 Bureau de la statistique générale de la France [Koren 1918, 284], [4] England and Wales, noch existent, [5] als permanent bestehende Behörde,

Die Tatsache, dass sich in Deutschland statistische Vereinigungen während des 19. Jahrhunderts insgesamt nur sporadisch gebildet haben – die *Deutsche Statistische Gesellschaft* gab es erst ab 1911 – könnte damit zusammenhängen, dass einerseits amtliche Statistiker bei der Vielzahl statistischer Ämter in den deutschen Ländern zahlreiche Ansprechpartner hatten, andererseits die Statistik auch an den Universitäten im Rahmen der Staatswissenschaften (einschließlich Kameralwissenschaften und Sozial- bzw. Nationalökonomie) stark vertreten war.

Die Verankerung in der Lehre, wie in Deutschland und in der Habsburger Monarchie üblich, entsprach einer Tradition, wie sie besonders der Göttinger Professor Gottfried Achenwall (1719–1772) geprägt hatte. War aber die so betriebene Statistik zunächst eine eher qualitativ ausgerichtete und der Staatsorganisation gewidmete Disziplin, so änderte sich der Schwerpunkt in den ersten Jahrzehnten des 19. Jahrhunderts hin zur zahlenmäßigen Beschreibung praktisch aller den Staat betreffenden Angelegenheiten, besonders aber der gesellschaftlichen inklusive der demographischen und der ökonomischen Aspekte. Die Statistik wurde im akademischen Kontext zu einem Teil der Sozial- bzw. der Nationalökonomie. Oft waren auch die Leiter der statistischen Ämter gleichzeitig Universitätsprofessoren. In anderen Ländern ging dieser Prozess der Akademisierung zögerlicher vonstatten, auch deshalb, weil dort statistische Gesellschaften einen deutlich höheren Stellenwert hatten. Die universitäre Lehre in Großbritannien und in den USA wurde erst ab ca. 1870 deutlich intensiviert. Ausgerechnet in Belgien, wo unter dem Einfluss von Quetelet der Unterricht in Statistik zunächst propagiert worden war, verschwand das akademische Fach nach 1849 sogar wieder für ein halbes Jahrhundert (im Gegensatz zur Wahrscheinlichkeitsrechnung), nachdem Quetelet den Schwerpunkt seiner Tätigkeit auf Astronomie verlegt hatte [Ottaviani 1989].

Eine mathematische Statistik im engeren Sinne entstand erst in den letzten Jahrzehnten des 19. Jahrhunderts. Doch beeinflusste die bis dahin vorherrschende Statistik als Teil der Staatswissenschaften diese Entwicklung erheblich, und zwar sowohl methodisch wie auch konzeptionell. Sowohl amtliche wie auch universitäre Statistiker gingen vom Ideal der Vollerfassung aus. Das bedeutete einerseits, dass wirklich jedes Mitglied der zu untersuchenden Gesamtheit zu erfassen war, andererseits aber auch, dass dabei möglichst viele Merkmale berücksichtigt werden mussten. Der damit verbundene organisatorische Aufwand war gewaltig und verlangte professionelles Vorgehen. 1862 errichtete daher der damalige Direktor des *Preußischen Statistischen Bureaus*, Ernst Engel (1821–1896), ein »Statistisches Seminar« an seiner Behörde, also eine Art Referendariat zur praktischen Ausbildung von Universitätsabsolventen einschlägiger Studiengänge, z. B. im Rechts- oder Kameralwesen [Kretschmer et al. 2005, 19].

12.2.2 Gesellschaftliche und volkswirtschaftliche Themen

Statistische Auswertungen bezogen sich meistens auf relative Häufigkeiten von kategoriellen Merkmalen (etwa der Augenfarbe) oder auf arithmetische Mittel numerischer Daten (etwa der Körperlängen) aus einer bestimmten Population. Quetelet folgend wurden, falls die entsprechenden Daten einer empirischen Normalverteilung gehorchten oder bei relativen Häufigkeiten zeitliche Konstanz bemerkbar war, Mittelwerte als für die gesamte Population typische Werte aufgefasst, in gleicher Weise wie physikalische Werte, die einer bestimmten Gesetzmäßigkeit gehorchen. Abweichungen vom Mittelwert waren dann konzeptionell mit Messfehlern gleichzusetzen. Der britische Geschichtstheoretiker Henry Thomas Buckle (1821–1862) hat in seinem zweibändigen Werk *History of Civilization in England* von 1857/1861 davon ausgehend die Vorstellung einer Gesellschaft entwickelt, in der das Individuum sich frei, die große Masse sich aber strikt gesetzmäßig verhält. Diese scheinbar in sich widersprüchliche Annahme wurde alsbald sehr kontrovers diskutiert. Besonders deutsche Statistiker, namentlich der schon erwähnte Ernst Engel, taten sich in ihrer Kritik hervor, da sie eine Verneinung der Willensfreiheit hinter der Vorstellung statistischer Gesetzmäßigkeiten sahen. In der neueren Geschichtsschreibung wurde diese Kritik mit einer im deutschsprachigen Raum vorherrschenden idealistischen Auffassung der Gesellschaft begründet, nach der diese sich durch ständiges Zusammenwirken der Individuen mit dem Ganzen weiterentwickelt [Porter 1986, Kap. 6]. In der Konsequenz bevorzugten deutsche Statistiker solche Untersuchungen, in denen die Heterogenität betont und die verschiedensten Einflussfaktoren betrachtet wurden. Politische Zielsetzung waren soziale Maßnahmen, die aufgrund der wissenschaftlichen Untersuchungen, sozusagen statistisch, nahegelegt wurden, was den Fachvertretern den Ruf von »Kathetersozialisten« einbrachte.

Soziale Aspekte und insbesondere solche der Hygiene und Gesundheitsversorgung standen auch im Vordergrund des Werks des englischen Statistikers William Farr (1807–1883), der nach medizinischer Ausbildung zwischen 1840 und 1880 die wesentliche Rolle für die statistischen Erfassungen und Auswertungen im *General Register Office*, der 1836 eingerichteten Behörde für England und Wales spielte. In den 1850er und 1860er Jahren trugen seine Aktivitäten erheblich zur Eindämmung der Cholera in England bei [Dupaquier 2001]. In ähnlichem Kontext wurden übrigens statistische Betrachtungen in den 1860er Jahren auch in München bezüglich der Ausbreitung des Typhus angestellt, insbesondere von Philipp Ludwig Seidel (1821–1896), der hierzu sogar einen Vorzeichentest bezüglich des Zusammenhangs zwischen Grundwasserstand und Typhussterblichkeit anstellte [1865], ein eher seltenes Beispiel schließender Statistik für die Zeit. Im Gegensatz zu Farr, der die zutreffenden Zusammenhänge zur Trinkwasserversorgung herstellte, ging aber der für München maßgebliche Hygieniker Max Pettenkofer (1818–1901) von der falschen Modellannahme aus, dass Typhus und auch Cholera durch Ausdünstungen aus dem durch Abwässer verseuchten Boden verursacht würden. Höherer Grundwasserstand sollte die Selbstreinigungskraft des Bodens begünstigen und somit die Krankheitsgefahr reduzieren. Als Abhilfe schlug Pettenkofer die Kanalisation der Abwässer vor, eine selbstverständlich wirkungsvolle, aber auf einer falschen Theorie basierende Maßnahme [Weiling 1975].

Farr arbeitete eng mit Florence Nightingale (1820–1910) zusammen, die nach ihren Erfahrungen im Krim-Krieg eine auf gewaltiges statistisches Material gestützte öffentliche und sehr erfolgreiche Kampagne zur Verbesserung der gesundheitlichen Versorgung von Soldaten initiierte, die später durch weitere Aktivitäten das gesamte Gesundheitswesen umfasste. Der Krimkrieg zwischen dem osmanischen Reich, den Briten, den Franzosen sowie ab Anfang 1855 auch dem Königreich Sardinien einerseits und Russland andererseits wurde durch einen Truppenaufmarsch der Briten und Franzosen in Bulgarien, ca. Juni bis September 1854 vorbereitet. Die eigentlichen Kampfhandlungen erstreckten sich von Mitte September 1854 bis Ende März 1856, wobei nach der Einnahme von Sewastopol durch die Alliierten im September 1855 die Kampfhandlungen insgesamt abflauten. Nightingale [1858] stellte umfangreiches Material zusammen, das wesentlich auch auf ihrer eigenen organisatorischen Tätigkeit im größten britischen Lazarett in Scutari beruhte (vgl. Abb. 12.6).

Ein typisches Beispiel für die im deutschsprachigen Bereich verbreitete Verbindung zwischen wirtschaftlichen und sozialen Gesichtspunkten ist die Schrift *Der Einfluß der Wohnung auf die Sittlichkeit* (1869) von Étienne Laspeyres (1834–1913), einem Nationalökonomen hugenottischer Abstammung, der damals an der deutschsprachigen Universität in Dorpat lehrte. In vielen Kreuztabellen (Abb. 12.5) werden die relativen Häufigkeiten verschiedener Kategorien der Wohnungsqualität und des »Betragens«, getrennt nach Männern und Frauen, gegenübergestellt, wobei die Daten aus verschiedenen Pariser Arrondissements stammen. Da diese Daten großenteils auf persönlicher Bewertung von Vermietern und Arbeitgebern beruhen, müssen die behandelten Fragestellungen in kritischer Weise diesen Umstand berücksichtigen. Die statistischen Resulate sind Beziehungen in dem Sinne, dass, je mehr gute Wohnungen zur Verfügung stünden auch umso mehr Personen ein gutes Betragen hätten, wobei nach Wohnungsart (möbliert-nicht möbliert), Familienstand (verheiratet-nicht verheiratet), nach Beruf und anderen Merkmalen, wie z. B. der Bevölkerungsdichte in den einzelnen Vierteln von Paris, differenziert wird. Typisch für diese Art der statistischen Untersuchung ist, dass die aufgestellten je-desto-Beziehungen schließlich im Sinne von »Gründen« interpretiert werden.

Laspeyres' Abhandlung geht – auch das ist typisch – nur von direkten Zahlenvergleichen aus, benutzt also keine Wahrscheinlichkeitsrechnung. Allerdings trägt sein §11 den Titel »Die gewonnenen Resultate kein Spiel des Zufalls«. Zur Begründung stellt Laspeyres zunächst fest, dass sowohl bei Männern wie Frauen die jeweils schlechtere Wohnungsart von insgesamt drei Kategorien zu einer jeweils schlechteren Betragensform von dreien führt. Ein solches »Spiel des Zufalls« könne sich kaum »6mal wiederholen«. Er stellt aber auch »Proben« an, indem er etwa die untersuchten Männer wie auch Frauen in drei ungefähr gleichstarke Gruppen nach vorher ausgelosten Berufstätigkeiten einteilt und für jede Gruppe den Anteil der schlechtesten Wohnkategorie und den Anteil »zweifelhaften und schlechten Betragens« ausrechnet. In jeder der Zufallsgruppen entsprechen die Anteile der schlechtesten Wohnqualität ungefähr gleichen Anteilen im schlechten Betragen. An diesem Beispiel sieht man, wie auch von den vorrangig deskriptiv orientierten Statistikern der Zeit prinzipiell stochastische Betrachtungen angestellt werden konnten, die ihrerseits den Boden für die Entwicklung der mathematischen Statistik bereiteten.

Laspeyres ist heute besonders durch den »Preisindex« bekannt, den er in einem zunächst nicht besonders beachteten Papier [1871] vorstellte, wohl ohne

Stadttheile.	pCt. gut Logis.	Betragen.			
		Männer:		Frauen.	
		gutes Betragen. pCt.	sehr schlechtes Betragen. pCt.	gutes Betragen. pCt.	sehr schlechtes Betragen. pCt.
Die 6 Arrondissements mit den wenigsten guten Logis	35	46	10	20,4	19
Die 6 Arrondissements mit den meisten guten Logis	44,5	50	2,5	21,7	14
Alle 12 Arrondissements	39	48	6,4	21	16,6
Die obigen Zahlen im Verhältniß zu ganz Paris = 100.	89	96	156	97	114
	114	104	39	103	86
	100	100	100	100	100

Abb. 12.5: Kreuztabelle aus [Laspeyres 1869, 10]

Kenntnis der entsprechenden Kenngröße, die von Joseph Lowe (gest. 1831) in einer Schrift von 1822 *The Present State of England* entwickelt worden war. Derartige Preisindizes beruhen auf Quotienten $I := \sum p_i q_i / \sum p_i' q_i$, wobei die i über alle relevanten Waren aus einem festgelegten Sortiment laufen, die mit den aktuellen Preisen p_i bzw. früheren Preisen p_i' für die jeweilig betrachtete Warenmenge q_i eingehen. Man kann die Warenmengen etwa auf den jährlichen Bedarf einer »Durchschnittsfamilie« beziehen, aber auch auf die gesamte Warenproduktion oder den Warenumsatz größerer Gemeinschaften. Problematisch ist neben der Datenauswahl und Datengewinnung auch, zu welcher Zeit die Warenmengen q_i bestimmt werden. Bei Lowe ist dies alles nicht ganz klar, Laspeyres vertritt dezidiert die Meinung, dass die q_i im Ausgangszeitraum gemessen werden sollen und die p_i mit Hilfe des Durchschnittspreises pro Mengeneinheit für die entsprechende Ware zu bestimmen seien. In seiner Beispielsrechnung im 1871er Artikel bezieht er sich auf 82 nach Hamburg eingeführte Warenarten in den beiden Vergleichszeiträumen 1851–1855 und 1856–1860. Idealerweise will er aber seinen Preisindex auf gesamte Volkswirtschaften mit entsprechender Vollerhebung der Daten angewendet sehen. Laspeyres' Index war einer von mehreren, die zu der Zeit diskutiert wurden. Heute besonders prominent ist noch der von Hermann Paasche (1851–1925), den dieser 1874 erörterte. Hier sind in der Formel für den Quotienten I die Warenmengen q_i nicht zur früheren, sondern zur späteren Zeit anzusetzen und die p_i' auf die q_i rückzurechnen (für Einzelheiten s. [Rinne 1981]).

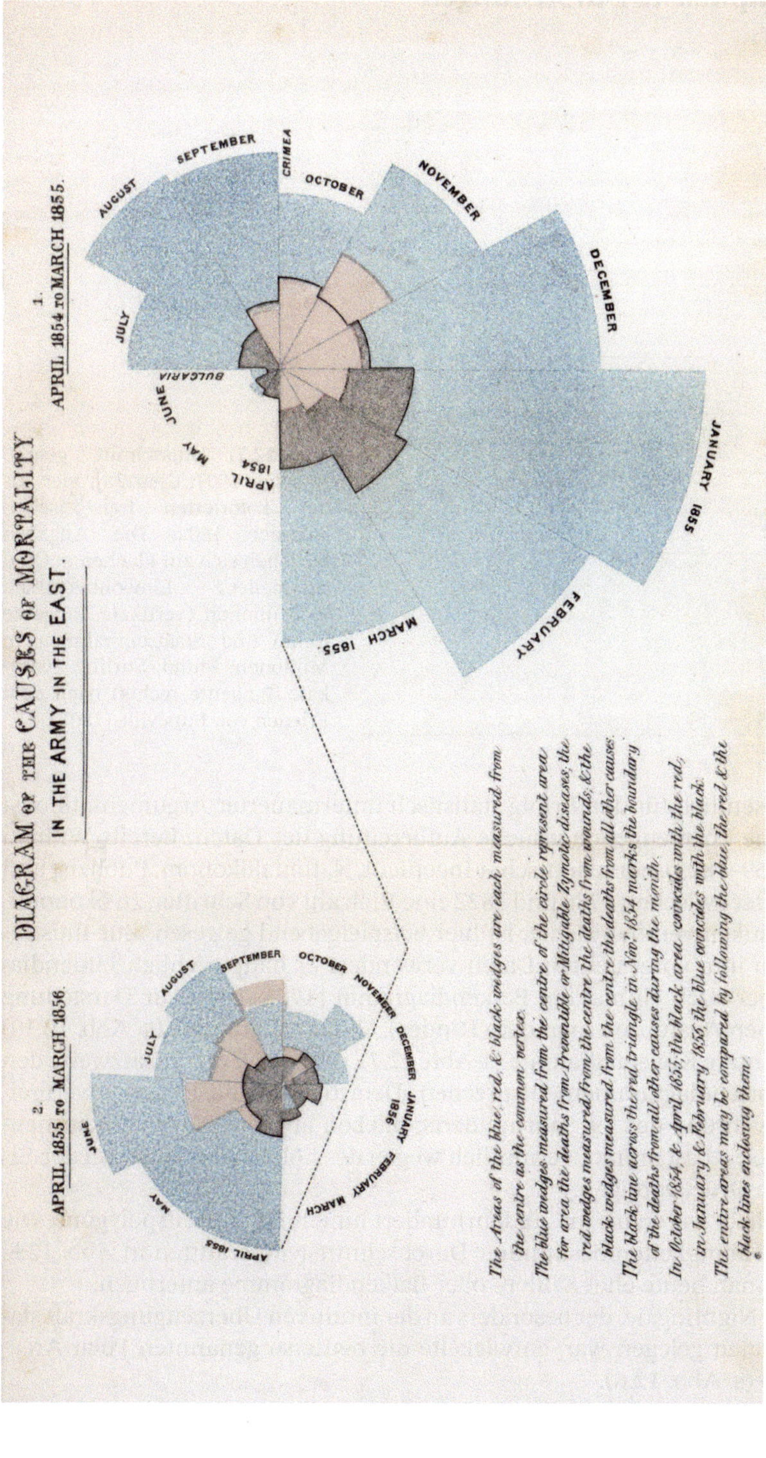

Abb. 12.6: Graphische Darstellung [Nightingale 1858, 315] der verschiedenen Todesursachen in britischen Militärkrankenhäusern. Die jeweils vom Zentrum aus gerechneten und sich überlappenden Sektorflächen sind zu den Häufigkeiten proportional; im Januar 1855 betrifft das ca. 3200 Todefälle.

12.2.3 Graphische Darstellungen

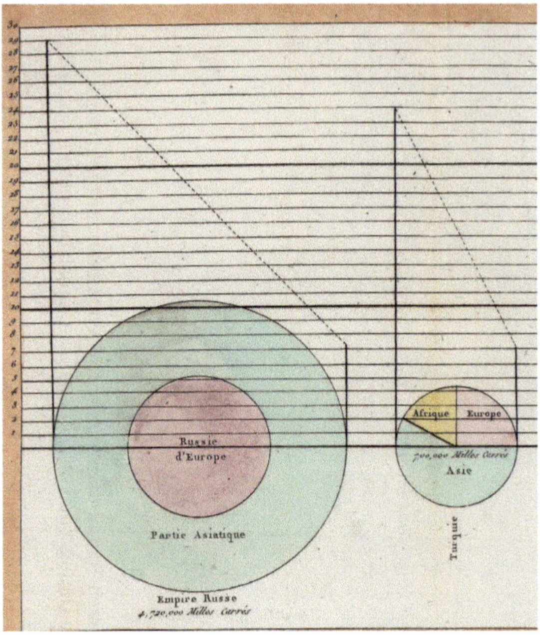

Abb. 12.7: Ausschnitt gemäß [Playfair 1801, Chart2d], hier aus der kolorierten französischen Ausgabe 1802. Die Angaben beziehen sich auf Flächen in Quadratmeilen, Einwohnerzahlen in Millionen (vertikale Tangente links) und Staatseinnahmen in Millionen Pfund Stirling (vertikale Tangente rechts) nach dem Frieden von Lunéville (1801).

Ganz wesentlich für den Erfolg statistisch untermauerter Argumentation ist und war eine überzeugende visuelle Aufbereitung der Daten. Bereits William Playfair (1759–1823), ein schottischer Ingenieur, Nationalökonom, Publizist und Spekulant, der zwischen 1786 und 1822 eine Vielzahl von Schriften zu ökonomischen Statistiken veröffentlichte, ist hier beispielgebend gewesen. Zur Illustration der von ihm vorgestellten Daten verwendete er hauptsächlich Liniendiagramme, aber auch einmal ein Balkendiagramm [1785, 100] (zur Darstellung der englischen Ausfuhren in andere Länder), Säulendiagramme (s. Abb. 12.10) und rudimentäre Kreisdiagramme (s. Abb. 12.7), die jedoch nur ansatzweise den heutigen Tortendiagrammen entsprechen. Derartige Visualisierungen verbreiteten sich während des 19. Jahrhunderts, blieben aber im Allgemeinen mengenmäßig recht beschränkt, vermutlich wegen des hohen Aufwands bei der Erstellung von Druckvorlagen.

Recht beliebt waren bis ins 20. Jahrhundert hinein Häufigkeitspolygone, wie das für die Häufigkeiten bestimmter Durchschnittstemperaturen in Abb. 12.8; hier würde man heute eher Säulen- oder Balkendiagramme anfertigen.

Florence Nightingale, der besonders an der intuitiven Überzeugungskraft statistischer Daten gelegen war, entwickelte die heute so genannten Polar-Area-Diagramme (s. Abb. 12.6).

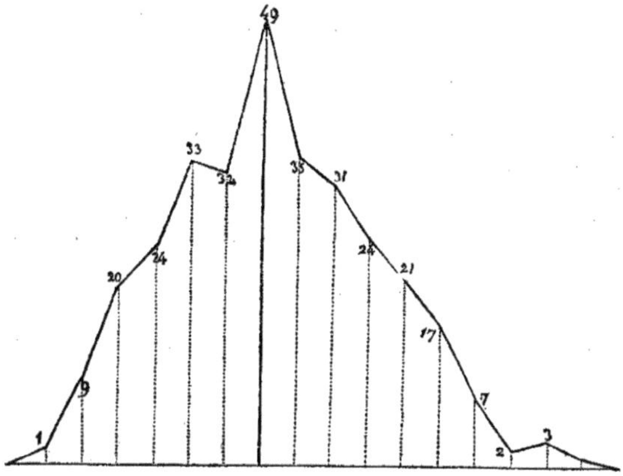

Abb. 12.8: Häufigkeitspolygon aus [Quetelet 1846, 79]: Die horizontale Achse gibt Spannen von 1° C für tägliche Durchschnittstemperaturen an, beginnend mit 11°–12°. An den Ecken des Polygons steht jeweils die Anzahl der Julitage von 1833–1842 in Brüssel mit einer Durchschnittstemperatur im Intervall links davon. 9-mal wurde z. B. eine tägliche Durchschnittstemperatur zwischen 12° und 13° C in den 10 Julimonaten festgestellt.

Der damalige Leiter des statistischen Bureaus in Bayern und Professor an der Universität München Georg Mayr (1841–1925) widmete immerhin 22 Seiten seines statistischen Lehrbuchs [1877] den graphischen Darstellungsmitteln, wobei er besonderen Wert auf die verschiedenen Möglichkeiten zu Flächendiagrammen legte. Bei Mayr finden sich auch die heute so genannten »Spinnennetzdiagramme« (Abb. 12.9).

Zunehmend beliebt wurden auch farbige Karten zur Veranschaulichung von Verteilungen mit geographischen Abhängigkeiten, sogenannte »Kartogramme« (Abb. 12.4).

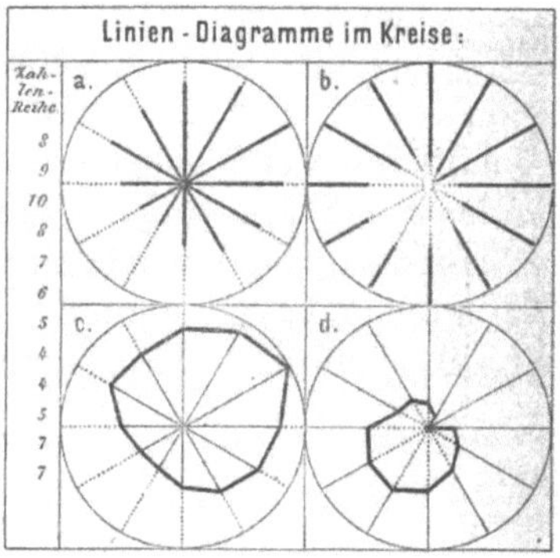

Abb. 12.9: Diagramme aus [Mayr 1877, 78]. Besonders beliebt ist jetzt die Version (c), ein »Spinnennetzdiagramm« oder »Sterndiagramm«, zur Darstellung mehrerer Versuchsreihen. Die Beispielreihe 8, 9, 10, ... beginnt in den Graphiken jeweils an der höchsten Stelle und ist im Uhrzeigersinn angetragen.

Die Leistungen der in Staats-, Sozial- und Gesundheitswissenschaften im 19. Jahrhundert meist mit deskriptiven Methoden arbeitenden Statistikern werden bis jetzt in der spezifisch mathematikhistorischen Literatur nur relativ gering berücksichtigt. Der Einfluss, den diese Beiträge aber zumindest mittelbar auf die Entwicklung der mathematischen Statistik hatten, war erheblich. Nicht nur wurden die Methoden zur Datenerfassung und damit die Voraussetzungen für statistisches Arbeiten überhaupt im Laufe der Zeit erheblich verfeinert. Der kritische Umgang mit Daten und das Problembewusstsein für statistische Fragestellungen bahnte spätere Test- und Schätzverfahren an. Besonders die Frage nach Kennzeichen für Homogenität – das ursprüngliche Queteletsche Paradigma der Normalverteilung wurde verworfen – bildete den Ausgangspunkt für folgende Untersuchungen von Inhomogenität und Variation, wie sie sich beispielsweise in den Arbeiten von Galton und Lexis ausdrückten.

12.3 Stabilität binomialer Serien

Wilhelm Lexis (1837–1914) studierte ursprünglich Mathematik und Mechanik, begann sich dann aber für Anwendungen der Statistik in den Sozialwissenschaften zu interessieren. In dem Artikel »Ueber die Theorie der Stabilität statistischer Reihen« [1879] schlug er zur statistischen Beurteilung von Homogenität in Zeitreihen das Dispersionsmaß Q vor. Eine ähnliche Schätzgröße war ein paar Jahre früher von Émile Dormoy (1829–1891) entwickelt worden.

Bei Vorliegen einer Serie von n Bernoulliketten der jeweiligen Länge m und mit der jeweiligen Trefferwahrscheinlichkeit p_i, $i = 1, \dots, n$ kann p_i durch $\widehat{p}_i = X_i/m$ geschätzt werden, wenn X_i die Anzahl der beobachteten Treffer in der i-ten Kette ist. Die Serie wird als stabil bezeichnet, wenn $p_1 = p_2 = \cdots = p_n = p$. Dann kann $\operatorname{Var}\widehat{p}_i = p(1-p)/m$ durch $r^2 = \widehat{p}(1-\widehat{p})/m$ geschätzt werden, wobei $\widehat{p} = \sum \widehat{p}_i/n = \sum X_i/mn$. Ein weiterer Schätzer für dieselbe Größe ist bei Voraussetzung einer stabilen Serie $R^2 = \sum(\widehat{p}_i - \widehat{p})^2/(n-1)$ (die Stichprobenvarianz), und es gilt dann $\mathrm{E}\,R^2/\,\mathrm{E}\,r^2 \approx 1$ für großes $m \cdot n$.

Lexis definierte $Q > 0$ sinngemäß so, dass

$$Q^2 = \frac{R^2}{r^2} = \frac{m\sum_{i=1}^{n}(\widehat{p}_i - \widehat{p})^2}{(n-1)\widehat{p}(1-\widehat{p})}. \tag{12.1}$$

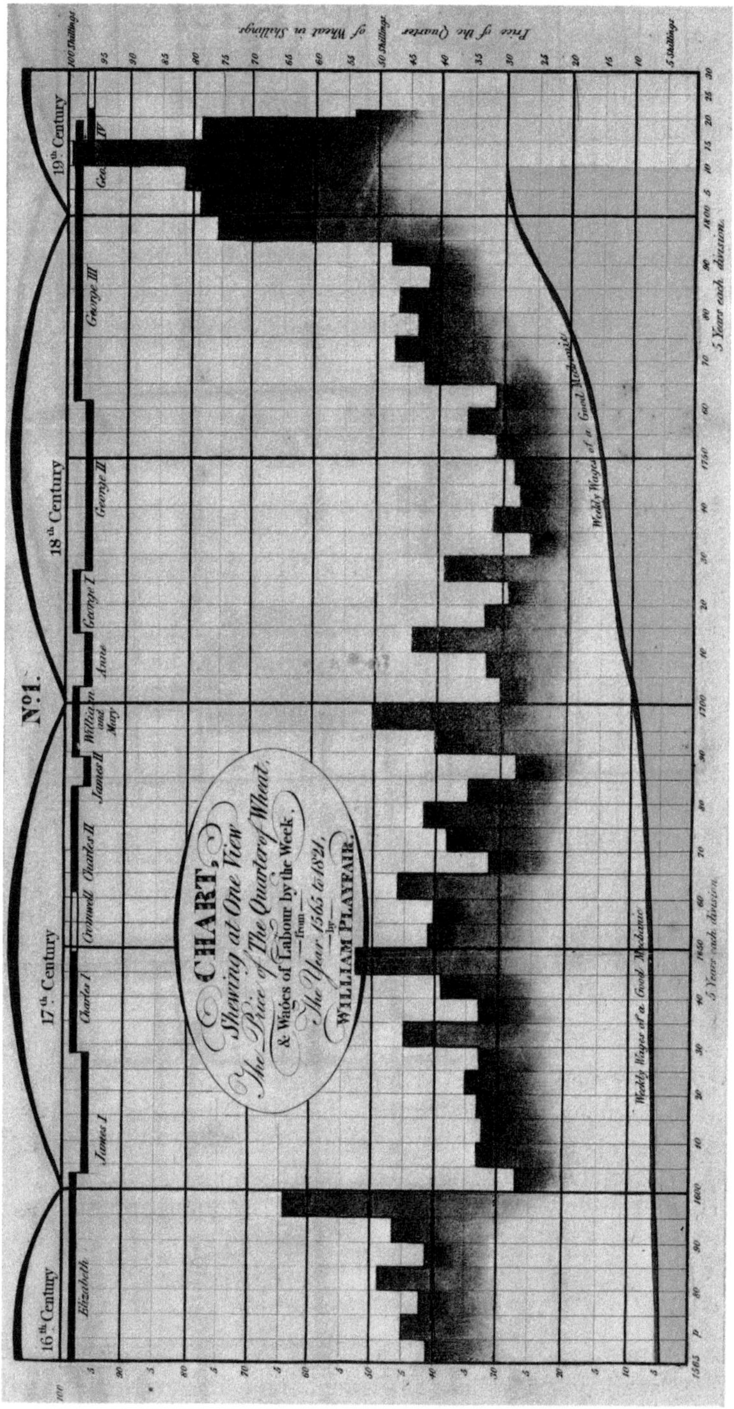

Abb. 12.10: Die vielleicht schönste Graphik von Playfair [1821, 44] mit einer Säulen- und Liniengraphik, die einen Zusammenhang zwischen dem Weizenpreis für ein Quarter (entspricht ca. einem Viertelzentner) und dem Wochenlohn eines Mechanikers herstellt

Er unterschied drei Fälle: $Q = 1$, $Q > 1$ und $Q < 1$ entsprechend einer »normalen«, »hypernormalen« bzw. einer »subnormalen« Dispersion. In einer hypernormalen Serie unterscheiden sich die p_i untereinander. Subnormale Dispersion ist in dem vorgestellten Modell nur dann möglich, wenn die einzelnen Bernoulliketten und somit die Trefferwahrscheinlichkeiten p_i nicht unabhängig voneinander sind. Bei $Q > 1$ zerlegte Lexis die Größe R^2 in die Summe $R^2 = r^2 + s^2$, in eine, wie er sich ausdrückte, »unwesentliche« bzw. eine »physische Schwankungskomponente«. Als Grenze zwischen normalen und hypernormalen Serien verwendete er den Wert $Q^2 = 2$, denn hier gilt $r = s$.

Aus der Form des Terms Q^2 in (12.1) wird ersichtlich, wie die Definition verallgemeinert werden kann, wenn die jeweiligen Längen m_i der einzelnen Bernoulliketten variieren:

$$Q^2 = \frac{\sum_{i=1}^{n} m_i(\widehat{p}_i - \widehat{p})^2}{(n-1)\widehat{p}(1-\widehat{p})}.$$

Für hinreichend großes m hat $(n-1)Q^2$ eine approximative χ^2-Verteilung mit $(n-1)$ Freiheitsgraden, worauf Ronald Aylmer Fisher (1890–1962) hinwies [1924]. Tatsächlich ist – natürlich erst im nachhinein betrachtet – der Term $(n-1)Q^2$ gleich der Testgröße bei einem χ^2-Homogenitätstest. Lexis arbeitete allerdings mit seinem Dispersionskoeffizienten nicht im Sinne von Signifikanztests, sondern im Sinne einer Kenngröße der deskriptiven Statistik.

Beispiel 12.3 Lexis [1903] vermutete, dass die monatlichen Geburtsraten über den Zweijahresraum 1868–1869 innerhalb jedes der 35 preußischen Distrikte stabil gewesen seien [1903, Kap.VII]. Wir beschränken uns im Folgenden auf Königsberg, wo die durchschnittliche monatliche Geburtenzahl bei $m = 3426$ lag und die Geburtswahrscheinlichkeit für Knaben durch $\widehat{p} = 0.515$ geschätzt werden konnte.

Seine Berechnungen bezog Lexis auf die »Anzahl« von Knaben z_i, die im Monat i hochgerechnet auf 1000 Mädchen geboren wurden, also

$$z_i = 1000\,(\#\mathrm{Kn}/\#\mathrm{Md}) = 1000\,\widehat{p}_i/(1-\widehat{p}_i).$$

Strenggenommen besitzt z_i keine Varianz, da diese Größe unendlich wird, wenn überhaupt keine Mädchen geboren werden und gleichzeitig die Wahrscheinlichkeit für dieses Ereignis nicht identisch Null ist. Bei großem m kann aber angenommen werden, dass $\widehat{p}_i$ mit hoher Genauigkeit mit Erwartungswert p und Varianz $p(1-p)/m$ normalverteilt ist. Bei nicht zu großer oder zu kleiner Trefferwahrscheinlichkeit p ergibt sich ferner, dass $\widehat{p}/(1-\widehat{p})$ ebenfalls approximativ einer Normalverteilung mit Erwartungswert $p/(1-p)$ und Varianz

$$\frac{p(1-p)}{m(1-p)^4}$$

folgt. Im Falle einer stabilen Serie schätzte Lexis daher die Varianz der z_i durch die Näherungsformel

$$\widetilde{r}^2 = \left[\frac{1000}{(1-\widehat{p})^2}\right]^2 \frac{\widehat{p}(1-\widehat{p})}{m}.$$

Im Distrikt Königsberg ergab sich $\widetilde{r} = 36.299$.

Eine dem obigen R entsprechende Größe wurde jetzt bestimmt über

$$\widetilde{R}^2 = \frac{\sum d_i^2}{n-1}, \quad i = 1, 2, \ldots, 24$$

wobei $d_i = z_i - \overline{z}$. In Königsberg war $z_1 = 1067$, $\overline{z} = 1051$ und $d_1 = 16$. Die Summation über die 24 Monate ergab $\sum d_i^2 = 26578$, also $\widetilde{R} = 33.994$.

Es würde $Q = \widetilde{R}/\widetilde{r} = 0.936$ folgen, also strenggenommen eine subnormale Dispersion. Lexis berechnete im vorliegenden Fall allerdings gar nicht Q, sondern ging von der oben erwähnten Normalverteilung für die z_i proportional zu $\exp(-h^2z^2)$ aus. Über die Größe $\widetilde{r}$ ergab sich das Präzisionsmaß $h = 1/(\widetilde{r}\sqrt{2}) = 0.0195$, und über $\widetilde{R}$ folgte $h = 1/(\widetilde{R}\sqrt{2}) = 0.0208$. Diese beiden Werte stimmten ziemlich gut überein, insbesondere, da man bei $\widetilde{R}$ eine stärkere statistische Streuung als bei $\widetilde{r}$ unterstellen konnte. Also nahm Lexis eine normale Dispersion an. In ähnlicher Weise fand er bis auf einen Distrikt (Marienwerder) stets eine zufriedenstellende Nähe der beiden Präzisionsmaße. ■

Die Untersuchungen zum Dispersionskoeffizienten wurden von Lexis' Schüler Ladislaus von Bortkiewicz (1868–1931) fortgesetzt, besonders in seiner Arbeit *Das Gesetz der kleinen Zahlen* [1898] (vgl. Kap. 10.1.2). Weitere Beiträge folgten durch Andrei Markov (1856–1922) und Aleksandr Chuprov (1874–1926) zwischen 1913 und 1922 [Heyde und Seneta 1977]. Letztlich war das zugrundeliegende binomiale Schema zu speziell, und bei kleinen Trefferwahrscheinlichkeiten ergaben sich unzutreffende Ergebnisse. In gewisser Weise motivierte aber Lexis' Idee die später entwickelten Methoden der Varianzanalyse, und sie ist immer noch, verallgemeinert auf multinomiale Schemata, beim χ^2-Homogenitätstest über die Gleichheit der Verteilungen von untereinander unabhängigen Stichproben aus kategoriellen Daten präsent.

12.4 Experimentelle Psychologie: die Messung von Empfindungen

Astronomische Messfehler wurden zunächst hauptsächlich auf Ungenauigkeiten der Messinstrumente zurückgeführt. So war es gegen Ende des 18. Jahrhunderts eine Überraschung, als man wahrnahm, dass zwei gleich sorgfältig arbeitende Personen beständig und deutlich unterschiedliche Messergebnisse erreichten, auch wenn sie dasselbe Phänomen unter denselben Bedingungen beobachteten. Solche systematischen Fehler entstehen durch die beobachtende Person selbst. Manche resultieren aus Schwächen im Seh- oder Hörsinn. Andere sind teils psychisch, teils mental bedingt, insbesondere bei der Beurteilung von Raum und Zeit. Wieder andere haben rein psychische Ursachen, wie etwa bei Erwartung oder Ablehnung bestimmter Ergebnisse.

Bei der laufenden Automatisierung der Instrumente konnten in der Astronomie »persönliche« Fehler zunehmend vernachlässigt werden. Die Psychologie übernahm nun die Untersuchung der menschlichen Verarbeitung von Sinneseindrücken. In dem weiter unten beschriebenen Experiment spielte die Normalverteilung eine wichtige Rolle.

Die experimentelle quantitative Psychologie beginnt mit Gustav Fechner (1801–1887). Er nannte diese neue Wissenschaft »Psychophysik« und schrieb darüber:

> Unter Psychophysik soll hier eine exacte Lehre von den funktionellen oder Abhängigkeitsbeziehungen zwischen Körper und Seele, allgemeiner zwischen körperlicher und geistiger, physischer und psychischer, Welt verstanden werden [Fechner 1860, 8].

Fechner hatte zuerst Medizin studiert, war aber bereits nach dem Bakkalaureat zur Physik gewechselt. Aufgrund seiner Leistungen in der Elektrizitätslehre erhielt er einen Lehrstuhl für Physik an der Universität Leipzig.

Schon vor 1846 begann sich Fechner für das Körper-Geist-Problem zu interessieren. Seine Theorie des dualen Aspekts besagte, dass der Geist nur ein Attribut der Materie sei. Körper und Geist seien einfach zwei Aspekte des gleichen Objekts, nur aus verschiedenen Blickrichtungen betrachtet.

Sein statistisches Werk umfasst insbesondere die drei Publikationen:

- *Elemente der Psychophysik*, 1860, in zwei Bänden. Dies ist ein Handbuch über experimentelles Design; hervorzuheben sind die Experimente mit Gewichten
- *Vorschule der Aesthetik*, 1876, in zwei Teilen. Ziel war die Bestimmung von Größe und Gestalt, wenn diese als »schön« empfunden werden
- *Kollektivmasslehre*, 1897, posthum. Dieses Buch wurde von Gottlob Lipps (1865–1931) nach einem unvollständigen Manuskript herausgegeben. Hier behandelte Fechner statistische Probleme der Humanwissenschaften im Zusammenhang mit der Fehlertheorie von Gauß und Bessel. Er erweiterte das Gaußsche Fehlergesetz, indem er asymmetrische Verteilungen durch Zusammenfügen zweier Hälften von Normalverteilungen erzeugte.

Um das Wechselspiel zwischen Körper und Geist näher untersuchen zu können, maß Fechner Empfindungen in Experimenten. In Folge eines Reizes kann man sowohl eine körperliche wie auch eine rational reflektierte Reaktion erwarten. Bei einem vorgegebenen Reiz werden diese Wahrnehmungen in ihrer Intensität individuell variieren. Fechners Beitrag folgte früheren Untersuchungen von Ernst Heinrich Weber (1795–1878), der vor allem die heute so bezeichnete »differentielle Wahrnehmbarkeitsschwelle« (abgekürzt »d. W.« im Folgenden) zwischen zwei Reizen beschrieb [1846]. Dies ist der Betrag der Veränderung, etwa bei Tönen bezüglich der Frequenz oder der Lautstärke, die gerade noch von einer Versuchsperson wahrgenommen wird. Weber kam zum Schluss, dass die relative d. W. bezüglich des Reizes näherungsweise eine Konstante ist, solange der Reiz nicht zu stark oder zu schwach ausfällt (entsprechende Passagen aus Webers Texten sind in [Fechner 1860, Bd. 1, S. 136–139] wiedergegeben). Wenn also etwa eine Person gerade noch zwischen der Differenz von 10 Gramm zu 11 Gramm unterscheiden kann, so gilt das auch für die Gewichte 20 und 22 oder 30 und 33 Gramm. Hier ist die Konstante gleich 0.1.

Fechner entwickelte das heute so genannte »Weber-Fechner-Gesetz« aus der d. W. durch zwei Verallgemeinerungen. In einem ersten Schritt [1860, Bd. 1, S. 134 f.] erweiterte er die d. W. auf allgemeine Empfindungsunterschiede. Wenn das Verhältnis $\Delta R/R$ aus (einem kleinen) Reizunterschied und dem Reiz »sich gleich« bliebe, so müsse die damit verbundene Empfindung des Reizunterschieds ebenfalls »sich gleich« bleiben. Fechner nannte diese Aussage »Weber'sches Gesetz«. In einem zweiten Schritt führte er [1860, Bd. 2, S. 10] die »Fundamentalformel« ein. Sie besagt für den bei einem kleinen und von ihm als differentiell aufgefassten »Reizzuwuchs« $\mathrm{d}R$ wahrgenommenen »Zuwuchs der Empfindung« $\mathrm{d}E$, dass $\mathrm{d}E = k\mathrm{d}R/R$, wobei k eine Konstante ist. Fechner machte nun seinen Lesern klar, dass die Fundamentalformel im Einklang mit der (durch Integration erzielten) »Massformel« (S. 12) stünde, wonach die mit dem Reiz R verbundene Empfindung E dem Gesetz

$$E = k \log(R/R_0)$$

folgen müsse, wenn R_0 die Reizschwelle darstellt. Diese Beziehung wird heute meist als »Weber-Fechner-Gesetz« bezeichnet.

Die Bedeutung von Fechners Werk für die Statistik liegt vor allem in seinen Versuchsanordnungen zur Messung von Empfindungen. Seine Methode der »richtigen und falschen Fälle« ist hierfür ein wichtiges Beispiel [Fechner 1860, Bd. 1, S. 93–120].

Einer Versuchsperson werden jeweils zwei gleich aussehende Behälter mit Gewichten übergeben, einer wiegt P Gramm, der andere $P+D$ Gramm, wobei D viel kleiner als P ist. Die Person hat zu entscheiden, welcher Behälter der schwerere ist, nachdem er sie beide nacheinander in vorgegebener Reihenfolge hochgehoben hat. Es wird mit verschiedenen Gewichtspaaren bei konstantem Gewichtsverhältnis getestet. Durch die Kombination der Ergebnisse von mehreren unterschiedlich gestalteten Versuchen pro Gewichtspaar versucht man die Fehler aufgrund der Einflüsse der Versuchsumgebung und der persönlichen Disposition der Versuchsperson auszumitteln.

Der Reiz ist hier P, und der Reizunterschied die Gewichtsdifferenz D, welche wiederum als ein Gewicht X wahrgenommen wird. Sei h die unbekannte »Unterschiedsempfindlichkeit« der Versuchsperson. Ein großer Wert von h entspricht der Fähigkeit, beinahe gleiche Gewichte auseinanderhalten zu können, während ein kleiner Wert anzeigt, dass nur grobe Gewichtsunterschiede bemerkt werden. Fechner nahm an, dass (in moderner Darstellung) X normalverteilt sei mit Erwartungswert D und Standardabweichung $1/(h\sqrt{2})$, wobei h

bei festem P als von D unabhängig angenommen wurde. Eine korrekte Antwort entspricht bei verschieden schweren Gegenständen einem $X > 0$. Ihre Wahrscheinlichkeit ist $\mathrm{P}(X > 0) = \Phi(h\sqrt{2}D)$, wobei Φ die Verteilungsfunktion der Standardnormalverteilung ist. Bei kleinem h ist die Wahrscheinlichkeit nahe $1/2$, also nicht weit entfernt vom bloßen Raten. Falls h groß ist, geht die Wahrscheinlichkeit gegen 1.

Bei der Aufzeichnung der Schätzungen zählte Fechner die Fälle, in denen die Versuchsperson unentschieden war, jeweils zur Hälfte bei den richtigen bzw. falschen Antworten. In solchen Situationen, in denen die Gewichte gleich waren, aber als verschieden empfunden werden konnten, war zu erwarten, dass jeweils in der Hälfte der Fälle der eine oder der andere Behälter als schwerer angesehen wurde. Je größer D, desto größer sollte der Anteil der richtigen Antworten ausfallen.

Wenn nun r korrekte Schätzungen bei n Versuchen erfolgt sind, müsste aufgrund des gewählten Modells gelten:

$$r/n \approx \Phi(h\sqrt{2}D) \text{ bzw. } hD \approx \Phi^{-1}(r/n)/\sqrt{2}.$$

Fechner betrachtete r/n als ein Maß für den mit D als Bruchteil von P verbundenen Empfindungsunterschied. Wenn D/P konstant gehalten wird, sollten aufgrund des »Weber'schen Gesetzes« bei jeder Versuchsperson die Werte r/n bzw. hD einer individuellen Konstanten entsprechen. Im Gegensatz zum Nachweis eines von D unabhängigen h bei konstantem P gelang Fechner die experimentelle Überprüfung des Verhaltens von hD nur sehr bedingt (Bd. 1, S. 305–323). Er führte die Abweichungen zur Theorie vor allem darauf zurück, dass er bei P eigentlich auch das Armgewicht hätte mit berücksichtigen müssen.

Fechners Ideen über das Körper-Geist-Problem, aber auch seine Analogien zu physikalisch-astronomischen Messungen samt Gaußschem Fehlergesetz legten nahe, dass Psychologie das Potential zu einer echten Wissenschaft hatte. Unter denjenigen, die von ihm beeinflusst wurden, war Francis Galton, von dem im nächsten Abschnitt noch genauer berichtet werden wird. Galton hatte die *Elemente der Psychophysik* studiert und wurde so zu eigenen Experimenten zum Empfindungsvermögen angeregt. Um etwa die Fähigkeit zu untersuchen, zwischen Gewichten unterscheiden zu können, stellte er eine Abfolge von Gewichten her, die gleich aussahen, aber in geometrischer Progression zunahmen. Gemäß dem Weber-Fechner-Gesetz war ein lineares Verhalten der Empfindungen zu erwarten [Galton 1883, 34].

Die Normalverteilung war wegen ihrer Symmetrie aus Sicht von Fechner für Anwendungen nicht allgemein genug. Daher stellte er in seiner *Kollektivmasslehre* eine asymmetrische Verteilung vor, indem er linke bzw. rechte Seiten von Dichtekurven umnormierter Normalverteilungen an ihrem gemeinsamen Modal- bzw. Erwartungswert zusammenfügte [1897]. Die zwei beteiligten Normalverteilungen haben zwar einen gemeinsamen Erwartungswert, aber unterschiedliche Standardabweichungen σ_1 bzw. σ_2. Jede der beiden wird noch umnormiert, indem ihre Dichtefunktion mit $\frac{2\sigma_1}{\sigma_1+\sigma_2}$ bzw. $\frac{2\sigma_2}{\sigma_1+\sigma_2}$ multipliziert wird.

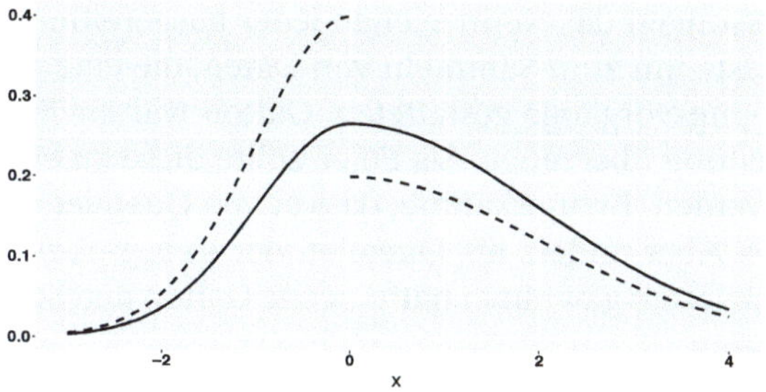

Abb. 12.11: Fechners binormale Verteilung: Die gestrichelten Kurven entsprechen den Dichten mit Varianz 1 für $x \leqslant 0$ bzw. Varianz 4 für $x \geqslant 0$ und dem gemeinsamen Erwartungswert 0. Die durchgezogene Kurve zwischen ihnen ist die zugehörige Binormalkurve.

Damit wird sichergestellt, dass die Gesamtkurve keinen Sprung macht und die Fläche unter ihr gleich 1 ist (s. Abb. 12.11).

Edgeworth, von dem noch die Rede sein wird, schlug diese Art von Verteilungskurven gegen Ende des 19. Jahrhunderts ebenfalls vor [1899]. Bezüglich unsymmetrischer Verteilungskurven, die er auch mit Hilfe von Reihenentwicklungen untersuchte, stand er im Wettbewerb zu Karl Pearson, der wiederum ein eigenes System von Verteilungskurven entwickelte.

12.5 Francis Galton

Abb. 12.12: Francis Galton

Francis Galton (1822–1911, Abb. 12.12) beeinflusste insbesondere mit seinen Untersuchungen zur Vererbung die weitere Entwicklung der Statistik erheblich. Nachdem er eine Ausbildung in Medizin begonnen aber nicht abgeschlossen hatte, wechselte er zu einem Studium der Mathematik am Trinity College in Cambridge. Aufgrund schlechter Gesundheit brach er auch dieses ab. Da er ein beträchtliches Vermögen hatte, unternahm er viele Reisen, über die er ausführlich publizierte. 1856 wurde Galton zum Fellow der *Royal Society* von London gewählt.

Galtons erste statistische Versuche wurden im *Hereditary Genius* [1869] beschrieben. Hier behauptete er, dass Begabung familiär bedingt sei. Es folgten *English Men of Science, their Nature and Nurture* [1874], *Inquiries into Human Faculty and its Development* [1883] und das bedeutende Werk *Natural Inheritance* [1889]. Karl Pearson hat eine ausführliche Biographie Galtons verfasst [1930].

In der Statistik interessieren besonders seine Untersuchungen zu Vererbungsprozessen physischer Eigenschaften beim Menschen. Galton glaubte, dass quantitative Messungen das Kennzeichen jeder ausgereiften Wissenschaft seien. Dies veranlasste ihn zum Sammeln von Daten, die eine genauere Beschreibung der Vererbungsvorgänge gestatteten. Galton war auch von der Ubiquität der Normalverteilung überzeugt. Als Folge sollte diese zu einer Grundlage für seine Arbeiten werden. Er anerkannte, dass er von Quetelets Werk in vielfacher Weise profitierte. Aber anders als Quetelet, der sich großenteils der Untersuchung von Mittelwerten gewidmet hatte, setzte Galton den Schwerpunkt auf die Variation von Daten.

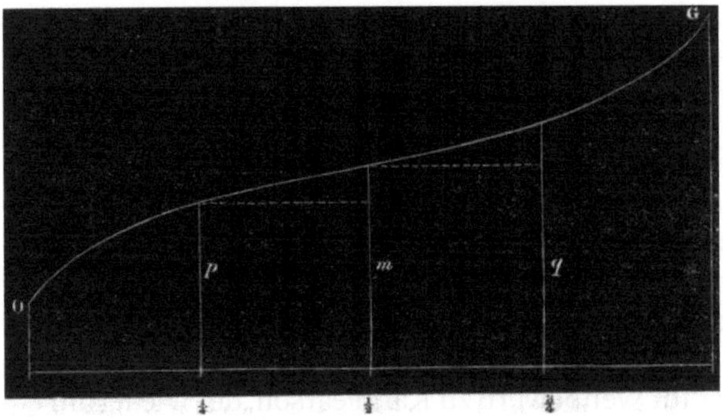

Abb. 12.13: Galtons Schemazeichung einer *Ogive* [1875, 36]: Auf der Rechtsachse sind – anders als den jetzigen Gewohnheiten entsprechend – die Wahrscheinlichkeiten von 0 bis 1 abgetragen, wobei 1/4, 1/2 und 3/4 deutlich gekennzeichnet sind.

Bei deren Analyse stützte sich Galton auf einfache Techniken, wie die Bestimmung von Medianen und Quartilen anstatt von arithmetischen Mitteln oder wahrscheinlichen Fehlern. Der »wahrscheinliche Fehler« war im 19. Jahrhundert ein beliebtes Streuungsmaß. Bei Normalverteilungen $\Phi_{\mu,\sigma}$ ist der wahrscheinliche Fehler r durch die Bedingung $\Phi_{\mu,\sigma}(\mu + r) - \Phi_{\mu,\sigma}(\mu - r) = 1/2$ festgelegt. Es ist $r \approx 0.6745\sigma$.

Galton [1875] erläuterte sein Vorgehen genauer in seinem Artikel »Statistics by Intercomparison with Remarks on the Law of Frequency of Error«: Wenn es nicht möglich ist, eine große Stichprobe genau auszumessen, es aber naheliegt, dass die untersuchte Kenngröße einer Normalverteilung folgt, so muss man nur die Stichprobe bezüglich der Kenngröße ordnen. Median und halber Quartilsabstand bestimmen dann Erwartungswert und wahrscheinlichen Fehler, und somit vollständig das Verteilungsgesetz. Galton betonte in diesem Zusammenhang auch die Bedeutung der kumulativen empirischen Verteilung. Quetelet hatte diese bereits in seiner Analyse der Brustumfänge von schottischen Soldaten angewandt. Galton [1875] entwickelte aber eine spezielle graphische Darstellung für die Verteilungsfunktion und nannte diese »ogive« (Abb. 12.13). Auf Galton selbst gehen übrigens die Bezeichnungen »Normalverteilung« und »Quartil« zurück.

12.5.1 Der Quincunx

Spätestens 1874 ließ Galton einen *Quincunx* – jetzt auch »Galtonbrett« genannt – anfertigen, um das Fehlergesetz zu konkretisieren. Eine Schemazeichnung findet sich in Abb. 12.14. Bleikugeln werden über eine Anordnung zueinander versetzter Nagelreihen fallen gelassen. Trifft eine Kugel einen Nagel, wird sie nach rechts oder links abgelenkt. In den unten angebrachten Behältern lässt sich die Häufigkeitsverteilung direkt beobachten.

Strenggenommen demonstriert der Quincunx die Entstehung einer symmetrischen Binomialverteilung. Diese wird freilich, wie wir wissen, gut durch eine Normalverteilung approximiert, wenn nur eine größere Anzahl von Nägelreihen vorhanden ist.

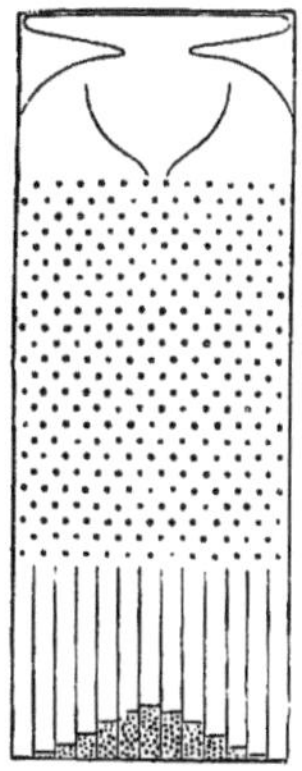

Abb. 12.14: Quincunx. Galtons Veranschaulichungsmittel zur Illustration der Entstehung einer symmetrischen Binomialverteilung [1889, 63]

12.5.2 Korrelation und Regression

In Abschnitt 12.1.3 haben wir gesehen, dass bestimmte Merkmale, wie Brustumfänge, einer Normalverteilung zu folgen scheinen. Verblüffend ist, dass diese Verteilung über mehrere Generationen hinweg stabil bleibt, also Erwartung und Standardabweichung sich nicht verändern.

Da die Erfahrung zeigt, dass Merkmale der Eltern auf die Nachkommen verteilt werden, würde man eher eine Zunahme der Variabilität mit jeder folgenden Generation erwarten. Wie kann die beobachtete Stabilität trotzdem begründet werden? Was verhindert, dass eine Population mehr und mehr von einer Generation zur nächsten variiert? Wie viel wird tatsächlich von den Eltern übernommen?

12.5.2.1 Experimente mit *Sweetpeas*

Um 1874–1875 begann Galton seine Studien zur Vererbung mit der Untersuchung von Gartenwicken (*Sweet Peas*, aus der Gattung der Platterbsen, s. Abb. 12.15), nachdem er zuvor vergeblich versucht hatte, Humandaten zu erhalten [Galton 1877a; 1889]. Gartenwicken wurden gewählt, weil Galton glaubte, dass sie selbstbefruchtend seien. Die Durchmesser der Samen folgten einer Normalverteilung.

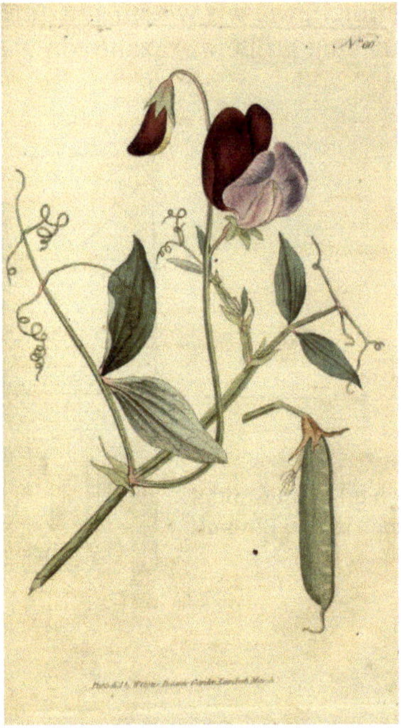

Abb. 12.15: Gartenwicke

Da die Samen einen sehr kleinen Durchmesser im Bereich von 1/10 Inch aufwiesen, was die exakte Ausmessung mühsam werden ließ, arbeitete Galton zuerst mit Gewichten statt mit Durchmessern. Er vergewisserte sich aber später, dass das Gewicht mit hinreichender Genauigkeit als Stellvertreter für den Durchmesser verwendet werden konnte. Er sortierte zuerst die Wickensamen so in sieben Gewichtsgruppen von Samen mit jeweils (annähernd) gleichem Gewicht, dass die Gewichte der aufeinanderfolgenden Gruppen mit konstanter Differenz auftraten. Die Elternsamen (*Parent Seed*) wurden an verschiedenen Stellen in England zu je 10 Stück pro Gewichtsklasse gesät. Die geernteten Kindersamen (*Filial Seed*) jeder Gruppe wurden wieder nach Größe sortiert.

Wie zu erwarten, hing das mittlere Gewicht bzw. der mittlere Durchmesser der Kindersamen jeweils von dem der Elternsamen ab. Die Nachkommen der größeren Samen waren aber im Mittel kleiner als die Elternsamen, die Nachkommen der kleineren Samen waren im Mittel größer als die entsprechenden

Elternsamen. In anderen Worten: Der mittlere Durchmesser der Kindersaat von jeder Elterngruppe tendiert zu einer »Reversion« in Richtung des Gesamtmittels.

Galton war zudem besonders von zwei weiteren Eigenheiten der Daten beeindruckt: (1) Die Reversion folgt offenbar einer linearen Gesetzmäßigkeit. Wenn x den Durchmesser einer Elterngruppe bezeichnet und y den mittleren Durchmesser der dazugehörigen Kinder (die Gesamtmittel der Eltern- und der Kindergeneration waren bei Galtons Versuchsaufbau aus nicht ganz durchsichtigen Gründen ungleich), so gilt, wie Galton durch graphische Anpassung herausfand:

$$y - 16.3 = \frac{1}{3}(x - 18).$$

Dabei ist (jeweils in Hundertsteln eines Inches) 16.3 der gerundete Mittelwert aller Kinder (ein genauerer Wert wäre 16.2865), 18 der Mittelwert aller Eltern und 1/3 der »Reversionskoeffizient«. Diese Beziehung ist in der Abb. 12.16 illustriert. (2) Die Verteilungen der Kindersamen zu jeder Elterngruppe sind jeweils normal, wobei nur die Mittelwerte, aber nicht die Standardabweichungen der Kinder-Verteilungen voneinander abweichen.

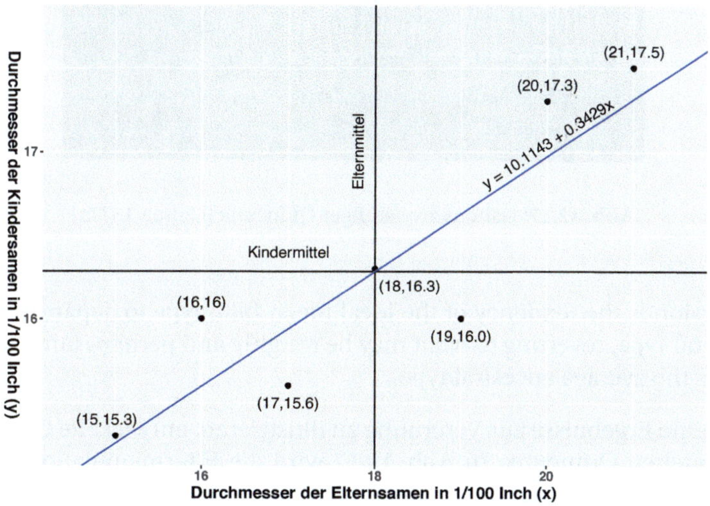

Abb. 12.16: Graphik von Galtons Daten [1889, 226] zur Illustration der Reversion der Kindersamen (mittlere Durchmesser in jeder Gruppe) hin zum Gesamtmittel in Anlehnung an [Pearson 1920, 35]. Enthalten sind die einzelnen Messpunkte und die gemäß der Methode der kleinsten Quadrate ermittelte Ausgleichsgerade. Sie verläuft fast genau durch den mittleren Messpunkt, und ihre Steigung entspricht ziemlich genau der Schätzung von Galton.

Galton [1877b] sagte selbst in einem Vortrag vor der *Royal Institution* am 9. Februar 1877, *Typical Laws of Heredity in Man*:

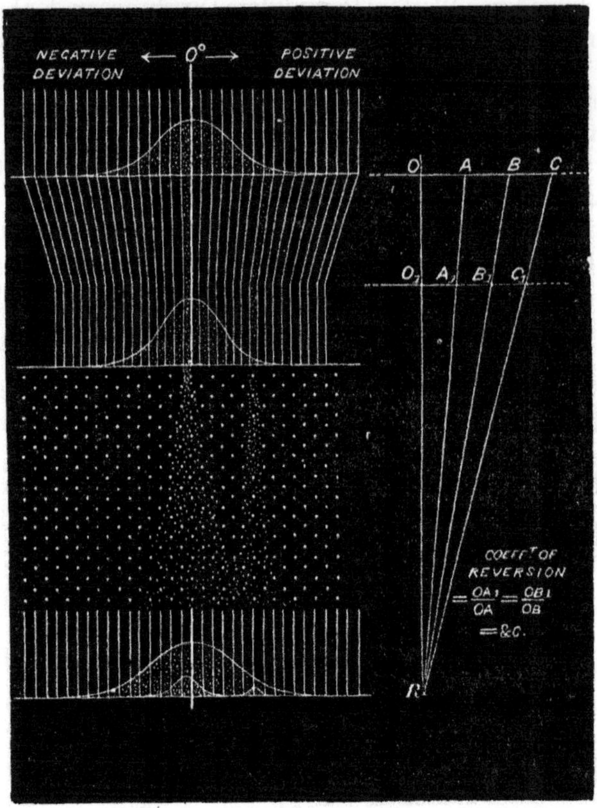

Abb. 12.17: Galtons zweistufiger Quincunx [Galton 1877a]

> Reversion is the tendency of the ideal mean filial type to depart from the parental type, reverting to what may be roughly and perhaps fairly described as the average ancestral type.

Um seine Ergebnisse zur Vererbung zu illustrieren, entwickelte Galton einen abgewandelten Quincunx. In Abb. 12.17 wird die Elternpopulation durch die obere Verteilung, erzeugt durch einen nicht abgebildeten Quincunx, repräsentiert. Reversion zum Mittel hin aufgrund einer Röhrenführung reduziert die Varianz und ergibt die mittlere Verteilung. Wenn wir uns nun vorstellen, dass Kugeln aus der mittleren Population nur durch eine einzige Öffnung in den abgebildeten Quincunx fallen, so ist klar, dass sich eine Häufigkeitsverteilung am unteren Ende ergibt, die immer, unabhängig vom Ort der Öffnung, dieselbe Form – wenn auch nicht dieselbe Intensität – hat. Wenn alle Öffnungen am oberen Ende des abgebildeten Nagelfelds benutzt werden, ergibt sich erneut die ursprüngliche Verteilung, vorausgesetzt es wurden geeignete geometrische Abmessungen verwendet.

Aus der Sicht von Zufallsgrößen laufen Galtons anschauliche Erläuterungen darauf hinaus, dass in einem ersten Schritt der Durchmesser $\mu + X$ eines Elternsamens bestimmt wird, wobei μ das Gesamtmittel und X eine Zufallsgröße mit Erwartungswert 0 und Varianz σ^2 ist. Die Reversion führt zu einer Verkleinerung von X, sodass nur noch mit $\mu + rX$ gerechnet wird, mit dem Reversionskoeffizienten r. Der Durchmesser eines Kindersamens ist $Z = \mu + rX + Y$, wobei Y eine von X unabhängige Zufallsgröße mit Erwartungswert 0 und Varianz τ^2 ist. Falls nun $\mu + X$ und Z dieselbe Varianz σ^2 haben sollen, muss $r^2\sigma^2 + \tau^2 = \sigma^2$ sein, oder, wie Galton konstatierte,

$$\tau^2 = (1 - r^2)\sigma^2.$$

Es ist festzuhalten, dass Galton die Existenz der Reversion nur empirisch nachwies und in seinem Modell keine Erklärung für sie lieferte. Der Quincunx diente aber der Erläuterung des Zusammenwirkens von Eltern- und Kindergeneration, verbunden mit einer für Galton wesentlichen Einsicht: Wenn die horizontale Linie in der Mitte von Abb. 12.17 eine Achse von (bezüglich der vertikalen Nulllinie positiven bzw. negativen) x-Werten anzeigt und die horizontale Achse unten im Bild entsprechende z-Werte, so gilt für die Gesamtverteilung unten: $\mathrm{P}(z) = \sum_x p_1(x)p_2(z - x)$, wobei die Wahrscheinlichkeitsfunktion $p_1(x)$ einer umskalierten Binomialverteilung (bzw. approximativ einer Normalverteilung) entspricht und die Wahrscheinlichkeitsfunktion $p_2(x - z)$ einer weiteren umskalierten Binomialverteilung (bzw. Normalverteilung) mit Erwartungswert x. Eine Linearkombination von Verteilungen, bei der die Summe der Linearkoeffizienten (hier $p_1(x)$) gleich 1 ist, wird allgemein als »Mixtur« bezeichnet. Also gilt: *Die Binomialverteilung ist eine binomiale Mixtur aus Binomialverteilungen* und entsprechend *eine normale Mixtur aus Normalverteilungen ist wieder eine Normalverteilung.* Umgekehrt kann jede normal verteilte Population in normal verteilte Subpopulationen zerlegt werden.

12.5.2.2 Vererbung der Körperstatur

Galton hatte den großen Wunsch, seine Beobachtungen mit den Gartenwicken auch im Rahmen von Humandaten zu bestätigen. So gründete er ein anthropometrisches Laboratorium in South Kensington und, indem er Preise auslobte, gewann er Daten für seine *Records of Family Faculties*. Er vermaß auch Personen während der internationalen Gesundheits-Ausstellung von 1884.

Erste Ergebnisse seiner Bemühungen wurden 1885 in der *Presidential Address to the Anthropological Section of the British Association Meeting at Aberdeen* präsentiert [Galton 1885]. Ein ausführlicher Beitrag wurde beim *Anthropological Institute* noch im selben Jahr eingereicht.

Galton hatte sich Daten zu Körpergrößen von 930 erwachsenen Nachkommen von 205 Elternpaaren verschafft. Weil weibliche Personen normalerweise weniger groß als männliche sind, multiplizierte er bei allen Berechnungen die weiblichen Körpergrößen mit dem Faktor 1.08. Er nahm an, dass die Verteilung der so bestimmten Körpergrößen einer stabilen Normalverteilung mit Mittelwert 68.25 (Inch) und einem wahrscheinlichen Fehler von 1.7 (also einer Standardabweichung von 2.54) folgen würde. Die Differenz aus Körpergröße jedes Individuums und dem Mittel 68.25 nannte er *Deviate*. Den Durchnittswert aus der Körpergröße des Vaters und der modifizierten Körpergröße der Mutter bezeichnete Galton als *Midparent Height*. Diese Kenngröße war wieder normalverteilt, aber – wegen der Durchschnittsbildung – mit einem kleineren wahrscheinlichen Fehler von 1.2. Aus den *Midparent Heights* wurden Elternklassen (im Wesentlichen auf Intervalle von einem Inch Länge bezogen) gebildet. Jeder Nachkomme wurde zuerst der entsprechenden Elternklasse zugeordnet und dann, wieder nach Korrektur der weiblichen Längen, innerhalb dieser Klasse nach seiner eigenen Körperlänge (auf ein Inch genau) einsortiert. In einer Kreuztabelle wurden diese Daten schließlich durch Häufigkeiten ausgedrückt.

Wie bei den Gartenwicken fand Galton heraus, dass die Kindesgröße innerhalb jeder *Midparent*-Klasse normalverteilt war, mit einem Mittelwert, der eine lineare Funktion der zugehörigen *Midparent Height* ist. Alle diese Normalverteilungen haben denselben wahrscheinlichen Fehler 1.5 (bzw. dieselbe Standardabweichung 2.24). Für die Länge der Elternpaare x in einer Klasse und die zugehörige mittlere Kinderlänge y ergab sich der empirische Zusammenhang

$$y - 68.25 = \frac{2}{3}(x - 68.25). \qquad (12.2)$$

Galton [1886b, 252] drückte diesen Sachverhalt in Worten »kurz« so aus:

> ... the hight-deviate of the offspring is, in the average, two-thirds of the hight-deviate of its mid-parentage.

Er nannte jetzt dieses Phänomen nicht Reversion, sondern statt dessen *Regression* hin zum Mittelwert. Galtons Beobachtungen sind in Abb. 12.18 graphisch dargestellt. In der horizontalen Koordinatenebene liegt die Regressionsgerade (12.2) für die mittleren Kindesgrößen. Nach oben angetragen wurden einige Normalverteilungskurven für die Kindesgrößen, die zu bestimmten *Midparent*-Größen gehören.

Galton konnte die von den Elterngrößen unabhängige Normalverteilung aller Kindesgrößen als gewichtete Summe von solchen Normalverteilungen darstellen, die zu den jeweiligen Größenklassen der *Midparents* gehörten. Da die Elterngrößen wieder einer Normalverteilung folgten, lag ein weiteres Beispiel für eine normale Mixtur von Normalverteilungen vor.

Aber Galton fand noch mehr heraus: (1) Die zu den einzelnen Klassen von Kindesgrößen gehörigen Elterngrößen sind jeweils ebenfalls normalverteilt, und es gibt wieder eine Regressionsgerade (y bezeichnet jetzt die mittlere Elterngröße, x die Kindesgröße) mit der Gleichung

$$y - 68.25 = \frac{1}{3}(x - 68.25) \qquad (12.3)$$

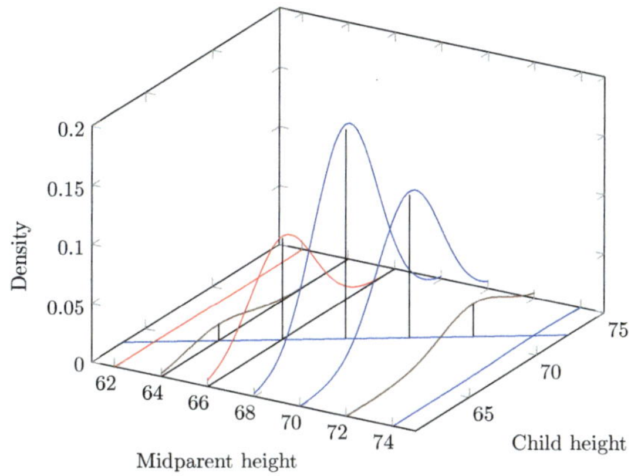

Abb. 12.18: Die Graphik zeigt die Regressionsgerade für die Kindesgrößen in Abhängigkeit von den Elterngrößen sowie ausgewählte Verteilungskurven für die Kindesgrößen bei vorgegebenen Elterngrößen.

(2) Eine genauere Untersuchung seiner Häufigkeitstabelle ergab, dass die Mittelpunkte mit den Koordinaten (Elterngröße, Kindesgröße) von Zellen, zu denen dieselbe Häufigkeit gehört, näherungsweise durch konzentrische Ellipsen mit dem gemeinsamen Mittelpunkt (68.25; 68.25) verbunden sind (Abb. 12.19). Die Ellipsen entsprechen den Höhenlinien einer Fläche, die eine zweidimensionale Häufigkeitsverteilung darstellt.

Auf empirische Weise hat Galton 1885 in biologischen Daten die jetzt so genannte »bivariate Normalverteilung« entdeckt. In Abb. 12.19 ist auch ersichtlich, dass die auf den Koordinatenachsen senkrecht stehenden Tangenten YN und XM die Ellipsen in dem jeweils wahrscheinlichsten Wert – und damit dem Mittelwert – der y bei gegebenem x (bzw. umgekehrt) berühren und damit zur Bestimmung der Regressionsgeraden OM und ON dienen können. Galton bemerkt, dass im Falle einer identischen Reproduktion statt einer natürlichen Vererbung die beiden Geraden zu einer einzigen OL, zusammenfallen würden.

Der Mathematiker Hamilton Dickson (1849–1931) leitete im »Appendix« von [Galton 1886a] den Funktionsterm für die Dichte der bivariaten Normalverteilung des Zufallsvektors (X, Y) aus Bedingungen her, die den empirischen Befunden entsprachen: Gemäß jetziger Terminologie soll X einer Normalverteilung mit Erwartungswert 0 und Varianz σ^2 sowie Y für alle x unter der Bedingung $X = x$ einer Normalverteilung mit Erwartungswert ax (a eine beliebige Steigung) und Varianz τ^2 folgen. In der Theorie der Beobachtungsfehler waren, etwa bei Bravais [1846] oder Bienaymé [1852], bereits mehrdimensionale Normalverteilungen diskutiert worden, und in diesem Rahmen auch, als Nebenprodukt, Korrelation zwischen den Koordinaten der normalverteilten Zufallsvektoren. Dabei blieb aber die Quantifizierung der Korrelation selbst uninteressant. Die Problemstellung war, den Fehler bei der Verwendung vektorieller Schätzgrößen nach gewissen Kriterien zu minimieren. Galton dagegen hatte eine ganz

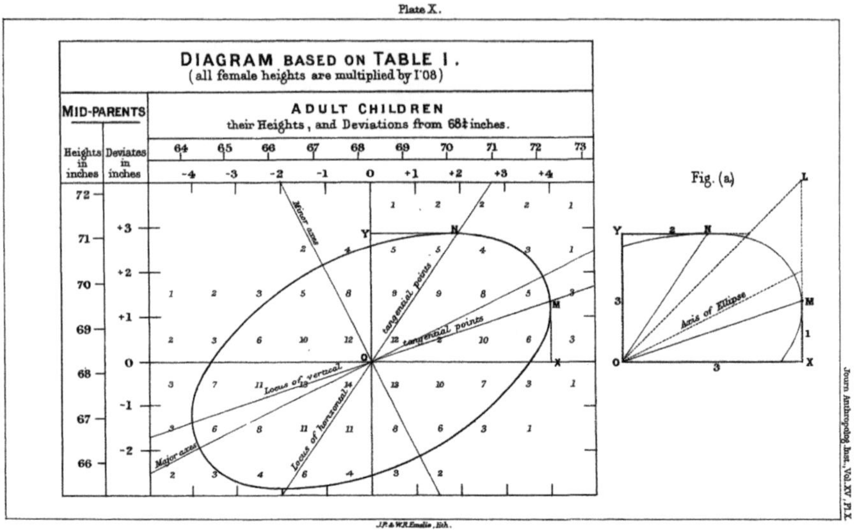

Abb. 12.19: Unter Berücksichtigung der jeweiligen Nachbarwerte geglättete und umnormierte Daten sowie Höhenkurve der gemeinsamen Verteilung von Kinder- und Elterngrößen; Regressionsgeraden (12.2), *ON*, und (12.3), *OM* [Galton 1886b]

andere Zielsetzung: Es ging ihm nicht um Fehler, sondern um die Untersuchung biologischer Variation.

12.5.2.3 Korrelation

In einem Vortrag vor der *Royal Institution of Great Britain* am 9. Februar 1877 mit dem Titel »Typical Laws of Heredity in Man« hatte Galton das Symbol r eingeführt, um damit den Reversionskoeffizienten zu bezeichnen [1877b]. Er kehrte zu diesem Gegenstand mit seinem Beitrag »Co-relations and their Measurement, Chiefly from Anthropometric Data« zurück, der der *Royal Society* am 5. Dezember 1888 präsentiert wurde [Galton 1888]. Galton schrieb:

> Two variable organs are said to be co-related when the variation of the one is accompanied on the average by more or less variation of the other, and in the same direction.

Nun wollte er zeigen, wie man der Korrelation einen Wert zuordnen kann.

Am anthropometrischen Laboratorium in South Kensington wurden Daten über 350 Männer, meist ca. 21-jährige Studenten, erhoben. Dabei erfolgten Messungen der Körperlänge, des linken *Cubit* – der Länge zwischen Ellbogen und Spitze des Mittelfingers –, des linken Mittelfingers, der Länge und Breite des Kopfes und schließlich der Kniehöhe.

Betrachten wir den von Galton festgestellten Zusammenhang zwischen Körperlänge und *Cubit*, wie er aus Tab. 12.3 hervorgeht. Klarerweise nimmt der *Cubit* mit der Körperlänge zu. Der Median der Körperlänge ist $M_s = 67.2$ (Inch) mit dem wahrscheinlichen Fehler (gemessen über den halben Abstand zwischen dem oberen und dem unteren Quartil) $Q_s = 1.75$. Der Median des *Cubit* ist $M_c = 18.05$ (wieder in Inch) mit dem wahrscheinlichen Fehler $Q_c = 0.56$. Diese Größen können nun verwendet werden, um die Beobachtungen zu standardisieren, also ihre Differenzen zum Mittelwert als Vielfache des wahrscheinlichen Fehlers anzugeben. Das heißt etwa für eine beobachtete Körperlänge H, dass

$$\text{standardisierte Länge} = \frac{H - M_s}{Q_s}.$$

Auf diese Weise erzielte Galton aus seinen Daten eine Zusammenstellung standardisierter Paare aus Körpergröße (auf Inch genau) und dem mittleren dazugehörigen *Cubit.* Im Einklang mit der Zielsetzung seines Artikels betrachtete Galton die Körperlänge als eine vorgegebene Größe (*Subject*) und den *Cubit* als damit verbundene Größe (*Relation*).

Tab. 12.3: Standardisierte Paare aus Körperlänge y und mittlerem *Cubit* x [Galton 1888]

Anzahl der Fälle	*Länge in Inch*	*standardisierte Länge*	*Mittel von cubit in Inch*	*standardisierter Cubit*
30	70.0	+1.60	18.8	+1.42
50	69.0	+1.03	18.3	+0.53
38	68.0	+0.46	18.2	+0.36
61	67.0	−0.11	18.1	+0.18
48	66.0	−0.69	17.8	−0.36
36	65.0	−1.25	17.7	−0.53
21	64.0	−1.83	17.2	−1.46

Indem er die Reihenfolge der Variablen vertauschte, konstruierte Galton auch eine Zusammenstellung standardisierter Paare für *Cubit*, nun als *Subject*, und dazugehörige mittlere Körperlänge, nun als *Relation*.

Durch die Standardisierung werden sowohl *Cubit* wie auch Körpergröße dimensionslos. Galton zeichnete alle Paare in ein gemeinsames Koordinatensystem. Die beiden Punktdiagramme sind aus Abb. 12.20 ersichtlich. Die Kreise dort kennzeichnen standardisierte *Cubit*-Längen-Paare, während die Kreuze standardisierten Längen-*Cubit*-Paaren entsprechen. Galton war davon beeindruckt, dass alle Punkte ziemlich genau einem linearen Muster folgten. Das heißt, dass etwa bei bekannter Körperlänge der zugehörige Erwartungswert für den *Cubit* über einen linearen Zusammenhang berechnet werden kann.

Mit Bezug auf Abb. 12.20 bemerkte Galton, dass *Subject* $= 0.8 \times$ *Relation*, gleich ob standardisierte Länge oder standardisierter *Cubit* als *Subject* herangezogen wird. Die Größe $r = 0.8$ misst die *Co-relation*. Sie entspricht dem

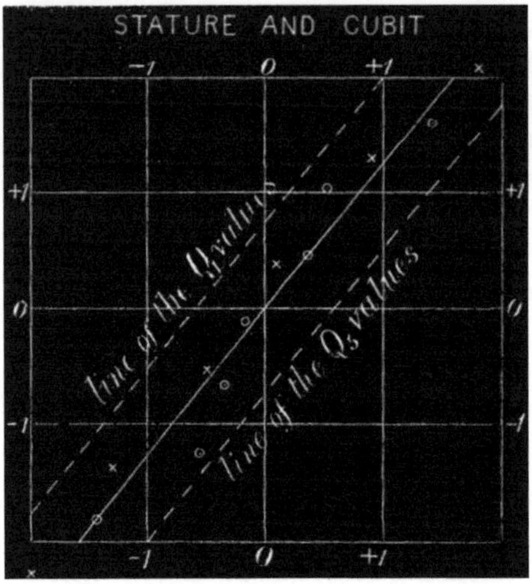

Abb. 12.20: Linearer Zusammenhang von Körperlänge-*Cubit*-Paaren (×) und *Cubit*-Körperlänge-Paaren (∘) [Galton 1888, 138]. Die gestrichelten Linien sind die entsprechenden Graphen für die Quartile der standardisierten *Relations*.

Reversionskoeffizienten, wenn mit standardisierten Daten gearbeitet wird. Später sollte sie allgemein als »Korrelation« bezeichnet werden. Galton schloss auch darauf, dass r stets kleiner als 1 sein würde.

Mit Hilfe von Dicksons Ergebnis zur bivariaten Normalverteilung (Abschn. 12.5.2.2) konnte Galton für standardisierte Variablenpaare (X, Y), die einer bivariaten Normalverteilung genügen, die Korrelation r mit dem Term ihrer Wahrscheinlichkeitsdichte p in Verbindung bringen. Ausgedrückt in moderner Notation, die sich auf Erwartungswerte und Varianzen statt auf Mediane und halbe Interquartilsabstände bezieht, ergibt sich für p unter der Voraussetzung $\mathrm{E}\,X = 0 = \mathrm{E}\,Y$, $\mathrm{Var}\,X = \sigma^2 = \mathrm{Var}\,Y$ und $\mathrm{E}(Y \mid X = x) = rx$

$$p(x, y) \propto \exp\left(-\frac{1}{2\sigma^2(1-r^2)}(x^2 - 2rxy + y^2)\right). \tag{12.4}$$

Daraus folgt sofort, wie Galton [1888, 144]) bemerkte, dass beide Regressionsgeraden dieselbe Steigung r, und die beiden bedingten Verteilungen von X bzw. Y unter der Bedingung $Y = y$ bzw. $X = x$ denselben wahrscheinlichen Fehler proportional zu $\sqrt{1 - r^2}$ haben müssen. Diese Eigenschaften sind unabhängig von der spezifischen Art der Standardisierung bzw. der Wahl von σ^2. Für einen typischen Funktionsverlauf bei der heute üblichen Standardisierung, also $\sigma^2 = 1$, s. Abb. 12.21.

Das Werk *Natural Inheritance* [Galton 1889] fasste die meisten Ergebnisse von Galton zur Vererbung zusammen. Es beeinflusste in entscheidender Weise drei Männer in ihrer wissenschaftlichen Ausrichtung, die später »Englische Biometrische Schule« genannt werden sollte: Francis Ysidro Edgeworth, Raphael Weldon und Karl Pearson.

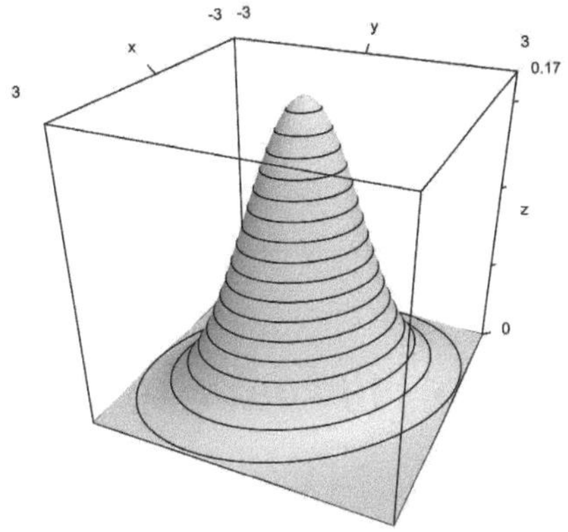

Abb. 12.21: Dichte einer bivariaten Normalverteilung gemäß (12.4) mit $\sigma = 1$ und $r = 0.3$. Die Linien mit jeweils konstantem Dichtewert sind konzentrische und zueinander ähnliche Ellipsen.

12.6 Grundlagen der Statistik: Edgeworth

Francis Ysidro Edgeworth (1845–1926) war ein Wirtschaftswissenschaftler und Statistiker, der mehr als 70 Arbeiten zum Thema Statistik schrieb. Er stellte philosophische Betrachtungen darüber an, inwiefern das Fehlergesetz, wie es auf verschiedenen Ursachen beruht, universellen Charakter hat. Sein Ansatz zeigt sich zum Beispiel in der Weise, wie er zwischen Anwendungen auf Naturwissenschaften und auf Sozialwissenschaften unterschied. In Edgeworths Sicht sind fehlerbehaftete Beobachtungen einerseits und Statistiken andererseits konzeptionell verschieden. Er schreibt:

> ...observations and statistics agree in being quantities grouped about a Mean; they differ, in that the Mean of observations is real, of statistics it is fictitious. The mean of observations is a cause, as it were the source from which diverging errors emanate. The mean of statistics is a description, a representative quantity which, if we must in practice put one quantity for many, minimizes the error unavoidably attending such practice. ...In short observations are different copies of one original; statistics are different originals affording one »generic portrait«. Different measurements of the same man are observations; but measurements of many men, grouped round l'homme moyen, are prima facie at least statistics [Edgeworth 1885a, 139–140].

Drei Reihen von Artikeln beleuchten die Hauptgebiete, denen er sich widmete: Beginnend mit dem Jahr 1885 veröffentlichte Edgeworth vier Beiträge [Edgeworth 1885a;b;c; 1886] über die Wahl des besten Mittelwerts, das Fehlergesetz, Signifikanztests, Zusammenwirken kategorieller Merkmale und Trendbestimmung in Zeitreihen mit Hilfe der Methode der kleinsten Quadrate.

Eine zweite Serie von fünf Artikeln [Edgeworth 1892a;b; 1893a;b;c] beschäftigte sich mit Korrelation und der multivariaten Normalverteilung.

Zuletzt erschienen zwischen 1905 und 1907 drei Arbeiten [Edgeworth 1905; 1906; 1907] betreffend die Darstellung von Wahrscheinlichkeitsverteilungen durch Reihenentwicklungen. Bowley [1928] fasste die statistischen Leistungen von Edgeworth als erster zusammen.

Von all diesen Themen werden im Folgenden Signifikanztests und Korrelation, und an späterer Stelle auch die Reihenentwicklungen für Verteilungen beschrieben.

12.6.1 Signifikanztests

Wie in Kapitel 7 dargestellt worden ist, hatte sich Laplace mit Signifikanztests sowohl vom Standpunkt der inversen wie auch der direkten Wahrscheinlichkeiten ausführlich beschäftigt. Edgeworth griff Laplaces Methodik wieder auf, wobei hier über seine Herangehensweise aufgrund direkter Wahrscheinlichkeiten im Rahmen eines Zwei-Stichproben-Tests berichtet wird.

Edgeworth parametrisierte das Fehlergesetz gemäß

$$y = \frac{1}{c\sqrt{\pi}} e^{-x^2/c^2},$$

wobei er c den *Modulus* der Kurve nannte. Für die Stichprobe $x_1, x_2, \ldots, x_n$ schätzte er c durch

$$\widehat{c}^2 = 2\sum_{i=1}^{n}(x_i - \overline{x})^2/n,$$

wobei $\overline{x}$ das arithmetische Mittel bezeichnet. c^2 nannte er *Fluctuation*. $\widehat{c}^2$ ist ein Schätzer für $2\sigma^2$, wobei σ die Standardabweichung ist. Der Terminus »standard deviation« wurde erst von Karl Pearson [1894, 75] eingeführt.

Angenommen, zwei voneinander unabhängige Stichproben der Länge n_1 und n_2 aus jeweils identisch verteilten unabhängigen Zufallsgrößen mit den *Moduli* c_1 bzw. c_2 besitzen die Stichprobenmittel $\overline{x}_1$ und $\overline{x}_2$. Der *Modulus* von $\overline{x}_1 - \overline{x}_2$ ist $c^2 = c_1^2/n_1 + c_2^2/n_2$. Um festzustellen, ob die Differenz zwischen den Stichprobenmitteln signifikant ist, genügt es, $|\overline{x}_1 - \overline{x}_2|$ unter der Nullhypothese der Gleichheit der Erwartungswerte in beiden Stichproben mit einem Vielfachen (wie 2 oder 3) des Schätzwertes $\widehat{c} = \sqrt{\widehat{c}_1^2 + \widehat{c}_2^2}$ für das »gemischte« c zu vergleichen. Warum? Unter der Nullhypothese würde $Z = (\overline{x}_1 - \overline{x}_2)/\widehat{c}$ annähernd einer Normalverteilung mit Erwartung 0 und Varianz 1/2 folgen, so lange n_1 und n_2 groß sind. Da dann $P(|Z| > 2) \approx 0.0047$ und $P(|Z| > 3) \approx 2.21 \cdot 10^{-5}$, kann die Nullhypothese abgelehnt werden, wenn die beobachtete Abweichung größer als ein bestimmtes Vielfaches von $\widehat{c}$ ist. Im Prinzip ist dies genau das Vorgehen wie beim T-Test, statt der t-Verteilung wird die bei großen Stichproben mit guter Approximation gültige Normalverteilung verwendet. Heute bezieht man sich allerdings auf die Standardnormalverteilung und auf Vielfache der Standardabweichung.

Beispiel 12.4 Der Schlussbericht des *Anthropometric Committee of the British Association* (1883) führt auf, dass sich die mittlere Größe von 2315 Kriminellen von der mittleren Größe von 8585 Erwachsenen der restlichen Bevölkerung um ca. 2 Inch unterscheidet. Wie Edgeworth [1885a] zeigt, ergibt sich in beiden Stichproben ungefähr $\widehat{c}_1^2 = \widehat{c}_2^2 = 13$. Da $3\widehat{c} = 0.25$ wesentlich kleiner ist als die beobachtete Differenz der Mittelwerte 2, ist die Hypothese, dass beide Gruppen in ihrer Größe homogen seien, abzulehnen. Tatsächlich ist die Wahrscheinlichkeit einer Abweichung von mindestens 2 Inch extrem klein. ∎

12.6.2 Mehrdimensionale Normalverteilung

Zur genaueren Untersuchung des Zusammenhangs zwischen Korrelation und multivariater Normalverteilung wurde Edgeworth durch die Lektüre eines Artikels von [Galton 1888] und eines Beitrags des Zoologen Walter Frank Raphael Weldon (1860–1906) über Garnelen [Weldon 1892] angeregt. Wir haben in 12.5.2.3 gesehen, dass Galton die Korrelation schätzte, indem er – graphisch oder auch vermöge intuitiv naheliegender Durchschnittsbildung – eine Gerade an Koordinaten anpasste, die durch Standardisierung über den Median und den halben Quartilsabstand erhalten wurden. Weldon ersetzte den Median durch das arithmetische Mittel, behielt aber den halben Quartilsabstand als Streumaß bei. Wie Galton entwickelte auch er kein Maß für den wahrscheinlichen Fehler der Korrelation.

In »Correlated Averages« erweitert Edgeworth [1892a] die Ergebnisse von Galton und Dickson (s. (12.4)) zur Korrelation zweier standardisierter Variablen mit bivariater Normalverteilung auf beliebig viele Variablen und n-dimensionale Normalverteilungen. Standardisierung bedeutet bei Edgeworth, dass die *Moduli* aller Zufallsvariablen auf 1 normiert sind, entsprechend der Varianz $1/2$ nach modernem Verständnis.

Edgeworth stellt hierzu etwa die Dichte $f(x_1, x_2, x_3)$ der 3-dimensionalen Normalverteilung durch das Produkt $f_{23}(x_2, x_3|x_1)f_1(x_1)$ dar, wobei f_1 die der normalen Randverteilung entsprechende Dichte von x_1 und f_{23} die durch den Wert x_1 bedingte Dichte von x_2, x_3 bezeichnet. Allgemein erzielt er für die Dichten f von n standardisierten Variablen das Ergebnis (in moderner Matrixnotation)

$$f(x_1, x_2, \dots, x_n) = Je^{-R} \quad \text{mit} \quad R = \mathbf{x}^\top \Sigma^{-1} \mathbf{x},$$

wobei Σ eine $n \times n$ Matrix aus Korrelationen mit

$$\Sigma = \begin{bmatrix} 1 & \rho_{12} & \rho_{13} & \cdots & \rho_{1n} \\ \rho_{12} & 1 & \rho_{23} & \cdots & \rho_{2n} \\ \rho_{13} & \rho_{23} & 1 & \cdots & \rho_{3n} \\ \vdots & \vdots & \vdots & \ddots & \vdots \\ \rho_{1n} & \rho_{2n} & \rho_{3n} & \cdots & 1 \end{bmatrix} \quad \text{und} \quad \mathbf{x} = \begin{bmatrix} x_1 \\ x_2 \\ x_3 \\ \vdots \\ x_n \end{bmatrix}$$

ist und J eine Normierungskonstante bezeichnet, die gewährleistet, dass das Integral über $\mathbb{R}^n$ gleich 1 ist.

Mit diesem Ergebnis kann nun Edgeworth den »wahrscheinlichsten Wert« und die bedingte Streuung von x_i bestimmen, wenn die Werte der anderen Variablen vorgegeben sind.

Beispiel 12.5 In »Co-relations and their Measurement« [1888] hatte Galton seine Messungen der Körpergröße (x_1), des *Cubit* (x_2) und der Kniehöhe (x_3) jeweils über Median und halben Quartilsabstand standardisiert. Wie in 12.5.2.3 beschrieben, erhielt er

Variablen	Korrelation
Körperlänge-*Cubit*	0.8
Körperlänge-Kniehöhe	0.9
Cubit-Kniehöhe	0.8

Daraus leitet Edgeworth für den oben definierten Term R ab:

$$R = 5.806x_1^2 + 3.064x_2^2 + 5.806x_3^2 - 2 \cdot 1.290x_1x_2 - 2 \cdot 4.194x_1x_3 - 2 \cdot 1.290x_2x_3$$

indem er – vereinfacht ausgedrückt – die Inverse der Matrix

$$\Sigma = \begin{bmatrix} 1 & \rho_{12} & \rho_{13} \\ \rho_{12} & 1 & \rho_{23} \\ \rho_{13} & \rho_{23} & 1 \end{bmatrix} = \begin{bmatrix} 1 & 0.8 & 0.9 \\ 0.9 & 1 & 0.8 \\ 0.8 & 0.8 & 1 \end{bmatrix}$$

berechnet, wobei ρ_{ij} die Korrelation zwischen den Zufallsgrößen X_i und X_j ausdrückt.

Edgeworth bemerkt:

> Thus we see that the dispersion of x_1 corresponding to assigned values of x_2, x_3 has for modulus $\frac{1}{\sqrt{5.806}}$. The most probable deviation of one organ, *e.g.* the cubit, corresponding to assigned deviations of the two other organs is found by differentiating with respect to x_2 the expression above written and equated to zero. Thus, if x_1', x_3' be the assigned deviations of stature and height of knee, and ξ_2 the most probable corresponding deviation of cubit, $3.064\xi_2 = 1.290x_1' + 1.290x_3'$. $\xi_2 = \frac{1.290(x_1'+x_3')}{3.064} = 0.42(x_1' + x_3')$.

■

Damit hat Edgeworth eine für die spätere »Regressionsanalyse« grundlegende Tatsache, die bereits von Galton bzw. Dickson im Falle zweier Variablen angesprochen worden war, in allgemeiner Form dargelegt: Der »wahrscheinlichste« Wert einer Variablen bei Vorgabe der anderen hängt von letzteren linear ab, falls die Variablen einer gemeinsamen mehrdimensionalen Normalverteilung folgen. Da bei (bedingten) Normalverteilungen das Argument des Maximalwerts zugleich der (bedingte) Erwartungswert ist, war damit auch gezeigt, dass im Falle dreier Variablen X, Y, Z mit multivariater Normalverteilung bedingte Erwartungen, etwa $\mathrm{E}(Z|X = x, Y = y)$, Gleichungen der Art $\mathrm{E}(Z|X = x, Y = y) = a + bx + cy$ genügen müssen.

Es gab jedoch noch mehr zu tun: Die beste Methode zur Schätzung der Stichproben-Korrelation und ihres wahrscheinlichen Fehlers (oder eines entsprechenden Streumaßes) war noch zu finden, ebenso wie die vollständige Form der multivariaten Normalverteilung. Diese Probleme wurden von William Fleetwood Sheppard (1863–1936) und Karl Pearson bis zum Ende des Jahres 1897 gelöst.

12.7 Konzepte der mathematischen Statistik

Karl Pearson (1857–1936, Abb. 12.22) war ein Universalgenie. Er erreichte zunächst einen Abschluss als Drittbester seines Jahrgangs (*3rd Wrangler*) im *Mathematical Tripos* der Universität Cambridge. Es schloss sich ein Studienjahr in Heidelberg und Berlin an, in dem er sich vorrangig den Geisteswissenschaften widmete. Seit dieser Zeit verwendete er für seinen Vornamen statt »Carl« die deutsche Schreibweise »Karl«. Auch als Jurist war er nach entsprechenden Studien in der Folgezeit tätig. 1884 erhielt er einen Lehrstuhl für Mechanik und Angewandte Mathematik am University College in London.

Abb. 12.22: Karl Pearson

Nachdem er den *Gresham Chair of Geometry* an derselben Universität erhalten hatte, bot er zwischen Februar 1891 und November 1893 eine Reihe von öffentlichen Vorträgen an. Der Vortrag vom 18. November 1891 befasste sich mit graphischen Methoden in der Statistik. In anderen Vorträgen führte er die »Standardabweichung« ein, um so Galtons halben Quartilsabstand als Maß für die Streuung abzulösen und entwickelte Histogramme im Zusammenhang mit zeitlichen Abläufen. Weitere Vorträge zeigen, wie er durch Fragen, die Weldon bezüglich der Festlegung von Spezies aufgeworfen hatte, zu eigenen statistischen Untersuchungen angeregt wurde.

Das Jahr 1900 war wegweisend hinsichtlich der Einführung des χ^2-Tests durch Pearson wie auch der Gründung des Journals *Biometrika* durch Pearson, Galton und Weldon. Pearsons weiteres Wirken umfasste die Gründung der hoch einflussreichen *Biometric School at University College London* (1894), die Leitung des *Drapers Biometrics Laboratory* zum Studium natürlicher Selektion und der Entwicklung von Methoden der mathematischen Statistik (1903), die Führung einer astronomischen Einrichtung (1904) und des *Galton Eugenics Laboratory* zur Untersuchung der Vererbung von Krankheiten (1907) sowie die Herausgabe von Tafeln für statistische Berechnungen. Insgesamt publizierte er über 400 Artikel, die mit Statistik zu tun hatten. Vor allem veröffentlichte Pearson von 1893 bis 1916 eine Folge von 19 Beiträgen unter dem Titel »Contributions to the Mathematical Theory of Evolution«.

12.7.1 Pearson und Weldon

Im ersten Artikel der Reihe »Contributions to the Mathematical Theory of Evolution« [Pearson 1894] verwendete Pearson den auf Galton zurückgehenden Namen *Normal Curve* für das Fehlergesetz und propagierte die vorzugsweise Verwendung der Standardabweichung statt des wahrscheinlichen Fehlers.

Bedeutend in dieser Abhandlung ist Pearsons Anwendung von Momenten: Sei X eine Zufallsgröße mit der kumulativen Verteilungsfunktion $F(x) = \mathrm{P}(X \leqslant x)$ und Dichtefunktion $f(x) = F'(x)$. Für eine beliebige Funktion g, die auf $\mathbb{R}$ definiert ist, versteht man unter dem Erwartungswert von $g(X)$ den Ausdruck

$$\mathrm{E}\, g(X) := \int_{-\infty}^{\infty} g(x) f(x) \mathrm{d}x,$$

vorausgesetzt, $\int_{\mathbb{R}} |g(x)| f(x) dx$ existiert.

Insbesondere ist der Erwartungswert von X gleich $\mathrm{E}X = \mu$ und die Varianz von X gleich $\mathrm{Var}\, X = \mathrm{E}(X - \mu)^2 = \mathrm{E}X^2 - \mu^2 = \sigma^2$. In analoger Weise wird das k-te »zentrale Moment« durch $\mu_k = \mathrm{E}(X - \mu)^k$ definiert. Zu beachten ist, dass im allgemeinen Falle die Momente nicht existieren müssen. Ähnlich wie bei der Varianz können zentrale Momente μ_k mit Hilfe gewöhnlicher Momente $\mu'_k = \mathrm{E}X^k$ berechnet werden. Tatsächlich ist

- $\mu_2 = \mu'_2 - (\mu'_1)^2$
- $\mu_3 = \mu'_3 - 3\mu'_2\mu'_1 + 2(\mu'_1)^2$
- $\mu_4 = \mu'_4 - 4\mu'_3\mu'_1 + 6\mu'_2(\mu'_1)^2 - 3(\mu'_1)^4$

Wenn Beobachtungen $x_1, x_2, \ldots, x_n$ vorliegen, können in ähnlicher Weise empirische (gewöhnliche) Momente m'_k und empirische zentrale Momente m_k berechnet werden:

$$m'_k = \sum_{i=1}^{n} x_i^k / n \text{ und } m_k = \sum_{i=1}^{n} (x_i - m'_1)^k / n.$$

Wenn aus den Daten eine Häufigkeitsverteilung zu m Klassen gewonnen worden ist, so werden die empirischen Momente berechnet zu

$$m'_k = \sum_{i=1}^{m} c_i^k f_i/n,$$

wobei c_i ein Wert für die i-te Klasse und f_i die zugehörige absolute Häufigkeit mit $\sum f_i = n$ ist.

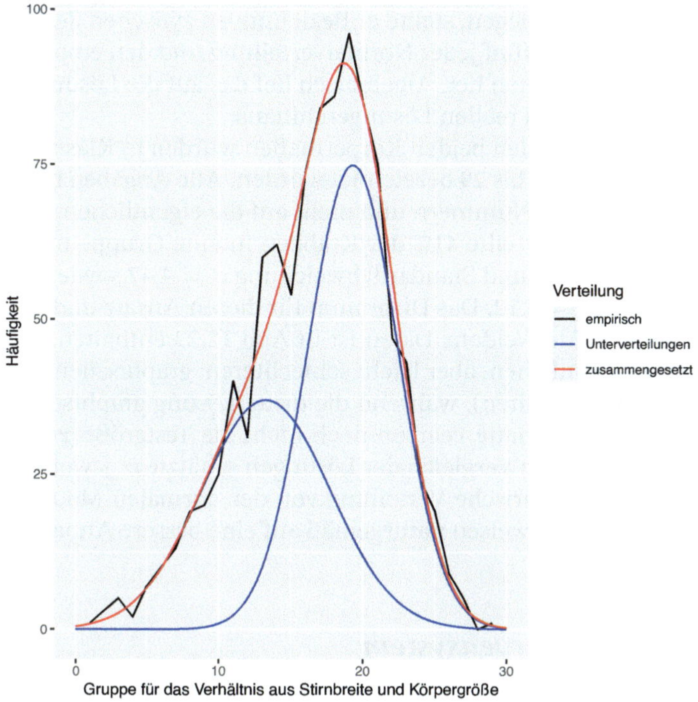

Abb. 12.23: Zerlegung von Weldons Krabben in zwei normalverteilte Teilpopulationen durch K. Pearson (moderne Graphik in Anlehnung an Karl Pearson [1894, Plate I]). Zur Gruppierung der Daten schreibt Pearson: "The abscissae of the curve are the ratio of "forehead" to body-length, and one unit of abscissa = .004 of body-length. No. 1 of the abscissae corresponds to .580–.583 of body-length. The ordinates represent the number of individual crabs corresponding to each set of ratios of forehead to body-length. Thus there was one crab fell into the range .580–.583, three fell into the range .584–.587, five into the range .588–.591, and so on."

Einige Merkmale, wie Gewicht oder Länge von biologischen Objekten variieren kontinuierlich. Durch die Evolution können sich zwei Spezies von einem gemeinsamen Vorfahren durch graduelle Veränderungen unterscheiden. Andere Merkmale, wie sie etwa von Gregor Mendel (1822–1884) untersucht worden sind, variieren in diskreter Weise.

Weldon versuchte, eine Annahme von Galton zu bestätigen, dass die Verteilung von Merkmalen unter veränderten Umweltbedingungen normal bleiben würde. Dazu maß er 23 kontinuierlich variierende Merkmale von 1000 Krabben bei Neapel aus [Weldon 1890]. Bei 22 Merkmalen verhielten sich die Ausprägungen gemäß Normalverteilungen. Nur bei einem Merkmal, dem Verhältnis aus »Stirnbreite« zur Körperlänge, ergab sich eine nicht-symmetrische Häufigkeitsverteilung.

Pearson stellte die Hypothese auf, dass dieses ungewöhnliche Verhalten auf die Überlagerung zweier normalverteilter und untereinander homogener Krabbenpopulationen zurückgeführt werden konnte. Um die Daten in zwei normalverteilte Gruppen zu zerlegen, stellte er Beziehungen zwischen den Momenten der Ordnungen eins bis fünf jeder Normalverteilung und den empirischen Momenten aus Weldons Daten her. Algebraisch lief das auf die Lösung einer Gleichung 9. Grades mit drei reellen Lösungen hinaus.

Die Verhältnisse aus den beiden Körpermaßen wurden in Klassen eingeteilt, die mit den Nummern 1 bis 29 bezeichnet wurden. Alle Angaben beziehen sich im Folgenden auf diese Nummern und nicht auf die eigentlichen Verhältnisse. Eine der drei Lösungen teilte 41% der Krabben in eine Gruppe mit arithmetischem Mittel $\mu = 13.28$ und Standardabweichung $\sigma = 4.47$ sowie eine Gruppe mit $\mu = 19.29$ und $\sigma = 3.12$. Das Diagramm für diesen Ansatz und das entsprechende Diagramm für Weldons Daten ist in Abb 12.23 enthalten. Eine zweite Lösung führte zu ähnlichen, aber leicht schlechteren, graphischen Ergebnissen (nicht in der Abb. enthalten), während die dritte Lösung graphisch unbrauchbar war. Zu dieser Zeit hatte Pearson noch nicht die Testgröße χ^2 für die Anpassungsgüte parat. Zum Vergleich der Lösungen schätzte er jeweils den Anteil der Fläche, die die empirische Verteilung von der normalen Modellverteilung trennte. Kleinere Werte weisen naturgemäß auf eine bessere Anpassung hin.

12.7.2 Pearsons Kurvensystem

Pearson kam zu dem Schluss, dass eine heterogene Population aus zwei oder mehr homogenen Teilpopulationen zusammengesetzt sein könnte. Ebenso schloss er aus empirischen Untersuchungen, dass eine homogene Gruppe einer schiefen (*skew*) Verteilung unterliegen könnte. Beispiele hierfür konnten unter Anderem in ökonomischen und physikalischen Daten gefunden werden. Pearson [1895, 360] stellte fest: »... that to deal effectively with statistics we require generalized probability curves which include the factors of skewness and range [Unterschied zwischen dem größten und kleinsten Datenwert].« Aus diesem Grund entwickelte er im zweiten Artikel seiner Reihe, »Contributions to the Mathematical Theory of Evolution II: Skew Variation in Homogeneous Material« [Pearson 1895], ein System von Wahrscheinlichkeitskurven, die einen breiten Bereich von Möglichkeiten abdeckten.

Die geometrische Eigenschaft der Binomialverteilung

$$\frac{\text{Steigung des Polygonabschnitts}}{\text{mittlere Ordinate}} = -\frac{2 \times \text{mittlere Abszisse}}{2\sigma^2}$$

tritt auch bei der Normalverteilung im Sinne von

$$\frac{\text{Steigung der Kurve}}{\text{Ordinate}} = -\frac{2 \times \text{Abszisse}}{2\sigma^2}$$

auf und führt zur Differentialgleichung

$$\frac{y'}{x} = -\frac{2y}{2\sigma^2}.$$

In analoger Weise ergab eine Betrachtung der hypergeometrischen Verteilung die Differentialgleichung

$$\frac{y'}{y} = -\frac{x-a}{c_0 + c_1 x + c_2 x^2},$$

deren Lösungen verschiedenen Typen von Wahrscheinlichkeitsfunktionen entsprechen.

Um eine Pearson-Kurve zu einem Datensatz zu berechnen, kann man das im Buch [1906] von Ethel Elderton (1878–1954) beschriebene Verfahren verwenden: Die ersten vier nichtzentralen empirischen Momente m'_1, m'_2, m'_3 und m'_4 werden bestimmt. Aus diesen berechnet man dann die entsprechenden zentralen Momente m_2, m_3, m_4 und die zwei Funktionen $b_1 = \frac{m_3^2}{m_2^2}$ (*Squared Skewness*) und $b_2 = \frac{m_4}{m_2^2}$ (*Kurtosis*).

Der Kurventyp ist durch die Faktoren im Term $c_0 + c_1 x + c_2 x^2$ bestimmt. Elderton zeigt ausführlich, wie die Lösung direkt aus den Werten für m_2, b_1, und b_2 bestimmt werden kann, ohne auf die Differentialgleichung zurückgreifen zu müssen: Mit $d = 2(5b_2 - 6b_1 - 9)$ werden die Koeffizienten gemäß

- $c_0 = m_2(4b_2 - 3b_1)/d$
- $c_1 = a = [\sqrt{m_2 b_1}(b_2 + 3)]/d$
- $c_2 = (2b_2 - 3b_1 - 6)/d$

berechnet.

Beispiel 12.6 Für Weldons Krabben fand Pearson

$$y = 83.2526\left(1 + \frac{x - 18.23}{40.9296}\right)^{14.77264}\left(1 - \frac{x - 18.23}{11.2125}\right)^{4.0469}.$$

In Abb. 12.24 findet man einen Vergleich zwischen der empirischen Verteilung, der Verteilung entsprechend der Mixtur zweier normalverteilter Populationen und der berechneten »schiefen« Kurve des Pearson-Systems. ■

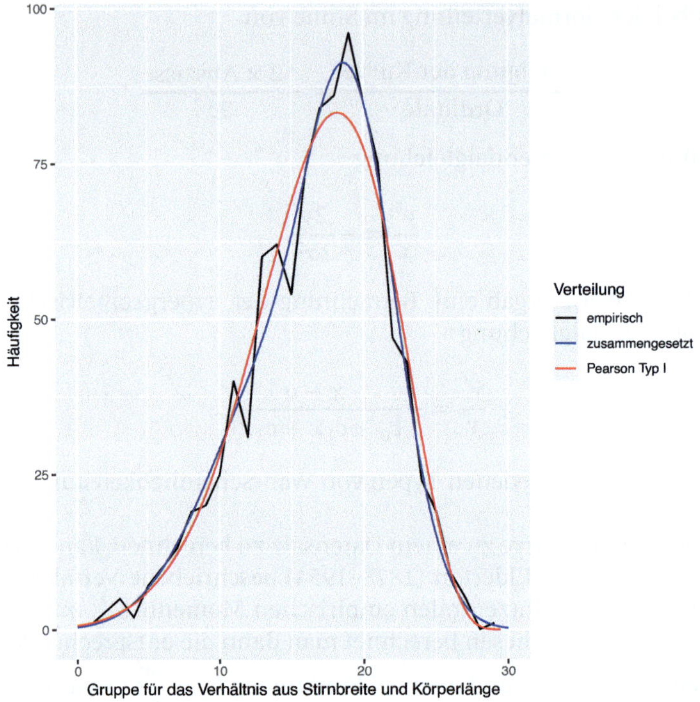

Abb. 12.24: Pearsonkurve und durch Überlagerung gewonnene Kurve zu Weldons Krabbendaten in Anlehnung an [Pearson 1895]

12.7.3 Edgeworth-Reihen

Im Kapitel 9 zur Fehlerrechnung wurde bereits berichtet, wie Hagen und Bessel die Elementarfehlerhypothese zur Erklärung normaler Fehlergesetze herangezogen hatten.

Da natürlich bekannt war, dass empirische Verteilungen oftmals nicht Normalverteilungen entsprechen, untersuchten Jørgen Gram (1850–1916) im Jahre 1879 und Thorvald Thiele (1838–1910) im Jahre 1889 die Darstellung nichtnormaler Häufigkeitskurven durch Reihenentwicklungen nach der Normalverteilungsdichte und ihrer Ableitungen. In diesem Sinne war die Normalverteilung nur die »nullte« Approximation zu einer allgemeinen Verteilung. Thiele entwickelte in diesem Zusammenhang mit seinen »Semiinvarianten« analytische Hilfsmittel, die die Berechnung der Koeffizienten dieser Reihenentwicklungen erheblich erleichterten. Sein Buch *Theory of Observations* von 1903, eine aktualisierte Ausgabe seines auf Dänisch erschienenen Werks von 1889, wurde für so bedeutend erachtet, dass es 1931 in den *Annals of Mathematical Statistics* wiederabgedruckt wurde. Der Astronom Heinrich Bruns (1848–1919) stellte, ausgehend von diskreten Verteilungen, 1897 einen analogen Reihenansatz zur

Darstellung von Verteilungsfunktionen vor, der auch erheblichen Raum in seinem verbreiteten Lehrbuch *Wahrscheinlichkeitsrechnung und Kollektivmaßlehre* von 1906 einnahm. 1901 zeigte Felix Hausdorff (1868–1942), wie die Elementarfehlerhypothese zur Rechtfertigung des Vorgehens herangezogen werden konnte. Entsprechende Beiträge von Carl Vilhelm Charlier (1862–1934) im Jahre 1905 wurden allerdings stärker beachtet. Die so erhaltenen Reihenentwicklungen hatten aber den Nachteil, dass bei Summen unabhängiger Zufallsgrößen aufeinanderfolgende Glieder nicht unbedingt von immer kleinerer Größenordnung sind.

Edgeworth [1905] präsentierte nun ebenfalls eine Art der Reihenentwicklung für die näherungsweise Darstellung einer vorgegebenen Wahrscheinlichkeitsverteilung, in der im Falle von Summen unabhängiger Zufallsgrößen, also bei Annahme der Elementarfehlerhypothese, aufeinanderfolgende Glieder tatsächlich von immer kleinerer Größenordnung sind. Die Edgeworth-Reihe für die Verteilungsfunktion F einer standardisierten Zufallsgröße hat die Form

$$F(z) \approx \Phi(z) - \left[\frac{\gamma_1}{6}\varphi^{(2)}(z)\right] + \left[\frac{\gamma_2}{24}\varphi^{(3)}(z) + \frac{\gamma_1^2}{72}\varphi^{(5)}(z)\right] + \cdots. \tag{12.5}$$

Wir bezeichnen hier wie üblich die Verteilungsfunktion der Standardnormalverteilung mit Φ und ihre Dichte mit φ. Bei standardisierten Summen

$$Z = \frac{S_n - n\mu}{\sqrt{n}\sigma}$$

aus unabhängigen und identisch verteilten Zufallsgrößen mit Erwartungswerten μ und Standardabweichung σ ist γ_1 von der Größenordnung $1/\sqrt{n}$ und γ_2 von der Größenordnung $1/n$. Dies sind somit auch die jeweiligen Größenordnungen der ersten beiden Korrekturglieder in eckigen Klammern. Aber auch jeder nachfolgende Term ist von einer immer kleineren Ordnung und ergibt so eine immer genauere Approximation. Allgemein ist diese Näherung natürlich stets besser, wenn F selbst einigermaßen nahe einer Normalverteilung ist. Eine detaillierte Geschichte der Reihenentwicklungen zur Darstellung von Wahrscheinlichkeitsfunktionen ist in [Hald 2002] und [Fischer 2011] zu finden.

Exkurs 12.1

Wir fassen das Prinzip der Edgeworth-Reihe in moderner Notation zusammen. Sei $X_1, X_2, \dots, X_n$ eine Folge von unabhängigen, identisch verteilten Zufallsgrößen mit Erwartung μ und Varianz σ^2. $S_n = \sum_{i=1}^n X_i$ möge die (kumulative) Verteilungsfunktion F haben. Die Grundversion des zentralen Grenzwertsatzes besagt dann, dass die Grenzverteilung von $\frac{S_n - n\mu}{\sqrt{n}\sigma}$ bei $n \to \infty$ die Standardnormalverteilung ist.

Wir sehen, dass die normale Approximation zur Verteilung von S_n nur von (den als endlich angenommenen Werten) μ und σ abhängt. Es stellt sich sofort die Frage, ob nicht die Einbeziehung von höheren Momenten $\mathrm{E}X^k$ eine bessere Approximation an F ermöglicht.

Mit den Momenten hängen die »Kumulanten« $\varkappa_i$ zusammen (auch »Semiinvarianten« genannt). Um sie zu bestimmen, verwenden wir bei einer beliebigen Zufallsgröße X die erzeugende Funktion $M(t) = \mathrm{E}\,\mathrm{e}^{tX}$ von X und setzen $K(t) = \ln M(t)$. Die Kumulanten sind dann die Koeffizienten in der Taylorreihe von K mit der Form

$$K(t) = \kappa_1 t + \frac{\kappa_2 t^2}{2!} + \frac{\kappa_3 t^3}{3!} + \frac{\kappa_4 t^4}{4!} + \cdots .$$

Man kann zeigen, dass

$$\kappa_1 = \mu, \quad \kappa_2 = \sigma^2, \quad \kappa_3 = \mathrm{E}[(X-\mu)^3], \quad \kappa_4 = \mathrm{E}[(X-\mu)^4] - 3\sigma^4.$$

Für die Kumulanten der dritten bzw. vierten Ordnung einer standardisierten Zufallsgröße $(X-\mu)/\sigma$, wie sie in der Reihenentwicklung (12.5) auftreten, ergibt sich

$$\gamma_1 = \frac{\kappa_3}{\sigma^3} \quad \text{und} \quad \gamma_2 = \frac{\kappa_4}{\sigma^4}.$$

Da nun für eine beliebige Ordnung die Kumulante einer Summe unabhängiger Zufallsgrößen gleich der Summe der entsprechenden Einzelkumulanten ist, folgt die Größenordnung $1/\sqrt{n}$ bzw. $1/n$ für die Kumulanten γ_1 bzw. γ_2 einer standardisierten Summe unabhängiger und identisch verteilter Zufallsgrößen.

Der Quotient $H(x) = (-1)^k \varphi^{(k)}(x)/\varphi(x)$ wird als k-tes (stochastisches) Hermite-Polynom in x bezeichnet. Die ersten sechs dieser Polynome sind

$$\begin{array}{ll} H_1(x) = x & H_4(x) = x^4 - 6x^2 + 3 \\ H_2(x) = x^2 - 1 & H_5(x) = x^5 - 10x^3 + 15x \\ H_3(x) = x^3 - 3x & H_6(x) = x^6 - 15x^4 + 45x^2 - 15. \end{array}$$

Differentiation von (12.5) bezüglich z ergibt die Reihe für die Dichtefunktion f gemäß

$$f(z) = \varphi(x) - \left[\frac{\gamma_1}{6}\varphi^{(3)}(z)\right] + \left[\frac{\gamma_2}{24}\varphi^{(4)}(z) + \frac{\gamma_1^2}{72}\varphi^{(6)}(z)\right] + \cdots$$

bzw., ausgedrückt durch Hermite-Polynome,

$$f(z) = \varphi(z)\left[1 + \frac{\gamma_1}{6}H_3(z) + \left(\frac{\gamma_2}{24}H_4(z) + \frac{\gamma_1^2}{72}H_6(z)\right) + \cdots\right].$$

Beispiel 12.7 Die Approximation durch eine Edgeworth-Reihe an die Wahrscheinlichkeitsdichte von Weldons »Stirn«-Daten kann man leicht berechnen. Die Datenwerte werden dabei als hypothetische Summen von »Elementarfehlern« aufgefasst. Pearson [1895] berechnet Schätzwerte $\widehat{\gamma}_1 = -0.497589$ und $\widehat{\gamma}_2 = 0.055038$ mit Hilfe der empirischen Momente bis zur vierten Ordnung.

Der Vergleich zwischen Pearsons Lösung aus Beispiel 12.6, diesem Ansatz und den ursprünglichen Daten ist aus Abb. 12.25 ersichtlich. Die Kurven sind sich ziemlich ähnlich. ■

Pearsons Methode der Kurvenanpassung wurde oftmals kritisiert, da sie letztlich auf willkürlichen Annahmen beruhte, einer Differentialgleichung, die keine Verbindung zu der Untersuchung von Fehlern aufwies. Edgeworths Reihe beruhte dagegen auf der Grundidee der Erzeugung einer Verteilung durch Elementarfehler. Beide Ansätze machten von Momentenmethoden Gebrauch. Da

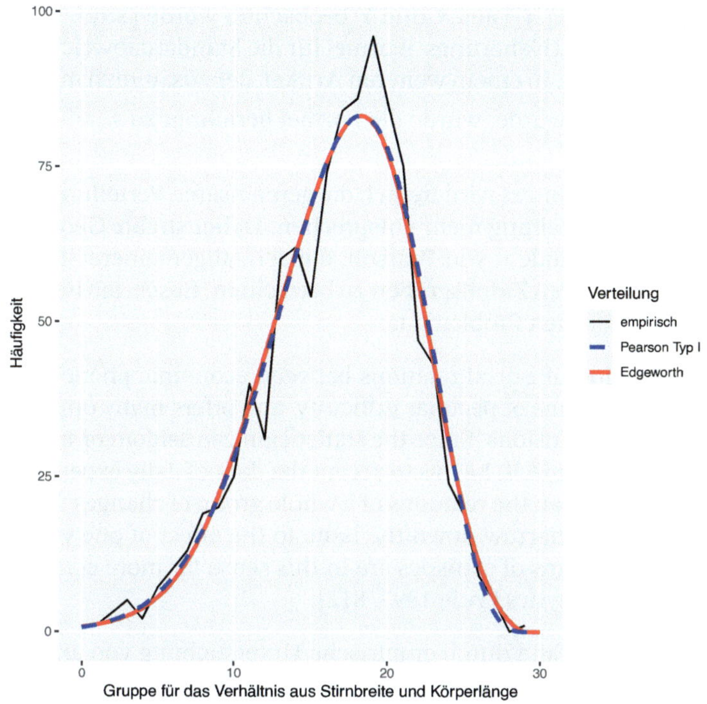

Abb. 12.25: Pearsons und Edgeworths Kurvenanpassungen an Weldons Krabbendaten

höhere empirische Momente eine große Streuung aufweisen, werden üblicherweise nur die ersten vier Momente zur Kurvenanpassung verwendet.

12.7.4 Lineare und nichtlineare Korrelation

Als Nächstes widmete sich Pearson [1896, 125] dem Studium der Korrelation in seinem Beitrag »Regression, Heredity and Panmixia«. Für Zufallsgrößen X, Y mit bivariater Normalverteilung definierte er die Korrelation durch

$$\rho := \frac{\mathrm{E}(X-\mu_X)(Y-\mu_Y)}{\sigma_X\sigma_Y} = \frac{\mathrm{Cov}(XY)}{\mathrm{SD}(X)\,\mathrm{SD}(Y)},$$

wobei SD die Standardabweichung und Cov die Kovarianz bezeichnet. Die Stichprobenkorrelation r ist analog definiert gemäß

$$r = \frac{\sum(x_i-\overline{x})(y_i-\overline{y})}{\sqrt{\sum(x_i-\overline{x})^2\sum(y_i-\overline{y})^2}},$$

wenn n Wertepaare (x_i, y_i) aus X und Y beobachtet worden sind.

Die 1896 gegebene (Näherungs-)Formel für die Standardabweichung s_r von r war freilich fehlerhaft. In einem weiteren Artikel, der zusammen mit Louis Filon (1875–1937) verfasst wurde, wurde die Formel berichtigt zu $s_r \approx \frac{1-r^2}{\sqrt{n}}$ [Pearson und Filon 1898, 242].

Im allgemeinen Kontext wird freilich die gemeinsame Verteilung keiner multivariaten Normalverteilung mehr entsprechen. Daher strebte George Udny Yule (1871–1951), ein Student von Pearson, danach, allgemeinere Situationen als die der normalverteilten Zufallsgrößen zu betrachten. Er schrieb im Zusammenhang mit ökonomischen Problemen:

> The investigation of causal relations between economic phenomena presents many problems of peculiar difficulty, and offers many opportunities for fallacious conclusions. Since the statistician can seldom or never make experiments for himself, he has to accept the data of daily experience, and discuss as best he can the relations of a whole group of changes; he cannot, like the physicist, narrow down the issue to the effect of one variation at a time. The problems of statistics are in this sense far more complex than the problems of physics [Yule 1897, 812].

Yule [1896; 1897] fand durch empirische Untersuchung von arithmetischen Mitteln von Y-Werten, die jeweils zum selben X-Wert gehören, dass die Kurve mit den Punkten $(x, \mathrm{E}(Y|X = x))$ – er [1896, 477] nannte sie *Curve of Regression* – nicht unbedingt geradlinig ist. Im Falle, dass (X, Y) einer bivariaten Normalverteilung folgt, ist freilich, wie bereits durch das Ergebnis von Galton und Dickson nahegelegt (s. Abschn. 12.6.2), diese Kurve eine Gerade, die von Karl Pearson [1899, 223] so bezeichnete *Regression Line*. Trotz dieser Feststellung, dass nur in besonderen Fällen lineare Abhängigkeiten zu erwarten sind, erweiterte Yule den Begriff der Korrelation dadurch, dass er Zusammenhänge zwischen Zufallsgrößen durch Linearausdrücke gemäß der Methode der kleinsten Quadrate approximierte und die hierbei auftretenden Koeffizienten analog zum normalverteilten Fall im Sinne von Korrelationen interpretierte. Liegt beispielsweise eine Stichprobe $(x_1, y_1), \dots, (x_n, y_n)$ entsprechend dem Zufallsvektor (X, Y) vor, so gilt für die mit der Methode der kleinsten Quadrate in Bezug auf die y-Werte ermittelte Ausgleichsgerade $y = g_1(x)$:

$$\sum (y_i - g_1(x_i))^2 = \min \iff \frac{g_1(x) - \overline{y}}{s_y} = r\frac{x - \overline{x}}{s_x}.$$

Dabei sind $\overline{x}$, $\overline{y}$, s_x, s_y die jeweiligen Stichprobenmittel bzw. Stichprobenstandardabweichungen und r die Stichprobenkorrelation. Für die bezüglich der x-Werte ermittelte Ausgleichsgerade $x = g_2(y)$ mit $\sum (x_i - g_2(y_i))^2 = \min$ gilt eine analoge Beziehung, in der dasselbe r auftritt. Auf diese Weise verallgemeinerte Yule das Konzept der linearen Regression zu einem allgemeinen Werkzeug zur Untersuchung von Beziehungen zwischen zwei oder mehr Variablen. Karl

Pearson kritisierte Yules einseitige Betonung linearer Zusammenhänge und versuchte, in dem Bestreben das Konzept der Korrelation zu verallgemeinern, diese (z. B. [1905a]) durch Anpassungen mit quadratischen oder kubischen Kurven zu ersetzen. Dabei verwendete er Momentenmethoden und nicht kleinste Quadrate. Eugen Slutskii [1913] unterzog eine dieser Anpassungen einem modifizierten χ^2-Test (s. Abschn. 12.7.5) und schlug generell vor, Regressionskurven durch Minimierung von χ^2 zu gewinnen.

Obwohl Yule und Pearson – besonders mit ihren Anwendungsproblemen – ganz »nahe dran« waren, haben sie dennoch die folgende Beziehung (wir beschränken uns hier auf einen zweidimensionalen Zufallsvektor (X, Y)) zwischen Korrelation bzw. Regression und kleinsten Quadraten nicht explizit gemacht: Man kann bei Vorliegen einer allgemeinen Verteilung für (X, Y) zeigen, dass unter allen auf $\mathbb{R}$ definierten Funktionen u, für die $u(X)$ eine Zufallsgröße ist, der »kleinste Quadrate-Term« $\mathrm{E}[Y-u(X)]^2$ für $u(X) = \mathrm{E}(Y|X)$ minimal wird (vorausgesetzt, die Erwartungswerte existieren) [Cramér 1945, chapt. 21.5].

12.7.5 Der Chiquadrat-Test

Wir beschließen den Abschnitt über Pearson mit seinem Beitrag von 1900, in dem er einen Test dafür entwickelte, ob einem Datensatz eine vorgegebene univariate Wahrscheinlichkeitsverteilung zugrundeliegt [Pearson 1900]. Nehmen wir an, dass N Beobachtungen so angestellt worden sind, dass eine Häufigkeitsverteilung für n disjunkte Klassen vorliegt. Bei Verwendung der vorliegenden Wahrscheinlichkeitsverteilung können wir den Erwartungswert $E_k = p_k N$ für die Anzahl der Beobachtungen berechnen, die in die k-te Klasse fallen; p_k ist dabei die Trefferwahrscheinlichkeit für die k-te Klasse. Dies führt zur Konstruktion einer Tafel der Form:

Klasse	1	2	3	$\cdots$	n
beobachtet	O_1	O_2	O_3	$\cdots$	O_n
erwartet	E_1	E_2	E_3	$\cdots$	E_n

Die »χ^2« genannte Testgröße ist definiert als

$$\chi^2 = \sum_{i=1}^{n} \frac{(O_i - E_i)^2}{E_i}.$$

Kleine Werte von χ^2 deuten auf Daten hin, die zu der angenommenen Verteilung passen. Pearson bewies, dass für $N \to \infty$ die Verteilung der Testgröße gegen eine χ^2-Verteilung – heute würde man sagen mit Freiheitsgrad $(n - 1)$ – strebt. Diese Verteilung führte er folgendermaßen ein: Angenommen, eine k-dimensionale Zufallsgröße $\boldsymbol{Z}$ hat eine multivariate Normalverteilung mit einer Dichte $f(\boldsymbol{z}) \propto \exp(-\frac{1}{2}\boldsymbol{z}^\top D^{-1}\boldsymbol{z})$, wobei D die Kovarianzmatrix ist. Intuitiv bietet sich an, nach der Verteilung für $\chi^2(\boldsymbol{Z}) := \boldsymbol{Z}^\top D^{-1}\boldsymbol{Z}$ (nicht zu verwechseln mit der Testgröße) zu suchen. Die »Ellipsoide« mit Gleichung $a^2 = \boldsymbol{z}^\top D^{-1}\boldsymbol{z}$ bilden ja die Niveaulinien bzw. -flächen gleicher Dichte, und $\mathrm{P}(\chi^2(Z) > a^2)$ ist die Wahrscheinlichkeit dafür, dass $\boldsymbol{Z}$ ein »Ausreißer« ist. Pearson erzielte nach Koordinatentransformationen das Ergebnis

$$\mathrm{P}(\chi^2(Z) > a^2) \propto \int_{a^2}^{\infty} \mathrm{e}^{-x/2} x^{k/2-1} \mathrm{d}x. \tag{12.6}$$

Irenée Jules Bienaymé (1796–1878) hatte bereits 1852 dasselbe Resultat erhalten [Hald 1998, chapt. 23.3]. Seit Fisher spricht man bei k von den »Freiheitsgraden« der χ^2-Verteilung (1922). Pearson fertigte eine kleine Tabelle an, in der er die *Improbability*, also die Wahrscheinlichkeit gemäß (12.6) für einige Freiheitsgrade und einige Werte von a^2 auflistete. Bei ausreichend großen Stichproben war davon auszugehen, dass diese Werte mit guter Genauigkeit die eigentliche Verteilung der Testgröße wiedergeben würden. Falls nicht alle Parameterwerte der zu testenden Verteilung bekannt sind, sondern aus der Stichprobe geschätzt werden müssen, muss die Anzahl der Freiheitsgrade entsprechend reduziert werden. Dies wurde aber erst in den Zwanzigerjahren von Fisher genauer erkannt und diskutiert [Hald 1998, 661].

Beispiel 12.8 Pearson [1900, 169] verglich die beobachteten Anzahlen wiederholter Läufe in derselben Farbe beim Roulette in Monte Carlo während zwei Wochen im Juli 1892 mit den theoretischen Werten, die er – anders als es den jetzigen Gewohnheiten entspricht – rundete. Diese Ungenauigkeit wie auch der falsche Theoriewert 0 anstatt 1 für die Anzahlen > 12 waren für das Ergebnis aber ohne große Auswirkung.

Anzahl	1	2	3	4	5	6	7	8	9	10	11	12	> 12
beob.	2462	945	333	220	135	81	43	30	12	7	5	1	0
theoretisch	2137	1068	534	267	134	67	33	17	8	4	2	1	0

Er berechnete für die Testgröße $\chi^2 = 172.43$ und für die *Improbability* $P = 14.5 \times 10^{-30}$. Da es also extrem unwahrscheinlich ist, einen χ^2-Wert in dieser Größenordnung bei den üblichen Roulette-Wahrscheinlichkeiten zu erhalten, schloss er daraus, dass die beobachteten Ergebnisse wenig mit dem Zufall zu tun hätten. ■

Unter seinen Beispielen präsentierte Pearson auch den Test auf Normalverteilung. In diesem Zusammenhang mahnte er zur Skepsis gegenüber Normalverteilungsannahmen:

> We can only conclude from the investigations here considered that the normal curve possesses no special fitness for describing errors or deviations such as arise either in observing practice or in nature. We want a more general theoretical frequency, and the fitness of any such to describe a given series can be investigated by aid of the criterion discussed in this paper.

Tatsächlich sollte sich viel später herausstellen, dass der χ^2-Test ausgerechnet für Normalverteilungen ungünstig ist, da er oftmals nicht zur Ablehnung führt, wenn die tatsächlich zugrundeliegende Verteilung zwar von einer Normalverteilung deutlich abweicht, aber einigermaßen symmetrisch ist.

12.8 Vorweggenomene Ergebnisse in der Fehlerrechnung?

Normalverteilung, Eigenschaften von Schätzern und Methode der kleinsten Quadrate waren im 19. Jahrhundert die Leitmotive einer Fehlerrechnung, die gegen Ende dieses Jahrhunderts ein bereits sehr fortgeschrittenes mathematisches Niveau erreicht hatte. Während Quetelet noch von weitreichenden Analogien zwischen Beobachtungsfehlern einerseits und statistischen Schwankungen im sozialen oder biologischen Kontext andererseits ausgegangen war, dieses Forschungsprogramm aber nur auf mathematisch recht elementarem Niveau verfolgt hatte, nahmen zunächst die englischen Statistiker kaum Notiz von aktuelleren Entwicklungen der Fehlerrechnung. Dies änderte sich, als Karl Pearson um 1895 auf die 1846er Arbeit von Auguste Bravais (1811–1863) zur bivariaten und trivariaten Normalverteilung im Rahmen von Fehlern bei Bestimmungen von unter einander abhängigen Koordinaten aufmerksam wurde. Pearson [1896, 261] gestand Bravais eine beinahe erschöpfende Diskussion der wichtigsten Eigenschaften der Korrelation zu. Über zwei Jahrzehnte später schrieb er [1920, 28] freilich

> Bravais has no claim, whatever, to supplant Francis Galton as the discoverer of the correlational calculus.

Tatsächlich war Bravais nicht der Erste, der multivariate Fehlergesetze untersucht hatte. Bereits bei Laplace [1811] finden wir im Rahmen asymptotischer Betrachtungen bivariate Normalverteilungen, und aus seinen Ausführungen geht die Abhängigkeit der Parameter von der – modern ausgedrückt – Kovarianzmatrix hervor. Bereits 1813 nahm Giovanni Plana (1781–1864) Laplaces Ideen auf und entwickelte sie – allerdings vom rein mathematischen Standpunkt nur geringfügig – weiter [Walker 1928]. Neben Bravais folgte eine Reihe von Autoren, wie der ebenfalls schon erwähnte Bienaymé [1852]. Sich gegenseitig ergänzende Übersichten hierzu findet man in [Czuber 1891] und [Hald 1998]. Es kann konstatiert werden, dass tatsächlich schon deutlich vor Galtons »Entdeckung« der bivariaten Normalverteilung die Eigenschaften dieser Verteilung, auch im allgemeinen mehrdimensionalen Fall, gründlich bekannt waren. Dennoch hatte Pearson mit seiner Einschätzung von 1920 eher recht als mit seiner 1896 geäußerten Meinung.

Die statistischen Anliegen von Fehlerrechnung einerseits und Korrelation im Galtonschen Sinne andererseits waren grundverschieden. Beschränken wir uns im Folgenden auf die Betrachtung von zwei Variablen. In der von astronomischen und geodätischen Fragestellungen motivierten Fehlerrechnung des

19. Jahrhunderts geht es darum, Schätzungen $\widehat{x}$ und $\widehat{y}$ für unbekannte, aber feste x bzw. y zu finden, falls diese gemäß eines linearen Modells

$$d_i = a_i x + b_i y + \epsilon_i \quad (i = 1, \dots, n, n > 2)$$

mit vorgegebenen Koeffizienten a_i, b_i, untereinander unabhängigen Fehlern ϵ_i und Beobachtungswerten d_i zusammenhängen. Unter bestimmten Voraussetzungen, etwa wenn die Fehler identisch normalverteilt sind, folgen die Kleinste-Quadrate-Schätzer $\widehat{x}$ und $\widehat{y}$ einer bivariaten Normalverteilung. Zu den vorgegebenen Wahrscheinlichkeiten $0 < \alpha < 1$ gibt es konzentrische, zueinander ähnliche Ellipsen, die »Fehlerellipsen« (s. Abb. 12.21), sodass deren Innenbereichen E_α die Wahrscheinlichkeit $\mathrm{P}((\widehat{x}, \widehat{y}) \in E_\alpha) = \alpha$ zugeordnet ist.

Dem Untersuchungsgegenstand der englischen »Schule« entspricht dagegen im Falle zweier Variablen das lineare Modell

$$Y_i = aX_i + b + \epsilon_i \quad (i = 1, \dots, n, n > 2),$$

wobei (X_i, Y_i) unabhängige Kopien eines Zufallsvektors (X, Y) sind, der einer bivariaten Normalverteilung folgt und a, b feste, aber unbekannte Koeffizienten. Primär interessiert, wie die Variablen X und Y zusammenhängen, oder anders ausgedrückt, wie sie korreliert sind.

Die Unterschiede zwischen den beiden Gebieten lagen also in erheblicher Weise in der Verfolgung verschiedener stochastischer Grundvorstellungen und in der Betonung verschiedener Untersuchungsgegenstände. Die gemeinsame Klammer war die mehrdimensionale Normalverteilung, die freilich in der Fehlerrechnung auch nicht zu den wirklich vorrangigen Themen zählte. Erst bei Fisher findet man eine wesentliche Zusammenschau der Eigenschaften des linearen Modells in der Fehlerrechnung einerseits und der linearen Regression andererseits (s. [Aldrich 2005]), verbunden mit der Erkenntnis, dass die gemeinsamen Eigenschaften der hier auftretenden Schätzer der Linearkoeffizienten von wesentlich allgemeinerem wissenschaftlichen Interesse seien als der Korrelationskoeffizient, der oftmals »if used at all, is an artificial concept of no real utility« [Fisher 1925, 114].

12.9 Resumé

Die Untersuchungen des 19. Jahrhunderts führten geradezu zu einer Explosion der statistischen Aktivitäten im darauffolgenden Jahrhundert. Quetelets Programm zur Entdeckung von biologischen und gesellschaftlichen Gesetzmäßigkeiten des menschlichen Daseins entfaltete einen gewaltigen Einfluss. Statistisches Datenmaterial wird in großen Mengen gesammelt, um das Wohl der Gesellschaft zu fördern und Regierungen in ihrer Politik zu leiten. Auf vielen Gebieten suchen Wissenschaftler nach statistischen Gesetzmäßigkeiten, wie es einer etablierten Wissenschaft angemessen ist.

Ein gestiegenes Problembewusstsein beim Sammeln von Daten aufgrund sorgfältiger Versuchsplanung gestattet die Zuordnung von Ursachen zu beobachteten Wirkungen in präsiserer Weise. Besonders in der Landwirtschaft und der Medizin führt das zu großen Erfolgen.

Vor allem durch die Leistungen von Karl Pearson, seinen Kollegen und Studenten entstand eine eigenständige Disziplin der mathematischen Statistik, die dann in den ersten Jahrzehnten des zwanzigsten Jahrhundert maßgeblich von britischen Mathematikern vorangetrieben wurde, auch wenn diese erst relativ spät die Bezüge zu der – freilich im Anwendungsbereich beschränkten und konzeptionell deutlich andersartigen – Fehlerrechnung wahrgenommen hatten. Der erweiterte Blick auf Humanwissenschaften und Biologie verstärkte Untersuchungen, die im Rahmen der Fehlerrechnung eine eher nebensächliche Rolle gespielt hatten, wie die Anpassung »schiefer« Verteilungen oder die mit der Korrelation zusammenhängenden Probleme. Die Normalverteilung, die ihre Rolle vom Fehlergesetz zu einem Gesetz der Abweichungen erweiterte, wurde nur noch als eine von beliebig vielen Verteilungen angesehen. Dennoch erhielt sie eine wesentliche Bedeutung bei, da viele statistische Methoden, wie sie besonders in der britischen Schule weiterentwickelt wurden, auf Normalverteilungsannahmen aufbauten. Bei großen Stichproben sind aufgrund des zentralen Grenzwertsatzes ohnehin die benutzten Schätzgrößen in vielen Fällen approximativ normalverteilt.

Die Entdeckung der Regression und Korrelation durch Galton führte zu genaueren Untersuchungen von multivariaten Verteilungen, der daraus abgeleiteten marginalen und bedingten Verteilungen und deren Beziehung zur Regression. In der Nachfolge sollte die Regressionsanalyse innerhalb des breiten Rahmens allgemeiner linearer und nichtlinearer Modelle zu einem noch mächtigeren Werkzeug werden.

Kapitel 13
Erste Schritte im Übergang zur modernen Wahrscheinlichkeitstheorie

Die Zeit zwischen 1870 und dem Beginn des ersten Weltkriegs 1914, also die erste Phase der kulturellen wie gesellschaftlichen Moderne, war geprägt durch eine rasche und dynamische wissenschaftliche, künstlerische, technische, soziale und politische Entwicklung, die freilich auch mit großen Widersprüchen und inneren Konflikten behaftet war. So bestand etwa in der bildenden Kunst die Dis-

Abb. 13.1: Links: Fauvismus: Alexis Mérodack-Jeanneau, Clown à la boule bleue, 1906. Rechts: Akademismus: Francesco Hayez, Selbstbildnis, 1878

krepanz zwischen avantgardistischen Strömungen (Impressionismus, Expressionismus und daraus entspringenden Richtungen, wie Fauvismus oder Kubismus) und der traditionellen Ausrichtung der »akademischen Kunst«, die aber ab der Jahrhundertwende an Bedeutung verlor (s. Abb. 13.1). Auf der einen Seite stand das für die Moderne typische Ausloten der Möglichkeiten (der »Kontingenz« in wissenschaftstheoretischem Jargon) in selbst bestimmter,

H. Fischer et al., *1000 Jahre Stochastik*, Vom Zählstein zum Computer,
https://doi.org/10.1007/978-3-662-72368-5_13

meist programmatisch festgelegter, Autonomie »um der Kunst willen«, auf der anderen Seite eine Gegenmoderne, die von künstlerischen Autoritäten der Akademien, dem breiten Publikumsgeschmack und auch von kommerziellen Interessen getragen wurde.

Auch die Mathematiker sahen (und sehen) sich gerne als Künstler, wie schon aus dem damals regen Gebrauch des Wortes »Schöpfung« für Publikationen mathematischer Forschungsergebnisse ersichtlich wird. Spätestens seit ca. 1820 war in der Analysis eine Bewegung erkennbar, die von einer hauptsächlich durch die Physik motivierten, problemorientierten Disziplin hin zu einem Gebiet führte, in dem die Durchdringung und Weiterentwicklung eines Begriffsgeflechts, basierend auf der Konvergenz von Folgen und der Stetigkeit von Funktionen, im Vordergrund stand [Laugwitz 1999, 187–191]. In diesem Kontext bildete sich auch die von Georg Cantor (1845–1918) begründete Mengenlehre – für längere Zeit geradezu das Sinnbild »moderner« Mathematik – heraus. Gegen Ende des 19. Jahrhunderts war das auch heute noch übliche Lehrgebäude der »klassischen« Analysis konsolidiert. Wichtige, noch »modernere« Konzepte, wie der von Henri Lebesgue (1875–1941) begründete Integralbegriff (1902) und darauf aufbauende, abstrakte, Maß- und Integralbegriffe, die für die Entwicklung der Wahrscheinlichkeitstheorie maßgeblich wurden, sollten alsbald folgen. Neben der Analysis und der Mengenlehre waren es insbesondere die Algebra (Gruppen und Zahlkörper) und die synthetische Geometrie, die an der Wandlung der reinen Mathematik zu einer modernen Wissenschaft besonders beteiligt waren. Die *Grundlagen der Geometrie* [1899] von David Hilbert (1862–1943, Abb. 13.2) gelten heute noch als Musterbeispiel für die formalisierte, also von ontologischen Bezügen losgelöste Behandlung eines mathematischen Gegenstands, dessen programmatische Tendenz sich in dem von Otto Blumenthal [1935, 402] kolportierten Ausspruch Hilberts zusammenfasst:

> Man muss jederzeit an Stelle von „Punkte, Geraden, Ebenen" „Tische, Stühle, Bierseidel" sagen können.

Die Loslösung von allen extramathematischen Bindungen und die Konzentration auf Beziehungen zwischen abstrakten Konzepten gewährte der Mathematik künstlerische Freiheit, die im Rahmen selbstgewählter Regeln nur durch die Forderung nach logischer Konsistenz begrenzt war. Eine solche Charakterisierung der mathematischen Moderne, wie sie beispielsweise von Mehrtens [1990] im historischen Detail ausgeführt worden ist, trifft freilich speziell auf Entwicklungen in der reinen Mathematik zu. Ein Gebiet wie die moderne Stochastik konnte sich natürlich nicht so wie etwa die Algebra ausschließlich innerhalb eines eigenbestimmten Lehrgebäudes entwickeln, sondern blieb der Wechselwirkung zwischen Theorie und Anwendung unterworfen.

Allerdings zeigten sich auch in der Wahrscheinlichkeitsrechnung ab der Jahrhundertwende Tendenzen, in denen zumindest Teile dieser Disziplin begannen, mathematisches Eigenleben zu entfalten und moderne Autonomie zu gewinnen. Zielsetzung der folgenden Abschnitte wird sein, diese Entwicklung zu erörtern.

13.1 Der Stand der Disziplin um 1900

Eine wesentliche Voraussetzung für die Dynamik der wissenschaftlichen Entwicklung in der beginnenden Moderne war die vermehrte Bildung von Fachgesellschaften im letzten Drittel des 19. Jahrhunderts, die – auch im internationalen Kontext – dem verstärkten wissenschaftlichen Austausch dienen sollten und dazu auch entsprechende Fachkongresse durchführten sowie Fachjournale herausgaben. Bereits 1828 war die Gesellschaft der deutschen Naturforscher und Ärzte (GdNÄ) mit dem Ziel eines verbesserten wissenschaftlichen Informationsflusses gebildet worden. Nach einigen Anläufen und im Vergleich zu anderen europäischen Gesellschaften erst ziemlich spät (die *Société mathématique de France* war 1872, die *London Mathematical Society* 1865 gegründet worden) entstand 1890 die *Deutsche Mathematiker Vereinigung* (DMV) als Ausgliederung aus der GdNÄ. Bereits 1868 war das *Jahrbuch über die Fortschritte der Mathematik* – ein damals völlig neuartiges Referateorgan für Beiträge aus der Mathematik und der ihr verwandten Wissenschaften – gestartet worden. Eines der Ziele der DMV war die enge Zusammenarbeit mit den Herausgebern des *Jahrbuchs*. Im *Jahresbericht der DMV* erschienen zudem von Anfang an umfangreiche »Berichte« über die aktuelle Entwicklung mathematischer Teilgebiete, so auch von Czuber [1899] über die Wahrscheinlichkeitsrechnung. Ab 1894 wurde von zahlreichen Mitgliedern der DMV, voran Felix Klein (1849–1925) und Walter von Dyck (1856–1934), die Herausgabe der *Encyklopädie der mathematischen Wissenschaften* vorangetrieben, deren einzelne Kapitel in Heftform ab 1898 erschienen. In diesem Monumentalwerk, das schließlich ca. 20000 Seiten umfassen sollte, und in dem auch Physik sowie Ingenieurswissenschaften einen gehörigen Platz erhielten, finden sich bereits im Band 1-2 vier Kapitel über Wahrscheinlichkeitsrechnung (Czuber), Fehler- und Ausgleichsrechnung (Bauschinger), Statistik (von Bortkiewitsch) und Versicherungsmathematik (Bohlmann). Gemessen an der relativ geringen Zahl von rund 500 Literaturverweisen zur Stochastik einschließlich Fehlerrechnung und Versicherungswesen, die zwischen 1868 und 1900 gegenüber insgesamt ca. 59000 Einträgen im *Jahrbuch* aufgeführt sind, erscheint die Berücksichtigung der stochastischen Teilgebiete in der *Encyklopädie* recht umfangreich. Auffällig ist die für die Zeit eigentlich noch nicht übliche strikte Unterteilung der Stochastik. In vielen der großen Lehrbücher aus dem letzten Drittel des 19. Jahrhunderts werden die oben genannten vier Teilgebiete noch gemeinsam dargestellt.

Im Kapitel zur Wahrscheinlichkeitsrechnung von Emanuel Czuber (1851–1925) in der *Encyklopädie* stehen nach wie vor spezifische Probleme im Vordergrund, wie sie bereits bei Laplace und Poisson auftreten, wobei allerdings keine Ausführungen mehr über die inzwischen in Misskredit geratenen Wahrscheinlichkeiten von Zeugenaussagen und Gerichtsurteilen zu finden sind. Die Definition des Wahrscheinlichkeitsmaßes erfolgt in der üblichen, auf Jakob Bernoulli zurückgehenden, Weise durch Quotientenbildung aus der Anzahl der »günstigen« und der Anzahl aller gleich(!)-möglichen Fälle. Neu im Vergleich zu Laplace und Poisson ist der Abschnitt über geometrische Wahrscheinlichkeiten und der an aktuelle Anwendungen im Versicherungswesen angepasste Abschnitt über das mathematische Risiko, dessen Grundideen aber auch schon in Laplaces *Théorie analytique* zu finden sind. Es gibt freilich noch einen kurzen Teil mit einer kleinen, aber wesentlichen Neuerung: Czuber [1900, 765] rekapituliert die Chebyshevsche Ungleichung in allgemeiner Form für »Variabeln« und weist ohne weitere Erläuterungen darauf hin, dass sich daraus das Bernoullische und das Poissonsche Gesetz der großen Zahlen (gemeint hier im Sinne der stochastischen Konvergenz gegen die durchschnittliche Trefferwahrscheinlichkeit) »als spezielle Fälle« ergeben würden. Genaueres verrät Czuber seinem Leser nicht, und in seinem ausführlicheren »Bericht« [1899, 193] wird zwar immerhin die Chebyshevsche Ungleichung zitiert, aber nur in einen eher dubiosen Zusammenhang mit der Methode der kleinsten Quadrate gebracht.

Czubers Stoffauswahl und Präsentation in seinem Encyklopädie-Artikel ist typisch für im letzten Drittel des 19. Jahrhunderts erschienene Lehrbücher, in denen die Wahrscheinlichkeitsrechnung in allgemeiner Weise behandelt wird. Czuber [1900, 734] selbst erwähnt [Laurent 1873], [Meyer 1874], [Bertrand 1888] und [Poincaré 1896] (vgl. Kap. 10.3.2); jedoch von britischen Autoren wird kaum Notiz genommen. Wahrscheinlichkeitsrechnung ist um die Jahrhundertwende immer noch stark von ihren diversen Anwendungen geprägt, eine mathematische Theorie ihrer Grundlagen liegt nur in recht bescheidenem Ausmaß vor.

Natürlich gibt es im Rahmen dieser Pauschalbeurteilung Differenzierungen. Die französischen Autoren Bertrand und Poincaré legen besonderen Wert auf eine kritische Diskussion der philosophischen Grundlagen. Laurent [1873] betont besonders die analytischen Methoden (Fourier-Analysis, komplexe Analysis) und versucht so eine größere analytische Strenge bei der Behandlung von Approximationen an die Normalverteilung zu erreichen. Andrei Markov (1856–1922) lehnt sich in seinem Lehrbuch der Wahrscheinlichkeitsrechnung, das in erster Auflage 1900 erscheint und dessen zweite Auflage (1908) auch als [Markov 1912] mit einigen Anhängen über neueste Ergebnisse auf Deutsch veröffentlicht wird, einerseits an das traditionelle Themenspektrum und dessen Methoden an, andererseits bringt er aber in dem zentralen Kapitel »Über die Summe unabhängiger Größen« mit der »mathematischen Hoffnung«, also dem Erwartungswert, und den mit ihr zusammenhängenden Rechenregeln ein zwar nicht grundsätzlich neues, aber dennoch ungewohntes Ordnungselement ins Spiel. Ausgehend von der jetzt so genannten Markov-Ungleichung

$$\mathrm{P}(U > \mathrm{E}\,U \cdot t) \leqslant \frac{1}{t} \tag{13.1}$$

für beliebige $t > 0$ und Zufallsgrößen $U \geqslant 0$, aus der auch die Chebyshev-Ungleichung gefolgert werden kann, werden die schwachen Gesetze der großen Zahlen im heute geläufigen Sinne hergeleitet (vgl. Kap. 10.8.2). Der zentrale Grenzwertsatz wird ebenfalls in allgemeiner und nicht nur in problembezogener Form für »Größen« ausgesprochen und (nicht vollkommen streng) mit der Poissonschen Methode begründet. Anwendungen findet er dann im Sinne einer approximativen Normalverteilung (bezüglich deren Genauigkeit Markov zur Vorsicht mahnt) beispielsweise auf Risikobetrachtungen und bezüglich der Elementarfehlerhypothese in der Fehlerrechnung. In diesem Sinne sehen wir bei Markov tatsächlich Ansätze zu einer »modernen«, von den speziellen Anwendungen unabhängigen Theorie, die allerdings noch primär der geläufigeren Integration verschiedener, aber mathematisch verwandter Anwendungen dient.

Czuber [1903; 1908; 1910] selbst hat in seinem Lehrwerk zur Wahrscheinlichkeitsrechnung, das 1903 in erster Auflage veröffentlicht wurde und ab der zweiten Auflage 1908 bzw. 1910 zweibändig erschienen ist, versucht, in gewisser Weise neuere Entwicklungen aufzugreifen. So erläuterte er jetzt ausführlich die Chebyshevsche Ungleichung; ab der zweiten Auflage gab er eine an Felix Hausdorff (1868–1942) angelehnte Einführung in bedingte Wahrscheinlichkeiten (s. Kap. 7.4) und im Rahmen der Kollektivmaßlehre einen Abriss der »Brunsschen Reihe« (s. Kap. 12.7.3) sowie im Kapitel zur Statistik eine recht ausführliche Darstellung des Pearsonschen Kurvensystems (s. Kap.12.7.2). Grundsätzlich wurde aber das Konzept der Wahrscheinlichkeitsrechnung als System von Anwendungsproblemen bis in die 6. Auflage hinein beibehalten, die in den 1940er Jahren erschien und die aktuelle Wahrscheinlichkeitstheorie nicht berücksichtigte. Als Einführung in die eher elementare Stochastik wurde das Lehrwerk noch zu Beginn der 1960er Jahre den Studienanfängern an deutschen Universitäten empfohlen.

13.2 Erste Axiomatisierungsversuche

Der verstärkten Information innerhalb der »modernen« Fachgemeinde der Mathematik dienten auch die internationalen Mathematikerkongresse, die ab 1896 (Tagungsort Zürich) alle vier Jahre abgehalten wurden. Zum Kongress im Jahre 1900 in Paris war Hilbert als einer der Hauptvortragenden eingeladen, und passend zum Beginn eines neuen Jahrhunderts und eines zumindest aus Hilberts Sichtweise neuen und fortschrittlichen Zeitalters trug er über 23 wichtige mathematische Probleme vor. Die meisten dieser Probleme wurden mittlerweile gelöst bzw. als im logischen Sinne unentscheidbar erkannt. Das sechste Problem bildet freilich eine Ausnahme.

13.2.1 Hilberts sechstes Problem

Hilberts sechstes Problem [1900, 272] lautet:

> Durch die Untersuchungen über die Grundlagen der Geometrie wird uns die Aufgabe nahe gelegt, *nach diesem Vorbilde diejenigen physikalischen Disciplinen axiomatisch zu behandeln, in denen heute schon die Mathematik eine hervorragende Rolle spielt; dies sind in erster Linie die Wahrscheinlichkeitsrechnung und die Mechanik.*

Explizit verwies Hilbert im Zusammenhang mit der Wahrscheinlichkeitsrechnung auf die begrifflichen Ungereimtheiten im Rahmen der »Methode der mittleren Werte« in der kinetischen Gastheorie (s. Kap. 11.4). Gemäß Hilbert [1900, 272] sollte mit Hilfe der axiomatischen Methode vor allem die Widerspruchsfreiheit einer mathematisierten Theorie gewährleistet werden, wobei schrittweise von einer allgemeinen Theorie mit wenigen Axiomen, also unbeweisbaren Grundannahmen, zu ihren Spezialbereichen mit entsprechend zusätzlichen Axiomen vorzugehen war. Außerdem legte Hilbert (a.a.O.) besonderen Wert auf die Unabhängigkeit der einzelnen Axiome. Das Vorliegen solcher Kriterien war für ihn auch im Rahmen der theoretischen Physik wichtig, um mehr oder weniger heuristisch entwickelte Theorien vollständig logisch absichern zu können [Corry 2004, 107]. Wie wir aus der Mitschrift einer im SS 1905 abgehaltenen Vorlesung Hilberts über »logische Principien des mathematischen Denkens« wissen, war er an den physikalischen Aspekten der Wahrscheinlichkeitsrechnung auch hinsichtlich der Theorie der Beobachtungsfehler interessiert [Corry 2004, 166–168], etwa im Zusammenhang mit der Grundlegung des Fehlergesetzes mit Hilfe bestimmter Hypothesen (s. Kap. 9.7.2), die letztlich nichts anderes als Axiome sind. Das dürfte, neben der generellen Einordnung der Wahrscheinlichkeitsrechnung als eine Art von Naturwissenschaft (die Anwendungen etwa auf juristische Entscheidungen waren ja im 19. Jahrhundert zunehmend in Misskredit geraten), der Grund sein, warum er sie – etwas missverständlich – als physikalische Disziplin bezeichnete.

Abb. 13.2: D. Hilbert um 1907

Am sechsten Problem sieht man, dass Hilberts Vorstellung einer rein formalen, von »inhaltlichen« Bezügen befreiten Ausprägung der (reinen!) Mathematik nicht seine einzige Zielsetzung war, die er mit dem Axiomatisierungsprogramm verfolgte. Er erhoffte sich auch zusätzliche Erkenntnisse für die Bereiche der Anwendung. Durch den durch die Axiomatisierung vorgegebenen formalen Rahmen konnte der Blick frei werden auf neuartige Anwendungsbereiche: »... nicht bloß die der Wirklichkeit nahe kommenden, sondern überhaupt alle logisch möglichen Theorien« waren gemäß Hilbert [1900, 273] auch im Zusammenhang mit physikalischen Gebieten zu betrachten. Zur vollständigen Durchführung seines Axiomatisierungsprogramms nach dem Muster der *Grundlagen der Geometrie* war, wie bereits erwähnt, besonders der Nachweis der Widerspruchsfreiheit und der Nachweis der Unabhängigkeit erforderlich. Die Widerspruchsfreiheit konnte durch die Präsentation eines Modells gewährleistet werden, in dem alle Axiome gelten. Die Unabhängigkeit eines Axioms war wiederum jeweils durch ein Modell aufzuzeigen, in dem alle Axiome außer dem betrachteten erfüllt sind, dieses aber einer falschen Aussage entspricht. Unter Umständen konnte auch die »Vollständigkeit« in dem Sinne untersucht werden, dass alle den Axiomen genügenden Modelle in einem bestimmten Sinne isomorph zueinander sind.

Damit sieht man schon, dass die erschöpfende axiomatische Entwicklung einer Theorie sehr aufwendig ist, und tatsächlich blieb es bei relativ wenigen Ansätzen, physikalische Teilgebiete zu axiomatisieren. Eine axiomatische Durchführung der gesamten theoretischen Physik stand sowieso stets außer Betracht.

Was nun Hilberts Anspielung auf die statistische Physik betrifft, so war der spätere, auch für die Axiomatisierung der Wahrscheinlichkeitsrechnung wichtige maßtheoretische Ansatz sehr hilfreich für die Grundlagendiskussion, etwa im Rahmen der Klärung der von Hilbert betonten mittleren Werte im Rahmen der Ergodentheoreme in den 1930ern. Axiomatische Belange im eigentlichen Sinne spielten keine Rolle. Eine rigorose Darstellung besonders der quantenmechanischen Inhalte dieses Bereichs ist freilich aus jetziger Sicht ohne die axiomatische Grundlegung der Wahrscheinlichkeitstheorie, wie sie von Andrei Kolmogorov (1903–1987) in seinen *Grundbegriffe*[n] *der Wahrscheinlichkeitsrechnung* [1933] ausgearbeitet worden sind, kaum denkbar.

Hilbert selbst war übrigens 1905 in seiner bereits erwähnten Vorlesung zu einer eher skeptischen Haltung gegenüber der Möglichkeit einer »mathematisch exakten« stochastischen Gastheorie gelangt, da er der Überzeugung war, dass bei genauerer Untersuchung wahrscheinlichkeitstheoretische Implikationen mit mechanischen Prinzipien in Widerspruch geraten würden [Corry 2004, 169–171]. Tatsächlich sollte aber der von Hilbert beschworene Bezug zur Physik für die Axiomatisierung der Wahrscheinlichkeitsrechnung in einem der statistischen Physik sehr nahen Bereich ganz wesentlich werden, den er nicht vorhersah: Der »Hauptsatz« (jetzt meist »Konsistenzsatz«) in den *Grundbegriffen* von Kolmogorov bezieht sich auf das Problem der Wahrscheinlichkeiten in unendlichen Räumen. Neben anderen Fragestellungen motivierten wesentlich bislang angestellte Untersuchungen zu stochastischen Prozessen Kolmogorovs Beschäftigung mit diesem Problem [Purkert 1983]. Ein wichtiger Ausgangspunkt (neben Anwendungen in der Finanzmathematik) für die Behandlung stochastischer Prozesse war wiederum ab 1905 die theoretische Erschließung der Brownschen Bewegung durch Einstein und von Smoluchowski (vgl. Kap. 11.6).

13.2.2 Erste Axiomensysteme und der Unabhängigkeitsbegriff

Hilbert [1900, 272] hatte in einer Fußnote auf einen Axiomatisierungsversuch von Georg Bohlmann (1869–1928) zur Versicherungsmathematik in einem Ferienkurs für Lehrer verwiesen. In seinem entsprechenden ausführlichen Artikel in der *Encyklopädie* stellte dieser [1901, 859] nun ein genauer ausgearbeitetes System von Axiomen und Definitionen vor (Näheres zu Bohlmann in [Krengel 2011]; das ausführliche Zitat zum Axiomensystem samt Kommentar findet sich auch in [Schneider 1988, 355]). Die allgemeinen Axiome bzw. Definitionen (ein klarer Unterschied zwischen diesen beiden Kategorien ist nicht erkennbar) enthalten insbesondere die Festlegung der Wahrscheinlichkeit eines Ereignisses als »positiven« (gemeint ist nicht-negativen) echten »Bruch« sowie Regeln über die totale (Additionsregel) und über die zusammengesetzte Wahrscheinlichkeit (Multiplikationsregel), jetzt aber als Axiome formuliert. Es fällt die »naive« Verwendung des Ereignisbegriffs auf, auch im Zusammenhang mit bedingten Ereignissen. Innovativ ist bei Bohlmann allerdings, dass er bedingte Wahrscheinlichkeiten indirekt über ein Multiplikationsaxiom einführt und vor allem, dass er es aufgibt, von der verbreiteten Grundidee der »gleich möglichen« Fälle auszugehen und Wahrscheinlichkeiten als im allgemeinen Sinne nicht genauer definierbar anzusehen. Das Wort »Bruch« wird in diesem Zusammenhang vermutlich nicht im Sinne einer rationalen Zahl, sondern einer Zahl zwischen 0 und 1 gebraucht. Besonders bemerkenswert ist bei Bohlmann auch die Definition der Unabhängigkeit von Ereignissen, die auch heute so noch üblich ist, und die er an das Axiom über zusammengesetzte Wahrscheinlichkeiten anschließt. Wenn p_1 bzw. p_2 die Wahrscheinlichkeiten der Ereignisse E_1 bzw. E_2 sind sowie p die Wahrscheinlichkeit dafür, dass E_1 und E_2 zusammen eintreten, so sagt man »dass E_1 und E_2 von einander unabhängig sind, wenn $p = p_1 p_2$.« Was Bohlmann allerdings nicht leistete, war eine Analyse seines Systems bezüglich Widerspruchsfreiheit und Unabhängigkeit der Axiome.

Auch Felix Hausdorff (1868–1942) versuchte in einer Vorlesung, die er im WS 1900/01 an der Universität Leipzig hielt, eine Axiomatisierung für die Wahrscheinlichkeitsrechnung vorzunehmen, wie wir seinen Vorlesungsaufzeichnungen entnehmen können [Purkert 2006a, 558 f.]. Hausdorff bezog sich auf Hilberts *Grundlagen der Geometrie* als Vorbild, beschränkte sich aber auf klassische Wahrscheinlichkeiten gemäß Jakob Bernoulli bzw. Laplace und zeigte sich angesichts der nicht vollständig zu klärenden »Subsumption der wirklichen Fälle« skeptisch gegenüber dem Erkenntniswert einer »sehr weit« betriebenen axiomatischen Analyse in der Wahrscheinlichkeitsrechnung – ein auffälliger Kontrast zu den in Abschnitt 13.2.1 dargelegten Intentionen von Hilbert.

Im ersten Teil einer offenbar durch die Vorlesung motivierten Publikation diskutierte Hausdorff [1901] die von ihm so genannte »relative Wahrscheinlichkeit« (vgl. Kap. 7.4) und kam in diesem Zusammenhang auch auf das Problem der unabhängigen Ereignisse, das er anders als Bohlmann mit Hilfe bedingter Wahrscheinlichkeiten anging. Interessant ist, dass in diesem Zusammenhang sowohl Bohlmann wie auch Hausdorff das Buch von Poincaré [1896] zitieren. Dort wird auf S. 16 die Unabhängigkeit zweier Ereignisse E, F durch die (modern ausgedrückte) Bedingung $\mathrm{P}(E) = \mathrm{P}(E \mid F)$ definiert, eine Definition, die sich freilich auch schon so bei Dedekind [1860, 70] findet, der von Poincaré nicht erwähnt wird. Hausdorffs Unabhängigkeits-Bedingung entsprechend $\mathrm{P}(E \mid F) = \mathrm{P}(E \mid \overline{F})$ ($\overline{F}$ ist das Gegenereignis zu F), die wohl auf Czuber [1899, 18] zurückgeht, wie auch die von Bohlmann sind zu der von Dedekind/Poincaré äquivalent, wenn Sonderfälle, wie $\mathrm{P}(F) = 0$, entsprechend der damaligen Diskussion unberücksichtigt bleiben.

Dem verstärkten Bedürfnis nach Klärung der Grundbegiffe, wie es sich in den Bestreben nach Axiomatisierung äußerte, entsprach also auch eine formale Definition der Unabhängigkeit, die nicht durch die Charakterisierung der beteiligten Ereignisse, sondern über deren Wahrscheinlichkeiten vorzunehmen war.

Die Erweiterung auf mehr als zwei Ereignisse findet sich andeutungsweise in Markovs Lehrbuch zur Wahrscheinlichkeitsrechnung (deutsche Fassung [Markov 1912] der 2. russischen Aufl. 1908), besonders ausführlich aber in einem Beitrag von Bohlmann [1909]. Markov formuliert in §4 seines Buchs in Verallgemeinerung von Poincaré [1896], den er bei den Literaturangaben berücksichtigt, nur die Bedingung, dass die Wahrscheinlichkeit jedes der betrachteten Ereignisse nicht vom »Eintreffen oder Nichteintreffen« der übrigen Ereignisse abhängen dürfe. Bei drei Ereignissen E_1, E_2, E_3 würde das freilich zu insgesamt 24 Bedingungsgleichungen von $\mathrm{P}(E_1 \mid E_2) = \mathrm{P}(E_1)$ bis hin zu $\mathrm{P}(E_3 \mid \overline{E_1} \cap \overline{E_2}) = \mathrm{P}(E_3)$ führen, die dann wegen der Beziehungen zwischen den Wahrscheinlichkeiten der Ereignisse und Gegenereignisse und wegen $\mathrm{P}(E_i \mid E_j)\,\mathrm{P}(E_j) = \mathrm{P}(E_j \mid E_i)\,\mathrm{P}(E_i)$ auf 4 Gleichungen reduziert werden können. Bohlmann verlangt – hier dargestellt am Beispiel der drei Ereignisse –, dass insgesamt 8 Bedingungsgleichungen der Art

$$\mathrm{P}(E_1 \cap E_2 \cap E_3) = \mathrm{P}(E_1)\,\mathrm{P}(E_2)\,\mathrm{P}(E_3), \ldots, \mathrm{P}(\overline{E_1} \cap \overline{E_2} \cap \overline{E_3}) = \mathrm{P}(\overline{E_1})\,\mathrm{P}(\overline{E_2})\,\mathrm{P}(\overline{E_3})$$

für Ereignisse und Gegenereignisse gelten sollen, die dann, wie er allgemein zeigt, auf 4 Gleichungen

$$\mathrm{P}(E_1 \cap E_2 \cap E_3) = \mathrm{P}(E_1)\,\mathrm{P}(E_2)\,\mathrm{P}(E_3), \quad \mathrm{P}(E_1 \cap E_2) = \mathrm{P}(E_1)\,\mathrm{P}(E_2),$$
$$\mathrm{P}(E_1 \cap E_3) = \mathrm{P}(E_1)\,\mathrm{P}(E_3), \quad \mathrm{P}(E_3 \cap E_2) = \mathrm{P}(E_3)\,\mathrm{P}(E_2)$$

zurückgeführt werden können.

Hilberts sechstes Problem führte noch vor Beginn des ersten Weltkriegs zu zwei Dissertationen über die Axiomatisierung der Wahrscheinlichkeitsrechnung, von Rudolf Laemmel (1879–1972) an der Universität Zürich [1904] bei Heinrich Burkhardt (1861–1914) und von Ugo Broggi (1880–1965) an der Universität Göttingen [1907] bei Hilbert (beide Schriften sind auszugsweise abgedruckt in [Schneider 1988, 359–377], zur historischen Diskussion s. [Bernhardt 1984, 46–58] und [Hochkirchen 1999, Kap. 4], an die sich die folgende Darstellung anschließt). In beiden Dissertationen wurde der bislang unklare Ereignisbegriff mit Mengen in Verbindung gebracht, wobei man sich freilich auf Teilmengen des $\mathbb{R}^n$ beschränkte. Zugleich wurde in beiden Arbeiten versucht, einen Zusammenhang zwischen Wahrscheinlichkeiten und Maßen herzustellen. Ein solches Vorgehen lag, ausgehend von geometrischen Wahrscheinlichkeiten, gewissermaßen in der Luft, s. [Hochkirchen 1999, Kap. 4] und [von Plato 1994, 27–32]. Wir dürfen aber nicht vergessen, dass zu dieser Zeit ein abstrakter Maß- bzw. Inhaltsbegriff für beliebige Mengensysteme noch nicht vorlag und nur der Peano-Jordan-Inhalt sowie seine Verallgemeinerung durch das Lebesgue-Maß bekannt bzw. vorstellbar waren.

Beide Autoren gingen von einer Menge $M \subset \mathbb{R}^n$ aller möglichen Ergebnisse aus und betrachteten Ereignisse in dem Sinne, dass Ergebnisse aus einer Menge $M' \subset M$ auftreten. Beide forderten, dass die vorkommenden nichtnegativen Wahrscheinlichkeiten (hier mit p bezeichnet) auf zunächst nicht näher spezifizierte Teilmengen $M_1, M_2, \ldots$ von M festgelegt seien und dass sinngemäß gelten müsse:

$$p(M_1 \cup M_2) = p(M_1) + p(M_2) \quad (M_1 \cap M_2 = \emptyset) \quad \text{sowie } p(M) = 1.$$

Während sich Broggi auf diese Axiome beschränkte, fügte Laemmel noch ein weiteres Axiom hinzu, das der Regel für zusammengesetzte Wahrscheinlichkeiten entsprach. Beide unterschieden in ihren Ausführungen zwischen endlichen, abzählbar unendlichen und »kontinuierlichen« Mengen, wobei Laemmel bei letzteren nur forderte, dass ihnen irgend ein sich additiv verhaltender »Inhalt« zugeordnet werden könne. Laemmels in die Zukunft weisendes Verdienst war es, den Ereignisbegriff allgemein auf Mengen zurückzuführen – Broggi, der Laemmel in anderem Zusammenhang zitierte, wurde offensichtlich durch dessen Vorgehensweise beeinflusst – und insbesondere beliebige, vom Dogma der Gleichverteilung unabhängige, Wahrscheinlichkeitsbelegungen zuzulassen, die freilich einem bestimmten »selektorischen Prinzip« folgen sollten, womit er offenbar auf den Anwendungsbezug anspielte. Jedoch blieb seine Dissertation insbesondere bezüglich der Kriterien Widerspruchsfreiheit und Unabhängigkeit der Axiome sehr unvollständig.

Broggis Dissertation dagegen folgte in formaler Hinsicht sorgfältig den Ansprüchen des Axiomatisierungsprogramms wie auch dem aktuellen Stand der Maßtheorie (Lebesgue!), was den Gutachter Hilbert zu einer durchaus wohlwollenden Bewertung veranlasste. Hilbert übersah aber offenbar eine fehlerhafte Annahme Broggis, die dazu führte, dass dieser fälschlicherweise zum Schluss kam, nur solche Wahrscheinlichkeiten und Mengen würden dem vorgelegten Axiomensystem genügen, die dem Paradigma der Gleichmöglichkeit entsprechen würden. Für Lebesgue-messbare Mengen M_1, M mit $M_1 \subset M$ behauptete Broggi, die eindeutig bestimmte Wahrscheinlichkeit $p(E)$ für das Ereignis, dass ein Element aus M zugleich zu M_1 gehöre, sei gleich $p(E) = m(M_1)/m(M)$ für $m(M) \neq 0$, wobei m das Lebesgue-Maß bezeichnet. Für $m(M) = 0$ bei $M \neq \emptyset$ verwendete Broggi entsprechende Zählmaße, wobei im Falle unendlich vieler Elemente von M diese Menge in geeigneter Weise durch Mengen endlicher Mächtigkeit ausgeschöpft wurde. Auch hier ergab sich eine eindeutige Wahrscheinlichkeitsbelegung, womit die Jakob Bernoullische Auffassung letztendlich – wenn auch fehlerhaft – als axiomatisch einzig mögliche begründet zu sein schien. Wie die Mengen M_1, M im Rahmen spezifischer Aufgabenstellungen zu finden wären, darüber findet man bei Broggi keinen Hinweis.

13.2.3 Von Mises' frequentistischer Ansatz

Broggis Beitrag reihte sich in (weniger ausgearbeitete) Versuche ein, insbesondere »geometrische« Wahrscheinlichkeiten durch Quotienten von Lebesgue-Maßen zu gewinnen. Auch Émile Borel (1871–1956) hatte kurz einen entsprechenden Ansatz vorgestellt [1905] und darauf in seiner Arbeit zu »abzählbaren Wahrscheinlichkeiten« [1909] verwiesen (Abschn. 13.3.1). Es blieb aber der Zusammenhang zu der spezifischen Bestimmung des Wahrscheinlichkeitsmaßes bei konkret durchgeführten Zufallsexperimenten weitgehend unklar, und dies war wohl einer der Gründe, die Richard von Mises (1883–1953, Abb. 13.3) im Jahr 1919 zu der Feststellung veranlassten:

> Die bisher unternommenen Versuche einer mathematischen Begründung der Wahrscheinlichkeitsrechnung (BOHLMANN, BROGGI, BOREL) scheinen mir durchaus im *Formalen* stecken geblieben zu sein [von Mises 1919b, 53].

Zusammen mit den drei Namen verwies dabei von Mises in Fußnoten auf die schon erwähnten Arbeiten [Bohlmann 1901], [Broggi 1907] und [Borel 1909]. Der Verweis auf die letztgenannte Arbeit, die höchstens implizit axiomatischen Fragen gewidmet war, beruhte wohl darauf, dass hier Wahrscheinlichkeiten vorrangig im Zusammenhang mit zahlentheoretischen, also dem Wesen nach nicht stochastischen, Fragen angesprochen wurden. Darauf wird noch im folgenden Abschnitt über starke Gesetze der großen Zahlen einzugehen sein.

Abb. 13.3: R. von Mises

Indem er forderte, dass die axiomatische Theorie einer Naturwissenschaft (als die er auch die Wahrscheinlichkeitsrechnung verstand) auf »Abstraktion und Idealisierung« der »Außenwelt« beruhen solle, entwickelte von Mises [1919b] allerdings nicht nur einen Gegenentwurf zu den erwähnten Arbeiten, sondern insgesamt zu dem rein formal angelegten Programm von Hilbert. Zu diesem Zweck charakterisierte von Mises Wahrscheinlichkeiten in frequentistischer Auffassung durch nur zwei (nicht unabhängige) Axiome. Er ging dabei von einem wiederholten Zufallsexperiment aus, das durch eine Folge (e_i) von »gedachten Dingen« repräsentiert wird, wobei jedem e_i ein bestimmter Punkt $x_i \in M \subset \mathbb{R}^n$ zugeordnet ist. M wird als »Merkmalraum« bezeichnet, und es wird vorausgesetzt, dass mindestens zwei verschiedene Elemente von M zu jeweils unendlich vielen der e_i gehören. Die Folge (e_i) wird dann gemäß von Mises als »Kollektiv« bezeichnet, wenn sie zwei »Forderungen (Axiomen)« genügt, nämlich 1.) dass für jede beliebige Punktmenge $A \subset M$ der Grenzwert $\lim_{N\to\infty} N_A/N =: W_A$ existiert, wobei N_A/N die relative Häufigkeit von Merkmalen aus A unter den ersten N Folgegliedern bezeichnet; und 2.) bei allen unendlichen Teilfolgen »(e')«, deren Auswahl jeweils »ohne Benützung ihrer Merkmalsunterschiede« erfolgt, sich derselbe Grenzwert der relativen Häufigkeit $W'_A = W_A$ ergibt.

Die zweite Forderung (die hier gegenüber dem Original in vereinfachter, aber äquivalenter Form wiedergegeben ist) wurde von Mises als »Regellosigkeit der Zuordnung« bezeichnet und in den folgenden Ausführungen zwar an Beispielen erläutert, aber mathematisch nicht näher definiert. Von Mises scheint sich für den genauen Nachweis der Existenz solcher Kollektive weniger interessiert zu haben, er hielt ihn sogar im Sinne einer »analytischen Konstruktion« für unmöglich [von Mises 1919b, 60]. Für ihn waren sie – ähnlich wie schon in den Ausführungen von Heinrich Bruns (1848–1919) über die frequentistische Interpretation [1906, 13 f.], auf die sich von Mises [1919b, 53] auch ausdrücklich bezog – idealisierte Objekte, die geeignet waren, die mathematische Behandlung der stochastischen Grundprobleme in logisch einwandfreier Weise zu gewährleisten. Anders als Laemmel und Broggi ging von Mises dabei auf den Bezug zu spezifischen Problemen ein, etwa im Zusammenhang mit Summen unabhängiger Größen.

Den Begriff der »Verteilung« führte er [1919b, 56] als additive Zuordnung ein, die jeder (auf das »jeder« wird noch einzugehen sein) beliebigen Punktmenge im $\mathbb{R}^n$ eine Wahrscheinlichkeit im Intervall $[0, 1]$ zuordnet, und er ging davon aus, dass es zu jeder Verteilung ein sie erzeugendes Kollektiv geben müsse. Verteilungen stellte von Mises wiederum durch Verteilungsfunktionen dar. Im eindimensionalen Falle (auf den wir uns im Folgenden beschränken) ist eine Verteilungsfunktion $V : \mathbb{R} \to [0, 1]$ durch die Eigenschaft gegeben, dass $V(x) = W_A$ mit $A = (-\infty, x]$. Wie von Mises [1919b, 67] zeigte, ist jede Verteilungsfunktion rechtsstetig im Sinne der Eigenschaft $\lim_{y \downarrow x} V(y) = V(x)$ für jedes reelle x, und es ist $\lim_{x \to -\infty} V(x) = 0$ sowie $\lim_{x \to +\infty} V(x) = 1$. Für beliebige halboffene Intervalle $A = (a, b]$ kann mit Hilfe der Verteilungsfunktion die zugehörige Wahrscheinlichkeit W_A durch $W_A = V(b) - V(a)$ bestimmt werden. In diesem Zusammenhang propagierte von Mises die Verwendung des Stieltjes-Integrals – eingeführt 1892 von Thomas Joannes Stieltjes (1856–1894) für momententheoretische Untersuchungen, s. [Kjeldsen 1993, 32] – in der Wahrscheinlichkeitsrechnung. Allerdings erläuterte er diesen Integralbegriff nur skizzenhaft im Sinne einer Verallgemeinerung des Riemann-Integrals und somit nicht hinreichend allgemein, was zu gewissen Inkonsistenzen führte. Auf neuere einschlägige Entwicklungen, insbesondere durch Lebesgue [1910a;b] und Radon [1913] ging von Mises nicht ein. Für ihn war das Stieltjes-Integral

$$\int_{x \in A} f(x) \mathrm{d}V(x)$$

einer Funktion f bezüglich der Verteilungsfunktion V vor allem eine bequeme Zusammenfassung, mit der Integrale bezüglich diskreter und absolut stetiger Verteilungen (d. h. solchen mit einer Dichte) oder durch Kombination dieser Spezialfälle bezüglich Mixturen aus beiden (s. Abb. 13.4) – andere Verteilungstypen waren für ihn wegen fehlendem Anwendungsbezug irrelevant – bei hinreichend »schönen« Integrationsbereichen A in einheitlicher Notation behandelt werden können:

$$\int_{x \in A} f(x) \mathrm{d}V(x) = \begin{cases} \sum_{x \in A} f(x) p_x & \text{für } V(t) = \sum_{x \leqslant t} p_x \\ \int_A f(x) \mathrm{g}(x) \mathrm{d}x & \text{für } V(t) = \int_{-\infty}^t \mathrm{g}(x) \mathrm{d}x. \end{cases} \tag{13.2}$$

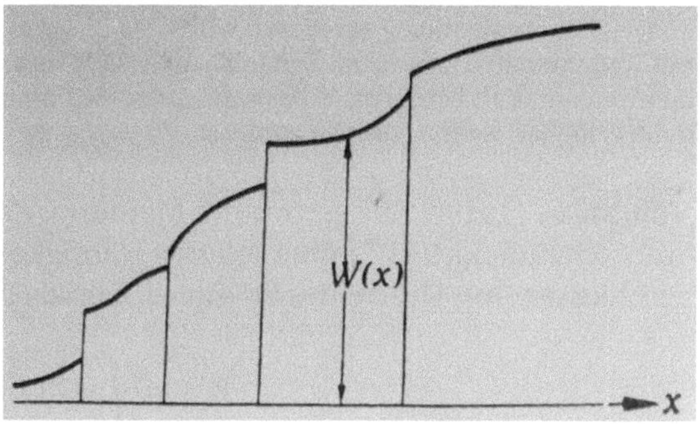

Abb. 13.4: Schemaskizze der Verteilungsfunktion einer Mixtur $W(x) = \alpha V_a(x) + (1-\alpha)V_d(x)$ aus einer absolut stetigen V_a und einer diskreten Verteilungsfunktion V_d [von Mises 1931, 32]. Es fehlt ein linker Teil mit dem Wert 0 und eine geeignete Andeutung, dass bei Sprungstellen nur der jeweils obere Punkt zur Verteilungsfunktion gehört.

Exkurs 13.1 Im eindimensionalen Fall, auf den wir uns im Folgenden beschränken, definiert von Mises zunächst das Stieltjes-Integral nur für stetige Integranden f: Sei A eine beschränkte Menge, über die integriert werden soll. Wenn für alle Überdeckungen von A durch disjunkte halboffene Intervalle $A_1, \ldots, A_n$ der Form $A_k = (x_k, x_{k+1}]$ mit gegen 0 gehender maximaler Länge λ_n derselbe Grenzwert

$$\lim_{\lambda_n \to 0} \sum_{k=1}^{n} f(\xi_k)(V(x_{k+1}) - V(x_k))$$

für beliebige $\xi_k \in A_k \cap A$ existiert, so wird dieser Grenzwert als Stieltjes-Integral von f bezüglich der Verteilungsfunktion V bezeichnet. Für rechtsstetige Funktionen f erweitert von Mises [1919b, 89] ad hoc diese Definition durch die Forderung, dass statt des gewöhnlichen der »obere Grenzwert« herangezogen werden möge. Bei unbeschränkten Integrationsbereichen versucht man auf Grenzwerte analog zum uneigentlichen Riemann-Integral zurückzugreifen.

In seinem Lehrbuch von 1931 bemerkt von Mises unter Berufung auf die Monographie [1918] von Constantin Carathéodory (1873–1950), dass es drei verschiedene Typen von Verteilungsfunktionen gibt: absolut stetige, diskrete und singuläre. Eine allgemeine Verteilungsfunktion V ist eine Linearkombination $V(x) = \alpha V_a + \beta V_d(x) + \gamma V_s$ mit nichtnegativen Koeffizienten $\alpha + \beta + \gamma = 1$. Dieses Ergebnis geht bereits auf [Lebesgue 1910b] zurück, wo auch die singulären Verteilungsfunktionen so charakterisiert werden, dass sie überall stetig sowie bis auf eine Lebesguesche Nullmenge überall differenzierbar mit Ableitung 0 sind. Da »für alle Anwendungen, die bisher von der Wahrscheinlichkeitsrechnung gemacht wurden« die absolut stetigen und diskreten Verteilungen »vollständig« ausreichen, verzichtet von Mises hier auf eine allgemeine Definition des Stieltjes-Integrals und beschränkt sich auf die Angabe der Beziehungen (13.2).

In der posthum von Hilda Geiringer (1893–1973) herausgegebenen und bearbeiteten Monographie, die im Kern von Mises' Harvard-Vorlesungen umfasst, wird sogar behauptet [von Mises 1964, 97 f.], dass nur absolut stetige und diskrete Verteilungen der Häufigkeitsdefinition entsprechen würden. Die Argumentationslinie ist grob wie folgt: Diskrete Verteilungen sind bekanntlich unproblematisch. Falls eine Wahrscheinlichkeitsbelegung gemäß einer stetigen Verteilungsfunktion V zugrunde gelegt ist, wird aus der spezifischen Häufigkeitstheorie von Erhard Tornier (1894–1982) gefolgert, dass von beschränkten Mengen in $\mathbb{R}$ nur solchen eine frequentistische Wahrscheinlichkeit zugeordnet werden kann, die einen Jordaninhalt besitzen. Es wird nun ohne weitere Begründung gefordert, dass diese Mengen auch einen Jordaninhalt bezüglich V haben müssen (diese Forderung könnte sich an eines der Theoreme von Wald [1937] anschließen, auf das freilich nur in einer Fußnote [1964, 90] in einem etwas anderen Zusammenhang verwiesen wird). Da die gewöhnlichen Jordanmengen einen Rand mit Jordaninhalt 0 haben, müssen folglich diese Mengen auch einen Rand mit verschwindendem Jordaninhalt bezüglich V besitzen. Diese Bedingung sei aber in allgemeinen Fällen nur dann erfüllbar, wenn V absolut stetig ist.

Von Mises [1919b, 69] vertrat die Meinung, dass für alle Punktmengen A die Wahrscheinlichkeit W_A über relative Häufigkeiten bestimmbar und, falls A abgeschlossen, mit Hilfe eines Stieltjes-Integrals gemäß

$$W_A = \int_A \mathrm{d}V(x) \tag{13.3}$$

berechnet werden könnten. Diese Feststellungen waren allerdings im Allgemeinen nicht haltbar. Bereits im Herbst 1919 hatte Hausdorff in Briefen an von Mises darauf hingewiesen, dass es bei Zugrundelegung nicht-diskreter Wahrscheinlichkeiten zu jedem Kollektiv Mengen A geben müsse, bei denen W_A nicht existiert; außerdem monierte Hausdorff fehlerhafte Argumente, die im Zusammenhang mit der allgemein behaupteten Darstellung (13.3) standen [Siegmund-Schultze 2010]. Von Mises [1920] wies in einer kurzen Notiz auf seinen Fehler hin, betonte aber gleichzeitig die Nützlichkeit der von ihm verwendeten Verteilungsfunktionen und der aus ihnen abgeleiteten Stieltjes-Integrale, beispielsweise für die Darstellung von Momenten

$$\int_{\mathbb{R}} x^k \mathrm{d}V(x)$$

oder die Darstellung der Verteilung von Summen unabhängiger Größen mit Verteilungen V_1 und V_2 mit Hilfe der von Mises so bezeichneten »Faltung«

$$V_{12}(x) = \int_{\mathbb{R}} V_2(x-t)\mathrm{d}V_1(t).$$

Vorangegangen war von Mises' Beitrag zur Axiomatik ein weiterer [1919a] über Grenzwertsätze, der große Aufmerksamkeit fand und geradezu in der Verwendung der hier bereits eingeführten Verteilungsfunktionen und der damit zusammenhängenden Stieltjes-Integrale stilbildend wirkte. Damit war auch klar, dass Maß- und Integrationstheorie selbst dann in einem gewissen Umfang erforderlich waren, wenn man wie von Mises einen elementareren (aber im Detail höchst komplizierten) Zugang zur Wahrscheinlichkeitstheorie wählte. Letztlich führte genau diese Erkenntnis, freilich erst nach etlichen weiteren einschlägigen Arbeiten, zum maßtheoretisch fundierten Axiomensystem von Kolmogorov [1933]. Auch für von Mises' (präzisiertes und leicht modifiziertes) Axiomensystem konnte schließlich durch Abraham Wald (1902–1950) – in maßtheoretischem Rahmen – die Widerspruchsfreiheit gezeigt werden [1937].

13.3 Starke Gesetze

Eine ganz wesentliche Neuerung der modernen Wahrscheinlichkeitsrechnung war die Untersuchung der später sogenannten »starken Gesetze der großen Zahlen«. Von Plato [1994, 8] vertritt die These, dass diese Betrachtungen den Kern dessen ausmachen, was »moderne« Wahrscheinlichkeitsrechnung bedeutet, da sie völlig neuartige Unendlichkeitsargumente in diese Disziplin einführten.

13.3.1 Borels abzählbare Wahrscheinlichkeiten

Als wegweisend für die Diskussion solcher Fragestellungen wird allgemein die Arbeit von Borel [1909] über »abzählbare Wahrscheinlichkeiten« (»probabilités dénombrables«) angesehen, in der unendliche Folgen von (unabhängigen) Einzelexperimenten als neue Untersuchungsgegenstände eingeführt wurden, welche nach Ansicht Borels gewissermaßen zwischen den bekannten diskreten Wahrscheinlichkeiten einerseits und den geometrischen andererseits lagen. Mengentheoretisch betrachtet entsprechen diskrete Wahrscheinlichkeiten dem Fall eines Ergebnisraums aus in aller Regel nur endlich vielen und höchstens abzählbar vielen Elementen, und geometrische Wahrscheinlichkeiten dem Fall eines kontinuierlichen Ergebnisraums. In beiden Fällen werden numerische Ergebnisse jeweils durch Elemente des $\mathbb{R}^n$, also n-Tupel ausgedrückt. Die abzählbaren Wahrscheinlichkeiten gehörten jetzt aber zu einem Ergebnisraum, dessen Elemente aus unendlichen Folgen von Einzelergebnissen, also aus »Unendlich-Tupeln« bestanden. Borels Ausführungen wirkten wegweisend für die spätere, insbesondere maßtheoretische Entwicklung der Wahrscheinlichkeitstheorie. Sie enthält aber zahlreiche mehr oder weniger kleine Fehler, wenn auch die Grundideen und Ergebnisse alle in Ordnung sind. Für eine genaue mathematische Analyse der Argumentation s. [Barone und Novikoff 1978], für eine Diskussion aus eher philosophischer Sicht s. [von Plato 1994, 36–56].

Borel [1909, 248] begann seine Ausführungen mit Folgen aus (stillschweigend als unabhängig angenommenen) Versuchen, die nur zwei mögliche Ergebnisse aufwiesen, ein »vorteilhaftes« und ein »unvorteilhaftes«, wobei diese im n-ten Versuch mit den Wahrscheinlichkeiten $0 < p_n < 1$ bzw. $1-p_n$ auftreten sollten. Die Wahrscheinlichkeit A_0 dafür, dass bei unendlich vielen Versuchen kein einziges Mal der vorteilhafte Fall vorkommt, wurde von Borel in Analogie zur Regel für zusammengesetzte Wahrscheinlichkeiten gemäß $A_0 = \prod_{n=1}^{\infty}(1 - p_n)$ angegeben, und es wurde, offenbar unter Verwendung einer bekannten Regel für unendliche Produkte, konstatiert, dass

$$(A_0 > 0 \iff \sum_{n=1}^{\infty} p_n < \infty) \quad \text{sowie} \quad (A_0 = 0 \iff \sum_{n=1}^{\infty} p_n = \infty).$$

Allgemein zeigte Borel [1909, 250 f.] ausgehend von A_0, dass die Wahrscheinlichkeit A_k für genau $k \geqslant 0$ Erfolge im »Konvergenzfall« $\sum_{n=1}^{\infty} p_n < \infty$ positiv sein muss. Für die Wahrscheinlichkeit A_∞ von unendlich vielen Erfolgen – das war tatsächlich eine bislang völlig ungewohnte Fragestellung – konnte er dann zeigen, dass $A_\infty = 0$. Für den »Divergenzfall« $\sum_{i=1}^{\infty} p_i = \infty$ argumentierte Borel, man könne leicht für jede natürliche Zahl m zeigen, dass mit wachsender Versuchszahl $n > m$ die Wahrscheinlichkeit für mehr als m Erfolge gegen 1 gehen würde. Das sei aber nichts anderes als die Behauptung $A_\infty = 1$.

Damit hat Borel – wenn auch noch unter einer überflüssigen Unabhängigkeitsannahme im Konvergenzfall, die aber für den Divergenzfall benötigt wird – das heute so genannte »Borel-Cantelli-Lemma« bewiesen, kurz zusammengefasst:

$$\sum_{n=1}^{\infty} p_n < \infty \implies A_\infty = 0, \quad \sum_{n=1}^{\infty} p_n = \infty \implies A_\infty = 1. \tag{13.4}$$

Besonders interessant bezüglich der Entwicklung des Wahrscheinlichkeitsbegriffs war Borels Anwendung dieses 0-1-Gesetzes (13.4) auf die Wahrscheinlichkeiten für q-adische Zahlentwicklungen im Intervall $[0, 1]$. Jede reelle Zahl z in diesem Intervall hat bekanntlich für $q \in \mathbb{N} \setminus \{0, 1\}$ eine q-adische Entwicklung der Form $z = \sum_{i=1}^{\infty} a_i q^{-i}$ mit den Ziffern $a_i \in \{0, 1, \ldots, q-1\}$, die eindeutig ist, außer wenn ab einem bestimmten Index nur noch Nullen als Ziffern vorkommen. Bis auf die dann auftretende Zweideutigkeit, die man aber leicht bewältigen kann, kann man jede q-adische Ziffernfolge als Zahl im Einheitsintervall auffassen und umgekehrt.

Um die Wahrscheinlichkeit dafür zu bestimmen, dass eine aus $[0, 1]$ herausgegriffene Zahl eine bestimmte Eigenschaft hat, konnte man nach dem Muster der geometrischen Wahrscheinlichkeiten im Rahmen der aktuellen Maßtheorie versuchen, das Lebesgue-Maß der Menge aller Zahlen zwischen 0 und 1 mit dieser Eigenschaft zu berechnen. Dieses Vorgehen war bereits von verschiedenen Autoren, darunter auch Borel selbst, propagiert worden. Nun deutete aber Borel [1909, 247 f.] konzeptionelle Probleme bei diesem Ansatz an: Ein Zufallsexperiment, bei dem eine einzelne reelle Zahl aus dem Intervall $[0, 1]$ herausgegriffen wird, ist nicht vorstellbar; außerdem würde die Überprüfung, ob diese Zahl eine bestimmte Ziffereigenschaft hat, unter Umständen unendlich lange dauern. Zudem war für ihn das Zahlenkontinuum als überabzählbare Menge ein »vollkommen negativer Begriff«, da seiner Ansicht nach höchstens abzählbare Mengen in menschlichen Überlegungen »effektiv« vorkommen. Borels konstruktivistische Grundhaltung dürfte also eine wesentliche Motivation für die Untersuchung abzählbarer Wahrscheinlichkeiten und ihre zahlentheoretische Nutzung gewesen sein. Er [1909, 258] vermutete allerdings bereits die Äquivalenz von abzählbaren und geometrischen Wahrscheinlichkeiten, wie sie dann tatsächlich von Steinhaus (1923) bewiesen wurde [Hochkirchen 1999, Kap. 6.1]. Diese ambivalente und auch verwirrende Bewertung von abzählbaren und geometrischen Wahrscheinlichkeiten und noch dazu die primäre Anwendung auf die Zahlentheorie als nicht stochastischem Gebiet hat von Mises' schon erwähnte

Kritik gegenüber Borel verursacht (s. besonders [von Mises 1919b, 65 f.]). Außerdem könnte für von Mises' Ablehnung eine Rolle gespielt haben, dass Überlegungen bezüglich Wahrscheinlichkeiten für ein unendlich oft erscheinendes Ereignis vom frequentistischen Standpunkt völlig unsinnig sind, da das zugehörige Zufallsexperiment nicht einmal ein einziges Mal vollständig durchführbar ist.

Explizit führte Borel [1909, 259 f.] nur den Fall der Dualzahlen in $[0,1]$, also den Fall einer Zahlentwicklung mit der Basis $q = 2$ und den möglichen Ziffern 0 und 1 aus. Hier interessierte er sich insbesondere für die Wahrscheinlichkeit dafür, dass bei einer beliebig vorgegebenen Zahl die relative Häufigkeit c_n/n des Auftretens der Ziffer 0 (bzw. der Ziffer 1) gegen $\frac{1}{2}$ konvergiert. Borel beschränkte sich auf gerade Versuchszahlen $n = 2m$, vermutlich wegen der genaueren Approximation durch die Normalverteilung in diesem Fall. Im Rahmen seiner Methode der abzählbaren Wahrscheinlichkeiten ging er von einer unbegrenzt wachsenden Folge positiver Zahlen λ_n aus, mit $\lambda_n/\sqrt{2n} \to 0$, und interessierte sich dafür, ob das »ungünstige Ereignis« $|c_n/n - 1/2| > \lambda_n/\sqrt{2n}$ bei der betrachteten Zahl aus $[0,1]$ unendlich oft vorkommen würde. Die Wahrscheinlichkeit q_n für dieses Ereignis setzte er gleich

$$q_n = 1 - \frac{2}{\sqrt{\pi}} \int_0^{\lambda_n} e^{-x^2} dx. \tag{13.5}$$

Tatsächlich ist aufgrund der de-Moivre-Approximation:

$$P\left(\left|\frac{c_n}{n} - \frac{1}{2}\right| \leqslant \frac{\lambda_n}{\sqrt{2n}}\right) \approx \frac{2}{\sqrt{\pi}} \int_0^{\lambda_n} e^{-x^2} dx. \tag{13.6}$$

Für $\lambda_n = \log(n)$, womit dann sowohl $\lambda_n \to \infty$ als auch $\lambda_n/\sqrt{2n} \to 0$, kann man durch eine einfache Abschätzung zeigen, dass $\sum q_n$ konvergiert. Aufgrund des ersten Teils seines 0-1-Gesetzes folgerte Borel, dass mit Wahrscheinlichkeit 1 nur in endlich vielen Fällen das »ungünstige Ereignis« stattfindet. Das bedeutet, dass mit Wahrscheinlichkeit 1 bei einer Dualbruchentwicklung die Frequenz der Ziffer 0 (und folglich auch der Ziffer 1) gegen $\frac{1}{2}$ konvergiert.

Die Lücke in Borels Argumentation, den Approximationsfehler in (13.5) bzw. (13.6) nicht genau diskutiert zu haben, kann geschlossen werden, beispielsweise mit Hilfe einer Abschätzung [1906] von Charles-Jean de La Vallée Poussin (1866–1962). Der Rückgriff auf sein 0-1-Gesetz (13.4) stellte dagegen einen Fehler dar, da die Frequenzen c_n/n natürlich nicht stochastisch unabhängig sind. Wie es sich aus den Arbeiten Cantellis, von denen gleich die Rede sein wird, ergab, kann im ersten Teil dieses Gesetzes, den Borel ausschließlich benutzte, aber auf die Unabhängigkeitsannahme verzichtet werden. Wenn man diese Einschränkungen vernachlässigt und auch die Tatsache hintanstellt, dass die Wohldefiniertheit von A_∞ ungeklärt blieb, kann man tatsächlich mit einigem Recht sagen, dass Borel das nachmalig so genannte »starke Gesetz der großen Zahlen« für Bernoulliketten X_k mit Trefferwahrscheinlichkeit $1/2$ aufgestellt und bewiesen hat:

$$P\left(\lim_{n\to\infty}\sum_{k=1}^{n}\frac{X_k}{n}=\frac{1}{2}\right)=1.$$

Borel [1909, 260 f.] schloss Bemerkungen über »normale Zahlen« an. Er nannte eine Zahl »einfach normal bezüglich der Basis q«, wenn die Frequenzen aller Ziffern im q-adischen System innerhalb der q-adischen Darstellung dieser Zahl gegen $1/q$ konvergieren. Eine Zahl wurde als »vollständig normal bezüglich der Basis q« bezeichnet, wenn sie einfach normal bezüglich aller Basen q^n für alle $n = 1, 2, \ldots$ ist. Schließlich bezeichnete er eine Zahl als »absolut normal«, wenn sie einfach normal bezüglich aller möglichen Basen ist. Ohne weitere Begründung behauptete Borel, dass im Intervall $[0, 1]$ die Wahrscheinlichkeit für einfach normale, vollständig normale und sogar absolut normale Zahlen jeweils 1 sei. Nach dem Stand von 1909 war diese Behauptung freilich nur dann streng beweisbar, wenn tatsächlich die Gleichheit der betreffenden abzählbaren Wahrscheinlichkeiten mit dem Lebesgue-Maß zugrundegelegt wurde. Die Aussage über vollständig normale Zahlen impliziert beispielsweise für die Basis 2, dass mit Wahrscheinlichkeit 1 die Dualentwicklung einer Zahl des Einheitsintervalls eine beliebig vorgegebene, endliche Ziffernfolge aus Nullen und Einsen unendlich oft enthält.

13.3.2 Cantellis Gesetz der großen Zahlen

Borels Ausführungen zu normalen Zahlen, aber auch die daran anschließenden zu Kettenbruchentwicklungen und zu Lösungen Diophantischer Gleichungen motivierten eine Reihe von Mathematikern, beispielsweise Hausdorff [1914], in der Folgezeit zur Untersuchung von Zahleneigenschaften mit Hilfe des Lebesgue-Maßes. Die Argumentation bezog sich dabei nicht primär auf Zufallsexperimente (für eine Übersicht siehe [von Plato 1994, 57–59]).

Francesco Cantelli (1875–1966) dagegen, der Borel nicht zitierte und auch nicht auf zahlentheoretische Aspekte verwies, brachte 1917 eine bereits relativ allgemeine Version des starken Gesetzes der großen Zahlen für Folgen von (noch intuitiv aufgefassten) Zufallsgrößen. Er baute auf einer umfassenden Theorie der »Konvergenz in Wahrscheinlichkeit« auf, also der den schwachen Gesetzen der großen Zahlen entsprechenden Konvergenz [Cantelli 1916a;b], in der er auch gute Kenntnis der einschlägigen Arbeiten von Chebyshev und Markov (bis hin zu dessen aktuellen Untersuchungen über Folgen verketteter Größen, s. Abschn. 13.4) zeigte. In der Folgearbeit veränderte [Cantelli 1917] den Untersuchungsgegenstand: Nicht mehr die Konvergenz einer Folge von Wahrscheinlichkeiten sollte untersucht werden, sondern die Wahrscheinlichkeit der Konvergenz einer Folge. Als äußere Motivation nannte er [1917, 39] Äußerungen einiger Autoren (etwa von Bruns [1906]) zum frequentistischen Charakter von Wahrscheinlichkeiten (Abb. 13.5). Allerdings deutete Cantelli [1917, 40] Vorbehalte an, die auf den konzeptionellen Unterschied zwischen Folgen mit vorbestimmten Gliedern in der Analysis und Zufallsfolgen in der Stochastik abzielten.

Abb. 13.5: Simulation der relativen Häufigkeiten einer Münzseite bei einer Serie von Münzwürfen. Buffon war bereits 1777 bei 4040 Würfen auf eine relative Häufigkeit von 0.50693 für »Wappen« gekommen, vgl. Kap. 6.4.3.

Cantellis methodischer Ansatz war so einfach wie genial. Die Konvergenz einer Folge von Zufallsgrößen X_k gegen einen Grenzwert, der ohne Einschränkung der Allgemeinheit gleich 0 angenommen werden kann, hängt von der Wahrscheinlichkeit dafür ab, dass die $|X_k|$ ab einem bestimmten Index alle kleiner oder gleich vorgegebener positiver Größen a_k sind, die mit wachsendem k gegen 0 konvergieren. Es ist also die Wahrscheinlichkeit

$$P_{k_0} := \mathrm{P}(\forall k \geqslant k_0 : |X_k| \leqslant a_k) = \mathrm{P}(|X_{k_0}| \leqslant a_{k_0} \text{ und } |X_{k_0+1}| \leqslant a_{k_0+1} \text{ und } \dots)$$

zu untersuchen. Letzterer Ausdruck ist im Allgemeinen durch ein Produkt von bedingten Wahrscheinlichkeiten darstellbar, das aber auf jeden Fall einen Grenzwert aufweist. Dies war für Cantelli [1917, 41] ein hinreichender Grund, solchen Wahrscheinlichkeiten einen wohldefinierten Sinn zuzuweisen. Nun ist

$$\begin{aligned} &\mathrm{P}(|X_{k_0}| \leqslant a_{k_0} \text{ und } |X_{k_0+1}| \leqslant a_{k_0+1} \text{ und } \dots) = \\ &\qquad = 1 - \mathrm{P}(|X_{k_0}| > a_{k_0} \text{ oder } |X_{k_0+1}| > a_{k_0+1} \text{ oder } \dots). \end{aligned}$$

Ausgehend von einer Verallgemeinerung der bekannten »Regel von Boole« $\mathrm{P}(A \text{ oder } B) \leqslant \mathrm{P}(A) + \mathrm{P}(B)$, die Cantelli auf den Fall unendlich vieler Ereignisse ausdehnte (er war in dieser Beziehung weniger skrupulös als Borel!), ergibt sich

$$P_{k_0} \geqslant 1 - \sum_{k=k_0}^{\infty} \mathrm{P}(|X_k| > a_k).$$

Falls die unendliche Reihe auf der rechten Seite konvergiert, so strebt P_{k_0} mit zunehmendem k_0 gegen 1. Dieser Grenzwert kann dann so interpretiert werden, dass die X_k mit Wahrscheinlichkeit 1 gegen 0 konvergieren, aber auch, dass die Wahrscheinlichkeit dafür, dass unendlich oft der Fall $|X_k| > a_k$ eintritt, gleich 0 ist. Die letztgenannte Beobachtung entspricht dem ersten Teil des Borel-Cantelli-Lemmas. Angenommen man hat eine Folge von Ereignissen B_k. Falls unendlich viele von diesen Ereignissen eintreffen (dieses Ereignis bezeichnen wir mit B_∞), so muss ebenso wie in der gerade betrachteten Situation für jedes k_0 gelten, dass

$$\mathrm{P}(B_\infty) \leqslant \sum_{k=k_0}^{\infty} \mathrm{P}(B_k).$$

Konvergenz dieser Reihe impliziert also, dass $\mathrm{P}(B_\infty) = 0$. Dies ist der erste Teil des Borelschen 0-1-Gesetzes (13.4) bezüglich des unendlich oftmaligen Eintretens von Ereignissen, aber nun ohne die Voraussetzung der Unabhängigkeit (wodurch jetzt auch das fragwürdige Vorgehen Borels bei seinem Gesetz der großen Zahlen gerettet wird). Das heute so genannte Borel-Cantelli-Lemma trägt also zu Recht den Namen Cantellis, obwohl dieser das Lemma explizit gar nicht thematisiert hat.

Für eine Abschätzung der Ausdrücke $\mathrm{P}(|X| > a)$ bietet sich natürlich die Chebyshevsche oder eine dazu verwandte Ungleichung an. Cantelli [1916b, 331 f.] leitete unter analoger Verfolgung des Chebyshevschen Ansatzes für natürliches r die folgende Ungleichung her (die im Übrigen auch sofort aus (13.1) folgen würde):

$$\mathrm{P}(|X| > a) \leqslant \frac{\mathrm{E}\,|X|^r}{a^r}.$$

Wenn man diese Ungleichung auf das arithmetische Mittel $X_n = (\sum_{i=1}^n Y_i)/n$ anwendet, mit unabhängigen Y_i, deren Erwartungswert gleich 0 ist, so ergibt sich mit $r = 4$:

$$\mathrm{P}(|X_n| > a_n) \leqslant \frac{\mathrm{E}(\sum_{i=1}^n Y_i)^4}{n^4 a_n^4}.$$

Falls die Y_i gleichmäßig nach oben beschränkte Momente 4. Ordnung haben, kann man zeigen (s. hierzu etwa [Schilling 2017, 106 f.]), dass $\mathrm{E}(\sum_{i=1}^n Y_i)^4$ nur von der Größenordnung n^2 ist, sodass tatsächlich (langsam) gegen 0 gehende a_n gefunden werden können, für die die Reihe $\sum_{n=n_0}^{\infty} \mathrm{P}(|X_n| > a_n)$ konvergiert. Damit folgt, dass mit Wahrscheinlichkeit 1 die arithmetischen Mittel X_n gegen ihren Erwartungswert konvergieren. Dies ist die wesentliche Aussage und die Herleitungsidee des Cantellischen Gesetzes der großen Zahlen von 1917 (eine genaue Analyse und Beschreibung findet sich in [Regazzini 2005]).

Im Spezialfall, wenn die X_i Zufallsgrößen mit den Werten 0 und 1 und den jeweiligen Wahrscheinlichkeiten p und $1 - p$ sind – das war ja der Ausgangspunkt von Cantellis Arbeit – ergibt sich die »Bernoullische« Version des starken Gesetzes: Mit Wahrscheinlichkeit 1 strebt die relative Häufigkeit gegen die Trefferwahrscheinlichkeit. Cantelli [1917, 4] schloss seine Ausführungen mit der Bemerkung, dass es durchaus in »physikalischer Sprache« erlaubt sei, von Wahrscheinlichkeiten als Grenzwerten relativer Häufigkeiten zu sprechen, im rein logischen Sinne aber nicht schließbare Lücken zur analytischen Auffassung des Grenzwerts bestünden.

Cantellis Arbeit von 1917 war in seiner Allgemeinheit schon ziemlich weit gediehen. Allerdings waren die Abschätzungen gemäß der verallgemeinerten Chebyshev-Ungleichung ziemlich grob und, auch wie schon bei Borel, die Wohldefiniertheit von Wahrscheinlichkeiten auf Folgenräumen ungeklärt. In den Zwanzigerjahren sollten insbesondere durch Arbeiten von Aleksandr Khinchin (1894–1959) und Kolmogorov diese beiden Problemkreise im Rahmen der starken Gesetze wesentlich fortentwickelt werden.

13.4 Die Weiterentwicklung der klassischen Grenzwertsätze

Wahrscheinlichkeitsrechnung war um die Jahrhundertwende eine angewandte Wissenschaft und noch kein mathematisch autonomes Gebiet, der zentrale Grenzwertsatz im strengen Sinne eines Grenzwertsatzes diente vorrangig zur Illustration analytischer, speziell momententheoretischer, Methoden (s. Kap. 10.8.4). Ein wesentlicher Schritt hin zur Entstehung der Wahrscheinlichkeitstheorie als einem autonomen Teilgebiet waren daher die Arbeiten Lyapunovs [1900; 1901], in der der zentrale Grenzwertsatz um seiner selbst willen und ungeachtet eines vorgegebenen inner- oder außermathematischen Rahmens behandelt wurde.

Für die russische Mathematik waren um die Jahrhundertwende die klassischen Grenzwertsätze zu einer Angelegenheit des Wettbewerbs innerhalb und zwischen den beiden Zentren St. Petersburg (repräsentiert besonders durch Markov und Lyapunov) und Moskau (mit Nekrasov als Hauptvertreter) geworden. Pavel Nekrasov (1853–1924) lieferte ab 1898 umfangreiche Beiträge zu zentralen Grenzwertsätzen für diskrete Zufallsgrößen, in denen auch die Grenzen für die betrachteten Summen beliebig zunehmen konnten. Er nahm so Ergebnisse vorweg, wie sie erst gut 50 Jahre später wiederentdeckt wurden [Solovev 1997]. Wiederholt forderte er die Petersburger Kollegen durch Prioritätsansprüche, aber auch durch neuartige Problemstellungen heraus. Markov und Aleksandr Lyapunov (1857–1918), die einerseits in (freundschaftlicher) Konkurrenz zueinander standen, waren andererseits sehr erfolgreich darin, gemeinsam die Leistungen des lästigen Moskauer Konkurrenten herabzuwürdigen. Letztlich blieb Nekrasov in der Entwicklung der Wahrscheinlichkeitsrechnung ohne Einfluss, die

Qualität seiner Leistungen ist auch im nachhinein wegen seiner sehr umständlichen und umfänglichen Darstellung schwer zu beurteilen (Zusammenfassung in [Fischer 2011, 195–198]). Jedenfalls spielte er aber eine wichtige Rolle als »Katalysator« für die neuen Arbeiten von Lyapunov und besonders Markov zum zentralen Grenzwertsatz und zum schwachen Gesetz der großen Zahlen im ersten Jahrzehnt nach der Jahrhundertwende.

13.4.1 Der zentrale Grenzwertsatz Lyapunovs

Lyapunov [1900; 1901] ging von einer Folge unabhängiger Zufallsgrößen (X_k) aus, bei der jede nur über eine endliche Anzahl diskreter Werte verfügte. Ohne weitere Ausführungen behauptete er [1900, 379] (zutreffenderweise), dass sich allgemeinere Fälle von Zufallsgrößen mit unendlich vielen Werten daraus durch einen geeigneten Grenzprozess erschließen ließen. Erklärtes Ziel Lyapunovs war es, mit möglichst »elementaren Methoden« einen »direkten« Beweis des »Theorems von Laplace« zu suchen. Diese Bemerkung war ein Seitenhieb auf die vorangehenden Bemühungen von Chebyshev und Markov: Lyapunov wollte möglichst allgemein das eigentliche (stochastische) Problem lösen und nicht den Schwerpunkt des Interesses auf bestimmte analytische Methoden legen.

Tatsächlich gelang es Lyapunov, die Voraussetzungen dafür, dass

$$\mathrm{P}\left(z_1\sqrt{2B_n} < \sum_{i=1}^{n}(X_i - \mathrm{E}X_i) < z_2\sqrt{2B_n}\right) - \frac{1}{\sqrt{\pi}}\int_{z_1}^{z_2} \mathrm{e}^{-z^2}\mathrm{d}z,$$

$$B_n := \sum_{i=1}^{n} \mathrm{Var}\, X_i \tag{13.7}$$

für beliebige z_1, z_2 bei $n \to \infty$ gegen 0 geht, dramatisch abzuschwächen. Während in der ersten Arbeit von 1900 in seine Bedingung noch Momente maximal 3. Ordnung eingingen, musste er in der zweiten Arbeit im Folgejahr nur noch fordern, dass für die Momente $d_i := \mathrm{E}\,|X_i - \mathrm{E}X_i|^{2+\delta}$ mit einem beliebig kleinen positiven δ und für die Varianzen $a_i := \mathrm{Var}\, X_i$ bei $n \to \infty$ gilt:

$$\frac{(d_1 + d_2 + \cdots + d_n)^2}{(a_1 + a_2 + \cdots + a_n)^{2+\delta}} \to 0. \tag{13.8}$$

Lyapunovs Ergebnis brachte aber nicht nur allgemeinere Voraussetzungen, sondern auch eine explizite, von z_1, z_2 unabhängige obere Schranke für den Absolutbetrag von (13.7) in der asymptotischen Größenordnung $\log(n)/\sqrt{n}$, welcher freilich noch sehr grob und für praktische Anwendungen kaum brauchbar war. Besonders Harald Cramér (1893–1985) fand in den Zwanzigerjahren wesentliche Verbesserungen für die obere Schranke.

Die analytische Vorgehensweise Lyapunovs in seinen Beweisen baute im Wesentlichen auf Poissons Ideen auf, jetzt allerdings in »moderner« analytischer Strenge. Entscheidend für den Erfolg war die Einführung des Kunstgriffs eines weiteren, normalverteilten und zu den X_i unabhängigen Summanden, dessen Varianz am Ende des Beweisgangs dann gegen 0 gehend angenommen wurde. Dieser Kunstgriff – der im Übrigen bereits von Morgan William Crofton (1826–1915) im Rahmen einer Diskussion der Elementarfehlerhypothese [1870] angewendet worden war [Fischer 2011, 100] – wurde mehr oder weniger unabhängig von Lyapunov noch von weiteren Autoren in den Zwanzigerjahren, wie etwa Paul Lévy (1886–1971) und Jarl Waldemar Lindeberg (1876–1932), erfolgreich im Zusammenhang mit dem zentralen Grenzwertsatz angewandt. Essentiell für Lyapunovs Argumentationen waren auch Abschätzungen von Momenten gemäß der später so genannten »Lyapunov-Ungleichung«

$$\left(\mathrm{E}|X|^m\right)^{l-n} \leqslant \left(\mathrm{E}|X|^n\right)^{l-m}\left(\mathrm{E}|X|^l\right)^{m-n} \qquad (l, m, n \in \mathbb{R},\ l > m > n \geqslant 0).$$

Lyapunov benutzte diese Ungleichung bereits in der ersten Arbeit ohne Beweis. In der zweiten Arbeit [1901, 2 f.] skizzierte er immerhin eine Begründung. Die Äquivalenz zu der Otto Hölder (1859–1937) zugeschriebenen Ungleichung (1889) bemerkte er offenbar nicht.

Lyapunovs Arbeiten, so bedeutsam sie sich auch später erwiesen, fanden zunächst außerhalb Russlands relativ wenig Beachtung. Markov aber wurde durch Lyapunovs Beitrag und Nekrasovs Sticheleien zu umfangreichen Erweiterungen der klassischen Grenzwertsätze angeregt.

13.4.2 Markovs weitere Beiträge

Offenbar motiviert durch eine Diskussion mit Nekrasov über möglichst allgemeine Voraussetzungen für das (schwache) Gesetz der großen Zahlen [Seneta 1984, 65–68], führte Markov eine Form der Abhängigkeit von Zufallsgrößen ein, die er selbst mit dem Wort »Kette« bezeichnete. Im einfachsten Fall [Markov 1907a, 93–95] von zweiwertigen Zufallsgrößen X_k, die alle nur die Werte 1 und 0 mit der Wahrscheinlichkeit p bzw $1 - p$ annehmen, entsteht eine Kette dadurch, dass die X_k nicht mehr unabhängig sind, sondern zusätzlich Abhängigkeiten zwischen X_{k+1} und X_k über bedingte Wahrscheinlichkeiten $p' := \mathrm{P}(X_{k+1} = 1 \mid X_k = 1)$ und $p'' := \mathrm{P}(X_{k+1} = 1 \mid X_k = 0)$ betrachtet werden. Die drei Größen p, p', p'' hängen dann natürlich über die Gleichung $p = pp' + (1 - p)p''$ zusammen, sodass immer nur zwei von den drei Wahrscheinlichkeiten gegeben sein müssen. Allgemein hat man

$$\mathrm{P}(X_k = 1)\, \mathrm{P}(X_{k+m} = 1 \mid X_k = 1) =: pR_m,$$

wobei man durch Induktion zeigen kann, dass $R_m = p + (1-p)(p' - p'')^m$. Damit ergibt sich für $l < k$:

$$\mathrm{E}(X_l - p)(X_k - p) = \mathrm{E}\,X_l X_k - p^2 = \mathrm{P}(X_l = 1)\,\mathrm{P}(X_k = 1 \mid X_l = 1) - p^2 = \\ = p(1-p)(p' - p'')^{k-l}.$$

Aufgrund dieser Beziehung konnte Markov

$$\mathrm{E}\Big(\sum_{i=1}^{n}(X_i - p)\Big)^2 = \mathrm{E}\Big(\sum_{i=1}^{n}(X_i - p)^2 + 2\sum_{i=1}^{n-1}\sum_{j=i+1}^{n}(X_i - p)(X_j - p)\Big)$$

getrennt nach $p' < p''$ und $p' > p''$ (der Fall $p' = p''$ bedeutet Unabhängigkeit) so abschätzen, dass in beiden Fällen klar wurde, dass $\mathrm{E}(\sum_{i=1}^{n}(X_i - p))^2/n^2$ für wachsendes n gegen 0 gehen muss. Damit war mit Hilfe der Chebyshev-Ungleichung klar, dass $\sum X_i/n$ im Sinne des schwachen Gesetzes der großen Zahlen gegen p konvergiert. In einem Zusatz verallgemeinerte Markov die Aussage noch wesentlich in Richtung von Zufallsgrößen mit endlich vielen Werten.

Mit einer Arbeit zu identisch verteilten zweiwertigen Zufallsgrößen, die eine Kette der obigen Art bilden, begann Markov [1907b] mit der Erweiterung des zentralen Grenzwertsatzes auf abhängige Größen. Besonders bekannt wurde der Folgebeitrag [Markov 1908a], der für dreiwertige Zufallsgrößen mit Werten $-1, 0, 1$ homogene Übergangswahrscheinlichkeiten und für die erste Zufallsgröße die jeweiligen Wahrscheinlichkeiten für ihre drei Werte voraussetzte, sodass die verschiedenen Zufallsgrößen nicht mehr identisch verteilt waren. Er skizzierte auch, wie sein Ergebnis auf beliebige diskrete Zufallsgrößen erweitert werden konnte. Wie schon in der Vorgängerarbeit bewies Markov, dass die Momente beliebiger Ordnung der normierten Summe $(S_n - na)/\sqrt{nC^2}$ (a und C geeignete Konstanten) der Zufallsgrößen gegen diejenigen einer (Standard-)Normalverteilung streben, woraus er aufgrund seines allgemeinen Satzes von 1898 auf die Konvergenz der Verteilung der normierten Summe gegen die Normalverteilung schließen konnte. Der Schlüssel zum Erfolg war die Betrachtung einer erzeugenden Funktion in zwei Variablen (t, z), die sich, wie er zeigte, für festes t als rationale Funktion in z darstellen lässt, deren Zähler die Ordnung 2 und deren Nenner die Ordnung 3 hat. Für die dreiwertigen Zufallsgrößen ist diese erzeugende Funktion:

$$G(t,z) := \sum_{n\geqslant 1}\Big(\sum_{m=-n}^{n}\mathrm{P}(S_n = m)t^m\Big)z^n + 1 = \frac{f(t,z)}{F(t,z)}.$$

Die Momente m_i der i-ten Ordnung von $S_n - na'$ mit einer (zunächst beliebigen) Konstanten a' ergeben sich dann als Koeffizienten von z^n in der Entwicklung von

$$\frac{\mathrm{d}^i}{\mathrm{d}u^i}[G(\mathrm{e}^u, z\mathrm{e}^{-a'u})]_{u=0}.$$

Durch eine genauere algebraische Untersuchung insbesondere der Funktion F konnte Markov ferner auf die oben erwähnten Konstanten a und C in der normierten Summe, abhängig von den Funktionen F und f, schließen. In einer Reihe von weiteren Arbeiten erzielte er zusätzliche Verallgemeinerungen; Übersichten hierzu finden sich in [Sheynin 1989, 364–370] und [Seneta 2006].

Neben den Grenzwertsätzen für Summen verketteter Zufallsgrößen ging nun Markov auch den zentralen Grenzwertsatz für unabhängige Größen erneut mit der Momentenmethode an. Bei Zufallsgrößen mit allgemeiner Verteilung müssen allerdings Momente beliebiger Ordnung nicht existieren. Nehmen wir beispielsweise eine Zufallsgröße mit der Dichte $f(x) = \frac{\sqrt{2}}{\pi(1+x^4)}$; für diese existieren nur absolute Momente bis zur Ordnung $2 + \delta$ mit $0 < \delta < 1$. Das wäre genau der Lyapunovsche Fall. Doch Markov [1908b] hatte eine geniale Idee: die »gestutzten« (trunkierten) Zufallsgrößen. Statt der eigentlichen Zufallsgrößen X_k betrachtete er für eine gegen unendlich gehende Zahlenfolge (N_n) Zufallsgrößen

$$X'_{nk} = \begin{cases} X_k & \text{für } |X_k| \leqslant N_n \\ 0 & \text{für } |X_k| > N_n. \end{cases}$$

Für unabhängige Zufallsgrößen mit verschwindenden Erwartungswerten zeigte er, dass es unter der Lyapunov-Bedingung (13.8) tatsächlich eine solche Folge (N_n) geben muss, mit der für $n \to \infty$:

$$\sum_{k=1}^{n} \mathrm{P}(X'_{nk} \neq X_k) \to 0, \quad \frac{N_n^2}{B_n} \to 0, \quad \frac{\sum_{k=1}^{n} \mathrm{E}\, X'^2_{nk}}{B_n} \to 1, \quad \left(B_n := \sum_{k=1}^{n} \mathrm{E}\, X_k^2\right). \tag{13.9}$$

Unter Berücksichtigung der zweiten und dritten Beziehung in (13.9) konnte analog zum »Chebyshevschen« Fall auf

$$\mathrm{E}\left(\frac{\sum_{k=1}^{n} X'_{nk}}{\sqrt{2B_n}}\right)^m \to \frac{1}{\sqrt{\pi}} \int_{-\infty}^{\infty} x^m \mathrm{e}^{-x^2} \mathrm{d}x$$

geschlossen werden. Andererseits musste aufgrund der ersten Beziehung in (13.9) gelten, dass

$$\mathrm{P}\left(a < \frac{\sum_{k=1}^{n} X'_{nk}}{\sqrt{2B_n}} < b\right) - \mathrm{P}\left(a < \frac{\sum_{k=1}^{n} X_k}{\sqrt{2B_n}} < b\right) \to 0. \tag{13.10}$$

Da mit Hilfe des bekannten Satzes von Markov über die Momentenkonvergenz die Konvergenz der Verteilung von $\sum_{k=1}^{n} X'_{nk}/\sqrt{2B_n}$ gegen eine Normalverteilung begründet werden kann, ergibt sich wegen (13.10) auch die Konvergenz der Verteilung von $\sum_{k=1}^{n} X_k/\sqrt{2B_n}$ gegen eine Normalverteilung (mit Erwartungswert 0 und Varianz 1/2).

Die Methode der gestutzten Variablen sollte sich besonders in den Zwanziger- und Dreißigerjahren als universelles Handwerkszeug für Grenzwertsätze aller Art erweisen. Insbesondere die russischen Autoren Sergei Bernshtein (1880–1968), Khinchin und Kolmogorov bezogen sich dabei direkt auf Markov. Diesem selbst gelang mit Hilfe der gestutzten Zufallsgrößen bereits 1913, in der dritten Auflage seines Buchs zur Wahrscheinlichkeitsrechnung, ein Beweis für das (schwache) Gesetz der großen Zahlen für Summen unabhängiger Zufallsgrößen X_i unter der »Markov-Bedingung«, dass $\mathrm{E}\,|X_i|^{1+\delta}$ für ein beliebig kleines positives δ existiert und eine von i unabhängige obere Schranke besitzt [Maistrov 1974, 261 f.].

Ab ca. 1920 sollten Markov-Ketten in verschiedensten Varianten noch ein breites Anwendungsspektrum finden. Markovs einschlägige Arbeiten nach der Jahrhundertwende entsprangen aber keinen »praktischen« Bedürfnissen, sondern waren durch das Bestreben nach Ausloten des mathematischen Potentials von Grenzwertsätzen der Wahrscheinlichkeitsrechnung motiviert. Besonders die Integration der verketteten Wahrscheinlichkeiten in den ab ca. 1920 auch mathematisch näher untersuchten Bereich der stochastischen Prozesse, der bis dahin fast ausschließlich anwendungsbezogen in Physik und Finanzwesen behandelt worden war, trug wesentlich zur Herausbildung einer Wahrscheinlichkeitstheorie bei, die sich aus innermathematischer Relevanz speiste.

Damit haben wir in diesem und den vorangehenden Abschnitten das Potential umrissen, das schließlich zu einem ersten Höhepunkt, Kolmogorovs *Grundbegriffe der Wahrscheinlichkeitsrechnung* (1933), mit der heute üblichen Axiomatik und maßtheoretischen Behandlung von Wahrscheinlichkeiten, insbesondere bei unendlichen Ereignisräumen, führen sollte.

Anhang A
Elementare Wahrscheinlichkeitsrechnung

Die mathematischen Inhalte der vorliegenden Darstellung basieren in aller Regel auf dem einfachsten Fall von Zufallsexperimenten mit endlich vielen diskreten Ergebnissen und dem daraus per Analogie ableitbaren Fall kontinuierlicher Ereignisse. Wir beziehen uns daher ausschließlich auf diese beiden Fälle.

A.1 Diskrete Wahrscheinlichkeiten

Die möglichen Ausgänge eines Zufallsexperiments werden im »Ergebnisraum« zusammengefasst, der oft mit Ω bezeichnet wird. Stellen wir uns einen unregelmäßig geformten Stein vor, der vier ebene Seitenflächen hat, die schwarz (s), blau (b), gelb (g) und weiß (w) eingefärbt sind. Lässt man ihn auf eine Tischfläche fallen, so hat dieses Experiment das Ergebnis, dass der Stein auf einer der vier Flächen zum Liegen kommt. Somit hätte man den Ergebnisraum

$$\Omega = \{s, b, g, w\}.$$

Unter einem »Ereignis« versteht man eine Teilmenge des Ergebnisraums, wobei auch die leere Menge, die einelementigen Mengen (auch »Elementarereignisse« genannt) und Ω selbst dazugenommen werden. Die Menge aller Ereignisse bildet den Ereignisraum (oft mit $\mathcal{A}$ bezeichnet). In unserem Falle hätte man

$$\mathcal{A} = \{\emptyset, \Omega, \{s\}, \{b\}, \{g\}, \{w\}, \{s,b\}, \{s,g\}, \{s,w\}, \{b,g\}, \{b,w\}, \{g,w\}, \\ \{s,b,g\}, \{s,b,w\}, \{s,g,w\}, \{b,g,w\}\}.$$

Die mehrelementigen Mengen werden als ODER-Ereignisse interpretiert. $\{s, b\}$ wäre dabei das Ereignis, dass der Stein auf der blauen oder der schwarzen, kurz auf der dunklen, Seite zu Liegen kommt. In diesem Sinne wäre Ω dann das sichere Ereignis und $\emptyset$ das unmögliche.

H. Fischer et al., *1000 Jahre Stochastik*, Vom Zählstein zum Computer,
https://doi.org/10.1007/978-3-662-72368-5

Zum Zwecke der Wahrscheinlichkeitsrechnung wird jedem Elementarereignis E eine Wahrscheinlichkeit $\mathrm{P}(E)$ zugeordnet. Diese Zuordnung wird auch als »Wahrscheinlichkeitsfunktion« bezeichnet. Vom mathematischen Standpunkt aus ist es dabei nur wichtig, dass diese Wahrscheinlichkeiten nicht negativ sind und ihre Summe genau 1 ergibt. Vom Standpunkt der Anwendung aus wird man sich zu überlegen haben, ob diese Zuordnung sachlogisch sinnvoll ist. Man kann auch die zugeordneten Wahrscheinlichkeiten durch vielfache Wiederholung des Zufallsexperiments testen: Die Wahrscheinlichkeiten sollten einigermaßen mit den registrierten relativen Häufigkeiten übereinstimmen.

Bei dem Stein könnte man sich beispielsweise

$$\mathrm{P}(\{s\}) = 0.3, \quad \mathrm{P}(\{b\}) = 0.1, \quad \mathrm{P}(\{g\}) = 0.4, \quad \mathrm{P}(\{w\}) = 0.2$$

vorstellen.

In vielen Fällen kann der Ergebnisraum so gewählt werden, dass die Elementarereignisse gleich wahrscheinlich sind. Bei einem Ergebnisraum mit n Elementen ist dann die Wahrscheinlichkeit für jedes Elementarereignis gleich $1/n$. Man spricht in diesem Zusammenhang vom »klassischen« Wahrscheinlichkeitsmaß oder auch von »Laplace-Wahrscheinlichkeiten«, obwohl diese Idee bereits bei Jakob Bernoulli, also vor Laplace, zu finden ist.

Wenn nun ein beliebiges Ereignis A aus Elementarereignissen $E_1, \dots, E_n$ besteht, also

$$A = E_1 \cup E_2 \cup \cdots \cup E_n,$$

so wird festgelegt, dass

$$\mathrm{P}(A) = \mathrm{P}(E_1) + \mathrm{P}(E_2) + \cdots + \mathrm{P}(E_n).$$

Aus dieser Festlegung ergeben sich sofort die Beziehungen

$$\mathrm{P}(\Omega) = 1, \quad \mathrm{P}(\emptyset) = 0, \quad \mathrm{P}(A \cup B) = \mathrm{P}(A) + \mathrm{P}(B), \text{ falls } A \cap B = \emptyset.$$

Für den Stein können diese Beziehungen sofort nachvollzogen werden.

Die zuletzt genannte Eigenschaft der Wahrscheinlichkeiten wird als »Additivität« bezeichnet. Sie kann auf mehr als zwei Ereignisse ausgedehnt werden: Wenn

$$A = A_1 \cup A_2 \cup \cdots \cup A_n$$

und $A_i \cap A_j = \emptyset$ für $i \neq j$ $(i, j = 1, \dots, n)$, so ist

$$\mathrm{P}(A) = \mathrm{P}(A_1) + \mathrm{P}(A_2) + \cdots + \mathrm{P}(A_n).$$

Falls die Ereignisse nicht disjunkt sind (also ihr Durchschnitt nicht gleich der leeren Menge ist), so gilt die allgemeinere Regel

$$\mathrm{P}(A \cup B) = \mathrm{P}(A) + \mathrm{P}(B) - \mathrm{P}(A \cap B).$$

Zur Begründung s. Abb. A.1

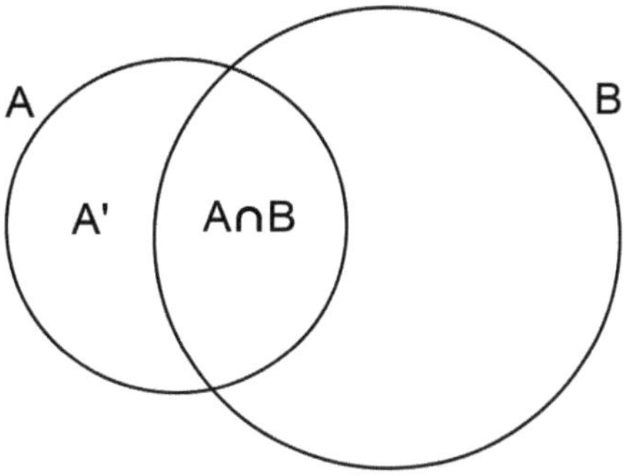

Abb. A.1: Begründung der allgemeinen Additionsregel: Es ist $P(A) = P(A') + P(A \cap B)$, also $P(A') = P(A) - P(A \cap B)$, sowie $P(A \cup B) = P(A') + P(B)$.

Betrachten wir nun ein zweites Beispiel. Bei einer Gruppe von 100 Personen sind 20 hellhaarig und haben blaue Augen. Nur 5 sind dunkelhaarig und haben blaue Augen. Insgesamt haben 40 Personen helle Haare und 60 Personen dunkle. Eine Person wird aus den 100 zufällig ausgewählt. Es ist naheliegend, dass die Wahrscheinlichkeit dafür, dass diese Person blauäugig ist, zu 25/100 angesetzt wird. Wenn freilich die zufällige Wahl sich auf die Hellhaarigen beschränken würde, so wäre die entsprechende Wahrscheinlichkeit gleich 20/40=1/2. Hier haben wir es mit einer »bedingten« Wahrscheinlichkeit zu tun, der Wahrscheinlichkeit für blaue Augen falls die Haarfarbe hell ist. Nun ist ja 20/40 dasselbe wie 20%/40% und damit gleich dem Bruch aus den Wahrscheinlichkeiten für helle Haare und blaue Augen im Zähler und hellen Haaren im Nenner.

Allgemein haben solche Beispiele zu der folgenden Definition geführt: Für die Ereignisse A und B bezeichnet

$$P(A \mid B) = \frac{P(A \cap B)}{P(B)}$$

die Wahrscheinlichkeit von A unter der Bedingung B, falls $P(B) > 0$. Auf den möglichen Fall $P(B) = 0$ müssen wir im Rahmen der elementaren Theorie nicht eingehen.

Im obigen Zahlenbeispiel sind Haarfarbe und Augenfarbe offenbar nicht unabhängig voneinander, da der Anteil der Blauäugigen unter den Hellhaarigen deutlich größer ist als der Anteil der Blauäugigen unter allen Personen. Dies führt zu dem Ansatz $P(A \mid B) = P(A)$ als Bedingung für die Unabhängigkeit zweier Ereignisse A, B, die zwar äquivalent zur Bedingung $P(B \mid A) = P(B)$ ist, aber nur dann, wenn die bedingten Wahrscheinlichkeit existieren, also $P(A) > 0$ und $P(B) > 0$. Formen wir jedoch diesen Ansatz unter Berücksichtigung der Definition von $P(A \mid B)$ um, so erhalten wir

$$P(A \cap B) = P(A) \cdot P(B),$$

eine Bedingung für Unabhängigkeit, in der auch Wahrscheinlichkeiten gleich Null auftreten können. Die Unabhängigkeit zweier Ereignisse hängt also in diesem Sinne nicht von den Ereignissen selbst, sondern von ihren Wahrscheinlichkeiten ab.

A.2 Diskrete Zufallsgrößen

Oft werden den Elementen des Ergebnisraums Zahlenwerte, das können etwa Spielgewinne sein, zugeordnet. Bei unserem Stein könnte die Zuordnung – nennen wir sie X – etwa so vorgenommen werden:

$$X(s) = 1, \quad X(b) = 1, \quad X(g) = 3, \quad X(w) = 4.$$

Die hier vorkommenden Zahlen nennt man die »Werte« der Zufallsgröße X. Da zu jedem dieser Werte ein oder mehrere Elemente des Ergebnisraums gehören, können den Werten ebenfalls gemäß

$$x \mapsto \mathrm{P}(\omega \in \Omega \mid X(\omega) = x) =: \mathrm{P}(X = x)$$

Wahrscheinlichkeiten zugewiesen werden. Im aktuellen Fall wäre $\mathrm{P}(X = 1) = \mathrm{P}(\{s, b\}) = 0.4$, $\mathrm{P}(X = 3) = \mathrm{P}(\{g\}) = 0.4$, $\mathrm{P}(X = 4) = \mathrm{P}(\{w\}) = 0.2$. Man kann auch Zahlenmengen eine Wahrscheinlichkeit zuordnen, wenn man das ihnen entsprechende Ereignis betrachtet. So wäre etwa in unserem Falle $\mathrm{P}(X \geqslant 3) = \mathrm{P}(\{g, w\}) = 0.6$, oder $\mathrm{P}(X < 3.5) = \mathrm{P}(\{s, b, g\}) = 0.8$, oder $\mathrm{P}(X = 0) = \mathrm{P}(\emptyset) = 0$.

Zu jeder Zufallsgröße X gibt es einen Ergebnisraum Ω_X, der aus den Werten der Zufallsgröße besteht. Im Falle des Steins wäre dieser Ergebnisraum $\Omega_X = \{1, 3, 4\}$. Die Zuordnung $\Omega_X \ni x \mapsto \mathrm{P}(X = x)$ wird als Wahrscheinlichkeitsfunktion der Zufallsgröße bezeichnet. Die auf ganz $\mathbb{R}$ definierte Funktion $F_X(x) = \mathrm{P}(X \leqslant x)$ heißt (kumulative) Verteilungsfunktion von X. Sie ist eine Treppenfunktion, die jeweils einen Sprung macht, wenn x gleich einem der Werte der Zufallsgröße ist.

Wichtige Kenngrößen bei Zufallsgrößen sind der Erwartungswert und die Varianz. Für X als Zufallsgröße über dem Ergebnisraum $\Omega = \{e_1, \ldots, e_n\}$ mit $\Omega_X = \{x_1, \ldots, x_m\}$ und $p_i = \mathrm{P}(X = x_i)$ ist der Erwartungswert definiert als

$$\mathrm{E}X := X(e_1)\,\mathrm{P}(\{e_1\}) + X(e_2)\,\mathrm{P}(\{e_2\}) + \cdots + X(e_n)\,\mathrm{P}(\{e_n\} = \sum_{i=1}^{m} x_i p_i.$$

Bei unserem Stein wäre das

$$\mathrm{E}X = 1 \cdot 0.4 + 3 \cdot 0.4 + 4 \cdot 0.2 = 2.4.$$

Ist $g(x)$ eine Funktion, deren Definitionsbereich den Wertebereich von X enthält, so ist

$$\mathrm{E}\, g(X) := \sum_{i=1}^{m} g(x_i) p_i.$$

Die Varianz einer Zufallsgröße ist definiert als

$$\operatorname{Var} X := \mathrm{E}(X - \mathrm{E}\,X)^2 = (X(e_1) - \mathrm{E}\,X)^2\, \mathrm{P}(\{e_1\}) + (X(e_2) - \mathrm{E}\,X)^2\, \mathrm{P}(\{e_2\}) + \cdots$$
$$+ (X(e_n) - \mathrm{E}\,X)^2\, \mathrm{P}(\{e_n\}) = \sum_{i=1}^{m} (x_i - \mathrm{E}\,X)^2 p_i.$$

Für die Varianz gilt die wichtige Regel

$$\operatorname{Var} X = \mathrm{E}\,X^2 - (\mathrm{E}\,X)^2.$$

Damit ist beim Stein

$$\operatorname{Var} X = 1 \cdot 0.4 + 9 \cdot 0.4 + 16 \cdot 0.2 - 2.4^2 = 1.44.$$

Die Wurzel aus der Varianz wird als »Standardabweichung« der Zufallsgröße bezeichnet.

Für die Varianz gilt noch die wichtige Rechenregel

$$\operatorname{Var}(aX + b) = a^2 \operatorname{Var} X,$$

wenn a und b Konstanten sind.

Zufallsgrößen mit Erwartungswert 0 und Varianz 1 werden (nach jetzigem Verständnis) als »standardisiert« bezeichnet. Zu jeder Zufallsgröße X mit Erwartungswert μ und Varianz σ^2 existiert eine standardisierte Version $\frac{1}{\sigma}(X - \mu)$, wie sofort aus den obigen Rechenregeln folgt. Historisch waren noch weitere Standardisierungen, vor allem im Zusammenhang mit normalverteilten Zufallsgrößen geläufig, s. Abschn. A.7.

A.3 Mehrere diskrete Zufallsgrößen

Wir beginnen mit einem weiteren Beispiel: Sei Ω die Menge der Individuen einer bestimmten Population mit Anzahl N, aus der eine Person ω zufällig ausgewählt wird. Der Person wird die Körperlänge $X(\omega)$ und die Schuhgröße $Y(\omega)$ zugeordnet. Dann kann etwa $\mathrm{P}(X = 175, Y = 43)$ dadurch bestimmt werden, dass die Zahl derjenigen, deren Körperlänge 175 (cm) und deren Schuhgröße 43 ist, durch N dividiert wird. (X, Y) ist ein Zufallsvektor, der die Werte (x_i, y_j), $i = 1, \dots, n$, $j = 1, \dots, m$ annimmt, wenn X die Werte $x_1, \dots, x_n$ und Y die Werte $y_1, \dots, y_m$ hat. Entsprechend gibt es eine gemeinsame Wahrscheinlichkeitsfunktion

$$p_{ij} = \mathrm{P}(X = x_i, Y = y_j).$$

Es ist dann

$$\mathrm{P}(X = x_k) = \sum_{j=1}^{m} p_{kj}.$$

Die Wahrscheinlichkeitsfunktion $\mathrm{P}(X = x_k) = \sum_{j=1}^{m} p_{kj}$ heißt auch »Randverteilung« bezüglich X. Analoges gilt für Y.

Für mehrere Zufallsgrößen kann nun auch der Begriff der bedingten Wahrscheinlichkeit gemäß $\mathrm{P}(X = x|Y = y) := \mathrm{P}(X = x, Y = y)/\,\mathrm{P}(Y = y)$ aufgestellt werden, falls $\mathrm{P}(Y = y) > 0$.

X und Y heißen unabhängig, wenn

$$\mathrm{P}(X = x_i, Y = y_j) = \mathrm{P}(X = x_i)P(X = y_j)$$

für alle Werte x_i, y_j ist. Diese Definition kann entsprechend auf mehrere Zufallsgrößen ausgedehnt werden.

Besonders wichtig in Anwendungen sind Summen von Zufallsgrößen, etwa bei zweimaligen Würfeln. Hier hat man $\Omega = \{(1,1),(1,2),\dots,(6,6)\}$ als Ergebnisraum. Die Zufallsgröße X_1 entsprechend dem ersten Wurf ist definiert durch $X_1((a,b)) = a$. Für den zweiten Wurf: $X_2((a,b)) = b$. Es ist $\mathrm{P}(X = x_i, y = y_j) = 1/36$. X_1 und X_2 sind unabhängig. Die Summe $S = X_1 + X_2$ ist ebenfalls eine Zufallsgröße mit Erwartung bzw. Varianz

$$\mathrm{E}(X_1 + X_2) = 7 = \mathrm{E}X_1 + \mathrm{E}X_2 \text{ bzw. } \mathrm{Var}(X_1 + X_2) = 35/6 = \mathrm{Var}X_1 + \mathrm{X}_2.$$

Während der Erwartungswert sich stets additiv verhält, gilt das für die Varianz im Allgemeinen nicht. Hierzu muß die paarweise Unkorreliertheit der beteiligten Zufallsgrößen gefordert werden.

Zwei Zufallsgrößen X und Y heißen unkorreliert, wenn

$$\mathrm{E}(XY) = \mathrm{E}X \cdot \mathrm{E}Y.$$

Aus der Unabhängigkeit folgt die Unkorreliertheit, aber nicht umgekehrt.

Zusammenfassung: Seien $X_1, \dots, X_n$ (diskrete) Zufallsgrößen und $a_1, \dots, a_n$ Konstanten. Dann gilt:

$$\mathrm{E}[a_1 X_1 + \cdots a_n X_n] = a_1 \,\mathrm{E}X_1 + \cdots a_n \,\mathrm{E}X_n. \tag{A.1}$$

Sind X_i, X_j für $i \neq j$ alle paarweise unkorreliert, so ist zusätzlich

$$\mathrm{Var}[a_1 X_1 + \cdots a_n X_n] = a_1^2 \,\mathrm{Var}X_1 + \cdots + a_n^2 \,\mathrm{Var}X_n. \tag{A.2}$$

A.4 Permutationen, Variationen, Kombinationen

Beim Berechnen diskreter Wahrscheinlichkeiten kommen sehr oft Methoden der elementaren Kombinatorik zur Anwendung.

Abzählungen verschiedener Art sind bereits aus frühen Zeiten und aus den verschiedensten Kulturkreisen bekannt. Viele der überlieferten Quellen betreffen Voraussagen bzw. Orakel. Allerdings fehlt bei ihnen die Verbindung zu qualitativen oder quantitativen Aspekten des »Wahrscheinlichen«.

Besonders alt scheint hier die Tradition des Werfens mehrerer «Astragaloi«, das sind Fußknöchel von Paarhufern, gewesen zu sein. Genauer werden diese als Glücksspielinstrumente in Kap. 2.4 vorgestellt. Die vier möglichen Endlagen der Knöchel werden mit 1,3,4,6 bewertet. In einer sehr bekannten Textstelle berichtet Pausanias (ca. 115 n. C.–180 n. C.) von einem Orakel in einem Heiligtum des Herakles, bei dem 4 Astragaloi geworfen wurden und jeder Ergebnis-Kombination ein Orakeltäfelchen zugeordnet war. Voraussetzung hierfür war natürlich die Abzählung aller möglichen Kombinationen, es sind hier 35. Solche Orakel mit verschiedenen Anzahlen von Astragaloi, aber auch mit Würfeln oder anderen Losverfahren, hatten eine lange Tradition (z. B. [Haller und Barth 2017, 1–5]).

Für den dreifachen Würfelwurf gibt es ein interessantes Beispiel aus der griechischen Spätantike (4. bis 5. Jahrhundert n. C.), dem *Homeromanteion*, in dem jedem Tripel von Augenzahlen (es gibt insgesamt $6^3 = 216$) ein Zitat aus einem Werk Homers mit Vorhersagecharakter zugeordnet ist. So entspricht z. B. dem Tripel $(2, 4, 2)$ das Zitat aus der Odyssee (11, 80): »Dies, unglücklicher Freund, will ich Dir alles vollenden« [Karanika 2011, 269] (deutsche Übersetzung gemäß dem Klassiker von Johann Heinrich Voß).

Beiträge von Pappos (4. Jhdt. n. C.) und besonders Hipparchos (ca. 190 v. C.–ca. 120 v. C.) zeigen, dass die griechische Mathematik nicht nur Spezialfälle abgezählt hat, sondern bereits systematisch kombinatorische Probleme angegangen ist [Haller und Barth 2017, 13–18].

Für die elementare Wahrscheinlichkeitsrechnung sind besonders Permutationen, Variationen und Kombinationen wichtig.

Wenn man eine Menge von n (per Definitionem verschiedenen) Elementen hat, so gibt es n Möglichkeiten, das erste Element zu wählen, $n-1$ für das zweite, $n-2$ für das dritte u. s. w. Insgesamt gibt es also

$$n \cdot (n-1) \cdot (n-2) \cdots 1 =: n!$$

verschiedene Anordnungen dieser Menge. Jede dieser Anordnungen wurde von Jakob Bernoulli in seiner *Ars conjectandi* als »Permutation« bezeichnet (Kap. 5.3), nachdem dieser Begriff bereits von anderen, freilich weniger prominenten Autoren, verwendet worden war. Die Bezeichnungsweise $n!$ («Fakultät«) wurde wohl von Christian Kramp (1760–1826) eingeführt [Haller und Barth 2017, 31 f.].

Wenn man $n_1, n_2, \ldots, n_k$ jeweils untereinander ununterscheidbare Elemente vorliegen hat, also z. B. n_1 blaue, n_2 weiße, n_3 schwarze Kugeln, so gibt es unter allen Anordnungen insgesamt $n_1! \cdot n_2! \cdots n_k!$ Anordnungen, die nicht unterscheidbar sind. Folglich existieren

$$\frac{(n_1 + n_2 + \cdots + n_k)!}{n_1! \cdot n_2! \cdots n_k!}$$

unterscheidbare Anordnungen bzw. Permutationen.

Beim k-fachen Würfeln sind insbesondere die jedem Mehrfachwurf entsprechenden k-Tupel interessant. Das sind jeweils $6 \cdot 6 \cdots 6$ (k – mal) $= 6^k$. Allgemein gibt es zu jeder Menge aus n Elementen n^k viele k-Tupel. Man spricht hier auch von einer k-Variation mit Wiederholung, da an jeder Tupel-Stelle ein bereits aufgetretenes Element wiederholt werden darf.

Da »Variation« wie auch »Kombination« von verschiedenen Autoren in verschiedenen Begriffszusammenhängen verwendet worden sind, ist es schwer, eine ursprüngliche Quelle für den heutigen Sprachgebrauch beider Termini dingfest zu machen. Unter einer k-Kombination (ohne Wiederholung) versteht man heute eine Teilmenge von k Elementen aus einer n-elementigen Menge. Jede dieser Kombinationen entspricht also einer Auswahl von k Elementen, wobei es auf deren Reihenfolge nicht ankommt und alle diese Elemente voneinander verschieden sind (bzw. nicht wiederholt werden). Die Beziehung für die Anzahl der k-Kombinationen ohne Wiederholung aus einer n-Menge

$$C_k^n = \binom{n}{k} = \frac{n!}{k!(n-k)!}$$

wurde bereits anhand von verallgemeinerungsfähigen Beispielen von Bhaskara II (1114–1185), Levi Ben Gerson (1288–1344) und – mit einiger Breitenwirkung – von Pierre Hérigone (1580–1643) hergeleitet, bevor Jakob Bernoulli in der *Ars conjectandi* einen allgemeinen Beweis gab [Haller und Barth 2017, 199].

Abschließend kehren wir nochmals zum Mehrfachwürfeln zurück. Hier interessierte man sich, wie an einem Beispiel (Wiebold!) eingangs des ersten Kapitels erläutert ist, auch für die Anzahl der Zusammenstellungen aus den Augenpunkten ohne auf die Reihenfolge zu achten, in der diese erscheinen. Die Tripel $(1,1,2), (2,1,1), (1,2,1)$ werden also zusammengefasst zu $1-1-2$. Generell spricht man von k-Kombinationen aus einer n-Menge mit Wiederholung. Die Anzahl dieser Kombinationen ist

$$\binom{k+n-1}{k}.$$

Ein allgemeiner Beweis findet sich wieder in der *Ars conjectandi*. Anhand dieses Formelterms sehen wird nun, dass beim Dreifachwürfeln die Anzahl der Augenzahlkombinationen gleich $\binom{8}{3} = 56$ und bei vier Astragaloi gleich $\binom{7}{4} = 35$ sein muss.

A.5 Stetige Zufallsgrößen

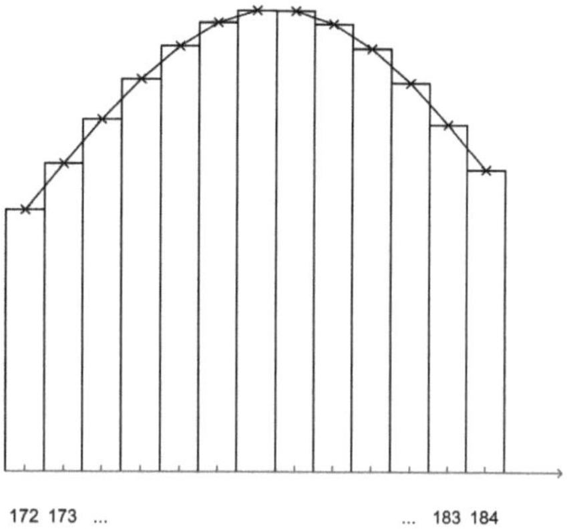

Abb. A.2: Histogramm zu der modellhaften Wahrscheinlichkeitsverteilung von Körperlängen

Wir gehen nun von dem in der Praxis sehr häufigen Spezialfall aus, dass die Werte $x_1, x_2, \ldots, x_n$ einer diskreten Zufallsgröße X äquidistant zueinander sind. Ihr Abstand wird mit Δx bezeichnet. Unser Beispiel (Abb. A.2) bezieht sich auf Körperlängen junger Männer zwischen 172 cm und 183 cm, wobei auf cm genau gemessen wurde. Die Wahrscheinlichkeitsfunktion der Zufallsgröße lässt sich durch ein Histogramm darstellen: Zu jedem x_i wird ein Rechteck errichtet, bei dem x_i im Mittelpunkt der unteren Seite mit Länge Δx liegt; die Fläche des Rechtecks ist $\mathrm{P}(X = x_i)$, sodass seine Höhe gleich $\mathrm{P}(X = x_i)/\Delta x$ ist. Verbindet man die oberen Mittelpunkte der Rechtecke zu einem Polygonzug, so ergibt sich eine Funktion $p_n(x)$, und bei hinreichend kleinen Rechtecksflächen ist die Wahrscheinlichkeit $\mathrm{P}(x_i \leqslant X \leqslant x_j)$ dafür, dass sich Werte zwischen x_i und $x_j > x_i$ ergeben, approximativ gleich $\int_{x_i}^{x_j} p_n(x)\mathrm{d}x$. Eine diskrete Zufallsgröße mit hinreichend vielen, nahe benachbarten Werten lässt sich also approximativ durch eine »stetige« Zufallsgröße $\widetilde{X}$ ersetzen, deren Werte kontinuierlich fortschreiten. Das ist insbesondere dann möglich, wenn eine weitere Verfeinerung der betrachteten Werte – in unserem Fall etwa bei Übergang von cm zu halben cm – keine wesentlichen Änderungen im Verlauf von $p_n(x)$ ergibt. Bei stetigen Zufallsgrößen $\widetilde{X}$ gibt es eine »Dichtefunktion« $\widetilde{p}(x)$ (gewissermaßen die Grenzfunktion der $p_n(x)$), sodass jedem Intervall $[a, b]$ die Wahrscheinlichkeit

$$\mathrm{P}(a \leqslant \widetilde{X} \leqslant b) = \int_a^b \widetilde{p}(x)\mathrm{d}x \qquad \text{(A.3)}$$

zugeordnet wird. Stetige Zufallsgrößen sind in diesem Sinne also Idealisierungen von diskreten Zufallsgrößen.

Auch wenn die Werte der betrachteten Zufallsgröße in einem endlichen Intervall liegen, kann die Dichte stets auf ganz $\mathbb{R}$ definiert werden, indem sie gegebenenfalls einfach durch 0 fortgesetzt wird. Es muss auf jeden Fall

$$\int_{-\infty}^{\infty} \widetilde{p}(x)\mathrm{d}x = 1$$

gelten. Die Verteilungsfunktion $F_{\widetilde{X}}(x)$ der stetigen Zufallsgröße ist entsprechend

$$F_{\widetilde{X}}(x) = \int_{-\infty}^{x} \widetilde{p}(x)\mathrm{d}x$$

und damit im Sinne der Integrationstheorie eine absolut stetige Funktion. Deshalb spricht man in diesem Zusammenhang auch von einer »stetigen« oder – wenn man es noch genauer ausdrücken will – von einer »absolut stetigen« Wahrscheinlichkeitsverteilung. Wichtig ist noch, dass bei stetigen Zufallsgrößen die Wahrscheinlichkeiten für Einzelwerte a stets gleich 0 sind, entsprechend dem Spezialfall von (A.3)

$$\mathrm{P}(\widetilde{X} = a) = \mathrm{P}(a \leqslant \widetilde{X} \leqslant a) = \int_{a}^{a} \widetilde{p}(x)\mathrm{d}x = 0.$$

Erwartungswert und Varianz stetiger Zufallsgrößen $\widetilde{X}$ mit Dichte $\widetilde{p}(x)$ werden nun durch Integrale (statt durch Summen wie im diskreten Fall) ausgedrückt:

$$\mathrm{E}\widetilde{X} = \int_{-\infty}^{\infty} x\widetilde{p}(x)\mathrm{d}x, \quad \mathrm{Var}\, X = \int_{-\infty}^{\infty} (x - \mathrm{E}\, X)^2\widetilde{p}(x)\mathrm{d}x.$$

Während diskrete Zufallsgrößen mit endlich vielen Werten auf jeden Fall Erwartungswerte und Varianzen besitzen, so ist dies bei stetigen Zufallsgrößen nicht mehr selbstverständlich. Ein typisches Beispiel ist die »Cauchy-Verteilung« (Kap. 10.1.2) mit der Dichte $f(x) = \frac{1}{\pi(1+x^2)}$. Hier gibt es strenggenommen nicht einmal einen Erwartungswert, weil das Integral $\int_{-\infty}^{\infty} xf(x)\mathrm{d}x$ nur im Sinne eines Hauptwerts existiert.

Hinweise zu höheren Momenten bei stetigen Zufallsgrößen sind in Kap. 12.7.1 enthalten.

A.6 Schwaches Gesetz der großen Zahlen

Wenn für eine Zufallsgröße X Erwartungswert $\mathrm{E}\,X$ und Varianz $\mathrm{Var}\,X$ existieren, so besteht die Ungleichung

$$\mathrm{P}(|X - \mathrm{E}\,X| \geqslant \varepsilon) \leqslant \frac{\mathrm{Var}\,X}{\varepsilon^2} \quad \forall \varepsilon > 0,$$

die »Bienaymé-Chebyshev-Ungleichung« (Kap. 10.8.2).

Mit Hilfe dieser Ungleichung lässt sich sofort das schwache Gesetz der großen Zahlen in einer recht allgemeinen Version herleiten: Sei $X_1, X_2, \ldots$ eine Folge von paarweise unkorrelierten Zufallsgrößen mit Erwartungswerten $\mu_1, \mu_2, \ldots$ und Varianzen $\sigma_1^2, \sigma_2^2, \ldots$, sodass $(\sum_{i=1}^n \sigma_i^2)/n^2 \to 0$ für $n \to \infty$. Dann gilt

$$\mathrm{P}\left(\left|\frac{\sum_{i=1}^n X_i}{n} - \frac{\sum_{i=1}^n \mu_i}{n}\right| < \varepsilon\right) \to 1 \quad \forall \varepsilon > 0.$$

Zum Beweis muss man nur in der obigen Ungleichung $X = (\sum_{i=1}^n X_i)/n$ setzen und berücksichtigen, dass dann nach den Rechenregeln für die Varianz $\operatorname{Var} X = (\sum_{i=1}^n \sigma_i^2)/n^2$ ist.

In moderner Sprechweise heißt das, dass die Differenz aus den arithmetischen Mitteln der Zufallsgrößen und ihren Erwartungswerten stochastisch gegen 0 konvergiert.

Allgemein sagt man, dass eine Folge (Y_n) stochastisch gegen eine Zufallsgröße Y konvergiert (eine Konstante kann auch als einwertige Zufallsgröße aufgefasst werden), wenn

$$\lim_{n\to\infty} \mathrm{P}(|Y_n - Y| < \varepsilon) = 1 \quad \forall \varepsilon > 0.$$

A.7 Gleichverteilung, Binomialverteilung, Normalverteilung

Abschließend werden noch drei besonders wichtige Wahrscheinlichkeitsverteilungen vorgestellt.

Gleichverteilung

Die einfachste Wahrscheinlichkeitsverteilung ist die Gleichverteilung. Eine diskrete Zufallsgröße X mit den Werten $x_1, \ldots, x_n$ heißt gleichverteilt, wenn für jedes der x_i gilt: $\mathrm{P}(X = x_i) = 1/n$. Der Erwartungswert $\mathrm{E}X = \sum x_i/n$ ist gleich dem arithmetischen Mittel der x_i. Für die Varianz gilt $\operatorname{Var} X = \sum x_i^2/n - (\sum x_i/n)^2$, eine Beziehung, die sich nur in Sonderfällen vereinfachen lässt.

Einfacher ist die Situation, wenn wir es mit einer »stetigen Gleichverteilung«, auch »Rechtecksverteilung« genannt, zu tun haben. Hier ist die Dichtefunktion $f(x)$ der Zufallsgröße X auf ein kompaktes Trägerintervall $[a, b]$ konzentriert, und es gilt

$$f(x) = \begin{cases} \frac{1}{b-a} & x \in [a, b] \\ 0 & \text{sonst.} \end{cases}$$

Jetzt ist

$$\mathrm{E}X = \frac{a+b}{2}, \quad \operatorname{Var} X = \frac{1}{12}(b-a)^2.$$

Binomialverteilung
Seit Beginn der Glücksspielrechnung Mitte des 17. Jahrhunderts war das Problem der Trefferzahlen bei wiederholten Versuchen mit zwei Ausgängen, wie etwa beim Münzwurf, präsent. Bei einer Abfolge von unabhängigen Zufallsexperimenten, in denen jeweils ein »Treffer« mit der Wahrscheinlichkeit p oder eine »Niete« mit Wahrscheinlichkeit $q = 1 - p$ erzielt werden kann, einer sogenannten Bernoullikette, gilt für die Wahrscheinlichkeit $\mathrm{P}(Z = k)$, dass bei n Wiederholungen genau k Treffer erzielt werden ($k = 0, 1, \dots, n$):

$$\mathrm{P}(Z = k) = \binom{n}{k} p^k (1-p)^{n-k} =: B(n, p, k)$$

Z kann als Summe von n unabhängigen zweiwertigen Zufallsgrößen X_i aufgefasst werden, wobei jede von ihnen den Wert 1 mit Wahrscheinlichkeit p und den Wert 0 mit Wahrscheinlichkeit q annimmt. Dann ist $\mathrm{E}X_i = p$ und $\mathrm{Var}\,X_i = p - p^2 = pq$. Nach den Regeln (A.1) und (A.2) ist dann

$$\mathrm{E}Z = \sum_{i=1}^{n} \mathrm{E}X_i = np, \quad \mathrm{Var}\,Z = \sum_{i=1}^{n} \mathrm{Var}\,X_i = npq.$$

Für die Berechnung von $B(n, p, k)$ und ihre algebraische Umformung ist die Rekursionsformel

$$B(n, p, k+1) = \frac{(n-k)p}{(k+1)q} B(n, p, k) \tag{A.4}$$

sehr nützlich.

In Tafelwerken bzw. Computersoftware wird oft nur die »kumulative Verteilungsfunktion« der Binomialverteilung erfasst. Sie ist für $k = 0, 1, \dots, n$ definiert durch

$$F_{n,p}(k) = \sum_{i=1}^{k} B(n, p, i) = \mathrm{P}(Z \leqslant k).$$

Zwei typische Histogramme mit Rechtecksbreite 1 sind in Abb. A.3 enthalten.

Das symmetrische Histogramm für $n = 10$ und $p = 0.5$ lässt sich mit guter Genauigkeit durch die glockenförmige Dichte einer stetigen Zufallsgröße mit demselben Erwartungswert (5) und derselben Varianz (2.5) approximieren (Abb. A.4).

Normalverteilung
Stetige Zufallsgrößen mit Dichten der Form

$$\varphi_{\mu,\sigma} = \frac{1}{\sigma\sqrt{2\pi}} \mathrm{e}^{\frac{(x-\mu)^2}{2\sigma^2}} \tag{A.5}$$

haben den Erwartungswert μ und die Varianz σ^2 bzw. Standardabweichung $\sigma > 0$. Seit Galton werden sie als »normalverteilt« bezeichnet. Dass sich Bino-

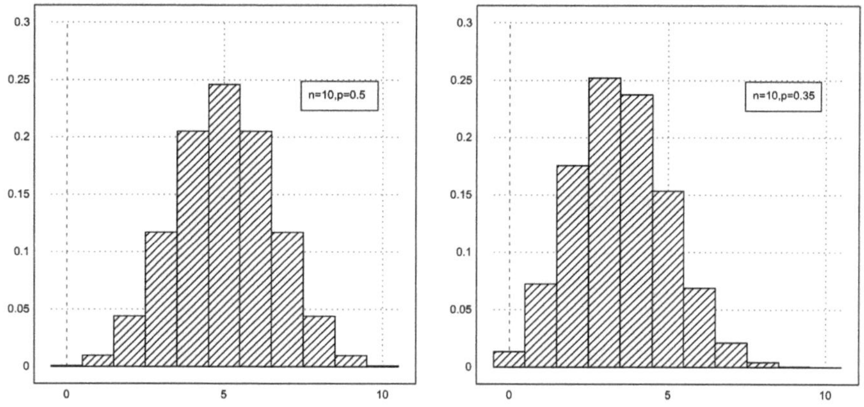

Abb. A.3: Histogramme von Binomialverteilungen zu $n = 10$ und $p = 0.5$ bzw. $p = 0.35$

mialverteilungen durch solche Normalverteilungen gut approximieren lassen – und zwar nicht nur im Falle $p = 0.5$, sondern auch für p nicht zu nahe bei 0 oder 1 und für hinreichend großes n (Abb. A.5) – wurde im Prinzip bereits von de Moivre 1733 (Kap. 6.3.6) dargelegt. Gauß propagierte in seiner Theorie der Beobachtungsfehler die Dichten (A.5) als »Fehlergesetze« (Kap. 9.5.2), weswegen man häufig auch von »Gaußverteilungen« spricht.

Normalverteilungen sind typische unimodale Verteilungen, das heißt, ihre Dichtefunktion besitzt genau ein lokales wie auch globales Maximum. Der zugehörige x-Wert, der Modalwert, ist gleich dem Erwartungswert, weil die Dichte-

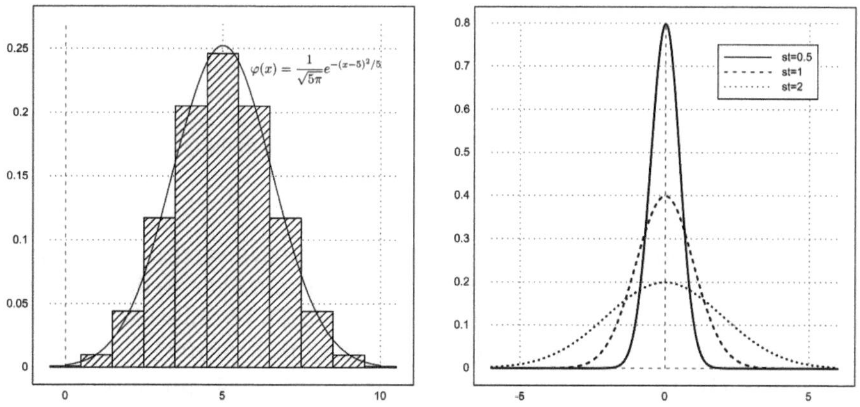

Abb. A.4: Histogramm mit approximierender Dichtefunktion; verschiedene Dichten zu Normalverteilungen mit Erwartungswert 0 und Standardabweichungen (st) gleich 0.5, 1, 2

funktion symmetrisch ist. Binomialverteilungen können unter Umständen zwei benachbarte Maxima und damit auch zwei benachbarte Modalwerte besitzen: Genau wenn für $0 < p < 1$ der Wert $(n+1)p$ ganzzahlig ist, gibt es zwei Modalwerte mit $(n+1)p-1$ und $(n+1)p$ (Abb. A.5).

In Tafelwerken bzw. Computersoftware ist vorrangig die Verteilungsfunktion der Standard-Normalverteilung – der Verteilung mit $\mu = 0$ und $\sigma^2 = 1$ – implementiert. Sie ist definiert durch

$$\Phi(x) := \frac{1}{\sqrt{2\pi}} \int_{-\infty}^{x} \mathrm{e}^{-t^2/2} \mathrm{d}t.$$

Für die allgemeine Verteilungsfunktion

$$\Phi_{\mu,\sigma}(x) = \int_{-\infty}^{x} \varphi_{\mu,\sigma}(t) \mathrm{d}t$$

gilt dann

$$\Phi_{\mu,\sigma}(x) = \Phi\left(\frac{x-\mu}{\sigma}\right).$$

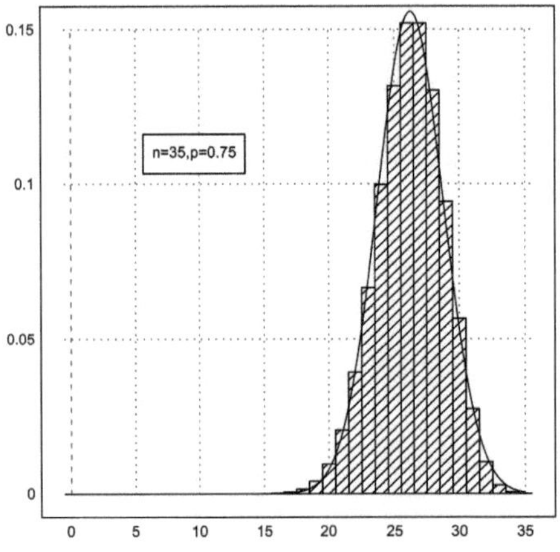

Abb. A.5: Trotz der Asymmetrie ist bei $n = 35$ und $p = 0.75$ bereits eine gute Approximation durch die Normalverteilungsdichte mit $\mu = 26.25 = np$ und $\sigma^2 = 13.125 = npq$ erreicht. Die Binomialverteilung hat in diesem Fall zwei Modalwerte.

Im 19. Jahrhundert waren im Zusammenhang mit der Normalverteilung zwei weitere Standardisierungen im Gebrauch. Einmal, vor allem in der Fehlerrechnung, eine Normierung auf die Varianz $1/2$, und in der Biostatistik, in der Nachfolge von Galton, eine Normierung auf die Varianz 2.19810933832. Im ersten Falle entspricht das der Betrachtung der Zufallsgröße $\frac{X-\mu}{2\sigma}$, im zweiten Fall der Betrachtung von $\frac{X-\mu}{r}$, wobei r der »wahrscheinliche Fehler«, gegeben durch die Bedingung $\mathrm{P}(\mu - r \leqslant X \leqslant \mu + r) = 1/2$, ist.

Wenn eine Zufallsgröße X normalverteilt mit Erwartung μ und Standardabweichung σ ist, so interessieren in Anwendungen häufig die Wahrscheinlichkeiten

$$\mathrm{P}(|X-\mu| \leqslant k\sigma) = \Phi(k) - \Phi(-k) = 2\Phi(k) - 1$$

für $k = 1, 2, \dots$, kurz die Wahrscheinlichkeiten für die $k \cdot \sigma$-Bereiche. Sie entsprechen der Fläche unter der Dichtefunktion $\varphi_{0,1}(x)$ zwischen $-k$ und k. Für $k = 1, 2, 3, 4$ sind diese Wahrscheinlichkeiten gleich 0.6827, 0.9545, 0.9973, 0.9999.

Literaturverzeichnis

Adams, William J. (2009). *The Life and Times of the Central Limit Theorem.* American Mathematical Society, Providence, Rhode Island, 2. Aufl. – 1. Aufl. 1974.

Akhiezer, Naum Ilich (1998). Function Theory According to Chebyshev. In Kolmogorov, A. N. und Yushkevich, A. P. (Hrsg.), *Mathematics of the 19th Century*, Bd. 3, S. 1–82. Birkhäuser, Basel.

Al-Biruni (1967). *The Determination of the Coordinates of Positions for the Correction of Distances between Cities.* American University of Beirut, Beirut. – Übersetzung aus dem Arabischen von Jamil Ali.

Al-Chazini (1860). Book of the Balance of Wisdom. *Journal of the American Oriental Society*, 6: 1–128. – Anmerkungen von N. Khanikoff, Übersetzer unbekannt.

Aldrich, John (2005). Fisher and Regression. *Statistical Science*, 20(4): 401–417.

Anonymus (1846). Gesta pontificium Cameracensium, liber I, II, III. In Pertz, G. H. (Hrsg.), *Monumenta Germaniae historica*, S. 402–489. Hahn, Hannover. – Geschrieben zur Amtszeit des Bischofs Gerardus I, 1012–1051; die oft behauptete Autorschaft eines gewissen »Baldericus« wird in der Einleitung des Bearbeiters Ludwig Bethmann S. 394 f. angezweifelt.

Arbuthnot, John (1692). *Of the Laws of Chance, or, A Method of Calculation of the Hazards of Game.* Benj. Motte, London.

Arbuthnot, John (1710). An Argument for Divine Providence, taken from the constant Regularity observ'd in the Births of both Sexes. *Philosophical Transactions of the Royal Society of London*, 27: 186–190.

Arnauld, Antoine und Nicole, Pierre (1662). *La Logique ou l'art de penser: Contenant, outre les regles communes, plusieurs observations nouvelles propres à former le iugement.* Guignart, Paris. – Dt. Übersetzung *Die Logik oder die Kunst des Denkens*, Darmstadt, WBG, 1972.

Barone, Jack und Novikoff, Albert (1978). A History of the Axiomatic Formulation of Probability from Borel to Kolmogorov, Part I. *Archive for History of Exact Sciences*, 18: 123–190.

Bayes, Thomas und Price, Richard (1764). An Essay towards Solving a Problem in the Doctrine of Chances. *Philosophical Transactions of the Royal Society of London*, 53: 370–418. – Einleitung und Anhang von Richard Price.

Bayes, Thomas und Price, Richard (1765). A Demonstration of the Second Rule in the Essay Towards the Solution of a Problem in the Doctrine of Chances. *Philosophical Transactions of the Royal Society of London*, 54: 296–325. – Einleitung und Schlussteil von Richard Price.

Bellhouse, David (1991). The Genoise Lottery. *Statistical Science*, 6: 141–148.

Bellhouse, David (2000). *De Vetula*: A Medieval Manuscript Containing Probability Calculations. *International Statistical Review*, 68: 123–136.

Bellhouse, David (2005). Decoding Cardano's *Liber de Ludo Aleae. Historia Mathematica*, 32: 180–202.

H. Fischer et al., *1000 Jahre Stochastik*, Vom Zählstein zum Computer, https://doi.org/10.1007/978-3-662-72368-5

Bellhouse, David (2007). The Problem of Waldegrave. *Electronic Journ@l for History of Probability and Statistics*, 3(2).

Bellhouse, David (2011). *Abraham De Moivre: Setting the Stage for Classical Probability and its Applications*. CRC Press, Boca Raton, FL.

Bellhouse, David (2017). *Leases for Lives: Life Contingent Contracts and the Emergence of Actuarial Science in Eighteenth-Century England*. University Press, Cambridge.

Bellhouse, David und Genest, Christian (2007). Maty's Biography of Abraham de Moivre, translated, annotated and augmented. *Statistical Science*, 22: 109–136.

Bemelmans, Josef, Binder, Christa, Chatterji, Srishti D., Hildebrandt, Stefan, Purkert, Walter, Schmeidler, Felix, und Scholz, Erhard (Hrsg.) (2006). *Felix Hausdorff, Gesammelte Werke*, Bd. V. Springer, Berlin Heidelberg.

Bernhardt, Hannelore (1984). *Richard von Mises und sein Beitrag zur Grundlegung der Wahrscheinlichkeitsrechnung im 20. Jahrhundert*. Habilitationsschrift, Humboldt-Universität, Berlin.

Bernoulli, Daniel (1738a). *Danielis Bernoulli Joh. Fil. Hydrodynamica, sive, De viribus et motibus fluidorum commentarii*. Dulsecker, Argentoratum.

Bernoulli, Daniel (1738b). Specimen theoriae novae de mensura sortis. *Commentarii Academiae Scientiarum Imperialis Petropolitanae*, 5: 175–192. – *Werke* 2, S. 223–234.

Bernoulli, Daniel (1760). Reflexions sur les avantages de l'inoculation. *Mercure de France*, Juin 1760: 173–190. – *Werke* 2, S. 268–274.

Bernoulli, Daniel (1766). Essai d'une nouvelle analyse de la mortalité causée par la petite vérole, et des avantages de l'inoculation pour la prévenir. *Histoires et mémoires de I'Académie royale des sciences de Paris*, année 1760: 1–45. – *Werke* 2, S. 235–267.

Bernoulli, Daniel (1770). Mensura sortis ad fortuitam successionem rerum naturaliter contingentium applicata. *Novi Commentarii Academiae Scientiarum Imperialis Petropolitanae*, 14: 26–45. – Werke 2, S. 326–338.

Bernoulli, Daniel (1771). Continuatio argumenti de mensura sortis ad fortuitam successionem rerum naturaliter contingentium applicata. *Novi Commentarii Academiae Scientiarum Imperialis Petropolitanae*, 15: 3–28. – Seitenang. gem. *Werke* 2, S. 341–360.

Bernoulli, Daniel (1778). Diiudicatio maxime probabilis plurium observationum discrepantium atque verisimillima inductio inde formanda. *Commentarii Academiae Scientiarum Imperialis Petropolitanae 1777, pars prior*, 1: 3–23. – *Werke* 2, 361–375.

Bernoulli, Daniel (1896). *Versuch einer neuen Theorie der Wertbestimmung von Glücksfällen*. Duncker & Humblot, Leipzig. – Deutsche Übersetzung samt Kommentaren von Alfred Pringsheim.

Bernoulli, Daniel (1975a). *Die Werke von Daniel Bernoulli*, Bd. 2, L. P. Bouckaert und B.L. van der Waerden (Hrsg.). Springer, Basel.

Bernoulli, Jakob (1713). *Ars conjectandi*. Thurnisius, Basel. – *Die Werke von Jakob Bernoulli*, Bd. 3, S. 107–286; dt. Übersetzung mit Angabe der ursprünglichen Paginierung von R. Haussner in der Reihe *Ostwald's Klassiker*, Bd. 107–108, 1899.

Bernoulli, Jakob (1975b). Aus den Meditationes von Jakob Bernoulli. In *Die Werke von Jakob Bernoulli*, Bd. 3, S. 21–90. – Edition von Aufzeichnungen ca. 1684–1690.

Bernoulli, Jakob (1975c). *Die Werke von Jakob Bernoulli*, Bd. 3, B.L. van der Waerden (Hrsg.). Birkhäuser, Basel.

Bernoulli, Nikolaus (1709). *De usu artis conjectandi in jure*. Basel. – *Die Werke von Jakob Bernoulli* Bd. 3, S. 287–326.

Bernshtein, Sergei Natanovich (1917). *Kurs lektsii po teorii veroyatnostei*. S. Ivanchenko, Kharkov. – Lithographie.

Bertrand, Joseph Louis François (1888). *Calcul des probabilités*. Gauthier-Villars, Paris.

Bessel, Friedrich Wilhelm (1818). *Fundamenta astronomiae pro anno 1755 deducta ex observationibus viri incomparablis James Bradley ....* Frid. Nicolovium, Regiomonti.

Bessel, Friedrich Wilhelm (1838). Untersuchungen über die Wahrscheinlichkeit der Beobachtungsfehler. *Astronomische Nachrichten*, 15: 369–404.

Bienaymé, Irenée Jules (1852). Sur la probabilité des erreurs d'aprés la methode des moindres carrés. *Journal de mathématiques pures et appliquées*, 17: 33–78.
Bienaymé, Irenée Jules (1853a). Considérations à l'appui de la découverte de Laplace sur la loi de probabilité dans la méthode des moindres carrés. *Comptes rendus hebdomadaires des séances de'l Académie des Sciences de Paris*, 37: 309–324.
Bienaymé, Irenée Jules (1853b). Sur les différences qui distinguent l'interpolation de M. Cauchy de la méthode des moindres carrés, et qui assurent la supériorité de cette méthode. *Comptes rendus hebdomadaires des séances de l'Académie des sciences de Paris*, 37: 5–13.
Blumenthal, Otto (1935). Lebensgeschichte. In Hilbert, D. (Hrsg.), *David Hilbert, Gesammelte Abhandlungen*, Bd. 3, S. 388–429. Springer, Berlin.
Bogart, Richard S. und Noerdlinger, Peter D. (1982). On the Distribution of Orbits Among Long-Period Comets. *Astronomical Journal*, 87: 911–917.
Bohlmann, Georg (1901). Lebensversicherungs-Mathematik. In W. F. Meyer (Hrsg.), *Encyklopädie der Mathematischen Wissenschaften*, Bd. I, 2, Artikel ID4b. Teubner, Leipzig, 1900–1904.
Bohlmann, Georg (1909). Die Grundbegriffe der Wahrscheinlichkeitsrechnung in ihrer Anwendung auf die Lebensversicherung. In *4. internationaler Mathematikerkongress, Rom*, Bd. 3, S. 244–278.
Boltzmann, Ludwig (1868). Studien über das Gleichgewicht der lebendigen Kraft zwischen bewegten materiellen Punkten. In *Wissenschaftliche Abhandlungen*, 1, S. 49–96.
Boltzmann, Ludwig (1871a). Einige allgemeine Sätze über Wärmegleichgewicht. In *Wissenschaftliche Abhandlungen*, 1, S. 259–287.
Boltzmann, Ludwig (1871b). Über das Wärmegleichgewicht zwischen mehratomigen Gasmolekülen. In *Wissenschaftliche Abhandlungen*, 1, S. 237–258.
Boltzmann, Ludwig (1872). Weitere Studien über das Wärmegleichgewicht zwischen Gasmolekülen. In *Wissenschaftliche Abhandlungen*, 1, S. 316–402.
Boltzmann, Ludwig (1875). Über das Wärmegleichgewicht von Gasen, auf welche äußere Kräfte wirken. In *Wissenschaftliche Abhandlungen*, 2, S. 1–30.
Boltzmann, Ludwig (1896). *Vorlesungen über Gastheorie, Theil 1.* Barth, Leipzig.
Boltzmann, Ludwig (1897). Zu Hrn. Zermelos Abhandlung „Über die mechanische Erklärung irreversibler Vorgänge". In *Wissenschaftliche Abhandlungen*, 3, S. 579–586.
Boltzmann, Ludwig (1898a). Über die sogenannte H-Kurve. In *Wissenschaftliche Abhandlungen*, 3, S. 629–637.
Boltzmann, Ludwig (1898b). *Vorlesungen über Gastheorie, Theil 2.* Barth, Leipzig.
Boltzmann, Ludwig (1909). *Wissenschaftliche Abhandlungen*, Bd. 1, 2, 3. Hasenöhrl, F. (Hrsg.), Barth, Leipzig.
Boltzmann, Ludwig und Nabl, Josef (1907). Kinetische Theorie der Materie. In Sommerfeld, A. (Hrsg.), *Encyklopädie der mathematischen Wissenschaften*, Bd. V,1, Artikel V 8, S. 493–557. Teubner, Leipzig, 1903–1921.
Boole, George (1854). *An Investigation of the Laws of Thought: On which are Founded the Mathematical Theories of Logic and Probabilities.* Walton and Maberley, London.
Borel, Émile (1905). Remarques sur certaines questions sur la probabilité. *Bulletin de la Société Mathématique de France*, 33: 123–128.
Borel, Émile (1909). Les probabilités denombrables et leurs applications arithmétiques. *Rendiconti del Circolo Matematico di Palermo*, 27: 247–271.
Bortkewitsch, Ladislaus von (1898). *Das Gesetz der kleinen Zahlen.* Teubner, Leipzig.
Boscovich, Roger Joseph (1757). De litteraria expeditione per pontificiam ditionem, et synopsis amplioris operis, ac habentur plura ejus ex exemplaria etiam sensorum impressa. *Bononiensi Scientiarum et Artium Instituto atque Academia Commentarii*, 4: 353–396.
Boscovich, Roger Joseph und Maire, Christopher (1755). *De litteratria expeditione per pontificiam ditionem ad dimetiendos duos meridiani gradus.* Palladis, Roma.
Boulliau, Ismaël (1682). *Opus novum ad arithmeticam infinitorum: Libris sex comprehensum, in quo plura à nullis hactenus edita demonstrantur.* Joannis Pocquet, Paris.

Bowley, Arthur. L. (1928). *F. Y. Edgeworth's Contributions to Mathematical Statistics*. Royal Statistical Society, London.

Bradley, Leslie (1971). *Smallpox Inoculation: An Eighteenth Century Mathematical Controversy*. University of Nottingham, Department of Adult Education, Matlock.

Braun, Heinrich (1963). *Geschichte der Lebensversicherung und der Lebensversicherungstechnik*. Duncker & Humblot, Berlin, 2. Aufl. – 1. Aufl. 1925.

Bravais, Auguste (1846). Analyse mathématique sur les probabilités des erreurs des situation d'un point. *Mémoires présentés par divers savants à l'Académie Royale des Sciences*, IX: 255–332.

Bremiker, Carl (1859). *Das Risiko bei Lebensversicherungen*. Nicolaische Verlagsbuchhandlung (G. Parthey), Berlin.

Broggi, Ugo (1907). *Die Axiome der Wahrscheinlichkeitsrechnung*. Dissertation, Universität Göttingen.

Bru, Bernard und Bru, Marie-France (2018). *Les jeux de l'infini et du hasard*. Presses universitaires de Franche-Comté, Paris. – 2 Bände.

Bru, Bernard und Crépel, Pierre (Hrsg.) (1994). *Condorcet: Arithmétique politique: Textes rares ou inédits (1767 - 1789)*. Institut National d'Études Démographiques, Paris.

Bruns, Heinrich (1906). *Wahrscheinlichkeitsrechnung und Kollektivmasslehre*. Teubner, Leipzig.

Brush, Stephen G. (1976). *The Kind of Motion we Call Heat: A History of the Kinetic Theory of Gases in the 19th Century*. University Press, Princeton, NJ. – 2 Bände.

Buffon, George-Louis Leclerc (1777a). Des Probabilités de la durée de la vie. *Supplément à l'Histoire naturelle*, IV: 149–323.

Buffon, George-Louis Leclerc (1777b). Essais d'arithmétique morale. *Supplément à l'Histoire naturelle*, IV: 46–148.

Bunyakovskii, Viktor Yakovlevich (1846). *Osnovaniya matematicheskoi teorii veroyatnostei*. Akademie der Wissenschaften, St. Petersburg.

Cajori, Florian (Hrsg.) (1934). *Sir Isaac Newton's Mathematical Principles of Natural Philosophy and his System of the World*, Bd. II. Berkeley: University of California Press. – Translated into English by Andrew Motte in 1729, Appendix by F. Cajori.

Cantelli, Francesco (1916a). La tendenza ad un limite nel senso del calcolo delle probabilità. *Rendiconti del Circolo Matematico di Palermo*, 41: 91–201.

Cantelli, Francesco (1916b). Sulla legge dei grandi numeri. *Memorie della R. Accademia dei Lincei, Classe di Science Fisiche, Matematiche e Naturali*, 11: 330–349.

Cantelli, Francesco (1917). Sulla probabilità come limite della frequenza. *Atti della R. Accademia dei Lincei, Rendiconti*, 26: 39–45.

Caramuel, Juan (1670). *Mathesis Biceps*. Officina episcopalis, Campania. – Kybeia, S. 972–995; Arithmomantica, S. 995–1036.

Carathéodory, Constantin (1918). *Vorlesungen über reelle Funktionen*. Teubner, Leipzig Berlin.

Cardano, Girolamo (1539). *Hieronimi C. Cardani Medici Mediolanensis, Practica Arithmetice, & Mensurandi singularis. In qua que preter alias continentur, versa pagina demonstrabit*. Calusci, Mailand.

Cauchy, Augustin-Louis (1835). Mémoire sur l'interpolation. Lithographiert. – Publ. in *Journal de math. pures et appliquées*, 2 (1837), 193–205; – *Œ**C II*, 2, 5–17.

Cauchy, Augustin-Louis (1853a). Mémoire sur l'evaluation d'inconnues déterminées par un grand nombre d'équations approximatives du premier degré. *Comptes rendus hebdomadaires des séances de l'Académie des sciences de Paris*, 36: 1114–1122. – *ŒC* I, 12, 36–46.

Cauchy, Augustin-Louis (1853b). Mémoire sur les résultats moyens d'un très-grand nombre des observations. *Comptes rendus hebdomadaires des séances de l'Académie des sciences de Paris*, 37: 381–385. – *ŒC I*, 12, 125–130.

Chatterjee, Shoutir Kishore (2003). *Statistical Thought, A Perspective and History*. University Press, Oxford.

Chaudesaiges (1908). Le mouvement brownien et la formule d'Einstein. *Comptes rendus hebdomadaires des séances de l'Académie des sciences de Paris*, 147: 1044–1046.

Chebyshev, Pafnutii Lvovich (1846). Démonstration élémentaire d'une proposition générale de la théorie des probabilités. *Journal für die reine und angewandte Mathematik*, 33: 259–267.

Chebyshev, Pafnutii Lvovich (1859). Sur le développement des fonctions à une seule variable. *Bulletin physico-mathématique de l'Académie Impériale des sciences de St. Pétersbourg*, 1: 193–200.

Chebyshev, Pafnutii Lvovich (1867). Des valeurs moyennes. *Journal de mathématiques pures et appliquées (2)*, 12: 177–184.

Chebyshev, Pafnutii Lvovich (1874). Sur les valeurs limites des intégrales. *Journal de mathématiques pures et appliquées (2)*, 19: 157–160.

Clausius, Rudolph (1854). Ueber eine veränderte Form des zweiten Hauptsatzes der mechanischen Wärmetheorie. *Annalen der Physik*, 93: 481–506.

Clausius, Rudolph (1857). Ueber die Art der Bewegung, welche wir Wärme nennen. *Annalen der Physik*, 100: 353–380.

Clausius, Rudolph (1858). Ueber die mittlere Länge der Wege .... *Annalen der Physik*, 105: 239–258.

Clausius, Rudolph (1865). Über verschiedene für die Anwendung bequeme Hauptgleichungen der mechanischen Wärmetheorie. *Annalen der Physik*, 125: 353–400.

Comte, Auguste (1883). *Opuscules de philosophie sociale 1819–1828*. Ernest Leroux, Paris.

Condorcet, Marie Jean Antoine Nicolas Caritat Marquis de (1784). Mémoire sur le calcul des probabilités. *Histoire de l'Académie royale des sciences*, année 1781: 707–728.

Condorcet, Marie Jean Antoine Nicolas Caritat Marquis de (1785). *Essai sur l'application de l'analyse à la probabilité des décions rendues à la pluralité des voix*. Imprimerie Royale, Paris.

Corry, Leo (2004). *David Hilbert and the Axiomatization of Physics (1894-1918)*. Springer, Dordrecht.

Cotes, Roger (1722). Aestimatio errorum in mixta mathesi, per variationes partium trianguli plani et sphaerici. In *Opera Miscellanea*, S. 1–22. Cambridge. – Anhang zur *Harmonia Mensurarum*.

Cournot, Antoine Augustin (1843). *Exposition de la théorie des chances et des probabilités*. Hachette, Paris.

Cournot, Antoine Augustin (1849). *Die Grundlehren der Wahrscheinlichkeitsrechnung: Leicht faßlich dargestellt für Philosophen, Staatsmänner, Juristen, Kameralisten und Gebildete überhaupt*. Leibrock, 1849, Braunschweig. – Deutsche Übersetzung von [Cournot 1843].

Cramér, Harald (1945). *Mathematical Methods of Statistics*. Almqvist & Wiksells. – Numerous reprintings by Princeton University Press 1946–1999.

Crelle, August L. (1826). *Handbuch des Feldmessens und Nivellirens in den gewöhnlichen Fällen*. G. Reimer, Berlin.

Crofton, Morgan William (1870). On the Proof of the Law of Errors of Observation. *Philosophical Transactions of the Royal Society of London*, 160: 175–187.

Crépel, Pierre (2001). D'Alembert. In [Heyde und Seneta 2001], S. 86–89.

Csörgö, Sándor (2001). Nikolaus Bernoulli. In [Heyde und Seneta 2001], S. 55–63.

Czuber, Emanuel (1884). *Geometrische Wahrscheinlichkeiten und Mittelwerte*. Teubner, Leipzig.

Czuber, Emanuel (1891). *Theorie der Beobachtungsfehler*. Teubner, Leipzig.

Czuber, Emanuel (1899). Die Entwicklung der Wahrscheinlichkeitstheorie und ihrer Anwendungen. *Jahresbericht der DMV*, 7: 160–279.

Czuber, Emanuel (1900). Wahrscheinlichkeitsrechnung. In W. F. Meyer (Hrsg.), *Encyklopädie der Mathematischen Wissenschaften*, Bd. I, 2, S. Artikel ID1. Teubner, Leipzig, 1900–1904.

Czuber, Emanuel (1903). *Wahrscheinlichkeitsrechnung und ihre Anwendung auf Fehlerausgleichung, Statistik und Lebensversicherung*. Teubner, Leipzig, 1. Aufl.

Czuber, Emanuel (1908). *Wahrscheinlichkeitstheorie, Fehlerausgleichung, Kollektivmaßlehre*. Teubner, Leipzig, 2. Aufl. – Bd. 1 der zweiten Aufl. des Lehrwerks über Wahrscheinlichkeitsrechnung.

Czuber, Emanuel (1910). *Mathematische Statistik, mathematische Grundlagen der Lebensversicherung*. Teubner, Leipzig, 2. Aufl. – Bd. 2 der zweiten Aufl. des Lehrwerks über Wahrscheinlichkeitsrechnung.

Dale, Andrew I. (1999). *A History of Inverse Probability: From Thomas Bayes to Karl Pearson*. Springer, New York, NY, 2. Aufl. – 1. Aufl. 1991.

D'Alembert, Jean le Rond (1761). Sur l' application du calcul des probabilités à l'inoculation de petite vérole. *Opuscules mathématiques*, 2: 26–46.

D'Alembert, Jean le Rond (1780). Sur le calcul des probabilités. *Opuscules mathématiques*, 7: 39–60.

Danmarks Statistics (2024). Danmarks Statistiks historie. `https://www.dst.dk/da/OmDS/historie`. – Stand April 2024.

Darrigol, Olivier (2018). *Atoms, Mechanics, and Probability: Ludwig Boltzmann's Statistico-Mechanical Writings – an Exegesis*. Oxford University Press, Oxford.

Daston, Lorraine (1988). *Classical Probability in the Enlightenment*. Princeton Univ. Press, Princeton, NJ.

Daston, Lorraine (1994). How Probabilities Came to be Objective and Subjective. *Historia Mathematica*, 21: 330–344.

Daumas, Maurice (1989). *Scientific Instruments in the Seventeenth and Eighteenth Centuries and their Makers*. Portman, London.

de Bessy, Bernard Frénicle (1693). Abrégé des combinaisons. In *Divers ouvrages de mathématiques et de physique, par Messieurs de l'Académie royale des sciences*, S. 45–64. Imprimerie Royale, Paris.

de Bessy, Bernard Frénicle (1729). Abrégé des combinaisons. *Mémoires de l'Académie royale des sciences depuis 1666 jusqu'a 1699*, 5: 87–126.

de Castro, José (Hrsg.) (2007). Alfonso el Sabio: *Libro de los juegos: Acedrex, dados e tablas*. Fundación J.A. de Castro, Madrid.

de Fermat, Pierre und Pascal, Blaise (1894). Correspondance 1654: Pascal à Fermat, Fermat à Pascal. In Tannery, P. und Henry, Ch. (Hrsg.), *Œuvres de Fermat*, T. 2, S. 288–314. Gauthier-Villars, Paris.

de la Vallée Poussin, Christian (1906). Démonstration nouvelle du théorème de Bernoulli. *Annales de la Société scientifique de Bruxelles*, 31: 220–236.

de Moivre, Abraham (1712). De mensura sortis, seu, de probabilitate eventuum in ludis a casu fortuito pendentibus. *Philosophical Transactions of the Royal Society of London*, 27: 213–264.

de Moivre, Abraham (1718). *The Doctrine of Chances: or, A Method of Calculating the Probability of Events in Play*. Pearson, London. – 2nd ed. 1738, 3rd ed. 1756.

de Moivre, Abraham (1725). *Annuities upon Lives: or, The Valuation of Annuities upon any Number of Lives; as also, of Reversions. To which is added, An Appendix concerning the Expectations of Life, and Probabilities of Survivorship*. Fayram, Motte, and Pearson, London. – 2nd ed. 1743, 3rd ed. 1750, 4th ed. 1752; auch in die 3. Aufl. der *Doctrine* 1756 integriert.

de Moivre, Abraham (1730). *Miscellanea analytica de seriebus et quadraturis*. Tonson & Watts, London.

de Montmort, Pierre Remond (1708). *Essay d'analyse sur les jeux de hazard*. Quillau, Paris.

de Montmort, Pierre Remond (1713). *Essay d'analyse sur les jeux de hazard*. Quillau, Paris. – Seconde edition. Revûe et augmentée de plusieurs lettres.

de Morgan, Augustus (1837a). Review of *Théorie analytique des probabilités*, 3ème edn., Part I. *Dublin Review*, 2: 338–354.

de Morgan, Augustus (1837b). Theory of Probability. *Encyclopaedia Metropolitana*. – Wiederabgedruckt in *Encyclopaedia Metropolitana*, II, 1845.

de Morgan, Augustus (1838). *An Essay on Probabilities: And on their Application to Life Contingencies and Insurance Offices*. Longman Orme Brown Green & Longmans and John Taylor, London.

de Witt, Johan (1671). *Waerdye van Lyf-Renten Naer proportie van Los-Renten*. Jacobus Scheltus, s'Graven-Hage. – Reproduktion in *Die Werke von Jakob Bernoulli* Bd. 3, S. 327–350; dt. Übersetzung eines Auszugs in [Schneider 1988], S. 195 f.

Dedekind, Richard (1860). Über die Elemente der Wahrscheinlichkeitsrechnung. *Vierteljahresschrift der naturforschenden Gesellschaft in Zürich*, 5(1): 66–75.

Dionis du Séjour, Achille Pierre (1775). *Essai sur les comètes en général: Et particulierement sur celles qui peuvent approcher de l' orbite de la terre*. Valade, Paris.

Duncan, Anthony und Janssen, Michel (2019). *Constructing Quantum Mechanics*, Vol 1: *The Scaffold 1900–1923*. University Press, Oxford.

Dupaquier, Michel (2001). William Farr. In [Heyde und Seneta 2001], S. 163–166.

Edgeworth, Francis Ysidro (1885a). Methods of Statistics. *Journal of the Royal Statistical Society of London*, Jubilee Volume: 181–217.

Edgeworth, Francis Ysidro (1885b). Observations and Statistics. An Essay on the Theory of Errors of Observation and the First Principles of Statistics. *Transactions of the Cambridge Philosophical Society*, 14: 138–169.

Edgeworth, Francis Ysidro (1885c). On Methods of Ascertaining Variations in the Rate of Births, Deaths and Marriages. *Journal of the Royal Statistical Society of London*, 48: 628–649.

Edgeworth, Francis Ysidro (1886). Progressive Means. *Journal of the Royal Statistical Society of London*, 49: 469–475.

Edgeworth, Francis Ysidro (1892a). Correlated Averages. *Philosphical Magazine*, XXXIV: 190–204.

Edgeworth, Francis Ysidro (1892b). The Law of Error and Correlated Averages. *Philosophical Magazine*, XXXIV: 429–438, 518–526.

Edgeworth, Francis Ysidro (1893a). Exercises in the Calculation of Errors. *Philosophical Magazine*, XXXVI: 98–111.

Edgeworth, Francis Ysidro (1893b). Note on the Calculation of Correlation between Organs. *Philosophical Magazine*, XXXVI: 350–351.

Edgeworth, Francis Ysidro (1893c). Statistical Correlation between Social Phenomena. *Journal of the Royal Statistical Society of London*, 56(4): 670–675.

Edgeworth, Francis Ysidro (1899). On the Representation of Statistics by Mathematical Formulae (Part III). *Journal of the Royal Statistical Society of London*, 62(2): 373–385.

Edgeworth, Francis Ysidro (1905). The Law of Error. *Transactions of the Cambridge Philosophical Society*, XX: 36–65, 113–141.

Edgeworth, Francis Ysidro (1906). The Generalised Law of Error, or Law of Great Numbers. *Journal of the Royal Statistical Society of London*, 69(3): 497–539.

Edgeworth, Francis Ysidro (1907). On the Representation of Statistical Frequency by a Series. *Journal of the Royal Statistical Society of London*, 70(1): 102–106.

Edwards, Anthony W. F. (2002). *Pascal's Arithmetical Triangle. The Story of a Mathematical Idea*. Baltimore, MD: Johns Hopkins University Press. – Revised reprint of the 1987 original.

Ehrenfest, Paul und Tatjana (1911). Begriffliche Grundlagen der statistischen Auffassung in der Mechanik. In Klein, F. und Müller, C. (Hrsg.), *Encyklopädie der mathematischen Wissenschaften*, Bd. IV, 4, Artikel IV 32. Teubner, Leipzig, 1907–1914.

Einstein, Albert (1905). Über einen die Erzeugung und Verwandlung des Lichtes betreffenden heuristischen Gesichtspunkt. *Annalen der Physik (4)*, 17: 132–148.

Einstein, Albert (1906). Zur Theorie der Brownschen Bewegung. *Annalen der Physik*, 19: 371–381.

Einstein, Albert (1907). Die *Planck*sche Theorie der Strahlung und die Theorie der spezifischen Wärme. *Annalen der Physik (4)*, 22: 180–190.

Elderton, Ethel M. (1906). *Frequency Curves and Correlation*. Charles and Edwin Layton for the Institute of Actuaries, London. – Revised 2nd ed. 1927, 3rd ed. 1938, 4th ed. 1953. Replaced by *Systems of Frequency Curves* by William Elderton and Norman Johnson 1969.

Ellis, Robert Leslie (1849). On the Foundations of the Theory of Probabilities. *Transactions of the Cambridge Philosophical Society*, 8: 1–6.

Encke, Johann Franz (1832–1834). Ueber die Methode der kleinsten Quadrate. *Berliner Astronomisches Jahrbuch für 1834, 1835, 1836*, S. 249–312; 253–320; 253–308. – *Encke's astronomische Abhandlungen* (Berlin, 1866), Vol. I, No. xii, xiii, xiv.

Euler, Leonhard (1767). Sur la probabilité des sequences dans la Lotterie Genoise. *Mémoires de l'Académie Royale des Sciences et des Belles-Lettres de Berlin*, 21: 191–230. – *Opera omnia* ser. prima, Vol. 7, S. 113–152.

Euler, Leonhard (1771). Solution d'une question très difficile dans le calcul des probabilites. *Mémoires de l'Académie Royale des Sciences et des Belles-Lettres de Berlin*, 25: 285–302. – *Opera omnia* ser. prima, Vol. 7, S. 162–179.

Euler, Leonhard (1777). Observationes in praecedentem dissertationem illustris Bernoulli. *Commentarii Academiae Scientiarum Imperialis Petropolitanae*, 1: 24–33. – *Opera omnia* ser. prima, Vol. 7, S. 280–290.

Euler, Leonhard (1785). Solutio quarundam quaestionum difficiliorum in calculo probabilium. *Opuscula analytica*, 2: 331–346. – *Opera omnia* ser. prima, Vol. 7, S. 408–424.

Euler, Leonhard (1862a). Analyse d'un probleme du calcul des probabilites. In *Opera postuma*, Bd. 1, S. 336–341. Academia Scientiarum Petropolitana, St. Petersburg. – *Opera omnia* ser. prima, Vol. 7, S. 495–506.

Euler, Leonhard (1862b). Réflexions sur une espece singulière de loterie nommée loterie Genoise. In *Opera postuma*, Bd. 1, S. 319–335. Academia Scientiarum Petropolitana, St. Petersburg. – *Opera omnia* ser. prima, Vol. 7, S. 466–494.

Euler, Leonhard (1862c). Vera aestimatio sortis in ludis. In *Opera postuma*, Bd. 1, S. 315–318. Academia Scientiarum Petropolitana, St. Petersburg. – *Opera omnia* ser. prima, Vol. 7, S. 458–465.

Euler, Leonhard (1911–2013). *Opera omnia* ser. prima, Bd. 1–29. Teubner, Orell Füssli, Birkhäuser, Leipzig, Zürich, Basel.

Euler, Leonhard (1986). *Opera omnia* IVA/6 — *Correspondance de Leonhard Euler avec P.-L. M. de Maupertuis et Frederic II.* Birkhäuser, Basel.

Farebrother, Richard William (1999). *Fitting Linear Relationships. A History of the Calculus of Observations 1750–1900.* Springer-Verlag New York.

Fechner, Gustav Theodor (1860). *Elemente der Psychophysik.* Leipzig, Druck und Verlag von Breitkopf und Hartel. – 2 Bände.

Fechner, Gustav Theodor (1897). *Kollektivmaßlehre.* Leipzig.

Feller, Willy (1937). Über das Gesetz der großen Zahlen. *Acta Litterarum ac Scientiarum Regiae Universitatis Francisco-Josephinae, Sectio Scientiarum Mathematicarum*, 8: 191–201.

Feller, William (1950). *An Introduction to Probability Theory and its Applications.* Vol. I. Wiley, New York. – 2. Aufl. 1957, 3. Aufl. 1968.

Fieller, Edgar C. (1931). The Duration of Play. *Biometrika*, 22: 377–404.

Fischer, Hans (1994). Dirichlet's Contributions to Mathematical Probability Theory. *Historia Mathematica*, 21: 39–63.

Fischer, Hans (2011). *A History of the Central Limit Theorem – from Classical to Modern Probability Theory.* Springer, New York.

Fisher, Ronald A. (1924). On a Distribution Yielding the Error Functions of Several Well Known Statistics. In *Proceedings of the International Congress of Mathematics (Toronto)*, S. 805–813.

Fisher, Ronald A. (1925). *Statistical Methods for Research Workers.* Oliver and Boyd, Edinburgh.

Fisher, Ronald A. (1930). Inverse Probability. *Proceedings of the Cambridge Philosophical Society*, 26: 528–535.

Flood, Raymond, McCartney, Mark, und Whitaker, Andrew (Hrsg.) (2014). *James Clerk Maxwell: Perspectives on his Life and Work.* Oxford University Press, Oxford.

Forfar, David O. (2006). History of Actuarial Education. In Teugels, J. L. und Sundt, B. (Hrsg.), *Encyclopedia of Acturial Science.* Wiley Online Library. – Free access.

Franci, Raffaela (2002). Una soluzione esatta del problema delle parti in un manoscritto della prima metà del Quattrocento. *Bollettino di Storia delle Scienze Matematiche*, 22: 253–265.

Franklin, James (2015). *The Science of Conjecture: Evidence and Probability before Pascal*. Johns Hopkins University Press, Baltimore, 2. Aufl.

Franklin, James (2016). Pre-History of Probability. In [Hájek und Hitchcock 2016], S. 33–49.

Friedman, Robert Marc (2022). The 100th Anniversary of Einstein's Nobel Prize: Facts and Fiction. *Annalen der Physik*, 534(11): 2200305 (1–9).

Galton, Francis (1869). *Hereditary Genius: An Inquiry into its Laws and Consequences*. Macmillan, London. – 1st ed., 2nd ed. 1892.

Galton, Francis (1874). *English Men of Science: their Nature and Nurture*. Macmillan, London.

Galton, Francis (1875). Statistics by Intercomparison, with Remarks on the Law of Frequency of Error. *The London, Edinburgh, and Dublin Philosophical Magazine and Journal of Science*, 49(322): 33–46. – 4th series.

Galton, Francis (1877a). Typical Laws of Heredity. *Nature*, 15(388, 389, 390): 492–5, 512–4, 532–3.

Galton, Francis (1877b). Typical Laws of Heredity. *Proceedings of the Royal Institution*, 8: 282–301.

Galton, Francis (1883). *Inquiries into Human Faculty and its Development*. Macmillan, London. – Numerous reprintings.

Galton, Francis (1885). Presidential Address, Section H, Anthropology. *Report of the British Association for the Advancement of Science*, 55: 1206–14.

Galton, Francis (1886a). Family Likeness in Stature. *Proceedings of the Royal Society*, 40: 42–73. – Appendix by J.D. Hamilton Dickson, pp. 63–66.

Galton, Francis (1886b). Regression Towards Mediocrity in Hereditary Stature. *Journal of the Anthropological Institute*, 15: 246–63.

Galton, Francis (1888). Co-relations and their Measurement, Chiefly from Anthropometric Data. *Proceedings of the Royal Society*, 45: 135–45.

Galton, Francis (1889). *Natural Inheritance*. Macmillan, London.

Garber, Daniel und Zabell, Sandy (1979). On the Emergence of Probability. *Archive for History of Exact Sciences*, 21: 33–53.

Gauß, Carl Friedrich (1809). *Theoria motus corporum coelestium*. Perthes und Besser, Hamburg. – *Werke*, 7, S. 3–280.

Gauß, Carl Friedrich (1811). Disquisitio de elementis ellipticis Palladis. *Commentationes societatis Regiae scientarium Gottingensis recentiores*, 1: 1–26. – *Werke*, 6, S. 1–24.

Gauß, Carl Friedrich (1816). Bestimmung der Genauigkeit der Beobachtungen. *Zeitschrift für Astronomie und verwandte Wissenschaften*, 1: 185–196. – *Werke*, 4, S. 109–117.

Gauß, Carl Friedrich (1823a). Theoria combinationis observationum erroribus minimis obnoxiae. *Commentationes societatis Regiae scientiarum Gottingensis recentiores*, pars prior, 5: class. math., 33–62. – *Werke*, 4, S. 3–26.

Gauß, Carl Friedrich (1823b). Theoria combinationis observationum erroribus minimis obnoxiae. *Commentationes societatis Regiae scientiarum Gottingensis recentiores*, pars posterior, 5: class. math., 63–90. – *Werke*, 4, S. 29–53.

Gauß, Carl Friedrich (1863–1929). *Werke*, Bd. 1–12. (Königliche) Gesellschaft der Wissenschaften, Göttingen.

Gauß, Carl Friedrich (1887). *Abhandlungen zur Methode der kleinsten Quadrate von Carl Friedrich Gauss*. Berlin. – Deutsche Übersetzungen von A. Borsch and P. Simon.

Gibbs, Josiah Willard (1902). *Elementary Principles in Statistical Mechanics*. C. Scribner, New York.

Gigerenzer, Gerd (1989). *The Empire of Chance: How Probability Changed Science and Everyday Life*. Cambridge University Press, Cambridge.

Gillispie, Charles C. (1979). Mémoires inédits ou anonymes de Laplace sur la théorie des erreurs, les polynômes de Legendre et la philosophie des probabilités. *Revue d'histoire des sciences*, 32(3): 223–279.

Gillispie, Charles C. (1997). *Pierre-Simon Laplace: 1749 - 1827; a Life in Exact Science.* Princeton Univ. Press, Princeton, NJ.

Gnedenko, Boris V. (1957). *Lehrbuch der Wahrscheinlichkeitsrechnung.* Akademie-Verlag, Berlin.

Gnedenko, Boris V. und Sheynin, Oscar B. (1992). The Theory of Probability. In Kolmogorov, A. N. und Yushkevich, A. P. (Hrsg.), *Mathematics of the 19th Century*, Bd. 1, S. 211–288. Birkhäuser, Basel.

Gompertz, Benjamin (1825). On the Nature of the Function Expressive of the Law of Human Mortality, and on a New Mode of Determining the Value of Life Contingencies. *Philosophical Transactions of the Royal Society of London*, 115: 513–585.

Gorroochurn, Prakash (2016). *Classic Topics on the History of Modern Mathematical Statistics.* Wiley, Hoboken, N. J.

Gothaer Versicherung (2023). Geschichte der Gothaer. `www.gothaer.de/ueber-uns/historisches/geschichte/`. – Stand Oktober 2023.

Grant, Edward (Hrsg.) (1966). Nicolaus Oresmus: *De proportionibus proportionum; ad pauca respicientes.* University of Wisconsin Press, Wisconsin.

Grattan-Guinness, Ivor (1990). *Convolutions in French Mathematics, 1800 – 1840: from the Calculus and Mechanics to Mathematical Analysis and Mathematical Physics.* Birkhäuser, Basel. – 3 Bände.

Graunt, John (1662). *Natural and Political Observations Mentioned in a Following Index, and Made Upon the Bills of Mortality.* Martyn, London. – 5th ed. 1676.

Greenberg, John Leonard (1995). *The Problem of the Earth's Shape from Newton to Clairaut.* Cambridge Univ. Press, Cambridge.

Hacking, Ian (1990). *The Taming of Chance.* Cambridge University Press, Cambridge, UK.

Hagen, Gotthilf (1837). *Grundzüge der Wahrscheinlichkeits-Rechnung.* Dümmler, Berlin.

Hald, Anders (1990). *A History of Probability and Statistics and their Applications before 1750.* Wiley, New York.

Hald, Anders (1998). *A History of Mathematical Statistics from 1750 to 1930.* Wiley, New York.

Hald, Anders (2002). *On the History of Series Expansions of Frequency Functions and Sampling Distributions, 1873–1944.* Det Kongelige Danske Videnskabernes Selskab, commission agent: C.A. Reitzels Forlag, Copenhagen.

Hald, Anders (2007). *A History of Parametric Statistical Inference from Bernoulli to Fisher, 1713–1935.* Springer, New York.

Haller, Rudolf und Barth, Friedrich (2017). *Berühmte Aufgaben der Stochastik: Von den Anfängen bis heute.* De Gruyter, Berlin, Boston, 2. Aufl.

Halley, Edmund (1693). An Estimate of the Degrees of Mortality of Mankind, Drawn from the Curious Tables of the Births and Funerals at the City of Breslaw, with an Attempt to Ascertain the Price of Annuities upon Lives. *Philosophical Transactions of the Royal Society of London*, 17: 596–610.

Harter, Harmon Leon (1974–1975). The Method of Least Squares and Some Alternatives, Parts I and II. *International Statistical Review*, 42(2): 147–174, 235–264, 282.

Hausdorff, Felix (1897). Das Risico bei Zufallsspielen. *Berichte über die Verhandlungen der Könglich-Sächsischen Gesellschaft der Wissenschaften zu Leipzig, Mathematisch-Physikalische Classe*, 49: 497–548. – Wiederabgedruckt in [Bemelmans et al. 2006], S. 445–496.

Hausdorff, Felix (1901). Beiträge zur Wahrscheinlichkeitsrechnung. *Berichte über die Verhandlungen der Könglich-Sächsischen Gesellschaft der Wissenschaften zu Leipzig, Mathematisch-Physikalische Classe*, 53: 152–178. – Wiederabgedruckt in [Bemelmans et al. 2006], S. 529–555.

Hausdorff, Felix (1914). *Grundzüge der Mengenlehre.* Veit, Leipzig.

Hauser, Walter (1997). *Die Wurzeln der Wahrscheinlichkeitsrechnung.* Franz Steiner Verlag, Stuttgart.

Hermann, Armin (1971). *The Genesis of Quantum Theory: (1899–1913).* MIT Press, Cambridge, Mass.

Heyde, Chris C. und Seneta, Eugene (1977). *I. J. Bienaymé: Statistical Theory Anticipated.* Springer-Verlag, New York, Heidelberg, Berlin.

Heyde, Chris C. und Seneta, Eugene (Hrsg.) (2001). *Statisticians of the Centuries.* Springer, New York.

Hilbert, David (1899). *Grundlagen der Geometrie.* Teubner, Stuttgart. – Festschrift anläßlich der Einweihung des Gauß-Weber-Denkmals, Göttingen; mittlerweile 14. Aufl.

Hilbert, David (1900). Mathematische Probleme. *Nachrichten von der Gesellschaft der Wissenschaften zu Göttingen, Mathematisch-Physikalische Klasse*, Heft 3: 253–297. – Ges. Abh., 3, S. 290–329. Seitenang. gem. Original.

Hoare, Michael Rand (2005). *The Quest for the True Figure of the Earth: Ideas and Expeditions in Four Centuries of Geodesy.* Ashgate, Aldershot, Hants, England.

Hochkirchen, Thomas (1999). *Die Axiomatisierung der Wahrscheinlichkeitsrechnung und ihre Kontexte: Von Hilberts sechstem Problem zu Kolmogoroffs Grundbegriffen.* Vandenhoeck und Ruprecht, Göttingen.

Hume, David (1739). *A Treatise of Human Nature.* John Noon, London.

Hume, David (1748). *Philosophical Essays Concerning Human Understanding.* A. Millar, London.

Huygens, Christiaan (1920). De ratiociniis in ludo aleae. In *Œuvres complètes,* T. 14, S. 50–91. Société Hollandaise des Sciences, Den Haag.

Hájek, Alan und Hitchcock, Christopher (Hrsg.) (2016). *The Oxford Handbook of Probability and Philosophy.* Oxford University Press, Oxford.

Impicciatore, Roberto und Rettaroli, Rosella (2012). 150 Years of Official Population Statistics in Italy. *Genus*, 68(3): 43–62.

INE (2007). *150 aniversario de la creación de la Comisión de Estadística General del Reino.* Instituto Nacional de Estadística, Madrid.

Ineichen, Robert (1999). Juan Caramuels Behandlung der Würfelspiele und des Zahlenlottos. *NTM Zeitschrift für Geschichte der Wissenschaften, Technik und Medizin*, S. 21–30.

Jacobsen, Martin (1996). Laplace and the Origin of the Ornstein-Uhlenbeck Process. *Bernoulli*, 2: 271–286.

Jeans, James Hopwood (1904). *The Dynamical Theory of Gases.* University Press, Cambridge.

Jeffreys, Harold und Wrinch, Dorothy (1921). On Certain Fundamental Principles of Scientific Inquiry. *Philosophical Magazine*, 42: 369–390.

Jensen, Ernst Lykke und Rootzén, Holger (1986). A Note on de Moivre's Limit Thorems. Easy Proofs. *Statistics and Probability Letters*, 4: 231–232.

Johnson, Norman L. und Kotz, Samuel (Hrsg.) (1997). *Leading Personalities in Statistical Sciences.* Wiley, New York.

Kamlah, Andreas (1987). The Decline of the Laplacian Theory of Probability: A Study of Stumpf, von Kries, and Meinong. In [Krüger et al. 1987], S. 91–116.

Kangro, Hans (1970). *Vorgeschichte des Planckschen Strahlungsgesetzes.* F. Steiner, Wiesbaden.

Karanika, Andromache (2011). Homer the Prophet: Homeric Verses and Divination in the Homeromanteion. In Lardinois, A. et al. (Hrsg.), *Orality and Literacy in the Ancient World,* Vol. 8: *Sacred Words: Orality, Literacy and Religion*, S. 255–277. Brill, Leiden.

Kern, Ralf (2010). *Wissenschaftliche Instrumente in ihrer Zeit.* König, Köln. – 4 Bände.

Khinchin, Aleksandr (1937). The Theory of Probability in Pre-Revolutionary Russia and in the Soviet Union. Ursprünglich auf Russisch veröffentlicht. Englische Übersetzung in [Sheynin 2005], S. 40–55.

Kjeldsen, Tine Hoff (1993). The Early History of the Moment Problem. *Historia Mathematica*, 20: 19–44.

Klopsch, Paul (Hrsg.) (1967). Pseudo-Ovidius: *De vetula.* Brill, Leiden-Köln.

Kolmogorov, Andrei N. (1933). *Grundbegriffe der Wahrscheinlichkeitsrechnung.* Ergebnisse der Mathematik und ihrer Grenzgebiete Bd. 2,3. Springer, Berlin. – Publ. unter „A. Kolmogoroff".

Koren, John (Hrsg.) (1918). *The History of Statistics, Their Development and Progress in Many Countries.* Macmillan, New York.

Kotz, Samuel (Hrsg.) (1993a). *Breakthroughs in Statistics*, Bd. 2. Springer, New York.

Kotz, Samuel (Hrsg.) (1993b). *Breakthroughs in Statistics, Foundations and Basic Theory*, Bd. 1. Springer, New York.

Kotz, Samuel (Hrsg.) (1997). *Breakthroughs in Statistics*, Bd. 3. Springer, New York.

Krengel, Ulrich (1990). Wahrscheinlichkeitstheorie. In Fischer, G., Hirzebruch, F., Scharlau, W., und Törnig, W. (Hrsg.), *Ein Jahrhundert Mathematik, 1890–1990*, S. 457–490. Vieweg, Braunschweig/Wiesbaden.

Krengel, Ulrich (2011). On the Contributions of Georg Bohlmann to Probability Theory. *Electronic Journ@l for History of Probability and Statistics*, 7(1): 1–13.

Kretschmer, Susanne, Haseloff, Torsten, und Pollack, Manfred (2005). *200 Jahre brandenburgisch-preußische Statistik*. LDS Brandenburg, Potsdam.

Krönig, August (1856). Grundzüge einer Theorie der Gase. *Annalen der Physik*, 99: 315–322.

Krüger, Lorenz, Daston, Lorraine, und Heidelberger, Michael (Hrsg.) (1987). *The Probabilistic Revolution*, Bd. 1. MIT Press, Cambridge, Mass.

Kuhn, Thomas S. (1978). *Black-Body Theory and the Quantum Discontinuity, 1894–1912*. Clarendon Press, Oxford.

Kummer, Johann Jakob (1885). *Geschichte der Statistik in der Schweiz*. Verlag unbekannt.

Lacroix, Silvestre F. (1816). *Traité élémentaire du calcul des probabilités*. Courcier, Paris.

Laemmel, Rudolf (1904). *Untersuchungen über die Ermittlung von Wahrscheinlichkeiten*. Dissertation, Universität Zürich.

Lagrange, Joseph Louis (1776). Mémoire sur l'utilité de la méthode de prendre le milieu entre les résultats de plusieurs observations; dans lequel on examine les avantages de cette méthode par le calcul des probabilités; et où l'on résoud différens problèmes relatif à cette matière. *Miscellanea Taurinensia*, 5 (1770–1773): 167–232. - *Œuvres*, 2, S. 173–234.

Lagrange, Joseph Louis (1777). Recherches sur les suites récurrentes dont les termes varient de plusieurs manières differentes, ou sur I'intégration des équations linéaires aux différences finies et partielles; et sur I'usage de ces équations dans la théorie des hasards. *Nouveaux mémoires de l'Académie royale des Sciences et belles-lettres, Berlin*, année 1775: 183–272. - *Œuvres*, 4, S. 151–251.

Lagrange, Joseph Louis (1867–1892). *Œuvres*, Bd. 1–14. Gauthier-Villars, Paris.

Laplace, Pierre-Simon (1774a). Mémoire sur la probabilité des causes par les événements. *Mémoires de l'Académie royale des sciences de Paris (savants étrangers)*, 6: 621–656. - Seitenang. gem. *ŒC*, 8, S. 27–65, engl. Übers. [Stigler 1986a].

Laplace, Pierre-Simon (1774b). Mémoire sur les suites récurro-recurrentes et leurs usages dans la théorie des hasards. *Mémoires de l'Académie royale des sciences de Paris (savants étrangers)*, 6: 353–371. - *ŒC*, 8, S. 5–24.

Laplace, Pierre-Simon (1776a). Mémoire sur l'inclinaison moyenne des orbites des comètes, sur la figure de terre et sur les fonctions. *Mémoires de l'Académie royale des sciences de Paris (savants étrangers)*, année 1773, 7: 503–524. - Seitenang. gem. *ŒC*, 8, S. 279–324.

Laplace, Pierre-Simon (1776b). Recherches sur l'intégration des équations différentielles aux différences finies et sur leur usage dans la théorie des hasards. *Mémoires de l'Académie royale des sciences de Paris (savants étrangers)*, année 1773, 7: 37–162. - Seitenang. gem. *ŒC*, 8, S. 69–197.

Laplace, Pierre-Simon (1781). Mémoire sur les probabilités. *Mémoires de l'Académie royale des sciences de Paris*, année 1778: 227–332. - Seitenang. gem. *ŒC*, 9, S. 383–485.

Laplace, Pierre-Simon (1782). Mémoire sur les suites. *Mémoires de l'Académie royale des sciences de Paris*, année 1779: 207–309. - *ŒC*, 10, S. 1–89.

Laplace, Pierre-Simon (1785). Mémoire sur les approximations des formules qui sont fonctions de très grands nombres. *Mémoires de l'Académie royale des sciences de Paris*, année 1782: 1–88. - *ŒC*, 10, S. 209–294.

Laplace, Pierre-Simon (1786a). Mémoire sur la figure de la terre. *Mémoires de l'Académie royale des sciences de Paris*, année 1783: 17–46. - Seitenang. gem. *ŒC*, 11, S. 3–32.

Laplace, Pierre-Simon (1786b). Mémoire sur les approximations des formules qui sont fonctions de très grands nombres, suite. *Mémoires de l'Académie royale des sciences de Paris*, année 1783: 423–467. – Seitenang. gem. *ŒC*, 10, S. 295–340.

Laplace, Pierre-Simon (1786c). Sur les naissances, les mariages et les morts à Paris, depuis 1771 jusqu'en 1784, et dans toute l'étendue de la France, pendant les années 1781 et 1782. *Mémoires de l'Académie royale des sciences de Paris*, année 1783: 693–702. – Seitenang. gem. *ŒC*, 11, S. 35–48.

Laplace, Pierre-Simon (1788). Théorie de Jupiter et Saturne. *Mémoires de l'Académie royale des sciences de Paris*, année 1785: 33–160. – *ŒC*, 11, S. 95–239.

Laplace, Pierre-Simon (1793). Sur quelques points du systéme du monde. *Mémoires de l'Académie royale des sciences de Paris*, année 1789: 1–87. – *ŒC*, 11, S. 477–558.

Laplace, Pierre-Simon (1796). *Exposition du système du monde*. Imprimerie du Cercle-Social, Paris. – 1. Aufl. in 2 Bänden. 5. Aufl. 1824, 6. Aufl. 1835 = *ŒC*, 6.

Laplace, Pierre-Simon (1799). *Traité de méchanique céleste*, Bd. 2. J.B.M. Duprat, Paris. – *ŒC*, 2.

Laplace, Pierre-Simon (1810a). Mémoire sur les approximations des formules qui sont fonctions de très grands nombres et sur leur application aux probabilités. *Mémoires de l'Académie royale des sciences de Paris*, année 1809: 353–415. – *ŒC*, 12, S. 301–345.

Laplace, Pierre-Simon (1810b). Supplément au mémoire sur les approximations des formules qui sont fonctions de très grands nombres et sur leur application aux probabilités. *Mémoires de l'Académie royale des sciences de Paris*, année 1809: 559–565. – *ŒC*, 12, S. 349–353.

Laplace, Pierre-Simon (1811). Mémoire sur les intégrales définies et leur applications aux probabilités, et specialement à la recherche du milieu qu'il faut choisir entre les résulats des observations. *Mémoires de l'Académie royale des sciences de Paris*, année 1810: 279–347. – *ŒC*, 12, S. 357–412.

Laplace, Pierre-Simon (1812). *Théorie analytique des probabilités*. Courcier, Paris. – 2. Aufl. 1814, 3. Aufl. 1820, viertes Supplement 1825 (den noch verfügbaren Exemplaren der 3. Aufl. hinzugefügt).

Laplace, Pierre-Simon (1815). Sur l'application du calcul des probabilités à la philosophie naturelle. *Connaissance des Tems*, pour l'an 1818: 361–381. – Auch: *Supplément I* der *Théorie analytique*.

Laplace, Pierre-Simon (1818). Application du calcul des probabilités, aux opérations géodésiques. *Connaissance des Tems*, pour l'an 1820: 422–440. – Auch: *Supplément II* der *Théorie analytique*.

Laplace, Pierre-Simon (1820a). Application des formules géodésiques de probabilité à la méridienne de France. – *Supplément III* der *Théorie analytique*.

Laplace, Pierre-Simon (1820b). *Théorie analytique des probabilités*. Courcier, Paris, 3. Aufl. – Seitenang. gem. *ŒC*, 7, 1898.

Laplace, Pierre-Simon (1825/1932). *Philosophischer Versuch über die Wahrscheinlichkeit*. Akad. Verl.-Ges, 1932, Leipzig. – Deutsche Übersetzung der 5. Separataufl. des *Essai*.

Laplace, Pierre-Simon (1878–1912). *Œuvres complètes de Laplace*, Bd. 1-14. Gauthier-Villars, Paris.

Laspeyres, Étienne (1869). *Der Einfluß der Wohnung auf die Sittlichkeit*. Dümmler, Berlin.

Laspeyres, Étienne (1871). Die Berechnung einer mittleren Waarenpreissteigerung. *Jahrbücher für Nationalökonomie und Statistik*, 16: 296–315. – Wiederabdruck in *Jahrb. f. Nationalök. u. Stat.* 196 (1981), S. 218–237.

Laugwitz, Detlev (1999). *Bernhard Riemann, 1826–1866; Turning Points in the Conception of Mathematics*. Birkhäuser, Basel–Boston–Berlin.

Laurent, Hermann (1873). *Traité du calcul des probabilités*. Gauthier-Villars, Paris.

Le Cam, Lucien (1953). On Some Asymptotic Properties of Maximum Likelihood Estimates and Related Bayes Estimates. *University of California Publications in Statistics*, 1: 277–330.

Lebesgue, Henri (1910a). Sur l'intégrale de *Stieltjes* et sur les opérations fonctionnelles linéaires. *Comptes rendus hebdomadaires des séances de l'Académie des sciences de Paris*, 150: 86–88.

Lebesgue, Henri (1910b). Sur l'intégration des fonctions discontinues. *Annales scientifiques de l'École normale supérieure (3)*, 27: 361–450.

Legendre, Adrien-Marie (1805). *Nouvelles mèthodes pour la détermination des orbites des comètes*. Courcier, Paris. – Weitere Auflagen mit Supplementen 1806 und 1820.

Leibniz, Gottfried Wilhelm (2000). *Hauptschriften zur Versicherungs- und Finanzmathematik*. Knobloch, E. und Graf von der Schulenburg, J.-M. (Hrsg.). Akademie Verlag, Berlin.

Leibniz, Gottfried Wilhelm (2022). *Sämtliche Schriften und Briefe, dritte Reihe: mathematischer, technischer und naturwissenschaftlicher Briefwechsel*, Bd. 9, Mayer, U. und Wahl, Ch. (Hrsg.). De Gruyter, Berlin.

Lexis, Wilhelm (1879). Ueber die Theorie der Stabilität statistischer Reihen. *Jahrbücher für Nationalökonomie und Statistik*, 32: 60–98.

Lexis, Wilhelm (1903). *Abhandlungen zur Theorie der Bevölkerungs- und Moralstatistik*. Gustav Fischer, Jena.

Lord Rayleigh, John William Strutt (1900). Remarks upon the Law of Complete Radiation. *Philosophical Magazine (5)*, 49: 539–540.

Lord Rayleigh, John William Strutt (1905). The Problem of the Random Walk. *Nature*, 72: 318.

Lorentz, George G. (2002). Mathematics and Politics in the Soviet Union from 1928 to 1953. *Journal of Approximation Theory*, 116: 169–223.

Loveland, Jeff (2001). Buffon, the Certainty of Sunrise, and the Probabilistic Reductio ad Absurdum. *Archive for History of Exact Sciences*, 55: 465–477.

Loève, Michel (1985). Wahrscheinlichkeitsrechnung. In Dieudonné, J. (Hrsg.), *Geschichte der Mathematik 1700–1900*, S. 708–747. Vieweg, Braunschweig.

Lummer, Otto und Pringsheim, Ernst (1899). Die Vertheilung der Energie im Spectrum des schwarzen Körpers und des blanken Platins. *Verhandlungen der Deutschen Physikalischen Gesellschaft*, 1: 215–230.

Lyapunov, Aleksandr Mikhailovich (1900). Sur une proposition de la théorie des probabilités. *Bulletin de l'Académie impériale des sciences de St.-Pétersbourg (5)*, 13: 359–386. – Englische Übersetzung in [Adams 2009], S. 151–171.

Lyapunov, Aleksandr Mikhailovich (1901). Nouvelle forme du théorème sur la limite de probabilité. *Mémoires de l'Académie impériale des sciences de St.-Pétersbourg VIIIe Série, classe physico-mathématique*, 12: 1–24. – Englische Übersetzung in [Adams 2009], S. 175–191.

Maistrov, Leonid (1974). *Probability Theory—A Historical Sketch*. Academic Press, New York.

Makeham, William (1860). On the Law of Mortality and the Construction of Annuity Tables. *The Assurance Magazine, and Journal of the Institute of Actuaries*, 8(6): 301–310.

Markov, Andrei Andreevich (1898). Sur les racines de l'équation $\mathrm{e}^{x^2}\frac{\mathrm{d}^m \mathrm{e}^{-x^2}}{\mathrm{d}x^m}$. *Bulletin de l'Académie Impériale des Sciences de St.-Pétersbourg (5)*, 9: 435–446.

Markov, Andrei Andreevich (1899). The Law of Large Numbers and the Method of Least Squares. Englische Übersetzung in [Sheynin 2004a], S. 130–142; das russische Original erschien in *Izvestiya fiz.-mat. obschestva Kazan univ. (2)*, 8 (1899): 110–128.

Markov, Andrei Andreevich (1907a). The Extension of the Law of Large Numbers onto Quantities Depending on Each Other. Englische Übersetzung in [Sheynin und Nekrasov 2004], S. 91–100; das russische Original erschien in *Izvestiya fiz.-mat. obshchestva Kazan univ. (2)* 15 (1906): 135–156, und ist mit »25. März 1907« datiert.

Markov, Andrei Andreevich (1907b). Recherches sur un cas remarquable d'épreuves dépendantes. *Acta mathematica*, 33 (1910): 87–104. – Übersetzung des russischen Originals von 1907.

Markov, Andrei Andreevich (1908a). The Extension of the Limit Theorems of the Calculus of Probability onto a Sum of Magnitudes Connected into a Chain. Englische Übersetzung des 1908 auf Russisch erschienenen Originals in [Sheynin und Nekrasov 2004], S. 102–116.

Markov, Andrei Andreevich (1908b). The Theorem on the Limit of Probability for the Liapunov Case. Englische Übersetzung des 1908 auf Russisch erschienenen Originals in [Sheynin und Nekrasov 2004], S. 141–155.

Markov, Andrei Andreevich (1912). *Wahrscheinlichkeitsrechnung*. Teubner, Leipzig–Berlin. – Deutsche Übersetzung der zweiten russischen Aufl. 1908 (1. russ. Aufl. 1900).
Martin, Thierry (1996). *Probabilités et critique philosophique selon Cournot*. J. Vrin, Paris.
Martin-Löf, Anders (1985). A Limit Theorem which Clarifies the Petersburg Paradox. *Journal of Applied Probability*, 22: 634–643.
Maxwell, James Clerk (1860). Illustrations of the Dynamical Theory of Gases. In *Scientific Papers*, 1: S. 377–409.
Maxwell, James Clerk (1867). On the Dynamical Theory of Gases. In *Scientific Papers*, 2: S. 26–78.
Maxwell, James Clerk (1871). *Theory of Heat*. Longmans Green & Co, London.
Maxwell, James Clerk (1879). On Boltzmann's Theorem on the Average Distribution of Energy on a System of Material Points. In *Scientific Papers*, 2: S. 713–741.
Maxwell, James Clerk (1890). *The Scientific Papers of James Clerk Maxwell:* Volume 1 and 2. Cambridge University Press, Cambridge.
Mayer, Tobias (1750). Abhandlung über die Umwälzung des Monds um seine Axe .... *Kosmographische Nachrichten und Sammlungen für 1748*, 1: 52–183.
Mayr, Georg (1877). *Die Gesetzmäßigkeit im Gesellschaftsleben*. Oldenbourg, München.
Mazliak, Laurent (2021). Belgium and Probability in the Nineteenth Century: The Case of Paul Mansion. *Science in Context*, 34: 313–340.
Mehra, Jagdish und Rechenberg, Helmut (1982). *The Quantum Theory of Planck, Einstein, Bohr and Sommerfeld*, Bd. 1 in *The Historical Development of Quantum Theory*. Springer, New York etc. – 2 parts.
Mehrtens, Herbert (1990). *Moderne–Sprache–Mathematik*. Suhrkamp, Frankfurt.
Merriman, Mansfield (1877). A List of Writings Relating to the Method of Least Squares, with Historical and Critical Notes. *Transactions of the Connecticut Academy of Arts and Sciences*, 4: 151–232.
Métivier, Michel und Costabel, Pierre (Hrsg.) (1981). *Siméon-Denis Poisson et la science de son temps*. L'Ecole polytechnique, Palaiseau.
Meusnier, Norbert (2006). Sur l'histoire de l'enseignement des probabilités et des statistiques. *Electronic Journ@l for History of Probability and Statistics*, 2(2): 1–20.
Meyer, Antoine (1874). *Calcul des probabilités*. Hayez, Bruxelles.
Meyer, Oskar Emil (1877). *Die kinetische Theorie der Gase*. Maruschke & Berendt, Breslau.
Mill, John Stuart (1843). *A System of Logic, Ratiocinative and Inductive: Being a Connected View of the Principles of Evidence, and the Methods of Scientific Investigation*, in 2 Vols. London.
Myrvold, Wayne C. (2016). Probabilities in Statistical Mechanics. In [Hájek und Hitchcock 2016], S. 573–600.
Nelson, Leonard (1906). Vier Briefe von Gauss und Wilhelm Weber an Fries. *Abhandlungen der Fries'schen Schule*, Neue Folge, 1: 431–440.
Nernst, Walther (1911). Der Energiegehalt fester Stoffe. *Annalen der Physik (4)*, 36: 395–439.
Newton, Hubert Anson (1878). On the Origin of Comets. *American Journal of Science*, 3(93): 165–179.
Nightingale, Florence (1858). *Notes on Matters Affecting the Health, Efficiency, and Hospital Administration of the British Army*. Harrison and Sons, London.
Ore, Øystein (1953). *Cardano, the Gambling Scholar. With a Translation from the Latin of Cardano's "Book on Games of Chance" by S. H. Gould*. University Press, Princeton.
Ottaviani, Maria Gabriella (1989). A History of the Teaching of Statistics in Higher Education in Europe and the United States, 1660 to 1915. In Morris, R. W. (Hrsg.), *Studies in Mathematics Education*, vol. 7: *The Teaching of Statistics*, S. 243–252. UNESCO, Paris.
Pacioli, Luca (1494). *Summa de arithmetica, geometria, proportioni et proportionalità*. Paganini, Venedig. – Nachdruck Giusti, E. (Hrsg.), Abrizzi, Venedig, 1994.
Pascal, Blaise (1665). *Traité du triangle arithmétique, avec quelques autres petits traitez sur la mesme matière* [sic!]. Desprez, Paris.

Pascal, Blaise (1862). *Les provinciales ou Lettres écrites par Louis de Montalte à un provincial de ses amis et aux RR. PP. Jésuites sur le sujet de la morale et de la politique de ces Pères.* Charpentier, Paris. – Edition der ersten Gesamtausgabe 1657.

Pearson, Egon Sharpe und Kendall, Maurice G. (Hrsg.) (1970). *Studies in the History of Statistics and Probability: A Series of Papers,* Vol. 1. Griffin, London.

Pearson, Egon Sharpe und Kendall, Maurice G. (Hrsg.) (1977). *Studies in the History of Statistics and Probability,* Vol. 2. Griffin, London.

Pearson, Karl (1894). Contributions to the Mathematical Theory of Evolution. *Philosophical Transactions of the Royal Society of London (A),* 185: 71–110.

Pearson, Karl (1895). Contributions to the Mathematical Theory of Evolution, II: Skew Variation in Homogeneous Material. *Philosophical Transactions of the Royal Society of London (A),* 186: 343–414.

Pearson, Karl (1896). Mathematical Contributions to the Theory of Evolution. III. Regression, Heredity and Panmixia. *Philosophical Transactions of the Royal Society of London (A),* 187: 253–318.

Pearson, Karl (1899). Mathematical Contributions to the Theory of Evolution. V. On the Reconstruction of the Stature of Prehistoric Races. *Philosophical Transactions of the Royal Society of London (A),* 192: 169–244.

Pearson, Karl (1900). On the Criterion that a Given System of Deviations from the Probable in the Case of a Correlated System of Variables is Such that it Can Reasonably be Supposed to Have Arisen from Random Sampling. *The London, Edinburgh, and Dublin Philosophical Magazine,* 5th Series, 50: 157–175. – Correction in *Philosophical Magazine,* 6th Series, 1: 670–671.

Pearson, Karl (1905a). *Mathematical Contributions to the Theory of Evolution. XIV. On the General Theory of Skew Correlation and Non-linear Regression.* University Press, Cambridge.

Pearson, Karl (1905b). The Problem of the Random Walk. *Nature,* 72: 294.

Pearson, Karl (1905c). The Problem of the Random Walk. *Nature,* 72: 342. – Fortsetzung von [Pearson 1905b].

Pearson, Karl (1914–1930). *The Life, Letters and Labours of Francis Galton.* Cambridge University Press. – Vol. 1 1914, Vol. 2 1924, Vol. 3 1930.

Pearson, Karl (1920). Notes on the History of Correlation. *Biometrika,* 13: 25–45.

Pearson, Karl und Filon, L.N.G. (1898). Mathematical Contributions to the Theory of Evolution IV: On the Probable Errors of Frequency Constants and on the Influence of Random Selection on Variation and Correlation. *Philosophical Transactions of the Royal Society of London (A),* 191: 229–311.

Perrin, Jean (1908). L'agitation moléculaire et le mouvement brownien. *Comptes rendus hebdomadaires des séances de l'Académie des sciences de Paris,* 146: 967–970.

Perrin, Jean (1909). Mouvement brownien et réalité moléculaire. *Annales de chemie et de physique,* 18: 5–114.

Perrin, Jean (1910). Mouvement brownien et molécules. *Journal de physique théorique et appliquée,* 9: 5–39.

Perrin, Jean (1914). Die Beweise für die wahre Existenz der Moleküle. In Eucken, A. (Hrsg.), *Die Theorie der Strahlung und der Quanten,* S. 125–205. Knapp, Halle a. d. Saale.

Plackett, Robin L. (1958). Studies in the History of Probability and Statistics: VII. The Principle of the Arithmetic Mean. *Biometrika,* 45(1/2): 130–135.

Plackett, Robin L. (1972). Studies in the History of Probability and Statistics: XXIX. The Discovery of the Method of Least Squares. *Biometrika,* 59(2): 239–251.

Planck, Max (1900). Zur Theorie des Gesetzes der Energieverteilung im Normalspektrum. *Verhandlungen der Deutschen Physikalischen Gesellschaft,* 2: 237–245.

Planck, Max (1901). Ueber das Gesetz der Energieverteilung im Normalspektrum. *Annalen der Physik (4),* 4: 553–563.

Planck, Max (1906). *Vorlesungen über die Theorie der Wärmestrahlung.* Barth, Leipzig.

Planck, Max (1912). Über neuere thermodynamische Theorien (*Nernst*sches Wärmetheorem und Quantenhypothese). *Physikalische Zeitschrift,* 13: 165–175.

Planck, Max (1920). The Genesis and Present State of Development of the Quantum Theory. – Nobel Lecture.

Playfair, William (1785). *The Commercial and Political Atlas*. London.

Playfair, William (1801). *The Statistical Breviary*. Bensley, London. – Französische Ausgabe 1802.

Playfair, William (1821). *A Letter on our Agricultural Distresses, their Causes and Remedies*. W. Sams, London.

Poincaré, Henri (1896). *Calcul des probabilités*. Georges Carré, Paris.

Poisson, Siméon Denis (1824). Sur la probabilité des résultats moyens des observations. *Connaissance des tems*, pour l'an 1827: 273–302. – Deutsche Übersetzung in [Poisson 1841], S. 477–507.

Poisson, Siméon Denis (1829). Suite du mémoire sur la probabilité des résultats moyens des observations. *Connaissance des tems*, pour l'an 1832: 3–22. – Deutsche Übersetzung in [Poisson 1841], S. 508–527.

Poisson, Siméon Denis (1835). *Théorie mathématique de la chaleur*. Bachelier, Paris.

Poisson, Siméon Denis (1837). *Recherches sur la probabilité des jugements en matière criminelle et en matière civile, précedées des règles générales du calcul des probabilités*. Bachelier, Paris.

Poisson, Siméon Denis (1841). *Lehrbuch der Wahrscheinlichkeitsrechnung und deren wichtigsten Anwendungen*. Meyer, Braunschweig.

Pólya, Georg (1919). Wahrscheinlichkeitstheoretisches über die "Irrfahrt". *Mitteilungen der physikalischen Gesellschaft Zürich*, 19: 75–86.

Porter, Theodore M. (1986). *The Rise of Statistical Thinking: 1820–1900*. Princeton Univ. Press, Princeton, NJ.

Price, Richard (1764). A Demonstration of the Second Rule in the Essay Towards the Solution of a Problem in the Doctrine of Chances. *Philosophical Transactions the Royal Society of London*, 54: 296–325.

Pulskamp, Richard und Otero, Daniel (2014). Wibold's Ludus Regularis. `https://maa.org/press/periodicals/convergence/`.

Purkert, Walter (1983). Die Bedeutung von A. Einsteins Arbeit über Brownsche Bewegung für die Entwicklung der modernen Wahrscheinlichkeitstheorie. *Mitteilungen der Mathematischen Gesellschaft der DDR*, 14(8): 41–49.

Purkert, Walter (2006a). Kommentar zu Hausdorffs „Beiträge zur Wahrscheinlichkeitsrechnung", 1901. In [Bemelmans et al. 2006], S. 556–590.

Purkert, Walter (2006b). Kommentar zu Hausdorffs „Das Risico bei Zufallsspielen", 1897. In [Bemelmans et al. 2006], S. 497–526.

Quetelet, Adolpe (1826). Mémoire sur les lois des naissances et de la mortalité. *Nouveax mémoires de l'Académie royale des sciences et belles-lettres de Bruxelles*, III: 495–512.

Quetelet, Adolphe (1831). Recherches sur le penchant au crime aux différens ages. *Nouveaux mémoires de l'Académie royale des sciences et belles-lettres de Bruxelles*, VII (1832): 1—87.

Quetelet, Adolphe (1835). *Sur l'homme et le développement de ses facultés, ou essai de physique sociale*. Bachelier, Paris. – 2 Bd. Deutsche Übers. 1838 Stuttgart, englische Übers. 1842 Edinburgh.

Quetelet, Adolphe (1838). *Ueber den Menschen und die Entwicklung seiner Fähigkeiten*. Stuttgart. – Übers. Dr. V.A. Riecke.

Quetelet, Adolphe (1842). *A Treatise on Man and the Development of his Faculties*. William and Robert Chambers, Edinburgh.

Quetelet, Adolphe (1846). *Lettres à S.A.R. le Duc Règnant de Saxe-Cobourg et Gotha, et la théorie des probabilités, appliquée aux sciences morales et politiques*. M. Hayez, Bruxelles.

Radon, Johann (1913). Theorie und Anwendungen der absolut additiven Mengenfunktionen. *Sitzungsberichte der Kaiserlichen Akademie der Wissenschaften in Wien*, 122: 1295–1438.

Regazzini, Eugenio (2005). Probability and Statistics in Italy During the First World War I: Cantelli and the Laws of Large Numbers. *Electronic Journ@l for the History of Probability and Statistics*, 1(1).

Repsold, Johann A. (1908). *Zur Geschichte der astronomischen Meßwerkzeuge, von Purbach bis Reichenbach*. Engelmann, Leipzig.

Rinne, Horst (1981). Ernst Louis Etienne Laspeyres, 1834–1913. *Jahrbücher für Nationalökonomie und Statistik*, 196(3): 193–215.

Rouse Ball, Walter William (1889). *A History of the Study of Mathematics at Cambridge*. University Press, Cambridge, Eng.

Schilling, René (2017). *Wahrscheinlichkeit: eine Einführung für Bachelor-Studenten*. De Gruyter, Berlin Boston.

Schmeidler, Felix (1981). Astronomische Bahnrechnung bei Gauß. In [Schneider 1981a], S. 65–84.

Schneider, Ivo (1968). Der Mathematiker Abraham de Moivre (1667–1754). *Archive for History of Exact Sciences*, 5: 177–317.

Schneider, Ivo (1977). The Contributions of the Sceptic Philosophers Arcesilas and Carneades to the Development of an Inductive Logic. *Indian Journal of History of Science*, 12: 173–180.

Schneider, Ivo (Hrsg.) (1981a). *Carl Friedrich Gauss: (1777–1855) ; Sammelband von Beiträgen zum 200. Geburtstag von C. F. Gauss*. Minerva Publ, München.

Schneider, Ivo (1981b). Die Arbeiten von Gauß im Rahmen der Wahrscheinlichkeitsrechnung: Methode der kleinsten Quadrate und Versicherungswesen. In [Schneider 1981a], S. 143–172.

Schneider, Ivo (1981c). Die Situation der mathematischen Wissenschaften vor und zu Beginn der wissenschaftlichen Laufbahn von Gauß. In [Schneider 1981a], S. 9–36.

Schneider, Ivo (1981d). Why Do we Find the Origin of a Calculus of Probabilities in the Seventeenth Century? In *Proceedings of the 2nd International Pisa Conference on the History and Philosophy of Science, Pisa, Italy, September 4–8, 1978.*, Bd. 2, S. 3–24. D. Reidel Publishing Co., Dordrecht.

Schneider, Ivo (1987). Laplace and Thereafter: The Status of Probability Calculus in the Nineteenth Century. In [Krüger et al. 1987], S. 191–214.

Schneider, Ivo (Hrsg.) (1988). *Die Entwicklung der Wahrscheinlichkeitstheorie von den Anfängen bis 1933: Einführungen und Texte*. WBG, Darmstadt.

Schneider, Ivo (1993). *Johannes Faulhaber, 1580–1635*. Birkhäuser, Basel.

Schneider, Ivo (1995). Die Rückführung des allgemeinen auf den Sonderfall – eine Neubetrachtung des Grenzwertsatzes für Binomialverteilungen von Abraham de Moivre. In Dauben, J. W., Folkerts, M., Knobloch, E., und Wußing, H. (Hrsg.), *History of Mathematics: the State of the Art*, S. 263–273. Academic Press, Orlando.

Schneider, Ivo (1996). Christiaan Huygens' Non-Probabilistic Approach to a Calculus of Games of Chance. *De Zeventiende Eeuw*, 12: 171–185.

Schneider, Ivo (1999). Die Stochastik zwischen Laplace und Poincaré. In Seising, R. (Hrsg.), *Fuzzy Theorie und Stochastik*, S. 86–128. Vieweg, Braunschweig-Wiesbaden.

Schneider, Ivo (2001). Abraham de Moivre. In [Heyde und Seneta 2001], S. 45–51.

Schneider, Ivo (2005). 1713: Jakob Bernoulli, *Ars conjectandi*. In Grattan-Guinness, I., Cooke, R., Corry, L., Crépel, P., und Guicciardini, N. (Hrsg.), *Landmark Writings in Western Mathematics 1640–1940*, S. 88–104. Elsevier, Amsterdam.

Schüßler, Rudolf (2019). Probability in Medieval and Renaissance Philosophy. In Zalta, E. N. (Hrsg.), *The Stanford Encyclopedia of Philosophy*. Metaphysics Research Lab, Stanford University. – `https://plato.stanford.edu/archives/sum2019/entries/probability-medieval-renaissance/`.

Seidel, Ludwig (1865). Ueber den numerischen Zusammenhang, welcher zwischen der Häufigkeit der Typhus-Erkrankungen und dem Stande des Grundwassers während der letzten 9 Jahre in München hervorgetreten ist. *Zeitschrift für Biologie*, 1: 221–236.

Seidel, Ludwig (1876). Über die Probabilitäten solcher Ereignisse, welche nur selten vorkommen, obgleich sie unbeschränkt oft möglich sind. *Sitzungsberichte der Königlich Bayerischen Akademie der Wissenschaften, Mathematisch-Physikalische Klasse*, 6: 44–50.

Seneta, Eugene (1984). The Central Limit Problem and Linear Least Squares in Pre-Revolutionary Russia: The Background. *Mathematical Scientist*, 9: 37–77.

Seneta, Eugene (1998). Early Influences on Probability and Statistics in the Russian Empire. *Archive for History of Exact Sciences*, 53: 201–213.

Seneta, Eugene (2006). Markov and the Creation of Markov Chains. In A. M. Langwille und W. J. Steward (Hrsg.), *Markov Anniversary Meeting 2006*, S. 1–20. Boson Books, Raleigh.

Seneta, Eugene, Hunger Parshall, Karen, und Jongmans, François (2001). Nineteenth-Century Developments in Geometric Probability: J.J. Sylvester, M.W. Crofton, J.-É. Barbier, and J. Bertrand. *Archive for History of Exact Sciences*, 55: 501–524.

Shafer, Glenn und Vovk, Vladimir (2006). The Sources of Kolmogorov's Grundbegriffe. *Statistical Science*, 21: 70–98.

Sheynin, Oscar B. und Nekrasov, Pavel. A. (2004). *The Theory of Probability: Central Limit Theorem, Method of Least Squares, Reactionary Views, Teaching of Probability Theory, Further Developments.* NG Verl., Berlin.

Sheynin, Oscar B. (1971). J. H. Lambert's Work on Probability. *Archive for History of Exact Sciences*, 7: 244–256.

Sheynin, Oscar B. (1979). C. F. Gauss and the Theory of Errors. *Archive for History of Exact Sciences*, 20: 21–72.

Sheynin, Oscar B. (1986). A. Quetelet as a Statistician. *Archive for History of Exact Sciences*, 36: 281–325.

Sheynin, Oscar B. (1989). A. A. Markov's Work on Probability. *Archive for History of Exact Sciences*, 39: 337–377.

Sheynin, Oscar B. (1992). Al-Biruni and the Mathematical Treatment of Observations. *Arabic Sciences and Philosophy*, 2: 299–306.

Sheynin, Oscar B. (1996). *The History of the Theory of Errors.* Hänsel-Hohenhausen, Egelsbach-Frankfurt-St. Peter Port.

Sheynin, Oscar B. (2004a). *Probability and Statistics: Russian Papers.* NG Verl., Berlin.

Sheynin, Oscar B. (2004b). *Russian Papers on the History of Probability and Statistics.* NG Verl., Berlin.

Sheynin, Osar B. (2005). *Probability and Statistics: Soviet Essays.* NG Verl., Berlin.

Sheynin, Oscar B. (2009). Studies in the History of Statistics and Probability, Collected Translations. `http://www.probabilityandfinance.com/sheynin/036_liap.pdf`. – Compiled and translated by O. Sheynin.

Sheynin, Oscar B. (2017). *Theory of Probability: A Historical Essay.* NG Verl., Berlin. – Revised and enlarged edition.

Siegmund-Schultze, Reinhard (2010). Sets Versus Trial Sequences, Hausdorff Versus von Mises: "Pure" Mathematics Prevails in the Foundations of Probability around 1920. *Historia Mathematica*, 37: 204–241.

Simpson, Thomas (1740). *The Nature and Laws of Chance.* Cave, London.

Simpson, Thomas (1742). *The Doctrine of Annuities and Reversions.* Nourse, London. – 1743 erschien ein »Appendix«, in dem Simpson sich gegen Plagiariatsvorwürfe de Moivres wehrte.

Simpson, Thomas (1756). A Letter to the Right Honourable George Earl of Macclesfield, President of the Royal Society, on the Advantage of taking the Mean of a Number of Observations, in practical Astronomy. *Philosophical Transactions*, 49: 82–93.

Simpson, Thomas (1757). An Attempt to shew the Advantage arising by Taking the Mean of a Number of Observations, in practical Astronomy. In *Miscellaneous Tracts on Some curious, and very interesting Subjects in Mechanics, Physical-Astronomy, and Speculative Mathematics*, S. 64–75. J. Nourse, London.

Slowik, Edward (2023). Descartes' Physics. In Zalta, E. N. (Hrsg.), *The Stanford Encyclopedia of Philosophy*. Metaphysics Research Lab, Stanford University. – `https://plato.stanford.edu/archives/win2023/entries/descartes-physics/`.

Slutskii, Evgenii (1913). On the Criterion of Goodness of Fit of the Regression Lines and on the Best Method of Fitting them to Data. *Journal of the Royal Statistical Society of London*, 77: 78–84. – Publ. unter „E. Slutsky".

Smoluchowski, Marian (1906). Zur Theorie der Brownschen Molekularbewegung und der Suspensionen. *Annalen der Physik*, 21: 756–780.

Solovev, A. A. (1997). P. A. Nekrasov i tsentralnaya predelnaya teorema teorii veroyatnostei. *Istoriko-Matematicheskie Issledovaniya*, 37: 9–22.

Spalt, Detlef D. (2015). *Die Analysis im Wandel und im Widerstreit: eine Formierungsgeschichte ihrer Grundgeschichte*. Verlag Karl Alber, Freiburg und München.

Spieß, Otto (1975). Zur Vorgeschichte des Petersburger Problems. In *Die Werke von Jakob Bernoulli*, Bd. 3, S. 557–568.

Stachel, John (Hrsg.) (1989). *The Collected Papers of Albert Einstein*, Vol. 2. Princeton University Press, Princeton N.J. – Im Internet unter `https://einsteinpapers.press.princeton.edu/`.

Statistics Norway (1995). *Historisk statistikk 1994*. Oslo-Kongsvinger. – `https://www.ssb.no/a/histstat/nos/nos_c188.pdf`.

Statistics Sweden (2024). History of Statistics Sweden. `https://www.scb.se/en/About-us/main-activity/history-of-statistics-sweden/`. – Stand April 2024.

Statistik Bayern (2008). *200 Jahre amtliche Statistik in Bayern 1808 bis 2008*, Teil1. Bayerisches Landesamt für Statistik und Datenverarbeitung, München. – `https://www.statistik.bayern.de/mam/ueber_uns/geschichte/festschrift200jahre_teil1.pdf`.

Statistik Sachsen (2024). Geschichte der sächsischen amtlichen Statistik. `https://www.stla.sachsen.de/geschichte.html`. –Stand April 2024.

Steffens, Karl-Georg (2006). *The History of Approximation Theory: From Euler to Bernstein*. Birkhäuser, Boston, MA.

Stigler, Steven (2022). *Casanova's Lottery*. University of Chicago Press, Chicago.

Stigler, Stephen M. (1977). An Attack on Gauss, Published by Legendre in 1820. *Historia Mathematica*, 4: 31–35.

Stigler, Stephen M. (1981). Gauss and the Invention of Least Squares. *The Annals of Statistics*, 9(3): 465–474.

Stigler, Stephen M. (1986a). Laplace's 1774 Memoir on Inverse Probability. *Statistical Science*, 1(3): 359–363.

Stigler, Stephen M. (1986b). *The History of Statistics: The Measurement of Uncertainty Before 1900*. Belknap Press of Harvard Univ. Press, Cambridge, Mass.

Stigler, Stephen M. (1999). *Statistics on the Table: The History of Statistical Concepts and Methods*. Harvard Univ. Press, Cambridge, Mass.

Stiller, Wolfgang (1988). *Ludwig Boltzmann: Altmeister der klassischen Physik, Wegbereiter der Quantenphysik und Evolutionstheorie*. Barth, Leipzig.

Stumpf, Carl (1892). Über den Begriff der mathematischen Wahrscheinlichkeit. *Sitzungsberichte der philosophisch-philologischen und historischen Classe der k.b. Akademie der Wissenschaften*, S. 37–120.

Sylla, Edith D. (2016). Probability in 17th- and 18th-century Continental Europe from the Perspective of Jakob Bernoulli's *Art of Conjecturing*. In [Hájek und Hitchcock 2016], S. 50–68.

Tetens, Johann Nicolaus (1786). *Einleitung zur Berechnung der Leibrenten und Anwartschaften, zweyter Theil*. Weidmanns Erben und Reich, Leipzig.

Thatcher, A. R. (1957). Studies in the History of Probability and Statistics: VI. A Note on the Early Solutions of the Problem of the Duration of Play. *Biometrika*, 44: 515–518.

Thiele, Torvald Nicolai (1903). *Theory of Observations*. Layton, London. – Ursprüngliche dänische Version 1889; Wiederabdruck der Version von 1903 in *Annals of Mathematical Statistics*, 2, 165–307, 1931.

Todhunter, Isaac (1865). *A History of the Mathematical Theory of Probability: From the Time of Pascal to that of Laplace*. Macmillan, Cambridge.

Toti Rigatelli, Laura (1985). Il 'problema delle parti' in manoscritti del XIV e XV secolo. In Folkerts, M. und Lindgren, U. (Hrsg.), *Mathemata: Festschrift für Helmuth Gericke*, S. 229–236. Franz Steiner Verlag, Stuttgart.

Truesdell, Clifford (1975). Early Kinetic Theories of Gases. *Archive for History of Exact Sciences*, 15: 1–66.

van Schooten, Frans (1657). *Exercitationum mathematicarum libri quinque*. Johannes Elsevirius, Leiden.

Vasilev, Aleksandr Vasiletivich (1900). *P. L. Tschebyschef und seine wissenschaftlichen Leistungen*. Teubner, Leipzig. - publ. unter „A. Wassilief".

Venn, John (1888). *The Logic of Chance*. Macmillan, London and New York, 3. Aufl. - Die erste Aufl. erschien 1866, die zweite 1876.

von Bortkiewicz, Ladislaus (1898). *Das Gesetz der kleinen Zahlen*. Teubner, Leipzig. - Publ. unter von Bortkewitsch, L.

von Kries, Johannes (1886). *Die Principien der Wahrscheinlichkeitsrechnung*. Mohr, Freiburg.

von Mises, Richard (1919a). Fundamentalsätze der Wahrscheinlichkeitsrechnung. *Mathematische Zeitschrift*, 4: 1–97.

von Mises, Richard (1919b). Grundlagen der Wahrscheinlichkeitsrechnung. *Mathematische Zeitschrift*, 5: 52–99.

von Mises, Richard (1920). Berichtigung zu meiner Arbeit *Grundlagen der Wahrscheinlichkeitsrechnung*. *Mathematische Zeitschrift*, 7: 323.

von Mises, Richard (1931). *Wahrscheinlichkeitsrechnung und ihre Anwendung in der Statistik und theoretischen Physik*. Deuticke, Leipzig Wien.

von Mises, Richard (1964). *Mathematical Theory of Probability and Statistics*. Academic Press, New York London. - Posthum herausgegeben von Hilda Geiringer.

von Plato, Jan (1994). *Creating Modern Probability*. Cambridge University Press, Cambridge.

von Smoluchowski, Marian (1918). Über den Begriff des Zufalls und den Ursprung der Wahrscheinlichkeitsgesetze in der Physik. *Die Naturwissenschaften*, 6(17): 253–263. - Seitenangaben gemäß Wiederabdruck in [Schneider 1988], S. 79–98.

Wald, Abraham (1937). Die Widerspruchsfreiheit des Kollektivbegriffes der Wahrscheinlichkeitsrechnung. *Ergebnisse eines mathematischen Kolloquiums*, 8: 38–72.

Walker, Helen M. (1928). The Relation of Plana and Bravais to Theory of Correlation. *Isis*, 10(2): 466–484.

Waterhouse, William C. (1990). Gauss's First Argument for Least Squares. *Archive for History of Exact Sciences*, 41(1): 41–52.

Weber, Ernst (1846). Tastsinn und Gemeingefühl. *Handwörterbuch der Physiologie*, 3: S. 481–588. - Separatdruck 1905.

Weiling, Franz (1975). J.G. Mendel sowie die von M. Pettenkofer angeregten Untersuchungen des Zusammenhanges von Cholera- und Typhus-Massenerkrankungen mit dem Grundwasserstand. *Sudhoffs Archiv*, 59: 1–19.

Weldon, W. F. Raphael (1890). The Variations Occurring in Certain Decapod Crustacea – I. *Crangon vulgaris*. *Proceedings of the Royal Society of London*, 47 (1889–1890): 445–453.

Weldon, W. F. R. (1892). Certain Correlated Variations in *Crangon vulgaris*. *Proceedings of the Royal Society of London*, 51: 2–21.

Westergaard, Harald (1932). *Contributions to the History of Statistics*. King & Son, London.

Wien, Willy (1893). Eine neue Beziehung der Strahlung schwarzer Körper zum zweiten Hauptsatz der Wärmetheorie. *Sitzungsberichte der Königlich Preußischen Akademie der Wissenschaften*, o. Bd.: 55–62.

Wien, Willy (1896). Ueber die Energievertheilung im Emissionsspectrum eines schwarzen Körpers. *Annalen der Physik*, 58: 662–669.

Witting, Hermann (1990). Mathematische Statistik. In Fischer, G., Hirzebruch, F., Scharlau, W., und Törnig, W. (Hrsg.), *Ein Jahrhundert Mathematik, 1890–1990*, S. 781–815. Vieweg, Braunschweig/Wiesbaden.

Yule, G. Udny (1896). On the Significance of Bravais' Formulae for Regression, &c., in the Case of Skew Correlation. *Proceedings of the Royal Society of London*, 60: 477–489.

Yule, G. Udny (1897). On the Theory of Correlation. *Journal of the Royal Statistical Society of London*, 60: 812–854.

Abbildungsverzeichnis

Bei einigen Abbildungen war es nicht möglich, eventuelle Rechteinhaber zu ermitteln. Betroffene oder Personen, die zur Klärung in diesen Fällen beitragen können, werden gebeten, sich beim Verlag zu melden. Das Kürzel »PD« bedeutet, dass das entsprechende Bild im Internet zum Zeitpunkt der Abfassung des Buches als gemeinfrei bzw. public domain gekennzeichnet war. Bei Bildern aus seltenen Druckwerken ist die Institution angegeben, die die entsprechende Kopie verfügbar gemacht hat.

H. Fischer et al., *1000 Jahre Stochastik*, Vom Zählstein zum Computer, https://doi.org/10.1007/978-3-662-72368-5

Namenverzeichnis

H. Fischer et al., *1000 Jahre Stochastik*, Vom Zählstein zum Computer,
https://doi.org/10.1007/978-3-662-72368-5

Sachverzeichnis

H. Fischer et al., *1000 Jahre Stochastik*, Vom Zählstein zum Computer,
https://doi.org/10.1007/978-3-662-72368-5

MIX
Papier aus verantwortungsvollen Quellen
Paper from responsible sources
FSC® C105338

If you have any concerns about our products,
you can contact us on
ProductSafety@springernature.com

In case Publisher is established outside the EU,
the EU authorized representative is:
Springer Nature Customer Service Center GmbH
Europaplatz 3, 69115 Heidelberg, Germany

Printed by Libri Plureos GmbH
in Hamburg, Germany